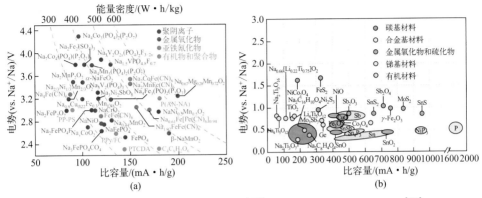

图 2-4 钠离子电池主要的正极材料[74]和负极材料的电势-容量图[75]

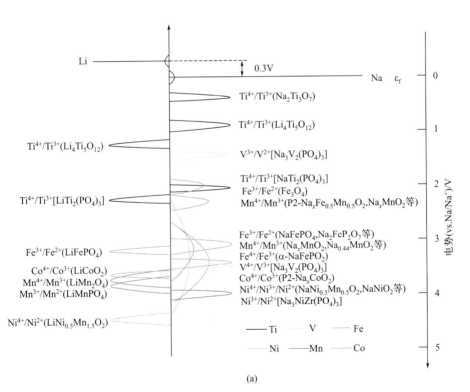

图 3-4

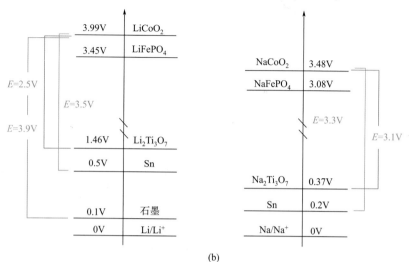

图 3-4 （a）不同过渡金属氧化还原对的电极电势；
（b）几种典型的正、负极的储钠（锂）电势[10, 16]

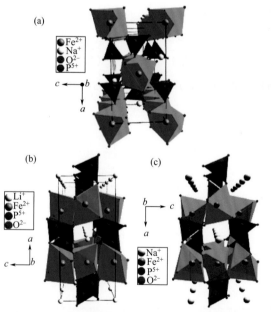

图 4-14 （a）maricite 相 NaFePO$_4$、（b）橄榄石型 LiFePO$_4$、
（c）橄榄石型 NaFePO$_4$ 材料的结构示意图[93]

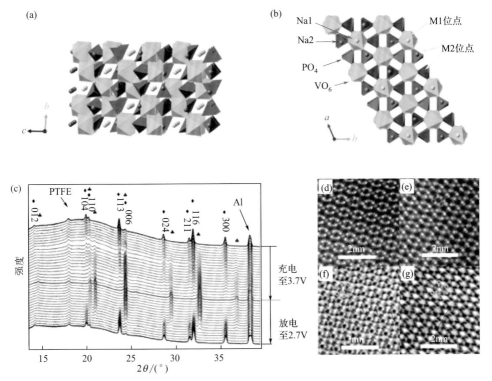

图 4-16 （a），（b）$Na_3V_2(PO_4)_3$ 的晶体结构；（c）$Na_3V_2(PO_4)_3$ 充放电过程中的原位 XRD；（d）$Na_3V_2(PO_4)_3$ 和（e）$NaV_2(PO_4)_3$ 在 $[1\bar{1}1]$ 方向的 STEM HAADF 图；（f）$Na_3V_2(PO_4)_3$ 和（g）$NaV_2(PO_4)_3$ 在 $[1\bar{1}1]$ 方向的 STEM ABF 图

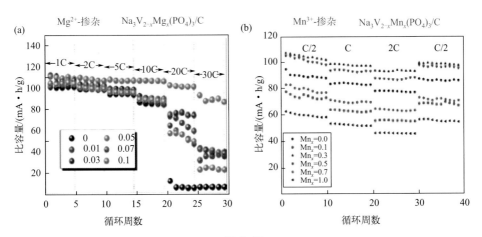

图 4-17

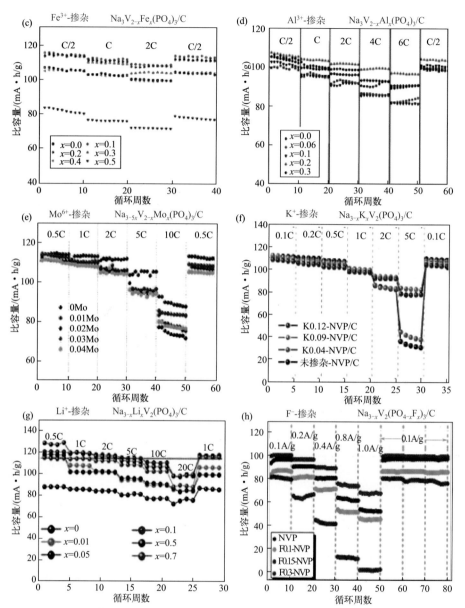

图 4-17 （a） Mg^{2+} 掺杂 $Na_3V_{2-x}Mg_x(PO_4)_3/C$ （$0 \leqslant x \leqslant 1.0$）的倍率性能[108]；（b） Mn^{3+} 掺杂 $Na_3V_{2-x}Mn_x(PO_4)_3$ （$0 \leqslant x \leqslant 1.0$）的倍率性能[111]；（c） Fe^{3+} 掺杂 $Na_3V_{2-x}Fe_x(PO_4)_3$ （$0 \leqslant x \leqslant 0.5$）的倍率性能[112]；（d） Al^{3+} 掺杂 $Na_3V_{2-x}Al_x(PO_4)_3$ （$0 \leqslant x \leqslant 0.2$）的倍率性能[113]；（e） Mo^{6+} 掺杂 $Na_{3-5x}V_{2-x}Mo_x(PO_4)_3/C$ （$0 \leqslant x \leqslant 0.05$）的倍率性能[118]；（f） K^+ 掺杂 $Na_{3-x}K_xV_2(PO_4)_3/C$ （$0 \leqslant x \leqslant 0.15$）的倍率性能[119]；（g） Li^+ 掺杂 $Na_{3-x}Li_xV_2(PO_4)_3/C$ （$0 \leqslant x \leqslant 1.0$）的倍率性能[120]；（h） F^- 掺杂 $Na_{3-x}V_2(PO_{4-x}F_x)_3/C$ （$0 \leqslant x \leqslant 0.3$）的倍率性能[122]

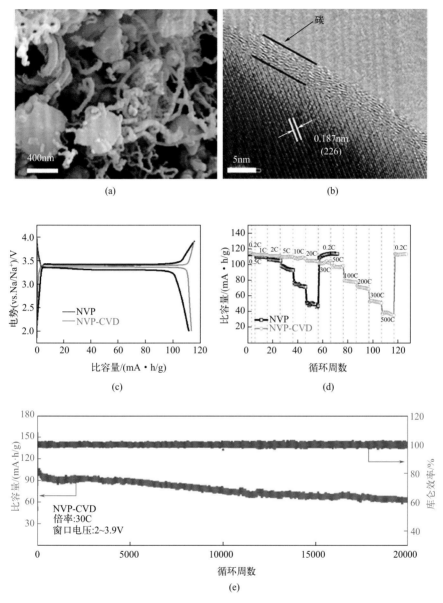

图 4-18 分级碳修饰的 $Na_3V_2(PO_4)_3$ 的（a）SEM 图和（b）HRTEM 图，以及对应的电化学性能：（c）0.2C 下的充放电曲线；（d）倍率性能；（e）30C 下的循环性能[130]

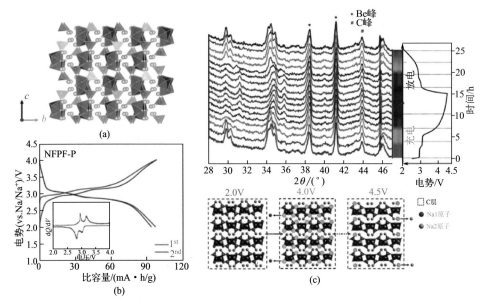

图 4-27　Na$_2$FePO$_4$F 材料的：（a）结构示意图；（b）0.1C 下的充放电曲线图；
（c）充放电过程中的 XRD 图谱及结构演化[181]

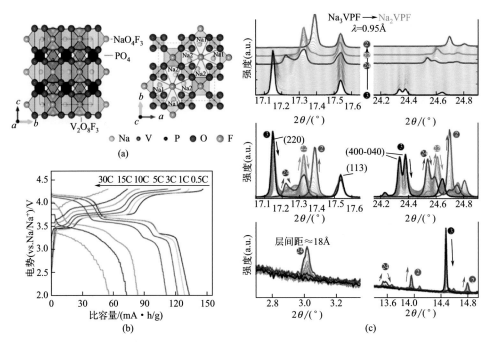

图 4-28　Na$_3$V$_2$(PO$_4$)$_2$F$_3$ 的：（a）晶体结构示意图；（b）倍率性能图；
（c）脱出 1 Na$^+$ 过程中的结构演化[185, 186, 188]

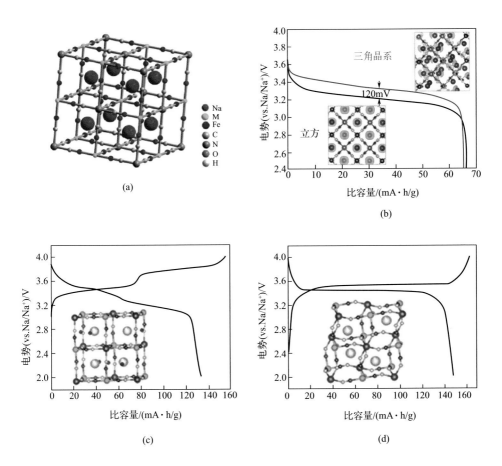

图 4-33 (a)铁氰化物的晶体结构;(b)菱面体和立方体型的 $Na_xNi[Fe(CN)_6]$ 的放电曲线[212];含水相(c)和脱水相 (d) $Na_2MnFe(CN)_6$ 的晶体结构和充放电性质[213]

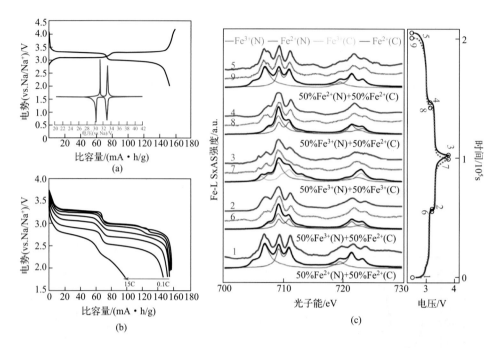

图 4-34 Na$_{1.92}$FeFe(CN)$_6$ 材料的：(a)，(b) 电化学储钠性质铁氰化物的晶体结构；(c) 充放电过程中的 Fe 的软 X 射线吸收谱[227]

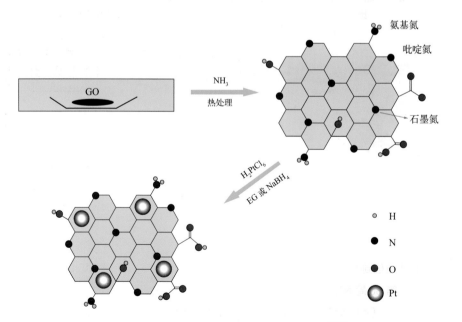

图 5-8 通过氨气合成氮掺杂石墨烯示意图[73]

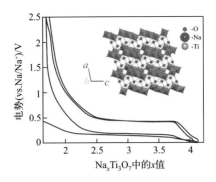

图 5-12 Na$_2$Ti$_3$O$_7$ 的晶体结构示意图和充放电曲线[112, 113]

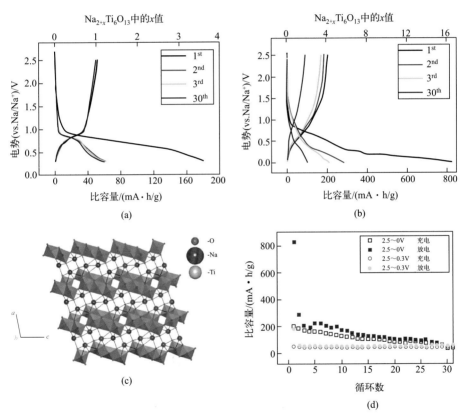

图 5-13 （a）Na$_2$Ti$_6$O$_{13}$ 在 0.005A/g 电流密度下前三周和第 30 周的充放电曲线，截止电位到 0.3V，相对于 Na$^+$/Na；（b）在 0.005A/g 电流密度下前三周和第 30 周的充放电曲线，截止电位到 0.0V，相对于 Na$^+$/Na[120]；（c）单斜 Na$_2$Ti$_6$O$_{13}$ 结构示意图[117]；（d）循环性能[120]

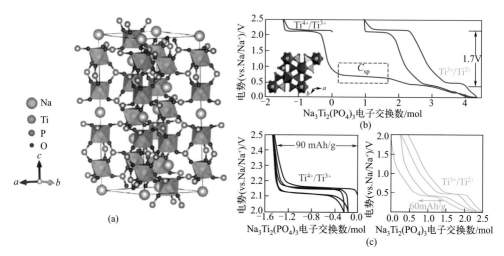

图 5-16 （a）$NaTi_2(PO_4)_3$ 的晶体结构示意图[130]；（b）$Na_3Ti_2(PO_4)_3$ 的充放电曲线和晶体结构示意图；（c）不同电压范围下的充放电曲线[131]

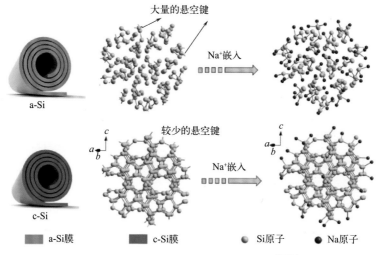

图 5-33 a-Si 和 c-Si 储钠机理示意图[333]

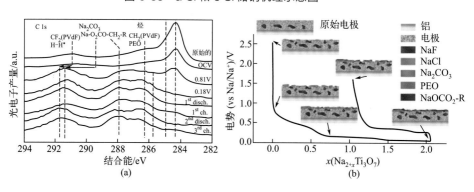

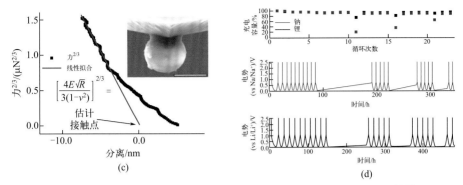

图 6-3 （a）$Na_2Ti_3O_7$ 电极在不同充放电状态下的 C 1s XPS 光谱[118]；
（b）$Na_2Ti_3O_7$ 电极在酯类电解质中不同充放电深度下的产物[118]；
（c）根据赫兹模型拟合所得的力-分离曲线，插图为胶体探针的 SEM 图像，
标尺为 5μm[119]；（d）钠离子和锂离子电池在循环
过程中暂停测试的影响[120]

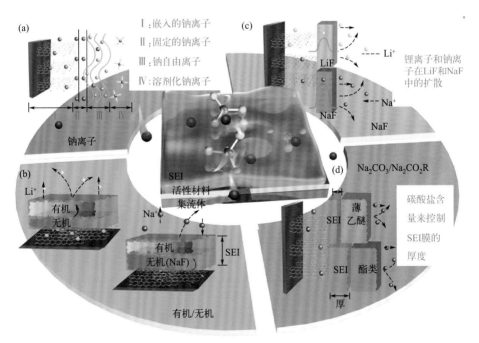

图 6-4 钠离子电池中 SEI 膜的典型特征：（a）Na^+ 通过 SEI 膜的传输途径[123]；
（b）SEI 膜中 NaF 的能垒[45]；（c）SEI 膜的主要组分[124]；
（d）在醚类和酯类电解质中的 SEI 膜[62]

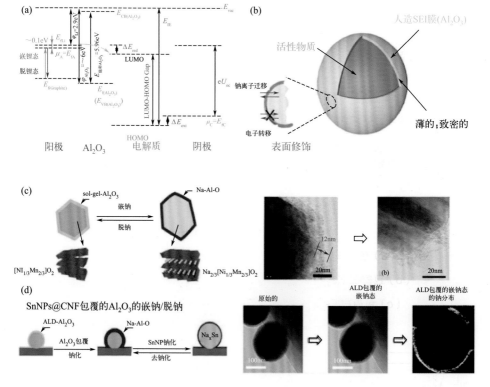

图 6-5 （a）采用 Al_2O_3 包覆层的钠离子电池的能级示意图[145]；
（b）电极材料修饰人工 SEI（Al_2O_3）的示意图[145]；
（c）Al_2O_3 包覆的 P2-$Na_{2/3}$[$Ni_{1/3}Mn_{2/3}$]O_2 储钠的示意图和相应的 TEM 图像[146]；
（d）Al_2O_3 包覆的 Sn 纳米颗粒储钠的示意图和相应的 TEM 图像[147]

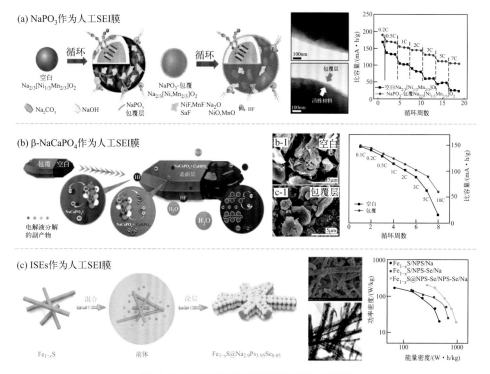

图 6-6 包覆层结构和保护机制的示意图

（a）包覆在 $Na_{2/3}[Ni_{1/3}Mn_{2/3}]O_2$ 上的 $NaPO_3$ 层[148]；

（b）包覆在 $Na_{2/3}[Ni_{1/3}Mn_{2/3}]O_2$ 上的 β-$NaCaPO_4$ 层[149]；

（c）包覆在 $Fe_{1-x}S$ 上的 ISE 层（$Na_{2.9}PS_{3.95}Se_{0.05}$）[150]

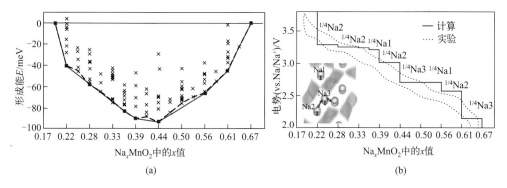

图 8-4 （a）由 Na_xMnO_2（$x=0.19\sim0.44$）充放电过程中不同钠浓度的 156 个构型得到的形成能凸包图；（b）由图（a）中红线上形成能最低的最稳定中间相计算所得的电压变化曲线，结果与 0.1C 下第一周充放电实验结果吻合[10]

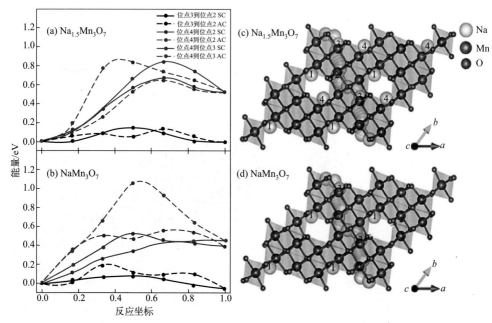

图 8-10 （a） $Na_{1.5}Mn_3O_7$ 和（b） $NaMn_3O_7$ 中 Na 迁移的能量曲线，实线表示在单胞中迁移，虚线表示跨晶胞迁移； Na 在（c） $Na_{1.5}Mn_3O_7$ 和（d） $NaMn_3O_7$ 中最有利的迁移路线，图中序号代表不同的位点[23]

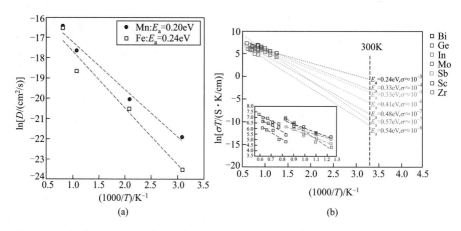

图 8-12 （a） $Na_{3.8}Fe_3(PO_4)_2P_2O_7$ 和 $Na_{3.8}Mn_3(PO_4)_2P_2O_7$ 中钠离子扩散系数与温度关系图[25]；（b） NASICONs 型材料的锂离子电导率与温度关系图[26]

先进电化学能源存储与转化技术丛书

张久俊　李　箐　丛书主编

钠离子电池
原理与技术

Sodium-Ion Batteries: Principles and Technologies

曹余良　李喜飞　周震　等 编著

化学工业出版社

·北京·

内容简介

《钠离子电池:原理与技术》是"先进电化学能源存储与转化技术丛书"分册之一,主要介绍钠离子电池发展起源、电池及电极反应相关的基础理论知识、储钠正负极材料体系、电解液体系和材料理论计算方法。全书共分9章,内容包括钠离子电池概述及电化学、正极材料、负极材料、电解质溶液、水溶液钠离子电池、材料的理论计算分析和钠离子电池体系展望。

本书可供相关学科研究与技术研发的科研工作者与工程技术人员参考,也可作为高等院校化学、物理、材料、化工、能源等学科研究生或高年级本科生的教学参考书。

图书在版编目(CIP)数据

钠离子电池:原理与技术/曹余良等编著.—北京:化学工业出版社,2023.8
(先进电化学能源存储与转化技术丛书)
ISBN 978-7-122-43521-7

Ⅰ.①钠… Ⅱ.①曹… Ⅲ.①钠离子-电池 Ⅳ.①TM912

中国国家版本馆CIP数据核字(2023)第088717号

责任编辑:成荣霞
文字编辑:张瑞霞
责任校对:宋 玮
装帧设计:王晓宇

出版发行:化学工业出版社
　　　　（北京市东城区青年湖南街13号　邮政编码100011）
印　　装:北京盛通数码印刷有限公司
710mm×1000mm　1/16　印张27½　彩插7　字数479千字
2024年3月北京第1版第1次印刷

购书咨询:010-64518888
售后服务:010-64518899
网　　址:http://www.cip.com.cn

凡购买本书,如有缺损质量问题,本社销售中心负责调换。

定　　价:198.00元　　　　　　　　　　版权所有　违者必究

"先进电化学能源存储与转化技术丛书"编委会

顾 问	孙世刚	包信和	刘忠范	李 灿	孙学良	欧阳明高
主 任	张久俊	李 箐				
委 员	包信和	曹瑞国	曹晓雨	曹余良	程年才	范夏月
	冯立纲	付丽君	何大平	侯红帅	胡文彬	纪效波
	康振辉	李 箐	李喜飞	梁叔全	毛宝东	麦立强
	潘安强	邵 琪	宋 波	汪国雄	王 斌	王绍荣
	徐成彦	徐 平	叶晓峰	原鲜霞	张久俊	张 涛
	赵玉峰	钟 澄	周 江	周 娟	周 震	

序

当前,用于能源存储和转换的清洁能源技术是人类社会可持续发展的重要举措,将成为克服化石燃料消耗所带来的全球变暖/环境污染的关键举措。在清洁能源技术中,高效可持续的电化学技术被认为是可行、可靠、环保的选择。二次(或可充放电)电池、燃料电池、超级电容器、水和二氧化碳的电解等电化学能源技术现已得到迅速发展,并应用于许多重要领域,诸如交通运输动力电源、固定式和便携式能源存储和转换等。随着各种新应用领域对这些电化学能量装置能量密度和功率密度的需求不断增加,进一步研发以克服其在应用和商业化中的高成本和低耐用性等挑战显得十分必要。在此背景下,"先进电化学能源存储与转化技术丛书"(以下简称"丛书")中所涵盖的清洁能源存储和转换的电化学能源科学技术及其所有应用领域将对这些技术的进一步研发起到促进作用。

"丛书"全面介绍了电化学能量转换和存储的基本原理和技术及其最新发展,还包括了从全面的科学理解到组件工程的深入讨论;涉及了各个方面,诸如电化学理论、电化学工艺、材料、组件、组装、制造、失效机理、技术挑战和改善策略等。"丛书"由业内科学家和工程师撰写,他们具有出色的学术水平和强大的专业知识,在科技领域处于领先地位,是该领域的佼佼者。

"丛书"对各种电化学能量转换和存储技术都有深入的解读,使其具有独特性,可望成为相关领域的科学家、工程师以及高等学校相关专业研究生及本科生必不可少的阅读材料。为了帮助读者理解本学科的科学技术,还在"丛书"中插入了一些重要的、具有代表性的图形、表格、照片、参考文件及数据。希望通过阅读该"丛书",读者可以轻松找到有关电化学技术的基础知识和应用的最新信息。

"丛书"中每个分册都是相对独立的,希望这种结构可以帮助读者快速找到感兴趣的主题,而不必阅读整套"丛书"。由此,不可避免地存在一些交叉重叠,反映了这个动态领域中研究与开发的相互联系。

我们谨代表"丛书"的所有主编和作者，感谢所有家庭成员的理解、大力支持和鼓励；还要感谢顾问委员会成员的大力帮助和支持；更要感谢化学工业出版社相关工作人员在组织和出版该"丛书"中所做的巨大努力。

如果本书中存在任何不当之处，我们将非常感谢读者提出的建设性意见，以期予以纠正和进一步改进。

张久俊

[中国工程院　院士（外籍）；
上海大学/福州大学　教授；
加拿大皇家科学院/工程院/工程研究院　院士；
国际电化学学会/英国皇家化学会　会士]

李 箐

（华中科技大学材料科学与工程学院　教授）

前言

电化学储能材料与技术是新能源战略发展的基础，因此进一步发展电化学储能技术是我国摆脱对化石能源的依赖和建设生态强国，实现"双碳"目标的重要前提条件。鉴于无资源限制的特点，钠离子电池更适合应用于大规模储能领域。钠离子电池体系正处于发展初期，对储钠原理、电极材料及电解质体系的研究方兴未艾。因此，系统了解钠离子电池材料和体系的基础知识及应用，对深入研究高性能储钠材料和提升钠离子电池性能大有裨益，这些基础知识和材料体系也会为其他离子嵌入脱出体系的研究提供借鉴作用。然而高性能钠离子电池的应用发展，仍需要将离子储存的理论知识与材料相结合，从基础上解决实际应用问题。

钠离子电池是一类新兴的电化学储能体系，是"后锂离子电池"时代的重要储能技术之一，主要涉及储钠原理、新型电极材料结构和电解质溶液体系的设计及制备。本书主要介绍钠离子电池发展起源、电池及电极反应相关的基础理论知识、储钠正负极材料体系、电解液体系、材料理论计算分析和钠离子电池体系预估。全书共分9章：第1章介绍钠离子电池的发展背景；第2章主要概述钠离子电池的工作原理、关键材料、制备技术和表征方法等；第3章介绍钠离子电池相关基础电化学理论，包括钠离子电池电极过程动力学、电动势、反应原理、电极及界面特征和电化学测量方法等；第4章重点介绍钠离子电池正极材料的发展和几类典型正极材料体系；第5章介绍钠离子电池负极材料体系；第6章介绍钠离子电池的电解质溶液体系，包括液态电解液、凝胶电解液、聚合物及固态电解质等；第7章介绍水系钠离子电池体系，包括几类水系可嵌入脱出钠离子的正负极材料体系；第8章介绍钠离子电池电极材料的理论计算方法；第9章讨论了可能应用的钠离子电池电极材料体系，预测了不同全电池的能量密度，并对钠离子电池未来的发展机遇及挑战进行了展望。全书的分工如下：第1~3章由陈重学、曹余良负责撰写，蒲想俊、汪慧明参与编著；第4章由曹余良、余彦负责撰写，方永进、王艳霞参与编著;第5章由李喜飞、周敏负责撰写,宋学霞、陈晓洋参与编著;第6章和第7章由曹余良负责撰写,刘兴伟、潘康华、袁天赐、陈慧参与编著;第8章由周震负责撰写,张旭参与编著;第9章由方永进负责撰写。曹余良负责全书的规划、协调及大部分章节的修改完善,方永进、沈小惠、赖阳阳、罗来兵、田季宇等参与书稿修改、资料整理及体例格式规范。

此书能够顺利出版并成为"先进电化学能源存储与转化技术丛书"的一个分册,得益于中国工程院、加拿大皇家科学院/工程院/工程研究院及上海大学/福州大学张久俊院士的精心组织,以及化学工业出版社相关编辑的把关和不辞劳苦的工作,在此表示深深的谢意!借此机会笔者也衷心感谢我的研究生导师杨汉西教授及武汉大学电化学教研室各位老师一直以来的教育、指导、培养和帮助,感谢许多电化学前辈和同行一贯的教诲、指点和协助。同时,感谢课题组已毕业及在读研究生的辛勤工作和协助。他们的一些研究工作也已成为本书的一部分,因此本书的出版也承载着他们的辛劳。感谢国家自然科学基金委和科技部重点研发专项的基金支持,在此支持下,我们得以在钠离子电池这一新兴领域不断探究。

虽然钠离子电池的基本原理与锂离子电池相似,但钠离子电池研究的发展才十年,一些材料体系和独特的反应原理仍需要探索,一些机制仍然存在争议,这为研究带来了挑战,也提供了更广阔的探索空间。目前钠离子电池产业化研究如火如荼,这将使其更加受到人们的关注与重视,也会进一步深入推进基础理论的研究。本书正是在这个背景下产生的,期望为读者提供较为全面的钠离子电池研究知识体系。然而,钠离子电池材料和体系所涉及的领域较为宽广,限于撰写人员的水平学识,书中不足和疏漏之处在所难免,恳请各位专家、学者及读者批评指正,并敬上诚挚谢意。

曹余良

目 录

第 1 章 绪论   1

1.1 能量转换与存储概述   2
1.2 钠元素的物理和化学性质   4
    1.2.1 物理性质   4
    1.2.2 化学性质   5
1.3 钠资源概述   7
1.4 钠电池   9
参考文献   11

第 2 章 钠离子电池概述   12

2.1 钠离子电池的优势   13
2.2 钠离子电池的发展简史   13
    2.2.1 正极材料   14
    2.2.2 负极材料   16
    2.2.3 应用体系探索   17
2.3 钠离子电池的工作原理及特点   18
    2.3.1 工作原理   18
    2.3.2 主要特点   19
2.4 钠离子电池的基本组成及关键材料   20
    2.4.1 电极材料   21
    2.4.2 相关组件   22
2.5 材料相关表征技术及应用   24

2.6	材料的制备方法	27
2.7	钠离子电池发展的必要性	29
参考文献		30

第 3 章
钠离子电池电化学 35

3.1	钠离子电池电极过程动力学	36
	3.1.1 钠离子电池电极过程	36
	3.1.2 电极过程的数学描述	37
	3.1.3 电极过程动力学	40
3.2	钠离子电池电动势	42
	3.2.1 钠离子的嵌入脱出热力学	42
	3.2.2 钠离子嵌入化合物的点阵气体模型	45
	3.2.3 钠离子电池的电动势与电极材料的电极电势	47
3.3	钠离子电池开路电压	49
	3.3.1 开路电压的本质	49
	3.3.2 费米能级角度的诠释	50
	3.3.3 吉布斯自由能角度的诠释	52
3.4	电化学反应原理	54
	3.4.1 嵌入反应	55
	3.4.2 合金化反应	56
	3.4.3 转化反应	58
	3.4.4 其他反应类型	61
3.5	钠离子电池电极及界面特性	63
	3.5.1 多孔电极结构特征	63
	3.5.2 多孔电极极化理论	67
	3.5.3 电池中的界面问题	71
3.6	基本电化学测试方法	75

3.6.1 循环伏安法	75
3.6.2 电化学阻抗谱	78
3.6.3 恒电流间歇滴定技术	80
3.6.4 电位阶跃技术	82
3.6.5 恒电位间歇滴定技术	83
3.6.6 不同测试技术的比较	84
参考文献	84

第4章
钠离子电池正极材料　　　　　　　　87

4.1 正极材料的选择要求	88
4.2 正极材料的发展与概述	89
4.3 正极材料的种类	89
4.3.1 层状过渡金属氧化物材料	90
4.3.2 聚阴离子型正极材料	110
4.3.3 普鲁士蓝类正极材料	133
4.3.4 其他无机正极材料	139
4.3.5 有机正极材料	143
参考文献	156

第5章
钠离子电池负极材料　　　　　　　　176

5.1 负极材料的概述	177
5.2 嵌入反应负极材料	179
5.2.1 碳基负极材料	179

        5.2.2　非碳嵌入负极材料　198
　5.3　转化反应负极材料　207
        5.3.1　金属氧化物　208
        5.3.2　金属硫化物　211
        5.3.3　金属硒化物　217
        5.3.4　金属磷化物　220
　5.4　合金化反应负极材料　222
        5.4.1　锡负极材料　225
        5.4.2　锑负极材料　227
        5.4.3　磷负极材料　230
        5.4.4　铅负极材料　232
        5.4.5　硅负极材料　232
        5.4.6　铋负极材料　233
        5.4.7　锗负极材料　234
　5.5　有机负极材料及全有机电池　235
        5.5.1　有机负极　235
        5.5.2　全有机钠离子电池　246
　参考文献　248

第 6 章
钠离子电池电解质溶液　274

　6.1　电解液的要求及其影响因素　275
        6.1.1　溶剂　275
        6.1.2　电解质盐　278
　6.2　液态电解液　281
        6.2.1　碳酸酯电解液　281
        6.2.2　醚类电解液　284
        6.2.3　阻燃或不燃电解液　287

6.3 电解液添加剂 293
    6.3.1 添加剂的特点及作用 293
    6.3.2 成膜添加剂 294
6.4 SEI 膜结构及生长机理 297
    6.4.1 SEI 膜的结构及机制 297
    6.4.2 不同电极表面的 SEI 膜 301
    6.4.3 SEI 膜的改性 305
6.5 凝胶电解液 307
6.6 固态电解质 309
    6.6.1 聚合物固态电解质 309
    6.6.2 无机固态电解质 312
6.7 小结 323
参考文献 324

第 7 章
水溶液钠离子电池　342

7.1 概述 343
7.2 水系钠离子电池的基本原理 343
7.3 正极材料的种类 345
    7.3.1 过渡金属氧化物 346
    7.3.2 聚阴离子型化合物 352
    7.3.3 普鲁士蓝类化合物 357
    7.3.4 水系有机正极材料 360
7.4 负极材料的种类 360
    7.4.1 活性炭 361
    7.4.2 磷酸盐负极 362
    7.4.3 钒基负极材料 363
    7.4.4 其他无机负极材料 366

7.4.5　有机负极材料　367
7.5　水系电解液　368
　　7.5.1　低浓度电解液　368
　　7.5.2　高浓度电解液　368
　　7.5.3　"water-in-salt"型电解液　369
7.6　全电池体系　370
7.7　挑战与展望　373
参考文献　374

第 8 章
钠离子电池材料的理论计算研究　378

8.1　概述　379
8.2　计算方法及实例简介　379
　　8.2.1　结构和能量　380
　　8.2.2　迁移　389
　　8.2.3　稳定性　394
8.3　材料基因组技术与钠离子电池　399
　　8.3.1　材料基因工程　399
　　8.3.2　电池材料的高通量筛选　400
　　8.3.3　机器学习在电池材料探索中的应用　401
8.4　总结与展望　403
参考文献　404

第 9 章
钠离子电池的发展、机遇及挑战　408

9.1　钠离子电池发展的必要性　409

9.2　可选电极材料体系　　　　　　　　410
9.3　全电池能量密度预估　　　　　　　413
9.4　钠离子电池的优势　　　　　　　　416
9.5　钠离子电池的机遇和挑战　　　　　417
参考文献　　　　　　　　　　　　　419

索引　　　　　　　　　　　　　　421

第 1 章

绪 论

1.1 能量转换与存储概述

能源是人类社会赖以生存的物质基础，也是社会文明发展进步的重要基石。自古老的刀耕火种，到18世纪中叶的工业革命，再至当今的信息化社会，生产方式的改变极大地提高和解放了社会生产力。人类在创造璀璨社会文明的同时，对于能源的需求也与日俱增。目前，全世界每年的能源消耗总量中，85%以上都来自于煤、石油和天然气等化石能源。然而，化石能源属于一次能源，储量有限且不可再生，随着人类无节制地开发利用，必将出现资源枯竭的窘境。根据英国石油公司2017年发布的《BP世界能源统计年鉴》，煤、石油和天然气化石能源预计分别在153年、51年和53年后消耗殆尽[1]。另外，化石燃料的使用大多采取直接燃烧的方式，燃烧产生的废气（CO_2、SO_2和NO_x）、粉尘等物质会造成严重的环境问题，如温室效应、空气污染、雾霾和酸雨等。此外，化石能源在全球分布不均，易引发资源的争夺，造成局部冲突和社会动荡。因此，改变传统一次能源消费结构，构建新型现代能源体系，是实现人类社会可持续发展的唯一途径。

随着全球范围内对节能减排、能源革命的高度重视，自21世纪以来，以中国、美国、欧盟和日本等为首开始大力推广可再生能源发电以替代传统非可再生能源，并先后制定了宏大的可再生能源发展计划和目标。例如，美国一半以上的州承诺在2030年实现50%可再生能源发电量，2045年达到100%；德国2017年可再生能源发电量占全国电力消费总量的32%~35%，并希望这一比例在2050年提升到80%；中国《可再生能源发展"十三五"规划》提出2020年和2030年非化石能源占一次能源消费比重分别达到15%和20%。2020年9月22日，我国在联合国大会中明确提出，中国将提高国家自主贡献力度，采取更加有力的政策和措施，二氧化碳排放力争于2030年前达到峰值，努力争取2060年前实现碳中和。目前我国拥有全球最大的能源系统（生产和消费），其中非化石能源在一次能源中所占的比例仅为15%左右。要实现二氧化碳减排的目标，开发利用以太阳能和风能为代表的可再生能源已成为当务之急。然而，可再生能源存在能量密度低、不连续、不稳定等缺点，难以大规模地收集、储存和利用。据统计，2020年全国弃风电量166.1亿千瓦时，弃光电量52.6亿千瓦时。特别是进入"十三五"后，在"一带一路"的倡议下，世界能源开启了多元化的互联互通新格局，能源市场对储能的需求越发迫切。

储能是指通过介质或设备把能量存储起来，在需要时释放出来的过程。在过去相当长一段时间，储能在电网中的应用技术主要是物理抽水蓄能，应用领域主要是削峰填谷、调频及辅助服务等。近年来，随着新能源发电技术的发展，风电、太阳能光伏发电等波动性电源接入电网的规模不断扩大，分布式电源在配网的应用规模逐渐扩张，储能及其在电网的应用领域和应用技术上都发生了很大的变化。目前大规模运行中的储能技术包括机械储能、电磁储能和电化学储能。机械储能利用的是电能和机械能的相互转化，主要包括抽水储能、压缩空气储能和飞轮储能等。抽水蓄能是目前世界上占比最高的储能方式，具有储存总量大、转化效率高（70%～75%）、使用寿命长等优点，但存在选址困难、建设周期长等缺点。压缩空气储能适合配套大规模风场，但存在能量转化效率低、地质条件依赖性强等缺点，我国在这方面的研究相对较少。飞轮储能具有响应快、功率高、寿命长等优点，但存在能量密度低、自放电高等缺点，目前只适合于部分细分市场，难以满足规模储能的应用需求。电磁储能指的是利用电场和磁场对电荷进行直接储存，主要包括超导磁储能和超级电容器储能等。它们具有响应速率快、转化效应高、功率密度高等优点，但能量密度低、成本高等缺点制约了其大规模使用。

电化学储能是利用化学反应直接将化学能和电能进行相互转换的一种存储方式，其功率和能量可根据不同应用需求灵活配置，不受地理等外部条件的限制，具有响应速度快等优势，受到储能市场的青睐。据不完全统计，截止到2020年底，全球储能市场累计装机规模18.5GW（非抽水蓄能）。其中，电化学储能累计装机规模达到14.3GW，占比77%。目前，技术相对成熟的电化学储能技术主要包括铅酸（铅炭）电池、锂离子电池、钠硫电池和液流电池。铅酸（铅炭）电池是一次性建设成本最低的电化学储能技术，70%放电深度下循环寿命约为4000次，铅酸（铅炭）电池的度电成本可降至 0.5 元$/(kW·h)$ 以下，是目前较为经济的电化学储能方式。然而，铅酸（铅炭）电池未来成本下行压力较大，寿命提升空间有限，同时要考虑铅和强酸的环境污染性问题。钠硫电池成本和寿命优势较大，但其安全性有待进一步提高。液流电池寿命和安全性优势明显，但其成本过高。

近年来，在电动汽车大力发展对动力锂离子电池产业的极大推动下，锂离子电池的综合特性取得了长足的进步。依靠其快速响应、高能量密度等本体特性、明显提升的循环寿命及稳步降低的成本优势，锂离子电池在储能领域逐步占据重要地位，其在储能领域的优势也进一步扩大。截止到2018年底，全球电池储能市场中，锂离子电池市场份额占比86%；而在中国储能市场中，锂离子电池市场占到了68%。然而，考虑到储能产业规模化应用对储能系统成本、寿命、安全等关键技术特性的要求，锂离子电池在储能领域的应用前景仍然存在一些不确定性。锂资源在地壳中的储量有限，约73%集中分布于南美洲少数国家。据估算，全球可开采锂资源的基础储量约为2500万吨。以平均每辆电动汽车需30kW·h锂离子电池用锂量折合为碳酸锂约52kg算，目前全球电动汽车保有量超过500万辆，需要碳酸锂26万吨。预计2030年全球电动汽车保有量会突破8000万辆，可见未来对于锂资源的消费增量无疑是巨大的。与此同时，储能市场规模也处于不断增长态势。据统计，截至2020年底，全球可再生能源装机总量累计达2799GW，若按20%的比例配备电池储能系统，一天工作8小时计算，需储能44.78亿千瓦时（4478GW·h）。由此可见，锂资源的短缺使得锂离子电池难以同时支撑电动汽车和大规模储能两大产业，金属锂因此又被称为21世纪改变世界格局的"白色石油"和"绿色能源金属"。为了突破这一战略资源稀缺的掣肘，研发在资源和成本上更具优势的新型储能电池势在必行。

1.2 钠元素的物理和化学性质

1.2.1 物理性质

钠与锂同属于第ⅠA族碱金属元素，其物理化学性质也有诸多相似之处，特别是Na^+/Na的标准电极电势为$-2.714V$（相对于标准氢电极），接近于Li^+/Li的标准电极电势$-3.045V$，因此研究者期望以钠代替锂，构建新型钠离子二次电池。

钠为银白色金属，质软而轻，可用小刀切割，密度比水小，比煤油大，为$0.97g/cm^3$，熔点97.81℃，沸点882.9℃。钠易与水反应或自燃，一般隔绝空气保存。钠是热和电的良导体，具有较好的导磁性，钾钠合金（液态）是核反应堆导热剂。钠单质还具有良好的延展性，硬度较低，与白磷相近，能够溶于汞和液态氨，溶于液氨形成蓝色溶液。然而钠金属在-20℃会变硬，失去质软的特征[2]。

钠原子只有一个价电子，而且固体中原子体积比较大，所以金属键较弱，这也是钠金属密度小、质地软、熔点和沸点低的根本原因。钠离子无颜色，因此钠的简单化合物一般也是无色的。一些有色的钠化合物之所以有颜色主要是由它们的阴离子所引起的，如铬酸钠（黄色）和高锰酸钠（紫红色）。但少数化合物，如超氧化物和臭氧化物，其颜色可能是由于离子间相互极化和变形而产生的。

钠金属单质、原子和离子的一些物理性质汇总于表 1-1 中。

表 1-1 钠的物理性质[2]

性质	参数	性质	参数
原子序数	11	还原电势/V	-2.714
原子量	22.98977	密度(20℃)/(g/cm^3)	0.97
晶体结构	体心立方	比热容/[kJ/(kg·K)]	0.292
熔点/℃	97.81	熔化热/(cal/g)②	27.05
原子半径/Å①	1.858	蒸发热(沸点)/(cal/g)	925.6
离子半径/Å	0.97	硬度(Mohs)	0.4
原子体积/(cm^3/mol)	23.7	光电效应阈值/μm	0.6
电离势/eV	5.138	黏度/mPa·s	0.690
电子脱出功/eV	2.28		

① 1Å=0.1nm。

② 1cal=4.2J。

1.2.2 化学性质

钠原子最外层有一个与原子核作用力较弱的 2s 价电子，以及具有稀有气体原子结构的内电子层。从其物理性质数据可以知道，它具有低的电子脱出功，大的原子体积、小的电离势和负的电极电势，说明钠原子的价电子很容易失去。此外，钠元素的电负性很小，这就决定了其在金属态和化合态时的化学反应性质。在金属态时，钠是最强的还原剂，极易与其他物质发生反应，生成离子键成分很高的化合物；在化合态时，钠离子又是最稳定的阳离子之一。

钠原子也可以通过共价键结合成分子，例如 Na_2 碱金属单质的双原子分子就是共价分子。一些螯合物和有机化合物中的 Na-O、Na-N 和 Na-C 键也包含着共价性质。钠原子的电子结构不允许它的化学键发生杂化，因为在反应时涉及的只是其中唯一的 s 电子，因而在生成的化合物中，钠金属只表现为+1 价（-1 价态只表现在很特殊的情况中）。

钠与酸反应是爆炸性的，即便与酸性较弱的化合物，如水、乙醇或乙炔等，也很容易发生反应，释放出氢气。甚至遇到像 NH_3 这样的化合物也能反应，并放出氢气，说明钠单质是很强的还原剂。

(1) 与氧的反应

金属钠长期露置于空气中，银白色金属钠表面变暗，生成 Na_2O。Na_2O 会与空气中的水蒸气反应生成白色固体 NaOH。NaOH 易潮解，表面变成溶液，并与空气中的 CO_2 反应生成白色块状物质 $Na_2CO_3 \cdot 10H_2O$。长期放置后，块状物质风干形成白色粉末状物质 Na_2CO_3。

钠在空气中加热或点燃时，会迅速熔化为一个闪亮的小球，发出黄色火焰，生成淡黄色固体 Na_2O_2。

(2) 与水的反应

钠与水发生反应生成 NaOH 并释放出氢气，该反应十分剧烈，产生大量的热并伴随爆炸的现象。过去人们认为金属钠与水发生爆炸反应是因为反应放热并点燃反应产物氢气，但科学家在 2015 年发表于 *Nature Chemistry* 上的一篇文章指出[3]，在钠/钾合金液滴注入水中后，短短的 0.4ms（10^{-3}s）内会变形成海胆状，细长的尖峰伸入水中，快速增加的接触面积使得反应开始失控。分子动力学模拟表明，钠原子会在几皮秒（10^{-12}s）的时间内失去一个电子，这些电子会跑到周围的水里面，并被水分子包围，形成"溶剂化电子"，留下的带正电的钠离子彼此之间会产生强烈的排斥，这种排斥力转化为动能，由此引发"库仑爆炸"。

因此，金属钠应浸放于液体石蜡、矿物油或苯系物中密封保存，量大时通常储存在铁桶中充氩气密封保存。在实验室纯度要求不高的情况下，少量保存时可用煤油浸泡，贮于阴凉干燥处，远离火种、热源，并与氧化剂、酸类、卤素分储分运。取用时可用镊子夹取适量，吸干其表面的煤油，用小刀切除表面氧化层，剩余的钠要放回煤油中，这也成为现行用于钠离子电池对电极金属钠片的常规制备方式。钠失火时不可用水扑救，也不能用泡沫灭火器，因为 Na_2O_2 与 CO_2 反应放出氧气助燃，必须用干燥沙土掩盖灭火。

(3) 与醇的反应

钠与醇类反应释放出氢气并生成相应的金属烷氧化物。该反应的速度与醇的分子量成反比，即醇的酸性越强反应越快。低分子量的一元醇与钠的反应速度较快，而仲醇、叔醇和高分子量的伯醇与钠反应则很慢，有时需要加热或采用其他方式才能进行。钠在常温下可与乙醇发生反应，且比与水的反应更温和，因此实验室的少量废弃钠可采用乙醇进行处理。

由于钠的活泼性，使得嵌钠负极比嵌锂负极具有更高的反应性，由此对电解液的纯度、稳定性等都提出更高的要求，以保障电池具有高的电化学性能。

1.3 钠资源概述

人们很早就知道了钠,并且很早就已经在使用它的一些化合物。1702 年,德国化学家 Stahl 指出天然碱主要为 Na_2CO_3。1758 年,Marggraf 发现借火焰颜色可以识别钠的化合物。1807 年,Davy 利用电解 NaOH 熔体获得了金属钠。1921 年,Downs 采用电解熔融氯化钠和氯化钙复合盐的方法,实现了工业制备金属钠的愿望,时至今日工业上仍然沿用这种方法[4]。

由于金属钠的性质非常活泼,极容易被氧化,所以迄今为止没有发现钠以单质的形式存在于自然界中。钠元素的地壳丰度和地球丰度分别为 2.83% 和 4900g/t。可以看出,无论就地壳局部或者就地球整体而言,钠都属于自然界中比较丰富的元素。2018 年中国钠盐查明资源储量为 14240.94 亿吨(以 NaCl 计)。钠的矿物很多,有些是简单盐,更多的是复盐。表 1-2 列出了一些常见的钠矿物。

表 1-2 钠的矿物[2]

分类		矿物的名称及组成
氯化物简单盐		食盐,NaCl 冰盐,$NaCl \cdot 2H_2O$
氟化物复盐		冰晶石,Na_3AlF_6 锥冰晶石,$5NaF \cdot 3AlF_3$ 霜晶石,$NaCaAlF_6 \cdot H_2O$ 硫卤石,$NaF, NaCl \cdot 2Na_2SO_4$
硫酸盐	简单盐	无水芒硝,Na_2SO_4 芒硝,$Na_2SO_4 \cdot 10H_2O$
	复盐	钙芒硝,$Na_2SO_4 \cdot CaSO_4$ 钾芒硝,$Na_2SO_4 \cdot 3K_2SO_4$ 钠矾,$NaAl(SO_4)_2 \cdot 12H_2O$ 四水钠镁矾,$Na_2SO_4 \cdot MgSO_4 \cdot 4H_2O$ 无水钠镁矾,$3Na_2SO_4 \cdot MgSO_4$ 钠铁矾,$Na(FeO)_3(SO_4)_2 \cdot 3H_2O$
硝酸盐	简单盐	智利硝,$NaNO_3$
	复盐	硫钠硝石,$NaNO_3 \cdot Na_2SO_4 \cdot H_2O$

续表

分类		矿物的名称及组成
碳酸盐	简单盐	苏打，$Na_2CO_3 \cdot 10H_2O$ 苏打石，$NaHCO_3$
	复盐	天然碱石，$Na_2CO_3 \cdot NaHCO_3 \cdot 2H_2O$ 钙水碱，$Na_2CO_3 \cdot CaCO_3 \cdot 2H_2O$ 钠方解石，$Na_2CO_3 \cdot CaCO_3 \cdot 5H_2O$ 丝钠铝石，$Na_2CO_3 \cdot [Al(OH)_3]_2CO_3$
硅酸盐		钠长石，$Na[AlSi_3O_8]$ 霞石，$Na[AlSiO_4]$ 硬玉，$NaAl[Si_2O_6]$ 方钠石，$Na_3[Al_3Si_3O_{12}] \cdot NaCl$ 黝方石，$Na_3[Al_3Si_3O_{12}] \cdot Na_2SO_4$ 蓝方石，$Na_3[Al_3Si_3O_{17}] \cdot (Na_2Ca)[SO_4]$ 天青石，$Na_3[Al_3Si_3O_{12}] \cdot Na_2S$ 钠云母，$NaAl_2[AlSi_3O_{10}](OH, F)_2$ 霓石，$NaFe[Si_2O_6]$ 钠闪石，$Na_3Fe_3Fe_2[Si_8O_{22}](OH)_2$ 钠沸石，$Na_2[Al_2Si_3O_{10}] \cdot 2H_2O$
硼酸盐	简单盐	硼砂，$Na_2B_4O_7 \cdot 10H_2O$
	复盐	钠硼解石，$NaCaB_5O_9 \cdot 6H_2O$ 硼钙钠石，$Na_3CaB_6O_{11} \cdot 7H_2O$

　　氯化钠是钠的最重要天然来源，具有巨大的矿床，这些矿床是古代海洋长期蒸发和结晶的结果。不少钠的矿物是由于含有高价值的阴离子而受到重视的，例如硼砂是重要的硼化物。海水中含有氯化钠，但不同的海水含氯化钠的量不同，内陆海的含盐量特别高。由于土壤对钠的吸附作用差，钠很容易从陆地转入海水中，因此在陆地生长的植物含钠量低，而海生植物含钠量却很高。

　　制备金属钠的原料是食盐，目前各国均采用1921年Downs提出的电解熔融氯化钠的方法[5]。该电解槽采用钢制外壳，内部衬以耐火砖。槽中有石墨阳极和铸钢阴极，电解液由40% NaCl和60% $CaCl_2$ 组成，电解温度为600℃。电解时，阴极产物是钙的液钠溶液，该溶液在流入收集器前被冷却至金属钙能结晶的温度，结晶的钙落入电解槽，再度发生反应。在110℃过滤液钠除去少量金属钙、氧化物和氯化物后就可以得到纯钠产品。

1.4 钠电池

金属钠的资源优势以及其较低的电极电势吸引研究者不断挖掘钠的电化学应用潜力，钠硫电池、钠-氯化镍电池（ZEBRA电池）和钠-空气电池被相继开发。这几类电池均以金属钠作为负极，通过钠离子在正负极之间传导和得失电子而实现电能和化学能的转换，可统称为钠电池。

(1) 钠硫电池

钠硫电池是一种最典型的钠电池，1967年美国福特（Ford）公司发明了钠硫电池[6]。钠硫电池需要较高的运行温度（300~400℃），常规二次电池如锂电池、铅酸电池等都是由固体电极和液体电解质构成，而钠硫电池则与之相反，它以熔融的液态金属钠和单质硫分别作为负极和正极的活性物质，以固态的β-Al_2O_3陶瓷作为隔膜和电解质。钠硫电池具有较高的比能量，其理论值为760W·h/kg，实际已经超过150W·h/kg，是铅酸电池的3~4倍。

目前对高温钠硫电池的研究主要集中在应用方面，由于其运行温度高，对材料的性能、生产工艺和电池的结构设计都提出了很高的要求。其中β-Al_2O_3陶瓷的制备是核心技术。日本NGK公司在1992年建设了世界上首个钠硫电池示范储能电站[7]，迄今已有200余座500kW以上功率的钠硫电池储能电站，在各国投入商业化示范运行，超过305MW的存储规模，被广泛用于平衡负载和应急电源。中国科学院上海硅酸盐研究所从1968年开始进行钠硫电池的相关研究工作，上海电气（集团）总公司、国家电网上海市电力公司、中国科学院上海硅酸盐研究所于2012年成立上海电气钠硫储能技术有限公司从事钠硫电池的研究生产工作。

虽然目前钠硫电池已经形成了一定规模的产业和实际应用，但由于钠硫电池的制造成本较高，正、负极活性物质的腐蚀性强，电池对固体电解质、电池结构和运行条件的要求苛刻，因此钠硫电池仍然需要进一步降低成本，并提高系统的安全性。

(2) ZEBRA电池

ZEBRA电池是1978年由南非Zebra Power Systems公司的Coetzer发明的一种基于β-Al_2O_3陶瓷电解质的二次电池[8]，又称钠盐电池。ZEBRA电池包括液态的钠负极、金属氯化物（$NiCl_2$和少量$FeCl_2$）正极以及钠离子导体β-Al_2O_3陶瓷电解质。与钠硫电池类似，由于使用β-Al_2O_3陶瓷电解质，ZEBRA

电池需要一定的工作温度，通常为250～300℃。Na/NiCl$_2$电池的开路电压高达2.58V，其理论比能量达到790W·h/kg。除了Na/NiCl$_2$体系外，氯化铁、氯化锌等也可作为活性物质构成类似的ZEBRA电池[9]。

与钠硫电池不同的是，ZEBRA电池的电化学反应不存在安全隐患，即使发生了严重的事故，ZEBRA电池也没有较大的危险性。因此ZEBRA电池被认为是为数不多的高安全性二次电池。同时，ZEBRA电池还具有很强的耐过充电和过放电的能力。由于ZEBRA电池优异的安全性，已在纯电动和混合动力汽车上展示了良好的应用前景。目前在欧美有超过1万辆ZEBRA电池电动车在运行中，这些电动车包括微型轿车、卡车、货车及大客车等。

(3) 钠空气电池

不同于锂空气电池的研究热潮，钠空气电池的发展尚处于起步阶段。Peled等于2011年提出了改善锂空气电池性能的新概念[10]，即利用液态熔融钠替代金属锂负极，在高于金属钠熔点（98℃）下工作，得到钠空气电池。

作为金属空气电池的一种，钠空气电池通过氧气与碱金属离子反应生成氧化物进行工作。其正极为空气电极，采用多孔炭或多孔金属形成传输氧气的通道进行还原反应，同时也是反应产物的生成基体。放电反应通过氧化产物填充空位进行，而当这些空位被完全填满后放电反应即终止。催化剂的使用有利于氧化和还原反应的进行，通常分散在多孔基体上。

液态钠电极的使用有效地避免了充电过程中金属枝晶在负极表面的形成，任何生成的钠枝晶都会被液相吸收；电池工作温度的提高加速了电极动力学过程并降低了电解质阻抗，有利于电池性能的发挥。另外，在温度高于100℃的条件下，电池成分对水蒸气的吸收可以忽略，因而大气中水成分的干扰基本可以忽略。

理论上锂空气电池的能量密度比钠空气电池更高，但是钠与氧反应生成过氧化物的电化学过程比锂更加稳定，使得钠空气电池的反应可逆性大为提高。这种新型的钠空气电池具有稳定性高、电压损失小的优点，具备作为未来新型电池系统的应用前景。

钠电池中的钠硫电池和ZEBRA电池最有希望解决大规模储能应用的难题，但是它们依然面临着或是能量密度低或是制造成本高或是安全性不够好等方面的问题。因此，需要对以金属钠为负极的电池体系进行拓展和延伸，通过借鉴锂离子电池嵌入脱出离子的工作原理，发展室温钠离子电池技术是时代所需。随着人们在钠离子电池理论和实践层面的理解加深，相关的知识、技术和经验更加丰富，钠离子电池有望实现在智能电网和可再生能源并网等方面的大规模应用。

参考文献

[1] BP. BP statistical review of world energy [J]. London, 2018.
[2] 张青莲. 无机化学丛书 [M]. 北京: 科学出版社, 2020.
[3] Mason P E, Uhlig F, Vaněk V, et al. Coulomb explosion during the early stages of the reaction of alkali metals with water [J]. Nature Chemistry, 2015, 7 (3): 250-254.
[4] Klemm A, Hartmann G, Lange L. Sodium and sodium alloys [M]. Wiley, 2000.
[5] Weeks M E. The discovery of the elements. Ⅸ. Three alkali metals: potassium, sodium, and lithium [J]. Journal of Chemical Education, 1932, 9 (6): 1035.
[6] Sudworth J, Tiley A. Sodium sulphur battery [M]. Springer Science & Business Media, 1985.
[7] Oshima T, Kajita M, Okuno A. Development of sodium-sulfur batteries [J]. International Journal of Applied Ceramic Technology, 2004, 1 (3): 269-276.
[8] Trickett D. Current status of health and safety issues of sodium/metal chloride (ZEBRA) batteries [R]. Golden: National Renewable Energy Lab., 1998.
[9] Bones R, Coetzer J, Galloway R C, et al. A sodium/iron (Ⅱ) chloride cell with a beta alumina electrolyte [J]. Journal of The Electrochemical Society, 1987, 134 (10): 2379.
[10] Peled E, Golodnitsky D, Mazor H, et al. Parameter analysis of a practical lithium-and sodium-air electric vehicle battery [J]. Journal of Power Sources, 2011, 196 (16): 6835-6840.

第 2 章

钠离子电池概述

2.1 钠离子电池的优势

尽管前一章所述的钠电池（Na-S 电池和 Na/NiCl$_2$ 电池等）具有较高的理论比能量，但其较高的工作温度不仅需要更长的启动时间，而且需要额外供能，熔融态的钠和硫等活性物质也对材料结构提出了更高的要求，同时也增加了使用的安全风险。近年来，相对更安全可靠的室温钠离子电池脱颖而出，受到研究者们越来越多的关注。

目前，锂离子电池在电动汽车市场已占据主导地位，在储能市场也崭露头角，但其所必需的有价金属原料如钴、镍等的价格居高不下，而不可或缺的碳酸锂不仅资源有限，且分布不均（70%在南美洲）。钠与锂同属于同族碱金属元素，两者物理化学性质相似，钠离子电池和锂离子电池的充放电机理基本相同，是一类借助于 Na$^+$ 在正负极之间穿梭的摇椅式电池。钠离子电池原材料来源丰富、地域分布均匀，成本相对较低，被认为是锂离子电池在某些领域的重要替代品。然而，在电动汽车及便携式电子产品等对能量密度要求较高的领域，钠离子电池缺乏竞争力；但在低速电动车、电网储能等对体积和重量、能量密度要求不高的领域，具有资源丰富、成本低廉等社会经济效益的钠离子电池毫无疑问是一个理想的选择。

与锂离子电池相比，钠离子电池具有以下明显的优点：

① 锂资源稀缺，且地理分布不均；但钠资源丰富，储量几乎是无限的。

② 低电势下 Li 会与 Al 形成合金，但 Na 不会。因此钠离子电池的正负极均可以采用铝集流体来降低 8%～10%的电池制造成本[1]。

③ 与锂离子相比，半径较大的钠离子有利于在极性溶剂中形成弱溶剂化离子。在碱离子插入电极/溶液界面时，如果速率控制步骤是去溶剂化过程，弱溶剂化则对获得高功率电池尤为关键。

2.2 钠离子电池的发展简史

早在 20 世纪 60 年代，含锂或钠的层状氧化物（LiMO$_2$、NaMO$_2$，M 为 3d 过渡金属元素）陆续被发现。贫钠相 Na$_x$MO$_2$ 的研究始于 1970～1972 年，

Fouassier 等[2,3] 揭示了 Na_xMnO_2 和 Na_xCoO_2 的相图。随后,他们又发现了类似的贫钾化合物 K_xMO_2(M=Cr、Mn、Ni),并研究了它们的结构和物理性质[4,5]。与此同时,Delmas 等[6] 提出了组合使用字母和数字来描述此类化合物堆积结构的表示方法:即采用字母(O 或 P)来表示碱金属离子的化学环境(八面体或棱柱形);采用数字(1,2,3,4,6,9)来标识六方晶胞中的 MO_2 层数,该分类方法迄今仍在使用。

在 20 世纪 70 年代末,Whittingham[7]、Murphy 等[8]、Huggins 等[9] 和 Armand[10] 等研究小组为基于非质子液体电解质的可逆锂电池开辟了道路,最开始的研究集中于锂在层状二硫化物中的嵌入,包括 TiS_2、TaS_2 和 ZrS_2 等[11-13]。而对于钠电池,他们仅研究了钠在 TiS_2 和 WO_3 中的嵌入反应[14,15]。

1978 年,Delmas 开始研究 Na_xMO_2(M=Co、Ni、Cr、Mn、Ti、Nb)类层状氧化物[16-20]。而此时,日本的 Takeda 在重点研究 Na_xFeO_2 体系[21]。此外,Fouassier 在研究 NASICON 型固体电解质期间,合成了 $Na_3M_2(PO_4)_3$(M=Ti、V、Cr、Fe)[22],其中 $Na_3V_2(PO_4)_3$ 和 $NaTi_2(PO_4)_3$ 被认为是两种典型的能稳定嵌入脱出钠离子的电极材料。

1989 年,在旭化成公司的吉野彰的带领下,索尼公司将含有碳负极的锂离子电池商业化。这项技术可实现电池的长周期循环并避免锂枝晶的形成,由此推动了锂离子电池在便携式设备中的广泛使用。此后,世界上几乎所有的电池研究都集中在锂离子电池材料和相关体系上,吉野彰也因此而获得了 2019 年诺贝尔化学奖。

在 20 世纪末,Dahn 等研究了以层状 $Na_x(Mn,Ni)O_2$ 材料作为前体,通过离子交换(Li^+/Na^+)获得新型锂电材料,以及钠电池的正极材料[23,24]。他们发现硬碳可作为钠离子电池的负极材料[25]。在 2000~2008 年期间,发表的关于钠离子电池相关材料的研究工作缓慢增加,而且主要来自少数具有该领域研究历史的实验室。

在 2008 年,许多实验室开始涉入钠离子电池的研究,与钠离子电池相关的论文数量也随之迅速增加。可以看到,将研究对象从储锂材料转向储钠材料并不难,因为大多数储锂和储钠材料的结构非常相似,它们的合成路线也很清晰。结果,在随后的 5 年时间内,关于钠离子电池研究的论文数量增加了五倍。在近 10 年,涌现出了较多可储钠的正极和负极材料。

2.2.1 正极材料

(1)层状氧化物

如前所述,钠基层状金属氧化物是 20 世纪 70 年代被研究最多的材料。在近些年，它们又作为钠离子电池首选的正极材料重新被研究，当前具有比40年前更先进的表征方法。

早期的研究集中在过渡金属层状氧化物材料上，Delmas通过Na_xMO_2材料（M=Co、V、Mo）的原位XRD衍射，确定了该复杂体系的相图[26-28]。由于O3型结构中存在有序的Na-空位或板层滑移，Na_xMO_2（M：单金属元素）充放电曲线上随之出现多个电压平台。为了抑制Na_xMO_2结构的有序化，改善其电化学性能，研究者试图在过渡金属氧化物MO_2层中引入多种阳离子。Yabuuchi和Komaba在2012年提出了P2-Na_x（Fe，Mn）O_2体系[29]，从材料的成本和适用性角度考量，P2-Na_x（Fe，Mn）O_2是目前最具前景的正极体系之一。Ceder结合实验和密度泛函理论（DFT）开展了一些有趣的研究[30,31]。虽然有多达几百篇论文专门研究了这类混合过渡金属氧化物材料，但其性能并没有明显改善。为了弄清此类正极的反应机制，有必要深入开展一些基础性的研究工作。

（2）3D聚阴离子型化合物

随着钠离子在$NaTi_2(PO_4)_3$中的成功嵌入[32]，以及Goodenough发现了高活性的$LiFePO_4$[33]，人们对3D骨架结构的研究变得非常感兴趣。2013年，Masquelier和Croguennec详细地综述了聚阴离子型结构电极材料[34]，其中特别关注了NASICON型$Na_3V_2(PO_4)_3$[35]和橄榄石型$NaFePO_4$[36-38]。Trad将一类新的材料体系——钠磷锰矿用作电极[39]，随后Yamada对其储钠反应进行了详细研究[40]。Okada和Yamaki首次提出焦磷酸盐电极材料[41]，Yamada也跟进了他们的工作[42]，该研究也拓展至混合磷酸盐和焦磷酸盐材料。

关于氟磷酸盐，Barker做出了开创性的工作[43]，几种性能非常好的电极材料，如$NaVPO_4F$[44]和$Na_3V_2(PO_4)_2F_3$[45]，均起源于他的工作。Croguennec、Masquelier和Carlier证明了在$Na_3V_2(PO_4)_2(F,O)_3$结构中存在F-O混合[46]。Nazar建议使用Na_2FePO_4F作为正极或用作制备Li_2FePO_4F的前体[47]。Tarascon提出了氟代硫酸钠正极[48]，与PO_4^{3-}相比，SO_4^{2-}的存在可提高电池电压。

（3）其他正极

Imanishi首先提出将普鲁士蓝类化合物用于锂离子电池电极[49]，Goodenough则将其应用领域拓展至钠离子电池[50]，他们均获得了一些有趣的结果。可以认为普鲁士蓝类化合物是钙钛矿中的氧被CN取代后所形成的衍生物。

正如有机电极材料领域的先驱Armand所提出的那样[51]，有机电池是非常有前景的（容量和能量密度高，但功率低）。最近，Okada在$Na_2C_6O_6$材料上[52]、陈军团队在$Na_4C_8H_2O_6$材料上的研究均获得了一些较好的电化学性能[53]。$Na_4C_8H_2O_6$ 既可用作正极，也可用作负极，因此可构成对称型的摇椅电池。然而，有机电极材料的容量衰减太快。

2.2.2 负极材料

钠离子电池对负极材料的要求与正极非常相似，主要区别在于对工作电压的要求不同，即负极的工作电压要接近 Na^+/Na，但不能有枝晶形成。对负极材料的研究通常是在以金属钠为对电极和参比电极的半电池中进行的。为了考察其在实际的全电池中用作负极时的性能，我们必须重点关注其充电过程（即半电池中的钠离子脱出曲线），而不是放电过程。但是在大多数研究论文中，报道的是放电容量而不是充电容量。并且在半电池中，只有 1V 以下的充电容量对负极来说才具备实际应用的意义。如果充电电压过高，则会导致所组成的全电池电压偏低。因此，下面我们简单回顾具有应用潜力的负极材料。

（1）硬炭负极

像在锂离子电池中一样，碳材料在钠离子电池中的应用也引起了广泛的关注。众所周知，钠离子不能大量嵌入石墨中。Doeff 成功地将钠离子可逆地嵌入石油焦热解得到的软炭中[54]。2001 年，Dahn 报道了钠离子可嵌入葡萄糖炭化后所得的硬炭中[55]，并提出了一种称为"纸牌屋"的结构模型：在硬炭的无序结构中，钠离子可同时插入石墨烯层和纳米孔中。该反应的可逆性非常好，容量约为 300mA·h/g。然而，上述硬炭储钠机制（一般称为"插入-吸附"机制）无法解释诸多实验现象，曹余良等在 2012 年提出另一种储钠机制[56]，认为钠离子在高电位区间主要吸附在碳材料表面或大层间的活性位点上，而在低电位区间则类似于锂离子嵌入石墨层一样，为钠离子嵌入较大的类石墨层中，这种机制被称为"吸附-嵌入"机制。虽然目前在硬炭的储钠机制上仍有一些不同的看法，但随着研究的深入会逐渐厘清。对储钠机制的正确认识，对设计和合成高性能储钠硬炭材料有着重要的意义。

（2）Ti 基负极

因 Ti^{4+} 的还原反应，钛氧化物可在低电压下嵌入碱金属。在钛基化合物中，Palacin 提出的 $Na_2Ti_3O_7$ 有着较大的应用价值[57]，但电化学性能不及硬炭。Li 和 Huang 报道钠离子可以在低于 1V 的电压下嵌入 P2-Na_x(Li, Ti)O_2 层状氧化物中（100mA·h/g）[58]，且其与 $Na_3V_2(PO_4)_3$ 匹配组装成的钠离子全电池表现出较好的电化学性能。

（3）合金负极

一些合金负极具有较好的电化学容量，合金负极的主要问题是钠离子嵌入脱出过程中发生巨大的体积变化，导致容量快速衰减。对于金属 Sn，近 4 个钠原子可与锡合金化（$Na_{15}Sn_4$），1V 以下的容量达 500mA·h/g，但体积大幅增加（420%），需要通过限制容量（嵌入深度）或构建复合材料来缓解体积变化[59]。Sb 和 Sb 基合金也可以用作负极，在 Sb 晶格中最多可插入 3 个钠离子，形成非晶相[60]。然而，Sb 是一种稀有的元素，大规模用于储能电池的可能性似乎很小。

（4）P 基负极

有研究者提出以磷作为负极，因为它具有非常好的电化学性能[61]。但是，Na_3P 与水自发反应会形成磷化氢（PH_3），是一种非常危险的有毒气体，在有氧存在的情况下会自燃。因此，磷负极在实际电池中是不予考虑的，并且所有的金属磷化物都存在相同的问题。Monconduit 报道的 Ni_3P 可逆地与多达 6 个钠离子发生电化学反应，并在放电时形成 Na_3P[62]。

（5）有机物负极

有机材料也可作为钠离子电池的负极[63]。但是与锂离子电池有机电极材料一样，它们中的大多数都具有高的不可逆容量，且脱钠电位高，这些问题都限制其在钠离子全电池中的应用。例如，$Na_2C_8H_4O_4$ 负极在 0.5V（相对于 Na^+/Na）以下的可逆容量为 200mA·h/g[64]，但它也具有很高的不可逆容量。

2.2.3 应用体系探索

钠离子电池最初是在 20 世纪 70 年代与锂电池一同被研究，早在 1980 年人们就研究了钠离子在 TiS_2 中的嵌入脱出行为。然而，一方面由于锂电池的明显优点，比如由于较高的电势和较低的摩尔质量而产生的高能量密度（锂的标准电极电势为 -3.04V，比钠的电极电势低 0.3V）；另一方面，由于一直未找到适于商用的钠离子电池负极材料，所以当时更多的研究焦点转移到了锂离子电池上，而钠离子电池的研究几近搁浅。但进入 21 世纪以来，伴随着锂离子电池在电动车市场的逐渐普及和储能市场的崭露头角，人们对全球锂储量有限、分布集中的担忧日渐上升。因此，由于钠资源遍布全球且丰度远高于锂，且钠离子电池在重量、体积、能量密度等要求相对较低的领域具有一定的优势，使得钠离子电池再次受到研究者们的重视。2000 年 Stevens 和 Dahn 测试了以金属钠和硬炭组装而成的半电池，实现了 300mA·h/g 的可逆容量[25]，为钠离子电池负极材料的发展提供了重要方向。

近年来，钠离子电池研究的关注点主要集中在电极材料方面。对于正极材料而言，由于钠离子电池和锂离子电池的相似性，很多研究将过去 20 多年锂离子电池的研究目标（包括层状过渡金属氧化物、橄榄石型磷酸铁锂和具有快速锂离子导体性质的化合物等）中的锂换成钠，有不少材料在钠离子电池中表现出较好的电化学活性。此外，含钠的正极材料可以在钠离子电池中用钠盐电解质循环，也可以在混合钠/锂离子电池中采用锂盐电解质进行循环。与锂离子电池的研究思路相似，有望适用于钠离子电池的负极材料，包括嵌入反应、合金化反应、转化反应在内的多种材料也已经得到了重点研究。

除电极材料的发展，钠离子全电池也已经崭露头角。以普鲁士蓝类材料 $Na_{1.92}Fe_2(CN)_6$ 为正极，硬炭为负极的全电池 [$Na_{1.92}Fe_2(CN)_6$//HC]，随着测试电流密度的增加，电压仍无明显衰减[65]。以阴离子型材料 $Na_3V_2(PO_4)_2O_2F$ 为正极，以合金化反应材料 Sb 为负极的全电池 [$Na_3V_2(PO_4)_2O_2F$//Sb] 同样显示出优良的倍率性能[66]，若将负极材料改为 Se/石墨烯复合物，获得的全电池 [$Na_3V_2(PO_4)_2O_2F$//Se/石墨烯] 表现出更好的低温性能[67,68]。

但总体来说，目前对钠离子电池的研究还停留在实验室阶段，研究思路也基本遵循着锂离子电池的发展历程。钠离子电池最终要走向商业化的话，一方面需要电极材料的开发取得突破性的进展，不论是优化已知的材料还是探索更多的新材料；另一方面，全电池存在的首效低、循环差、能量密度不高等诸多问题也需要得到解决。

2.3
钠离子电池的工作原理及特点

2.3.1 工作原理

与锂离子电池相似，钠离子电池也是一种摇椅式电池。钠离子穿梭于正极和负极之间，两个电极由浸在电解质中的多孔膜隔开。充放电过程中，钠离子在正、负极材料间来回迁移以实现能量的储存和释放。如图 2-1 所示，钠离子电池中的电荷转移主要是依靠钠离子在正负极材料中的可逆嵌入/脱出来实现的。具体来说，充电时，钠离子从正极材料晶格中脱出，经过电解质和隔膜，迁移到负极表面并嵌入负极材料中，使得正极处于贫钠态，负极处于富钠态。与此同时，为了保证电极内部的电荷平衡，电子经外电路由正极迁移到负极。放电过程则正好相反，钠离子从富钠态的负极中脱出，经过电解质和隔膜，迁移到正极侧，并回嵌入正极化合物的晶格中。

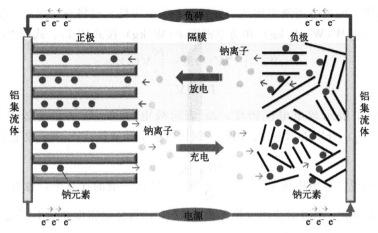

图 2-1 钠离子电池工作原理示意图[69]

2.3.2 主要特点

钠离子在正极材料中的行为用嵌入和脱出来描述，也称为钠化（sodiation）与去钠化（de-sodiation），对应于文献中的全电池以及半电池的放电和充电过程。相反，由于钠离子在负极材料中的反应过程较为复杂，涉及插层、合金化、转化以及转化与合金化耦合等多种反应，钠离子在负极中的行为用嵌入与脱出来描述，对应于全电池的充电和放电过程，以及文献中半电池的放电和充电过程。

为了使电池电荷平衡，钠离子电池正极材料中至少存在一对 M^{n+}/M^{n+1}（M＝过渡金属，如 Fe、Mn、V、Co、Ni 等）的氧化还原电对（近年来有不少研究者在锂离子电池中观察到了阴离子参与的氧化还原反应，钠离子电池中也存在类似阴离子参与的氧化还原反应）。在负极材料中同样涉及氧化还原反应，但该反应的电势较低。过渡金属的氧化还原电对 M^{n+}/M^{n+1} 发生反应的电势称为平衡电势 φ_e，在实际反应中由于极化的存在，产生一定的过电势 η，这二者共同决定了正极材料的工作电势。而 φ_e 不仅由过渡金属的种类决定，也受到金属离子所处的化学环境影响。比如在聚阴离子型化合物中，过渡金属的配位数、多面体的连接方式、电负性较强的阴离子及阴离子基团产生的诱导效应和 d 轨道分裂等因素都会影响正极材料的工作电势[70]。

全电池的电压定义为正负极的电势差，钠离子全电池的电压一般低于锂离子电池。为了获得能量密度高的电池，既可以通过提高正极电压，又可以通过选择工作电势低的负极来实现。另外，电解液的稳定电压区间决定电池的电压窗口。LUMO 和 HOMO 能级决定电解液的热力学稳定窗口，一个稳定的二次电池正极材料的电势低于 HOMO，而负极材料的电势高于 LUMO。基于这一思路，可以设计采用不同的电解液添加剂来提高电池的稳定性,这将在后面进一步说明。

能量密度 W(W·h/kg) 和功率密度 P(W/kg) 按式(2-1)、式(2-2) 计算:

$$W = \int_0^{\Delta t} IV(t) dt = \int_0^Q V(q) dq \tag{2-1}$$

$$P = IV_{\frac{1}{2}} \tag{2-2}$$

式中,I 表示放电电流密度;Δt 表示放电时间;Q 表示总放电比容量;$V(t)$ 和 $V(q)$ 分别表示电压是时间 t 和比容量 q 的函数;$V_{\frac{1}{2}}$ 表示放电中压。

严格来说,放电中压 $V_{\frac{1}{2}} = \dfrac{\int_0^Q V(q) dq}{Q}$,但在一般的计算中,也可以用半波电位 $V'_{\frac{1}{2}}$(容量一半时对应的电位)代替 $V_{\frac{1}{2}}$ 来计算能量密度和功率密度[71]。

上述计算公式不仅适用于有机系钠离子电池,也适用于水系钠离子电池。以文献中水系全电池 $NaTi_2(PO_4)_3$-$NaMnO_2$ 为例 (图 2-2)[72],在电流为 1C (1C= 60mA/g) 时,能量密度 W 为图中区域 A 的面积,经积分计算为 30W·h/kg。又已知负极质量为 1.875mg,正极活性质量为 4.0mg,由图可知,放电中压为 1.15V,则功率密度 $P = IV_{1/2} = 60mA/g \times 4.0mg \times 1.15V/(4.0mg + 1.875mg) = 47W/kg$。

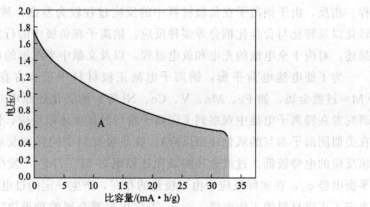

图 2-2 $NaTi_2(PO_4)_3$-$NaMnO_2$ 全电池在 1C 时的电压-比容量曲线
(比容量基于正负极总质量计算)[72]

2.4 钠离子电池的基本组成及关键材料

如图 2-3 所示,一个完整的钠离子电池除了包括正极、负极和电解液外,还含有集流体、黏结剂、导电剂和隔膜等电池组件。

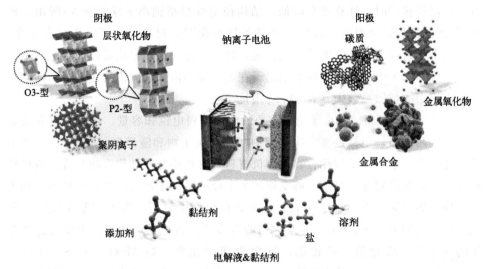

图 2-3　钠离子电池的基本组成示意图[73]

2.4.1　电极材料

如前所述，钠离子电池的正负极材料中各存在至少一个氧化还原电对，且正极的氧化还原电势高于负极。充电过程中，钠离子从正极脱出，通过电解液进入负极，正极发生氧化反应，负极发生还原反应，正极释放的电子通过外回路达到负极，使得整个电池实现电荷平衡，放电过程则与之相反。

尽管钠离子电池的研究起于 20 世纪 70 年代，但发展并不顺利，其技术的成熟度远不及锂离子电池，制约钠离子电池发展的瓶颈主要是缺乏可稳定嵌入脱出钠离子的长寿命正负极材料。

储钠电极材料的选取原则为：①具有较高的比容量；②合适的电位（正极要求较高的氧化还原电位，而负极则需要钠离子插入电位尽可能接近钠的氧化还原电位，从而保证电池高的电压输出）；③合适的内部结构以利于钠离子嵌入脱出；④良好的结构稳定性；⑤良好的电子和离子电导率；⑥不与电解液发生反应；⑦具有一定的振实密度；⑧价格低廉、资源丰富、环境友好等[74]。

除显而易见的选取原则外，下面将针对上述部分要求作进一步说明。电极材料的理论容量（mA·h/g）按式(2-3)计算：

$$Q = nF/3.6M \tag{2-3}$$

式中，n 为反应中转移的电子数；F 为法拉第常数，96485C/mol；M 为摩尔质量，g/mol。

合适的内部结构要求电极材料具有利于钠离子进出的扩散路径，当钠离子沿着这些路径移动时，迁移势垒较低。结构稳定性是指钠离子反复嵌入/脱出、插入/脱出的过程以及温度、湿度等环境条件变化时，材料结构不发生显著变化。良好的电子电导率意味着电子传输快速，这一点往往通过包覆或添加导电剂来实现；良好的离子电导率则意味着钠离子在正负极中嵌入和脱出的速度快，即钠离子在固相中的扩散系数大（Warburg阻抗小）。

图2-4总结了目前钠离子电池主要的电极材料电位和容量。正极材料分为无机和有机两大类，包括过渡金属氧化物（层状氧化物和隧道型氧化物）、普鲁士蓝类化合物、聚阴离子型化合物及有机材料（有机小分子和聚合物）等。负极材料可按反应机理划分，目前能够支撑较大半径的钠离子嵌入脱出负极材料有插入型负极，如硬炭和$NaTi_2(PO_4)_3$；合金化负极，主要是第ⅣA和ⅤA族的一些元素的单质如P、Sn、Sb、Ge及它们的合金等；转化反应负极，主要是过渡金属的氧化物、硫化物、磷化物、氮化物和硒化物，如MnO_2、CoS_2、CuP_2、Mo_2N和$FeSe_2$等，以及有机物（organic）负极，如羰基化合物。我们将在后面章节中进行详细阐述。

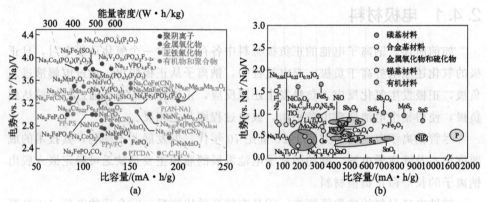

图2-4 钠离子电池主要的正极材料[74]和负极材料的电势-容量图[75]（彩插见文前）

2.4.2 相关组件

完整的钠离子电池除了正负极材料外，还需要一些必不可少的组件来辅助电极正常工作。这些组件包括电解液、隔膜、导电碳、黏结剂和集流体等。

电解液是钠离子电池不可或缺的重要组成部分。钠离子从一个电极脱出，经过电解液扩散到另一电极发生反应，在充放电过程中以离子的形式平衡两个电极的电荷。从溶剂的角度来看，电解液大致可以分为两种类型：非水电解液和水系电解液。而非水电解液又可以进一步分为三种主要类型：有机液态电解液、凝胶聚合物电解液和固态电解质。

基础的电解液由溶剂和溶质构成，很多还含有功能添加剂。电解液的选择应该满足以下条件：热稳定性好，不易发生分解；溶液中的离子电导率高；有宽的电化学窗口等。对溶剂来说，按照分子轨道理论，电子占据的最高能量分子轨道和最低能量分子轨道分别称为 HOMO 和 LUMO，不同物质的能级是独一无二的，随着电解液中溶剂成分的变化而变化。高 HOMO 能级可以通过给电子促使氧化反应，而低 LUMO 能级可以通过接受电子引发还原反应，所以具有低 HOMO 和高 LUMO 的溶剂，如环状和链状的碳酸酯和醚类物质都适合用于电解液。常见的有碳酸乙烯酯（EC）、碳酸丙烯酯（PC）、碳酸甲乙酯（EMC）、碳酸二甲酯（DMC）、碳酸二乙酯（DEC）等；常见的醚类物质有线型乙二醇二甲醚、二乙二醇二甲醚和环状的四氢呋喃等。值得一提的是，此前的研究认为石墨不具有储钠活性，但醚类溶剂的应用打破了这一认识，因为有些醚类溶剂会和钠离子共嵌入石墨而产生容量。事实上，为了获得综合性能优良的电解液，如高的离子电导率、在电极表面形成更稳定的固体电解质（SEI）膜以及获得最佳的电化学稳定窗口等，常将多种溶剂混合使用，如 EC+PC、EC+DEC、EC+PC+DMC 等。

溶剂中添加的钠盐有 $NaClO_4$、$NaPF_6$、$NaBF_4$、$NaCF_3SO_3$、$Na[N(CF_3SO_2)_2]$（NaTFSI）、$Na[N(FSO_2)_2]$（NaFSI）等。已经有实验证明耐氧化性能 $PF_6^- > ClO_4^- > CF_3SO_3^-$ [76]，这与锂离子电池中的趋势一致。目前广泛使用的钠盐为 $NaClO_4$ 和 $NaPF_6$，但 $NaClO_4$ 存在高氧化性，$NaPF_6$ 对水分不稳定。添加剂指的是加入少量便可以显著改善电池性能的物质，这些性能包括可逆容量、循环寿命、库仑效率和安全性等。添加剂主要通过形成稳定的电极-电解质界面（EEI）来修饰电极，即负极上的 SEI 和正极上的 CEI。常用的添加剂有氟代碳酸乙烯酯（FEC）、亚硫酸乙烯酯（ES）和碳酸亚乙烯酯（VC），其中FEC 是最广为应用的添加剂，因为 FEC 拥有较高的还原电位，它能优先于溶剂和钠盐被还原，在电极表面形成稳定的 SEI 膜。

钠离子电池中凝胶聚合物电解液和固态电解质的发展目前还处于初期阶段，它们所面临的最大挑战是离子电导率过低。通常凝胶聚合物电解液的离子电导率约 10^{-3} S/cm，且它们的相对介电常数较低，一般只有 3~5，导致其溶解钠盐的能力不足[77,78]；固态电解质的离子电导率一般在 $10^{-5} \sim 10^{-7}$ S/cm 之间，即使最先进的具有 NASICON 结构的陶瓷材料也只有 10^{-4} S/cm[78]。

目前应用最广的有机电解液由于易燃和易挥发的特性而存在严重的安全隐患，利用水系电解液替代有机电解液可以极大地提高电池的安全性。水系电解液以水作溶剂，以 Na_2SO_4、NaOH、$NaNO_3$、NaFSI 等作为溶质，离子电导率高，成本低廉，环境友好。目前也有不少电极材料被证明可以在水系电解液中稳定工作，如 $Na_{0.44}MnO_2$、$Na_2NiFe(CN)_6$、$Na_3V_2(PO_4)_3$、$NaTi_2(PO_4)_3$ 等。但水的热力学稳定窗口窄（1.23V），限制了水系电池在高电压和高能量密度储能设备上的应用。因而，开发高容量材料、修饰电极界面和探索新的电解液体系，如高浓度的盐包水型电解液，是未来发展的主要方向。

除了电解液外，隔膜也是必不可少的组成之一（全固态电池除外）。隔膜的主要作用是将正负极在物理上隔开，防止两极接触造成短路，并且能使电解质中的离子通过。另外，隔膜还具有一定的安全属性，在温度升高时自发闭合上面的微孔，阻止反应的进一步发生。常见的隔膜包括聚乙烯和聚丙烯微孔膜，以及玻璃纤维膜。

电极中除了活性物质外，往往含有少量的黏结剂和导电添加物。常用的黏结剂有聚偏氟乙烯（PVDF）、聚四氟乙烯（PTFE）、羧甲基纤维素钠（CMC）、聚丙烯酸（PAA）等，其中 PTFE、CMC、PAA 可以用于水系电池。在一些自支撑电极中，可以省去黏结剂。导电添加物有炭黑（Super P、乙炔黑、科琴黑）、碳纤维、石墨粉和碳纳米管等。

在锂离子电池中，正极集流体采用铝箔，负极集流体使用铜箔。而在钠离子电池中，因为钠不会和铝形成合金，正负极都可以使用铝箔作为集流体。这一方面可以减轻电极重量（铝的密度约为铜的 1/3），另一方面也避免了电池体系对高价铜的依赖。另外，正负极都采用铝集流体，可以使钠离子电池承受一定程度的低电位放电或过放，而不发生锂离子电池负极铜集流体在高电势情况下金属溶出的现象，大大提高了钠离子电池的耐过放能力。

2.5 材料相关表征技术及应用

电池的电化学性能诸如循环寿命、倍率性能和工作电压，与充放电循环过程中电极材料的结构与形貌的变化、相变过程、钠离子扩散和电极/电解液界面重构等因素密切相关。散射技术、微观图像技术和光谱技术的快速发展，为深入了解电极材料的结构和动力学性能、电极/电解液界面的特性提供了可能，也为优化当前的钠离子电池体系和探索新型电极材料提供了理论指导。

（1）X 射线衍射

X 射线衍射（X-ray diffraction，XRD）相分析是利用 X 射线在晶体物质中的衍射效应进行物质结构分析的技术。每一种结晶物质都有其特定的晶体结构，包括点阵类型、晶面间距等参数，晶体的晶面反射遵循布拉格定律。X 射线衍射是一种发展非常成熟的技术，根据峰的位置和相对强度，可以获得有关晶体结构、离子混排、相纯度和结构转化的信息，对研究钠离子电池电极材料在合成过程或者充放电过程中的结构演变非常重要。例如，Bucher 等[79]通过同步辐射X 射线衍射发现在 Co 掺杂的 P2 相 Na_xMnO_2 中，Co 取代 Mn 既可以抑制 Jahn-Teller 效应，又能够增强 Na^+ 动力学。

(2) 中子衍射

与其他微观粒子一样，中子也具有波粒二象性。德布罗意波长约为 1Å 的中子通过晶态物质时发生布拉格衍射，可以从中获得结构体应变状态信息。与 X 射线相比，中子衍射（neutron diffraction，ND）的特点有：轻重元素对中子的散射本领的比率远大于 X 射线，故中子衍射技术较易识别轻元素在晶胞中的占位；中子不带电且质量较大，在与原子核发生碰撞（碰撞的概率非常低）时受到来自原子核的作用力；与此同时，由于中子自身的自旋磁矩不为零，它还会与原子（或离子）磁场相互作用，因而是研究物质结构的理想工具。中子有高的贯穿能力（可达几毫米至几十毫米），故试样可以较大，使结果更富于统计性，进而深入探索材料内某一局域的结构。

(3) 扫描电子显微镜

扫描电子显微镜（SEM）是 1965 年发明的较现代的细胞生物学研究工具，后发展到材料领域。分辨率介于光学显微镜与透射电镜之间，是利用聚焦得非常细的高能电子束在试样上扫描，激发出各种物理信息，比如二次电子、特征 X 射线、背散射电子等。通过采集二次电子、背散射电子得到有关物质表面微观形貌的信息，通过背散射电子衍射花样可以得到晶体结构信息，通过特征 X 射线可以得到物质化学成分的信息，这些得到的都是接近样品表面的信息。背反射电子的产额随原子序数的增加而增加，故利用背反射电子作为成像信号不仅能分析形貌特征，也可以用来显示原子序数衬度，定性进行成分分析。二次电子的分辨率较高，一般可达到 5~10nm。扫描电镜的分辨率一般就是二次电子分辨率。二次电子产额随原子序数的变化不大，它主要取决于表面形貌。

(4) 透射电子显微镜

1932 年 Ruska 发明了以电子束为光源的透射电子显微镜（transmission electron microscope，TEM）。工作原理是：由电子枪发射出来的电子束，在真空通道中沿着镜体光轴穿越聚光镜，通过聚光镜将之汇聚成一束尖细、明亮而又均匀的光斑，照射在样品室内的样品上；透过样品后的电子束携带有样品内部的结构信息；经过物镜的会聚调焦和初级放大后，电子束进入下级的中间透镜和投影镜进行综合放大成像，最终被放大了的电子影像投射在观察室内的荧光屏板上。电子束的波长远小于可见光和紫外线，故透射电子显微镜可以看到在光学显微镜下无法看清的小于 $0.2\mu m$ 的细微结构，这些结构称为亚显微结构或超微结构，目前 TEM 的分辨力可达 0.2nm。

(5) 扫描透射电子显微镜

在扫描电镜上配置透射附件，应用透射模式可得到物质的内部结构信息，使其既有扫描电镜的功能，又具备透射电镜的功能。与透射电镜相比，由于其加速电压低，不仅可显著减少电子束对样品的损伤，而且可大大提高图像的衬度。与 TEM 类似，STEM（扫描透射电子显微镜）要求样本较薄，主要观察样本透射的电子束电子。相比 TEM，它的主要优势之一是，能够利用在 TEM 中无法进行空间关联的其他信号，包括二次电子、散射的电子束电子、表征 X 射线和电子能量损失。与 SEM 类似，STEM 技术将聚焦得非常细小的电子束以光栅状扫描形式照射到样本上。电子束电子和样本原子之间的相互作用会产生与电子束位置相关的串行信号流，从而形成虚拟图像，在该虚拟图像中，样本上任何位置的信号电平在图像的相应位置均以灰度表示。此技术相对于传统 SEM 成像的主要优势是空间分辨率有所提高。

(6) 原子力显微镜

原子力显微镜（atomic force microscope，AFM），是一种可用来研究包括绝缘体在内的固体材料表面结构的分析仪器。它通过检测样品表面和一个微型力敏感元件之间极微弱的原子间相互作用力来研究物质的表面结构及性质。当原子力显微镜探针的针尖与样品接近时，在针尖原子和样品表面原子之间相互作用力的影响下，悬臂梁会发生偏转引起反射光的位置发生改变；当探针在样品表面扫过时，光电检测系统会记录激光的偏转量（悬臂梁的偏转量）并将其反馈给系统，最终通过信号放大器等以纳米级分辨率获得表面形貌结构信息及表面粗糙度信息。原子力显微镜最核心的部件是原子力探针。

(7) 透射 X 射线显微镜

透射 X 射线显微镜（transmission X-ray microscopy，TXM）是 X 射线成像术的一种。与只能提供样品平均信息的 X 射线衍射/吸收技术相比，TXM 可以在样品的特定区域提供空间分辨率低于 30nm 的价态和元素面分布信息。TEM 和 AFM 只能探测表面信息，但基于第三代同步加速器源的 TXM，能够在较宽的视野下研究体积较大、厚度较厚的样品。非常适合对在实际工作状态下的纽扣电池的测试[80]。

(8) X 射线光电子能谱学

X 射线光电子能谱分析（X-ray photoelectron spectroscopy，XPS）是用 X 射线去辐射样品，使原子或分子的内层电子或价电子受激发射出来。被光子激发出来的电子称为光电子,可以通过测量光电子的能量,以光电子的动能为横坐标,相对强度(脉冲/s)为纵坐标,绘制光电子能谱图,从而获得待测试样的组成信息。XPS 主要应用于测定电子的结合能,来实现对表面元素的定性分析和定量分析,具有分析区域小、分析深度浅和不易破坏样品的特点。

(9) 傅里叶变换红外光谱

傅里叶变换红外光谱(Fourier transform infrared spectrum,FTIR)不同于色散型红外分光的原理,是基于对干涉后的红外线进行傅里叶变换的原理而开发的红外光谱仪。主要工作原理是通过迈克尔逊干涉仪使光源发出的光分为两束后形成一定的光程差,再使之复合以产生干涉,所得到的干涉图函数包含光源的全部频率和强度信息,然后通过傅里叶变换对信号进行处理,最终得到透过率或吸光度随波数或波长变化的红外吸收光谱图。

(10) 拉曼光谱

分子振动也可能引起分子极化率的变化,产生拉曼光谱(Raman spectra)。拉曼光谱是一种散射光谱。激光光源的高强度入射光被分子散射时,大多数散射光与入射激光具有相同的波长,不能提供有用的信息,这种散射称为瑞利散射。然而,还有极小一部分(大约 10^{-9})散射光由于和材料内化学键的相互作用,导致散射波长与入射光不同,这部分散射光称为拉曼散射。拉曼光谱可以提供样品化学结构、相和形态、结晶度以及分子相互作用的详细信息。

当光线照射到分子并且和分子中的电子云及分子键合产生相互作用时,就会发生拉曼效应。对于自发的拉曼效应,光子将分子从基态激发到一个虚拟的能量状态。激发态的分子放出一个光子后将返回到一个不同于基态的旋转或振动状态,基态与新状态间的能量差会使得释放光子的频率与激发光线的波长不同。如果最终振动状态的分子能量比初始状态时高,激发出来的光子频率则较低,以确保系统的总能量守恒。这一个频率的改变被命名为斯托克斯位移(Stokes shift)。如果最终振动状态的分子能量比初始状态时低,所激发出来的光子频率则较高,这一个频率的改变被命名为反斯托克斯位移(anti-Stokes shift)。拉曼散射是基于能量透过光子和分子之间的相互作用而传递的,是一个非弹性散射的例子。

2.6 材料的制备方法

(1) 高温固相反应法

高温固相法是陶瓷材料合成过程中常用的方法,是指在高温下,固体界面间经过接触、反应、成核、晶体生长而生成一大批复合物。高温固相法虽然操作简单，但是温度控制较为麻烦。另外，该方法制备周期较长，无法控制材料颗粒尺寸，制备出的材料结块现象较为明显，对材料的性能影响较大。

(2) 溶剂热合成法

溶剂热反应一般是指以液体有机物作溶剂（如果改用水时，就被称为水热法），在高温高压条件下，使得在常温下不反应或者是难反应的物质发生反应。溶剂热反应是利用高温高压的溶剂使那些在大气条件下不溶或难溶的物质溶解，形成过饱和状态而析出晶体的方法。因为温度高、压强大，所以必须用到水热釜。合成中的配体种类、金属离子浓度、温度、反应时间、pH值等都会影响反应的结果。溶剂热合成的晶体具有晶面，热应力较小，内部缺陷少。但该方法对设备要求高（耐高温高压的钢材，耐腐蚀的内衬），影响因素多，安全性较差。

(3) 溶胶-凝胶法

溶胶-凝胶法可以在分子级水平实现原材料的混合。胶体是由直径1～100nm的粒子分散在溶液中形成的，形成凝胶后在前体溶液中具有独特的网状结构，使得制备的产物粒度分布均匀。但该方法制备周期较长，操作复杂，影响因素较多，难以实现工业化应用。

(4) 机械化学法

机械化学（mechanochemistry）法最早发源于同生理机能有关的生物化学中机械运动能与化学能的转变，目前主要指通过挤压、剪切、摩擦等手段，对物质施加机械能，从而诱发其物理化学性质变化，使物质与周围环境中的固体、液体、气体发生化学反应。随着机械行业的发展，各种高能研磨设备的不断出现使机械化学在金属合金化、有机合成、化合物改性等多个领域得到应用。因其不含有或只含有少量溶剂，机械化学合成法也被称为绿色合成法。

(5) 电化学合成法

通常的氧化/还原反应均为自发的过程，以氧化/还原性更强的物质来制备氧化/还原性较弱的物质。整个反应的驱动力来自反应体系化学能的降低，也就是原电池的原理。电化学合成是指在电化学电池中合成化合物，在电能的作用下，用氧化/还原能力更弱的试剂来制备氧化/还原能力更强的目标产物。整个体系是化学能升高的过程，能量由电做功来弥补。与普通氧化还原反应相比，可以通过控制电位提高选择性和产率，这是电化学合成的主要优点。电化学合成作为一门新兴的科学，在工业上有着广泛的应用。

(6) 模板法

模板法的原理是利用某种特殊形体的物质，构筑一个微米或纳米尺寸的反应器，让合成产物的成核和生长在该反应器中进行。在反应充分进行后，微纳反应器的大小和形状就决定了作为产物的纳米材料的尺寸和形貌。无数多个微纳反应器的集合便成就了模板合成法中的"模板"。根据模板的形态，可以分为硬模板和软模板。

其中，常见的硬模板有阳极氧化铝、介孔沸石、纳米管、多孔硅模板、硅微球、聚苯乙烯、金属模板和经过特殊处理的多孔高分子薄膜等。而软模板则常常是由表面活性剂分子聚集而成的胶团、反胶团、囊泡等。作为模板剂，两者的共性是都能提供一个限域空间；两者的区别则在于前者是静态孔道，物质只能从开口处进入孔道内部，而后者提供的则是动态平衡的空腔，物质可以透过腔壁扩散进出。

模板法的优点主要是可以精确控制纳米材料的尺寸、形貌和结构；具有相当的灵活性；装置简单，操作条件温和；可以防止纳米材料团聚现象的发生。但硬模板的后续处理比较麻烦，要用强酸、强碱或有机溶剂去除模板剂。软模板大多不太规则和稳定，且影响因素较多。

2.7
钠离子电池发展的必要性

(1) 明显的经济效益

太阳能和风能等清洁和可再生能源的开发促进了储能技术的发展。作为二次电池的代表，锂离子电池主导了便携式电子产品和电动汽车的市场，而且近年来也开始进入储能领域。但众所周知，锂的资源有限，地壳中 Li 的丰度仅为 0.0065%，远远低于 Na 的储量 (2.74%)，不足以支持大型储能电站的快速扩张。价格低廉、性能良好的钠离子电池的出现不仅可以缓解锂资源紧张的现状，而且能为大规模储能的发展提供新的选择，具有明显的社会经济效益。

(2) 完备的理论背景和经验

如前所述，目前研究者已经开发出了大量的电极材料，对材料在充放电过程中的储钠机理、相变过程有了充分的认识，对电解液、隔膜等电池组件也有了较深入的研究。钠离子电池拥有和锂离子电池相似的工作原理，因此可以将锂离子电池电极的设计思路和生产工艺、产线建设、电池制造流程技术所积累的成熟经验，应用借鉴到钠离子电池的研究和规模化生产中。

(3) 国家能源安全战略需求

我国是一个能源消耗大国，对外石油依赖度极高，这对我国的能源结构和国家安全都存在潜在的巨大威胁。发展电动车、新能源及电网侧储能用到的锂资源又仅蕴藏于地球上少数几个地区（阿根廷、智利和玻利维亚拥有世界上三分之二的锂），而钠资源在全球各地都有分布，特别是在海水中以 NaCl 的形式大量存在。我国拥有广阔的海洋面积，钠资源对于我国来说是非常丰富的。同时，我国煤炭资源丰富，风电、光电等新能源总规模也处于世界前列，如何将这些能量高效储存并转化使用是目前一大难题。因此，深入研究稳定的钠离子电池电极材料和电解质的特性，并发展出技术成熟的二次钠离子电池，拓展它在能量储存转化领域内的应用，对我国社会和经济发展具有长远意义。

参考文献

[1] Ni J, Li L. Self-supported 3D array electrodes for sodium microbatteries [J]. Advanced Functional Materials, 2018, 28 (3): 1704880.

[2] Parant J P, Olazcuaga R, Devalette M, et al. Sur quelques nouvelles phases de formule $Na_x MnO_2 (x \leqslant 1)$ [J]. Journal of Solid State Chemistry, 1971, 3 (1): 1-11.

[3] Fouassier C, Matejka G, Reau J M, et al. Sur de nouveaux bronzes oxygénés de formule $Na_x CoO_2 (x1)$. Le système cobalt-oxygène-sodium [J]. Journal of Solid State Chemistry, 1973, 6 (4): 532-537.

[4] Delmas C, Devalette M, Fouassier C, et al. Les phases $K_x CrO_2 (x \leqslant 1)$ [J]. Materials Research Bulletin, 1975, 10 (5): 393-398.

[5] Delmas C, Fouassier C. Les phases $K_x MnO_2 (x \leqslant 1)$ [J]. Zeitschrift für anorganische und allgemeine Chemie, 1976, 420 (2): 184-192.

[6] Delmas C, Fouassier C, Hagenmuller P. Structural classification and properties of the layered oxides [J]. Physica B & C, 1980, 99 (1-4): 81-85.

[7] Whittingham M S. Electrical energy storage and intercalation chemistry [J]. Science, 1976, 192 (4244): 1126.

[8] Murphy D W, Di Salvo F J, Hull G W, et al. Convenient preparation and physical properties of lithium intercalation compounds of Group 4B and 5B layered transition metal dichalcogenides [J]. Inorganic Chemistry, 1976, 15 (1): 17-21.

[9] Weppner W, Huggins R A. Determination of the kinetic parameters of mixed-conducting electrodes and application to the system $Li_3 Sb$ [J]. Journal of The Electrochemical Society, 1977, 124 (10): 1569-1578.

[10] Armand M, Touzain P. Graphite intercalation compounds as cathode materials [J]. Materials Science and Engineering, 1977, 31: 319-329.

[11] Whittingham M S, Dines M B. n-Butyllithium——an effective, general cathode screening agent [J]. Journal of The Electrochemical Society, 1977, 124 (9): 1387-1388.

[12] Murphy D W, Trumbore F A. Metal chalcogenides as reversible electrodes in nonaqueous lithium batteries [J]. Journal of Crystal Growth, 1977, 39 (1): 185-199.

[13] Whittingham M S. Chemistry of intercalation compounds: metal guests in chalcogenide hosts [J]. Progress in Solid State Chemistry, 1978, 12 (1): 41-99.

[14] Silbernagel B G, Whittingham M S. The physical properties of the $Na_x TiS_2$ intercalation

compounds: a synthetic and NMR study [J]. Materials Research Bulletin, 1976, 11 (1): 29-36.

[15] Whittingham M S. Free energy of formation of sodium tungsten bronzes, Na_xWO_3 [J]. Journal of The Electrochemical Society, 1975, 122 (5): 713-714.

[16] Delmas C, Braconnier J J, Fouassier C, et al. Electrochemical intercalation of sodium in Na_xCoO_2 bronzes [J]. Solid State Ionics, 1981, 3-4: 165-169.

[17] Braconnier J J, Delmas C, Hagenmuller P. Etude par desintercalation electrochimique des systemes Na_xCrO_2 et Na_xNiO_2 [J]. Materials Research Bulletin, 1982, 17 (8): 993-1000.

[18] Maazaz A, Delmas C, Hagenmuller P. A study of the Na_xTiO_2 system by electrochemical deintercalation [J]. Journal of Inclusion Phenomena, 1983, 1 (1): 45-51.

[19] Mendiboure A, Delmas C, Hagenmuller P. Electrochemical intercalation and deintercalation of Na_xMnO_2 bronzes [J]. Journal of Solid State Chemistry, 1985, 57 (3): 323-331.

[20] Delmas C, Braconnier J J, Maazaz A, et al. Soft Chemistry in A_xMO_2 sheet oxides [J]. Revue De Chimie Minerale, 1982, 19 (4-5): 343-351.

[21] Takeda Y, Nakahara K, Nishijima M, et al. Sodium deintercalation from sodium iron oxide [J]. Materials Research Bulletin, 1994, 29 (6): 659-666.

[22] Delmas C, Olazcuaga R, Cherkaoui F, et al. A new family of phosphates with the formula $Na_3M_2(PO_4)_3$ (M = Ti, V, Cr, Fe) [J]. Chemischer Informationsdienst, 1979, 10 (2): no-no.

[23] Paulsen J M, Larcher D, Dahn J R. O_2 Structure $Li_{2/3}[Ni_{1/3}Mn_{2/3}]O_2$: a new layered cathode material for rechargeable lithium batteries Ⅲ. ion exchange [J]. Journal of The Electrochemical Society, 2000, 147 (8): 2862.

[24] Lu Z, Dahn J R. Effects of stacking fault defects on the X-ray diffraction patterns of T2, O2, and O6 structure $Li_{2/3}[Co_xNi_{1/3-x}Mn_{2/3}]O_2$ [J]. Chemistry of Materials, 2001, 13 (6): 2078-2083.

[25] Stevens D A, Dahn J R. High capacity anode materials for rechargeable sodium-ion batteries [J]. Journal of The Electrochemical Society, 2000, 147 (4): 1271.

[26] Berthelot R, Carlier D, Delmas C. Electrochemical investigation of the $P2-Na_xCoO_2$ phase diagram [J]. Nature Materials, 2011, 10 (1): 74-80.

[27] Guignard M, Didier C, Darriet J, et al. $P2-Na_xVO_2$ system as electrodes for batteries and electron-correlated materials [J]. Nature Materials, 2013, 12 (1): 74-80.

[28] Vitoux L, Guignard M, Suchomel M R, et al. The Na_xMoO_2 phase diagram ($1/2 \leqslant x < 1$): an electrochemical Devil's staircase [J]. Chemistry of Materials, 2017, 29 (17): 7243-7254.

[29] Yabuuchi N, Kajiyama M, Iwatate J, et al. P2-type $Na_x[Fe_{1/2}Mn_{1/2}]O_2$ made from earth-abundant elements for rechargeable Na batteries [J]. Nature Materials, 2012, 11 (6): 512-517.

[30] Li X, Ma X, Su D, et al. Direct visualization of the Jahn-Teller effect coupled to Na ordering in $Na_{5/8}MnO_2$ [J]. Nature Materials, 2014, 13 (6): 586-592.

[31] Bo S H, Li X, Toumar A J, et al. Layered-to-rock-salt transformation in desodiated Na_xCrO_2 (x 0.4) [J]. Chemistry of Materials, 2016, 28 (5): 1419-1429.

[32] Delmas C, Cherkaoui F, Nadiri A, et al. A nasicon-type phase as intercalation electrode: $NaTi_2(PO_4)_3$ [J]. Materials Research Bulletin, 1987, 22 (5): 631-639.

[33] Padhi A K, Nanjundaswamy K S, Goodenough J B. Phospho-olivines as positive-electrode materials for rechargeable lithium batteries [J]. Journal of The Electrochemical Society, 1997, 144 (4): 1188-1194.

[34] Masquelier C, Croguennec L. Polyanionic (phosphates, silicates, sulfates) frameworks as electrode materials for rechargeable Li (or Na) batteries [J]. Chemical Reviews, 2013, 113 (8): 6552-6591.

[35] Gopalakrishnan J, Rangan K K. Vanadium phosphate ($V_2(PO_4)_3$): a novel NASICON-type vanadium phosphate synthesized by oxidative deintercalation of sodium from sodium vanadium phosphate ($Na_3V_2(PO_4)_3$) [J]. Chemistry of Materials, 1992, 4 (4): 745-747.

[36] Lee K T, Ramesh T N, Nan F, et al. Topochemical synthesis of sodium metal phosphate olivines for sodium-ion batteries [J]. Chemistry of Materials, 2011, 23 (16): 3593-3600.

[37] Moreau P, Guyomard D, Gaubicher J, et al. Structure and stability of sodium intercalated phases in olivine $FePO_4$ [J]. Chemistry of Materials, 2010, 22 (14): 4126-4128.

[38] Oh S M, Myung S T, Hassoun J, et al. Reversible $NaFePO_4$ electrode for sodium secondary batteries [J]. Electrochemistry Communications, 2012, 22: 149-152.

[39] Trad K, Carlier D, Croguennec L, et al. $NaMnFe_2(PO_4)_3$ Alluaudite phase: synthesis, structure, and electrochemical properties as positive electrode in lithium and sodium batteries [J]. Chemistry of Materials, 2010, 22 (19): 5554-5562.

[40] Oyama G, Pecher O, Griffith K J, et al. Sodium intercalation mechanism of 3.8V class alluaudite sodium iron sulfate [J]. Chemistry of Materials, 2016, 28 (15): 5321-5328.

[41] Uebou Y, Okada S, Yamaki J I. Electrochemical insertion of lithium and sodium into $(MoO_2)_2P_2O_7$ [J]. Journal of Power Sources, 2003, 115 (1): 119-124.

[42] Barpanda P, Ye T, Avdeev M, et al. A new polymorph of $Na_2MnP_2O_7$ as a 3.6V cathode material for sodium-ion batteries [J]. Journal of Materials Chemistry A, 2013, 1 (13): 4194-4197.

[43] Gover R K B, Bryan A, Burns P, et al. The electrochemical insertion properties of sodium vanadium fluorophosphate, $Na_3V_2(PO_4)_2F_3$ [J]. Solid State Ionics, 2006, 177 (17): 1495-1500.

[44] Barker J, Saidi M Y, Swoyer J L. A sodium-ion cell based on the fluorophosphate compound $NaVPO_4F$ [J]. Electrochemical and Solid-State Letters, 2003, 6 (1): A1.

[45] Bianchini M, Brisset N, Fauth F, et al. $Na_3V_2(PO_4)_2F_3$ revisited: a high-resolution diffraction study [J]. Chemistry of Materials, 2014, 26 (14): 4238-4247.

[46] Broux T, Bamine T, Fauth F, et al. Strong impact of the oxygen content in $Na_3V_2(PO_4)_2F_{3-y}O_y$ ($0 \leq y \leq 0.5$) on its structural and electrochemical properties [J]. Chemistry of Materials, 2016, 28 (21): 7683-7692.

[47] Ellis B L, Makahnouk W R M, Makimura Y, et al. A multifunctional 3.5V iron-based phos-

phate cathode for rechargeable batteries [J]. Nature Materials, 2007, 6 (10): 749-753.

[48] Barpanda P, Chotard J N, Recham N, et al. Structural, transport, and electrochemical investigation of novel $AMSO_4F$ (A=Na, Li; M=Fe, Co, Ni, Mn) metal fluorosulphates prepared using low temperature synthesis routes [J]. Inorganic Chemistry, 2010, 49 (16): 7401-7413.

[49] Imanishi N, Morikawa T, Kondo J, et al. Lithium intercalation behavior into iron cyanide complex as positive electrode of lithium secondary battery [J]. Journal of Power Sources, 1999, 79 (2): 215-219.

[50] Lu Y, Wang L, Cheng J, et al. Prussian blue: a new framework of electrode materials for sodium batteries [J]. Chemical Communications, 2012, 48 (52): 6544-6546.

[51] Chen H, Armand M, Demailly G, et al. From biomass to a renewable $Li_xC_6O_6$ organic electrode for sustainable Li-ion batteries [J]. ChemSusChem, 2008, 1 (4): 348-355.

[52] Chihara K, Chujo N, Kitajou A, et al. Cathode properties of $Na_2C_6O_6$ for sodium-ion batteries [J]. Electrochimica Acta, 2013, 110: 240-246.

[53] Wang S, Wang L, Zhu Z, et al. All organic sodium-ion batteries with $Na_4C_8H_2O_6$ [J]. Angewandte Chemie International Edition, 2014, 53 (23): 5892-5896.

[54] Doeff M M, Ma Y, Visco S J, et al. Electrochemical insertion of sodium into carbon [J]. Journal of The Electrochemical Society, 1993, 140 (12): L169-L170.

[55] Stevens D A, Dahn J R. The mechanisms of lithium and sodium insertion in carbon materials [J]. Journal of The Electrochemical Society, 2001, 148 (8): A803.

[56] Cao Y L, Xiao L, Sushko M, et al. Sodium ion insertion in hollow carbon nanowires for battery applications [J]. Nano Letters, 2012 (1): 3783-3787.

[57] Senguttuvan P, Rousse G, Seznec V, et al. $Na_2Ti_3O_7$: lowest voltage ever reported oxide insertion electrode for sodium ion batteries [J]. Chemistry of Materials, 2011, 23 (18): 4109-4111.

[58] Wang Y, Yu X, Xu S, et al. A zero-strain layered metal oxide as the negative electrode for long-life sodium-ion batteries [J]. Nature Communications, 2013, 4 (1): 2365.

[59] Muñoz-Márquez MÁ, Saurel D, Gómez-Cámer J L, et al. Na-ion batteries for large scale applications: a review on anode materials and solid electrolyte interphase formation [J]. Advanced Energy Materials, 2017, 7 (20): 1700463.

[60] Darwiche A, Marino C, Sougrati M T, et al. Better cycling performances of bulk Sb in Na-ion batteries compared to Li-ion systems: an unexpected electrochemical mechanism [J]. Journal of the American Chemical Society, 2012, 134 (51): 20805-20811.

[61] Dahbi M, Fukunishi M, Horiba T, et al. High performance red phosphorus electrode in ionic liquid-based electrolyte for Na-ion batteries [J]. Journal of Power Sources, 2017, 363: 404-412.

[62] Fullenwarth J, Darwiche A, Soares A, et al. NiP_3: a promising negative electrode for Li-and Na-ion batteries [J]. Journal of Materials Chemistry A, 2014, 2 (7): 2050-2059.

[63] Armand M, Grugeon S, Vezin H, et al. Conjugated dicarboxylate anodes for Li-ion batteries [J]. Nature Materials, 2009, 8 (2): 120-125.

[64] Zhao L, Zhao J, Hu Y S, et al. Disodium terephthalate ($Na_2C_8H_4O_4$) as high performance anode material for low-cost room-temperature sodium-ion battery [J]. Advanced Energy Materials, 2012, 2 (8): 962-965.

[65] Wang L, Song J, Qiao R, et al. Rhombohedral Prussian white as cathode for rechargeable sodium-ion batteries [J]. J Am Chem Soc, 2015, 137 (7): 2548-2554.

[66] Guo J, Wang P, Wu X, et al. High-energy/power and low-temperature cathode for sodium-ion batteries: in situ XRD study and superior full-cell performance [J]. Adv Mater, 2017, 29 (33): 1701968.

[67] Ge P, Li S, Shuai H, et al. Ultrafast sodium full batteries derived from X-Fe (X=Co, Ni, Mn) Prussian blue analogs [J]. Advanced Materials, 2019, 31 (3): 1806092.

[68] Wang Y, Hou B, Guo J, et al. An ultralong lifespan and low-temperature workable sodium-ion full battery for stationary energy storage [J]. Advanced Energy Materials, 2018, 8 (18): 1703252.

[69] Tang J, Dysart A D, Pol V G. Advancement in sodium-ion rechargeable batteries [J]. Current Opinion in Chemical Engineering, 2015, 9: 34-41.

[70] You Y, Manthiram A. Progress in high-voltage cathode materials for rechargeable sodium-ion batteries [J]. Adv Energy Mater, 2018, 8 (2): 1701785.

[71] Zhang L, Chen L, Zhou X, et al. Towards high-voltage aqueous metal-ion batteries beyond 1.5V: the zinc/zinc hexacyanoferrate system [J]. Advanced Energy Materials, 2015, 5 (2): 1400930.

[72] Hou Z, Li X, Liang J, et al. An aqueous rechargeable sodium ion battery based on a $NaMnO_2$-$NaTi_2(PO_4)_3$ hybrid system for stationary energy storage [J]. Journal of Materials Chemistry A, 2015, 3 (4): 1400-1404.

[73] Hwang J Y, Myung S T, Sun Y K. Sodium-ion batteries: present and future [J]. Chem Soc Rev, 2017, 46 (12): 3529-3614.

[74] 方永进, 陈重学, 艾新平, 等. 钠离子电池正极材料研究进展 [J]. 物理化学学报, 2017, 33 (1): 211-241.

[75] Kang H, Liu Y, Cao K, et al. Update on anode materials for Na-ion batteries [J]. Journal of Materials Chemistry A, 2015, 3 (35): 17899-17913.

[76] Aravindan V, Gnanaraj J, Madhavi S, et al. Lithium-ion conducting electrolyte salts for lithium batteries [J]. Chemistry: A European Journal, 2011, 17 (51): 14326-14346.

[77] Ponrouch A, Monti D, Boschin A, et al. Non-aqueous electrolytes for sodium-ion batteries [J]. Journal of Materials Chemistry A, 2015, 3 (1): 22-42.

[78] Che H, Chen S, Xie Y, et al. Electrolyte design strategies and research progress for room-temperature sodium-ion batteries [J]. Energy Environ Sci, 2017, 10 (5): 1075-1101.

[79] Bucher N, Hartung S, Franklin J B, et al. P2-$Na_xCo_yMn_{1-y}O_2$ (y=0, 0.1) as cathode materials in sodium-ion batteries——effects of doping and morphology to enhance cycling stability [J]. Chemistry of Materials, 2016, 28 (7): 2041-2051.

[80] Shadike Z, Zhao E, Zhou Y N, et al. Advanced characterization techniques for sodium-ion battery studies [J]. Adv Energy Mater, 2018, 8 (17): 1702588.

第3章

钠离子电池电化学

化学电源从两百多年前的伏打电池发展至今，经历了几次重大的革命性突破，能量密度、功率密度和寿命均不断提升。同时，在其发展的过程中，也融合了众多学科的知识内涵，所涉及的技术研究范畴和应用领域也不断拓展和加深。特别是近三十年来锂离子电池所取得的成就与化学、材料科学、物理学、电子学及化学工程等多个学科的发展密切相关。作为一种与锂离子电池具有相似电化学反应机制的新型二次电池，一方面，钠离子电池也采用了金属/非金属单质、无机化合物、有机物、聚合物等电极材料；另一方面，其电极反应过程也包含了离子在电极以及界面中的储存与输运，涉及电化学、材料化学、固体物理等多学科交叉的科学与技术问题。但归根结底，钠离子电池是一种能实现化学能与电能相互转化的电化学体系，其本质是发生在电极体相与电极/电解质界面的电化学过程。因此，深入研究这一新兴电源体系的电化学过程，揭示其内在的反应原理，对钠离子电池的设计和推动其规模化应用具有重要的指导意义。

3.1 钠离子电池电极过程动力学

3.1.1 钠离子电池电极过程

电极过程是指发生在电极与溶液界面上的电极反应、化学转化和电极附近液层中的传质作用等一系列变化的总和。电极过程动力学主要研究电极与电解质溶液接触形成界面的基本物理化学性质，特别是有电流通过时界面发生的系列变化。电极过程动力学是在研究实际问题时所发展出来的电化学理论，它在电池研究中发挥着指导作用并得到了广泛的应用。一般来说，电极过程由以下基本步骤串联组成[1]（图3-1）：

（a）反应物向电极表面的传递过程，即电解质相中的传质步骤。

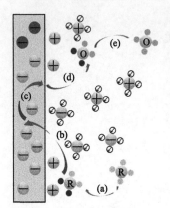

图 3-1　电极过程的五步基本历程

（b）反应物在电极表面或表面附近的液层中发生的"反应前的转化过程"，例如反应粒子在表面上吸附或发生化学变化。

（c）反应物在电极表面得到或失去电子，生成反应产物。该过程中所涉及的氧化还原反应遵循法拉第定律，也称为法拉第过程。

(d) 反应产物在电极表面或表面附近的液层中发生的"反应后的转化过程",例如,从表面上脱附、反应产物的复合、分解、歧化或其他化学变化等。

(e) 反应产物生成新相(如气体、固体)或反应产物从电极表面向溶液本体的传递过程。

钠离子电池的结构与锂离子电池相似,其构成的基本单元包括正极集流体、正极极片、隔膜、负极极片和负极集流体[2]。其中,正、负极集流体一般都采用铝箔(负极也可为铜箔);正、负极极片是由活性材料、导电剂和黏结剂等按一定比例混合后均匀涂在正、负极集流体上形成的一层多孔介质,可以通过电解液;隔膜为允许钠离子通过但不允许电子通过的多孔介质;电解液浸满负极、正极和隔膜的孔隙形成连续相。

当钠离子电池接入回路(接入负载或者外部电源)时,就会出现一系列的物理化学变化。充电过程与放电过程的原理是一样的,区别只是电荷运动的方向相反。我们以钠离子放电过程为例,来揭示钠离子电池内部的动力学过程。当钠离子电池接入负载时,电极(正极、负极)电势就会偏离平衡电势,负极和正极分别发生式(3-1)和式(3-2)的化学反应:

负极: $$Na_xC \longrightarrow xe^- + xNa^+ + C \tag{3-1}$$

正极: $$xe^- + xNa^+ + Na_{y-x}MO_2 \longrightarrow Na_yMO_2 \tag{3-2}$$

此时 Na^+(钠离子)从负极活性颗粒中脱出,并嵌入正极活性颗粒中。Na^+是从活性颗粒表面嵌入脱出的,因此活性颗粒内部会出现一个 Na^+ 的浓度梯度。在这个浓度梯度的驱动下,Na^+ 在活性颗粒中扩散,这个过程称为固相扩散过程。当 Na^+ 从负极活性颗粒中脱出之后,负极极片周围的电解液中 Na^+ 浓度升高;当 Na^+ 嵌入正极活性颗粒之后,正极极片周围的电解液中 Na^+ 浓度降低,这样在电池内部电解液中存在着浓度梯度,在这个浓度梯度的驱动下 Na^+ 从负极扩散到正极,同时 Na^+ 会受到电迁移和对流等因素的影响而运动,这个过程称为液相扩散过程[3]。

在集流体和极片上,存在电子的转移以及 Na^+ 的产生和吸收,因此集流体和极片上电势会发生变化,这个过程称为固相电势过程。在电解液中,存在着 Na^+ 的扩散、迁移、对流、产生和吸收,因此电解液的电势会发生变化,这个过程称为液相电势过程。

3.1.2 电极过程的数学描述

在弄清钠离子电池的电极过程之后,需要对其进行数学描述,这样才可能为实际应用提供指导。基于 Newman 提出的多孔电极、浓溶液传输以及固相颗粒内部扩散过程的数学模型[4]，上述 5 个过程可以分别采用如下的几个数学公式进行描述。

(1) 电化学过程的数学描述

电极发生反应时，单位面积上局部电流可根据 Buttler-Volumer 公式进行求解[5]，具体公式如下：

$$i_{loc}=i_0\left[\exp\left(\frac{\alpha_a F}{RT}\eta\right)-\exp\left(-\frac{\alpha_c F}{RT}\eta\right)\right] \quad (3-3)$$

式中，i_{loc} 为电极表面局部电流密度，表示电极活性材料在电极/溶液界面得失电子时在单位面积界面上产生的电流，用于描述电化学反应的速度；i_0 为交换电流密度，它将固、液相钠离子浓度联系起来，表示平衡电位下氧化反应和还原反应的绝对速度，数值大小与温度、Na^+ 浓度以及化学反应类型等有关，是一个状态参数；F 为法拉第常数；α_a、α_c 分别为阳极和阴极的传递系数；R 为气体常数；T 为热力学温度；η 为电极过电位，表示在一定局部电流密度下，电极电位与其平衡电位的差值，它是电化学反应的驱动力。局部电流密度 i_{loc} 与电极过电位 η 关系密切。在这里，过电位由电极固液相电位差 $\varphi_{solid}-\varphi_{liquid}$ 减去平衡电极电位差 E_{eq} 得到：

$$\eta=\varphi_{solid}-\varphi_{liquid}-E_{eq} \quad (3-4)$$

i_0 可由下式计算得到：

$$i_0=F(k_c)^{\alpha_c}(k_a)^{\alpha_a}(c_{Na,s,max}-c_{Na,surf})^{\alpha_a}(c_{Na,surf})^{\alpha_c}(c_{Na,l})^{\alpha_a} \quad (3-5)$$

式中，k_c 和 k_a 分为阴、阳极电化学反应速率常数；$c_{Na,s,max}$ 为固相钠离子最大摩尔浓度；$c_{Na,surf}$ 为固相表面钠离子摩尔浓度；$c_{Na,l}$ 为液相钠离子摩尔浓度。

(2) 液相扩散过程的数学描述

液相电解质（以 $NaClO_4$ 为例）溶液钠离子浓度变化由钠离子在液相的扩散和迁移引起的流量以及参与电极表面反应的流量决定，控制方程为：

$$\varepsilon\frac{\partial c_{Na,l}}{\partial t}+\nabla\cdot J=\frac{Si_{loc}}{F} \quad (3-6)$$

$$J=-D_{Na,l}\nabla c_{Na,l}+\frac{t_+i_1}{F} \quad (3-7)$$

式中，ε 为电极或隔膜中电解液的体积分数，即孔隙率，该模型假定电极孔隙率在充放电过程中保持恒定，电极的体积变化忽略不计；$c_{Na,l}$ 为液相 $NaClO_4$ 溶液浓度；∇ 为拉普拉斯算子；S 为多孔电极的比表面积，表示电极/界面面积与多孔电极固相体积之比；i_{loc} 为电极表面局部电流密度；J 为液相钠离子流量，包括扩散项和迁移项；$D_{Na,l}$ 为钠离子在液相中的扩散系数；t_+ 为钠离子迁移数，表示钠离子迁移的电量在溶液中各种离子迁移的总电量中所占的百分数；i_1 为流经电解液相的表观电流密度（相对电极面积）。

(3) 固相扩散过程的数学描述

钠离子在嵌钠化合物中的扩散是一个复杂过程，受到多方面因素的影响。具体地说，固体中的扩散是由于体系内存在化学势梯度或电化学势梯度，原子或离子发生定向流动和相互混合，扩散的结果是最终消除这种化学势或电化学势梯度[6]。在钠离子电池嵌入化合物材料中钠离子的迁移动力为该粒子的电化学势梯度。设钠离子在电化学势梯度 $grad \overline{\mu_{Na}}$ 下所受的力为 $F=-grad \overline{\mu_{Na}}$，而迁移速度为 v，则该粒子的迁移率 $b_{Na,s}=\dfrac{v}{F}=-\dfrac{v}{grad\overline{\mu_{Na}}}$，而流量

$$J_{Na}=-c_{Na,s}b_{Na,s}grad\overline{\mu_{Na}}=c_{Na,s}b_{Na,s}grad\mu_{Na}-c_{Na,s}b_{Na,s}z_{Na}e_0 grad\varphi \tag{3-8}$$

式中，等式右侧第一项为化学势梯度的影响（根据 $\mu_{Na}=\mu_{Na}^{\ominus}+kT\ln a_{Na,s}$，也就是活度项 $\ln a_{Na,s}$ 的影响），可称为扩散项；第二项为电势梯度的影响，可称为电迁项。对上述第一项利用 $c=\mathrm{d}c/\mathrm{d}\ln c$ 的关系，可以写出 x 方向的扩散流量：

$$J_{x,Na,D}=-b_{Na,s}kT\dfrac{\mathrm{d}\ln a_{Na,s}}{\mathrm{d}\ln c_{Na,s}}\dfrac{\mathrm{d}c_{Na,s}}{\mathrm{d}x}=-D_{Na}W\dfrac{\mathrm{d}c_{Na,s}}{\mathrm{d}x}=-D_{Na}\dfrac{\mathrm{d}c_{Na,s}}{\mathrm{d}x} \tag{3-9}$$

式中，$D_{Na}=-b_{Na}kT$，为依据 Fick 第一定律定义的扩散系数；校正项 W 为 Wagner 因子的一种表现形式，该偏差由体系偏离理想状态造成；D_{Na} 可称为化学扩散系数，一般用电化学手段获得的扩散系数即是化学扩散系数。根据上式分析，要提高离子扩散速度，只有增大 W 因子。

假设电极活性材料粒子都是球形粒子，钠离子在固相球形活性材料颗粒中扩散时，固相内部钠离子质量守恒可由菲克第二定律描述[7]：

$$\dfrac{\partial c_{Na,s}}{\partial t}=D_{Na,s}\left(\dfrac{\partial^2 c_{Na,s}}{\partial r^2}+\dfrac{2}{r}\dfrac{\partial c_{Na,s}}{\partial r}\right) \tag{3-10}$$

式中，$c_{Na,s}$ 为固相电极活性材料球形颗粒内的钠离子浓度；t 为时间；r 为球形颗粒径向距离；$D_{Na,s}$ 为钠离子固相扩散系数。菲克第二定律指出，在非稳态扩散过程中，在距离 r 处，浓度随时间的变化率等于该处的扩散通量随距离变化率的负值。该式的边界条件为：$\dfrac{\partial c_{Na,s}}{\partial r}=0$。

(4) 液相电势过程的数学描述

在分析多孔电极中的物质传输步骤时，考虑到多孔电极结构因素的影响，采用 Bruggeman 关系式对有关参数进行修正。对于由电解液形成的液相网络，定义 κ_{eff} 和 D_{eff} 为多孔电极中电解液的有效电导率和钠盐的有效扩散系数，则

$\kappa_{eff} = \kappa \varepsilon^{\alpha}$，$D_{eff} = D \varepsilon^{\alpha}$，其中 ε 为电极或隔膜的孔隙率，α 为液相导电网络的 Bruggeman 系数。对于电极固相导电网络（由导电剂、活性物质及黏结剂共同组成），也是利用 Bruggeman 关系式计算有效电导率（σ_{eff}）。液相电势的变化方程为：

$$i_1 = -\kappa_{eff} \nabla \varphi_{liquid} + \frac{\kappa_{eff} RT}{F} \left(1 + \frac{\partial \ln f_A}{\partial \ln c_{Na,l}}\right)(1 - t_+) \nabla (\ln c_{Na,l}) \quad (3-11)$$

式中，φ_{liquid} 为液相电位；f_A 为电解液中钠盐的活度系数。由于仅关注液相电势的差值，因此假设在正极集流体界面处（$x = L$）电解液的电势（σ_1）为 0。该式的边界条件为：$(\nabla c_{Na,l})_{x=0,x=L} = 0$。

(5) 固相电势过程的数学描述

电极固相导电网络上电子的传输过程符合欧姆定律：

$$i_s = -\sigma_{eff} \nabla \varphi_s \quad (3-12)$$

式中，i_s 为电极中流经电极固相导电网络的表观电流密度（相对电极面积）；φ_s 为固相电势。由于在正、负极集流体处只有电子的传输过程，流经电解液相的电流密度为零，即 $i_1 = 0$。该式的边界条件为：$(\nabla \varphi_s)_{x=0,x=L} = -\frac{i_{loc}}{\sigma_{eff}}$。

充放电过程中电极中由固相导电网络传输的表观电流密度和由电解液相导电网络传输的表观电流密度守恒：$i_{loc} = i_s + i_1$。

3.1.3 电极过程动力学

在明确了钠离子电池的电极过程及其相关的数学模型和数学表达后，有必要对组成其复杂过程的各个单元步骤进行逐一甄别，以找出其中的速率控制步骤，从而针对性地制订提升钠离子电池电极过程动力学的有效策略。

如前所述，钠离子电池电极过程主要包含以下几个步骤：①电子在集流体和活性材料（正极、负极）之间迁移；②电子和钠离子（扩散）在活性材料中的传递；③钠离子在电解液中的传质（扩散和电迁）；④钠离子在电极/电解质界面的传质；⑤钠离子在电极（正极、负极）中的嵌入和脱出。

通常，钠离子电池中的电子输运过程比离子扩散迁移过程快得多，即上述步骤①为快速步骤[8]。钠离子在电解液相中的扩散迁移速度大于钠离子在固体相中的扩散速度，即步骤③进行的速度大于步骤②，且在实际的电池设计中，可以通过减小正负极片之间的距离来进一步提高钠离子在电解液中的传质速度。步骤⑤进行的速度并不明确，但是如果该过程进行得非常缓慢的话，那就说明该材料不适合作为钠离子电池的电极。由此可见，钠离子嵌入或脱出时引起的相变速度也是评价某一材料能否用作钠离子电池电极的一项重要依据。步骤4进行的速度迄今也未揭示，该过程包含钠离子在两相界面的转移，此界面类似于燃料电池中质子交换膜与电解质所形成的界面。为了维持活性材料体相的电中性，界面上钠离子发生转移的同时，也进行着电子在集流体和活性材料之间的迁移。电子的迁移与固体活性材料的氧化还原反应直接相关，它会引起固体相中各原子的间距发生变化，最终导致固体相的相变（即步骤⑤）。

由于钠离子在固相中的扩散系数很小，一般在 $10^{-16} \sim 10^{-9} cm^2/s$ 数量级，而活性材料颗粒尺寸一般在微米级或亚微米级，因此，钠离子在固体活性材料颗粒中的扩散过程（步骤⑤）是钠离子电池电极过程中的"最慢"步骤，大家普遍认为其是钠离子电池电极过程的速率控制步骤[9]。由于电极过程动力学直接关系到电池的充放电倍率、功率密度、内阻、循环性和安全性等性质，认识钠离子电池与电极过程动力学反应特性并掌握动力学参数随着充放电过程的变化，对于理解电池中的电化学反应，提高电池的性能具有重要意义，同时也将为电极材料的合成提供有效的理论指导。

但是，正如前面所提到的，钠离子在嵌钠化合物中的扩散是一个复杂过程，受到多方面因素的影响[6,9]。以上所展开的关于在浓度梯度、化学势梯度及电场梯度驱动下带电粒子（离子、电子）在固相中的输运仅为一般性的讨论，并未考虑到固体材料自身的结构特点。在固体中，钠离子的输运机制与材料性质（包括组成、结构）有密切联系。不同材料由于结构、化学性能的差异，其离子输运机制也不同，离子扩散系数往往相差也很大。由于材料在结构、测量方法上的差异，不同研究人员测量的扩散系数差异也较大，将在后面的章节详细讨论。

此外，温度也会影响固相中钠离子的输运。在固体中，原子、分子或离子的排列很紧密，它们被晶体势场束缚在一个极小的区间内，在其平衡位置的附近振动，具有均方根的振幅，振幅的数值取决于温度和晶体的特征，其数量级约为 $10^{-9} cm$，振动频率约为 $10^{12} \sim 10^{13} s^{-1}$。振动着的原子互相交换着能量，偶尔某个原子或离子可能获得高于平均值的能量，因而有可能脱离其格点位置而跃迁到相邻的空位上去。在这个新格位上，它又被势能陷阱束缚住，直到再发生下一次的跃迁。所以这种跃迁是一种活化过程。扩散的表象学研究证明，扩散系数 D 与温度的关系可以表示为：

$$D = D_0 \exp(-E_a/RT) \tag{3-13}$$

式中，R 为气体常数，其量纲为能量/（温度·摩尔）；因此 E_a 具有能量/摩尔的量纲，叫作扩散的活化能。一般固体中扩散的活化能为 $30 \sim 80 kcal/mol$。

总的来说，固相中钠离子浓度梯度、电场梯度的建立与材料的结构、电子及离子的电导率有关。具体到原子尺度，驱动力如何作用于内在和外来的钠离子

（或其他离子），不仅受浓度梯度与电场梯度在空间分布的非线性影响，而且还受结构因素的制约，使问题更加复杂，需要深入的理论分析和实验研究。

3.2 钠离子电池电动势

3.2.1 钠离子的嵌入脱出热力学

与锂离子电池相比，钠离子电池的电动势更低，对这一现象研究者经常给出的解释是锂的标准电极电势（-3.05V，相对氢标准电极）比钠（-2.71V）的更负。但是值得注意的是这一说法并不准确，且与钠离子电池和锂离子电池之间的电动势差异没有直接联系[10]。首先来看下面这个反应：

$$A(s) \Longleftrightarrow A^+(g) + e^- \tag{3-14}$$

式中，A 为碱金属。A 的升华能（或者准确来说是结合能）和电离能决定该反应的热力学。在元素周期表中，随着碱金属原子序数的增大，升华能和电离能依次降低。例如，锂的结合能和电离能分别为 152.7kJ/mol 和 513.3kJ/mol，而钠的为 108.8kJ/mol 和 495.8kJ/mol。按照这一观点，锂应该是碱金属中电极电势最负的元素，其他碱金属元素的电极电势依次升高，但事实上碱金属各元素按电极电势增大的次序排列为 Li（-3.05V，相对氢标准电极）、Cs（-2.92V）、Rb（-2.93V）、K（-2.93V）、Na（-2.71V），两者之间并不相符。有趣的是，碱土金属元素电极电势的变化规律和预期的相一致，即 Ba（-2.91V，相对氢标准电极）、Sr（-2.89V）、Ca（-2.87V）、Mg（-2.36V）、Be（-1.97V）。造成碱金属电极电势发生变化的原因很简单，是因为半电池的电势应当包含离子的溶剂化能，而这一部分能量经常被忽略。因此，上面的反应式（3-14）应该写成式（3-15）的形式：

$$A(s) + n(\text{solv}) \Longleftrightarrow A^+(\text{solv})_n + e^- \tag{3-15}$$

式中，solv 代表溶剂分子；n 为离子的溶剂化数。因此，可以根据水溶液中溶解物质的相关离子在 298K 下的浓度及单位活度来制订标准电化学序。

一般而言，随着离子半径的减小，溶剂化能会增大，因此 Li^+ 的水合能（481kJ/mol）远大于 Na^+（375kJ/mol）。而正是超过 100kJ/mol 的巨大差异将锂推到了碱金属中电极电势最负的位置。从反应式（3-15）也可以清楚地看到，溶剂的类型会影响溶剂化能，进而影响氧化还原电位。对于每种溶剂来说，都存在自己的电化学序，碱金属在非水溶剂中的氧化还原电位将偏离其在水溶液中的值。研究表明，在大多数情况下碱金属在水和非水溶剂中电极电势的差值小于几百毫伏。虽然差别不大，但让我们清楚地认识到不能简单地将水溶液中的电化学序移植到使用有机电解液的钠离子电池中。

一个完整的钠离子电池包含两个半反应。我们还是以碳为负极，Na_yMO_2 为正极所组成的钠离子电池为例，来看一下该电池电动势的表达式：

负极：
$$Na_xC(s)+n(solv) \underset{充电}{\overset{放电}{\rightleftharpoons}} xNa^+(solv)_n+C(s)+xe^- \tag{3-16}$$

正极：
$$Na_{y-x}MO_2(s)+xNa^+(solv)_n+xe^- \underset{充电}{\overset{放电}{\rightleftharpoons}} Na_yMO_2(s)+n(solv) \tag{3-17}$$

该电池的总反应为：
$$Na_{y-x}MO_2(s)+Na_xC(s) \underset{充电}{\overset{放电}{\rightleftharpoons}} Na_yMO_2(s)+C(s) \tag{3-18}$$

从总反应式(3-18)可以看到，Na^+ 的溶剂化能与该电池的电动势无关，并且即便以钠金属作为负极时也是如此。因此，对于全电池来说，上述关于溶剂化性质对氧化还原电位的影响的讨论变得无关紧要了，但是电极的动力学性质可能受到溶剂化作用的影响。

换而言之，为了获得较高的电池电动势，在组成电池的两种离子嵌入化合物中，要求作为负极的材料与钠金属发生反应时释放的能量应尽可能低（即氧化还原电位接近 $Na^+/Na=0V$），例如，反应式(3-19)中 Na^+ 在硬炭中的嵌入电位大部分在 0.1V 以下（虽然硬炭的储钠机理目前还有争议，这里仅仅作为一个例子来表示）：

$$xNa(s)+C(s) \longrightarrow Na_xC(s) \tag{3-19}$$

要求作为正极的材料与钠金属发生反应时释放的能量应尽可能高（即氧化还原电位远高于 $Na^+/Na=0V$），例如，反应 (3-20) 中 Na^+ 在 $P2-Na_{0.4}CoO_2$ 中的嵌入电位在 3.0V（相对于 Na^+/Na）以上：

$$0.6Na(s)+Na_{0.4}CoO_2(s) \longrightarrow NaCoO_2(s) \tag{3-20}$$

同样的争议在基于嵌入脱出原理的其他电池中也存在。因此，在决定电池电动势的因素中，仅剩电池反应的吉布斯自由能变化 $\Delta_rG^\ominus$。

根据热力学的知识，我们知道许多抽象的热力学量，如吉布斯自由能、化学势等通常只能通过间接的测量获得。然而对于钠离子电池，我们仅通过测量其电动势就可以直接获得电极中钠的化学势[11]。根据能斯特公式（Nernst equation），钠离子电池中正、负极之间的电势差 E（EMF）与钠的化学势之差的关系如下：

$$E=-\frac{(\mu_{Na}^{cathode}-\mu_{Na}^{anode})}{eF} \tag{3-21}$$

式中，e 为电子电量；$\mu_{\mathrm{Na}}^{\mathrm{cathode}}$ 和 $\mu_{\mathrm{Na}}^{\mathrm{anode}}$ 分别为正、负极中钠的化学势。当以钠金属作为参比电极时，由于钠的化学势 $\mu_{\mathrm{Na}}^{\mathrm{anode}}$ 在充放电过程中维持恒定，此时电极材料的电压曲线与电极内钠化学势的负数呈线性关系，即：

$$E = -\frac{\mu_{\mathrm{Na}}^{\mathrm{cathode}}}{eF} + 常数 \tag{3-22}$$

对于嵌入化合物来说，钠的化学势等于材料的吉布斯自由能对 Na 含量的导数，即：

$$\mu_{\mathrm{Na}}^{\mathrm{cathode}} = \frac{\partial G}{\partial \delta} \tag{3-23}$$

式中，G 为每个嵌入化合物分子 $\mathrm{Na}_x\mathrm{MA}$ 的吉布斯自由能，MA 表示可嵌钠的宿主（例如 CoO_2、$FePO_4F$ 或 MnO_2）；δ 为 Na^+ 占据的空位数。很显然，在某一特定的组成 δ 下，嵌入化合物中的钠化学势就等于 G-δ 曲线在该处的斜率。因此，通过电压的测量可以获得与电极材料热力学性质直接相关的信息，包括钠的化学势、吉布斯自由能和其他衍生的性质，如熵的变化。换而言之，电极材料在晶体结构或化学性质上的任何变化都将影响其吉布斯自由能和钠化学势，从而引起电势的变化。

测量的电势曲线与吉布斯自由能的这种直接关系意味着由于 Na^+ 浓度变化引起的相转变和性质变化将在电势曲线上显示出清晰的特征[9,12,13]。如图 3-2(a) 所示，如果钠嵌入过程中电极材料生成固溶体，那么在图 3-2(b) 的电压曲线上表现为一条平滑倾斜的曲线。如果在钠嵌入的同时，发生着从贫钠相 α 向富钠相 β 的一级相转变，那么在其自由能曲线上局部将出现两个极小值（假设嵌入宿主仍然保持其晶体结构不变）。在这个两相共存区，即图 3-2(c) 的 x_1 和 x_2 之间，由于两相混合物的自由能处于相 α 和相 β 对应的自由能的公切线上，所以此时钠化学势是一个常数，这就导致电极材料在图 3-2(d) 的电压曲线上出现一个稳定的电压平台。如果材料在钠嵌入过程中存在一个如图 3-2(e) 所示的稳定的中间相，那么在其电压曲线图 3-2(f) 上将出现多步电压平台。为了降低体系的能量，Na^+ 和空位会有序填充宿主结构的间隙，或者优先占据能量较低的间隙位置，此时中间相的组成符合化学计量比。由于钠离子的半径较大，在宿主结构中钠离子间的斥力将导致钠离子更倾向于能量最低的有序排列，因此，在含钠的正极材料中通常出现多步电压平台。

通过上面的分析，我们知道电池反应的吉布斯自由能直接影响电池的电动势，它们之间的关系可以采用式(3-24)来描述：

$$E = -\frac{\Delta_r G^\ominus}{zF} \tag{3-24}$$

式中，z 为反应的电子转移数；F 为法拉第常数。

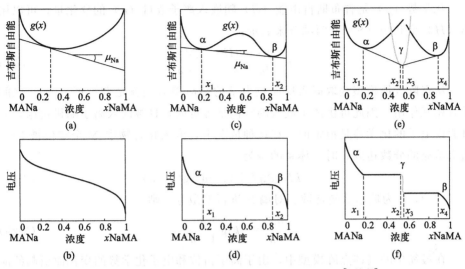

图 3-2 吉布斯自由能与电压曲线随钠浓度的变化[9,12,13]

因此，对于嵌入反应（3-20），该反应电动势与吉布斯自由能之间的关系如下：

$$-xEF=\Delta_rG=\Delta_FG(\mathrm{NaCoO_2})-\Delta_FG(\mathrm{Na_{1-x}CoO_2})-x\Delta_FG(\mathrm{Na}) \quad (3\text{-}25)$$

由于 $\Delta_FG(\mathrm{Na_{1-x}CoO_2})$ 随 x 值不断变化，因此该反应的 E 值随着钠脱出量 x 发生变化。$\mathrm{Na_{1-x}CoO_2}$ 的生成可以通过多种方式获得，包括点阵气体模型估算、第一性原理计算和实验直接测量。下面以点阵气体模型为例来说明嵌入化合物的化学电势是如何获得的。

3.2.2 钠离子嵌入化合物的点阵气体模型

在点阵气体模型中，先假设嵌入 $\mathrm{Na^+}$ 被固定在晶格中的某一特定位置，任何一个位置上的离子数目都不会超过 1。材料无论是从局部还是整体上来看都是保持电中性的，并且电子与嵌入离子之间的相互作用力可以忽略[3,9]。应该要注意的是，在固态化学中，这种模型用于研究非化学计量比化合物的热力学性质时，通常被称为"热力学近似理想溶液"。根据这一模型，Na 在 $\mathrm{Na_\delta CoO_2}$ 中的化学势可以分为两部分，即式(3-26) 所示的嵌入 $\mathrm{Na^+}$ 的化学势和电子化学势。

$$E=-\frac{1}{F}\mu_\mathrm{Na}^{\mathrm{Na_\delta CoO_2}}=\frac{1}{F}\mu_e^{\mathrm{Na_\delta CoO_2}}-\frac{1}{F}\mu_{\mathrm{Na^+}}^{\mathrm{Na_\delta CoO_2}} \quad (3\text{-}26)$$

式中，$\mu_e^{\mathrm{Na_\delta CoO_2}}$ 为电子的化学势（也称为费米能级）；$\mu_{\mathrm{Na^+}}^{\mathrm{Na_\delta CoO_2}}$ 为 $\mathrm{Na^+}$ 的化学势。在金属嵌入化合物中，由于嵌入反应而带来的电子位于费米能级的 kT 范

围内，因此电子的化学势可以近似认为是恒定的。

化学势（μ）是吉布斯自由能（G）随嵌入离子数目（n）的变化量，可以用焓（H）变和熵（S）变两部分来表示：

$$\mu = \frac{\partial G}{\partial n} = \frac{\partial H}{\partial n} - T\frac{\partial S}{\partial n} \tag{3-27}$$

从点阵气体模型获取嵌入反应热力学的最简单方法就是假设嵌入 Na^+ 之间没有相互作用，因此可供离子嵌入的空位是等价的，且被嵌入离子随机占据，并且假设电子的化学势是恒定的。在这种情况下，嵌入化合物中 N 个空位被 Na^+ 随机填充的分数达到 δ 时，体系的熵为：

$$S = -kN[\delta \lg\delta + (1-\delta)\lg(1-\delta)] \tag{3-28}$$

式中，k 为玻尔兹曼常数。对熵 S 进行偏微分，则：

$$\frac{\partial S}{\partial n} = -k\lg\frac{\delta}{1-\delta} \tag{3-29}$$

在最简单的气体点阵模型中，由于离子占位和电子化学势的变化而引起的能量增量的总和可以用 $E^{\ominus}$ 表示。因此，式(3-26)可以写成：

$$E = E^{\ominus} - \frac{RT}{F}\ln\frac{\delta}{1-\delta} \tag{3-30}$$

式中，R 为气体常数；T 为热力学温度。

实际上，对于大多数嵌入化合物来说，晶格中插入的 Na^+ 彼此之间的相互作用是不可忽略的。在式(3-30)中，为了简化处理离子相互作用的贡献，可以根据平均场理论（mean-field theory）假设每个 Na^+ 仅受到其相邻 Na^+ 的平均相互作用或能量场作用。根据这种假设，离子间相互作用对化学势的贡献与 Na^+ 占位的分数 δ 成一定的比例。在引入这种相互作用后，式(3-30)可以写成：

$$E = E^{\ominus} - \frac{RT}{F}\ln\frac{\delta}{1-\delta} + J(\delta - 0.5) \tag{3-31}$$

式中，J 为相邻 Na^+ 的相互作用参数。

在不同的 J 值下，E 与 δ 之间的关系如图3-3所示[12]。当 Na^+ 之间没有相互作用（$J=0$）、相互排斥（$J<0$）或有很小的吸引作用（$0<J<4RT/F$）时，Na^+ 在电极中的嵌入/脱出反应表现为一个单相过程。值得注意的是，在这个近似的框架内，如果 Na^+ 之间的相互作用较大，即 $J>4RT/F$ 时（在 $\delta=0.5$ 时，E-δ 曲线的斜率 $dE/d\delta=0$），可能会导致 E-δ 曲线（图3-3中的虚线）上出现一个极小值和一个极大值。根据吉布斯相规则，当具有不同组成的两相达到平衡时，化学势是常数。因此，在这个两相共存区域（$x_1<x<x_2$），E-δ 曲线也应该为常数（图3-3中的实线）。在一般的嵌钠电极材料中，Na^+ 之间存在较大的

相互作用，所以嵌钠氧化物正极材料通常表现出多阶段的平台电位。这在相互作用较小的嵌锂材料中，电位曲线则显得简单得多。

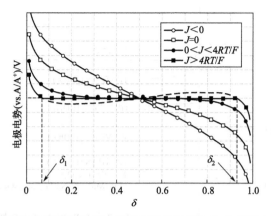

图3-3 在不同的相互作用参数 J 下，计算得到的电极电位 E 与嵌入宿主 MO_2 中的离子 A^+（$A_\delta MO_2$）的含量（δ）之间的关系[12]

3.2.3 钠离子电池的电动势与电极材料的电极电势

可以看到，Na^+的嵌入电势和Li^+一样，都具有较高的结构依赖性。在一个给定的嵌入宿主中，Na^+的嵌入电势往往比Li^+的要低。无论对于正极还是负极来说皆是如此，因此究竟钠离子电池电动势比其同类锂离子电池更高还是更低，取决于两种电极电动势差（正极差和负极差）的总和。Ong等计算了一系列正极材料的嵌入电势，发现Na^+的嵌入电势均比Li^+的低，也就是说Na^+嵌入时所释放的能量比Li^+嵌入时释放的能量低[14]。对于层状结构材料AMO_2（A为Li或Na）来说，Li^+和Na^+嵌入电势差为0.57V；而对于橄榄石结构材料来说，嵌入电势差为0.39V。在某些钛酸盐类负极材料中，他们也观察到同样的现象。例如，Li^+在$Li_2Ti_3O_7$中的嵌入电势为1.46V（相对于Li^+/Li），而Na^+在$Na_2Ti_3O_7$中的嵌入电势为0.37V（相对于Na^+/Na），差别超过了1V。合金类负极也是如此，Chevrier和Ceder通过计算发现Si、Ge、Sn和Pb在钠离子电池中的平均氧化还原电势比在锂离子电池中低0.15V[15]。

图3-4(a)清晰地展现了从锂离子电池到钠离子电池，各个单电极的电势以及电池电动势是如何变化的[16]。可以看到钠离子电池电动势通常更低的原因主要是正极材料氧化还原电势降低的幅度远超过大部分负极材料。更不幸的是，在锂离子电池中作为负极的石墨无法用于钠离子电池（除非在一些特殊的条件下）。比较特别的是以$ACoO_2$为正极，$A_2Ti_3O_7$为负极构成的钠离子电池具有较高的

电动势[图 3-4(b)][10]，原因是 Li^+ 和 Na^+ 在 $ACoO_2$ 中的嵌入电势差为 0.57V，跌幅小于在 $A_2Ti_3O_7$ 中的变化值（1.09V）。

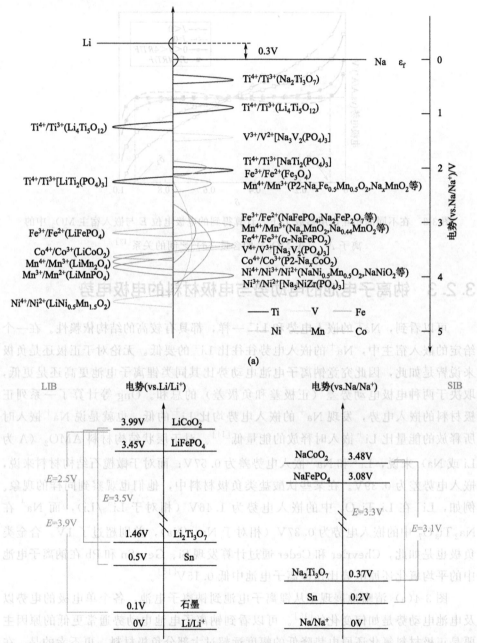

图 3-4 (a) 不同过渡金属氧化还原对的电极电势；(b) 几种典型的正、负极的储钠（锂）电势[10,16]（彩插见文前）

总的来说，理论上的高电压钠离子电池还未出现。如果仅考虑碱金属的话，由于钠的结合能比锂小得多，因此基于钠的电池电动势理应比锂的电池高0.53V。但是，这样的优势在实际的电极体系中并未体现出来。Na^+在正极中的嵌入总是比Li^+更加地困难，这直接导致了我们所看到的钠离子电池的电动势要比锂离子电池低。但是有少数几种电极存在例外，这里不一一列出。我们还应注意到，有些已经报道的电极材料，如焦磷酸盐[$Na_4Co_3(PO_4)_2P_2O_7$]，其氧化还原电位在4.1～4.7V之间（相对于Na^+/Na），表明Na^+嵌入正极也可以具有非常高的氧化还原电位。

3.3 钠离子电池开路电压

3.3.1 开路电压的本质

电极电位的建立主要取决于界面层中离子双电层的形成。在实际的钠离子电池体系中，电极和电解液成分比较复杂。我们还是以$NaCoO_2$-硬炭体系为例来说明界面反应的复杂性。当$NaCoO_2$浸入电解液$NaPF_6/EC+DEC$时，两相界面上除了进行金属离子的沉积与溶解以外，还存在其他的化学反应，电解液中的$NaClO_4$和溶剂都参与其中，在$NaCoO_2$表面形成稳定的界面膜（CEI）。其中，电解质盐分解生成NaF、Na_xPF_y等，溶剂分解生成Na_2CO_3、$ROCO_2Na$、聚醚等。此时，电极/溶液界面所建立的电极电位是稳定电位，而不是平衡电位。达到稳态时，电荷从电极迁移到溶液和从溶液迁移到电极的速度相等，即电荷转移达到平衡，而物质转移并不平衡，这时所建立的稳定电位是一个不可逆的电位，其数值不能用能斯特方程计算出来，只能由实验来测定。

可以看到，上述体系只有在平衡状态下才是热力学可逆的，因此如果要对该电池体系的热力学性质开展研究，就必须引入一个热力学参数。当电池对外做电功时，电子在电位差的作用下发生定向移动，我们可以采用引入的参数来描述该电池反应以及反应过程中电子定向移动的方向，该参数即前面所提到的电动势（EMF）。当在电池两端接入一个无穷大的负载电阻时，回路中仅有很小的电流通过，该电池反应可近似认为是可逆的，此时将电池阴极和阳极两端之间的电位差定义为开路电压（OCV）。假设回路中没有电流通过（电流等于0），那么该电化学体系是可逆的，即开路电压等于电池的电动势（EMF），根据开路电压和电动势的差值的正负性可以判断电化学反应进行的方向。

在钠离子电池的研究中，OCV 往往比 EMF 更常用[12]。然而实际上电池的每一个过程都是以一定的速率进行的，电流不为零，因此电池自身的内阻是不可忽略的，测量得到的 OCV 也总是小于电池的 EMF。在测量 OCV 时，如果外部负载的阻值足够大，人们常常会忽略电池内阻的影响。OCV 与电池荷电状态（SOC）密切相关，并且通常随着放电的进行而逐渐减小。

理论上，由于电极材料颗粒尺寸较小且均匀地分散于导电添加剂中，因此大体上可以认为电极颗粒是保持电中性的。基于以上假设，可以分别从费米能级或吉布斯自由能出发计算得到 OCV/EMF 的值（在以下部分中，根据习惯仅使用术语 OCV），如图 3-5 所示[12]，这两种计算方法可得出相同的结论。

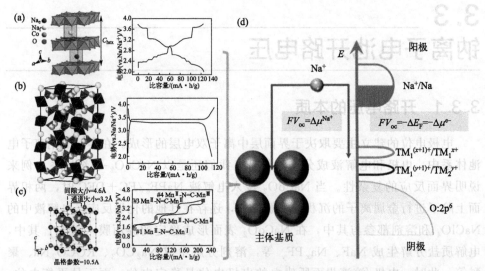

图 3-5 （a）P2-$Na_{0.7}CoO_2$[17,18]；（b）NASICON-$Na_3V_2(PO_4)_3$[19,20]；
（c）单斜 $Na_2Mn[Mn(CN)_6]$ 的晶体结构和电压-组成曲线[21]；
（d）从费米能级或 Na 的电化学势的角度诠释的开路电压[12]

3.3.2 费米能级角度的诠释

费米能级是指电子能级中电子占有概率等于 0.5 时的能量（费米-狄拉克分布）。由于分布类似于阶跃函数，可以近似地认为在绝对零度下，电子主要填充费米能级以下的能级，而以上的能级则未被占用。因此，占据概率从 0 到 1 的相邻能级被称为"过渡态"。钠离子电池和锂离子电池一样，也称为"摇椅"电池，电解质仅起到输送钠离子的作用，不参与电化学反应。理想情况下，在放电过程中，仅电极参与氧化还原反应，使得电子能够通过外部电路从具有较高费米能级的阳极流向低费米能级的阴极。因此，电池系统的开路电压满足关系式(3-32)。

$$FV_{oc} = -\Delta E_F = \mu_A^e - \mu_C^e \tag{3-32}$$

式中，F 为法拉第常数。常见固体电极的费米能级取决于电极的反应方程式。

将过渡金属引入嵌锂化合物中，并使其在一定的锂离子浓度范围内保持稳定，可实现正极的可逆充放电。在正极中，过渡金属离子的电子结构为 3d4s，因此失去或获得 d 轨道的电子就对应着过渡金属的氧化或还原。由于强的电荷库仑相互作用，3d 电子簇中的电子表现出局域化特征并具有窄的能带。当 d 能带靠近 p 能带时，共价电子相互混合，使得电子离域且能带结构变宽，费米能级移动到导带中。当来自具有较高费米能级的阳极的电子填充到具有较低费米能级的阴极时，只有费米能级附近的电子改变状态而不是填充或空的附加带。当 SOC 发生变化时，在费米能级以上的电子转移不会引起 OCV 电压曲线的变化。事实上，"S"型电压曲线的显著变化源于晶体结构的改变，伴随着电子结构的变化。对于电子局域化的材料，费米能级位于价带和导带之间。以 Na 负极和 $Na_3V_2(PO_4)_3$ 正极组成的电池为例，当电子从负极流向正极时，因为导带填充了 V^{3+}，因此电子只能占据原来是价带的附加空带（V^{4+}）。从真实空间的角度来看，电子局限于单个 V^{4+}，这将有助于形成 V^{3+}，并吸引相邻的不稳定 Na^+ 形成 $Na_3V_2(PO_4)_3$。值得注意的是，由于周围晶格的微调，引起电子在 $(Na_{1\sim3})V_2(PO_4)_3$ 中作为"小极化子"跳跃。在应力场的作用下形成了相界面，产生了所谓的两相反应，在放电过程中呈现"L"型电压曲线和稳定的 OCV。由于 $Na_3V_2(PO_4)_3$ 和 $NaV_2(PO_4)_3$ 在动力学因素下具有一定程度的可混溶间隙，因此产生有限的固溶体，并在一定程度上出现电子的离域现象。如实验结果所示，"L"型电压曲线的两端最终出现了一小段"S"型曲线。在下一节，将从吉布斯自由能的角度来诠释不同类型的电压曲线的物理意义。

对于负极，应根据其不同的反应机制，如合金化反应、嵌入脱出钠反应、转化反应，采取相应的分析方法。①钠负极：Na 金属负极在费米面附近含有大量的巡游电子，在充放电过程中不会发生相变；因此，除非形态发生变化，否则其费米能级保持不变。②钠二元合金负极：Na 与其他元素形成的二元合金体系通常会经历一系列相变，说明费米能级发生不连续的变化。Na-C 和 Na-Sn 的相图和电压曲线充分说明了这一点，硬炭负极在充放电阶段始终保持结构的稳定性，但 Sn 负极通常承受较大的体积膨胀，导致形态的巨大变化以及与理论计算结果完全不同的电压曲线。③嵌入脱出钠负极：其反应机理与上述嵌入脱出型正极的反应机理非常相似，在下一节中将从吉布斯自由能的角度来揭示。④基于转化反应的负极：复杂的多电子转移过程和其间形态的巨大变化均影响此类负极的电压曲线，称为动力学滞后效应。

3.3.3 吉布斯自由能角度的诠释

为了保持电中性，电子和离子在电极中的注入和移出必须同时进行。电子和离子转移的驱动力为费米能级和化学势差，而后者可以通过反应物和产物的相对吉布斯自由能计算得到。因此，费米能级与吉布斯自由能之间的关系如下：在电池等温等压的过程中，电极反应产生的最大电功等于反应体系变化所做的非体积功，即摩尔自由能的变化（$\Delta_r G$）。

理论工作电压由 OCV 定义为 V_{OC}，电池系统对周围环境所做的功为 nFV_{OC}，因此，吉布斯自由能的变化可以定义为热力学输出功的负值，即：

$$\Delta G = -nFV_{OC} \tag{3-33}$$

在钠离子电池中，假设将正极的化学式写为 $Na_xTM_yO_z$，对于任意 SOC，开路电压可定义为：

$$\begin{aligned}
FV_{OC}(x) &= -\left[\mu_C^{Na}(x) - \mu_A^{Na}\right] \\
&= -\int_{x_1}^{x_2}\left[\mu_{IC}^{Na}(x) - \mu_A^{Na}\right]dx_{Li}\Big|_{x_2 \to x_1 = x}/(x_2 - x_1) \\
&= -\left[G_{Na_{x_2}TM_yO_z} - G_{Na_{x_1}TM_yO_z}\right] - (x_2 - x_1)G_{Na}\Big|_{x_2 \to x_1 = x}/(x_2 - x_1) \\
&= -\partial G(x)/\partial x
\end{aligned} \tag{3-34}$$

实际上，由于钠离子在晶格中的占位以及在给定 SOC 下晶体的有序结构都还不能明确，加之不同结构的吉布斯自由能存在差异，因此并非在任意一个给定的 x 值下我们都能得到其理论吉布斯自由能的数值。对于两相反应，可以很容易地从相应的两相结构获得相对吉布斯自由能。而对于固溶体反应，只能通过起始和最终的结构来估算平均的 OCV，无法获得钠离子连续嵌入/脱出过程中任一结构下的瞬时 OCV。

为了定量研究 Na^+ 浓度对吉布斯自由能和钠化学势的影响，首先假设两种纯组分通过简单的机械混合，混合物的吉布斯自由能 $G^M = X_A G_A + X_B G_B$[3]。根据吉布斯相律，两相共存的体系（如图 3-6 中的绿线所示）在恒温恒压下没有自由度，因此具有恒定的化学势和线性的吉布斯自由能 G^M。其次，考虑到两组分混合的随机性，总的吉布斯自由能应包括构型熵 ΔS_m（图 3-6 中的紫线）。如图 3-6 所示，$-T\Delta S_m$ 项的引入使得简单的两相机械混合物接近于理想溶液。当过量焓 ΔH（图中的青线）也考虑在内时，总吉布斯自由能变为 $G = G_M + \Delta H - T\Delta S_m$。一方面，当过量焓为负值时，它会在 $-T\Delta S_m$ 的基础上进一步降低混合物的自由能，从而形成如图所示的固溶体。另一方面，当过量焓为正值时，如图 3-6 所示，体系的自由能在组成成分为 α 和 β 时各有一个极小值。当组成在 α 和 β 之间时，机械混合物 α+β 的自由能低于固溶体（注意在该范围内，各单独组分的化学势保持不变),即发生了相分离。然而由于构型熵 ΔS_m 的影响,在上述混合物组成的两端出现了一小段固溶体。当 A 和 B 的晶格不匹配时,正的过量焓非常大,导致如图 3-6(d) 中所示的吉布斯自由能急剧上升。最后,应变和应力也应是考虑的重要因素。将粒径减小至纳米级可以增加结构对应变和应力的耐受性,从而抑制相分离。

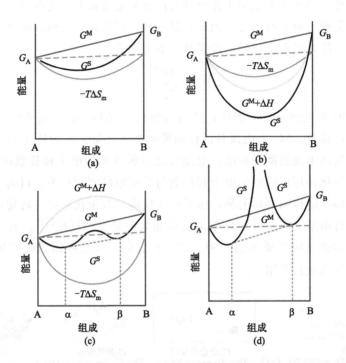

图 3-6 (a) 理想溶液,(b)、(c) 常规溶液和 (d) 不完全固溶体的
自由能-组成关系曲线[12]

当电极发生固溶体反应时,它将呈现倾斜平滑的电压曲线,单相体系中所观察到的吉布斯相律为:在恒温恒压下,体系的自由度为 1。从式(3-34)可以得到化学势随 Na^+ 浓度的变化满足式(3-35)。

$$V_{OC}(x) = \frac{1}{F}\left(\frac{T\partial S(x)}{\partial x} - \frac{\partial H(x)}{\partial x}\right) \qquad (3-35)$$

然而,当 Na^+ 嵌入过程伴随着从贫 Na 相 α 到富 Na 相 β 的一级相变时,在图 3-6(c) 的曲线上存在两个局部的极小值(假设此时宿主仍保持相同的晶体结构)。在相分离区域(两个极小值之间的范围),总吉布斯自由能是两个极小值的混合值。$\partial G(x)/\partial x$ 的常系数偏微分的线性切线引起如图 3-2(d) 所示的电压曲线,这与平衡状态下两相的等价化学势是一致的。

3.4 电化学反应原理

如前所述，钠离子电池的工作原理与锂离子电池相似，充电时钠离子从正极脱出，嵌入负极，放电时相反，因此也是一种"摇椅式"电池。从热力学角度来看，一个电池体系的理论能量密度满足以下关系式：

$$W = \frac{nFE}{\sum M_i} \tag{3-36}$$

式中，W 为电池的能量密度；E 为电池的电动势；n 为电池反应中所涉及的摩尔电子转移数；M_i 为电极各活性物质的摩尔质量；F 为法拉第常数。从上式可知，要提高电池的能量密度，电池反应中所涉及的电子转移数应尽可能多，而电极发生氧化还原反应时的电子转移数与反应原理密切相关。目前，储钠电极材料所涉及的反应机制多达七种，包括嵌入反应、合金化反应、转化反应、表面充电反应、自由基反应、可逆化学键反应和欠电势沉积反应[22]。其中，研究较多的电化学储钠反应主要为前三种。图 3-7 给出了这几种储钠反应机理的示意图，下面将分别进行介绍。

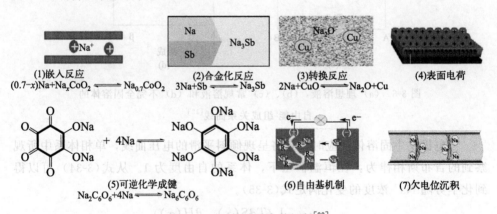

图 3-7 可逆储钠反应的机制[22]

钠与金属或金属间化合物的反应一般可分为三种不同类型：①固溶（嵌入）反应；②加成反应；③置换反应。反应②和③也称为重构反应。在反应①和②中，钠离子加入反应物相中，但不会置换（或挤出）其中的组分。该反应可以描述为：

$$Na + xM \rightleftharpoons NaM_x \tag{3-37}$$

反应物 M 可以是元素或化合物。钠与单质的反应就属于这一类。反应①和②的区别在于反应过程中是否发生相变。在固溶反应中，当 Na 进入其骨架结构（即立构反应）时，反应物 M 不发生相变或结构变化。在加成反应中，嵌钠产物 NaM_x 的相结构不同于母体 M，因此，该反应涉及从 M 到 NaM_x 的相变。

根据 Gibbs 相律，封闭系统处于平衡时，自由度 $f=C-P$，其中 C 是独立组分的数量，P 是恒温恒压下系统中存在的相的数量。对于 Na-M 二元体系中的固溶反应，其中仅存在一相，$C=2$ 且 $P=1$。因此，反应的电位有一个自由度，并且随着钠浓度的变化而变化，这就意味着电压曲线呈现倾斜形状（弧形）。对于两相共存的加成反应，二元体系的自由度为零，因此平衡条件下的电极电位与嵌钠产物 NaM_x 的组成无关。在两相平衡区域的电压曲线上，会出现一个稳定的电压平台。

对于反应①和②，平衡条件下反应电位 E_A 与钠的关系可以通过 Nernst 方程从反应式(3-37)的吉布斯自由能变化计算得出，即本章中的式(3-24)。

在置换反应（反应③）中，钠与合金化合物 MN_y 中的一种组分 M 反应，而将另一种组分 N 从母相中置换或挤出。被置换的元素 N 可以有储钠活性，也可以没有。例如，Cu_6Sn_5、$CrSb_2$、Sn_2Fe 等均为元素 N 没有储钠活性的一类化合物，它们发生的反应一般可以写成：

$$Na + xMN_y \longrightarrow NaM_x + xyN \qquad (3-38)$$

有一些置换反应是不可逆的，并且挤出的组分 N 不参与随后的反应，而是充当缓冲基质。在这种情况下，置换反应③转变为元素 M 的加成反应②。

由于反应中存在三相，三元体系 Na-M-N 发生置换反应的平衡电位与产物的组成无关。因此，根据吉布斯相律，其充放电电压曲线上将出现明显的电压平台，可以使用能斯特方程计算反应电位。然而，该反应的吉布斯自由能变化是产物 NaM_x 形成的自由能减去裂解 x mol 化合物 MN_y 所需的自由能。因此，化合物 MN_y 的反应平衡电位低于单质 M。

当反应③中的取代组分 N 具有储钠活性，且它与钠的反应电位低于 M 与钠时，该反应可以认为是置换反应③加上元素 N 的加成反应。例如，SnSb、SnGe 等就属于此类活性/活性合金负极。许多发生置换反应的活性/活性合金负极在后续的循环中不是完全可逆的，并且两种活性组分分别与 Na 发生加成反应。

3.4.1 嵌入反应

嵌入反应，指外来物可逆地插入基质固体材料中的一类固相反应。钠离子电池的嵌入反应是指钠离子嵌入化合物的主体晶格中，并伴随发生相应的氧化还原反应和外部电路电子的转移和补偿。这种嵌入型反应过程是可逆的，生成的嵌入化合物在化学、电子、光学、磁学等性能方面与原宿主材料有较大不同。反应被认为是局部规整的，因为在嵌入和脱出过程中，宿主仅发生微小的结构重组，结构和组成都保持着完整性。同时，对于嵌入型宿主来说，它要有一定程度的结构开放性，能允许外来的钠离子嵌入和脱出。

早在20世纪70年代，就有电化学工作者提出了"嵌入反应"这个概念，并将这一类材料用作锂离子电池的正负极。直到1990年，索尼公司采用钴酸锂和石墨作锂离子电池的正负极材料，并成功商业化以后，嵌入反应和嵌入型材料这两个术语才逐渐为人们所熟知。典型的以层状化合物 P2-$Na_{0.7}CoO_2$ 为正极、硬炭为负极的钠离子电池的电池反应也可以看出，这种电池实际上是一种钠离子浓差电池。充电时，钠离子从正极 $Na_{0.7}CoO_2$ 的晶格层间脱出，经过电解液迁移至负极，嵌入硬炭层间。此时，正极处于贫钠态，而负极处于富钠态。同时电子通过外电路从正极流向负极进行电荷补偿，保证电池的电荷平衡。放电时则相反，钠离子从负极脱出，经过电解液迁移嵌入正极。在充放电过程中，钠离子在 $Na_{0.7}CoO_2$ 和硬炭的层间反复脱出和嵌入时，只引起层面间距较小的变化，不破坏晶体的结构。因此，钠离子电池充放电反应是一种理想的可逆反应。

但嵌入反应与一般化学反应不同，嵌入反应有一定的非计量范围，在此范围内，热力学性质随嵌入深度 x 的变化而变化，因而表现为 x 的函数 $\Delta H_i = \Delta H_i(x)$，所生成的非化学计量化合物（嵌入化合物）的性质依赖于钠离子在主体晶格中的嵌入、脱出量以及主体的可逆嵌入脱出循环性能。为了保持主体晶格的结构稳定性，嵌入反应一般只允许一定浓度的钠离子在一定电势下可逆嵌入脱出；或者说，嵌入化合物中高价离子的平均价态变化超过 1 个单位会引起化合物结构的较大改变，这也是嵌入型化合物容量和电压平台受到限制的主要原因。

3.4.2 合金化反应

与商业化锂离子电池的石墨负极相似，用于钠离子电池的硬炭负极也存在理论储钠容量（约 350mA·h/g）有限，以及嵌钠电势（0.01～0.2V，相对 Na^+/Na）与钠的沉积电势非常相近等问题，稍遇极化便容易引起金属钠的析出，给电池带来安全隐患。采用更高容量且安全性高的嵌钠材料替代硬炭负极也成为当前钠离子电池技术的研究热点。

研究者们发现，钠能与许多金属或非金属 M（M=Sn、Sb、P、Si、Ge、Bi 等）在室温下形成金属间化合物，并且由于形成钠合金的反应通常是可逆的，因此能够与钠形成合金的金属或非金属理论上都可以用作钠离子电池的负极材料。当这一类金属或非金属作为负极时，钠离子在放电过程中与之形成钠合金；在充电过程中，钠合金发生分解，又重新生成金属或非金属单质和钠离子，这一类反应被称为"合金化反应"。这一类反应最大的特点在于,钠合金中钠与其他金属的原子比例可大于1,在某些钠合金中,如钠锑(Na_3Sb)合金中比例高达3。因此,这些金属或非金属负极都具有很高的理论储钠容量。红磷的理论嵌钠容量达到2596mA·h/g(Na_3P),而锡也有847mA·h/g的可逆容量($Na_{15}Sn_4$)。

然而,这种合金化反应的储钠机制与硬炭不同。硬炭负极材料具有开放的层状结构,钠离子在硬炭层间嵌入和脱出时,仅带来硬炭微小的体积膨胀与收缩,而结构不发生变化。但大部分金属/非金属负极材料和钠反应形成的钠合金(Na_xM),其晶体结构与原始单质负极的晶体结构差异很大。因此,在合金化反应中,材料的晶体结构必然会发生重构,并带来较大的体积变化;同时,在晶体材料中,单质/钠合金两相边界区域产生的不均匀体积变化会造成活性颗粒的破裂或粉化,进而导致活性颗粒和集流体的接触变差,甚至造成负极材料结构的坍塌。以锡负极为例,如图3-8所示,锡与钠发生合金化反应时会形成$NaSn_2$、Na_9Sn_4、Na_3Sn等一系列中间相,最终生成全钠化的产物$Na_{15}Sn_4$[23]。金属锡电极在发生合金化/去合金化反应后颗粒迅速粉碎,与集流体失去电接触。此外,该反应过程动力学迟缓,且反应期间产生的SEI膜很不稳定。

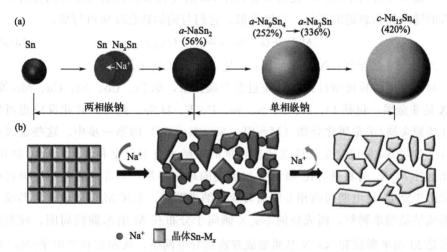

图3-8 (a) Sn电极的合金化储钠过程示意图;(b) 合金化/去合金化反应期间颗粒粉化的示意图[23]

为了改善金属或非金属负极的循环性能,研究者们提出以金属间化合物来取代单质负极。这种方法的基本思想是在一定的电极电位下(即一定的充放电状态),金属间化合物或复合物中的一种或多种组分(即"活性物质")能够可逆地储存释放钠,而其他相对活性较差甚至是惰性的组分,充当缓冲"基体"(matrix)的作用,缓解"活性物质"在充放电过程中的体积膨胀,从而维持材料结构的稳定性。在这一思想的指导下,各种活性/惰性复合合金体系的研究在钠离子电池负极材料的研究领域引起了广泛关注,并取得了很大进展。

3.4.3 转化反应

转化反应这一概念最早是由法国人 Tarascon 于 2000 年在 Nature 上提出[24]。过去通常人们认为 3d 过渡金属氧化物中的金属元素不能与锂形成锂合金,如 CoO、NiO、CuO、FeO 等,因此它们不具备储锂性能。然而,Tarascon 课题组制备了一系列的纳米级的金属氧化物并用作锂离子电池负极材料,发现这些氧化物可与锂离子发生多电子可逆的氧化还原反应,并获得高达 700mA·h/g 的比容量,他们将这一类反应称为"转化反应"。随后,一些过渡金属化合物,如氟化物、氮化物、磷化物、硫化物和硒化物等,都被陆续发现能发生可逆的转化反应,并释放出高于传统嵌入反应数倍的储锂容量。因此,基于转化反应机制的过渡金属化合物材料引起了科研工作者们的密切关注,关于其作为离子型电池电极材料的反应机制的研究,也得到了进一步的完善。

与嵌入型材料不同,转化反应材料在 Na 的吸收和释放期间经历相分解,伴随着旧键断裂和新键的形成。与锂类似,它们与钠的转化反应可写成:

$$M_aX_b + (bz)Na \rightleftharpoons aM + bNa_zX \tag{3-39}$$

式中,M 是金属;X 是非金属;z 是 X 的形式氧化态。

对于典型的转化型材料,M 是过渡金属元素,如 Fe、Co、Ni、Cu、Mn 等,而 X 是非金属,包括 O、N、F、S、Se、P、F、H 等。此外,转化反应也可发生在还原金属/半金属化合物(M=Sb,Sn,Ge,Bi)的第一步中。这些金属可以进一步与 Na 形成合金,这意味着容量的贡献来自于合金和转化反应的加和,因此这种 M_aX_b 材料具有比 M 纯金属更高的理论容量。另外,转化型电极材料通常由于充电/放电期间的相分解而转变成纳米颗粒。金属 M 可以成核以形成无定形或结晶纳米颗粒,而成核的 Na_zX 倾向于分布在 M 纳米颗粒周围。理想的状态是 M 纳米颗粒和 Na_zX 基质形成双连续导电网络,从而有利于电子/Na^+ 转移和转化反应的可逆性。电子传导相 M 和离子传导相 Na_zX 之间的界面可以通过"工作共享"机制进一步存储 Na 以产生更高容量。

转化型电极材料用作化学电池中的正极还是负极,主要取决于它们的热力学性质。根据反应物和产物的热力学数据,可以计算出电池的理论电位、容量和能量密度。虽然转化反应可能通过中间相进行,且中间相决定了实际的容量/电压曲线,但它们并不影响电池的平均电压和理论容量。图 3-9 给出了典型的转化反应电极材料的理论质量比容量和工作电压[25]。很显然,M_aX_b 化合物中的非金属元素 X 对电池电位具有重要影响,这为选择适当的化合物作为电池正极或负极材料提供了指导。与金属氟化物和卤化物相比,金属氧化物、硫化物和磷化物具有较低的理论电压,因此适合作为钠离子电池的负极。

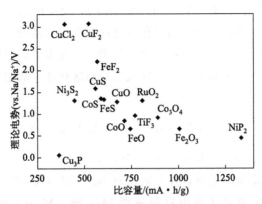

图 3-9 基于转化反应的储钠电极材料的理论电势和质量比容量[25]

另外,也可以通过热力学数据来比较锂和钠的转化反应的主要性质和差异。如图 3-10 所示,Klein 等人根据反应 ($z\text{Li}+\text{Na}_z\text{X} \rightleftharpoons \text{Li}_z\text{X}+z\text{Na}$) 过程中吉布斯自由能 ($\Delta_r G$) 的变化计算得到 $M_a X_b$ 与钠或锂发生转化反应的电池电位差[26]。与基于锂的转化反应相比,氢化物、氧化物、硫化物和氟化物等发生钠基转化反应时的电位更低,氯化物的电池电位几乎相等,而溴化物和碘化物的电池电位增加。此外,金属离子的氧化价态越高,其化合物的反应电动势也将越高。

$$M_a X_b + (bc)\text{Na} \rightleftharpoons a\text{M} + b\text{Na}_c X \text{(I)}$$
$$M_a X_b + (bc)\text{Li} \rightleftharpoons a\text{M} + b\text{Li}_c X \text{(II)}$$
(II) − (I) ⇨ $\Delta E^{\ominus}$(Li−Na)

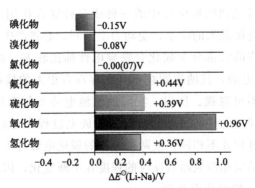

图 3-10 计算得到的 $M_a X_b$ 与钠和锂的转化反应的电池电位差异[26]

经过对转化反应的理论计算和实验研究发现,对于大多数高价的金属化合物来说,直接发生转化反应是比较困难的,一般会经历一个中间过渡步骤。式(3-40)

描述了Na^+替代M_nX_m中金属离子的分步反应过程：首先Na^+嵌入M_nX_m晶格的空位中，生成类似于$Na_xM_nX_m$的中间产物；随后进一步还原，转化为金属单质和Na_nX。第一步实际上是一个嵌入反应的过程，后一步反应才为转化反应。

根据阿伦尼乌斯公式$k = A\exp(-E_a/RT)$，反应的速率常数是由反应所需要克服的活化能决定的，而反应的活化能可以从反应所涉及的化学键的键能来估算。从这两步反应所涉及的化学键的断裂与重组情况来看，显然，第二步转化反应需要克服的活化能远远高于第一步嵌入反应的活化能，故第二步反应是整个反应的速率控制步骤。

$$x\mathrm{Na}^+ + \mathrm{M}_n\mathrm{X}_m + xe^- \xrightarrow{k_1} \mathrm{Na}_x\mathrm{M}_n\mathrm{X}_m \, (0 \leqslant x \leqslant 1)$$

$$\mathrm{Na}_x\mathrm{M}_n\mathrm{X}_m + (mn-x)\mathrm{Na}^+ + (mn-x)e^- \xrightarrow{k_2} m\mathrm{Na}_n\mathrm{X} + n\mathrm{M} \tag{3-40}$$

对于转化反应来说，充电过程分解所有Na-X键（X=F、Cl、O、S等）需要克服的活化能E_a'要高于放电过程断裂M-X键（M为金属离子）的活化能E_a。因此，M/Na_nX能否顺利地氧化成M_nX_m，即充电过程需要克服的活化能E_a'的大小控制着整个转化反应可逆进行的反应速率。而氧化反应需要克服的活化能与Na-X键的键能有着密切的关系：Na-X键的键能越强，需要克服的活化能就越高。在几种Na-X键（X=F、Cl、O、S）中，Na-F键的键能最强，意味着金属氟化物在转化过程需要克服最大的活化能，其转化反应在动力学上最难可逆发生；而Na-O键的键能是相对比较小的，说明金属氧化物的转化反应在动力学上是相对比较容易的。另外，低价的金属化合物也比高价的化合物要相对容易转化。

对于实际电池体系来说，电极工作时必然产生一定的极化，或多或少表现为电化学极化、浓差极化和欧姆极化中的一种或多种联合作用。对于转化反应来说，由于反应需要克服很大的能垒，受动力学控制，必将产生很大的电化学极化作用；同时参与反应的大部分金属化合物导电性都比较差，而转化产物Na_2O、NaCl等基本是不导电的，且纳米颗粒本身也存在着很大的接触电阻，因而这里产生的欧姆极化也不可忽视。所以，实际的电池电势不仅取决于电池反应电动势，还受极化电势即过电势的影响。由于在充放电过程中Na^+的嵌入和脱出反应所经历的动力学过程并不相同，故两个过程的极化电势并不相等。同时在反应过程中，产物的微结构和组成随着反应的程度在不断变化，因此，过电势会随着Na^+的反应摩尔数x的变化而改变。

由于电势随着反应的进行是不断变化的，故实际充放电的电压平台会随着Na^+的反应量而发生改变，不同于嵌入化合物平稳的充放电平台。图3-11为金属化合物发生转化反应的典型首周放电曲线和随后循环的充放电曲线以及充放电过程中的化合物形态的示意图（以金属钠为对电极）[27]。从图中可以看出，随着 Na^+ 的嵌入和脱出，转化反应的电压曲线逐渐地下降和上升，没有平稳的充放电平台，且放电曲线与充电曲线之间存在非常大的电势差。图 3-11(a) 中所标出的充放电曲线上的电势差 ΔE 即为电压滞后效应，这种电势差越大，说明电极上的极化越严重。同时，首周的放电电压明显低于随后几周，说明首周的反应物由大颗粒尺寸向纳米化的转化过程产生较大的极化超电势，而随后纳米尺度间的转化反应则表现出较小的极化。这一现象与前面提到化合物的尺寸越小越有利于实现转化反应是一致的。在动力学上解释为：反应物的颗粒尺寸越小，将具有越大的表面及界面能，这部分能量降低了反应需要克服的活化能，减小了电极上的电化学极化，从而使反应能够更容易地进行。

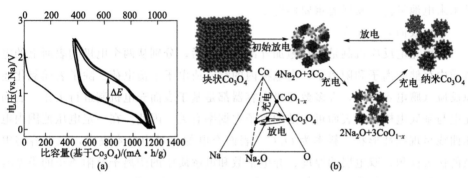

图 3-11 (a) Co_3O_4-石墨烯复合物负极的充放电曲线；
(b) Co_3O_4 负极的转化反应储钠机制[27]

不同类型的金属化合物发生转化反应的电压滞后效应是存在差异的。由于这种电压滞后效应是由极化作用产生的，故反应需要克服活化能的高低从根本上决定了这种电压滞后效应的大小。氟化物、氧化物、硫化物和磷化物四类金属化合物的电压滞后效应随着阴离子的不同表现出明显的差异，其中氟化物的电压滞后值高达 1.5V，磷化物则只有 0.4V，说明氟化物发生转化反应需要克服更高的活化能，这与前面的讨论也是一致的。因而，可以得出一个重要结论：阴离子的种类直接影响着转化反应的动力学性能，即阴离子的电负性越强，化合物的电池反应电动势越高，但反应需要克服的活化能也越高，转化反应越不可逆，反应所产生的极化作用和电压滞后效应也将越大。

3.4.4 其他反应类型

(1) 可逆化学键反应

所有类型的化学能储存都可视为某种类型的可逆化学键合。法国科学家首先提出了"可逆化学键反应"这个术语,专门用于含有羰基官能团的有机分子。羰基可以在室温下与钠发生可逆反应,具有较好的可逆容量和倍率性能。玫棕酸二钠（$Na_2C_6O_6$）作为一种典型的以"可逆化学键反应"为储钠机理的化合物[28],其羰基在 0～3.0V（相对于 Na^+/Na）的电压范围内理论容量高达 501mA·h/g。这一概念已经扩展到乙氧基羰基有机化合物,当作为电池负极时,在 1.5～2.0V 的电压范围内容量为 100～120mA·h/g。其充放电曲线具有明显的电压平台,是一种一级相变反应,电压极化远低于转化反应的极化。尽管可逆容量高,但有机电极材料及其可逆化学键合反应机制仍然存在许多基本问题亟待解决,例如较差的导电性、稳定性、倍率和循环性能以及较低的体积能量密度。但由于它们可以通过生化途径将资源丰富的天然产物进行转化生产,因此仍是未来电池可持续发展的重要候选之一。

(2) 表面充电反应

表面充电反应机制是指在施加外部电场之后,分别从两个电极的表面上的电解质中存储阴离子和阳离子,由电极内的空穴或电子平衡电荷。除了表面氧化还原反应（赝电容）外,大多数超级电容器都是基于表面充电机制进行工作。表面充电与基底电极材料表面可用处的离子占据率有关。因此,在一定电压范围内电压曲线呈现线性形状,斜率为 Q/C。表面充电的容量由电容决定,该电容与电极的比表面积、双电层的厚度、介电常数和电解质中的阴离子及阳离子的类型有关。超级电容器具有高功率（1～10kW/kg）和长循环寿命（100000 次）的优点。目前,结合表面充电机制和氧化还原反应以提高超级电容器的能量密度已引起人们的极大关注。

(3) 自由基反应

有机自由基分子带有一个或多个未配对或开壳电子,它们具有高反应活性,可通过形成二聚体或与其他分子、溶剂或分子氧的氧化还原反应转化为闭壳分子。自由基聚合物是酯族或非共轭聚合物,其在每个单元中带有重复的有机基团作为侧基;自由基的外部氧化还原反应引起电解质溶液中的快速电子自交换反应。氧化还原中心的大的异质电子转移率和有效传质过程使得聚合物层可以很容易地接纳电解质离子以补偿由中性自由基产生的电荷,在这种方式下,自由基聚合物可视为一种离子存储材料。研究表明,柔性结构钠离子自由基电池在安全性和可持续性方面具有优越性。然而,与具有可逆化学键合机制的有机电极材料一样,它们本身具有较低的体积能量密度。

(4) 欠电势沉积反应

研究表明,钠在恰好高于电镀电压时（0.0V,相对 Na^+/Na）可以通过欠电势沉积的方式（UPD）储存在微孔或中孔材料中。TEM 观测的结果已经证实了在放电和充电期间钠簇在纳米孔内的形成和消失,该反应在较低电压下发生。由于该反应的形成能主要由钠在基底上的吸附能量决定,与表面位置的占据有关,因此观察到的电压曲线是斜线。微孔材料中钠储存的动力学性质不理想。另外,沉积电压太接近钠的电镀电位,容易导致安全问题。因此,多孔材料中的 UPD 机制不太适合用于钠离子电池。

3.5 钠离子电池电极及界面特性

3.5.1 多孔电极结构特征

多孔结构,是指多孔固体骨架构成的,其内部具有一定孔隙空间的结构。而钠离子电池的电极通常由大量的活性物质颗粒以及导电剂颗粒堆积而成,大多有一定的孔隙率。在装配电池时,活性物质与导电剂颗粒构成多孔固体骨架,而液相的电解液则充满内部的孔隙空间。这样的结构属于多孔结构,因此也被称为多孔电极[4]。多孔电极的主要优点是具有比平板电极大得多的反应表面,有利于电化学反应的进行。

多孔材料中的孔按其形态可分为交联孔、通孔、半通孔和闭孔,如图 3-12 所示,这几种孔在电池反应过程中作用并不相同。交联孔和通孔是钠离子参与反应和传输的主要通道;半通孔不适合钠离子的传输,但在钠离子顺利进入这些孔隙的前提下,可充当电化学反应的场所;闭孔因为钠离子无法输出,其传输和反应均无法进行,属于无效孔。对于钠离子电池极片的孔隙结构,目前主要通过孔隙率、孔径、孔径分布及迂曲度等参数来描述这些复杂的孔结构的孔数目和孔形态。

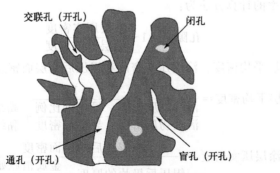

图 3-12 多孔材料孔结构示意图

孔隙率是指多孔材料中孔隙的体积占多孔体表观体积（或称为总体积）的比率，一般用百分数来表示。孔隙率是一个相对宏观的概念，它既包括多孔电极内孔数目，也包括各类孔的孔径大小。由于活性物质颗粒的大小及制作工艺的不同，多孔电极内孔的形态也各不相同，为了表述孔的大小，通常将孔模拟为圆柱，把圆柱形孔的底面直径作为孔径，所有圆柱形的平均孔径 d 表示为孔的大小。由于多孔体内颗粒粒径并不均匀，因此颗粒堆积的孔也不相同，全面了解多孔电极结构需了解孔径分布，即不同孔径在总孔结构中的分散程度及其所占比例大小。颗粒的形貌不同，堆积的孔结构也不相同，研究结果表明，均匀的颗粒分布和球形颗粒制备的电极可呈现最佳的孔隙率。

一般而言，极片中存在两种尺度的孔隙：①颗粒内部的孔隙，尺度为纳米-亚微米级；②颗粒之间的孔隙，尺度为微米级。这两种结构的孔隙对电池性能的影响都很关键。颗粒形状的不同，导致堆积的孔大多不是直通孔。迂曲度（τ）是描述多孔介质中孔形态的重要参数，物理定义为物质在孔介质中的实际通过路径长度 L_t 与介质距离（厚度）L_0 的比值。对于多孔体系而言，其值都大于 1，这说明电解液在多孔体系内的真实传导能力是偏低的。孔隙率和迂曲度对电极中的钠离子电导率和电解液扩散有重要影响，多孔电极中液相的传导和扩散能力除了与电解液本征特性（电导率 κ、扩散系数 D 和钠离子迁移数 t_0^+）有关，还受电极中的多孔结构影响，常用孔隙率 ε 与迂曲度 τ 计算。

$$\kappa_{\text{eff}} = \frac{\kappa \varepsilon}{\tau} \tag{3-41}$$

$$D_{\text{eff}} = \frac{D \varepsilon}{\tau} \tag{3-42}$$

迂曲度 τ 与多孔网络的结构相关，包括活性颗粒的性质、粒径分布等。常用 Bruggeman 关系式表示，α 为 Bruggeman 指数，孔隙率 ε 与迂曲度 τ 关系如下：

$$\tau = \gamma \varepsilon^{1-\alpha} \tag{3-43}$$

极片孔隙率的计算方法为：

$$孔隙率 = 1 - \frac{涂层压实密度}{涂层平均密度} \tag{3-44}$$

其中，涂层平均密度、涂层压实密度和辊压后涂层面密度分别为：

$$涂层平均密度 = \frac{1}{\dfrac{活性物质比例}{活性物质密度} + \dfrac{导电剂比例}{导电剂密度} + \dfrac{黏结剂比例}{黏结剂密度}} \tag{3-45}$$

$$涂层压实密度 = \frac{辊压后涂层面密度}{辊压后极片的厚度 - \dfrac{金属箔原始厚度}{1 + 箔材延展率}} \tag{3-46}$$

$$\text{辊压后涂层面密度} = \frac{\text{涂层涂布面密度}}{1 + \text{箔材延展率}} \tag{3-47}$$

通常，铜箔的延展率为 0，铝箔延展率<1%。

有效电极厚度（或电解液渗透厚度）是反映多孔电极利用率的一个指标，它表示多孔电极的反应可深入电极孔内的距离。如果电极的厚度小于或接近渗透厚度，则多孔电极从表面到内部都能得到较充分的利用；如果电极的厚度大于渗透厚度，那么电极的利用显然就不充分，从而影响电极的比容量。在电极材料整体设计定型的情况下，电极涂布和辊压的均匀性是影响有效厚度的重要因素。一般认为渗透厚度主要受多孔电极的结构特点、电极反应性质和反应速度（充/放电电流）影响。渗透厚度的计算分为两种情况，对于受电化学极化控制的多孔电极：

$$\overline{X} = \frac{RTd}{nF\rho i_0} \tag{3-48}$$

对于受扩散控制的多孔电极：

$$\overline{X} = \frac{nFDc_0}{(1-P)i} \tag{3-49}$$

式中，$\overline{X}$ 为渗透厚度；i_0 为交换电流密度；d 为平均孔径；ρ 为固相有效电阻；i 为表观电流密度；P 为孔隙率；c_0 为电极表面反应物浓度；D 为扩散系数。通过上述两式可以发现，电极厚度越厚，液相离子的扩散路径越长，电解液的扩散阻抗越大，导致电池的倍率性能越差。

极片浸润性通常用体系浸润时间或者浸润速率来表示，它涵盖了电解液接触颗粒、在颗粒表面充分润湿及进入颗粒堆积孔隙的过程。因此影响固液界面润湿的因素（固液相接触角、液相黏度）和影响电极液相扩散的因素（孔结构）都会对材料的浸润性产生影响。电解液的组成和钠盐浓度会通过改变黏度和表面张力间接影响极片的润湿性。控制电池内的压力会改善浸润性，通过真空注液的方法数小时内电极即可得到最大程度的润湿，相比于数天的自然浸润，润湿时间大大缩短，且此类电池有着更高的容量和更高的倍率特性。可以通过滴电解液法和表面张力法对极片的浸润性进行表征。

钠离子电池在充放电过程中，极片内部存在钠离子和电子的传输，其中钠离子通过电极孔隙内填充的电解液传输，而电子主要通过固体颗粒，特别是导电剂组成的三维网络传导至活物质颗粒/电解液界面参与电极反应。因此，电子的传导特性对电池性能影响较大，尤其是电池的倍率性能。而影响电池极片中电子电导率的主要因素包括箔基材与涂层的结合界面情况、导电剂分布状态和颗粒之间的接触状态等。

电极反应大多集中在电极/电解液界面上，在相同的表观体积和电解液充分润湿的前提下，电极比表面积越大，电极/电解液界面越大，电极反应越容易进行，极化越小，电极性能越优异。需要注意的是电化学比表面是指能有效参与某一确定电极反应的表面。

多孔电极比表面积的测量主要有两种方法：气体吸附法（BET）和电化学方法。液氮 BET 法是测量多孔材料比表面积的常用方法。由于氮分子能进入很小（几埃）的孔中，电解液却不能进入，所以由 BET 法测试的电极比表面积中包含一部分对电化学反应无用的表面积，通常比有效表面积大。电化学方法是基于电化学原理，包括测量界面电容值或电化学吸附量来计算表面积。利用电化学方法测量多孔电极的比表面积与 BET 法相比，更能真实地反映多孔电极真正参加电极反应的电极表面，在实际应用中更有价值。采用电化学法测定电极真实表面积的实质就是测定电极的双电层电容，因为电极的双电层电容与电极的真实表面积成正比。为了测定电极的双电层电容，应选择合适的溶液和电位范围，使研究电极接近理想极化电极。测量电极双电层电容的方法很多，如恒电位阶跃法、恒电流暂态法、三角波扫描法及交流阻抗法等等，但是只有恒电位阶跃法适用于测量粗糙表面的双电层电容。因为恒电位阶跃法的极化时间相对较长，能够保证各个支路的双电层电容充电完全，使各个支路的电流都达到稳定值，从而使得测量结果更加准确。下面仅以恒电位阶跃法为例说明如何测量电极的双电层电容。

对处于平衡电位的电极突然加上一个小幅度（<10mV）的恒电位阶跃［图3-13(a)］，同时记录下电流随时间的变化，即恒电位阶跃暂态图形。图 3-13(b) 中阴影部分的面积 ABC 即为双电层充电电量 Q。双电层充电电量与双电层电位差之比就是双电层电容。

$$C_d = \frac{Q}{\Delta \psi} \tag{3-50}$$

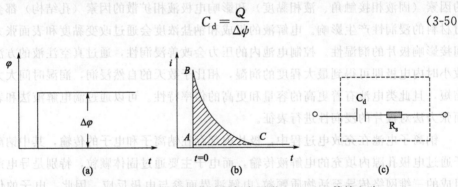

图 3-13 （a），(b) 恒电位阶跃暂态图形；(c) RC 等效电路

双电层和电化学测量中的充电电流源于理想极化电极的阶跃，类似于 RC 电路。这种方法不适合法拉第反应和表面赝电容的情况。当施加一个电位 E 的阶

跃时：

$$Q = C_d E_c \tag{3-51}$$

$$E = E_R + E_c = iR_s + Q/C_d \tag{3-52}$$

$$i = \frac{dQ}{dt} = -\frac{q}{R_s C_d} + \frac{E}{R_s} \tag{3-53}$$

$$i = \frac{dQ}{dt} = -\frac{q}{R_s C_d} + \frac{E}{R_s} \tag{3-54}$$

求微分方程得到：

$$Q = EC_d \left[1 - \exp\left(-\frac{t}{R_s C_d}\right)\right] \tag{3-55}$$

3.5.2 多孔电极极化理论

多孔电极工作时，其内表面往往不能均匀地发生电化学反应。孔隙内液相的传质阻力在多孔电极内部产生浓度极化，导致电极内部各点"电极/电解质"界面上极化不均匀，部分抵消了多孔电极比表面积大的优点。

研究多孔电极的主要目的是分析这种电极的基本电化学行为，并找出优化其电极性能的方法。为此，Newman 等人曾经提出了多孔电极模型[4]。其主要思想是将电极区域分为两相：固体颗粒组成的固相和固体颗粒间的空隙被充满的电解液组成的溶液相。为简化计算模型，Newman 等人提出忽略多孔电极的真实几何性质，采用叠加的方法。即假定电极区域内任意一点都包含两相，而所有函数都是时间和空间上的连续函数，所有函数都是两相中两个连续函数集的叠加。

Newman 多孔电极理论由于忽略了电极内部的真实几何性质，大大降低了数学建模的复杂度，在锂离子电池以及燃料电池模型中得到了广泛应用。Newman 理论在过去几十年中得到空前的重视和广泛应用，并不断有研究尝试去改进，如采用 Marcus 理论等更合理的电荷转移理论描述界面反应动力学[29]，考虑双电层电流与反应电流的耦合[30]，改进多孔结构处理方法[31] 等。此外，武汉大学查全性院士基于特征深度等概念处理多孔气体扩散电极[32]，并利用数值计算方法验证了多孔电极极化的理论公式[33]。厦门大学田昭武院士也在多孔电极极化理论上做了系统深入的研究工作，提出了多种特征电流和不平整液膜模型[34]。

对于平板金属电极而言，可以认为电极内部各点电势相等，极化电势为：

$$\eta = \varphi_L - \varphi_s + 常数 \tag{3-56}$$
$$d\eta = d(\varphi_L - \varphi_s)$$

在多孔电极中，由于固相电阻和微孔中液相电阻的存在，内部各点 $\varphi_s(x)$

和 $\varphi_L(x)$ 并不相同,各点的极化电势也不相同。因此各点的反应速度也不相同,造成电极内部各处的利用率不同:极化电势高的地方反应速度快,利用率高;极化电势低的地方反应速度慢,利用率低。

为数学处理方便,忽略多孔电极的结构细节,研究人员采用具有统计平均意义的参数"有效值",将多孔电极中的各部分看作宏观均匀体进行处理。如图 3-14(a) 所示,在多孔电极的等效模拟电路中,将电极在平行于表面方向划分为若干厚度为 dx 的薄层。在薄层中发生的电化学反应表现为液相电流转化为固相电流 $(-dI_l = +dI_s)$,采用 $\rho_s dx$、$\rho_l dx$、z/dx 分别表示薄层中的固相电阻、液相电阻和反应电阻。由于固相电阻和液相电阻的存在,造成电极内部液相电势、固相电势均不相同 [图 3-14(b)];随 x 增大,I_l 不断减小,I_s 不断加大。因此,该反应电流可以表示为:

$$dI = -dI_l = dI_s = \eta/(z/dx) = (\eta/z)dx \tag{3-57}$$

由 $\dfrac{d\varphi_s}{dx} = -\rho_s I_s$ 和 $\dfrac{d\varphi_l}{dx} = -\rho_l I_l$ 可分别得到:

$$\dfrac{d^2\varphi_s}{dx^2} = -\rho_s \dfrac{dI_s}{dx} = -\rho_s \dfrac{dI}{dx} \tag{3-58}$$

$$\dfrac{d^2\varphi_l}{dx^2} = -\rho_l \dfrac{dI_l}{dx} = \rho_l \dfrac{dI}{dx} \tag{3-59}$$

由式(3-58) 和式(3-59) 可以得到:

$$\dfrac{d^2\eta}{dx^2} = -\dfrac{d^2\varphi_s}{dx^2} + \dfrac{d^2\varphi_l}{dx^2} = (\rho_l + \rho_s)\dfrac{dI}{dx} = (\rho_l + \rho_s)\eta/z \tag{3-60}$$

式(3-60) 即为多孔电极的基本极化方程。

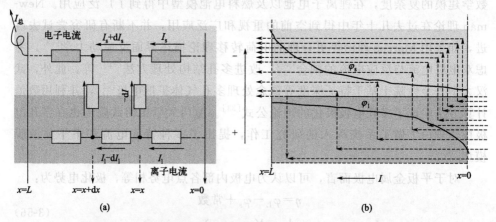

图 3-14 多孔电极等效模拟电路中的电流 (a) 和电势 (b) 分布

下面将针对纯液相电阻极化、固液相电阻联合极化和液相浓度极化三种情形下的极化方程分别进行讨论。

(1) 纯液相电阻极化

在此情形下，可以近似认为 $\rho_s=0$，电极厚度方向的电势分布不均匀性仅由液相电阻引起。

当极化较小时，极化电流与过电位之间满足线性关系，即：

$$i=i^0 S^* \frac{nF}{RT}\eta=\eta/\left(\frac{RT}{i^0 S^* nF}\right) \quad (3-61)$$

$$Z=\frac{RT}{i^0 S^* nF} \quad (3-62)$$

由于 $\rho_s=0$，式(3-60)可简化为：

$$\frac{d^2\eta}{dx^2}=\rho_1\eta/z \quad (3-63)$$

此时，极化方程的边界条件为：

$$\begin{cases}\eta_{x=0}=\eta^0 & (溶液侧用参比测得的极化电势)\\ (d\eta/dx)_{x=L}=0 & (x=L\,处,I_1=0)\end{cases} \quad (3-64)$$

$$\eta(x)=\eta^0\frac{e^{k(x-L)}-e^{-k(x-L)}}{e^{kL}+e^{-kL}}=\eta^0\frac{\cosh[k(x-L)]}{\cosh(kL)} \quad (3-65)$$

$$I_t=I_{1(x=0)}=-\frac{1}{\rho_1}\left(\frac{d\eta}{dx}\right)_{x=0}=\eta^0(\rho_1 z)^{-1/2}\tanh(kL) \quad (3-66)$$

式中，$k=(\rho_1 z)^{1/2}$。当 $kL\geqslant 2$ 时，$\tanh(kL)\approx 1$，因此常设：

$$(z/\rho_1)^{1/2}=\left(\frac{RT}{nF}\frac{1}{i^0 S^* \rho_1}\right)^{1/2}=1/k=L^*_{\Omega,1} \quad (3-67)$$

则电势分布：

$$\eta=\eta^0\frac{\cosh[(L-x)/L^*_{\Omega,1}]}{\cosh(L/L^*_{\Omega,1})} \quad (3-68)$$

式中，$L^*_{\Omega,1}$ 为欧姆极化的特征厚度；当 $L=L_\Omega$ 时，I_t 为无限厚电极总电流的 76%；当 $L=2L_\Omega$ 时，I_t 为总电流的 96.4%；当 $L=2.65L_\Omega$ 时，I_t 为总电流的 99%。可以看到 ρ_1 越大，z 越小，L_Ω 越小，L/L_Ω 越大，电极厚度内极化越不均匀，利用率越低。因此电极的厚度原则上不应超过特征厚度的 2~3 倍，增大孔隙率、提高液相电导率可以增大电极特征厚度。

当极化较大时，不能满足线性极化的条件，则需将 $I^*=i^0[\exp(\alpha nF\eta/RT)-\exp(\beta nF\eta/RT)]$ 代入方程 (3-60) 求解，可得到极化曲线形式。这里不再展开讨论。

(2) 固液相电阻联合极化

在此情形下，假定 $\alpha=\beta=0.5$，则式(3-60)可写成：

$$\frac{d^2\eta}{dx^2} = (\rho_1+\rho_s)\frac{\eta(x)}{z} = 2i^0 S^*(\rho_1+\rho_s)\sinh\left(\frac{nF}{2RT}\eta\right) \tag{3-69}$$

此时，极化方程的边界条件为：

$$\begin{cases}(d\eta/dx)_{x=0} = -\rho_1 I \\ (d\eta/dx)_{x=d} = \rho_s I\end{cases} \tag{3-70}$$

该方程的数学处理很复杂，但通过软件计算可以给出数值解。

固液联合极化时，电势和体电流密度的分布取决于比值 K 和 R：

$$K = 2i^0 S^*(\rho_1+\rho_s) = \frac{(\rho_1+\rho_s)}{1/(2i^0 S^*)} = \frac{\rho'}{z'}$$

$$R = \frac{\rho_s}{\rho_1} \tag{3-71}$$

电极上的反应区域可以用图 3-15 表示，当 $K<0.1$ 时，电流分布基本均匀；当 $K>1$ 时，极化分布不均匀；当 $K=0.1\sim 1$ 时，低极化下分布比较均匀、高极化下分布不均匀。

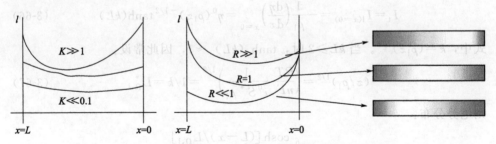

图 3-15　多孔电极固、液相电阻联合极化下的电流分布

在实际电池中，大多数情况下 $\rho_1\gg\rho_s$，这时反应区的初始位置处于靠近液相一侧，且随着放电进行而逐渐内移。水溶液电池由于 ρ_1 很小，可以采取较厚的电极结构；而有机电解质的 ρ_1 较大，其电极一般采用薄膜设计。小功率电池（小极化）对 I^* 要求很小，电极厚度可以较大。大功率电极均采用薄膜结构，以降低 L/L_Ω，保证电化学利用率。

(3) 液相浓度极化

当电解质溶液出现浓度极化时，局部体电流密度可以表示为：

$$I^* = \frac{\mathrm{d}I}{\mathrm{d}x} = \frac{c(x)}{c^0} i^0 S^* \exp(\eta^*) = nFD_e \frac{\mathrm{d}^2 c}{\mathrm{d}x^2} \tag{3-72}$$

此时，极化方程的边界条件为：

$$\begin{cases} c_{x=0} = c^s \\ (\mathrm{d}c/\mathrm{d}x)_{x=L} = 0 \end{cases} \tag{3-73}$$

$$\frac{\mathrm{d}^2 c}{\mathrm{d}x^2} = \frac{c(x)}{c^0} \frac{i^0 S^*}{nFD_e} \exp(\eta^*) = L_c^{-2} c(x) \tag{3-74}$$

$$c(x) = c^s \frac{\cosh[(x-L)/L_c]}{\cosh(L/L_c)} \tag{3-75}$$

$$I_t = nFD_e \left(\frac{\mathrm{d}c}{\mathrm{d}x}\right)_{x=0} = c^s \left(\frac{nFD_e i^0 S^*}{c^0}\right) \exp\left(\frac{\eta^*}{2}\right) \tanh\left(\frac{L}{L_c}\right) \tag{3-76}$$

$$L_c = \left(\frac{nFD_e c^0}{i^0 S^*}\right)^{1/2} \exp\left(-\frac{\eta^0}{2}\right) \tag{3-77}$$

L_c 与极化过电位大小有关，当极化过电位比较小时，最后一项的变化不会太大。例如：当 $\eta = 20\mathrm{mV}$ 时，$\exp(-\eta^0/2) = 0.99$；当 $\eta = 200\mathrm{mV}$ 时，$\exp(-\eta^0/2) = 0.9$，因此常定义浓差极化引起的反应层特征厚度为：

$$L_c = \left(\frac{nFD_e c^0}{i^0 S^*}\right)^{1/2} \tag{3-78}$$

但在高倍率条件下，需要考虑极化电势对特征厚度的影响。例如：当 $\eta = 500\mathrm{mV}$ 时，$\exp(-\eta^0/2) = 0.6$。

以上的多孔电极极化理论也仅仅给出一些理想和简单电势极化的处理方法，没有考虑多孔结构不均匀分布及高电势极化等情况，但其所推导的一些参数和规律对电池体系的实际应用非常有益。例如：由于固相电阻的制约，将造成电极的电流输出能力不一定随厚度的增加而提高，甚至会出现电极"越厚越差"的现象。武汉大学查全性院士在多孔电极的极化理论方面做出了一系列精辟的阐述，一些原理和概念对实际电极的应用发展影响颇大。更全面和深邃的知识可以参见查全性院士出版的《电极过程动力学导论》[1]和《化学电源选论》[35]两本专著。

3.5.3 电池中的界面问题

电池界面的结构和性质对钠离子电池的充放电效率、能量效率、能量密度、功率密度、循环性、服役寿命、安全性、自放电等特性具有重要影响，因此，对界面问题的研究是钠离子电池基础研究的核心。电池中常见的界面类型有固-固界面，包括电极材料在嵌入脱出钠离子过程中产生的两相界面 [如 $Na_3V_2(PO_4)_3/NaV_2(PO_4)_3$]；多晶结构的电极材料中晶粒与晶粒之间形成的晶界；电极材料、导电添加剂、黏结剂、集流体之间形成的多个固-固界面等。固-固界面一般存在空间电荷层以及缺陷结构，其物理化学特性会影响离子与电子的输运、电极结构的稳定性、电荷转移的速率等。如果电极材料中存在大量的晶界，晶界处也可储存少量的额外钠离子，以提高电池的比容量。

Goodenough 等[36] 曾经阐述过锂离子电池中电极费米能级与电解质能级的关系，这一理论同样也可以用于钠离子电池。图 3-16 给出了钠离子电池中电极费米能级与电解质中 HOMO（最高占据分子轨道）、LUMO（最低未占据分子轨道）的大小（非严格测量或计算结果，为了便于理解）[37]。可以看出，当有机溶剂或钠盐的 LUMO 低于负极的费米能级时，负极中的电子将注入 LUMO，导致溶剂或钠盐被还原；而当 HOMO 高于正极的费米能级时，电子将注入正极，导致溶剂或钠盐被氧化。电池充放电过程中，溶剂或钠盐在电极表面被氧化或还原，生成物中不能溶解的部分将沉积覆盖在正极或负极表面上。通常这些物质含有钠离子，可以导通钠离子但是对电子绝缘，因此电极表面膜被认为是固体电解质中间相（solid electrolyte interphase，SEI）膜，在正极上形成的电解质膜也叫 CEI（cathode electrolyte interphase）膜。如果 CEI/SEI 膜不能致密地覆盖在电极表面，或者 CEI/SEI 膜不是电子绝缘体，则溶

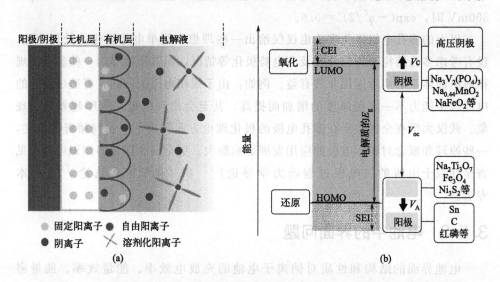

图 3-16 （a）钠离子电池正、负极表面的 CEI/SEI 膜；（b）电极表面 CEI/SEI 膜的形成与电解质费米能级的关系[37]

剂或钠盐可以继续从电极上得失电子，发生氧化还原副反应，消耗正极的钠源，降低充放电效率。CEI/SEI 膜可以有效地阻止后续的溶剂或钠盐的氧化或还原，具有钝化膜的性质，有时被称为表面钝化膜（surface passivating film）。

可以看到，电解质的类型和性质对界面的形成具有决定作用。与锂离子电池相似，钠离子电池的研究中也使用了五种常见类型的电解液体系，即有机电解液、离子液体（ILs）、水溶液电解液、无机固体电解质（ISE）和固体聚合物电解质（SPE）[38]。在液体电解液中，溶剂化效应和电场驱动被认为是 Na^+ 传输的动力，而链段运动和空位迁移被认为是 SPE 和 ISE 中 Na^+ 流动的机制。通常，液体电解液的离子电导率高于固体电解质，因为它们具有更好的流动性，有利于 Na^+ 的快速迁移。但是，固体电解质由于其良好的热稳定性和宽电压窗口，安全性更高。虽然水溶液电解液具有离子导电性高、成本低等优势，但其能量密度受到工作电压范围的严重限制。因此，我们可根据上述各种电解质的不同性质进行筛选，满足不同的应用需求。为了实现工业化应用，有机电解液和水溶液电解液必须具有高能量密度和长循环寿命。由于充足的原材料和成熟的生产技术，这些电解液价格都比较低廉。ILs 和 ISE 两种电解液体系由于较高的成本，导致其目前还未大规模应用，将来也可能被用作钠离子电池的电解液，主要是由于它们在高电压和高温的环境下优势明显。将不同类型的电解液组合使用可充分利用它们各自的优点。例如，ILs 可用作添加剂用于有机电解液，以解决界面问题并改善液体和固体体系的相容性。如图 3-17 所示，固体电解质的离子迁移和界面相容性可分别通过有机电解液的渗透和 ILs 的表面改性得到改善。凝胶聚合物和无机电解质组成的固体-固体复合物可为 Na^+ 的快速迁移提供灵活且稳定的通道。

此外，固-液和固-固接触点之间发生的界面问题可以用电阻、枝晶和相容性来解释。众所周知，液体电解液较易渗透到多孔电极中，同时形成良好的 Na^+ 传输路径。而固体电解质和活性材料之间的接触电阻很高，导致 Na^+ 的传输能垒较高。然而，固体电解质的优异机械强度可以抑制钠枝晶的生长并提高电池的安全性。相反，液体电解液将受到钠枝晶持续生长的威胁。值得一提的是，液体电解液的分解可以通过在电极表面形成钝化层来改善界面的相容性，但需要牺牲电池的稳定性和库仑效率。而对于固体电解质，已经有人提议通过构造人造界面弥补这一缺陷。简而言之，我们应全面而系统地研究电解质和相关界面的问题，以设计出性能优异的钠离子电池。

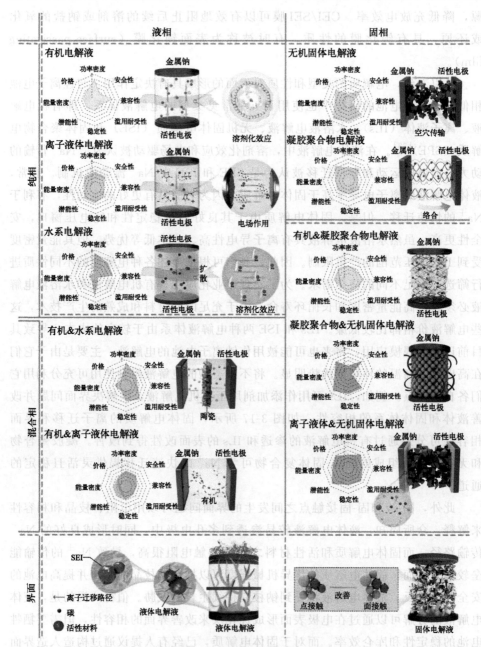

图 3-17 钠离子电池不同电解质和界面的模型以及钠离子在其中的传输机制[38]

3.6 基本电化学测试方法

正如本章第一节所述，钠离子电池作为一种复杂的电化学体系，其电极过程由多个基本步骤串联或并联进行。针对不同的电极材料及电极体系，上述基本过程可简化为电池中离子和电子的传输及存储过程。所涉及的电化学过程有电子、离子在材料的体相和两相界面的输运和 SEI/CEI 膜的形成等过程。典型的电极过程及动力学参数有：①离子在电解质中的迁移电阻（R_{sol}）；②离子在电极表面的吸附电阻和电容（R_{ad}，C_{ad}）；③电化学双电层电容（C_{dl}）；④空间电荷层电容（C_{sc}）；⑤离子在电极电解质界面的传输电阻（$R_{incorporation}$）；⑥离子在表面膜中的输运电阻和电容（R_{film}，C_{film}）；⑦电荷转移电阻（R_{ct}）；⑧电解质中离子的扩散电阻（$R_{diffusion}$）；⑨电极中离子的体相扩散电阻（R_b）和晶粒晶界中的扩散电阻（R_{gb}）；⑩宿主晶格中外来原子/离子的存储电容（C_{store}）；⑪相转变反应电容（C_{chem}）；⑫电子的输运电阻（R_e）。上述基本动力学参数涉及不同的电极过程，因而具有不同的时间常数。由于钠离子在固相中的扩散系数很小，因此钠离子在固体活性材料颗粒中的扩散过程往往成为钠离子电池充放电过程的速率控制步骤。目前，已有多种方法被开发并相继用于钠离子电池电极过程动力学信息的测量，如循环伏安（CV）法、电化学阻抗谱（EIS）、恒电流间歇滴定技术（GITT）等。

3.6.1 循环伏安法

循环伏安（cyclic voltammetry，CV）法是常见的电化学研究方法之一。在传统电化学测试中，常用于电极反应的可逆性、电极反应机理（如中间体、相界吸/脱附、新相生成、偶联化学反应的性质等）及电极反应动力学参数（如扩散系数、电极反应速率常数等）的探究。典型的 CV 过程为：电势以特定的速率向阴极方向扫描，电极活性物质被还原，产生还原峰；电势以特定的速率向阳极扫描，还原产物被氧化，产生氧化峰。因此，一次 CV 扫描，即氧化和还原过程，不同可逆程度的体系会有不同的特征曲线。通过 CV 曲线中氧化峰和还原峰的数量、电位、峰强以及峰位间距等参数，可以分析活性物质在电极表面反应的机理、可逆程度、极化程度并获得电极反应动力学参数。

对于钠离子电池，当扩散过程为控制步骤且电极为可逆体系时，采用循环伏安法测量化学扩散系数满足 Randle-Sevick 公式：

$$I_P = 0.4463nFA\left(\frac{nF}{RT}\right)^{1/2}\Delta C_0 (D_{Na^+})^{1/2}v^{1/2}$$

$$I_P = 0.4463zFA\left(\frac{zF}{RT}\right)^{1/2}\Delta C_0 (D_{Na^+})^{1/2}v^{1/2} \tag{3-79}$$

在室温下，该式可进一步简化为：

$$I_P = 2.69\times 10^5 n^{3/2} A (D_{Na^+})^{1/2} v^{1/2}\Delta C_0 \tag{3-80}$$

式中，I_P 为峰电流的大小；n 为参与反应的电子数；A 为浸入溶液中的电极面积；F 为法拉第常数；D_{Na^+} 为 Na^+ 在电极中的扩散系数；v 为扫描速率；ΔC_0 为反应前后待测浓度的变化。基本测量过程如图 3-18 所示：①测量电极材料在不同扫描速率下的 CV 曲线；②将不同扫描速率下的 CV 峰值电流对扫描速率的平方根作图；③对峰值电流进行积分，测量样品中钠离子的浓度变化；④将相关参数代入式(3-80)，即可求得化学扩散系数。

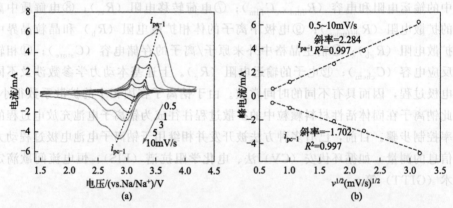

图 3-18 (a) $Na_4Fe_3(PO_4)_2P_2O_7/C$ 正极在不同扫描速率下的循环伏安曲线；
(b) 氧化还原峰值电流与电位扫描速率平方根的关系[39]

这里需要特别注意：由于多孔粉末电极（单晶和外延薄膜电极除外）的真实电化学反应面积难以测量，且固体中参与离子输运的浓度也基本无法获得（显然不完全对应于化学计量比和钠的表观物质的量浓度），因此这里测得的化学扩散系数是表观化学扩散系数，不是材料的本征化学扩散系数。由于扩散系数是通过峰电流与扫速获得，而不是任一电位下的电流，公式(3-80)计算获得的主要是钠离子含量在对应峰位附近的电极所处状态下的表观化学扩散系数。这和GITT、EIS、PITT 等方法能够测定在不同含钠量下材料的表观化学扩散系数不同，CV 法测出的表观扩散系数也不是材料嵌入脱出钠的平均表观扩散系数。因此，对于同一种电极材料及测量的电池，循环伏安法获得的表观化学扩散系数和EIS、GITT、PITT 获得的不同钠浓度的表观化学扩散系数不能对应比较，应该尽可能与钠含量接近的组成附近的测量数值进行对比。此外，由于 CV 法不需要求得 $\partial E/\partial x$，相对于 EIS、GITT、PITT，减少了一个重要的误差来源，数据的一致性相对较好。由于真实表面积及浓度估算带来的误差和偏差，对于不同的电极材料及不同设计的测量电极获得的数据，其比较结果的可信度不高，除非严格控制各个参数，使测量条件尽可能相一致。

此外，计算离子化学扩散系数，需要知道电极面积。一般对于多孔粉末电极，其真实面积远大于电极几何面积，因此难以精确测量（可以利用 EIS 的双电层电容来估算电化学真实反应面积），这给通过 CV 法测量化学扩散系数带来了很大难度，也带来了很多不确定性因素，导致不同团队测量的数据可比性差。因此，对于通过 CV 法测得的化学扩散系数绝对值的比较，只有在实验条件完全一致时才较为可靠。

循环伏安法除了可以获得表观化学扩散系数之外，还可以通过一对氧化还原峰的峰值电位差判断充放电（电化学氧化还原反应）之间极化电阻的大小和反应是否可逆。如果氧化与还原反应的过电位差别不大，可以将一对氧化峰与还原峰之间的中点值近似作为该反应的热力学平衡电位值。而将恒电流充放电的电压容量曲线微分后，以 dQ/dV 作为纵轴，电压为横轴，可获得与 CV 曲线十分相似的结果。因此，在许多文献中，很方便地用 $V\text{-}dQ/dV$ 来代替 CV 曲线，但两者的内在含义是不同的。

循环伏安法还常被用于研究电极表面的电容行为。伏安曲线中的电流响应包括双电层响应（i_{dl}）、表面响应（i_s）和固相响应（i_B）三种。双电层响应类似于物理电容器，其大小只取决于容量和扫速，由于不存在化学反应，因而不属于法拉第过程。在电池体系中，双电层电流通常很小，而表面响应（i_s）和固相响应（i_B）共同组成的法拉第电流对扫描速率具有不同的响应。法拉第电流与扫描速率的关系可用下式表示：

$$i_F = i_s + i_B = k_1 v + k_1 v^{1/2} \tag{3-81}$$

表面响应和固相响应的区别在于固体电极体相中的电荷传输远远慢于液体电解质液相中的传输，固相中离子扩散为速率控制步骤。表面的法拉第过程带有电容属性，通常被称为赝电容或电化学电容。电化学电容与物理电容最大的区别就是：①赝电容电流响应与电压有关，该电压由表面氧化还原反应的吉布斯自由能变决定，换言之，表示赝电容项的系数是电压的函数，而物理电容的系数与电压无关；②化学反应过程并不是瞬间完成的，也就是说赝电容电流响应 i_s 并不完美地与扫速 v 成比例。活性物质体相中氧化还原过程贡献的电流 i_B 由电荷传输产生，并近似地与扫速的平方根 $v^{1/2}$ 成正比。对于完全是扩散控制的电极反应，峰电流和扫速平方根的线性关系通常被用于计算扩散系数。另外，需要强调的是，当使用公式(3-81)来甄别电容和扩散控制时，在数值处理时一定要注意由于电极的欧姆极化所引起的电势偏离现象，否则会造成评估差异，甚至会出现拟合电流超出实际电流的情况，这一现象在一些文献中普遍存在。

为了解决这个问题，基于对电化学原理和过程的分析，Pu等提出对实验测得的CV曲线进行三项关键修正[40]，即极化修正、残余电流修正和背景电流修正，从而更加准确地分别求解不同电荷存储机制（物理双电层、赝电容和扩散容量）的贡献。由于表面物理电容不随扫描电压的变化而变化，因此可以将其从式(3-81)中的表面响应（i_s）中分离出来，电流可以改写为包含双电层电容电流（$k_1'v$）、赝电容电流（$k_1''v$）和扩散电流（$k_2 v^{0.5}$）的形式：

$$I' = k_1 v + k_2 v^{0.5} = k_1' v + k_1'' v + k_2 v^{0.5} \tag{3-82}$$

式(3-82)可以提供一种更为精确的描述不同电容和扩散容量相对贡献的方法，能够预测电化学反应动力学以及电极材料的倍率能力。

反应动力学是电极材料的重要特征。为了提高电极材料的反应动力学，研究者致力于设计具有各种形貌的纳米电极，以期利用纳米材料的大比表面积，提高电极容量中的赝电容贡献和快速扩散控制电流响应。对于单纯的扩散控制电化学体系（主要是正极材料），不同扫速下的CV测试通常能够得到扩散系数。然而，当赝电容贡献不能被忽略的时候，其贡献值就可以通过以下方程得出：

$$i = a v^b \tag{3-83}$$

在式(3-83)中，a 和 b 不是常数，而是根据扫速变化的参数。在较小的扫速变化下，a 和 b 可以被视为常数，b 值可以从 $\ln i_p$-$\ln v$ 的曲线得出，b 值的范围在 0.5~1 之间，分别对应于扩散控制（$b=0.5$）和赝电容反应（$b=1$）。因此不难理解，b 值可以反映电池体系是赝电容反应占主导还是扩散控制占主导，但是当 b 值位于中间值（如 $b=0.8$）时，则不能明确判断赝电容和扩散控制的占比。但可以通过式(3-82)定量计算表面物理电容、赝电容贡献和扩散控制的具体占比。

3.6.2 电化学阻抗谱

电化学阻抗谱（交流阻抗法，EIS）是研究电极过程动力学和表面现象的重要手段，在电化学测试中占据重要地位。特别是近年来，由于频率响应分析仪的快速发展，交流阻抗的测试精度越来越高，超低频信号阻抗谱也具有良好的重现性，再加上计算机技术的进步，阻抗谱的自动化解析程度越来越高，这帮助我们能更好地理解电极表面双电层结构、SEI/CEI膜的形成和稳定性以及离子在固体电极中的扩散动力学。

电化学阻抗谱是在电化学电池处于平衡状态下（开路状态）或者在某一稳定的直流极化条件下，给电化学系统施加一个频率不同的小振幅交流正弦电势波，测量交流电势与电流信号的比值（系统的阻抗）随正弦波频率 ω 的变化，同时还测量了阻抗的相位角 θ 随 ω 的变化。通常作为扰动信号的电势正弦波的幅度在 5mV 左右，一般不超过 10mV。将电化学系统看作是一个等效电路，这个等效电路由电阻（R）、电容（C）、电感（L）等基本元件按串联或并联等不同方式组合而成。通过 EIS，可以测定等效电路的构成以及各元件的数值大小，利用这些元件的电化学含义，来分析电化学系统的结构和电极过程的性质等。

钠离子电池电极过程的等效电路及 Nyquist 谱图中，高频区的半圆对应于电荷转移阻抗及电极和电解液之间的界面容抗，低频区的直线对应钠离子在固态电极中扩散的 Warburg 阻抗。

在半无限扩散和有限扩散条件下，Warburg 阻抗由下式确定：

$$W = \sigma \omega^{-1/2} - j\sigma \omega^{-1/2} \tag{3-84}$$

式中，σ 为 Warburg 系数；ω 为频率。

若电极为平板电极，在电极上施加小交流电压，电极中钠离子的扩散是电极厚度范围内的一维扩散，满足 Fick 第二定律。此时，可以利用扩散响应曲线测量电池或电极体系的化学扩散系数。

根据 Fick 第二定律：$\frac{\partial c}{\partial t} = D \frac{\partial^2 c}{\partial x^2}$，初始条件：$t=0$，$c(x,0) = c_O^0$；边界条件：$x \to \infty$，$c(\infty, t) = c_O^0$；$\tilde{i} = I^0 \sin\omega t$（仅有扩散过程，忽略对流、电迁），又下式：

$$I^0 \sin\omega t = nFD_O \left(\frac{\partial c_O}{\partial x}\right)_{x=0} \tag{3-85}$$

可求解 Fick 第二定律：

$$\Delta c_{O\sim} = c_{O\sim} - c_O^0 = \frac{I^0}{nF\sqrt{\omega D_O}} \exp\left(-\frac{x}{\sqrt{2D_O/\omega}}\right) \sin\left[\omega t - \left(\frac{x}{\sqrt{2D_O/\omega}} + \frac{\pi}{4}\right)\right] \tag{3-86}$$

根据能斯特方程：

$$\Delta \phi_\sim = \phi_\sim - \phi_平 = \frac{RT}{nF} \ln \frac{c_{O\sim}^s}{c_O^0} = \frac{RT}{nF} \ln\left(1 + \frac{\Delta c_{O\sim}^s}{c_O^0}\right) \tag{3-87}$$

当 $\Delta c_{O\sim}^s \ll c_O^0$ 时，即 $\frac{\Delta c_{O\sim}^s}{c_O^0} \to 0$ 时：

$$\Delta \phi_\sim = \frac{RT}{nF} \ln \frac{c_{O\sim}^s}{c_O^0} = \frac{I^0 RT}{n^2 F^2 c_O^0 \sqrt{\omega D_O}} \sin\left(\omega t - \frac{\pi}{4}\right) \tag{3-88}$$

根据法拉第阻抗的表达式：

$$|Z_f| = \frac{\Delta\varphi^0}{I^0} = \frac{RT}{n^2F^2c_O^0\sqrt{D_O}} \times \frac{1}{\sqrt{\omega}} \tag{3-89}$$

以及浓差极化下的可逆电极：$|Z_f| = |Z_W|$，可得：

$$R_W = |Z_W|\cos\theta = |Z_W|\cos\frac{\pi}{4} = \frac{RT}{n^2F^2c_O^0\sqrt{2D_O}} \times \frac{1}{\sqrt{\omega}} = \frac{\sigma}{\sqrt{\omega}} \tag{3-90}$$

$$\frac{1}{\omega c_W} = |Z_W|\sin\theta = |Z_W|\sin\frac{\pi}{4} = \frac{RT}{n^2F^2c_O^0\sqrt{2D_O}} \times \frac{1}{\sqrt{\omega}} = \frac{\sigma}{\sqrt{\omega}} \tag{3-91}$$

则：

$$\sigma = \frac{RT}{n^2F^2c_O^0\sqrt{2D_O}} \tag{3-92}$$

当频率 $\omega \gg 2D_{Na^+}/L^2$ 时，结合 Bulter-Volmer 方程就可将 Na^+ 的扩散系数表示为：

$$D_{Na^+} = [V_m(dE/dx)/FA\sigma]^{1/2}/2 \tag{3-93}$$

式中，L 为扩散层厚度；D_{Na^+} 为 Na 在电极中的扩散系数；V_m 为活性物质的摩尔体积；F 为法拉第常数（$F=96487C/mol$）；A 为浸入溶液中参与电化学反应的真实电极面积；dE/dx 为相应电极库仑滴定曲线的斜率，即开路电位对电极中 Na 浓度曲线上某浓度处的斜率。

基本测量过程如图 3-19 所示：①通过阻抗谱拟合获得低频扩散部分的 σ 值；②测量库仑滴定曲线；③将相关参数代入方程(3-93)即可求出 Na^+ 的扩散系数。

事实上，由于 dE/dx 很难精确获得，电极的实面积也存在差异，EIS 测得的化学扩散系数的绝对数值往往重现性低，可靠度较差。但是对于同一电极，由于充放电过程中表面积没有出现大的变化，比较其不同充放电状态下的扩散系数的变化是合理的。该变化值可以与充放电曲线中过电位的差值变化进行对比，从而判断电极过程是否是扩散控制。

3.6.3 恒电流间歇滴定技术

恒电流间歇滴定技术（galvanostatic intermittent titration technique，GITT）由德国科学家 W. Weppner 提出，其基本原理为：在某一特定环境下对测量体系施加一恒定电流并持续一段时间后切断该电流，观察施加电流段体系电位随时间的变化以及弛豫后达到平衡的电压，通过分析电位随时间的变化可以得出电极过程过电位的弛豫信息，进而推测和计算反应动力学的信息。

在电流脉冲时间 τ 内，有恒定量的钠离子通过电极表面，扩散过程符合

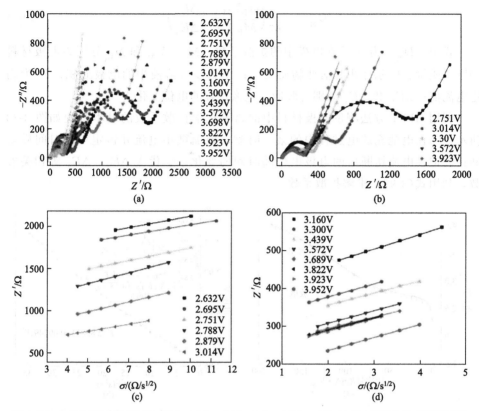

图 3-19 （a），（b） O3 型 Na[$Li_{0.05}Mn_{0.50}Ni_{0.30}Cu_{0.10}Mg_{0.05}$]$O_2$ 在不同充放电深度下的交流阻抗谱；（c），（d）阻抗的实部 Z' 对 $\sigma^{-1/2}$ 作图[41]

Fick 第二定律，因此可得到钠在电极中的浓度变化：

$$\frac{\partial C_{Na}(x,\tau)}{\partial t}D_{Na^+} = \frac{\partial C_{Na}(x,\tau)}{\partial x^2} \tag{3-94}$$

初始条件和边界条件均已知：

$$C_{Na}(x,\tau=0) = C_0 \quad (0 \leqslant x \leqslant l)$$

$$-D\frac{\partial C_{Na}}{\partial x}\bigg|_{x=0} = \frac{I_0}{sZ_iq} \quad (\tau \geqslant 0) \tag{3-95}$$

$$-D\frac{\partial C_{Na}}{\partial x}\bigg|_{x=l} = 0 \quad (\tau \geqslant 0)$$

考虑到 $\tau \ll L^2/D_{Na^+}$，则可以得到：

$$\frac{dC_{Na}(x=0,\tau)}{d\sqrt{\tau}}D_{Na^+} = \frac{2I_0}{sZ_{Na}q\sqrt{D\pi}} \tag{3-96}$$

若忽略钠离子嵌入时电极颗粒的微量体积变化，那么可得到：

$$D_{Na^+} = \frac{4}{\pi\tau}\left(\frac{m_B V_M}{M_B A}\right)^2 \left(\frac{\Delta E_s}{\Delta E_\tau}\right)^2 \tag{3-97}$$

式中，D_{Na^+} 为 Na^+ 在电极中的扩散系数；M_B、V_M 和 m_B 分别为电极材料的摩尔质量、摩尔体积和活性物质质量；A 为浸入溶液中的电极面积；I_0 为滴定电流值；ΔE_s 和 ΔE_τ 分别为脉冲、弛豫过程的电位变化。

利用 GITT 方法测量电极材料中的离子化学扩散系数的基本过程如图 3-20 所示：①在电池充放电过程中的某一时刻，施加微小电流并恒定一段时间后切断；②记录电流切断后的电极电位随时间的变化；③代入 ΔE_s、ΔE_τ 等相关参数，利用式(3-97) 求解扩散系数。

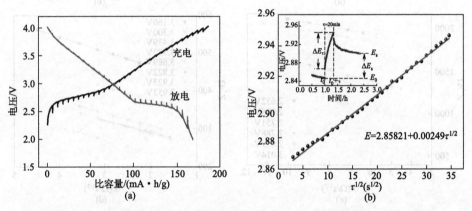

图 3-20 (a) O3 型 Na[$Li_{0.05}Mn_{0.50}Ni_{0.30}Cu_{0.10}Mg_{0.05}$]$O_2$ 的首周 GITT 曲线；
(b) 滴定过程中的即时电压与 $\tau^{1/2}$ 的线性关系[41]

GITT 技术是稳态技术和暂态技术的综合，它消除了恒电位等技术中的欧姆降问题，所得数据准确，简单易行，是测定钠离子电池正、负极材料中 Na^+ 扩散系数的通用方法。然而，GITT 技术也存在真实电极反应表面积难以准确获得的问题。

3.6.4 电位阶跃技术

电位阶跃技术（potential-step chronoamperometry，PSCA）是电化学研究中的一种常用方法，亦可用于测定钠离子在电极材料嵌入过程中的扩散系数。该方法简单易行，只需从恒电位仪上给出电位阶跃信号，记录电池在电位阶跃过程中暂态电流 $j(t)$ 随时间 t 的变化，根据 $j(t)-t^{-1/2}$ 曲线的斜率即可计算钠离子扩散系数 D_{Na^+}。根据 Fick 第二定律，推导 Na^+ 在正极材料中的扩散系数方程为：

$$\frac{\partial c(r,t)}{\partial t} = D\left[\frac{\partial^2 c(r,t)}{\partial r^2} + \frac{2}{r}\frac{\partial c(r,t)}{\partial r}\right] \tag{3-98}$$

初始条件：$c(r, 0) = c_0$；$0 \leqslant r \leqslant a$；$t=0$
边界条件：$c(a, 0) = c_s$；$r=a$；$t>0$；$c(0, t) = c_0$；$r=0$；$0<t<\tau$

$$D\left[\frac{\partial c(r,t)}{\partial r}\right]_{r=a} = \pm\frac{j(t)}{nFA} \tag{3-99}$$

对式(3-98)运用 Laplace 变换并结合应用条件可得到：

$$\frac{c-c_0}{c_s-c_0} = \frac{a}{r}\left[\text{erfc}\frac{a-r}{2\sqrt{Dt}} - \text{erfc}\frac{a+r}{2\sqrt{Dt}}\right] \tag{3-100}$$

$$j(t) = \pm FAD\left[\frac{\partial c(r,t)}{\partial r}\right]_{r=a} = \pm FAD(c_s-c_0)$$

$$\left(\frac{1}{\sqrt{\pi D}}\frac{1}{\sqrt{t}}\left[\exp\left(-\frac{a^2}{Dt}\right)+1\right] - \frac{1}{a}\text{erfc}\left(\frac{1}{\sqrt{Dt}}\right)\right) \tag{3-101}$$

因为 $a/\sqrt{Dt} \gg \text{erfc}(a/\sqrt{Dt})$，$\exp(-a^2/Dt) \approx 0$，$a \gg \sqrt{Dt}$
所以：

$$j(t) = \pm FA\sqrt{D}(c_s-c_0)\frac{1}{\sqrt{\pi t}} \tag{3-102}$$

式中，a 为粒子半径；r 为粒子中某点到中心的距离；A 为粒子表面积；$j(t)$ 为扩散电流密度；τ 为电位阶跃时间。对于在充放电过程中动力学明显存在差异的反应体系，电位阶跃能更加突出电流响应的差别，实际上这与循环伏安的结果有类似之处。

3.6.5 恒电位间歇滴定技术

恒电位间歇滴定技术（potentiostatic intermittent titration technique，PITT）是通过瞬时改变电极电位并恒定该电位值，同时记录电流随时间变化的测量方法。通过分析电流随时间的变化可以得出电极过程的电位弛豫信息以及其他动力学信息，与恒电位阶跃法相似，但 PITT 为多电位点测量技术。

使用恒电位间歇滴定技术测量 Na^+ 化学扩散系数的基本原理如下：

$$\ln(i) = \ln(2\Delta Q D_{Na}/d^2) - [\pi^2 D_{Na}/(4d^2)]t \tag{3-103}$$

式中，i 为电流值；t 为时间；ΔQ 为嵌入电极的电量；D_{Na} 为 Na^+ 在电极中的扩散系数；d 为活性物质的厚度。

利用 PITT 法测量电极材料中 Na^+ 化学扩散系数的基本过程如下：①以恒定电位步长瞬间改变电极电位，记录电流随时间的变化；②利用式(3-103)作出 $\ln(i)$-t 曲线；③截取 $\ln(i)$-t 曲线线性部分的数据，求斜率即可得到 Na^+ 化学扩散系数。

3.6.6 不同测试技术的比较

对于固溶体（单相反应）的电极材料而言，在测量体系满足测量模型的前提下，采用以上测试技术基本可以准确测量电极过程的动力学基本信息。

对于两相反应的电极材料而言，由于电压/容量曲线平坦，采用 GITT 和 EIS 方法会由于 dE/dx 无法准确测量而产生较大的误差；而循环伏安法由于只能测得表观化学扩散系数，不能测量扩散系数随钠含量的变化规律，具有一定的局限性[8]。因此，对于具体的电极材料和电化学体系，应合理选择测量方法，并构建满足测量方法的测试条件，从而得到较为真实的测量结果。

使用 EIS 和 GITT 方法测量化学扩散系数，必须保证活性物质的摩尔体积 V_m 和与溶液的接触面积 A 恒定，同时需要精确测量库仑滴定曲线。为确保测量结果的可靠性，应结合其他测量手段重复定量测试。

此外，测量结果与样品中的钠含量、样品的形貌（单晶、多晶、薄膜）、电极类型（一维传输、三维平面电极）、充放电状态（充/放电截止电压）、电池循环次数、测试温度、相转变反应、样品的修饰（包覆、掺杂）、测试方法、计算参数的获取及测试体系中电解液的选取等参数都有很大的关系。因此，在不同条件下测得的扩散系数可能存在一到两个数量级的变化区间。

参考文献

[1] 查全性. 电极过程动力学导论 [M]. 北京：科学出版社，2002.
[2] Kundu D, Talaie E, Duffort V, et al. The emerging chemistry of sodium ion batteries for electrochemical energy storage [J]. Angewandte Chemie International Edition，2015，54 (11)：3431-3448.
[3] Kharton V V. Solid state electrochemistry Ⅰ [M]. Wiley Online Library，2009.
[4] Newman J, Tiedemann W. Porous-electrode theory with battery applications [J]. AIChE Journal，1975，21 (1)：25-41.
[5] 马洪运，贾志军，吴旭冉，等. 电化学基础（Ⅳ）——电极过程动力学 [J]. 储能科学与技术，2013，2 (3)：267-271.
[6] 郑浩，高健，王少飞，等. 锂电池基础科学问题（Ⅵ）——离子在固体中的输运 [J]. 储能科学与技术，2013 (6)：13.
[7] Kharton V V. Solid state electrochemistry Ⅱ [M]. Wiley Online Library，2011.
[8] 凌仕刚，吴娇杨，张舒，等. 锂离子电池基础科学问题（ⅩⅢ）——电化学测量方法 [J]. 储能科学与技术，2015 (1)：83-103.
[9] 杨勇. 电化学丛书——固态电化学 [M]. 北京：化学工业出版社，2017.
[10] Nayak P K, Yang L, Brehm W, et al. From lithium-ion to sodium-ion batteries：advan-

tages, challenges, and surprises [J]. Angewandte Chemie International Edition, 2018, 57 (1): 102-120.

[11] Liu C, Neale Z G, Cao G. Understanding electrochemical potentials of cathode materials in rechargeable batteries [J]. Materials Today, 2016, 19 (2): 109-123.

[12] Gao J, Shi S Q, Li H. Brief overview of electrochemical potential in lithium ion batteries [J]. Chinese Physics B, 2015, 25 (1): 018210.

[13] Van Der Ven A, Bhattacharya J, Belak A A. Understanding Li diffusion in Li-intercalation compounds [J]. Accounts of Chemical Research, 2012, 46 (5): 1216-1225.

[14] Ong S P, Chevrier V L, Hautier G, et al. Voltage, stability and diffusion barrier differences between sodium-ion and lithium-ion intercalation materials [J]. Energy & Environmental Science, 2011, 4 (9): 3680-3688.

[15] Chevrier V L, Ceder G. Challenges for Na-ion negative electrodes [J]. Journal of the Electrochemical Society, 2011, 158 (9): A1011.

[16] Liu Q, Hu Z, Chen M, et al. Recent progress of layered transition metal oxide cathodes for sodium-ion batteries [J]. Small, 2019, 15 (32): 1805381.

[17] Berthelot R, Carlier D, Delmas C. Electrochemical investigation of the P2-Na_xCoO_2 phase diagram [J]. Nature Materials, 2011, 10 (1): 74.

[18] Fang Y, Yu X Y, Lou X W. A practical high-energy cathode for sodium-ion batteries based on uniform P2-$Na_{0.7}CoO_2$ microspheres [J]. Angewandte Chemie International Edition, 2017, 56 (21): 5801-5805.

[19] Fang Y, Xiao L, Ai X, et al. Hierarchical carbon framework wrapped $Na_3V_2(PO_4)_3$ as a superior high-rate and extended lifespan cathode for sodium-ion batteries [J]. Advanced Materials, 2015, 27 (39): 5895-5900.

[20] Jian Z, Han W, Lu X, et al. Superior electrochemical performance and storage mechanism of $Na_3V_2(PO_4)_3$ cathode for room-temperature sodium-ion batteries [J]. Advanced Energy Materials, 2013, 3 (2): 156-160.

[21] Lee H W, Wang R Y, Pasta M, et al. Manganese hexacyanomanganate open framework as a high-capacity positive electrode material for sodium-ion batteries [J]. Nature Communications, 2014, 5: 5280.

[22] Zu C X, Li H. Thermodynamic analysis on energy densities of batteries [J]. Energy & Environmental Science, 2011, 4 (8): 2614-2624.

[23] Lao M, Zhang Y, Luo W, et al. Alloy-based anode materials toward advanced sodium-ion batteries [J]. Advanced Materials, 2017, 29 (48): 1700622.

[24] Poizot P, Laruelle S, Grugeon S, et al. Nano-sized transition-metal oxides as negative-electrode materials for lithium-ion batteries [J]. Nature, 2000, 407 (6803): 496.

[25] Wu C, Dou S X, Yu Y. The state and challenges of anode materials based on conversion reactions for sodium storage [J]. Small, 2018, 14 (22): 1703671.

[26] Klein F, Jache B, Bhide A, et al. Conversion reactions for sodium-ion batteries [J]. Physical Chemistry Chemical Physics, 2013, 15 (38): 15876-15887.

[27] Kim H, Kim H, Kim H, et al. Understanding origin of voltage hysteresis in conversion reaction for Na rechargeable batteries: the case of cobalt oxides [J]. Advanced Function-

[28] Lee M, Hong J, Lopez J, et al. High-performance sodium-organic battery by realizing four-sodium storage in disodium rhodizonate [J]. Nature Energy, 2017, 2 (11): 861-868.

[29] Bai P, Bazant M Z. Charge transfer kinetics at the solid-solid interface in porous electrodes [J]. Nature communications, 2014, 5 (1): 1-7.

[30] Huang J, Li Z, Ge H, et al. Analytical solution to the impedance of electrode/electrolyte interface in lithium-ion batteries [J]. Journal of The Electrochemical Society, 2015, 162 (13): A7037.

[31] Ciucci F, Lai W. Derivation of micro/macro lithium battery models from homogenization [J]. Transport in Porous Media, 2011, 88 (2): 249-270.

[32] 杨汉西, 查全性. 多孔电极极化及其分布的数值计算——Ⅱ浓度极化和欧姆极化的联合效应 [J]. 武汉大学学报（自然科学版）, 1982 (2): 101-108.

[33] 杨汉西, 陆君涛, 查全性. 多孔电极极化及其分布的数值计算——Ⅰ固、液相电阻的影响 [J]. 武汉大学学报（自然科学版）, 1981 (1): 17-65.

[34] 田昭武, 林祖赓, 尤金跨. 多孔电极极化理论——气体扩散多孔电极的不平整液膜模型 [J]. 中国科学, 1981 (5): 581-587.

[35] 查全性. 化学电源选论 [M]. 武汉: 武汉大学出版社, 2005.

[36] Goodenough J B, Kim Y. Challenges for rechargeable Li batteries [J]. Chemistry of Materials, 2009, 22 (3): 587-603.

[37] Song J, Xiao B, Lin Y, et al. Interphases in sodium-ion batteries [J]. Advanced Energy Materials, 2018, 8 (17): 1703082.

[38] Huang Y, Zhao L, Li L, et al. Electrolytes and electrolyte/electrode interfaces in sodium-ion batteries: from scientific research to practical application [J]. Advanced Materials, 2019, 31 (21): 1808393.

[39] Pu X, Wang H, Yuan T, et al. $Na_4Fe_3(PO_4)_2P_2O_7/C$ nanospheres as low-cost, high-performance cathode material for sodium-ion batteries [J]. Energy Storage Materials, 2019, 22: 330.

[40] Pu X, Zhao D, Fu C, et al. Understanding and calibration of charge storage mechanism in cyclic voltammetry curves [J]. Angewandte Chemie International Edition, 2021, 60: 21310.

[41] Deng J, Luo W B, Lu X, et al. High energy density sodium-ion battery with industrially feasible and air-stable O3-type layered oxide cathode [J]. Advanced Energy Materials, 2018, 8 (5): 1701610.

第 4 章

钠离子电池正极材料

钠离子电池的电化学性能主要决定于电极材料的性质，如电池的比能量主要决定于正负极材料的相对电势和比容量。因此，发展具有更高电势和比容量的正极材料可有效提升电池体系的比能量，而对嵌钠正极材料的研究和选择至关重要。依照钠离子电池的需求和嵌钠反应的特点，相应的正极材料在电势、比容量和资源方面需要满足一定的要求。本章总结了钠离子电池正极材料方面的研究进展，分类讨论各类正极材料的结构及储钠性能。

4.1 正极材料的选择要求

从锂离子电池转向钠离子电池，考虑到 Na^+/Na 比 Li^+/Li 具有更高的标准电极电势，因此一般来说钠离子电池正极的电压比锂离子电池低。为了获得与锂离子电池相当的能量密度，需要对正极材料的性能提出更高的要求，如具有更高的氧化还原电势，以补偿约 0.3V 的电压差；或者具有比锂离子电池正极材料更高的比容量（约 10%）。然而，钠比锂相对原子质量更大，相似的材料在钠离子电池中往往理论容量更低，且钠离子半径较大，在材料中的嵌入和储存都受到限制。因此，钠离子电池正极材料的实际比容量低于相似结构的锂离子电池正极材料。由此可见，钠离子电池的能量密度主要决定于正极材料的性能。为了提升钠离子电池的整体性能，以满足储能应用的要求，钠离子电池正极材料应具备以下条件：

① 高的比容量和较高的氧化还原电位：由于正极材料的能量密度是其工作时的放电比容量和平均工作电压的乘积，要想提高电池的能量密度，在正极材料的选择上，需尽可能同时满足高比容量和高工作电压。

② 高的热、环境和结构稳定性：一方面，高的热和环境稳定性有利于电极材料的储运和电极的加工；另一方面，高的结构稳定性是实现电池长循环寿命的前提。较高的能量密度是实现能源高效利用的基础，而稳定的循环寿命则保证了储能系统的长期稳定运行，同时可以进一步降低每瓦时电能的成本。

③ 良好的电子电导率和离子电导率：以实现电池高的可逆容量和功率密度。

④ 价格低廉、资源丰富和环境友好：由于正极材料往往在整个电池成本中占据较高份额，正极材料的选择对整个电池能量密度和成本起着决定性的作用，因此，选择价格低廉的正极材料对于发挥钠离子电池低成本的优势十分重要。

4.2 正极材料的发展与概述

钠离子电池的研究可以追溯到 20 世纪 70 年代，与锂离子电池研究处于同一时期。早期的研究主要集中于可发生钠离子嵌入脱出反应的层状化合物，包括金属氧化物、硫化物等。1976 年，Whittingham 等[1] 研究了 Na-TiS$_2$ 体系的电化学嵌钠性质，发现该材料表现出两个放电平台，Na$^+$ 的最大嵌入量为 Na$_{0.8}$TiS$_2$。Winn 等[2] 比较了 TiS$_2$ 嵌入 Li$^+$ 和 Na$^+$ 的不同，发现嵌钠曲线不连续，而嵌锂曲线平滑，调整电压范围都可以实现接近 1 个 Li$^+$ 或 Na$^+$ 的嵌入。1979 年，Nagelberg 等[3] 研究了 TaS$_2$ 和 TiS$_2$ 的嵌钠热力学。1980 年，Goodenough 等[4] 报道了 LiCoO$_2$ 层状氧化物的嵌入脱出锂的电化学性质。Hagenmulle 课题组在嵌钠金属氧化物方面做了许多工作。1980 年，他们报道了四种不同结构的层状 Na$_x$CoO$_2$ 的储钠性质，四种结构分别为：$0.55 \leqslant x \leqslant 0.60$（P$'$3）；$0.64 \leqslant x \leqslant 0.74$（P2）；$x=0.77$（O$'$3）和 $x=1$（O3）[5,6]。1982 年，NaCrO$_2$ 与 NaNiO$_2$ 被报道可以实现 0.15Na 的嵌入脱出反应[7]。1983 年，他们研究了 Na$_x$TiO$_2$ 的储钠性能。1985 年，报道了 Na$_x$MnO$_2$ 的储钠性能[8]。1986 年，Tarascon 等[9] 研究了 Na$_x$Mo$_2$O$_4$ 的储钠性能，发现在 $0.55 < x < 1.9$ 范围内可以实现可逆的嵌钠反应，在此过程中依次形成五个单相区，并且钠的最大嵌入量与材料中的氧空穴有关。1987 年，Delmas 等[10] 研究了 Na$_3$Ti$_2$(PO$_4$)$_3$ 的嵌钠性能，可以实现 2 个 Na$^+$ 的嵌入脱出。1988 年，Ge 等[11] 研究了石墨的嵌钠性能，只能得到 NaC$_{64}$。但是，1990 年后，锂离子电池的商业化吸引了人们的广泛关注，加之研究的锂离子电池相比于钠离子电池表现出更高的能量密度，随后的 20 年中钠离子电池的研究几乎处于停滞状态。近年来，由于锂资源价格的急剧增长，以及钠离子电池相关材料技术的突破，掀起了钠离子电池研究的热潮。

4.3 正极材料的种类

目前钠离子电池正极材料的研究体系大体上仍然局限在常规锂离子电池正极材料的反应类型范围内，以层状过渡金属氧化物和聚阴离子型化合物为主，还包括普鲁士蓝类化合物,而有机正极材料、隧道金属氧化物等正极材料的研究相对较少。

4.3.1 层状过渡金属氧化物材料

过渡金属氧化物是一类十分重要的锂离子电池正极材料,$LiCoO_2$ 自商业化以来一直占据着便携式锂离子电池设备的重要份额。与之类似,含钠层状过渡金属氧化物也可作为储钠材料,近年来受到研究者的广泛关注,成为一类十分重要的钠离子电池正极材料。

4.3.1.1 简介

(1) 结构

层状过渡金属氧化物一般用 Na_xMeO_2 表示,其中 Me 为过渡金属元素,包括 Fe、Ni、Co、Mn、V、Ti 等;x 为钠的化学计量数,范围为 $0<x\leqslant1$。从结构上看,Me 与 O 形成八面体配位(MeO_6),八面体之间彼此共边形成过渡金属层;钠离子位于层间,这样就形成了 MeO_2 层/Na 层交替排布的层状结构。按照 Delmas 等[12] 提出的命名法,根据钠离子所处的配位体类型和单个晶胞中过渡金属层的数目,可以将层状过渡金属氧化物分为不同的结构,主要包括 O3、P3、P2 和 O2 四种结构。其中大写字母代表 Na^+ 所处的配位多面体类型(O:octahedral,八面体;P:prismatic,三棱柱),数字代表单个晶胞中过渡金属层的层数。

在晶体学模型中 [图 4-1(a)],密堆积层只有一种形式,即每个等径圆球与 6 个球接触,球心位置为 A,这一层即 A 层,在每个球周围有两种位点,一种是顶点向上的三角形空隙中心位点 B,另一种是顶点向下的三角形空隙中心位点 C,这 3 种晶体学位点分别紧密排布进而得到三种密堆积层 A、B、C。根据密堆积理论,假定两层氧原子形成 AB 密堆积层,然后过渡金属元素占据其中的八面体空隙形成 MeO_2 层。随后,第三层氧原子的位置决定钠层的配位体形式,如果第三层为 A 或 C,形成八面体空隙 [图 4-1(b)],用首字母 O 表示;如果第三层是 B,则形成三棱柱空隙,用 P 表示。而第四层氧原子的位置直接决定晶胞中过渡金属层的数目,进而决定其结构如 O3、P2 等。如图 4-1(c) 所示,常见的几种结构中,O3 型结构中氧原子排布为 ABCABC,P2 的排布为 ABBA,P3 是 ABBCCA,O2 是 ABCB。对于 P2 相,Na 处于三棱柱空隙,具有两种不同的 Na 的位置(Na_f 三棱柱与上下 MeO_6 八面体共面,Na_e 三棱柱与上下 MeO_6 八面体共边);而对于 P3 相,仅有一种 Na 的位置(三棱柱一头共面,一头共边)。另外,通过金属层的滑移,O3 和 P3 可以相互转化,同理,P2 和 O2 也可以相互转化;而 O3 和 P2 之间的转化伴随着 M-O 键的断裂,不能直接通过过渡金属层滑移得到。

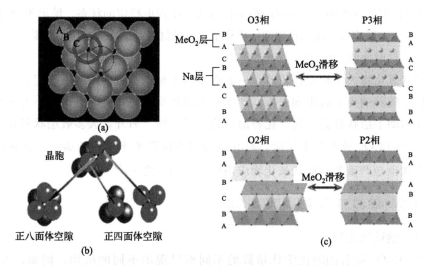

图 4-1 晶体结构示意图

(2) 离子嵌入脱出机理

在 O3 型层状氧化物中,钠离子从一个八面体位置到另一个相邻的空八面体位置,有两种可能的迁移路径。一种是直接从一个八面体跳跃到另一个八面体(氧哑铃跳跃),这一过程需要穿过 O-O 键;另一路径是先从八面体中跳跃到相邻的四面体空隙中,再跳跃到八面体中(四面体跳跃),这一过程经过两个空穴,需要穿过四面体的两个三角形面。研究发现,四面体跳跃需要的活化能更低,因此一般认为 O3 型层状氧化物中钠离子经过双空穴机理进行扩散[13]。

不同于 O3 型结构,在 P2 型结构中,钠离子从一个三棱柱位置迁移到另一个相邻的空穴中,只需要穿过三棱柱的一个矩形面。O3 相与 P2 相中钠离子的扩散机理不同,因此两者的离子传输速率不同。一般而言,当 Na^+ 浓度较小时,P2 相的钠离子电导率大于 O3 相,这是由于 Na^+ 在 O3 相中需要两次穿过三角形面,而在 P2 相中只需一次穿过矩形面。但是,在高钠离子浓度($x>0.75$)时,P2 相离子电导率小于 O3 相。这是由于高钠离子浓度时,一方面 P2 相中空穴较少,而且 Na^+ 浓度高使得最邻近的 Na1 和 Na2 之间的静电斥力较大,不易扩散;另一方面 O3 相中始终存在大量的四面体空穴,Na^+ 更易于扩散。

(3) 钠离子/空位有序性

锂离子电极材料中多出现较长的平台区,对应一级相变的两相共存区域。而在钠离子电池中，层状氧化物的充放电曲线往往伴随着多个电压平台和斜坡区，这些电压平台区不仅包括一级相变如 O3-P3、P2-O2 等相转变过程，还包括钠离子/空位的有序性变化的二级相变过程。随着钠离子含量的变化，钠层中的钠离子和空位可能会发生重新排列以减小钠离子之间的静电排斥力，得到更稳定的状态。钠离子/空位的有序性严重地影响着层状氧化物的结构稳定性，对材料的循环性能至关重要。

(4) 目前面临的问题

层状氧化物大多稳定性较差，一方面是由于材料本身的结构不稳定，在充放电过程中随着钠离子脱出和嵌入，产生较大的体积变化；另一方面是不可逆相变的存在加剧了层状过渡金属氧化物的结构不稳定性。另外，大多数层状氧化物易与空气中的 CO_2 及水发生反应，对其结构和性能带来不可逆的影响，这种空气不稳定性也是严重制约层状氧化物应用的重要因素之一[14-16]。

4.3.1.2 单过渡金属层状氧化物

(1) 钠钴氧化物

Na_xCoO_2 随着钠的化学计量数的不同而呈现出不同的结构，例如，$0.8<x<1$ 时为 O3 结构；$x=0.75$ 时为 O′3 结构；$0.64<x<0.74$ 时为 P2 或 P3 结构；$0.5<x<0.6$ 时为 P3 结构等。

$NaCoO_2$ 最早用作电极材料是在 1981 年，该材料表现出 70~100mA·h/g 的比容量，其充放电曲线存在多个平台区以及斜坡区，对应不同的相转变过程[如图 4-2(a) 所示][6]。Na^+ 含量在 1.0~0.95 发生 O3-O′3 转变；在 0.95~0.90 发生 O′3-P′3 转变；在 0.90~0.82 则发生 P′3-P3 转变。这是由于三价的 Co^{3+}（$3d^6$）是低自旋态，电子分布高度对称，而四价的 Co^{4+}（$3d^5$）的 3d 电子处于高自旋态，电子分布不对称，因而 CoO_6 八面体易发生变形得到扭曲的结构。再加上钠离子脱出过程中可能发生过渡金属层的滑移，因此 O3、O′3、P3 结构的 Na_xCoO_2 在 Na^+ 脱出和嵌入过程中往往会发生 O3—O′3—P′3—P3—P′3 的相变过程。而 P2-Na_xCoO_2 在充放电过程中却能够保持结构基本不变，虽然仍表现出复杂的充放电曲线，主要伴随着钠离子的重排以及 CoO_2 层的微小滑移[图 4-2(b)][17]。

有意思的是，在 Na_xCoO_2 系列材料中，O3 相往往表现出更高的钠离子扩散系数，而且比 $LiCoO_2$ 高出一个数量级[18]。这一特性可能源于其复杂的相变过程。在钠离子脱出过程中，该材料极易转变为 P3 结构而表现出更高的离子扩散能力。

(2) 钠锰氧化物

$NaMnO_2$ 理论容量达到 243mA·h/g，且锰元素对环境友好、资源丰富、

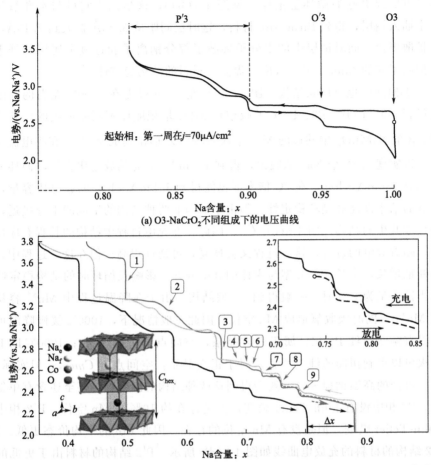

图 4-2 （a）O3-NaCoO$_2$ 充放电及相变示意图[6]；（b）P2-Na$_x$CoO$_2$ 充放电曲线[17]

价格低廉，是一种十分理想的电极材料。三价锰的 4 个 d 电子排布为 $(t_{2g})^3$ $(e_g)^1$ [图 4-3(a)]，根据晶体场理论，在八面体场中，5 个 d 轨道裂分为一组三重简并的低能量轨道和二重简并的高能量轨道，其中 3 个电子分别位于三个 t_{2g} 轨道，另一个电子位于其中一个高能量的 e_g 轨道，这样就形成两种不同的变形八面体，一种被压扁，一种被拉长，这种结构被称为 Jahn-Teller 效应。Mn^{3+} 的 Jahn-Teller 效应带来了结构的不稳定性，因此这一类材料的循环稳定性一般较差。

随着钠含量的变化和合成条件的不同，Na$_x$MnO$_2$ 材料也表现出多种不同的结构。较低烧结温度如 700℃ 以下一般可以得到 O′3 型也即 α-NaMnO$_2$，属于单斜晶系。在小电流下，在 2~3.8V 可以实现接近 200mA·h/g 的容量，约 0.8 个钠离子可进行脱出，但是可逆性较差[19]。有研究发现，α-NaMnO$_2$ 在空气中暴露后可实现更好的循环稳定性[见图4-3(b)],这是因为它可与水和氧气反应,水插入钠层,得到Birnessite材料,这时层间距从5.26Å扩大到7.15Å,钠离子扩散更快。同时钠层中的水分子屏蔽了部分钠离子和过渡金属层的静电作用,抑制了锰的Jahn-Teller效应,提高了材料的结构稳定性[20]。

β-NaMnO$_2$也是层状结构[图4-3(c)左],一般需在1000℃左右的高温下烧结得到。但与O3、P3、P2这些仅仅由MO$_2$堆积顺序不同而形成的层状结构不同,β型NaMnO$_2$中共边的MnO$_6$八面体呈Z形排列成层[21]。在小电流密度下,可以实现0.82个Na$^+$的脱出,得到190mA·h/g的放电比容量,循环一百周后仍有130mA·h/g。在2C倍率下也能得到142mA·h/g的放电比容量,具有较好的倍率性能和循环稳定性。但由于α与β两种结构的生成能十分接近,很容易形成共生的结构[图4-3(c)右]。因此,在充电过程中结构的长程有序性被破坏,随着放电的进行,这一过程又会恢复,可逆性很高;但在这个过程中,晶界不断地增长,将长大的α型与主体的β型分开,影响长循环时的结构稳定性。

当钠含量为2/3时,一般得到P2型结构。由于在降温过程中Mn^{3+}容易转化成Mn^{4+},同时吸收氧形成Mn空位,因此一般情况下,1000℃缓慢降温可以得到没有畸变的纯P2相,属于六方晶系,空间点群$P6_3/mmc$;1000℃以上高温退火可以得到扭曲的纯P'2相,属于正交晶系,空间点群$Cmcm$。但实际上,由于不可控的高温钠损失,一般会得到这两种结构的混合物,甚至还含有单斜相杂质。P2相中没有Jahn-Teller畸变,但是存在约10%的Mn空位,P'2相中存在Jahn-Teller畸变,但是没有Mn空位的存在,因此Mn的平均价态更低。P'2和P2结构的材料的充放电曲线如图4-3(d)所示。P'2结构的材料由于更低的价态,表现出更高的首周充电容量[图4-3(d)左],同时,P'2相具有更高的放电容量和更好的循环稳定性。说明该材料中Mn的Jahn-Teller畸变没有明显影响结构的衰变。相反,P2相中10%的Mn缺陷导致Mn$_{0.9}$O$_2$层严重的电荷分布不均,不利于Na$^+$扩散,导致结构的破坏和性能的衰减[22]。

(3) 铁、镍、铬、钒基氧化物

① 钠铁氧化物。层状的LiFeO$_2$难以直接合成得到,这是由于Li$^+$(0.76Å)和Fe^{3+}(0.645Å)半径较为接近,在高温烧结过程中容易发生离子混排,形成阳离子无序的岩盐相,这种结构的LiFeO$_2$不具有电化学活性。而Na$^+$(1.02Å)与Fe^{3+}半径差别较大,因此容易形成阳离子有序的层状结构。NaFeO$_2$材料具有典型的O3结构,空间群为$R\text{-}3m$,属于三方晶系,且通过简单的高温固相法即可得到纯相,但合成过程中一般需要使用过氧化钠作为钠源[23,24]。O3-NaFeO$_2$具有电化学活性,约在3.3V出现明显的充放电平台[图4-4(a)],在2.5~3.4V

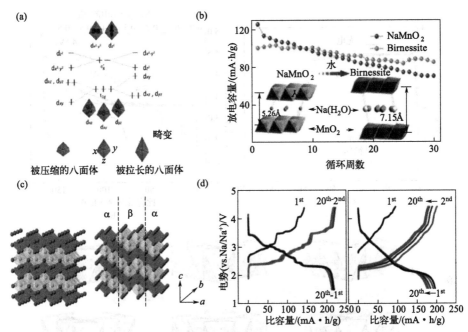

图 4-3 (a) Mn^{3+} 的 3d 电子结构示意图;(b) Na-Birnessite 结构和性能示意图[20];
(c) β-NaMnO$_2$ 结构示意图[21];(d) P′2 和 P2 结构材料的充放电曲线[22]

区间首周放电容量约 80mA·h/g,对应约 0.3 个 Na^+ 的脱出。^{57}Fe 穆斯堡尔谱研究证实其电化学活性来自于 Fe^{3+}/Fe^{4+} 的氧化还原反应[25]。Komaba 等研究者发现,O3-NaFeO$_2$ 的电化学性能与充放电截止电位密切相关[26]。如图 4-4(b) 所示,提高充电截止电压,可实现更多的钠离子脱出,充电容量升高,但当充电至 3.5V 以上时,其可逆放电容量反而降低。原位 XRD 和 XAS 实验研究发现,其性能的恶化可能是由于 3.5V 时的不可逆结构转变[26-28]。同时,实验结果表明,充电过程中铁离子发生了迁移,其可能的结构示意图如图 4-4(c) 所示。当钠离子脱出时,层间产生与 FeO$_6$ 八面体共面的四面体空穴,而 Fe^{3+} 在四面体环境中能量更稳定,因此部分 Fe^{3+} 容易迁移到钠层的四面体位置,阻碍钠离子的扩散,这一不可逆的结构变化造成了容量的衰减[26]。另外,O3-NaFeO$_2$ 材料的空气稳定性较差,在与水接触时会发生 Na^+/H^+ 交换,生成 FeOOH 和 NaOH,接触 CO_2 进一步生成 NaHCO$_3$ 或 Na$_2$CO$_3$[29]。这种 Na^+/H^+ 交换反应在 O3 型层状氧化物中十分普遍。

② 钠镍氧化物。LiNiO$_2$ 也是锂离子电池中广泛研究的正极材料,然而严格计量比的 LiNiO$_2$ 材料难以得到,往往得到 Li 层中含有微量 Ni^{2+} 的非计量比 Li$_{1-x}$Ni$_{1+x}$O$_2$ 材料,而锂层中的 Ni 极大地影响了材料的电化学性能[30]。相

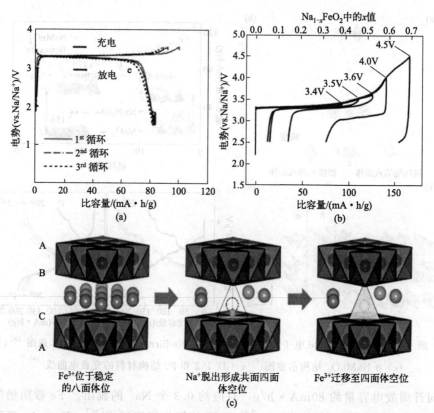

图 4-4 （a）O3-NaFeO$_2$ 材料的充放电曲线[25]；（b）不同电位区间内 O3-NaFeO$_2$ 材料的电化学充放电曲线[26]；（c）铁离子迁移过程可能的结构示意图[26]

反，化学计量比的 NaNiO$_2$ 十分容易合成，只不过相比 Li$_{1-x}$Ni$_{1+x}$O$_2$ 的菱形晶格，NaNiO$_2$ 中低自旋 Ni^{3+}（$t_{2g}^6 e_g^1$）的 Jahn-Teller 效应使晶格发生单斜扭曲，得到 O′3 相，空间群为 $C2/m$。图 4-5 中展示了 NaNiO$_2$ 材料的充放电曲线，与其他氧化物材料类似，其充放电曲线中出现多个平台[31]。该材料基于 Ni^{3+}/Ni^{4+} 氧化还原电对，工作电压高达 3V 左右。在 2.0~4.5V 区间内充放电时，NaNiO$_2$ 中约 0.85 个钠离子可基本完全脱出，充电容量高达 199mA·h/g，放电过程中约 0.62 个 Na$^+$ 可逆嵌入，实现 147mA·h/g 的首周放电容量。从图 4-5(a) 可明显看出其可逆性较差，20 周后容量快速衰减至 98mA·h/g。在半电池中，当截止充电电位区间为 1.25~3.75V 时，NaNiO$_2$ 具有较好的可逆性，可实现约 50% 的钠离子的可逆脱出/嵌入，首周充/放电容量分别为 147/123mA·h/g，20 周后放电容量为 116mA·h/g，稳定性有明显提升。另外，在充电到较高电位时，随着钠含量的变化，Na$_{1-x}$NiO$_2$ 材料中也存在 O′3-P′3 相转变[31]。

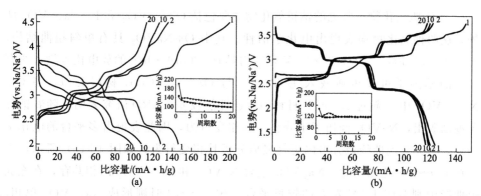

图 4-5 O3-NaNiO$_2$ 材料在不同电位区间 (a) 2～4.5V 和 (b) 1.25～3.75V 的充放电曲线[31]

③ 钠铬氧化物。NaCrO$_2$ 也是典型的 O3 型结构，基于 Cr^{3+}/Cr^{4+} 的氧化还原反应。如图 4-6(a) 所示，当钠含量较高时，在 3.0V 左右出现明显的电化学平台，随后逐渐上升到 3.3V，在 3.6V 又出现一个电化学平台，此时大概有 50%的钠离子脱出，得到约 120mA·h/g 的放电比容量，且充放电过程中具有较小的极化[32]。但随着钠离子的进一步脱出，材料的可逆性下降，50 周后容量仅为 90mA·h/g 左右。这是因为伴随着 NaCrO$_2$ 中钠离子的脱出，材料经历了如图 4-6(b) 所示连续的相转变过程[33]。

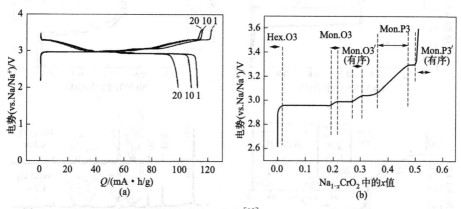

图 4-6 (a) O3-NaCrO$_2$ 材料的充放电曲线[32]；(b) O3-NaCrO$_2$ 材料在首周充电过程中的结构演变[33]

另外，值得注意的是，NaCrO$_2$ 材料表现出较好的热稳定性。研究表明，Na$_{0.5}$CrO$_2$ 甚至比 Li$_x$FePO$_4$ 具有更好的热稳定性。初始态的 O3-NaCrO$_2$ 材料在 27～527℃范围内均不会发生相变；而脱钠态的 P′3-Na$_{0.5}$CrO$_2$ 在受热过程中虽会发生结构的变化，但只有在温度超过 500℃之后才会分解释放出 O$_2$，具有十分优异的热稳定性，对构建安全的钠离子电池体系具有一定的参考意义[34]。

④ 钠钒氧化物。常见的钠钒氧化物主要包括 O3-NaVO$_2$ 和 P2-Na$_{0.7}$VO$_2$ 两种，这两种氧化物均表现出电化学活性。其中 O3-NaVO$_2$ 具有单斜扭曲结构，如图 4-7(a) 所示，在 1.2~2.4V 范围内具有 120mA·h/g 的放电比容量，约有 50% 的钠离子可以可逆嵌入/脱出[35]。与 O3-Na$_{1-x}$CrO$_2$ 材料类似，当 O3-Na$_{1-x}$VO$_2$ 中 x 超过 0.5 时，材料的可逆性能较差。XRD 研究表明，随着钠离子逐渐脱出，NaVO$_2$ 经历了十分复杂的相变行为，因此表现出多平台的电化学曲线。将充放电曲线微分可以更直观地分析其相变行为，如图 4-7(c) 所示，当 x 在 1.0~2/3 范围内时，Na$_x$VO$_2$ 包含 NaVO$_2$ 和 Na$_{2/3}$VO$_2$ 两相共存，在充放电曲线中则对应 1.8V 左右的较长平台。在 $x=2/3$ 时则形成 Na$_{2/3}$VO$_2$ 单相，对应着电压急剧变化的斜坡。随着钠离子进一步脱出，当 x 在 2/3~1/2 范围内时，体系中包含着多相和复杂的反应，对应微分曲线中的波动现象以及充放电曲线中出现的多个短平台和斜坡。只有当 $x=1/2$ 时再次形成单相，三种 Na$_x$VO$_2$ 相的 XRD 谱图分别如图 4-7(d) 所示[36]。另外，O3-NaVO$_2$ 具有很强的还原

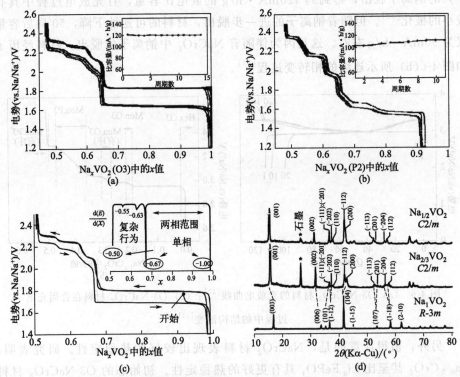

图 4-7 (a) O3-NaVO$_2$ 材料的充放电曲线[35]； (b) P2-Na$_{0.7}$VO$_2$ 材料的充放电曲线[35]；
(c) Na$_x$VO$_2$ 材料在 1.4~2.5V 间的充放电曲线及其微分曲线[36]；
(d) 三种 Na$_x$VO$_2$ 相的 XRD 谱图[36]

性，室温下仅在空气中暴露几秒钟即会被部分氧化生成"Na_xVO_2"，"Na_xVO_2"可以看作$NaVO_2$和$Na_{2/3}VO_2$的混合物，其在空气中的极不稳定性使得O3-$NaVO_2$材料并不具有可观的应用前景。

P2-$Na_{0.7}VO_2$具有典型六方结构，空间点群为$P6_3/mmc$。如图4-7(b)所示，在1.2～2.4V区间进行充放电时，$Na_{0.7}VO_2$材料可表现出约100mA·h/g的放电比容量。在钠离子脱出过程中，$Na_{0.7}VO_2$体系中也有多个单相的生成，但是材料的结构没有发生剧烈的变化[35]。对比图4-7(a)和(b)可以发现，相比$NaVO_2$，$Na_{0.7}VO_2$材料在充电和放电过程曲线重合度很高，极化较小，仅50mV，这可能是由于$Na_{0.7}VO_2$具有更好的导电性。不过，由于钠钒氧化物材料的放电平台主要在1.6～1.8V（相对于Na^+/Na），在有机电解液体系中作为正极材料或负极材料均不太合适[35]。

⑤ 钠钛氧化物。O3-$NaTiO_2$具有纯O3型结构，空间点群为$R-3m$。如图4-8(a)所示，该材料具有可观的容量（约150mA·h/g），同时具有十分优异的稳定性，循环60周后容量仍能保持其初始容量的98%以上。图4-8(b)显示，在充放电过程中$NaTiO_2$主要保持单相，对应着平滑的电化学曲线，仅在0.94V附近出现较短的电压平台，对应着O3转变成单斜扭曲的$O'3$相[37]。由于其工作电压（约1V）较低，可作为负极材料研究。

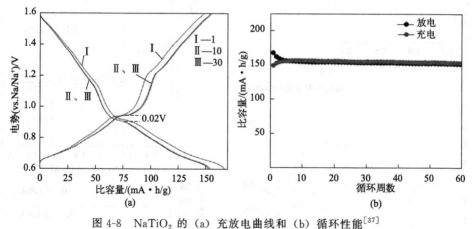

图4-8 $NaTiO_2$的(a)充放电曲线和(b)循环性能[37]

（4）Ru和Ir基氧化物

如果能用部分钠取代过渡金属层中的金属，增加钠含量，一方面有希望提高充放电容量；另一方面，有可能抑制由于大量Na脱出导致的相变。而且，类似结构的Li_2MnO_3中由于阴离子（O^{2-}）的氧化还原反应，可以得到超过单电子反应所提供的容量。但对于钠离子电池层状氧化物材料，想提高钠含量得到富钠态是很困难的，一些富钠氧化物如 Na_2SnO_3、Na_2TiO_3 等，均没有电化学活性。

据 Tarascon 报道，Na_2IrO_3 具有电化学活性，如图 4-9(a) 所示，在 1.5～4.0V 范围内可实现 1.5 个 Na^+ 的可逆脱出，这一高容量不仅来自阳离子的反应，也有阴离子的氧化还原的贡献[38]。2016 年 Yamada 等人研究发现富钠态 Na_2RuO_3 表现出非常优异的电化学性能。如图 4-9(b) 所示，Na_2RuO_3 中过渡金属层中 Na 和 Ru 的排列具有有序和无序两种结构，同时它们的电化学性能也表现出明显的差异，如图 4-9(c) 所示，无序态材料可以发生一个电子的反应，得到 135mA·h/g 的容量，而有序的材料可以得到 180mA·h/g 的容量，对应 1.3 个 Na^+ 的脱出，3.6V 区域的充放电曲线明显表现出不同的反应机制，这两种材料都表现出不错的循环稳定性[39]。

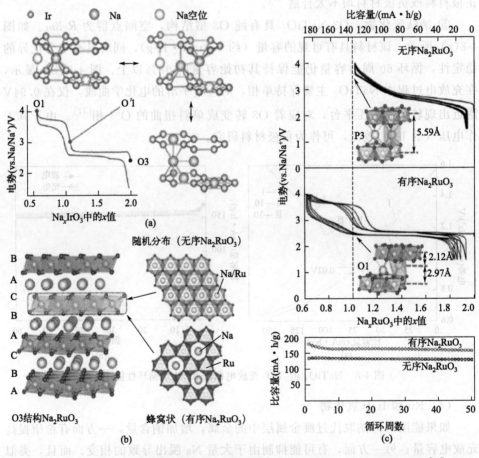

图 4-9 (a) Na_2IrO_3 结构示意图及充放电曲线[38]；(b) Na_2RuO_3 结构示意图[39]；
(c) Na_2RuO_3 充放电曲线及循环性能

阴离子氧化还原电对的参与不仅可以提高正极材料的比容量，同时由于阴离子一般在较高电位参与反应，可以提高材料的工作电压，因而可明显提升正极材料的能量密度。除了这些含有贵金属的富钠型氧化物，目前许多贫钠态的P2和P3型氧化物也被报道具有阴离子氧化还原活性，如P2-$Na_{2/3}Mg_{0.28}Mn_{0.72}O_2$、P2-$Na_{2/3}Zn_{1/4}Mn_{3/4}O_2$等[40,41]，但是目前这些材料的循环稳定性往往较差，仅停留在基础研究阶段。目前钠离子电池中的阴离子氧化还原现象及反应机制仍在探索中。阴离子氧化还原为进一步提升材料能量密度提供了一种可能性，但如何实现高度可逆性和有效调控仍是目前面对的难题。

4.3.1.3 二元及多元过渡金属层状氧化物

单过渡金属元素层状氧化物均有明显的不足，难以达到高性能、长循环寿命的要求，发展双金属及多金属元素固溶体层状氧化物成为一种有效的途径来改善材料的电化学性能。

（1）Na-Fe-Mn氧化物

铁元素价格低廉和储量丰富，且对环境友好，在应用方面具有巨大的优势。但是正如前文提到，由于Fe^{4+}容易迁移到钠层，$NaFeO_2$作为正极材料循环稳定性很差，采用其他元素取代部分铁，可以在发挥本身优势的同时，提高材料的稳定性。

Mn取代的P2型$Na_{2/3}Fe_{0.2}Mn_{0.8}O_2$材料[42]首周放电容量接近200mA·h/g，但是循环性较差；通过惰性的Ti取代部分Fe，循环性能大大提高[43]。P2型$Na_{0.67}Fe_{0.35}Mn_{0.65}O_2$材料同样有超过200mA·h/g的容量，但是首周充电容量低于100mA·h/g，且存在P2-OP4相变，循环稳定性不佳；通过Ni进一步取代Fe，可以抑制P2-OP4相变，明显提高其充电容量和循环性能[44]。当Fe和Mn的比例为1∶1，在不同合成条件下可以分别得到O3-$NaFe_{1/2}Mn_{1/2}O_2$和P2-$Na_{2/3}Fe_{1/2}Mn_{1/2}O_2$。P2型材料充放电过程中极化更小，容量也更高，首周有190mA·h/g的容量，而O3型仅有100mA·h/g左右的容量。研究发现，O3型在充电过程中发生O3-P3-OP2相变，伴随着过渡金属层的全面滑移，而P2相材料发生P2-OP4相变，仅伴随着层错的产生。虽然P2-$Na_{2/3}Fe_{1/2}Mn_{1/2}O_2$拥有较高的容量，平均工作电压2.75V，可达到520W·h/kg的高能量密度，但是由于初始的缺钠态，其首周充电容量仅100mA·h/g左右，必须从负极得到钠补偿，给应用带来了一定的局限[45]。Hu等设计了一种Cu取代的O3型$Na_{0.9}[Cu_{0.22}Fe_{0.3}Mn_{0.48}]O_2$氧化物，截止电位到4.05V，充放电曲线十分平滑，可得到约100mA·h/g的容量，平均电压3.2V，100周后仍保持97%的容量，且在6C的倍率下能表现出初始容量的74%，性能较为优异[46]。

(2) Na-Ni-Mn 氧化物

2012 年，Komaba 提出一种 O3 型 $NaNi_{0.5}Mn_{0.5}O_2$ 固溶体材料，该材料在 2~4V 电压区间拥有 125mA·h/g 的容量，提高截止电压，可以达到 170mA·h/g 左右的容量，但是循环稳定性较差。这是因为在充放电过程中随着 Na^+ 的脱出，过渡金属层发生扭曲和滑移，导致 O3-O'3-P3-P'3-P''3 的相变，可逆性较差[47]。Yuan 采用 Fe 取代 NiMn 基团，大大提高了其循环稳定性，30 周后仍能保持 95% 以上。通过非原位 XRD，发现在充放电过程中保留了可逆性较高的 O3-P3 相变，而在高电压区，可逆性较差的 P3-P'3-P''3 相变受到抑制，进而发生可逆性更高的 OP2 相变[48]。Guo 等采用 Ti 取代 Mn 提高了材料的循环稳定性，其中 $NaNi_{0.5}Mn_{0.2}Ti_{0.3}O_2$ 循环 200 周容量保持率为 85%。通过原位 XRD 和 ABF-STEM 证明了在充放电过程中仅发生 O3-P3 相变，且高度可逆。这一结果表明 Ti 掺杂改变了相转变过程，使原来可逆性低的 O3-O'3 相变转为可逆性高的 O3-P3 过程[49]。

Ni 取代的 $P2-Na_{0.67}Ni_{0.33}Mn_{0.67}O_2$ 首周表现出超过 160mA·h/g 的放电比容量，工作电压超过 3.5V，能量密度较高，获得了研究者的广泛关注[50]。该材料在 4.2V 左右出现很长的充电平台，对应 P2-O2 相变，层间距从 5.7Å 减小到 4.45Å，伴随着约 18% 的巨大体积变化，可逆性极差。Al 取代活性的 Ni 得到 $P2-Na_{0.6}Ni_{0.22}Al_{0.11}Mn_{0.66}O_2$，可以有效提高材料的循环稳定性，在降低放电截止电压至 1.5V 时，可以得到 200mA·h/g 以上的容量，并保持不错的循环性能。

Cu 取代 Ni 可以成功抑制 P2-O2 相变，原位 XRD 测试显示，在充放电过程中仅伴随着 (002) 峰位移，而没有 O2 相的 (002') 峰出现，说明在钠离子脱出和嵌入过程中发生了层间距的变化。而未经取代的材料，在 Na^+ 脱出过程中，层间距增大，随后发生过渡金属层滑移，生成新相。Mg 取代的 $P2-Na_{0.67}Ni_{0.3-x}Mg_xMn_{0.7}O_2$ 可以抑制 P2-O2 相变，提高稳定性。其中，Mg 取代改变了相变的路径，由可逆性差、层间距变化大的 P2-O2 相变变为可逆性好、层间距变化小的 P2-OP4 相变，提高了结构稳定性[51]。另外，通过表面包覆氧化铝，也可以提高其稳定性[52,53]。通过 Ti、Zn、Al 取代部分 Mn，也可以一定程度上抑制相变，在牺牲部分容量的情况下提高其结构稳定性[54-56]。

(3) Na-Mn-Co 氧化物

相对多平台的 $P2-Na_xCoO_2$、$Na_{2/3}Co_{2/3}Mn_{1/3}O_2$ 表现出较为平滑的充放电曲线，但依然能明显观察到一个电压突降区，对应形成钠离子有序排列的 $Na_{1/2}Co_{2/3}Mn_{1/3}O_2$ 相[57]。为了抑制多相反应，通过改变 Co 和 Mn 的比例并加入部分 Ni，在不同温度下分别得到 P3 相和 P2 相的 $Na_xMn_{2/3}Co_{1/6}Ni_{1/6}O_2$。它们分别表现出 216mA·h/g 和 206mA·h/g 的高容量，充放电曲线中平台减少，循环性也有所提升，但在钠离子嵌入脱出过程中晶胞参数 a、c 均发生明显变化，对应较大的体积变化和结构不稳定性[58]。不同比例下的 O3-$NaNi_{1/3}Mn_{1/3}Co_{1/3}O_2$ 可以得到较好的循环稳定性，但在充电过程中仍然伴随着复杂的 O3-O1-P3 相变，c 持续增加而 a 基本不变，存在较大的结构应力[59]。

（4）Ni-Ti 和 Cr-Ti 等氧化物

O3-$NaNi_{0.5}Ti_{0.5}O_2$ 材料在 2～4.7V 范围有 121mA·h/g 的容量，50 周后保持率仅 52.8%，降低充电截止电压到 4V 后，容量降低到 102mA·h/g，但稳定性提高，100 周保持 93.2%[60]。随后，研究者发现，这类材料既可以作为正极也可以作为负极，分别基于 3.5V 的 Ni^{2+}/Ni^{4+} 和 0.75V 的 Ti^{3+}/Ti^{4+} 氧化还原电对。将电极材料组成对称全电池，得到 85mA·h/g 的容量，2.8V 的工作电压，循环 150 周后容量保持率为 75%[61]。P2-$Na_{0.6}[Cr_{0.6}Ti_{0.4}]O_2$ 材料在半电池中作为正极和负极均能表现出优异的循环稳定性和倍率性能，将其组装成全电池，12C 倍率下能保持 1C 电流下比容量的 75%，具有十分优异的大倍率充放电性能，循环稳定性也较好。在 1C 和 0.2C 下分别实现 82W·h/kg 和 94W·h/kg 的能量密度[62]。这种对称型电极材料作为正极在充电过程中的体积膨胀较小，稳定性较好，同时这种兼具正负极性能的材料为工业应用提供了极大的便利。

4.3.1.4 改善层状氧化物正极材料电化学性能的方法

层状过渡金属氧化物材料在钠离子脱出和嵌入过程中大多存在不同程度的相变行为，伴随着结构和晶胞参数的反复变化，在长循环过程中则可能导致结构的坍塌和破坏，电化学性能大幅恶化。因此，尽可能抑制相变行为，尤其是抑制可逆性较差和结构变化较大的相变过程，是提高层状氧化物材料电化学性能的基本策略之一。一般来说，常用的方法主要有两种，一是元素掺杂或取代，二是表面包覆和修饰。元素取代往往可以有效抑制材料在充放电过程中的相变行为，同时，具有电化学活性的元素引入还可以贡献一定的容量，进一步提高材料的电化学性能。表面包覆在改善材料结构稳定性的同时，也可以提高电极/电解液界面稳定性，提高材料离子和电子电导率等。

（1）元素掺杂和取代

正如前文提到的单过渡金属元素的层状氧化物正极材料往往存在明显不足，难以达到应用需求。因此，含二元、三元及多元过渡金属元素的氧化物正极材料获得蓬勃发展，这种多过渡金属元素体系正是对单金属元素层状氧化物体系的掺杂或取代而得到的。如 P2-$Na_{2/3}MnO_2$ 材料具有较高的可逆容量，但由于

Mn^{3+}/Mn^{4+} 氧化还原电对的电位较低，材料的放电平均电压（2.4~2.8V）较低；且由于初始的贫钠态，其首周充电容量较低，一般仅 100mA·h/g 左右。另外，由于 Mn^{3+} 的 Jahn-Teller 效应等，在充放电过程中材料往往会发生 P2-O2 的相转变过程，伴随着较大的体积和结构变化，因此材料的循环稳定性不佳。采用具有更高氧化还原电位的 Ni 元素取代 1/3 Mn，可得到 P2-$Na_{2/3}Ni_{1/3}Mn_{2/3}O_2$ 材料，该材料在 2.0~4.5V 范围内具有超过 3.5V 的工作电压，160mA·h/g 左右的初始放电容量，且充电容量也较取代前大幅提升。不过由于充电过程中几乎所有的钠离子都从结构中脱出，材料在高电压区仍然伴随着严重的 P2-O2 的相转变过程，循环性能较差[50,63]。研究者们进一步研究其他元素取代，如 Mg、Al、Zn、Ti 等引入可以进一步抑制相变，提高材料的结构稳定性，进而改善其循环稳定性[51,54-56,64]。

另外，一些研究者还发现两种元素共掺杂可能产生协同效应进而改善材料的性能，如 Tarascon 等采用 Cu 和 Ti 对 $O3-NaNi_{0.5}Mn_{0.5}O_2$ 进行掺杂得到 $O3-NaNi_{0.4}Cu_{0.1}Mn_{0.4}Ti_{0.1}O_2$ 和 $O3-NaNi_{0.45}Cu_{0.05}Mn_{0.3}Ti_{0.2}O_2$ 材料，相比原始材料在充电过程中高达 17% 的 c 轴收缩变化，掺杂后的材料充电后 c 轴收缩仅 3% 左右，更小的体积变化保证了材料更好的结构稳定性和循环性能[65]。更有研究者融合多种元素，如 Hu 等开发的 $O3-NaNi_{0.12}Cu_{0.12}Mg_{0.12}Fe_{0.15}Co_{0.15}Mn_{0.1}Ti_{0.1}Sn_{0.1}Sb_{0.04}O_2$ 材料，共包含 9 种（除 Na 外）金属元素，该材料循环 500 周后仍能保持其初始容量的 83%，具有优异的循环稳定性[66]。不过，对于这种较为复杂的体系，阐明其中各元素的相互作用以及对材料结构和电化学性能的影响也就十分困难。

总体来说，元素掺杂和取代是调控层状氧化物正极材料电化学反应和结构的有效手段，可以合理发挥各元素的优势，得到高能量密度和长循环寿命且成本低廉的正极材料。

(2) 表面包覆和修饰

表面包覆是锂离子电池中常用的有效改善电极材料性能的方法，在钠离子电池中，这一方法对于改善层状氧化物正极材料的性能同样卓有成效。在层状氧化物表面包覆一层纳米尺度的薄层，可以有效减少材料/电解液界面的副反应，同时可以保护电极材料不受电解液反应副产物如 HF 的腐蚀，阻挡活性物质的溶解流失，有利于提高正极材料的结构和化学稳定性。常用的包覆层材料主要包括碳材料、金属氧化物、钠离子导体等。值得一提的是，不同的包覆层以其各自不同的特性往往发挥出其独特的作用，如碳材料可以明显提高材料的电子导电性等。

① 碳材料包覆层。Myung 等用沥青在 $O3-NaCrO_2$ 表面包覆了一层 10nm 左右的碳层[图 4-10(a)]，由于碳的良好导电性，含碳量 14.6%（质量分数，下

同）的复合材料的电导率高达 0.47S/cm，远高于未包覆的 $NaCrO_2$ 材料（电导率仅为 8×10^{-5} S/cm），因此复合材料的比容量和循环稳定性均明显提高[图 4-10(b)，(c)]。更重要的是，导电性的提高大大改善了材料的倍率性能[图 4-10(d)]，甚至可以实现 150C 的快速放电，仅需 24s 即可完成放电，放电比容量为 99mA·h/g。也有研究者采用了简单的方法，直接将正极材料与电解液混合溶剂（PC/EC/DMC/NMP=1/1/1/1）搅拌，利用氧化性的正极与电解液的自发反应，在 $NaNi_{1/3}Fe_{1/3}Mn_{1/3}O_2$ 正极表面形成一层 2~5nm 的电极/电解液界面层，主要成分为被还原的金属阳离子和金属有机化合物。该界面层可以有效保护正极材料，提高了材料在 $NaPF_6$/PC 电解液体系的循环稳定性。另外，其结构稳定性和空气稳定性也有所提升[68]。

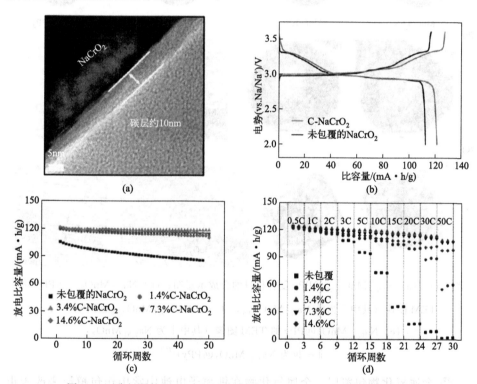

图 4-10 碳包覆的 O3-$NaCrO_2$ 材料的（a）TEM、（b）充放电曲线、
（c）循环性能及（d）倍率性能[67]

导电聚合物如聚吡咯也可以作为正极的包覆层。Tu 等在直径约 $2\mu m$ 的 $Na_{0.7}MnO_{2.05}$ 中空微球表面包覆了一层厚度约 200nm 的聚吡咯（图 4-11），该 $Na_{0.7}MnO_{2.05}$@PPy 复合材料在 0.1A/g 电流密度下初始容量为 165.1mA·h/g，100 周后仍能保持初始容量的 88.6%，相比原始材料 100 周后仅 48.8% 的保持

率有明显提升[69]。聚吡咯包覆层可以有效提高材料的导电性，降低电荷转移阻抗，有利于电子和离子的快速转移，改善材料的动力学性能。同时，聚吡咯作为物理保护层还能降低Mn在电解液中的溶解，减少活性物质的流失。类似地，如图4-11(c)所示，$Na_{0.91}MnO_2$@PPy材料具有208mA·h/g的初始容量，且100周后仍有178mA·h/g的高比容量，保持率为86.8%，可见聚吡咯包覆对提高正极材料的循环稳定性有明显促进作用[70]。

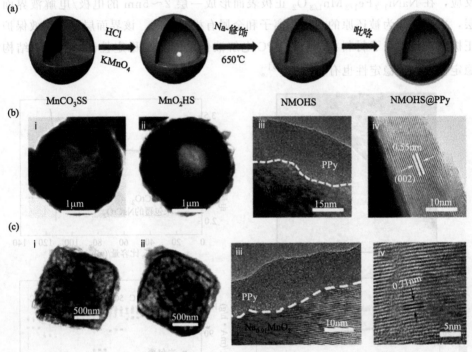

图4-11 (a) $Na_{0.7}MnO_{2.05}$@PPy复合材料的合成示意图；(b) $Na_{0.7}MnO_{2.05}$@PPy的TEM图像（其中 i 为的 $Na_{0.7}MnO_{2.05}$，ii～iv 为 $Na_{0.7}MnO_{2.05}$@PPy)[69]；
(c) $Na_{0.91}MnO_2$@PPy的TEM图像（其中 i 为 $Na_{0.91}MnO_2$，
ii～iv 为 $Na_{0.91}MnO_2$@PPy)[70]

② 金属氧化物包覆层。金属氧化物在锂离子电池中常用作包覆层来改善电极材料的电化学性能，但是在钠离子电池中应用尚不广泛。根据之前的研究报道，除了形成正极材料界面、减少副反应之外，MgO包覆可以有效缓解钠离子嵌入/脱出过程中的体积变化。Lee等采用熔融浸渍法在P2-$Na_{0.5}Ni_{0.26}Cu_{0.07}Mn_{0.67}O_2$材料表面包覆了一层MgO，除了抑制材料在充放电过程中的P2-O2相变，提高材料的循环稳定性之外，电化学阻抗谱表明MgO可以显著降低材料在高电位循环过程中的界面阻抗，因而材料表现出更好的倍率性能[71]。ZnO包覆也具有类

似的效果,研究表明,5%的ZnO包覆即可有效抑制P2-$Na_{2/3}Ni_{1/3}Mn_{2/3}O_2$材料在高电位下循环时的结构剥离现象,提高其结构稳定性,材料循环200周后的容量保持率由51.9%提升到75.4%[72]。

Al_2O_3包覆也被证明对层状氧化物正极具有一定的保护作用。如图4-12(a)所示,在材料表面用化学湿法包覆约12nm厚的Al_2O_3之后,材料的容量保持率(50周)由53.3%提高至88.4%[73]。相比于Al_2O_3,AlF_3具有更低的吉布斯自由能,因而更稳定,AlF_3在4.5V高压下仍能稳定存在。而且,在六氟磷酸钠电解液体系中,Al_2O_3与电解液发生副反应的产物之一是AlF_3,因此直接采用AlF_3作为正极材料包覆层也对改善材料的电化学性能具有积极效果。Mullins等采用机械球磨法在O3-Na[$Ni_{0.65}Co_{0.08}Mn_{0.27}$]$O_2$表面包覆了一层$AlF_3$,材料的容量保持率从77%提高至90%,说明包覆可以有效提高材料的稳定性[74]。

常规的方法如机械混合法和溶液法等难以在材料颗粒表面形成原子尺度的均匀包覆,近年来发展的原子层沉积技术(atomic layer deposition,ALD)可以在纳米尺度上精确控制物质成分和形貌,具有高均匀度和重现性,同时易于调控包覆层厚度,这一技术逐渐成为对材料进行表面修饰的利器。另外,原子层沉积法可以实现不同成分的包覆层,一般常用的主要有Al_2O_3、TiO_2、ZnO、ZrO_2等。Sun等以P2-$Na_{0.66}(Mn_{0.54}Co_{0.13}Ni_{0.13})O_2$为基础,使用ALD技术,研究了$Al_2O_3$、$TiO_2$和$ZrO_2$三种不同包覆层对材料电化学性能的影响。如图4-12(b)所示,约2nm厚度的Al_2O_3均匀包覆在材料表面。电化学测试结果显示,Al_2O_3包覆的材料具有最好的循环稳定性,而不同材料包覆的电极材料的倍率性能表现则是TiO_2<Al_2O_3<ZrO_2,这可能是由于其依次递增的断裂韧度和电导率[75]。

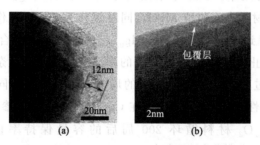

图4-12 (a) Al_2O_3-$Na_{2/3}Ni_{1/3}Mn_{2/3}O_2$复合材料高分辨TEM图像[73];
(b) Al_2O_3-$Na_{0.66}(Mn_{0.54}Co_{0.13}Ni_{0.13})O_2$复合材料高分辨TEM图像[75]

类似地,利用原子层沉积技术,以三甲基铝和乙二醇为原料可在材料表面均匀沉积一层有机-无机杂化的界面层,如聚(乙二醇铝)(alucone)。Alucone包覆的 P2-$Na_{0.66}Mn_{0.9}Mg_{0.1}O_2$ 材料在 2～4.5V 区间循环 100 周后能保持其初始容量的 86%，相比同样条件下的原始材料（65%）和原子层沉积 Al_2O_3 包覆的材料（71%）均有明显提升。这是因为 alucone 包覆层比 Al_2O_3 具有更高的离子导电性、电子导电性和柔性，可以更好地保持材料的局域离子结构，降低电池的极化，得到更好的电化学性能[76]。这种利用有机金属包覆层改善材料电化学性能的方法在对正极材料表面修饰方面体现出独特的优势。

③ 钠离子导体类包覆层。钠离子导体作为钠离子电池正极材料包覆层不仅可以起到其他包覆材料相似的保护作用，还可以提高钠离子在正极材料和电解液界面的扩散能力，降低界面阻抗，一定程度改善层状氧化物正极材料的倍率性能和循环性能。

Myung 等在 $Na_{2/3}Ni_{1/3}Mn_{2/3}O_2$ 表面包覆了一层约 10nm 厚的 Na_3PO_4，包覆后的材料在 10C（2A/g）大倍率下放电容量可达到 112mA·h/g，与硬炭组成的全电池循环 300 周后可保持初始容量的 73%[77]。同样以 $Na_{2/3}Ni_{1/3}Mn_{2/3}O_2$ 为基体，他们还研究了 β-$NaCaPO_4$ 作为包覆层的作用。研究结果显示，在常规保护作用之外，β-$NaCaPO_4$ 包覆层还可以抑制高度充电态下正极晶格中氧的析出[78]。钠快离子导体 $NaTi_2(PO_4)_3$ 作为包覆层同样可以有效改善 P2-$Na_{0.67}Ni_{0.28}Mg_{0.05}Mn_{0.67}O_2$ 材料的性能，该复合材料在 1C（173mA/g）倍率下循环 200 周后仍能保持其初始容量的 77.4%，在 5C 倍率下能实现 106.8mA·h/g 的放电比容量[79]。

在对电极材料表面修饰过程中，包覆层中的金属阳离子可能掺杂进入主体材料中，而正如前文所述，阳离子掺杂同样是改善层状氧化物正极材料性能的有效手段之一。因此在包覆过程中同时实现掺杂，有可能优化材料的电化学性能，达到"一石二鸟"的效果。Sun 等采用简单的一步反应［图 4-13(a)］，在 Na[$Ni_{0.5}Mn_{0.5}$]O_2 材料表面包覆 MgO，同时部分 Mg 在高温作用下自发进入晶格取代部分 Ni，得到 Na[$Ni_{0.5}Mn_{0.5}Mg_{0.05}$]$O_2$@MgO 复合材料。其中 MgO 包覆层可以有效阻止正极材料与电解液的副反应，而 Mg 掺杂又可以有效缓解 Ni^{2+} 氧化为 Ni^{4+} 过程中体积变化带来的局部应力，从而协同改善材料的稳定性，提高其电化学性能[80]。同样地，在 CuO 包覆和 Cu^{2+} 掺杂的协同作用下，P2-$Na_{2/3}Ni_{1/3}Mn_{2/3}O_2$ 材料循环 200 周后的容量保持率由 57.4% 提升至 70.5%[81]。Xiao 等设计了 $Na_2Ti_3O_7$ 包覆的 $Na_{2/3}Ni_{1/3}Mn_{2/3}O_2$ 材料［图 4-13(b)］。其中，$Na_2Ti_3O_7$ 不仅具有一般包覆层的保护作用，还可以促进钠离子在正极/电解液界面的扩散；同时，部分 Ti^{4+} 掺杂进入体相结构。两者共同作用，对抑制钠离子/空穴重排和 P2-O2 相变具有显著作用。相比于原始材料，

$Na_2Ti_3O_7$ 包覆后的复合材料表现出更平滑的电化学曲线、更好的循环稳定性和倍率性能[82]。Yu 等同样用一步合成法在 $Na_{0.7}MnO_2$ 材料表面包覆了一层 $Na_{0.7}Ni_{0.33}Mn_{0.67}O_2$，将材料的容量保持率（100 周）由 20.7% 提高到 68.9%[83]。

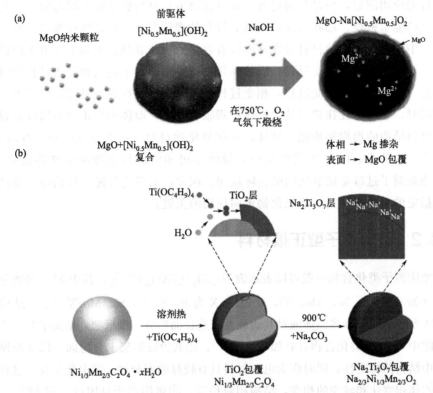

图 4-13　(a) Na[$Ni_{0.5}Mn_{0.5}Mg_{0.05}$]$O_2$@MgO 复合材料合成示意图[80]；
(b) $Na_2Ti_3O_7$ 包覆 $Na_{2/3}Ni_{1/3}Mn_{2/3}O_2$ 材料和合成示意图[82]

另外，如 $AlPO_4$、$Mg_3(PO_4)_2$ 等作为层状氧化物正极材料包覆层也可以达到不错的效果[84-86]。因此，表面修饰是改善层状氧化物正极材料结构稳定性及电化学性能的有效手段，构建合适的表面修饰层不仅可以起到物理保护作用，防止电极材料被电解液腐蚀，还可能提高材料的离子和电子电导率，降低钠离子嵌入/脱出过程中材料中的结构应力，抑制钠离子/空穴有序化重排以及不可逆相变，有效改善正极材料的循环性能和倍率性能。同时，对空气稳定的包覆层还能降低层状氧化物正极材料对空气的敏感性，有利于材料的储存和运输。不过，由于大部分层状氧化物正极易与水、CO_2 等反应，在设计表面包覆时，包覆材料和合成方法的选择都是至关重要的，这也是为什么到目前为止很多表面修饰改性的研究均以空气稳定性较好的 P2-$Na_{2/3}Ni_{1/3}Mn_{2/3}O_2$ 材料为基础。

4.3.1.5 面临的问题与挑战

过渡金属氧化物大多合成简单，理论容量较高，且基于钴酸锂的工业基础，有较好的应用前景，但是目前过渡金属氧化物电极材料仍面临严峻的问题。其一是较低的能量密度。层状氧化物虽具有较高的理论容量，但是往往难以实现，实际研究中比容量较高的材料通常又面临着容量的快速衰减、平均工作电压较低等问题。其二是复杂的相变过程。层状氧化物材料在钠离子嵌入和脱出过程中可能伴随着一个甚至多个相变过程，相变过程的不完全可逆性导致材料容量的不可逆性；同时，相变也往往带来较大的体积膨胀和收缩，而体积变化和结构应力容易造成材料结构的坍塌和粉化。另外，层状氧化物材料一般在空气中稳定性较差，可与空气中的水、CO_2 等发生反应，导致不可逆的结构衰变和活性物质损失，极大地限制了过渡金属氧化物的实际应用。因此，研发高性能、长循环寿命且对环境稳定的电极材料是层状氧化物走向应用的关键。

4.3.2 聚阴离子型正极材料

聚阴离子类化合物一般可以表示为 $Na_x M_y [(XO_m)^{n-}]_z$，其中 M 为过渡金属元素（如 Fe，Co，Ni，Mn，Ti，V 等）；X 为 P，S，C，Si，Mo 等元素。结构上以 XO 多面体与 MO 多面体通过共边或共点连接而形成三维框架，钠离子分布于晶格间隙中[87]。这类化合物具有如下特点[88]：①共价键框架十分稳固，保证长循环过程中结构的稳定性，同时作为电极材料具有较好的安全性；②电化学反应过程中较小的体积变化和较少的相变，结构相对稳定；③聚阴离子基团可以对 $M^{(n-1)+}/M^{n+}$ 活性电对产生诱导作用，使工作电压升高；④通过离子取代或掺杂可以调节电化学性能。但是，由于较大的阴离子基团，如 PO_4^{3-}、SO_4^{2-} 的存在，使得材料的比容量和电导率都不高。合理的电极结构设计和导电碳的修饰，可以有效提高电极材料的储钠性能。聚阴离子化合物作为储钠电极材料得到广泛研究，其中，磷酸盐、焦磷酸盐、硫酸盐、混合聚阴离子材料等得到广泛关注和研究。

4.3.2.1 磷酸盐材料

磷酸盐类材料具有稳定的框架结构，电化学反应过程中具有较小的体积膨胀，同时具有良好的热稳定性[88]。目前，电化学活性较高、研究较多的磷酸盐材料主要有 $NaFePO_4$、$Na_3V_2(PO_4)_3$、$NaVOPO_4$、$NaTi_2(PO_4)_3$、无定形 $FePO_4$ 等。

(1) $NaFePO_4$ 材料

铁基电极材料由于成本低廉、环境友好等特点，得到研究者的广泛关注[89]。

作为锂离子电池正极材料，LiFePO$_4$ 表现出优异的电化学性能，并实现工业生产和商业化应用。这一特征促使研究者探索类似的钠离子电池电极材料，研究者将目标集中在具有类似组成的 NaFePO$_4$ 材料上。早期的研究发现，通过固相煅烧法合成的 NaFePO$_4$ 材料是 maricite 相 [图 4-14(a)]，由于阻塞的钠离子通道，表现出较低的电化学活性[90,91]。Tarascon 课题组发现 Na$^+$ 可以嵌入脱锂的橄榄石型 FePO$_4$ 的晶格中[92]。随后，一系列研究工作集中在化学/电化学离子交换法合成橄榄石型 NaFePO$_4$ 材料。

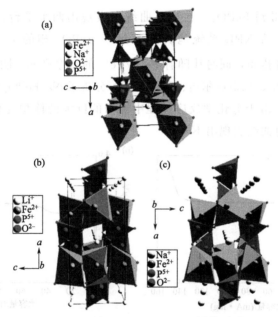

图 4-14　(a) maricite 相 NaFePO$_4$、(b) 橄榄石型 LiFePO$_4$、
(c) 橄榄石型 NaFePO$_4$ 材料的结构示意图[93]（彩插见文前）

Moreau 等[93] 通过在 NO$_2$BF$_4$/乙腈中氧化橄榄石型 LiFePO$_4$ 得到橄榄石型 FePO$_4$。放电过程中，Li$^+$ 位点可以完全被 Na$^+$ 占据 [图 4-14(b)，(c)]，同时得到的橄榄石型的 NaFePO$_4$ 表现出增大的晶格参数和晶格体积（表 4-1）。

表 4-1　橄榄石型 LiFePO$_4$ 和 NaFePO$_4$ 的晶格常数

化合物	晶体对称性	a/Å	b/Å	c/Å	V/Å^3
LiFePO$_4$	正交晶系（$Pnma$）	10.332(4)	6.010(5)	4.692(2)	291.35(10)
NaFePO$_4$	正交晶系（$Pnma$）	10.4063(6)	6.2187(3)	4.9469(3)	320.14(3)

Oh 等[94] 通过电化学转化的方法，先将橄榄石型的 LiFePO$_4$ 在酯类电解液

中充电脱锂，然后将得到的 $FePO_4$ 在钠离子电池电解液中放电嵌钠得到橄榄石型的 $NaFePO_4$。作为钠离子电池正极，$NaFePO_4$ 材料表现出 2.75V 的工作电压、125mA·h/g 的可逆比容量。值得注意的是，不同于 $LiFePO_4$ 单个充放电平台，$NaFePO_4$ 材料在充电曲线上表现为 2 个平台而放电曲线上只有一个平台 [图 4-15(a)，(b)]。$NaFePO_4$ 材料电化学反应中的结构演变过程被详细研究[95-98]。与 $LiFePO_4$ 两相反应不同的是，$NaFePO_4$ 材料充电过程中存在着 $Na_{2/3}FePO_4$ 的中间相，即首先通过固溶体反应形成 $Na_{2/3}FePO_4$ 的中间相，随后通过两相反应得到 $FePO_4$，在充电曲线上表现出两个平台。Galceran 等[96] 通过 TEM 和高分辨 XRD 系统地研究了 $Na_{2/3}FePO_4$ 相的结构，该晶格包含 Na^+ 和空穴规律性排布，同时伴随着 Fe^{2+}/Fe^{3+} 的有序排列 [图 4-15(c)，(d)]。Lu 等[97] 通过 XRD、穆斯堡尔谱、理论计算等分析了 $Na_xFePO_4(0<x<1)$ 充放电过程中的相图，由于电化学反应过程中经历的巨大的体积变化差异 [图 4-15(e)]，充电和放电曲线表现出不同。

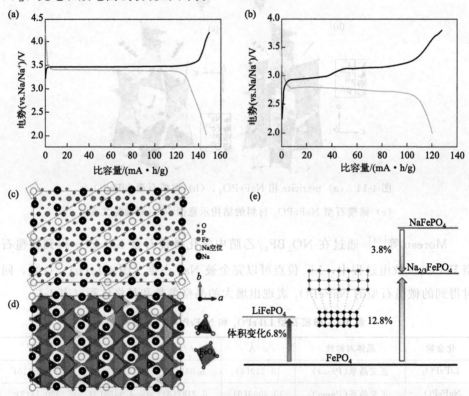

图 4-15 (a) $LiFePO_4$ 和 (b) $NaFePO_4$ 材料充放电曲线图，$Na_{2/3}FePO_4$ 的结构 (c) 原子排布形式和 (d) 多面体示意图[96]，(e) 不同电极反应过程中的体积变化[97]

探索简单高效合成 $NaFePO_4$ 的方法具有重要意义。Fang 等[99] 通过在水溶液电解液中电化学转化合成了橄榄石型 $NaFePO_4$ 微球。$NaFePO_4$ 微球在 0.05C 的电流密度下具有 120mA·h/g 的比容量,同时可以稳定循环 240 周。值得一提的是,采用传统的电化学手段,通过控制电化学反应的速率,他们证实了放电过程中 $Na_{2/3}FePO_4$ 相的存在,选区电子衍射观察到 $Na_{2/3}FePO_4$ 中间相的超晶格特征。在小电流密度(0.05C 和 1C)下,只观察到一个放电平台;当电流密度高于 2C 时,放电平台分离为两个明显的平台。这一现象源于 $FePO_4$ 转化为 $Na_{2/3}FePO_4$ 和 $Na_{2/3}FePO_4$ 向 $NaFePO_4$ 转化的反应速率常数具有巨大的差异。由于 $LiFePO_4$ 作为锂离子电池正极材料被大规模商业化应用,并且通过化学/电化学的方法可以简单高效地实现 $LiFePO_4$ 向 $NaFePO_4$ 的转化,橄榄石型 $NaFePO_4$ 作为正极材料表现出较好的应用前景。

(2)$Na_3V_2(PO_4)_3$ 材料

由于材料高的钠离子电导率和稳定的三维框架结构,钠快离子型导体(NASICON)材料得到研究者的关注。在这类结构中,$Na_3V_2(PO_4)_3$ 表现出优异的电化学性能。$Na_3V_2(PO_4)_3$ 具有斜方六面体晶胞结构,属于 $R-3c$ 空间群,VO_6 八面体和 PO_4 四面体以顶点相连,组成三维骨架,钠离子处于间隙位置(M1 和 M2)[图 4-16(a),(b)]。只有 M2 位置的两个钠离子才可以脱出嵌入,表现出电化学活性,M1 位置由于空间阻塞,钠离子难以脱出。该材料表现出 117mA·h/g 的理论比容量和 3.3V 左右的电压平台,对应着 V^{3+}/V^{4+} 的反应电对。当放电电位(<1.5V)较低时,在 M2 位置可以再嵌入一个钠离子,对应着 1.6V 的电压和 59mA·h/g 的比容量。

Yamaki 等[100] 首先报道了 $Na_3V_2(PO_4)_3$ 的储钠性能,该材料在 1.2~3.5V 电压区间具有 140mA·h/g 的可逆比容量。同时,他们以离子液体为电解液,$Na_3V_2(PO_4)_3$ 为正负极,得到的全电池具有 64mA·h/g 的比容量[101]。Jian 等[102] 通过精修 XRD、ABF-STEM、NMR 等手段发现 $Na_3V_2(PO_4)_3$ 结构中有两个不同的钠离子位点[图 4-16(c)~(g)],对应着不同的配位环境,并且位于 M2 位置的 Na^+ 才可以可逆嵌入脱出。充放电过程中的原位 XRD 显示,电化学反应过程中对应着 $Na_3V_2(PO_4)_3$ 和 $NaV_2(PO_4)_3$ 的两相反应,同时伴随着 8.26% 的体积变化[103]。Song 等[104] 通过第一性原理研究了 Na^+ 的迁移路径和占位情况,钠离子倾向于沿 x 轴和 y 轴,以及沿 z 轴曲折地传输。Yamada 等[105] 通过电位滴定法测试了 $Na_{1+2x}V_2(PO_4)_3$ 两相反应的熵变,发现在 $0.1 \leqslant x \leqslant 0.9$ 范围,反应熵变几乎恒定。另外,$Na_3V_2(PO_4)_3$ 电极在不同充放电状态下的 X 射线吸收谱和电子顺磁共振谱也被研究[106,107]。

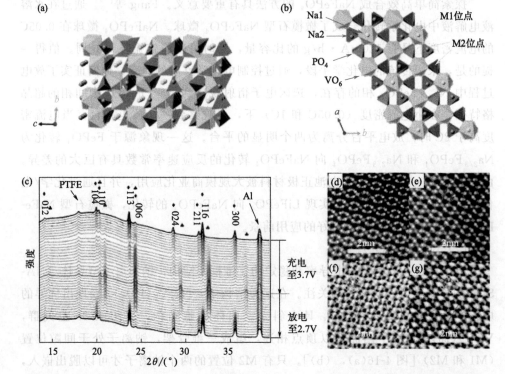

图 4-16 (a),(b) $Na_3V_2(PO_4)_3$ 的晶体结构;(c) $Na_3V_2(PO_4)_3$ 充放电过程中的原位 XRD;(d) $Na_3V_2(PO_4)_3$ 和 (e) $NaV_2(PO_4)_3$ 在 $[1\bar{1}1]$ 方向的 STEM HAADF 图;(f) $Na_3V_2(PO_4)_3$ 和 (g) $NaV_2(PO_4)_3$ 在 $[1\bar{1}1]$ 方向的 STEM ABF 图(彩插见文前)

上述的研究结果也促使研究人员探索各种方法来提升 $Na_3V_2(PO_4)_3$ 电极的电化学性能,主要的研究途径包括金属离子掺杂/取代、导电碳修饰和纳米化。元素掺杂被认为是提高 $Na_3V_2(PO_4)_3$ 电子和离子电导率的有效策略,多种阳离子($Mg^{2+[108,109]}$、$Mn^{3+[110,111]}$、$Fe^{3+[112]}$、$Al^{3+[113]}$、$Ca^{2+[114]}$、$Ni^{2+[115]}$、$Ce^{3+[116]}$、$Ti^{4+[117]}$、$Mo^{6+[118]}$、$K^{+[119]}$、$Li^{+[120]}$ 等)都已被用作 $Na_3V_2(PO_4)_3$ 正极材料掺杂并表现出更高的电化学活性(图 4-17)。Kim 等[119]通过在 $Na_3V_2(PO_4)_3$ 结构中掺入 K^+,使得 c 轴增大,从而增大 Na^+ 的扩散通道,提高材料的结构稳定性。Li 等[108]通过 Mg^{2+} 掺杂,提高了材料的离子和电子电导率,从而使倍率性能和循环性能得到相应提高。Aragón 等[111-113,121]发现铁离子、镉离子、锰离子和铝离子等取代可以激活 $V^{4+/5+}$ 的反应,同时晶胞体积也得到增大,使 M1 位点的 Na^+ 也具有电化学活性,例如随着 Al 掺杂量的增加,在 4V 以上出现新的氧化还原反应。此外,Li 等[118]在 V 位置引入了高价态 Mo^{6+} [即 $Na_{3-5x}V_{2-x}Mo_x(PO_4)_3/C$,$0<x<0.04$]。研究发现,$Mo^{6+}$ 掺杂的材料导电性和钠

离子扩散率显著增强，表现出优越的倍率性能［图 4-17(e)］。除阳离子掺杂外，阴离子掺杂也是提高磷酸钒钠储钠性能的有效途径。例如，Muruganantham 等选择 F 作为掺杂元素，采用溶胶-凝胶法合成了 $Na_{3-x}V_2(PO_{4-x}F_x)_3$（$x=0$、0.1、0.15 和 0.3）复合材料[122]。这里，F^-（$r_{F^-}=1.33Å$）半径比 O^{2-}（$r_{O^{2-}}=1.40Å$）半径小，比 V^{3+}（$r_{V^{3+}}=0.64Å$）/V^{2+}（$r_{V^{2+}}=0.79Å$）和 Na^+（$r_{Na^+}=1.02Å$）半径大，这样有利于 F^- 对 O^{2-} 的取代以改善材料主体结构的导电性。如图 4-17(h) 所示，$Na_{2.85}V_2(PO_{3.95}F_{0.05})_3$ 显示出稳定的循环性能和高倍率性能。

由于 $Na_3V_2(PO_4)_3$ 本身低的电子电导率，材料的可逆容量和循环性能都不理想，导电碳修饰是提高 $Na_3V_2(PO_4)_3$ 电化学性能的有效途径。Hu 课题组[123] 报道了碳包覆的 $Na_3V_2(PO_4)_3$，材料的容量和循环性能得到明显提高。同时，他们还发现碳含量和电解液组成对可逆容量、库仑效率和循环稳定性有很大影响[103]。硼掺杂碳和氮掺杂碳修饰的 $Na_3V_2(PO_4)_3$ 也被报道，并表现出较好的倍率性能和

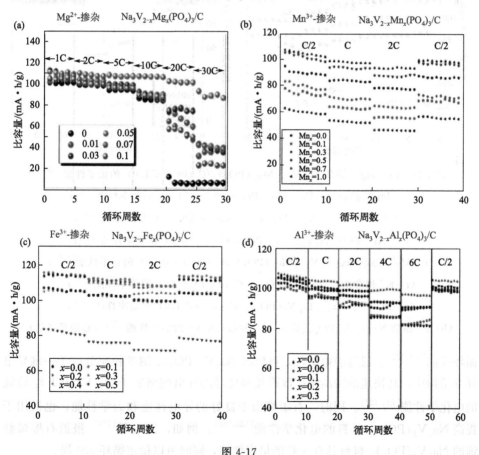

图 4-17

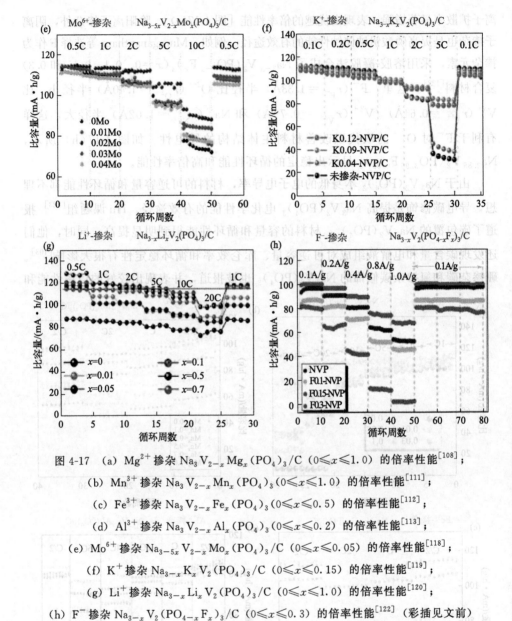

图 4-17 (a) Mg^{2+} 掺杂 $Na_3V_{2-x}Mg_x(PO_4)_3/C$ ($0 \leqslant x \leqslant 1.0$) 的倍率性能[108];
(b) Mn^{3+} 掺杂 $Na_3V_{2-x}Mn_x(PO_4)_3$ ($0 \leqslant x \leqslant 1.0$) 的倍率性能[111];
(c) Fe^{3+} 掺杂 $Na_3V_{2-x}Fe_x(PO_4)_3$ ($0 \leqslant x \leqslant 0.5$) 的倍率性能[112];
(d) Al^{3+} 掺杂 $Na_3V_{2-x}Al_x(PO_4)_3$ ($0 \leqslant x \leqslant 0.2$) 的倍率性能[113];
(e) Mo^{6+} 掺杂 $Na_{3-5x}V_{2-x}Mo_x(PO_4)_3/C$ ($0 \leqslant x \leqslant 0.05$) 的倍率性能[118];
(f) K^+ 掺杂 $Na_{3-x}K_xV_2(PO_4)_3/C$ ($0 \leqslant x \leqslant 0.15$) 的倍率性能[119];
(g) Li^+ 掺杂 $Na_{3-x}Li_xV_2(PO_4)_3/C$ ($0 \leqslant x \leqslant 1.0$) 的倍率性能[120];
(h) F^- 掺杂 $Na_{3-x}V_2(PO_{4-x}F_x)_3/C$ ($0 \leqslant x \leqslant 0.3$) 的倍率性能[122] (彩插见文前)

循环性能[124,125]。通过静电纺丝，可以将 $Na_3V_2(PO_4)_3$ 纳米颗粒分散于一维导电纤维结构中，其快速的钠离子扩散路径和良好的导电网络赋予 $Na_3V_2(PO_4)_3$ 较优的电化学性能[126,127]。同时，石墨烯由于良好的导电性能和力学性能，也被用于提高 $Na_3V_2(PO_4)_3$ 材料的电化学性能[128,129]。例如，Jung 等[128] 报道石墨烯修饰的 $Na_3V_2(PO_4)_3$ 材料具有 30C 的倍率性能，同时可以稳定循环 300 周。

另外，通过构造分级的导电碳网络，可以使 $Na_3V_2(PO_4)_3$ 材料电化学性能得到极大的提高[131-140]。Zhang 等[137] 通过喷雾干燥法构造石墨烯修饰的 $Na_3V_2(PO_4)_3$ 微球，实现石墨烯包覆的 $Na_3V_2(PO_4)_3$ 纳米颗粒分散在石墨烯三维导电网络中，材料循环 3000 周具有 81% 的容量保持率，同时具有 50C 的倍率性能。Zhu 等[134] 报道的碳包覆的 $Na_3V_2(PO_4)_3$ 纳米颗粒分散于多孔碳中，该材料具有 200C 的倍率性能和 1000 周的循环性能。Fang 等[130] 通过化学气相沉积法实现 $Na_3V_2(PO_4)_3$ 纳米颗粒表面的高石墨化碳包覆和三维碳纳米纤维导电网络的同时构筑（图 4-18），得益于良好的导电网络，该材料表现出高的可逆

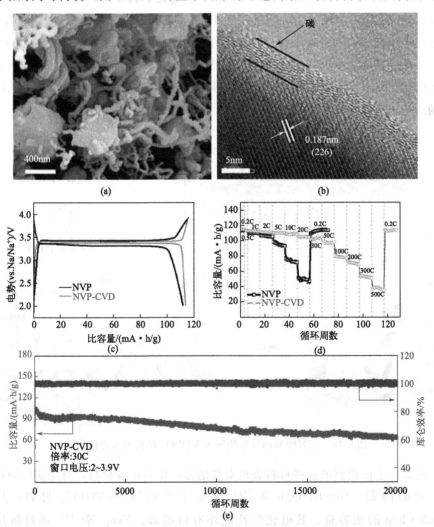

图 4-18 分级碳修饰的 $Na_3V_2(PO_4)_3$ 的 (a) SEM 图和 (b) HRTEM 图，以及对应的电化学性能：(c) 0.2C 下的充放电曲线；(d) 倍率性能；(e) 30C 下的循环性能[130] （彩插见文前）

比容量（115mA·h/g），优异的倍率性能（在500C的电流密度下具有38mA·h/g的比容量）和超长的循环稳定性（循环20000周具有54%的容量保持率）。Wei等[140]报道了石墨烯修饰的碳包覆的$Na_3V_2(PO_4)_3$多孔材料，实现400C的倍率性能和30000周的循环性能。

(3) $Na_xVOPO_4(x=0,1)$ 材料

钒基磷酸盐材料由于较好的电化学活性和较高的氧化还原电位，展现出可观的电化学性能。最近，$Na_xVOPO_4(x=0$ 和 $1)$ 材料也被应用于钠离子电池正极材料。He等[141]将正方晶系的$α_I$-$LiVOPO_4$电化学脱锂得到$α_I$-$VOPO_4$，作为正极材料，该电极具有3.5V的电压和110mA·h/g的可逆比容量。Yu等[142]通过超声剥离$VOPO_4·2H_2O$得到$VOPO_4$纳米片，该材料具有136mA·h/g的比容量，循环500周容量保持率为73%。同时，他们通过不同溶剂分子来调控$VOPO_4$纳米片的层间距（图4-19），降低了钠离子扩散过程的能垒，从而提高钠离子扩散的动力学[143]。

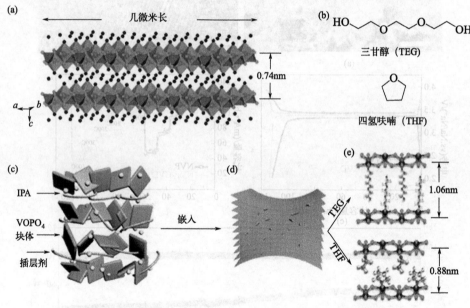

图4-19 三甘醇和四氢呋喃嵌入$VOPO_4$结构的示意图[143]

然而，上面提到的这些材料表现出贫钠态，作为正极材料，对于实际应用存在一定的问题。Goodenough等[144]报道了单斜的$NaVOPO_4$材料，具有90mA·h/g的比容量，其电化学性能还有待提高。Fang等[145]通过将层状$VOPO_4$与NaI溶剂热反应，合成了一类层状结构的$NaVOPO_4$材料。Rietveld精修结果显示，该材料具有P-1空间群，晶格参数为$a=6.418$, $b=6.418$, $c=$

5.987，$\alpha=77.74°$，$\beta=77.05°$，$\gamma=89.3°$。得益于二维的钠离子扩散通道，该材料表现出 3.5V 的电压、144mA·h/g 的可逆比容量，以及较好的循环稳定性（循环 1000 周容量保持率为 67%）。原位同步辐射 XRD 研究表明，该材料充放电过程中保持着稳定的层状结构，同时伴随着层间距的可逆增大和收缩。原位的同步辐射近边吸收谱表明，材料的电化学性能来源于 V^{4+}/V^{5+} 的氧化还原电对（图 4-20）。

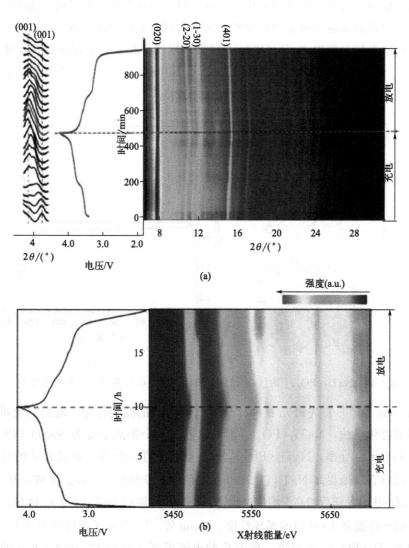

图 4-20 $NaVOPO_4$ 充放电过程中的（a）原位同步辐射 XRD 图谱和（b）原位同步辐射近边吸收谱[145]

(4) NaTi$_2$(PO$_4$)$_3$ 材料

与 Na$_3$V$_2$(PO$_4$)$_3$ 结构相似，NaTi$_2$(PO$_4$)$_3$ 具有类似的 NASICON 结构 [图 4-21(a)]。该斜方六面体结构属于 R-3c 空间群，具有两种钠离子位点，其中 M2 位点可以可逆嵌入 2 个 Na$^+$，对应着 Ti^{3+}/Ti^{4+} 的氧化还原反应和 133mA·h/g 的可逆比容量。NaTi$_2$(PO$_4$)$_3$ 材料具有 2.1V 左右的放电平台，对应着两相反应 [图 4-21(b)]。这一特定的反应电压使得 NaTi$_2$(PO$_4$)$_3$ 材料针对不同的对电极，可以分别充当正极和负极材料。当作为负极材料时，由于反应电位较高，可以有效避免电解液的分解，从而表现出较高的库仑效率和安全性。该特定的反应电位也使得 NaTi$_2$(PO$_4$)$_3$ 材料可以用作稳定的水溶液钠离子电池电极材料。另外，NaTi$_2$(PO$_4$)$_3$ 材料也可以在低电位（<0.4V）下在 M2 位点嵌入一个钠离子，对应着 Ti^{2+}/Ti^{3+} 的氧化还原反应。

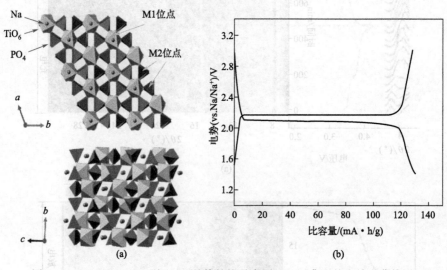

图 4-21 NaTi$_2$(PO$_4$)$_3$ 的 (a) 晶体结构示意图，(b) 典型的充放电曲线图

Delmas 等[10] 首先研究了 NaTi$_2$(PO$_4$)$_3$ 材料的储钠行为，他们发现通过化学法或者电化学法，NaTi$_2$(PO$_4$)$_3$ 都可以嵌入两个钠离子变为 Na$_3$Ti$_2$(PO$_4$)$_3$。由于低的电子电导率，NaTi$_2$(PO$_4$)$_3$ 材料电化学性能较差。通过合适的导电碳修饰，可以有效地提高 NaTi$_2$(PO$_4$)$_3$ 材料的电化学性能。Wang 和 Wu 等[146,147] 通过溶剂热法以及随后的高温煅烧过程得到石墨烯修饰的 NaTi$_2$(PO$_4$)$_3$ 材料，具有 50C 的倍率性能和 1000 周的循环性能。Yang 等[148] 合成了金红石相 TiO$_2$ 和碳包覆的 NaTi$_2$(PO$_4$)$_3$ 立方块，在 10C 的电流密度下具有 83.5mA·h/g 的比容量，循环 10000 周容量保持率为 89.3%。通过构造分级的导电碳网络，也可以有效地提高材料的电化学性能。Jiang 等[149] 构造了导电碳包覆的 NaTi$_2$(PO$_4$)$_3$

分散在碳网络中,该复合材料在100C的电流密度下具有108mA·h/g的可逆比容量,在50C电流密度下可以稳定循环6000周。Fang等[150]通过喷雾干燥法构造分级石墨烯修饰的$NaTi_2(PO_4)_3$微球材料[图4-22(a),(b)],实现$NaTi_2(PO_4)_3$颗粒表面石墨烯的包覆和颗粒间三维石墨烯网络的构筑。该材料在0.1C电流密度下具有130mA·h/g的可逆比容量,同时具有200C的倍率性能。此外,他们以$Na_3V_2(PO_4)_3$材料为正极,$NaTi_2(PO_4)_3$材料为负极,构造的全电池表现出优异的比容量和功率性能[图4-22(c),(d)]。

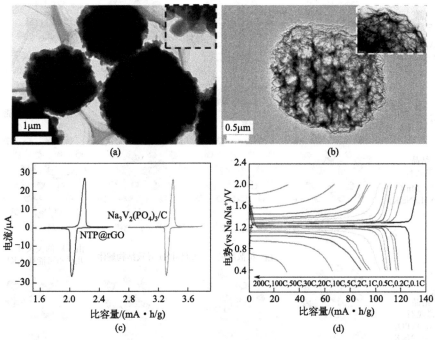

图4-22 (a) $NaTi_2(PO_4)_3$@rGO微球的TEM图片;(b) 三维多孔石墨烯微球;
(c) $NaTi_2(PO_4)_3$@rGO和$Na_3V_2(PO_4)_3$/C的循环伏安曲线;
(d) $NaTi_2(PO_4)_3$@rGO//$Na_3V_2(PO_4)_3$/C全电池的倍率性能[150]

通过元素取代可以改变$NaTi_2(PO_4)_3$材料的嵌脱钠离子的反应过程。研究发现,Fe^{3+}可以取代$NaTi_2(PO_4)_3$材料中的Ti^{4+}[151,152],同时伴随着a轴的增大和c轴的减小。穆斯堡尔谱研究表明,电化学反应过程中也出现Fe^{2+}/Fe^{3+}的氧化还原反应。适量的Fe^{3+}取代可以提高材料的可逆比容量和倍率性能。

(5) 无定形$FePO_4$材料

相比于结晶材料,无定形材料具有短程有序、长程无序的特点。由于没有晶格限制,电化学反应过程中可能具有较小的体积变化和晶格应力。然而,具有储钠电化学活性的无定形材料较少。$FePO_4$ 很容易保持无定形的状态,并且具有较好的电化学性能。Shiratsuchi 等[153]较早研究了无定形 $FePO_4$ 的储钠行为,该材料在 $0.1mA/cm^2$ 的电流密度下具有约 $90mA·h/g$ 的可逆比容量。Mathew 等[154]研究了无定形 $FePO_4$ 对单价、二价、三价离子的嵌入脱出特性(图4-23)。作为储钠材料,在 $10mA/g$ 的电流密度下,该 $FePO_4$ 具有 $179mA·h/g$

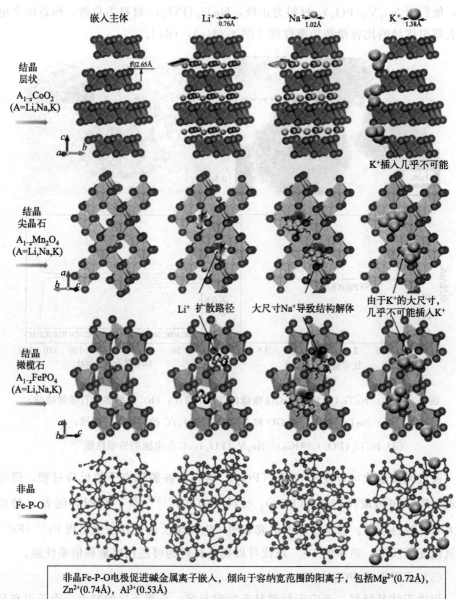

图4-23 晶型和无定形 $FePO_4$ 嵌入脱出不同离子的过程示意图[154]

的可逆储钠比容量。同时，非原位 XRD 测试表明，在放电状态下，有一些晶相信号被检测到，可能对应着放电过程中非晶相向晶相的转变。这一研究现象也被其他研究小组观察到[155]。

通过与导电碳复合可以有效提高 $FePO_4$ 材料的电化学性能。Fang 等[156]将介孔无定形 $FePO_4$ 与科琴黑球磨，得到 $FePO_4/C$ 复合物（图 4-24）。得益于其独特的介孔结构以及良好的导电网络，$FePO_4/C$ 材料具有 151mA·h/g 的可逆比容量，并且稳定循环 160 周。Xu 等[157]通过微乳液法成功构造 $FePO_4$ 纳米颗粒生长在一维碳纳米管上，所获得的材料表现出较好的电化学性能。Yang 等[158]报道了一类无定形 $FePO_4$/石墨烯多孔纳米线，具有优异的倍率性能，在 20C 的电流密度下具有 41.5mA·h/g 的比容量。Liu 等[159]通过将无定形二维 $FePO_4$ 纳米片与炭黑球磨，获得的材料在 0.1C 电流密度下具有 168.9mA·h/g 的比容量。同时，该材料具有优异的倍率性能（在 10C 电流密度下具有 77mA·h/g 的比容量）和循环性能（循环 1000 周容量保持率为 92.3%）。

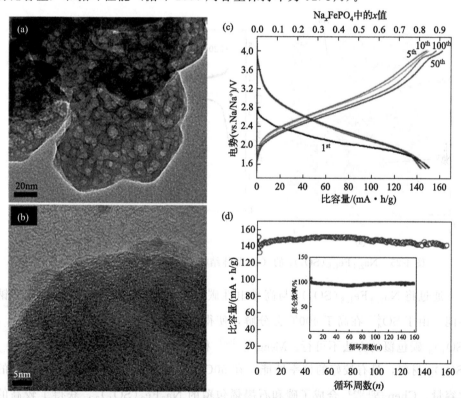

图 4-24 介孔无定形 $FePO_4$ 的（a），(b) TEM 图、(c) 在 20mA/g 下的充放电曲线图和 (d) 循环图[156]

4.3.2.2 硫酸盐材料

一些硫酸盐材料也被报道用于钠离子存储,其中,$Na_{2+2x}Fe_{2-x}(SO_4)_3$ 材料表现出较好的电化学性能。Barpanda 等[160]较早报道了 $Na_2Fe_2(SO_4)_3$ 材料。Yamada 等[161]详细研究了一系列 $Na_{2+2x}Fe_{2-x}(SO_4)_3$($x=0\sim 0.4$)材料,揭示了一个更精确的纯相组成,对应着 $Na_{2.4}Fe_{1.8}(SO_4)_3$。该材料属于单斜晶系,$P2_1/c$ 空间群,由 Fe_2O_{10} 二聚体与 SO_4 四面体通过共用顶点组成,具有三个不同的 Na^+ 位点 [图 4-25(a)]。晶格参数为 $a=11.46964(8)$ Å,$b=12.77002(9)$ Å,$c=6.51179(5)$ Å,$\beta=95.2742(4)°$,$V=949.73(1)$ Å^3。该材料具有 102mA·h/g 的可逆比容量和 3.8V 的工作电压 [图 25(b)]。如此高的工作电压来源于 SO_4^{2-} 强的诱导作用。在首周充电过程中,微量的 Fe 迁移到 Na 的位点,伴随着约 3.5% 的体积膨胀。同时,XRD 和穆斯堡尔谱研究表明,电化学反应过程中对应着固溶体反应机理[162]。

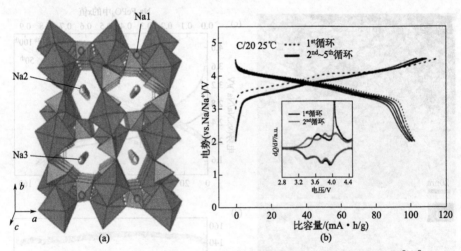

图 4-25 $Na_{2.4}Fe_{1.8}(SO_4)_3$ 的 (a) 晶体结构示意图和 (b) 充放电曲线[160]

通过将 $Na_{2.4}Fe_{1.8}(SO_4)_3$ 与高导电性碳质材料复合,可以有效提高其储钠性能。由于 SO_4^{2-} 在高于 400℃ 会分解,使得高温分解有机物来实现 $Na_{2.4}Fe_{1.8}(SO_4)_3$ 碳包覆的方法不可行。Meng 等[163]构造了碳纳米管修饰的 $Na_{2+2x}Fe_{2-x}(SO_4)_3$ 材料,具有较好的倍率性能,在 50C 的电流密度下具有 60mA·h/g 的比容量。Chen 等[164]合成了碳和石墨烯包覆的 $Na_2Fe_2(SO_4)_3$,获得了较高的比容量(107.9mA·h/g)、优异的倍率性能(在 10C 电流密度下具有 75.1mA·h/g 的比容量),以及稳定的循环性能(循环 300 周容量保持率为

90%）。Fang 等[165]通过喷雾干燥法构造分级石墨烯修饰的 $Na_{2.4}Fe_{1.8}(SO_4)_3$ 材料，极大地提高了材料的倍率性能和循环稳定性，同时，他们通过同步辐射 XRD 详细地研究了该材料的储钠机理。

4.3.2.3 焦磷酸盐材料

焦磷酸盐材料由于稳定的框架结构、较大的钠离子迁移隧道，也表现出一定的储钠性能。焦磷酸盐材料主要由 MO_6 八面体和 P_2O_7 单元连接构成稳固的框架，钠离子分散于晶格间隙中[166]。

在焦磷酸盐材料中，$Na_2FeP_2O_7$ 材料由于较好的电化学可逆性，得到研究者的广泛关注。$Na_2FeP_2O_7$ 属于三斜晶系，对应着 P-1 空间群[167]，晶胞参数为 $a=6.43382(16)$ Å，$b=9.4158(3)$ Å，$c=11.0180(3)$ Å，$\alpha=64.4086(15)°$，$\beta=85.4794(19)°$，$\gamma=72.8073(17)°$ 和 $V=574.16(3)$ Å^3。$Na_2FeP_2O_7$ 晶体由 FeO_6 八面体和 PO_4 四面体单元组成，其中，以 Fe_2O_{11} 二聚体和 P_2O_7 单元连接构成链状结构，钠离子占据四个不同的晶格位点[图 4-26(a)]。

Komatsu 和 Yamada 课题组[167,168]首先报道了 $Na_2FeP_2O_7$ 材料的储钠行为。在 C/20 的电流密度下，$Na_2FeP_2O_7$ 材料具有 85mA·h/g 的可逆比容量，对应着单个电子的转移反应，同时伴随着 2.1% 的体积变化。充放电曲线上，由 2.5V 左右的一个短平台和 3V 左右的一个长平台组成 [图 4-26(b)]。Kim 等[169]通过准平衡态测试和第一性原理研究表明，$Na_2FeP_2O_7$ 在充放电过程中经历了 2.5V 左右的一个单相反应，以及 3~3.25V 区间一系列的两相反应 [图 4-26(c)]。通过构造合适的导电碳网络，可以极大地提高 $Na_2FeP_2O_7$ 材料的储钠性能。Song 等[170]通过溶胶-凝胶法合成了碳修饰的 $Na_2FeP_2O_7$ 材料，表现出较高的可逆容量（95mA·h/g）、优异的倍率性能（在 60C 的倍率下具有 65mA·h/g 的可逆比容量），以及超长的循环寿命（循环 10000 周容量保持率为 84%）[图 4-26(d)]。

另外，具有类似结构的 $Na_{3.32}Fe_{2.34}(P_2O_7)_2$ 材料也被报道。$Na_{3.32}Fe_{2.34}(P_2O_7)_2$ 同样属于三斜晶系和 P-1 空间群，具有高于 $Na_2FeP_2O_7$ 的可逆比容量（108mA·h/g）[171]。第一性原理计算表明，钠离子通过两种一维的路径扩散，原位同步辐射 XRD 也揭示了单相的反应过程[172]。同时，碳修饰的 $Na_{3.32}Fe_{2.34}(P_2O_7)_2$ 材料也表现出 5000 周的稳定循环[173]。

其他的焦磷酸盐材料也表现出一定的储钠性能。$Na_2MnP_2O_7$ 具有 90mA·h/g 的比容量，3.3V 以上的电压，对应着 Mn^{2+}/Mn^{3+} 的氧化还原

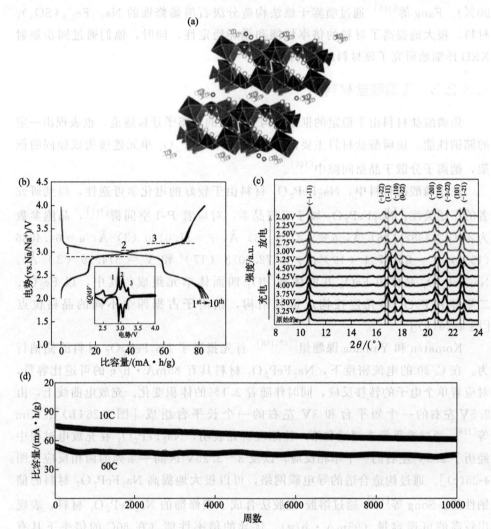

图 4-26 $Na_2FeP_2O_7$ 材料：(a) 晶体结构示意图；
(b) 在 C/20 下的充放电曲线图；(c) 充放电过程中的非原位 XRD 图；
(d) 循环性能

电对[174]。$Na_2CoP_2O_7$ 表现出 80mA·h/g 的可逆比容量和 4.3V 的平均电压[175]。$Na_2VOP_2O_7$ 具有 3.8V 的平均电压和 80mA·h/g 的可逆比容量，对应 V^{4+}/V^{5+} 的氧化还原反应[176]。$Na_7V_3(P_2O_7)_4$ 同样具有 80mA·h/g 的比容量和 4.13V 的平均电压，源于 V^{3+}/V^{4+} 的氧化还原[177]。这些材料较高的工作电压虽然提高了材料的能量密度，但是其对电解液提出了更高的要求。

4.3.2.4 混合聚阴离子材料

通过不同阴离子间的组合,也可以获得新的聚阴离子结构。同时,阴离子间的相互作用也会赋予材料不同的电化学特征。例如,F^-的诱导作用可以提高材料的工作电压。在钠离子电池正极材料中,基于PO_4F和$PO_4P_2O_7$体系的电极材料表现出较为稳定的电化学性能。

(1) 含PO_4F的材料

前文提到,橄榄石型$NaFePO_4$只能通过化学或者电化学转化的方法得到,高温煅烧只能获得低电化学活性的Maricite型$NaFePO_4$。然而,Na_2FePO_4F却可以通过高温煅烧得到。Na_2FePO_4F属于正交晶系,$Pbcn$空间群。晶格参数为$a=5.2200$(2)Å,$b=13.8540$(6)Å,$c=11.7792$(5)Å。其中,共面的两个FeO_4F_2八面体与PO_4四面体相连形成层状结构,两个Na^+占据层间不同的钠离子位点,具有二维的扩散通道[图4-27(a)][178]。Tarascon等[179]最早测试了Na_2FePO_4F的储钠性能。该材料具有3.1V和2.9V两个放电平台,以及100mA·h/g的比容量[图4-27(b)]。非原位核磁共振谱研究表明,充电过程中经历着两相反应[180],放电过程中对应着$NaFePO_4F \rightarrow Na_{1.5}FePO_4F \rightarrow Na_2FePO_4F$的相转变过程[图4-27(c)][181]。值得一提的是,Na2位点的钠离子移动性更强,具有电化学活性。充电过程中,也可能伴随着Na1-Na2的交换

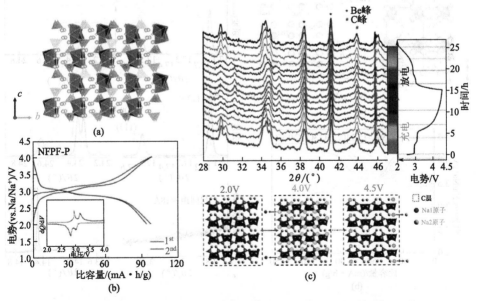

图4-27 Na_2FePO_4F材料的:(a)结构示意图;(b)0.1C下的充放电曲线图;(c)充放电过程中的XRD图谱及结构演化[181](彩插见文前)

过程。Dunn 等[182] 通过碳和石墨烯修饰 Na_2FePO_4F，获得了优异的倍率性能（在 20C 的电流密度下具有 40mA·h/g 的比容量）和超长的循环稳定性（循环 5000 周容量保持率为 70%）。

NASICON 结构的 $Na_3V_2(PO_4)_2F_3$ 也表现出较好的电化学性能。$Na_3V_2(PO_4)_2F_3$ 属于正方晶系，$P4_2/mnm$ 空间群，晶格参数为 $a=b=9.05$Å，$c=10.74$Å，$V=876.9$Å^3[183,184]。晶体由 $V_2O_8F_3$ 双八面体和 PO_4 四面体形成三维的框架结构，在 a 和 b 方向形成通道。$V_2O_8F_3$ 双八面体中间由一个 F 原子相连，并且所有的 O 原子与 PO_4 四面体共用，Na^+ 处于隧道结构中 [图 4-28(a)]。Shakoor 等[185] 通过理论和实验研究了 $Na_3V_2(PO_4)_2F_3$ 的储钠性能。$Na_3V_2(PO_4)_2F_3$ 结构中有两种 Na^+ 位点，其中，Na1 位置处于全填充状态，Na2 位置处于半填充状态。$Na_3V_2(PO_4)_2F_3$ 的充放电曲线表现为 3.7V 和 4.2V 两个平台，对应 V^{3+}/V^{4+} 的氧化还原反应，具有 110mA·h/g 的可逆比容量。Bianchini 等[186] 对 $Na_3V_2(PO_4)_2F_3$ 的充放电过程中的结构变化进行了详细研究 [图 4-28(c)]。同步辐射 XRD 显示材料在充电过程中存在着四个中间相，其中只有一个相转变过程中是固溶体反应，其他的对应着两相反应。充电的终态 $NaV_2(PO_4)_2F_3$ 结构中存在着 V^{3+}-V^{5+} 两种不同环境。^{23}Na NMR 和 ^{31}P NMR 研究表

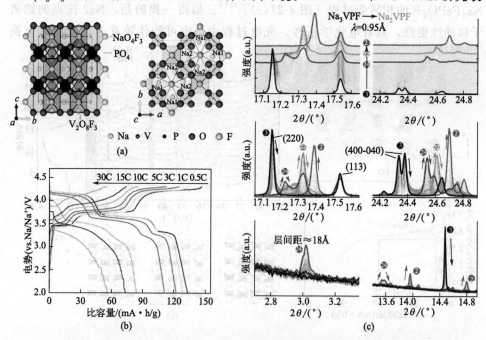

图 4-28 $Na_3V_2(PO_4)_2F_3$ 的：(a) 晶体结构示意图；(b) 倍率性能图；
(c) 脱出 1 Na^+ 过程中的结构演化[185,186,188]（彩插见文前）

明，在充电过程中，Na^+ 和电子的移动性，以及 V 的电子组态发生较大的变化[187]。钠离子脱出过程中包含着 Na1 和 Na2 位点的同时脱出。随着充电的进行，钠离子移动性逐渐增加。Liu 等[188] 报道了碳包覆的 $Na_3V_2(PO_4)_2F_3$ 纳米颗粒分散在介孔碳导电网络中，可以获得 130mA·h/g 的可逆比容量，同时在 30C 的倍率下具有 57mA·h/g 的比容量 [图 4-28(b)]，可以稳定循环 3000 周。

通过 O 部分取代氟离子，可以获得一类 $Na_3(VO_{1-x}PO_4)_2F_{1+2x}(0 \leqslant x < 1)$ 材料。随着 F 含量的不同，V^{3+} 和 VO^{2+}（V^{4+}）含量也表现出差异，但这一类材料表现出相似的 XRD 和充放电曲线[189]。随着 O 含量的增加，由于弱的钠离子有序性和更小的晶胞单元，材料表现出更低的工作电压和更倾斜的充放电曲线 [图 4-29(a)]。这类材料属于正方晶系，$P4_2/mnm$ 空间群，由于强的钠离子相互作用，材料具有斜方晶系的变形。以 $Na_3V_2(PO_4)_2F_3$ 和 $Na_3(VO)_2(PO_4)_2F$ 为例，两者具有相似的晶体结构，其中一个 F 被 O 取代 [图 4-29(b)～(d)][189,190]。值得一提的是，由于 F^- 强的诱导效应，$Na_3V_2(PO_4)_2F_3$ 中 V^{3+}/V^{4+} 的氧化还原电对（约 3.9V）比 $Na_3(VO)_2(PO_4)_2F$ 中 V^{4+}/V^{5+} 的氧化还原电对（约 3.77V）要高。

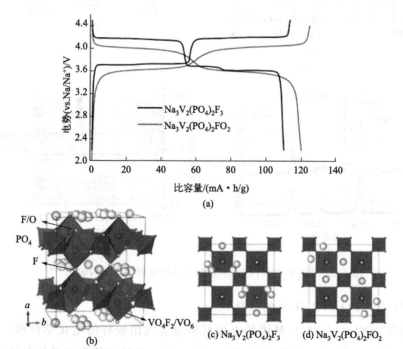

图 4-29　$Na_3(VO_{1-x}PO_4)_2F_{1+2x}$（$x=0$ 和 1）材料的：(a) 充放电曲线；(b) 晶格示意图[190]；(c) $Na_3V_2(PO_4)_2F_3$ 结构示意图；(d) $Na_3(VO)_2(PO_4)_2F$ 结构示意图

电化学反应过程中，$Na_3(VO_{1-x}PO_4)_2F_{1+2x}$ 表现为固溶体反应和两相反应，伴随着<2%的体积变化（图 4-30）[191-194]。通过优化 $Na_3(VO_{1-x}PO_4)_2F_{1+2x}$ 合成方法可以获得较优的电化学性能。Qi 等[195]通过水热法合成了一系列不同 F 含量的 $Na_3(VO_{1-x}PO_4)_2F_{1+2x}$ 材料。其中，$Na_3(VOPO_4)_2F$ 具有 120mA·h/g 的可逆比容量，在 10C 的倍率下具有 73mA·h/g 的比容量，同时电极可以稳定循环 1200 周。Peng 等[196]报道了 RuO_2 包覆的 $Na_3((VOPO_4)_2F$ 纳米线，在 40C 的倍率下具有 70mA·h/g 的比容量。

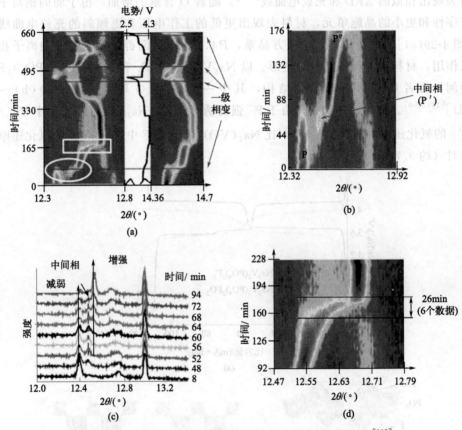

图 4-30 $Na_3V_2O_2(PO_4)_2F$ 材料充放电过程中的结构演化[192]

(2) 含 $(PO_4)(P_2O_7)$ 的材料

包含 $(PO_4)(P_2O_7)$ 基团的电极材料也表现出较好的电化学性能。其中，$Na_4M_3(PO_4)_2(P_2O_7)$（M=Fe，Mn，Co，Ni）引起了较为广泛的关注。这类材料属于斜方晶系，$Pn2_1a$ 空间群，bc 平面由 PO_4 四面体和 MO_6 八面体通过共角组成，a 轴方向通过两个 PO_4 四面体连接，构成三维框架结构［图 4-31

(a)][197,198]。在 [100]、[010] 和 [001] 方向有交叉的隧道结构，供 Na^+ 存储与迁移。$Na_4Fe_3(PO_4)_2(P_2O_7)$ 具有 3V 的工作电压和 129mA·h/g 的理论比容量，对应着 Fe^{2+}/Fe^{3+} 的氧化还原反应 [图 4-31(b)][199]。非原位 XRD 研究表明，材料经历单相反应，同时伴随着小于 4% 的体积变化 [图 4-31(c)][200]。Yuan 等[201] 通过构造三维石墨烯修饰的 $Na_4Fe_3(PO_4)_2(P_2O_7)$ 微球，获得了较高的比容量 (128mA·h/g)、优异的倍率性能 (在 200C 的电流密度下具有 35mA·h/g 的比容量)，以及稳定的循环性能 (循环 6000 周容量保持率为 62.3%)。

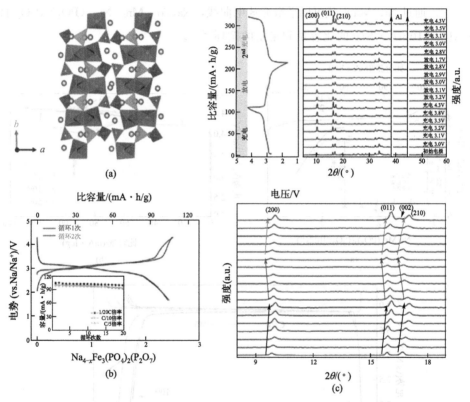

图 4-31 (a) $Na_4M_3(PO_4)_2(P_2O_7)$ 的结构示意图；(b) $Na_4Fe_3(PO_4)_2(P_2O_7)$ 在 C/20 电流密度下的充放电曲线，嵌入图对应着循环性能；(c) $Na_4Fe_3(PO_4)_2(P_2O_7)$ 在充放电过程中的非原位 XRD[200]

$Na_4Mn_3(PO_4)_2(P_2O_7)$ 具有 3.84V 的电压和 120mA·h/g 的理论比容量 [图 4-32(a)]，对应着 Mn^{2+}/Mn^{3+} 的氧化还原反应，同时，充放电过程中伴随着 7% 的体积变化[202]。理论计算和实验研究表明，得益于充放电过程中独特的 Mn^{3+} 的姜-泰勒效应，Na^+ 迁移通道被打开，移动性得到大大提高，从而使材料具有较稳定的循环性能和倍率性能。充放电过程中，材料经历着单相反应和两相反应过程。碳包覆的 $Na_4Mn_3(PO_4)_2(P_2O_7)$ 在 20C 的倍率下具有 55mA·h/g 的比容量，同时可以稳定循环 100 周。

Nose 等[203] 合成了 $Na_4Co_3(PO_4)_2P_2O_7$ 材料，该材料在 4.1～4.7V 区间有一系列氧化还原峰，对应着多个充放电平台，表现出 97mA·h/g 的可逆比容量 [图 4-32(b)]。密度泛函理论研究表明，充电形成 $NaCo_3(PO_4)_2P_2O_7$ 的过程中，三个 Co^{2+} 被氧化为 Co^{3+}，同时伴随着<3% 的体积变化。继续脱钠形成 $Co_3(PO_4)_2P_2O_7$ 的过程中，电子从 P_2O_7 的顶点 O 原子夺取而非 Co 的电子轨道[204]。通过 Ni、Mn 取代可以平滑充放电曲线，$Na_4Co_{2.4}Mn_{0.3}Ni_{0.3}(PO_4)_2P_2O_7$ 材料具有 110mA·h/g 的比容量和稳定的循环[205]。

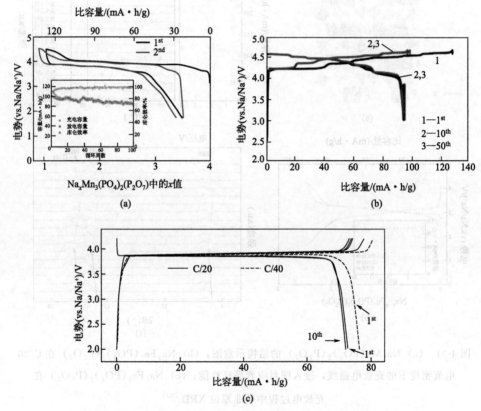

图 4-32 (a) $Na_4Mn_3(PO_4)_2(P_2O_7)$、(b) $Na_4Co_3(PO_4)_2P_2O_7$、(c) $Na_7V_4(P_2O_7)_4(PO_4)$ 的充放电曲线图[202,203,206]

Lim 等[206] 报道了 $Na_7V_4(P_2O_7)_4(PO_4)$ 材料，属于正方晶系，$P-42_1c$ 空间群，晶格参数为 a=14.225(3)Å，c=6.364Å，具有三个不同的钠离子位点。该材料表现出 3.88V 的电压平台和 77mA·h/g 的可逆比容量，同时伴随着

2.4%的体积变化[图4-32(c)]。另外，石墨烯修饰的$Na_7V_4(P_2O_7)_4(PO_4)$材料循环1000周具有78.3%的容量保持率。非原位XRD表明充放电过程中存在着中间相，并对应着单相反应和多相反应的发生。

另外，其他的双阴离子化合物，如Na_2MnPO_4F[207]、Na_2CoPO_4F[208]、$Na_{2.24}FePO_4CO_3$[209]、$Na_3MnPO_4CO_3$[210]、$NaFe_2PO_4(SO_4)_2$[211]等也被用于钠离子电池，但是材料的性能还有待提高。

4.3.2.5 问题与挑战

聚阴离子类材料由于稳定的框架结构和电化学反应过程中较小的体积变化，是钠离子电池电极材料的理想选择之一。由于阴离子选择范围广，且聚阴离子的复合结构较多，因此聚阴离子类材料种类繁多。然而，聚阴离子材料的大规模应用还存在一些问题。首先，较大的阴离子基团使得聚阴离子电极材料理论容量不高（<150mA·h/g），探索合适的结构来提升材料的电压将有助于获得更高的能量密度。其次，较大的阴离子基团也使得材料的电子电导率较低，寻找廉价、高效的结构优化方式（如导电碳修饰、纳米化、掺杂等方式），将有效提高材料的电化学性能。另外，通过理论计算以及实验表征研究材料的电化学反应过程，对于设计和构造高性能聚阴离子电极材料具有重要意义。

4.3.3 普鲁士蓝类正极材料

作为一类独特的多通道和开框架结构化合物，普鲁士蓝类材料表现出较好的储钠性能。普鲁士蓝类化合物组成可以表示为$A_xM_A[M_B(CN)_6]\cdot zH_2O$，A代表碱金属离子如Li、Na、K等，$M_A$和$M_B$代表过渡金属离子如Fe、Co、Ni、Mn、Cu等。由于铁氰化物$A_xM_A[Fe(CN)_6]\cdot zH_2O$结构稳定、合成方便，并且具有较好的电化学性能，因此普鲁士蓝的储钠研究多集中在铁氰化物。铁氰化物具有面心立方结构，Fe^{2+}与氰根中的C六配位，其他过渡金属离子与氰根中的N形成六配位，碱金属离子和晶格水处于三维通道结构和配位空隙中[图4-33(a)]。

常见普鲁士蓝的合成方法主要是共沉淀法和水热法，得到的材料主要为立方体的纳米结构。基于过渡金属的氧化还原电对，普鲁士蓝类化合物最多可以实现2个Na^+的可逆嵌入脱出，对应着约170mA·h/g的理论比容量。其中，在铁氰化物中，Fe对C存在反馈π键，M_A^{n+}对Fe^{2+}/Fe^{3+}存在诱导效应，使得Fe^{2+}/Fe^{3+}电对具有较高的工作电压（2.7～3.8V，相对于Na^+/Na）。这种大的三维多通道结构可以实现碱金属离子的快速脱出和嵌入（离子扩散系数为10^{-9}～$10^{-8}cm^2/s$），表现出较高的倍率性能。同时，这类材料较高的络合常数确保了三维框架结构的稳定性,在电化学反应过程中表现出零应变特点。另外,通过引入不同的金属离子,如 Ni^{2+}、Cu^{2+}、Fe^{2+}、Mn^{2+}、Co^{2+} 等,可以获得丰富的结构体系,表现出不同的电化学性质。值得一提的是,普鲁士蓝具有极低的溶解度常数,其合适的氧化还原电位使得材料同时可以用作水溶液钠离子电池电极材料,表现出较好的电化学性能。

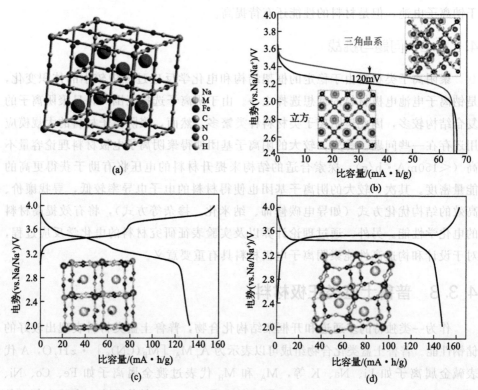

图 4-33 (a) 铁氰化物的晶体结构;(b) 菱面体和立方体型的 $Na_xNi[Fe(CN)_6]$ 的放电曲线[212];含水相(c)和脱水相(d) $Na_2MnFe(CN)_6$ 的晶体结构和充放电性质[213] (彩插见文前)

4.3.3.1 普鲁士蓝类材料的电化学性能

(1) $A_xNiFe(CN)_6$

早在 2011 年,Cui 等[214] 报道了 $KNiFe(CN)_6$ 纳米颗粒在 1mol/L $NaNO_3$ (pH=2)溶液中的电化学储钠性质。该材料基于 Fe^{2+}/Fe^{3+} 的氧化还原反应,Ni^{2+} 不具有电化学活性。$KNiFe(CN)_6$ 材料在 C/6 电流密度下具有约 60mA·h/g 的储钠容量,在 42C 电流密度下具有 66% 的初始容量,并在 8C 可以稳定循环 5000 周。随后,Goodenough 等[215] 发展了普鲁士蓝在有机电解液钠离子电池中的应用，他们合成了一系列 $KMFe(CN)_6$（M=Mn、Fe、Co、Ni 和 Zn）材料，在有机电解液中表现出高于 70mA·h/g 的储钠性能。Mizuno 等[216] 研究了 $KNiFe(CN)_6$ 在有机电解液和水溶液电解液中电化学嵌入脱出 Li^+、Na^+、Mg^{2+} 等离子的行为，发现在有机电解液中具有更高的反应活化能。主要原因是在有机电解液中有机溶剂分子较大，溶剂化的离子需要先脱溶剂才能嵌入 $KNiFe(CN)_6$ 晶格。Wu 等[217] 制备了 $Na_2NiFe(CN)_6$ 正极并用于水溶液钠离子电池，其与 $NaTi_2(PO_4)_3/C$ 构成的全电池具有约 1.27V 的工作电压和 42.5W·h/kg 的能量密度。虽然 Ni 不具有电化学活性，但是 Ni 极大地提高了材料的结构稳定性。Guo 等[218] 研究了 $KNiFe(CN)_6$ 在有机电解液中的储钠性能，该材料具有 66mA·h/g 的可逆容量，同时能够稳定循环 200 周，但倍率性能不佳。Dai 等[219] 合成了介孔的 $Na_2NiFe(CN)_6$，该材料具有 65mA·h/g 的可逆容量，同时，循环 180 周容量几乎无衰减。Mai 等[220] 通过选择性刻蚀方法获得了具有缺陷结构的花瓣状的 $Na_{1.11}Ni[Fe(CN)_6]·0.71H_2O$，具有 90mA·h/g 的容量，同时在 5.5C 的倍率下可以稳定循环 5000 周。Wu 等[212] 合成了菱形和立方体型的 $Na_xNi[Fe(CN)_6]$，菱形的结构比立方体结构具有更高的放电电压［图 4-33(b)］。这一现象归于 Na^+ 在两种结构中具有不同的占位，从而导致不同的电子极化。

(2) $A_xMnFe(CN)_6$

锰由于资源丰富、价格低廉，受到广泛关注。锰基普鲁士蓝表现出相对较高的电压和比容量。Goodenough 等[221] 首次报道了不同钠含量的 $Na_xMnFe(CN)_6$ 材料，较高的钠含量会诱导晶体结构从典型的面心立方体向菱形结构转变，该材料具有 3.3V 的电压，130mA·h/g 的比容量，以及 40C 的高倍率性能（45mA·h/g）。随后，他们通过除尽晶格中的结晶水，得到一种更加扭曲的菱形结构[213]，得到的材料表现出极为平坦的充放电曲线［图 4-33(c)，(d)］，并且循环 500 周具有 75% 的容量保持率。Yang 等[213] 通过同步辐射软 X 射线吸收谱和理论计算研究发现，有无结晶水对 Fe^{2+}/Fe^{3+} 和 Mn^{2+}/Mn^{3+} 氧化还原反应自旋态有较大影响，从而导致充放电曲线较大的差异。

通过掺杂和包覆也可以提高 $Na_xMnFe(CN)_6$ 材料的电化学性能。Ma 等[222] 利用 Ni^{2+} 的电化学惰性来提高材料的结构稳定性，掺杂 12%Ni 的材料在不牺牲容量（118mA·h/g）的前提下，极大地提高了材料的循环稳定性（800 周容量保持率为 84%）。Chou 等[223] 通过 PPy 包覆 $Na_2MnFe(CN)_6$ 材料，改善了材料的电子电导率，并且抑制了锰离子的溶解流失。所获得的材料首周效率从 52% 提高到 72%，并且具有高的倍率性能和循环稳定性。

(3) A_xFeFe(CN)$_6$

作为普鲁士蓝类化合物的典型代表，A_xFeFe(CN)$_6$ 由于较高的容量得到研究者的广泛关注。Wu 等[224]利用缓慢结晶法合成了高结晶性 FeFe(CN)$_6$ 材料，该材料具有较少的 Fe(CN)$_6$ 空位（6%）和晶格水分子（10%）。该材料在 0.5C 具有 120mA·h/g 比容量，循环 500 周仍可以维持 87% 的初始容量。然而，作为正极材料，贫钠态的结构限制了材料的广泛应用。You 等[225]以 Na$_4$Fe(CN)$_6$ 为单一铁源，合成了低缺陷的 Na$_{0.61}$FeFe(CN)$_6$ 材料。材料具有较低的 Fe(CN)$_6$ 空位（6%）和晶格水分子（16%），高达 170mA·h/g 的可逆容量，循环 150 周之后容量几乎无衰减，其电化学性能远远优于高缺陷的材料。然而，由于结构中三价 Fe^{3+} 的存在，合成的材料钠含量偏低。

通过抑制合成过程中三价 Fe^{3+} 的形成，可以提高材料钠含量，从而获得较高的初始容量。You 等[226]通过在氮气保护和添加还原剂的条件下，制备出 Na$_{1.63}$Fe$_{1.89}$(CN)$_6$，该材料首周充放电容量接近 150mA·h/g，循环 200 周具有 90% 的容量保持率。Wang 等[227]通过水热法合成了对空气稳定的斜方六面体结构的 Na$_{1.92}$Fe[Fe(CN)$_6$]。该材料具有 160mA·h/g 的初始比容量，同时在 15C 的倍率下具有 100mA·h/g 的容量（图 4-34）。材料电化学反应过程中对应

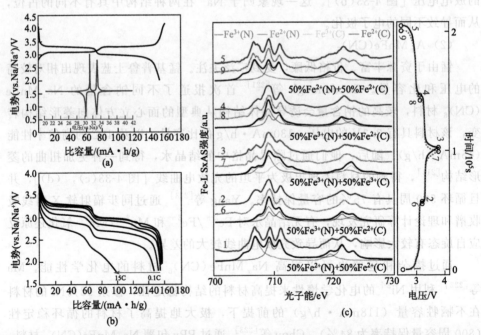

图 4-34 Na$_{1.92}$FeFe(CN)$_6$ 材料的：(a)，(b) 电化学储钠性质铁氰化物的晶体结构；(c) 充放电过程中的 Fe 的软 X 射线吸收谱[227]（彩插见文前）

着 Fe^{2+}/Fe^{3+} 的氧化还原,其中低电压对应着 FeN_6 的反应,而高电压对应着 FeC_6 的反应。Ma 等[228]研究了不同测试条件下(不同温度和不同截止电压区间)$Na_{1.59}FeFe(CN)_6$ 的电化学性能。材料在低温(-10℃)下具有稳定的循环性能,在室温(25℃)和高温(55℃)下容量衰减较快。容量衰减的原因归于 4V 左右电极/电解液界面的副反应。提高材料的电导率可以有效提高其电化学性能。You 等[229]构造出碳纳米管修饰的 $Na_xFeFe(CN)_6$ 材料,在 25℃表现出 167mA·h/g 的可逆比容量,在 0 和 -25℃也具有较高的比容量,同时可以稳定循环 1000 周。

(4) $A_xCoFe(CN)_6$

钴基普鲁士蓝由于具有较高的氧化还原电位和两电子反应,引起了一些学者的关注。Tomoyuki 等[230]通过电沉积的方法制备了 $Na_{1.6}Co[Fe(CN)_6]_{0.9}·2.9H_2O$ 薄膜,具有 135mA·h/g 的可逆容量以及 60C 的倍率性能(122mA·h/g)[图 4-35(a)]。他们还发现 Fe^{2+}/Fe^{3+} 电对(约 3.8V)具有比 Co^{2+}/Co^{3+} 电对(约 3.4V)更高的反应电势,理论计算表明,$N-Co^{3+}$ 与 $C-Fe^{2+}$ 的价电子发生轨道杂化,Fe^{2+} 的电子转移至 Co^{3+} 上,导致 Fe^{2+}/Fe^{3+} 电对的氧化还原电势发生明显的正移。Wu 等[231]通过掺入适量的 Ni 提高普鲁士蓝结构的稳定性,得到的 $Na_2Ni_{0.4}Co_{0.6}Fe(CN)_6$ 具有 90mA·h/g 的比容量,并且在 800mA/g 的电流密度下具有 69mA·h/g 的可逆容量。通过控制材料的结晶性也可以有效提高钴基材料的电化学性能。Wu 等[232]利用控制结晶法制备了低缺陷、形貌均匀的 $Na_2CoFe(CN)_6$ 纳米颗粒,降低了材料的 $Fe(CN)_6$ 空位(约 1%)和水含量(约 10%)。该材料具有 150mA·h/g 的可逆容量,同时循环 200 周容量保持率为 90%,表现出较好的电化学稳定性。

(5)其他普鲁士蓝化合物

$KCuFe(CN)_6$ 可以表现出 Fe^{2+}/Fe^{3+} 和 Cu^+/Cu^{2+} 两电子还原反应,但由于结构的不稳定性,$KCuFe(CN)_6$ 的循环稳定性较差。Talham 等[233]合成了 $K_{0.1}Ni[Fe(CN)_6]_{0.7}·4.4H_2O$ 包覆的 $K_{0.1}Cu[Fe(CN)_6]_{0.7}·3.5H_2O$ 材料,复合物材料具有 75mA·h/g 的可逆容量和 3.3V 左右的平台,在 600mA/g 的电流密度下具有约 20mA·h/g 的可逆容量。Jiao 等[234]研究了 $Cu_3[Fe(CN)_6]_2$ 的储钠性能,该材料只有 45mA·h/g 的可逆容量,并且循环性能较差[图 4-35(b)]。Cui 等[235]报道了一类 $Na_2MnMn(CN)_6$ 材料,可以实现三个电子反应。材料具有 209mA·h/g 的可逆比容量,平均工作电位约 2.7V,且在 5C 倍率下仍具有 157mA·h/g 的储钠容量[图 4-35(c)]。不同于普鲁士蓝典型的面心立方结构,$Na_2Zn_3[Fe(CN)_6]_2$ 化合物属于三方晶系,空间群为 $R\text{-}3c$。该材料利

用 Fe^{2+}/Fe^{3+} 的氧化还原反应可以实现 56mA·h/g 的储钠容量，反应电势约 3.5V［图 4-35(d)］[236]。

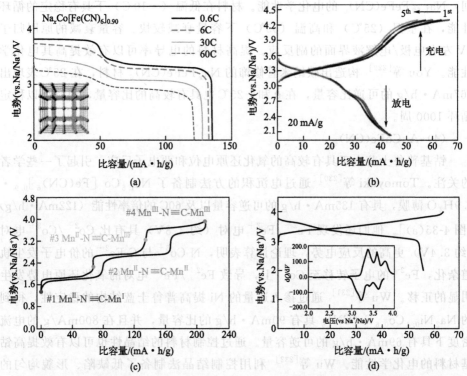

图 4-35 其他普鲁士蓝的电化学性能：(a) $Na_{1.6}Co[Fe(CN)_6]_{0.9}·2.9H_2O$[230]，(b) $Cu_3[Fe(CN)_6]_2$[234]，(c) $Na_2MnMn(CN)_6$[235]，(d) $Na_2Zn_3[Fe(CN)_6]_2$[236]

4.3.3.2 问题与挑战

普鲁士蓝类化合物具有较高的工作电压和可逆比容量，并且成本低廉，具有潜在的大规模应用前景。同时，通过引入不同的过渡金属离子，可以获得不同组成的普鲁士蓝化合物，表现出丰富的选择体系和电化学性能。从合成角度讲，合成的材料极易形成缺陷，影响材料的容量和倍率等电化学性能。同时，材料中的结晶水对电化学性能也产生一定的影响。部分结晶水在高电位下被氧化分解，导致首周效率和循环效率降低；部分水占据 Na^+ 的嵌入位点，导致 Na^+ 嵌入脱出困难，降低容量利用率；结晶水对材料氧化还原电对的自旋态也有一定的影响。因此，发展合适的合成方法，来获得高结晶性、低缺陷、低水含量的普鲁士蓝化合物具有重要意义。另外，普鲁士蓝类化合物高温受热易分解，有毒的 CN^- 有泄漏的可能，存在一定的安全隐患，也需要引起一定的关注。

4.3.4 其他无机正极材料

除了上述提到的正极材料外,还有一些其他的无机材料也可以用作正极材料。其中,隧道型氧化物、氟化物等由于容量高、循环稳定性好引起了研究者的广泛关注。

4.3.4.1 其他氧化物材料

(1) 隧道型氧化物材料

不同于前面讲到的层状结构氧化物,隧道型氧化物具有更低的钠含量,结构上以独特的S形和五角形隧道组成三维的框架结构。隧道型氧化物结构比较稳定,在空气中可以稳定存在,充放电过程中具有较好的循环稳定性。但由于材料钠含量较低,导致材料首周充电容量较低。

$Na_{0.44}MnO_2$ 是一种典型的隧道型材料,它属于正交晶系,空间群为 $Pbam$,主要由 MnO_5 四棱锥和 MnO_6 八面体构成S形和五角形的隧道,钠离子处于三种不同位点的隧道中 [图 4-36(a)]。Doeff 等[237] 首先研究了 $Na_{0.44}MnO_2$ 在固体聚合物电解质中的储钠性能,材料具有 180mA·h/g 可逆容量,但循环性能较差。Cao 等[238] 通过聚合物热解法合成了 $Na_{0.44}MnO_2$ 纳米线,该材料的可逆比容量高达 128mA·h/g,首次实现了 $Na_{0.44}MnO_2$ 的高稳定长寿命循环(循环 1000 周容量保持率为 77%)[图 4-36(b)~(d)]。Sauvage 等[239] 通过非现场 XRD 研究了 $Na_{0.44}MnO_2$ 的储钠机制,发现在 2.0~3.8V 充放电过程中存在六个两相反应区间。Kim 等[240] 通过实验和理论的方法研究了 $Na_{0.44}MnO_2$ 的结构和电化学特性,发现电化学反应过程中存在着七个中间相并伴随着两相反应;同时在脱钠产物 $Na_{0.22}MnO_2$ 的结构中,S形的隧道仍然存在部分钠离子。反应过程中的不稳定中间相可能会导致容量衰减,同时,Mn^{3+} 的 Jahn-Teller 效应会引起晶格参数的不对称变化。随后,不同方法合成的各种形貌的 $Na_{0.44}MnO_2$ 材料都得到广泛的报道[241-244]。

通过掺杂可以改变 $Na_{0.44}MnO_2$ 材料的隧道结构,同时提高材料的离子电导率。Guo 等[245] 通过 Ti 的取代得到 $Na_{0.61}Ti_{0.48}Mn_{0.52}O_2$ 隧道结构材料,材料的充放电曲线变得平滑,表现出 2.9V 的平均电压和 86mA·h/g 的可逆比容量。Jiang 等[246] 合成了 $Na_{0.54}Mn_{0.50}Ti_{0.51}O_2/C$ 材料,具有 137mA·h/g 的可逆容量,循环 400 周容量保持率在 85% 以上。Hu 等[247] 合成了对空气稳定的 $Na_{0.61}Mn_{0.27}Fe_{0.34}Ti_{0.39}O_2$ 材料,具有 90mA·h/g 的可逆比容量和 3.56V 的工作电压。值得一提的是,电化学反应过程中伴随着 Fe^{3+}/Fe^{4+} 的氧化还原,同时，他们采用现场 XRD、现场 X 射线吸收谱和非现场穆斯堡尔谱分析了该材料的储钠反应机制［图 4-36(e)］。

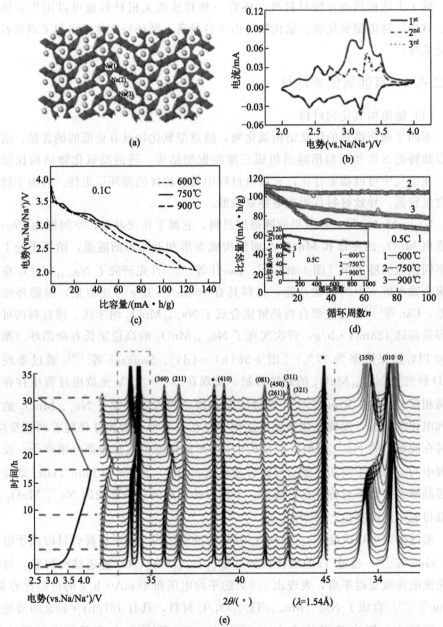

图 4-36　$Na_{0.44}MnO_2$ 纳米线的：(a) 结构示意图；(b)~(d) 电化学性能[238]；
(e) $Na_{0.61}Mn_{0.27}Fe_{0.34}Ti_{0.39}O_2$ 充放电过程中的原位 XRD[247]

(2) V_2O_5

早在19世纪80年代，V_2O_5 就被用作嵌钠研究[248]。α-V_2O_5 是由 VO_5 四棱锥通过共边和共顶点组成层状结构，属于斜方晶系，空间群 Pmmn。Su 等[249]合成了空心球形结构的 α-V_2O_5，在 1~4.2V 电压区间具有 150mA·h/g 的可逆比容量，对应着一个 Na^+ 的嵌入反应，电压平台在 1.7V 左右。Wei 等[250]研究了 α-V_2O_5 的储钠性质，在首次放电过程中 α-V_2O_5 转变为 $Na_xV_2O_5$，其放电容量约为 170mA·h/g。在随后的充电过程中，物相无法回到原始的 α-V_2O_5，同时伴随着巨大的容量损失。设计更大层间距的 V_2O_5 材料，将有利于提高材料的电化学性能。双层 V_2O_5（bilayered-V_2O_5）相比于 α-V_2O_5，具有更大的层间距，有利于钠离子在层间的扩散与存储。Tepavcevic 等[251]通过电沉积的方法在泡沫镍上沉积双层 V_2O_5，该材料的层间距（1.35nm）相比 α-V_2O_5（0.44nm）显著增大。电化学性能测试表明，在 1.5~3.8V 的电压范围和 20mA/g 的电流密度下双层 V_2O_5 的首次放电比容量高达 250mA·h/g，显著高于 α-V_2O_5 [图 4-37(a)，(b)]。在钠离子的脱出过程中，其长程有序性虽然会降低，但其层内短程有序性仍可以稳定保持。非现场 XRD 表明，在放电过程中，V_2O_5 嵌入两个钠离子变成 $Na_2V_2O_5$，伴随着层间距由 11.5324Å 扩大到 15.3531Å。双层 V_2O_5 优异的电化学性能源于主要暴露的（100）晶面，使得（001）嵌入通道充分显露出来，开放的通道有利于钠离子的快速嵌入和脱出[252]。Chung 等[253]也通过非现场 XRD 和 X 射线近边吸收谱研究了双层 V_2O_5 的电化学反应机理，在放电态主要由 NaV_2O_5 组成，同时伴随着少量的 $Na_2V_2O_5$。另外，晶格沿 c 轴方向扩大 9.09%，对应着体积增加 9.2% [图 4-37(c)]。

4.3.4.2 氟化物材料

一些氟化物材料，如 MF_3、$NaMF_3$（M=Ni，Fe，Mn）等也被作为电极用于钠离子电池研究。其中，FeF_3 和 $NaFeF_3$ 被研究得比较多。由于氟化物的电子电导率比较低，导致材料充放电过程中表现出较大的极化。FeF_3/C 在 1.5~4V 电压区间有 100mA·h/g 的可逆比容量 [图 4-38(a)][254]。一些开框架的氟化物材料也被研究，如 $FeF_3·0.33H_2O$、$FeF_3·0.5H_2O$ 等，并表现出较为稳定的循环性能[255,256]。$NaFeF_3$ 在 1.5~4V 电压区间表现出 197mA·h/g 的可逆比容量 [图 4-38(b)][257]。其他复合物，如 TiF_3、MnF_3、CoF_3 性能都不是太理想 [图 4-38(c)]。

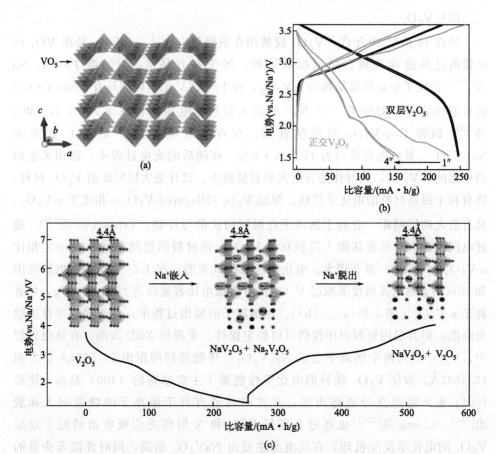

图 4-37 双层 V_2O_5 的（a）晶体结构和（b）充放电曲线[251]及
（c）充放电过程中的结构变化[253]

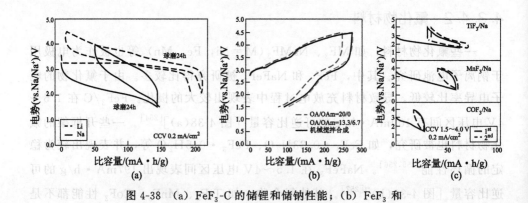

图 4-38 （a）FeF_3-C 的储锂和储钠性能；（b）FeF_3 和
（c）MF_3（M＝Fe，Ti，Mn，Co）的储钠性能[254,257]

FeOF 也具有储钠活性。Zhu 等[258]合成了纯相的 FeOF 纳米棒，具有 250mA·h/g 的可逆比容量。Zhou 等[259]通过溶液反应，合成了 $FeO_{0.1}F_{1.3}/C$ 复合物，在 50℃具有 496mA·h/g 的初始放电比容量。机理研究表明，电化学反应过程中伴随着嵌入脱出反应和转化反应。

4.3.4.3 问题与挑战

相对于层状氧化物，隧道结构的氧化物由于存在 Mn—O 八面体的相互支撑，在钠离子嵌入脱出过程中材料结构仍然能够保持相对稳定，大大提高了材料的循环稳定性。然而，这种材料初始钠含量过低，造成可逆容量较低。因此，提高材料钠含量，并保持稳定的隧道结构是这类材料的发展方向。V_2O_5 同样面临贫钠态和资源环境方面的问题。而氟化物由于充放电过程中较大的体积变化，循环稳定性都不理想；同时，氟化物材料的氧化还原电位不高，并且由于差的反应动力学，电极的充放电曲线存在较大的极化，这类材料的大规模应用优势不是很显著。

4.3.5 有机正极材料

有机化合物是一类庞大的材料家族，具有结构多样、价格低廉、环境友好等优点，是非常具有潜力的一类活性电极材料。许多有机官能团具有氧化还原活性，在充放电过程中，电化学氧化还原伴随着荷电状态的改变，电解液中的阴离子或阳离子进入有机化合物来平衡电荷以实现电荷的定向转移。相对于无机电极材料，有机聚合物大多为柔性结构，对嵌入离子的半径要求不太严格，原则上更适合于体积较大的 Na^+ 的存储。此外，有机物种类繁多、结构多样，可以通过改变材料的结构可控调节电极材料的能量和功率密度、提高循环稳定性能和加工性能等。现阶段，有机正极材料的研究主要集中在共轭羰基化合物、导电聚合物以及配合物类等。

4.3.5.1 羰基化合物

羰基化合物主要指分子结构中含有羰基（C=O）的一类有机化合物，通过 C=O 的烯醇化反应实现氧化还原反应。通常，共轭 C=O 的烯醇化反应伴随着一个电子的得失，对应于 1 个 Na^+ 的嵌入脱出以平衡电荷（图 4-39）。羰基化合物具有结构多样、理论容量高且氧化还原反应动力学快的优势，一直备受研究者们的青睐。目前，用于钠离子电池正极材料的羰基化合物主要有小分子和聚合物两大类，氧化还原电位大多集中在 1.2～2.5V（相对于 Na^+/Na）之间。

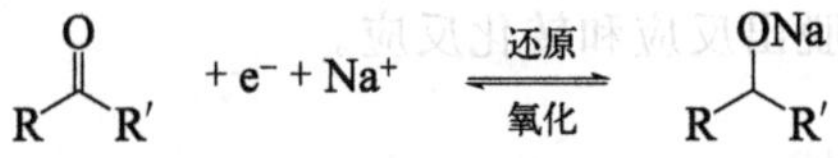

$$\underset{R}{\overset{O}{\|}}\underset{R'}{\overset{}{C}} + e^- + Na^+ \underset{\text{氧化}}{\overset{\text{还原}}{\rightleftharpoons}} \underset{R}{\overset{ONa}{|}}\underset{R'}{\overset{}{C}}$$

图 4-39 羰基化合物储钠反应示意图

（1）共轭羰基小分子

小分子羰基化合物包括芳香醌、酸酐、酰亚胺及小分子盐类等。表 4-2 列出了几类常见共轭羰基小分子正极材料的结构、储钠容量、氧化还原电位、循环稳定性等电化学性能。从表中可以看出，此类材料具有以下特点：

① 结构呈现一定的共轭性，参与储钠反应的羰基数量通常为偶数。

② 具有多个氧化还原活性位点，通过提高单位结构中活性基团 C=O 的数量，可以极大地提高材料的储钠容量。以玫棕酸钠盐为例，单位结构中含有 4 个 C=O，如果 4 个 C=O 全部参与氧化还原反应，理论比容量高达 501mA·h/g。然而，实际应用中考虑到正极材料的结构稳定性，单位结构只涉及 2 个电子的转移，可逆容量为 200～300mA·h/g[260-262]。斯坦福大学的 Bao 等[263] 研究了玫棕酸钠充放电过程中的相变机理，发现充放电过程中 γ-$Na_2C_6O_6$ 转变为 α-$Na_2C_6O_6$ 需要较大的活化能，高度不可逆。他们通过制备纳米 $Na_2C_6O_6$ 结合溶剂化作用较强的二甘醇二甲醚（DEGDME）电解质溶液，实现了 4 个电子的可逆反应，容量高达 484mA·h/g。

③ 电压平台较低，一般不超过 2.5V，限制了电池体系的整体能量密度。通过在结构中引入吸电子基团（如卤素、—CN 等），可以调节分子的能带结构，降低最低占有轨道（LUMO）能级，一定程度上提高材料的氧化还原电位。例如，用 Cl 取代苯醌中的 H 得到 $C_6Cl_4O_2$，氧化还原电位提升至 2.72V（相对于 Na^+/Na）[264]。

④ 循环与倍率性能较差。羰基小分子及其氧化还原中间产物在电解液中存在一定的溶解性，因此循环稳定性较差。制备小分子羰基化合物的金属盐可以一定程度上抑制小分子的溶解[265-267]。其中具有代表性的有羧酸盐（—COONa）、磺酸盐（—SO_3Na）和烯醇盐（—ONa、—OK）等，通过小分子羰基化合物与金属离子之间的螯合键（O—Na⋯O）相互偶联形成特殊三维结构，一定程度上抑制小分子的溶解。共轭羰基小分子的本征电子导电性较差，倍率性能不佳，通过与导电碳复合的方式可以显著提高其倍率性能。

表 4-2 共轭羰基小分子正极材料的储钠性能

分类	名称	结构	电解液	电位(相对于Na^+/Na)/V	比容量/(mA·h/g)	循环寿命	文献
芳香醌	四氯苯醌 ($C_6Cl_4O_2$)		$NaClO_4$/EC+PC+DMC	2.72	161	<10%/20	[264]
	PT		$NaClO_4$/PC	2.1, 1.8	122	60%/300	[268]
	BDT ($C_{10}H_4O_2S_2$)		$NaClO_4$/EC+DMC	2.0	217/0.1C 136/2C	80%/70	[269]
	SINDIG ($C_{16}H_8S_2O_2$)		$NaClO_4$/PC	2.2, 1.9	130	—	[270]
酸酐	PTCDA		$NaPF_6$/EC+DEC	2.3	145/0.07C	77%/200	[271]
酰亚胺	PTCDI		$NaPF_6$/EC+PC+DEC	1.8	140/0.08C	90%/300	[272]
	PDI		$NaPF_6$/PC	2.2, 1.8	77	78%/10	
	PDI-Br_2		$NaPF_6$/PC	2.3, 2.1	66	15%/10	[273]

续表

分类	名称	结构	电解液	电位(相对于 Na^+/Na)/V	比容量/(mA·h/g)	循环寿命	文献
酰亚胺	PDI-CN$_2$	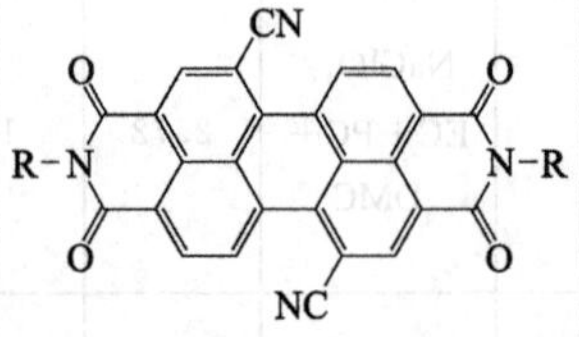	NaPF$_6$/PC	2.7,2.2	64	—	
	靛胭脂	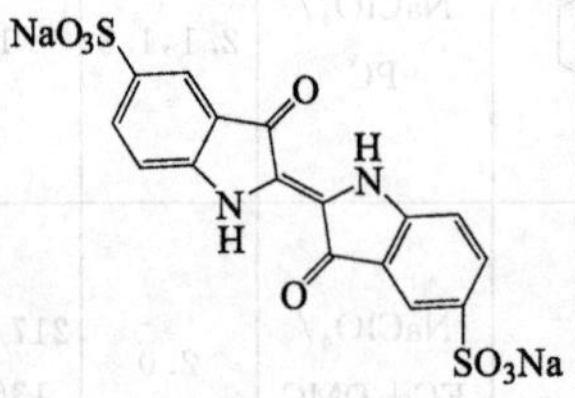	NaFSI/碳酸丁烯酯	1.8	106/0.2C	81%/40	[265]
小分子盐	Na$_4$DHTPA	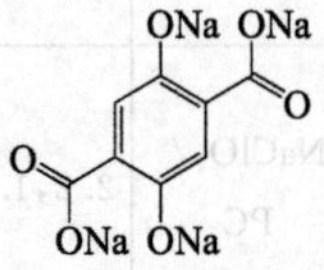	NaClO$_4$/EC+DMC	2.3	183/0.1C	84%/100	[267]
	Na$_2$C$_{10}$H$_2$N$_2$O$_4$	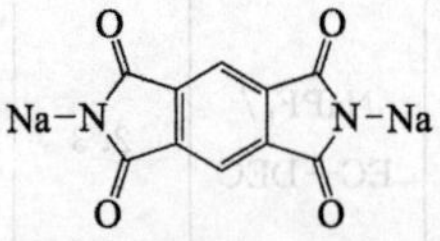	0.8NaPF$_6$/PC	1.1	129	70%/100	[266]
	玫棕酸二钠	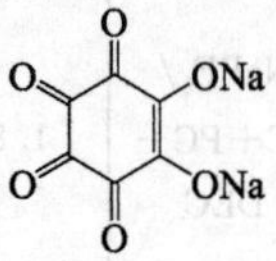	NaPF$_6$/DEGDME	1.7	484	90.6%/50	[263]
	玫棕酸四钠	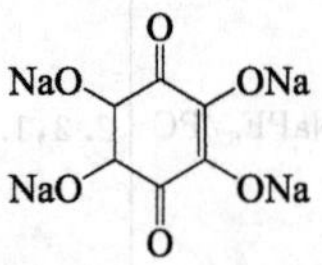	NaClO$_4$/EC+DEC	1.2	488/0.1C 95/7C	84.2%/2000	[274]

(2) 共轭羰基聚合物

共轭羰基聚合物是一类将共轭羰基小分子以一定的方式聚合形成的含有 C=O 的高分子聚集体。常见的共轭羰基聚合物有聚酰亚胺(PI)、聚醌硫醚(PBQS、PAQS、PPTS等)等，结构以及储钠容量如图4-40所示。

聚酰亚胺（PI）

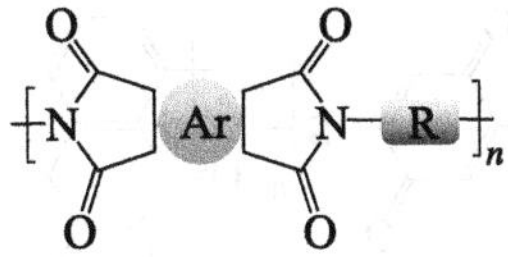

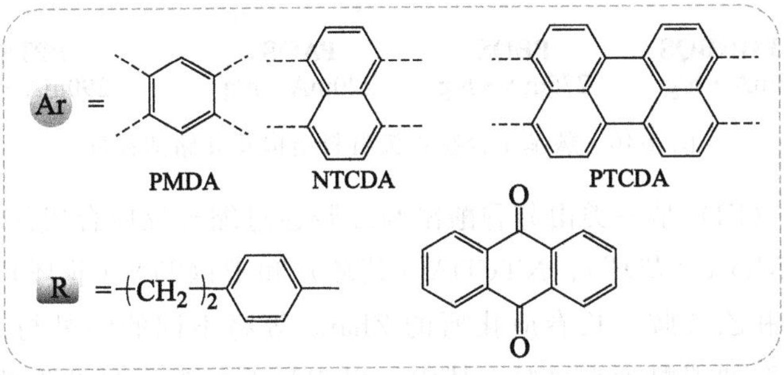

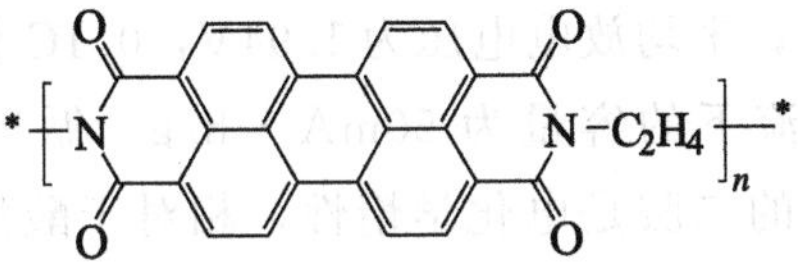

Ar = PMDA, NTCDA, PTCDA

R = $-(CH_2)_2-$—

PI-1 148.9mA·h/g

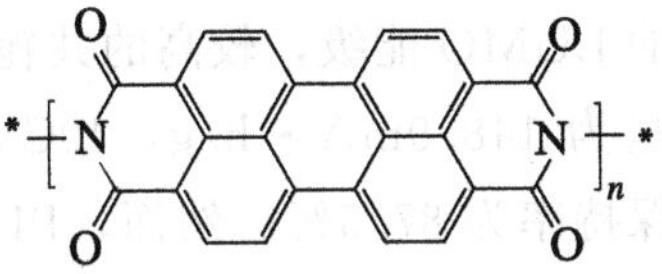

PI-2 126mA·h/g

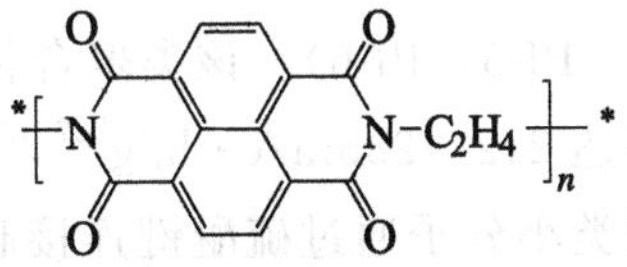

PI-3 140mA·h/g

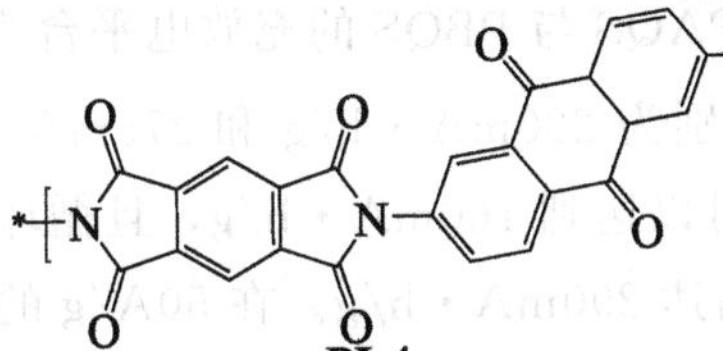

PI-4 165mA·h/g

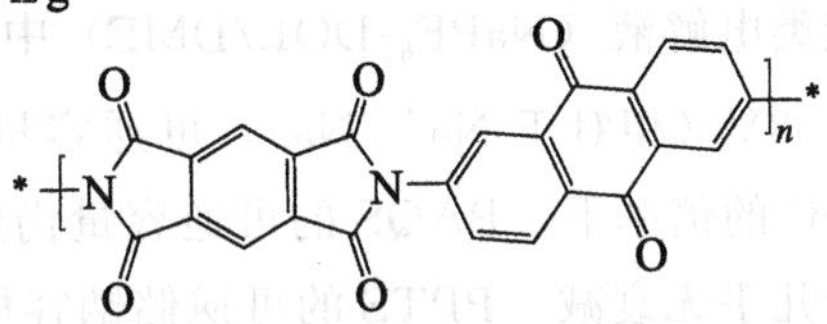

PI-5 192mA·h/g

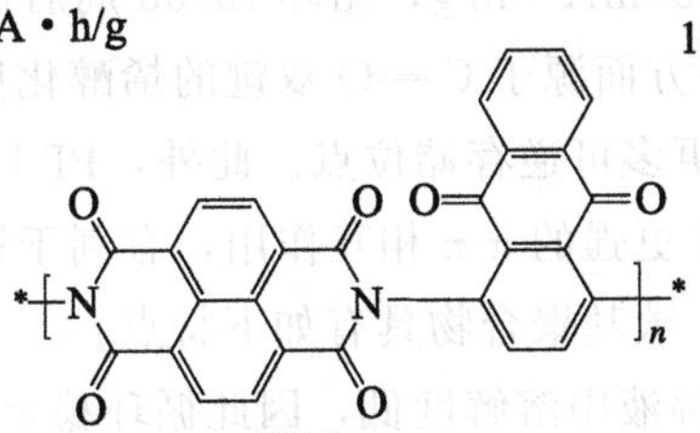

PI-6 190mA·h/g

图 4-40

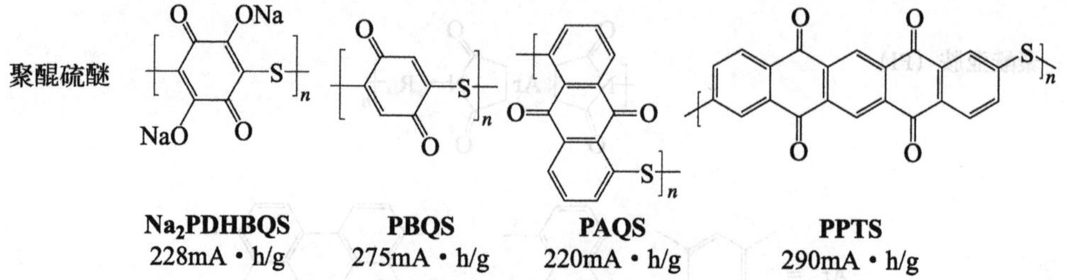

聚醚硫醚

| Na₂PDHBQS | PBQS | PAQS | PPTS |
| 228mA·h/g | 275mA·h/g | 220mA·h/g | 290mA·h/g |

图 4-40　羰基聚合物正极材料结构及其储钠容量

聚酰亚胺（PI）是一类由芳香酸酐与二胺通过缩聚反应合成的聚合物，芳香酸酐主要有 PMDA（苯环）、NTCDA（萘环）和 PTCDA（苝环），二胺主要有对苯二胺、肼和乙二胺。长春应化所的 Zhang 等将不同的酸酐与二胺通过缩聚反应合成了一系列聚酰亚胺[275]。其中，以 PTCDA 为原料的聚酰亚胺（PI-1）具有较低的 LUMO 能级，较高的共轭度，平均放电电压为 1.94V，0.1C 倍率下的可逆容量为 148.9mA·h/g，40C 电流下的容量为 50mA·h/g，循环 5000 周，容量保持率为 87.5%。然而，PI 中的二胺是电化学惰性，相对于酸酐小分子，PI 的理论比容量明显降低。为了提高理论容量，Xu 等以电化学活性的 2,6-二氨基蒽醌为原料，通过与酸酐（PMDA、NTCDA 等）缩聚反应制备了多活性中心的聚酰亚胺（PI-4，PI-5，PI-6）。该类聚合物的单位结构可以实现 4 个电子的得失，理论比容量高达 212~235mA·h/g[276,277]。

聚醚硫醚是一类将醌类小分子通过硫醚键连接起来的聚合物，包括聚蒽醌硫醚（PAQS）、聚苯醌硫醚（PBQS）、聚并五苯四酮硫醚（PPTS）等[278-280]。在醚类电解液（NaPF₆-DOL/DME）中，PAQS 与 PBQS 的充放电平台为 1.6V 和 2.08V（相对于 Na⁺/Na），可逆容量分别为 220mA·h/g 和 275mA·h/g。在 40C 的倍率下，PAQS 的可逆容量仍然可以达到 160mA·h/g，且循环 200 周容量几乎无衰减。PPTS 的可逆储钠容量高达 290mA·h/g。在 50A/g 的电流密度下，容量仍然能够达到 100mA·h/g，循环 10000 周后保持率为 97%。机理研究表明，PPTS 的高容量一方面源于 C═O 双键的烯醇化反应，一方面层状芳香环的层间也为 Na⁺ 提供了更多可逆存储位点。此外，PPTS 分子具有更大的 π 电子共轭体系，分子之间存在更强的 π-π 相互作用，有利于钠离子的稳定传输。

相比于羰基小分子，羰基聚合物具有如下特点：

① 结构稳定，在电解液中溶解度低，因此循环稳定性较高，例如基于 PTCDA 的 PI-1 可以实现 5000 周的稳定循环。

② 不同于羰基小分子电极材料具有确定的氧化还原电位，聚合物的充放电平台在一定的范围内呈现斜坡状态。这是由于高分子的聚合度不同，不同分子量

的高分子具有不同的能带结构，对应于不同的氧化还原电势，因此宏观上表现为一定范围内的正态分布。

③ 聚合体系存在较大的共轭平面，因此电子导电性相对于小分子有明显提升。且聚合物体系的共轭度越高，电压平台越高，极化越小，循环稳定性与倍率性能越好。

④ 提高聚合物中单位结构的活性基团数量是提高聚合物理论比容量的有效途径。

4.3.5.2 导电聚合物

导电聚合物是一类存在大π电子共轭体系的氧化还原活性聚合物，具有良好的导电性、高度可逆的氧化还原活性以及极高的潜在理论比容量。导电聚合物的氧化还原反应主要通过聚合物主链的可逆掺杂/脱杂来实现，如图4-41所示，当发生p掺杂时，最高占有分子轨道（HOMO）中的电子被拉出，聚合物被氧化，电解液中的阴离子进入聚合物主链以平衡电荷，且掺杂电位随着HOMO能级的降低而升高；进行n掺杂时，最低未占有分子轨道（LUMO）能级中注入电子，聚合物被还原，金属阳离子（Na^+）进入聚合物，且电位随着LUMO能级的升高而降低。通常，p掺杂/脱杂的电势（2.5~3.5V，相对于Na^+/Na）较高，对应于正极反应；n掺杂/脱杂的电势较低，对应于电池的负极反应。理论上，在合适的电势范围内，导电聚合物既可以作为正极材料发生p掺杂/脱杂反应，又可以作为负极材料发生n掺杂/脱杂反应。通过调节聚合物的能带结构以及掺杂度，可以显著地改变充放电平台以及可逆容量，实现电化学行为的可控调节。常见的p型导电聚合物正极材料有聚苯胺（PAn）、聚吡咯（PPy）、聚噻吩（PTh）、聚吲哚（PIn）等，其结构和储钠反应机制如表4-3所示。

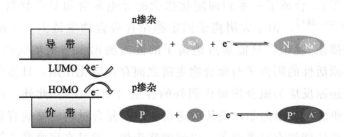

图 4-41 导电聚合物的电子结构以及p(n)掺杂反应示意图

相对于共轭羰基化合物，p型导电聚合物的氧化还原电位稍高，但仍然低于大多数无机过渡金属氧化物正极材料，在聚合物链段中引入强吸电子基团可以显著降低聚合物的HOMO能级，是提高聚合物的氧化还原电位的有效途径。Zhao

等人将苯胺与硝基苯胺共聚合成了带有硝基的聚苯胺 P (AN-NA)[281]。强吸电子基团（—NO_2）的引入将聚苯胺的充放电平台由 3.0V 提高至 3.2V（相对于 Na^+/Na），可逆储钠容量为 186mA·h/g，相对于聚苯胺提高了近 37%。

表 4-3 几类常见的 p 型导电聚合物的结构和性质

聚合物名称	结构	理论容量 /(mA·h/g)	实际容量 /(mA·h/g)	掺杂度	p 掺杂电位（相对于 Na^+/Na）/V
聚苯胺(PAn)		295	约 140	0.5	约 3.0
聚吡咯(PPy)		412	30~90	0.1~0.3	约 2.8
聚噻吩(PTh)		327	约 80	0.25	约 3.4
聚吲哚(PIn)		233	约 100	0.5	约 2.8

值得注意的是，这类导电聚合物的充放电反应通常伴随着电解液中阴离子的嵌入/脱出，并不是真正意义上的储钠反应。体积较大的阴离子（PF_6^-，ClO_4^- 等）的掺杂反应动力学迟缓，导致容量利用率极低。Yang 等通过在聚合物主链上固定化掺杂具有氧化还原活性的不溶性大阴离子 [$Fe(CN)_6^{4-}$，二苯胺磺酸根等]，合成了一系列固定化掺杂的导电聚合物复合材料（PPy/FC，PPy/DC 等）[282,283]。由于大阴离子固定掺杂在聚合物主链上，无法在充放电过程中可逆掺杂/脱杂，只能通过钠离子的嵌入脱出以平衡主链的电荷变化。具有氧化还原活性的阴离子与聚合物主链之间存在活化作用，且掺杂离子通过自身的氧化还原反应为聚合物提供额外的容量（图 4-42）。此外，体积较小的 Na^+ 具有更快的反应动力学以及传质速度，因此复合材料的储钠容量、循环稳定性以及倍率性能均有显著改善。以聚吡咯为例，通过在聚吡咯主链上固定化掺杂亚铁氰根离子 [$Fe(CN)_6^{4-}$]，聚吡咯的可逆储钠容量由 35mA·h/g 提升至 135mA·h/g，在 1600mA/g 的电流密度下，可逆容量仍然能够达到 75mA·h/g。

另一种提高导电聚合物电化学活性的方式是在聚合物主链中引入共轭羰

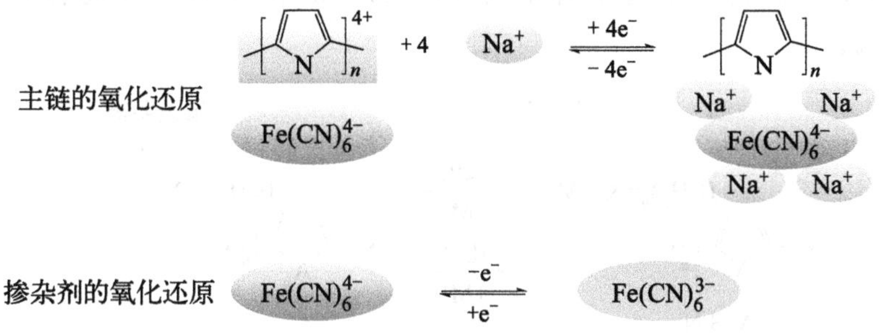

图 4-42 PPy/FC 的氧化还原示意图

基，通过羰基与聚合物主链的共轭效应进一步扩大 π 电子共轭体系，活化聚合物主链。以聚多巴胺例，主链结构为聚吲哚，5,6 位上为 C=O，因此又称聚(5,6-吲哚醌)。Lee 等通过在碳纳米管（FWCNTs）上原位自聚合多巴胺合成了聚多巴胺/FWCNTs 复合材料（图 4-43）。该材料的聚吲哚主链上发生 p-掺杂/脱杂反应，对应于电解液阴离子的嵌入脱出反应；活性基团 C=O 双键通过烯醇化反应实现 Na^+ 的存储。在两者的协同作用下，复合材料在 1~4V 电压范围内可逆容量为 213mA·h/g，同时表现出良好的循环稳定性和倍率性能。

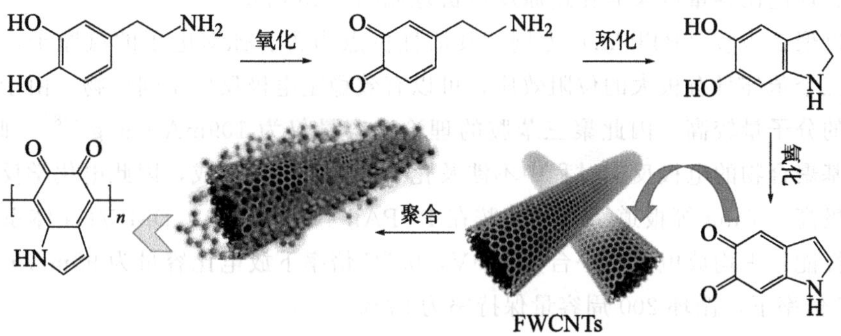

图 4-43 自聚合多巴胺/FWCNTs 的合成示意图

此外，p 型导电聚合物的另一个问题是缺乏钠源，在构建实际电池时，无法与同样不含钠源的负极匹配。Zhou 等人提出了在导电聚合物主链上接枝有机钠盐的新思路，构建了一系列富钠的自掺杂导电聚合物正极体系[284,285]。富钠自掺杂聚合物的充放电机理如图 4-44 所示，将具有吸电子效应的有机钠盐（如烷基磺酸钠等）接枝在聚合物主链上，不仅为聚合物提供了钠源，同时通过自主调节接枝基团的结构与数量，大幅度提高了导电聚合物的容量利用率以及倍率性能。例如，磺酸钠接枝的聚苯胺（PANS）的充放电平台为 3.2V，在50mA/g电流密度下可逆容量为133mA·h/g，循环200周容量保持率为96.7%。

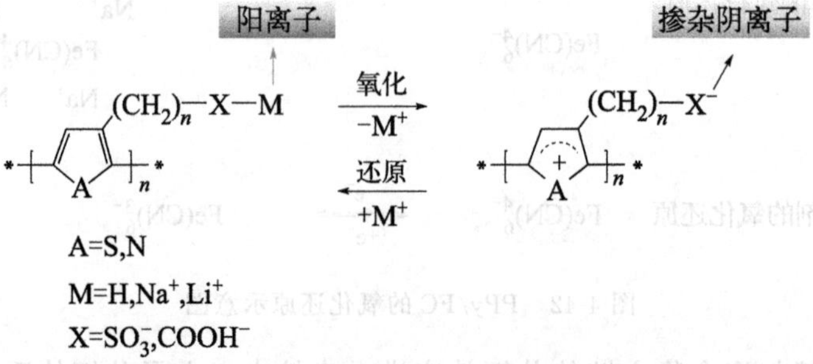

$$\text{*}\underset{A}{\boxed{}}\text{—(CH}_2)_n\text{—X—M} \quad \xrightleftharpoons[\text{还原} +M^+]{\text{氧化} -M^+} \quad \text{*}\underset{A}{\boxed{}}\text{—(CH}_2)_n\text{—X}^-$$

阳离子　　　　　　　掺杂阴离子

A=S,N
M=H,Na$^+$,Li$^+$
X=SO$_3^-$,COOH$^-$

图4-44　富钠自掺杂聚合物的充放电机理

4.3.5.3　自由基聚合物

自由基聚合物是一类能稳定存在、含有大量单电子的聚合物，作为一类新型有机电极材料被广泛研究。自由基聚合物通常由聚合物主链和决定其电化学性能的自由基基团组成，常见的自由基聚合物有：聚三苯胺（PTPAn）、聚甲基丙烯酸（PTMA）、聚乙烯醇（PTVE）、聚环氧乙烯（1）、聚降冰片烯（2）等，其结构、理论比容量以及氧化还原反应机理如图4-45所示。

以聚三苯胺（PTPAn）为例，其活性位点为含有孤对电子的氮原子，结构中的三个苯环具有极大的位阻效应，可以有效稳定电极反应中间产物。由于单位结构的分子量较高，因此聚三苯胺的理论比容量仅为109mA·h/g[278]。此外，自由基聚合物的电极反应过程中不涉及化学键的断裂和生成，因此电化学反应可逆性极高。Yang等报道了聚三苯胺在PTPAn/NaPF$_6$-DOL/DME/Na体系中的储钠性能：平均放电电压平台为3.6V，0.5C倍率下放电比容量为98mA·h/g；在5C倍率下，循环200周容量保持率为97%。

综上所述，自由基聚合物电极材料具有以下特点：

① 相比于导电聚合物，自由基聚合物的掺杂度（接近1）极高，但是理论比容量较低。一般而言，用于稳定自由基的分子结构越简单，聚合物主链分子量越小，理论比容量越高。

② 电极反应速率快。由于自由基聚合物的电化学活性位点处于电子适度离域状态，仅外壳层电子参与电极反应，不涉及化学键的断裂和生成，因此电荷转移速率（10^{-1}cm/s）极快，极化小，倍率性能与循环稳定性好。

③ 通常聚合物主链结构不导电，因此需要加入大量的纤维状导电剂VGCF构建导电网络，提高聚合物中自由基的利用率。

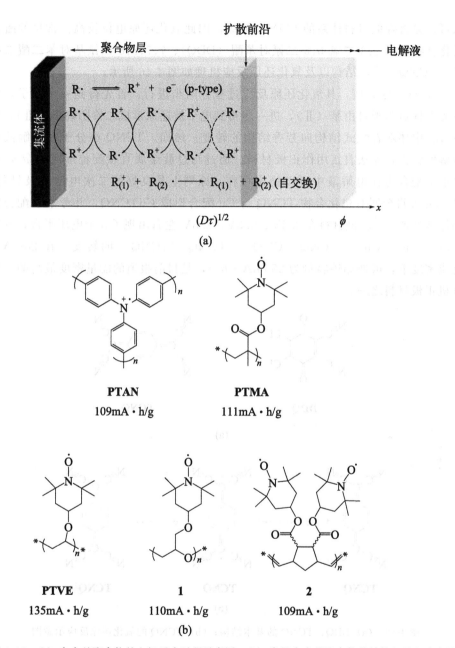

图 4-45 (a) 自由基聚合物的电极反应过程示意图；(b) 常见自由基聚合物的结构以及理论容量

4.3.5.4 醌氰化合物

醌氰化合物是一种结构中含有醌氰基 [—C(CN)$_2$] 的类醌化合物，具有共轭体系大、结构稳定的优点。相比于醌类小分子，强吸电子基团（—CN）的引入可以显著降低材料体系的 LUMO 能级,因此氧化还原电位较高。常见的醌氰类化合物包括 2,3-二氯-5,6-二氰对苯醌 (DDQ)、7,7,8,8-四氰基对苯二醌二甲烷 (TCNQ) 等,结构以及氧化还原反应机理如图 4-46 所示。

以 TCNQ 为例,其氧化还原反应过程分两步进行:首先得到一个电子,形成芳香性负离子自由基 (Ⅱ),进一步得到电子被还原形成二价阴离子 (Ⅲ),还原过程中伴随着醌式结构向芳香结构的转变。然而,TCNQ 小分子在电解液中溶解度较大,无法直接用作正极材料。通过与过渡金属直接配位形成的金属-有机框架配合物在电解液中可以稳定存在,原则上是良好的二次电池正极材料。Huang 等将金属有机化合物 TCNQ 与 Cu 配合形成 CuTCNQ,并考察了配合物的储钠性能[286]。该材料在 3.8V、3.3V、2.3V 左右出现了 3 个电压平台,分别对应于 Cu^{2+}/Cu^+、$TCNQ/TCNQ^-$、$TCNQ^-/TCNQ^{2-}$ 的转变。在 20mA/g 电流密度下,可逆储钠容量为 255mA·h/g,是目前报道的能量密度最高的一种有机正极材料之一。

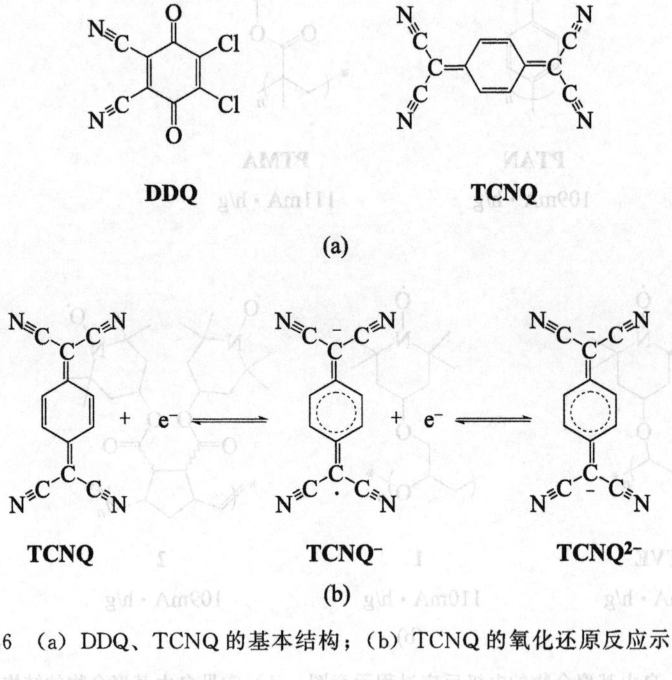

图 4-46 (a) DDQ、TCNQ 的基本结构;(b) TCNQ 的氧化还原反应示意图

醌氰类化合物具有以下特点:

① 分子中存在多个强吸电子基团 (—CN),因此氧化还原电位 (3.0~4.0V,相对于 Na^+/Na) 较高。

② 氧化还原反应涉及多电子得失,表现为多个充放电平台。

③ 结构中不含有 Na 源,给实际应用带来了一定的困难。制备稳定的富钠醌

氰类电极材料是该类材料的一个重要发展方向。

4.3.5.5 共价有机框架材料

共价有机框架（COFs）化合物是近十几年发展起来的一种新型有机多孔材料，具有周期性与结晶性，一般由硼酸的缩聚反应或席夫碱反应制备。2012年，Eckert等报道了一种以苯环和三嗪为结构单元的双极性COFs材料——BPOE[287]。该材料既能在高电位下发生p掺杂反应，对应于电解液阴离子的掺杂/脱杂，又能在低电位下发生n掺杂反应，对应于Na^+在芳香环的层间嵌入脱出，电化学反应机理如图4-47所示。在2.8~4.1V（相对于Na^+/Na）范围内，p型反应的可逆容量为55mA·h/g；1.3~2.8V（相对于Na^+/Na），n型反应的容量为185mA·h/g。以1A/g电流密度循环7000周，容量保持率为80%。

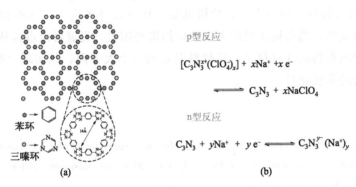

图4-47 （a）BPOE的结构；（b）BPOE的充放电机理

COFs化合物作为正极材料具有如下特点：

① 双极性。既可以在高电位下发生p型反应，对应于电解液阴离子的嵌入/脱出；又可以在低电位下发生n型反应，对应于阳离子的嵌入/脱出，电化学窗口较宽。

② 多孔材料，比表面积大。氧化还原反应类似于赝电容反应，没有明显的充放电平台，倍率性能好，且循环稳定性极佳。

4.3.5.6 问题与挑战

目前，尽管针对有机正极材料的研究取得了较多成果，但其仍存在一些难以克服的问题。

① 有机正极材料的储钠电位普遍偏低，限制了电池的能量密度。其中，羰基化合物：1.2~2.5V（相对于Na^+/Na）；导电聚合物：2.5~3.5V（相对于Na^+/Na）；醌氰类化合物存在多个充放电平台，高电位下的容量有限；自由基

聚合物虽然氧化还原电位较高，但是要实现自由基的稳定，必须在结构中引入大量非活性基团，限制了材料的理论容量。探索如何通过结构优化、基团修饰等方式，调节材料的电子能带结构，在保证活性物质理论容量的情况下，提高正极的氧化还原电势具有重要意义。

② 正极材料大部分为贫钠状态，构建"摇椅式"钠离子电池的过程中，无法与同样贫钠的负极匹配。通过在有机物中引入钠盐基团，制备还原态富钠有机材料是有机正极发展的一个重要方向。

③ 有机材料由C、O、N、S等元素组成，高温条件下容易老化失活甚至分解，热稳定性极差，限制了有机电池在复杂工况下的实际应用。通常芳香环中六元环的热稳定性最高，在保证材料理论容量的情况下，提高芳香六元环的数量，有利于提高材料在高温下的稳定性。

④ 有机材料具有资源丰富、价格低廉、环境友好等优势，然而很多材料合成工艺极为复杂，给有机正极的大规模应用带来困难。发展可以直接从自然界中提取的生物质有机活性材料是有机材料发展的一个大方向，是实现"绿色电池"可持续发展的重要途径。

参考文献

[1] Silbernagel B G, Whittingham M S. The physical properties of the $Na_x TiS_2$ intercalation compounds: a synthetic and NMR study [J]. Materials Research Bulletin, 1976, 11 (1): 29-36.

[2] Winn D A, Shemilt J M, Steele B C H. Titanium disulphide: a solid solution electrode for sodium and lithium [J]. Materials Research Bulletin, 1976, 11 (5): 559-566.

[3] Nagelberg A S, Worrell W L. A thermodynamic study of sodium-intercalated TaS_2 and TiS_2 [J]. Journal of Solid State Chemistry, 1979, 29 (3): 345-354.

[4] Mizushima K, Jones P C, Wiseman P J, et al. $Li_x CoO_2 (0 < x \leqslant -1)$: a new cathode material for batteries of high energy density [J]. Materials Research Bulletin, 1980, 15 (6): 783-789.

[5] Braconnier J J, Delmas C, Fouassier C, et al. Comportement electrochimique des phases $Na_x CoO_2$ [J]. Materials Research Bulletin, 1980, 15 (12): 1797-1804.

[6] Delmas C, Braconnier J J, Fouassier C, et al. Electrochemical intercalation of sodium in $Na_x CoO_2$ bronzes [J]. Solid State Ionics, 1981, 3-4: 165-169.

[7] Braconnier J J, Delmas C, Hagenmuller P. Etude par desintercalation electrochimique des systemes $Na_x CrO_2$ et $Na_x NiO_2$ [J]. Materials Research Bulletin, 1982, 17 (8): 993-1000.

[8] Mendiboure A, Delmas C, Hagenmuller P. Electrochemical intercalation and deintercalation of $Na_x MnO_2$ bronzes [J]. Journal of Solid State Chemistry, 1985, 57 (3): 323-331.

[9] Tarascon J M, Hull G W. Sodium intercalation into the layer oxides $Na_x Mo_2 O_4$ [J]. Solid State Ionics, 1986, 22 (1): 85-96.

[10] Delmas C, Cherkaoui F, Nadiri A, et al. A nasicon-type phase as intercalation electrode: Na-$Ti_2(PO_4)_3$ [J]. Materials Research Bulletin, 1987, 22 (5): 631-639.

[11] Ge P, Fouletier M. Electrochemical intercalation of sodium in graphite [J]. Solid State Ionics, 1988, 28-30: 1172-1175.

[12] Delmas C, Fouassier C, Hagenmuller P. Structural classification and properties of the layered oxides [J]. Physica B+C, 1980, 99 (1): 81-85.

[13] Yabuuchi N, Kubota K, Dahbi M, et al. Research development on sodium-ion batteries [J]. Chem Rev, 2014, 114 (23): 11636-82.

[14] Xu G L, Amine R, Abouimrane A, et al. Challenges in developing electrodes, electrolytes, and diagnostics tools to understand and advance sodium-ion batteries [J]. Advanced Energy Materials, 2018, 8 (14): 1702403.

[15] Wang P F, You Y, Yin Y X, et al. Layered oxide cathodes for sodium-ion batteries: phase transition, air stability, and performance [J]. Advanced Energy Materials, 2017: 1701912.

[16] Hwang J Y, Myung S T, Sun Y K. Sodium-ion batteries: present and future [J]. Chem Soc Rev, 2017, 46 (12): 3529-3614.

[17] Berthelot R, Carlier D, Delmas C. Electrochemical investigation of the P2-$Na_x CoO_2$ phase diagram [J]. Nature Materials, 2010, 10: 74.

[18] Shibata T, Fukuzumi Y, Kobayashi W, et al. Fast discharge process of layered cobalt oxides due to high Na^+ diffusion [J]. Sci Rep, 2015, 5: 9006.

[19] Ma X, Chen H, Ceder G. Electrochemical properties of monoclinic $NaMnO_2$ [J]. Journal of The Electrochemical Society, 2011, 158 (12): A1307-A1312.

[20] Li Y, Feng X, Cui S, et al. From α-$NaMnO_2$ to crystal water containing Na-birnessite: enhanced cycling stability for sodium-ion batteries [J]. CrystEngComm, 2016, 18 (17): 3136-3141.

[21] Billaud J, Clement R J, Armstrong A R, et al. beta-$NaMnO_2$: a high-performance cathode for sodium-ion batteries [J]. J Am Chem Soc, 2014, 136 (49): 17243-8.

[22] Kumakura S, Tahara Y, Kubota K, et al. Sodium and manganese stoichiometry of P2-type $Na_{2/3}MnO_2$ [J]. Angewandte Chemie International Edition, 2016, 55 (41): 12760-12763.

[23] Sukeji Kachi K M, Shigeki Shimizu. An electron diffraction study and a theory of the transformation from γ-$Fe_2 O_3$ to α-$Fe_2 O_3$ [J]. Journal of the Physical Society of Japan, 1963, 18 (1): 106-116.

[24] Blesa M C, Moran E, León C, et al. α-$NaFeO_2$: ionic conductivity and sodium extraction [J]. Solid State Ionics, 1999, 126 (1): 81-87.

[25] Zhao J, Zhao L, Dimov N, et al. Electrochemical and thermal properties of O3-$NaFeO_2$ cathode for Na-ion batteries [J]. Journal of the Electrochemical Society, 2013, 160 (5): A3077-A3081.

[26] Yabuuchi N, Yoshida H, Komaba S. Crystal structures and electrode performance of al-

pha-NaFeO$_2$ for rechargeable sodium batteries [J]. Electrochemistry, 2012, 80 (10): 716-719.

[27] Lee E, Brown D E, Alp E E, et al. New insights into the performance degradation of Fe-based layered oxides in sodium-ion batteries: instability of Fe^{3+}/Fe^{4+} redox in α-NaFeO$_2$ [J]. Chem Mater, 2015, 27 (19): 6755-6764.

[28] Yabuuchi N, Komaba S. Recent research progress on iron-and manganese-based positive electrode materials for rechargeable sodium batteries [J]. Science and Technology of Advanced Materials, 2014, 15 (4): 043501.

[29] Monyoncho E, Bissessur R. Unique properties of α-NaFeO$_2$: de-intercalation of sodium via hydrolysis and the intercalation of guest molecules into the extract solution [J]. Materials Research Bulletin, 2013, 48 (7): 2678-2686.

[30] Rougier A. Optimization of the composition of the Li$_{1-z}$Ni$_{1+z}$O$_2$ electrode materials: structural, magnetic, and electrochemical studies [J]. Journal of The Electrochemical Society, 1996, 143 (4): 1168.

[31] Vassilaras P, Ma X, Li X, et al. Electrochemical properties of monoclinic NaNiO$_2$ [J]. Journal of the Electrochemical Society, 2013, 160 (2): A207-A211.

[32] Komaba S, Takei C, Nakayama T, et al. Electrochemical intercalation activity of layered NaCrO$_2$ vs. LiCrO$_2$ [J]. Electrochemistry Communications, 2010, 12 (3): 355-358.

[33] Komaba S, Nakayama T, Ogata A, et al. Electrochemically reversible sodium intercalation of layered NaNi$_{0.5}$Mn$_{0.5}$O$_2$ and NaCrO$_2$ [J]. ECS Transactions, 2009, 16 (42): 43-55.

[34] Yabuuchi N, Ikeuchi I, Kubota K, et al. Thermal stability of Na$_x$CrO$_2$ for rechargeable sodium batteries: studies by high-temperature synchrotron X-ray diffraction [J]. ACS Appl Mater Interfaces, 2016, 8 (47): 32292-32299.

[35] Hamani D, Ati M, Tarascon J M, et al. Na$_x$VO$_2$ as possible electrode for Na-ion batteries [J]. Electrochemistry Communications, 2011, 13 (9): 938-941.

[36] Didier C, Guignard M, Denage C, et al. Electrochemical Na-deintercalation from NaVO$_2$ [J]. Electrochemical and Solid-State Letters, 2011, 14 (5): A75-A78.

[37] Wu D, Li X, Xu B, et al. NaTiO$_2$: a layered anode material for sodium-ion batteries [J]. Energy & Environmental Science, 2015, 8 (1): 195-202.

[38] Perez A J, Batuk D, Saubanère M, et al. Strong oxygen participation in the redox governing the structural and electrochemical properties of Na-rich layered oxide Na$_2$IrO$_3$ [J]. Chemistry of Materials, 2016, 28 (22): 8278-8288.

[39] Mortemard De Boisse B, Liu G, Ma J, et al. Intermediate honeycomb ordering to trigger oxygen redox chemistry in layered battery electrode [J]. Nat Commun, 2016, 7: 11397.

[40] Maitra U, House R A, Somerville J W, et al. Oxygen redox chemistry without excess alkali-metal ions in Na$_{2/3}$[Mg$_{0.28}$Mn$_{0.72}$]O$_2$ [J]. Nat Chem, 2018, 10 (3): 288-295.

[41] Wang Y, Wang L, Zhu H, et al. Ultralow-strain Zn-substituted layered oxide cathode with suppressed P2-O2 transition for stable sodium ion storage [J]. Advanced Functional Materials, 2020, 30 (13): 1910327.

[42] Dose W M, Sharma N, Pramudita J C, et al. Structure-electrochemical evolution of a Mn-rich P2 $Na_{2/3}Fe_{0.2}Mn_{0.8}O_2$ Na-ion battery cathode [J]. Chemistry of Materials, 2017, 29 (17): 7416-7423.

[43] Han M H, Gonzalo E, Sharma N, et al. High-performance P2-phase $Na_{2/3}Mn_{0.8}Fe_{0.1}Ti_{0.1}O_2$ cathode material for ambient-temperature sodium-ion batteries [J]. Chemistry of Materials, 2015, 28 (1): 106-116.

[44] Yuan D, Hu X, Qian J, et al. P2-type $Na_{0.67}Mn_{0.65}Fe_{0.2}Ni_{0.15}O_2$ cathode material with high-capacity for sodium-ion battery [J]. Electrochimica Acta, 2014, 116: 300-305.

[45] Yabuuchi N, Kajiyama M, Iwatate J, et al. P2-type $Na_x[Fe_{1/2}Mn_{1/2}]O_2$ made from earth-abundant elements for rechargeable Na batteries [J]. Nature Materials, 2012, 11 (6): 512-517.

[46] Mu L, Xu S, Li Y, et al. Prototype sodium-ion batteries using an air-stable and Co/Ni-free O3-layered metal oxide cathode [J]. Advanced Materials, 2015, 27 (43): 6928-6933.

[47] Komaba S, Yabuuchi N, Nakayama T, et al. Study on the reversible electrode reaction of $Na_{1-x}Ni_{0.5}Mn_{0.5}O_2$ for a rechargeable sodium-ion battery [J]. Inorganic Chemistry, 2012, 51 (11): 6211-6220.

[48] Yuan D D, Wang Y X, Cao Y L, et al. Improved electrochemical performance of Fe-substituted $NaNi_{0.5}Mn_{0.5}O_2$ cathode materials for sodium-ion batteries [J]. ACS Applied Materials & Interfaces, 2015, 7 (16): 8585-8591.

[49] Wang P F, Yao H R, Liu X Y, et al. Ti-substituted $NaNi_{0.5}Mn_{0.5-x}Ti_xO_2$ cathodes with reversible O3-P3 phase transition for high-performance sodium-ion batteries [J]. Adv Mater, 2017, 29 (19).

[50] Lu Z, Dahn J R. In situ X-ray diffraction study of P2-$Na_{2/3}[Ni_{1/3}Mn_{2/3}]O_2$ [J]. Journal of The Electrochemical Society, 2001, 148 (11): A1225-A1229.

[51] Wang P F, You Y, Yin Y X, et al. Suppressing the P2-O2 phase transition of $Na_{0.67}Mn_{0.67}Ni_{0.33}O_2$ by magnesium substitution for improved sodium-ion batteries [J]. Angew Chem Int Ed Engl, 2016, 55 (26): 7445-7449.

[52] Liu Y, Fang X, Zhang A, et al. Layered P2-$Na_{2/3}[Ni_{1/3}Mn_{2/3}]O_2$ as high-voltage cathode for sodium-ion batteries: the capacity decay mechanism and Al_2O_3 surface modification [J]. Nano Energy, 2016, 27: 27-34.

[53] Alvarado J, Ma C, Wang S, et al. Improvement of the cathode electrolyte interphase on P2-$Na_{2/3}Ni_{1/3}Mn_{2/3}O_2$ by atomic layer deposition [J]. ACS Applied Materials & Interfaces, 2017, 9 (31): 26518-26530.

[54] Yoshida H, Yabuuchi N, Kubota K, et al. P2-type $Na_{2/3}Ni_{1/3}Mn_{2/3-x}Ti_xO_2$ as a new positive electrode for higher energy Na-ion batteries [J]. Chemical Communications, 2014, 50 (28): 3677-3680.

[55] Wu Xuehang, Guo Jianghuai, Wang Dawei, et al. P2-type $Na_{0.66}Ni_{0.33-x}Zn_xMn_{0.67}O_2$ as new high-voltage cathode materials for sodium-ion batteries [J]. Journal of Power Sources, 2015, 281: 18-26.

[56] Zhang X H, Pang W L, Wan F, et al. P2-$Na_{2/3}Ni_{1/3}Mn_{5/9}Al_{1/9}O_2$ microparticles as su-

perior cathode material for sodium-ion batteries: enhanced properties and mechanisam via graphene connection [J]. ACS Appl Mater Interfaces, 2016, 8 (32): 20650-20659.

[57] Carlier D, Cheng J H, Berthelot R, et al. The P2-Na$_{2/3}$Co$_{2/3}$Mn$_{1/3}$O$_2$ phase: structure, physical properties and electrochemical behavior as positive electrode in sodium battery [J]. Dalton Trans, 2011, 40 (36): 9306-9312.

[58] Kataoka R, Mukai T, Yoshizawa A, et al. High capacity positive electrode material for room temperature Na ion battery: Na$_x$Mn$_{2/3}$Co$_{1/6}$Ni$_{1/6}$O$_2$ [J]. Journal of the Electrochemical Society, 2015, 162 (4): A553-A558.

[59] Sathiya M, Hemalatha K, Ramesha K, et al. Synthesis, structure, and electrochemical properties of the layered sodium insertion cathode material: NaNi$_{1/3}$Mn$_{1/3}$Co$_{1/3}$O$_2$ [J]. Chemistry of Materials, 2012, 24 (10): 1846-1853.

[60] Yu H, Guo S, Zhu Y, et al. Novel titanium-based O3-type NaTi$_{0.5}$Ni$_{0.5}$O$_2$ as a cathode material for sodium ion batteries [J]. Chem Commun (Camb), 2014, 50 (4): 457-459.

[61] Guo S, Yu H, Liu P, et al. High-performance symmetric sodium-ion batteries using a new, bipolar O3-type material, Na$_{0.8}$Ni$_{0.4}$Ti$_{0.6}$O$_2$ [J]. Energy & Environmental Science, 2015, 8 (4): 1237-1244.

[62] Wang Y, Xiao R, Hu Y S, et al. P2-Na$_{0.6}$[Cr$_{0.6}$Ti$_{0.4}$]O$_2$ cation-disordered electrode for high-rate symmetric rechargeable sodium-ion batteries [J]. Nat Commun, 2015, 6: 6954.

[63] Wang H, Yang B, Liao X Z, et al. Electrochemical properties of P2-Na$_{2/3}$[Ni$_{1/3}$Mn$_{2/3}$]O$_2$ cathode material for sodium ion batteries when cycled in different voltage ranges [J]. Electrochim Acta, 2013.

[64] Singh G, Tapia-Ruiz N, Lopez Del Amo J M, et al. High voltage Mg-doped Na$_{0.67}$Ni$_{0.3-x}$Mg$_x$Mn$_{0.7}$O$_2$ ($x=0.05$, 0.1) Na-ion cathodes with enhanced stability and rate capability [J]. Chemistry of Materials, 2016, 28 (14): 5087-5094.

[65] Wang Q, Mariyappan S, Vergnet J, et al. Reaching the energy density limit of layered O3-NaNi$_{0.5}$Mn$_{0.5}$O$_2$ electrodes via dual Cu and Ti substitution [J]. Advanced Energy Materials, 2019, 9 (36): 1901785.

[66] Zhao C, Ding F, Lu Y, et al. High-entropy layered oxide cathodes for sodium-ion batteries [J]. Angewandte Chemie International Edition, 2020, 59 (1): 264-269.

[67] Yu C Y, Park J S, Jung H G, et al. NaCrO$_2$ cathode for high-rate sodium-ion batteries [J]. Energy & Environmental Science, 2015, 8 (7): 2019-2026.

[68] Mu L, Rahman M M, Zhang Y, et al. Surface transformation by a "cocktail" solvent enables stable cathode materials for sodium ion batteries [J]. Journal of Materials Chemistry A, 2018, 6 (6): 2758-2766.

[69] Lu D, Yao Z, Zhong Y, et al. Polypyrrole-coated sodium manganate hollow microspheres as a superior cathode for sodium ion batteries [J]. ACS Applied Materials & Interfaces, 2019, 11 (17): 15630-15637.

[70] Lu D, Yao Z J, Li Y Q, et al. Sodium-rich manganese oxide porous microcubes with polypyrrole coating as a superior cathode for sodium ion full batteries [J]. Journal of

Colloid and Interface Science, 2020, 565: 218-226.

[71] Ramasamy H V, Kaliyappan K, Thangavel R, et al. Cu-doped P2-Na$_{0.5}$Ni$_{0.33}$Mn$_{0.67}$O$_2$ encapsulated with MgO as a novel high voltage cathode with enhanced Na-storage properties [J]. Journal of Materials Chemistry A, 2017, 5 (18): 8408-8415.

[72] Yang Y, Dang R, Wu K, et al. Semiconductor material ZnO-Coated P2-type Na$_{2/3}$Ni$_{1/3}$Mn$_{2/3}$O$_2$ cathode materials for sodium-ion batteries with superior electrochemical performance [J]. The Journal of Physical Chemistry C, 2020, 124 (3): 1780-1787.

[73] Liu Y, Fang X, Zhang A, et al. Layered P2-Na$_{2/3}$[Ni$_{1/3}$Mn$_{2/3}$]O$_2$ as high-voltage cathode for sodium-ion batteries: the capacity decay mechanism and Al$_2$O$_3$ surface modification [J]. Nano Energy, 2016, 27: 27-34.

[74] Sun H H, Hwang J Y, Yoon C S, et al. Capacity degradation mechanism and cycling stability enhancement of AlF$_3$-coated nanorod gradient Na[Ni$_{0.65}$Co$_{0.08}$Mn$_{0.27}$]O$_2$ cathode for sodium-ion batteries [J]. ACS Nano, 2018, 12 (12): 12912-12922.

[75] Kaliyappan K, Liu J, Xiao B, et al. Enhanced performance of P2-Na$_{0.66}$(Mn$_{0.54}$Co$_{0.13}$Ni$_{0.13}$)O$_2$ cathode for sodium-ion batteries by ultrathin metal oxide coatings via atomic layer deposition [J]. Advanced Functional Materials, 2017, 27 (37): 1701870.

[76] Kaliyappan K, Or T, Deng Y P, et al. Constructing safe and durable high-voltage P2 layered cathodes for sodium ion batteries enabled by molecular layer deposition of alucone [J]. Advanced Functional Materials, 2020, 30 (17): 1910251.

[77] Jo J H, Choi J U, Konarov A, et al. Sodium-ion batteries: building effective layered cathode materials with long-term cycling by modifying the surface via sodium phosphate [J]. Advanced Functional Materials, 2018, 28 (14): 1705968.

[78] Jo C H, Jo J H, Yashiro H, et al. Bioinspired surface layer for the cathode material of high-energy-density sodium-ion batteries [J]. Advanced Energy Materials, 2018, 8 (13): 1702942.

[79] Tang K, Huang Y, Xie X, et al. The effects of dual modification on structure and performance of P2-type layered oxide cathode for sodium-ion batteries [J]. Chemical Engineering Journal, 2020, 384: 123234.

[80] Hwang J Y, Yu T Y, Sun Y K. Simultaneous MgO coating and Mg doping of Na[Ni$_{0.5}$Mn$_{0.5}$]O$_2$ cathode: facile and customizable approach to high-voltage sodium-ion batteries [J]. Journal of Materials Chemistry A, 2018, 6 (35): 16854-16862.

[81] Dang R, Li Q, Chen M, et al. CuO-coated and Cu^{2+}-doped Co-modified P2-type Na$_{2/3}$[Ni$_{1/3}$Mn$_{2/3}$]O$_2$ for sodium-ion batteries [J]. Physical Chemistry Chemical Physics, 2019, 21 (1): 314-321.

[82] Dang R, Chen M, Li Q, et al. Na$^+$-conductive Na$_2$Ti$_3$O$_7$-modified P2-type Na$_{2/3}$Ni$_{1/3}$Mn$_{2/3}$O$_2$ via a smart in situ coating approach: suppressing Na$^+$/vacancy ordering and P2-O2 phase transition [J]. ACS Applied Materials & Interfaces, 2019, 11 (1): 856-864.

[83] Zhang J, Yu D Y W. Stabilizing Na$_{0.7}$MnO$_2$ cathode for Na-ion battery via a single-step surface coating and doping process [J]. Journal of Power Sources, 2018, 391: 106-112.

[84] Zhang Q, Gu Q F, Li Y, et al. Surface stabilization of O3-type layered oxide cathode to

[ ] protect the anode of sodium ion batteries for superior lifespan [J]. iScience, 2019, 19: 244-254.

[85] Zhang Y, Pei Y, Liu W, et al. AlPO$_4$-coated P2-type hexagonal Na$_{0.7}$MnO$_{2.05}$ as high stability cathode for sodium ion battery [J]. Chemical Engineering Journal, 2020, 382: 122697.

[86] Wang Y, Tang K, Li X, et al. Improved cycle and air stability of P3-Na$_{0.65}$Mn$_{0.75}$Ni$_{0.25}$O$_2$ electrode for sodium-ion batteries coated with metal phosphates [J]. Chemical Engineering Journal, 2019, 372: 1066-1076.

[87] Masquelier C, Croguennec L. Polyanionic (phosphates, silicates, sulfates) frameworks as electrode materials for rechargeable Li (or Na) batteries [J]. Chemical Reviews, 2013, 113 (8): 6552-6591.

[88] Fang Y, Zhang J, Xiao L, et al. Phosphate framework electrode materials for sodium ion batteries [J]. Advanced Science, 2017, 4 (5): 1600392.

[89] Fang Y, Chen Z, Xiao L, et al. Recent progress in iron-based electrode materials for grid-scale sodium-ion batteries [J]. Small, 2018, 14 (9): 1703116.

[90] Zaghib K, Trottier J, Hovington P, et al. Characterization of Na-based phosphate as electrode materials for electrochemical cells [J]. Journal of Power Sources, 2011, 196 (22): 9612-9617.

[91] Sun A, Manivannan A. Structural studies on NaFePO$_4$ as a cathode material for Na$^+$/Li$^+$ mixed-ion batteries [J]. ECS Transactions, 2011, 35 (32): 3-7.

[92] Le Poul N, Baudrin E, Morcrette M, et al. Development of potentiometric ion sensors based on insertion materials as sensitive element [J]. Solid State Ionics, 2003, 159 (1-2): 149-158.

[93] Moreau P, Guyomard D, Gaubicher J, et al. Structure and stability of sodium intercalated phases in olivine FePO$_4$ [J]. Chemistry of Materials, 2010, 22 (14): 4126-4128.

[94] Oh S M, Myung S T, Hassoun J, et al. Reversible NaFePO$_4$ electrode for sodium secondary batteries [J]. Electrochemistry Communications, 2012, 22: 149-152.

[95] Galceran M, Saurel D, Acebedo B, et al. The mechanism of NaFePO$_4$ (de) sodiation determined by in situ X-ray diffraction [J]. Physical Chemistry Chemical Physics, 2014, 16 (19): 8837-8842.

[96] Galceran M, Roddatis V, Zúñiga F, et al. Na-vacancy and charge ordering in Na$_{\approx 2/3}$FePO$_4$ [J]. Chemistry of Materials, 2014, 26 (10): 3289-3294.

[97] Lu J, Chung S C, Nishimura S I, et al. Phase diagram of olivine Na$_x$FePO$_4$ ($0 < x < 1$) [J]. Chemistry of Materials, 2013, 25 (22): 4557-4565.

[98] Boucher F, Gaubicher J, Cuisinier M, et al. Elucidation of the Na$_{2/3}$FePO$_4$ and Li$_{2/3}$FePO$_4$ intermediate superstructure revealing a pseudouniform ordering in 2D [J]. Journal of the American Chemical Society, 2014, 136 (25): 9144-9157.

[99] Fang Y, Liu Q, Xiao L, et al. High-performance olivine NaFePO$_4$ microsphere cathode synthesized by aqueous electrochemical displacement method for sodium ion batteries [J]. ACS Applied Materials & Interfaces, 2015, 7 (32): 17977-17984.

[100] Uebou Y, Kiyabu T, Okada S, et al. Electrochemical sodium insertion into the 3D-frame-

work of $Na_3M_2(PO_4)_3$ (M= Fe, V) [J], 2002.

[101] Plashnitsa L S, Kobayashi E, Noguchi Y, et al. Performance of NASICON symmetric cell with ionic liquid electrolyte [J]. Journal of the Electrochemical Society, 2010, 157 (4): A536-A543.

[102] Jian Z, Yuan C, Han W, et al. Atomic structure and kinetics of NASICON $Na_xV_2(PO_4)_3$ cathode for sodium-ion batteries [J]. Advanced Functional Materials, 2014, 24 (27): 4265-4272.

[103] Jian Z, Han W, Lu X, et al. Superior electrochemical performance and storage mechanism of $Na_3V_2(PO_4)_3$ cathode for room-temperature sodium-ion batteries [J]. Advanced Energy Materials, 2013, 3 (2): 156-160.

[104] Song W, Ji X, Wu Z, et al. First exploration of Na-ion migration pathways in the NASICON structure $Na_3V_2(PO_4)_3$ [J]. Journal of Materials Chemistry A, 2014, 2 (15): 5358-5362.

[105] Kajiyama S, Kai K, Okubo M, et al. Potentiometric study to reveal reaction entropy behavior of biphasic $Na_{1+2x}V_2(PO_4)_3$ electrodes [J]. Electrochemistry, 2016, 84 (4): 234-237.

[106] Pivko M, Arcon I, Bele M, et al. $A_3V_2(PO_4)_3$ (A= Na or Li) probed by in situ X-ray absorption spectroscopy [J]. Journal of Power Sources, 2012, 216: 145-151.

[107] Nizamov F, Togulev P, Abdullin D, et al. Antisite defects and valence state of vanadium in $Na_3V_2(PO_4)_3$ [J]. Physics of the Solid State, 2016, 58 (3): 475-480.

[108] Li H, Yu X, Bai Y, et al. Effects of Mg doping on the remarkably enhanced electrochemical performance of $Na_3V_2(PO_4)_3$ cathode materials for sodium ion batteries [J]. Journal of Materials Chemistry A, 2015, 3 (18): 9578-9586.

[109] Inoishi A, Yoshioka Y, Zhao L, et al. Improvement in the energy density of $Na_3V_2(PO_4)_3$ by Mg substitution [J]. ChemElectroChem, 2017, 4 (11): 2755-2759.

[110] Shen W, Li H, Guo Z, et al. Improvement on the high-rate performance of Mn-doped $Na_3V_2(PO_4)_3$/C as a cathode material for sodium ion batteries [J]. RSC Advances, 2016, 6 (75): 71581-71588.

[111] Klee R, Lavela P, Aragón M, et al. Enhanced high-rate performance of manganese substituted $Na_3V_2(PO_4)_3$/C as cathode for sodium-ion batteries [J]. Journal of Power Sources, 2016, 313: 73-80.

[112] Aragon M, Lavela P, Ortiz G, et al. Effect of iron substitution in the electrochemical performance of $Na_3V_2(PO_4)_3$ as cathode for Na-ion batteries [J]. Journal of The Electrochemical Society, 2015, 162 (2): A3077-A3083.

[113] Aragón M, Lavela P, Alcántara R, et al. Effect of aluminum doping on carbon loaded $Na_3V_2(PO_4)_3$ as cathode material for sodium-ion batteries [J]. Electrochimica Acta, 2015, 180: 824-830.

[114] Zhu Q, Cheng H, Zhang X, et al. Improvement in electrochemical performance of $Na_3V_2(PO_4)_3$/C cathode material for sodium-ion batteries by K-Ca co-doping [J]. Electrochimica Acta, 2018, 281: 208-217.

[115] Li H, Bai Y, Wu F, et al. Na-Rich $Na_{3+x}V_{2-x}Ni_x(PO_4)_3$/C for sodium ion batter-

ies: controlling the doping site and improving the electrochemical performances [J]. ACS Applied Materials & Interfaces, 2016, 8 (41): 27779-27787.

[116] Zheng Q, Yi H, Liu W, et al. Improving the electrochemical performance of $Na_3V_2(PO_4)_3$ cathode in sodium ion batteries through Ce/V substitution based on rational design and synthesis optimization [J]. Electrochimica Acta, 2017, 238: 288-297.

[117] Zhang B, Zeng T, Liu Y, et al. Effect of Ti-doping on the electrochemical performance of sodium vanadium (Ⅲ) phosphate [J]. RSC Advances, 2018, 8 (10): 5523-5531.

[118] Li X, Huang Y, Wang J, et al. High valence Mo-doped $Na_3V_2(PO_4)_3$/C as a high rate and stable cycle-life cathode for sodium battery [J]. Journal of Materials Chemistry A, 2018, 6 (4): 1390-1396.

[119] Lim S J, Han D W, Nam D H, et al. Structural enhancement of $Na_3V_2(PO_4)_3$/C composite cathode materials by pillar ion doping for high power and long cycle life sodium-ion batteries [J]. Journal of Materials Chemistry A, 2014, 2 (46): 19623-19632.

[120] Zheng Q, Ni X, Lin L, et al. Towards enhanced sodium storage by investigation of the Li ion doping and rearrangement mechanism in $Na_3V_2(PO_4)_3$ for sodium ion batteries [J]. Journal of Materials Chemistry A, 2018, 6 (9): 4209-4218.

[121] Aragón M J, Lavela P, Ortiz G F, et al. Benefits of chromium substitution in $Na_3V_2(PO_4)_3$ as a potential candidate for sodium-ion batteries [J]. ChemElectroChem, 2015, 2 (7): 995-1002.

[122] Muruganantham R, Chiu Y T, Yang C C, et al. An efficient evaluation of F-doped polyanion cathode materials with long cycle life for Na-ion batteries applications [J]. Scientific Reports, 2017, 7 (1): 14808.

[123] Jian Z, Zhao L, Pan H, et al. Carbon coated $Na_3V_2(PO_4)_3$ as novel electrode material for sodium ion batteries [J]. Electrochemistry Communications, 2012, 14 (1): 86-89.

[124] Nie P, Zhu Y, Shen L, et al. From biomolecule to $Na_3V_2(PO_4)_3$/nitrogen-decorated carbon hybrids: highly reversible cathodes for sodium-ion batteries [J]. Journal of Materials Chemistry A, 2014, 2 (43): 18606-18612.

[125] Shen W, Li H, Wang C, et al. Improved electrochemical performance of the $Na_3V_2(PO_4)_3$ cathode by B-doping of the carbon coating layer for sodium-ion batteries [J]. Journal of Materials Chemistry A, 2015, 3 (29): 15190-15201.

[126] Liu J, Tang K, Song K, et al. Electrospun $Na_3V_2(PO_4)_3$/C nanofibers as stable cathode materials for sodium-ion batteries [J]. Nanoscale, 2014, 6 (10): 5081-5086.

[127] Li H, Bai Y, Wu F, et al. Budding willow branches shaped $Na_3V_2(PO_4)_3$/C nanofibers synthesized via an electrospinning technique and used as cathode material for sodium ion batteries [J]. Journal of Power Sources, 2015, 273: 784-792.

[128] Jung Y H, Lim C H, Kim D K. Graphene-supported $Na_3V_2(PO_4)_3$ as a high rate cathode material for sodium-ion batteries [J]. Journal of Materials Chemistry A, 2013, 1 (37): 11350-11354.

[129] Tao S, Wang X, Cui P, et al. Fabrication of graphene-encapsulated $Na_3V_2(PO_4)_3$ as high-performance cathode materials for sodium-ion batteries [J]. RSC Advances, 2016,

[130] Fang Y, Xiao L, Ai X, et al. Hierarchical carbon framework wrapped $Na_3V_2(PO_4)_3$ as a superior high-rate and extended lifespan cathode for sodium-ion batteries [J]. Advanced Materials, 2015, 27 (39): 5895-5900.

[131] Saravanan K, Mason C W, Rudola A, et al. The first report on excellent cycling stability and superior rate capability of $Na_3V_2(PO_4)_3$ for sodium ion batteries [J]. Advanced Energy Materials, 2013, 3 (4): 444-450.

[132] Fang J, Wang S, Li Z, et al. Porous $Na_3V_2(PO_4)_3$@C nanoparticles enwrapped in three-dimensional graphene for high performance sodium-ion batteries [J]. Journal of Materials Chemistry A, 2016, 4 (4): 1180-1185.

[133] Zhu C, Kopold P, Van Aken P A, et al. High power-high energy sodium battery based on threefold interpenetrating network [J]. Advanced Materials, 2016, 28 (12): 2409-2416.

[134] Zhu C, Song K, Van Aken P A, et al. Carbon-coated $Na_3V_2(PO_4)_3$ embedded in porous carbon matrix: an ultrafast Na-storage cathode with the potential of outperforming Li cathodes [J]. Nano letters, 2014, 14 (4): 2175-2180.

[135] Xu Y, Wei Q, Xu C, et al. Layer-by-layer $Na_3V_2(PO_4)_3$ embedded in reduced graphene oxide as superior rate and ultralong-life sodium-ion battery cathode [J]. Advanced Energy Materials, 2016, 6 (14): 1600389.

[136] Shen W, Li H, Guo Z, et al. Double-nanocarbon synergistically modified $Na_3V_2(PO_4)_3$: an advanced cathode for high-rate and long-life sodium-ion batteries [J]. ACS Applied Materials & Interfaces, 2016, 8 (24): 15341-15351.

[137] Zhang J, Fang Y, Xiao L, et al. Graphene-scaffolded $Na_3V_2(PO_4)_3$ microsphere cathode with high rate capability and cycling stability for sodium ion batteries [J]. ACS applied materials & interfaces, 2017, 9 (8): 7177-7184.

[138] Jiang Y, Yang Z, Li W, et al. Nanoconfined carbon-coated $Na_3V_2(PO_4)_3$ particles in mesoporous carbon enabling ultralong cycle life for sodium-ion batteries [J]. Advanced Energy Materials, 2015, 5 (10): 1402104.

[139] Rui X, Sun W, Wu C, et al. An advanced sodium-ion battery composed of carbon coated $Na_3V_2(PO_4)_3$ in a porous graphene network [J]. Advanced Materials, 2015, 27 (42): 6670-6676.

[140] Wei T, Yang G, Wang C. Bottom-up assembly of strongly-coupled $Na_3V_3(PO_4)_3$/C into hierarchically porous hollow nanospheres for high-rate and -stable Na-ion storage [J]. Nano Energy, 2017, 39: 363-370.

[141] He G, Kan W H, Manthiram A. A 3.4V layered $VOPO_4$ cathode for Na-ion batteries [J]. Chemistry of Materials, 2016, 28 (2): 682-688.

[142] Zhu Y, Peng L, Chen D, et al. Intercalation pseudocapacitance in ultrathin $VOPO_4$ nanosheets: toward high-rate alkali-ion-based electrochemical energy storage [J]. Nano Letters, 2015, 16 (1): 742-747.

[143] Peng L, Zhu Y, Peng X, et al. Effective interlayer engineering of two-dimensional $VOPO_4$ nanosheets via controlled organic intercalation for improving alkali ion storage

[J]. Nano Letters, 2017, 17 (10): 6273-6279.

[144] Song J, Xu M, Wang L, et al. Exploration of NaVOPO$_4$ as a cathode for a Na-ion battery [J]. Chemical Communications, 2013, 49 (46): 5280-5282.

[145] Fang Y, Liu Q, Xiao L, et al. A fully sodiated NaVOPO$_4$ with layered structure for high-voltage and long-lifespan sodium-ion batteries [J]. Chem, 2018, 4 (5): 1167-1180.

[146] Wang L, Wang B, Liu G, et al. Carbon nanotube decorated NaTi$_2$(PO$_4$)$_3$/C nanocomposite for a high-rate and low-temperature sodium-ion battery anode [J]. Rsc Advances, 2016, 6 (74): 70277-70283.

[147] Wu C, Kopold P, Ding Y L, et al. Synthesizing porous NaTi$_2$(PO$_4$)$_3$ nanoparticles embedded in 3D graphene networks for high-rate and long cycle-life sodium electrodes [J]. ACS Nano, 2015, 9 (6): 6610-6618.

[148] Yang J, Wang H, Hu P, et al. A high-rate and ultralong-life sodium-ion battery based on NaTi$_2$(PO$_4$)$_3$ nanocubes with synergistic coating of carbon and rutile TiO$_2$ [J]. Small, 2015, 11 (31): 3744-3749.

[149] Jiang Y, Shi J, Wang M, et al. Highly reversible and ultrafast sodium storage in NaTi$_2$(PO$_4$)$_3$ nanoparticles embedded in nanocarbon networks [J]. ACS Applied Materials & Interfaces, 2015, 8 (1): 689-695.

[150] Fang Y, Xiao L, Qian J, et al. 3D graphene decorated NaTi$_2$(PO$_4$)$_3$ microspheres as a superior high-rate and ultracycle-stable anode material for sodium ion batteries [J]. Advanced Energy Materials, 2016, 6 (19): 1502197.

[151] Aragón M, Vidal-Abarca C, Lavela P, et al. High reversible sodium insertion into iron substituted Na$_{1+x}$Ti$_{2-x}$Fe$_x$(PO$_4$)$_3$ [J]. Journal of Power Sources, 2014, 252: 208-213.

[152] Difi S, Saadoune I, Sougrati M T, et al. Mechanisms and performances of Na$_{1.5}$Fe$_{0.5}$Ti$_{1.5}$(PO$_4$)$_3$/C composite as electrode material for Na-ion batteries [J]. The Journal of Physical Chemistry C, 2015, 119 (45): 25220-25234.

[153] Shiratsuchi T, Okada S, Yamaki J, et al. FePO$_4$ cathode properties for Li and Na secondary cells [J]. Journal of Power Sources, 2006, 159 (1): 268-271.

[154] Mathew V, Kim S, Kang J, et al. Amorphous iron phosphate: potential host for various charge carrier ions [J]. NPG Asia Materials, 2014, 6 (10): e138.

[155] Liu Y, Zhou Y, Zhang J, et al. The transformation from amorphous iron phosphate to sodium iron phosphate in sodium-ion batteries [J]. Physical Chemistry Chemical Physics, 2015, 17 (34): 22144-22151.

[156] Fang Y, Xiao L, Qian J, et al. Mesoporous amorphous FePO$_4$ nanospheres as high-performance cathode material for sodium-ion batteries [J]. Nano Letters, 2014, 14 (6): 3539-3543.

[157] Xu S, Zhang S, Zhang J, et al. A maize-like FePO$_4$@MCNT nanowire composite for sodium-ion batteries via a microemulsion technique [J]. Journal of Materials Chemistry A, 2014, 2 (20): 7221-7228.

[158] Yang G, Ding B, Wang J, et al. Excellent cycling stability and superior rate capability

[159] Liu T, Duan Y, Zhang G, et al. 2D amorphous iron phosphate nanosheets with high rate capability and ultra-long cycle life for sodium ion batteries [J]. Journal of Materials Chemistry A, 2016, 4 (12): 4479-4484.

of a graphene-amorphous FePO$_4$ porous nanowire hybrid as a cathode material for sodium ion batteries [J]. Nanoscale, 2016, 8 (16): 8495-8499.

[160] Barpanda P, Oyama G, Nishimura S I, et al. A 3.8V earth-abundant sodium battery electrode [J]. Nature Communications, 2014, 5: 4358.

[161] Oyama G, Nishimura S I, Suzuki Y, et al. Off-stoichiometry in alluaudite-type sodium iron sulfate Na$_{2+2x}$Fe$_{2-x}$(SO$_4$)$_3$ as an advanced sodium battery cathode material [J]. ChemElectroChem, 2015, 2 (7): 1019-1023.

[162] Oyama G, Pecher O, Griffith K J, et al. Sodium intercalation mechanism of 3.8V class alluaudite sodium iron sulfate [J]. Chemistry of Materials, 2016, 28 (15): 5321-5328.

[163] Meng Y, Yu T, Zhang S, et al. Top-down synthesis of muscle-inspired alluaudite Na$_{2+2x}$Fe$_{2-x}$(SO$_4$)$_3$/SWNT spindle as a high-rate and high-potential cathode for sodium-ion batteries [J]. Journal of Materials Chemistry A, 2016, 4 (5): 1624-1631.

[164] Chen M, Cortie D, Hu Z, et al. A novel graphene oxide wrapped Na$_2$Fe(SO$_4$)$_3$/C cathode composite for long life and high energy density sodium-ion batteries [J]. Advanced Energy Materials, 2018, 8 (27): 1800944.

[165] Fang Y, Liu Q, Feng X, et al. An advanced low-cost cathode composed of graphene-coated Na$_{2.4}$Fe$_{1.8}$(SO$_4$)$_3$ nanograins in a 3D graphene network for ultra-stable sodium storage [J]. Journal of Energy Chemistry, 2021, 54: 564-570.

[166] Barpanda P, Nishimura S I, Yamada A. High-voltage pyrophosphate cathodes [J]. Advanced Energy Materials, 2012, 2 (7): 841-859.

[167] Barpanda P, Ye T, Nishimura S I, et al. Sodium iron pyrophosphate: a novel 3.0V iron-based cathode for sodium-ion batteries [J]. Electrochemistry Communications, 2012, 24: 116-119.

[168] Honma T, Togashi T, Ito N, et al. Fabrication of Na$_2$FeP$_2$O$_7$ glass-ceramics for sodium ion battery [J]. Journal of the Ceramic Society of Japan, 2012, 120 (1404): 344-346.

[169] Kim H, Shakoor R A, Park C, et al. Na$_2$FeP$_2$O$_7$ as a promising iron-based pyrophosphate cathode for sodium rechargeable batteries: a combined experimental and theoretical study [J]. Advanced Functional Materials, 2013, 23 (9): 1147-1155.

[170] Song H J, Kim D S, Kim J C, et al. An approach to flexible Na-ion batteries with exceptional rate capability and long lifespan using Na$_2$FeP$_2$O$_7$ nanoparticles on porous carbon cloth [J]. Journal of Materials Chemistry A, 2017, 5 (11): 5502-5510.

[171] Chen C Y, Matsumoto K, Nohira T, et al. Full utilization of superior charge-discharge characteristics of Na$_{1.56}$Fe$_{1.22}$P$_2$O$_7$ positive electrode by using ionic liquid electrolyte [J]. Journal of The Electrochemical Society, 2015, 162 (1): A176-A180.

[172] Chen M, Chen L, Hu Z, et al. Carbon-coated Na$_{3.32}$Fe$_{2.34}$(P$_2$O$_7$)$_2$ cathode material for high-rate and long-life sodium-ion batteries [J]. Advanced Materials, 2017, 29

[173]　Song H J, Kim K H, Kim J C, et al. Superior sodium storage performance of reduced graphene oxide-supported $Na_{3.12}Fe_{2.44}(P_2O_7)_2$/C nanocomposites [J]. Chemical Communications, 2017, 53 (67): 9316-9319.

[174]　Park C S, Kim H, Shakoor R A, et al. Anomalous manganese activation of a pyrophosphate cathode in sodium ion batteries: a combined experimental and theoretical study [J]. Journal of the American Chemical Society, 2013, 135 (7): 2787-2792.

[175]　Kim H, Park C S, Choi J W, et al. Defect-controlled formation of triclinic $Na_2CoP_2O_7$ for 4V sodium-ion batteries [J]. Angewandte Chemie International Edition, 2016, 55 (23): 6662-6666.

[176]　Barpanda P, Liu G, Avdeev M, et al. t-$Na_2(VO)P_2O_7$: A 3.8V pyrophosphate insertion material for sodium-ion batteries [J]. ChemElectroChem, 2014, 1 (9): 1488-1491.

[177]　Kim J, Park I, Kim H, et al. Tailoring a new 4V-class cathode material for Na-ion batteries [J]. Advanced Energy Materials, 2016, 6 (6): 1502147.

[178]　Ellis B, Makahnouk W, Makimura Y, et al. A multifunctional 3.5V iron-based phosphate cathode for rechargeable batteries [J]. Nature Materials, 2007, 6 (10): 749.

[179]　Recham N, Chotard J N, Dupont L, et al. Ionothermal synthesis of sodium-based fluorophosphate cathode materials [J]. Journal of the Electrochemical Society, 2009, 156 (12): A993-A999.

[180]　Smiley D L, Goward G R. Ex situ ^{23}Na solid-state NMR reveals the local Na-ion distribution in carbon-coated Na_2FePO_4F during electrochemical cycling [J]. Chemistry of Materials, 2016, 28 (21): 7645-7656.

[181]　Deng X, Shi W, Sunarso J, et al. A green route to a Na_2FePO_4F-based cathode for sodium ion batteries of high rate and long cycling life [J]. ACS Applied Materials & Interfaces, 2017, 9 (19): 16280-16287.

[182]　Ko J S, Doan-Nguyen Vicky V T, Kim H S, et al. High-rate capability of Na_2FePO_4F nanoparticles by enhancing surface carbon functionality for Na-ion batteries [J]. Journal of Materials Chemistry A, 2017, 5 (35): 18707-18715.

[183]　Le Meins J M, Crosnier-Lopez M P, Hemon-Ribaud A, et al. Phase transitions in the $Na_3M_2(PO_4)_2F_3$ family (M= Al^{3+}, V^{3+}, Cr^{3+}, Fe^{3+}, Ga^{3+}): synthesis, thermal, structural, and magnetic studies [J]. Journal of Solid State Chemistry, 1999, 148 (2): 260-277.

[184]　Song W, Cao X, Wu Z, et al. Investigation of the sodium ion pathway and cathode behavior in $Na_3V_2(PO_4)_2F_3$ combined via a first principles calculation [J]. Langmuir, 2014, 30 (41): 12438-12446.

[185]　Shakoor R, Seo D H, Kim H, et al. A combined first principles and experimental study on $Na_3V_2(PO_4)_2F_3$ for rechargeable Na batteries [J]. Journal of Materials Chemistry, 2012, 22 (38): 20535-20541.

[186]　Bianchini M, Fauth F, Brisset N, et al. Comprehensive investigation of the $Na_3V_2(PO_4)_2F_3$-$NaV_2(PO_4)_2F_3$ system by operando high resolution synchrotron X-ray dif-

fraction [J]. Chemistry of Materials, 2015, 27 (8): 3009-3020.

[187] Liu Z, Hu Y Y, Dunstan M T, et al. Local structure and dynamics in the Na ion battery positive electrode material $Na_3V_2(PO_4)_2F_3$ [J]. Chemistry of Materials, 2014, 26 (8): 2513-2521.

[188] Liu Q, Wang D, Yang X, et al. Carbon-coated $Na_3V_2(PO_4)_2F_3$ nanoparticles embedded in a mesoporous carbon matrix as a potential cathode material for sodium-ion batteries with superior rate capability and long-term cycle life [J]. Journal of Materials Chemistry A, 2015, 3 (43): 21478-21485.

[189] Serras P, Palomares V, Goñi A, et al. High voltage cathode materials for Na-ion batteries of general formula $Na_3V_2O_{2x}(PO_4)_2F_{3-2x}$ [J]. Journal of Materials Chemistry, 2012, 22 (41): 22301-22308.

[190] Bianchini M, Xiao P, Wang Y, et al. Additional sodium insertion into polyanionic cathodes for higher-energy Na-ion batteries [J]. Advanced Energy Materials, 2017, 7 (18): 1700514.

[191] Serras P, Palomares V N, Alonso J, et al. Electrochemical Na extraction/insertion of $Na_3V_2O_{2x}(PO_4)_2F_{3-2x}$ [J]. Chemistry of Materials, 2013, 25 (24): 4917-4925.

[192] Sharma N, Serras P, Palomares V, et al. Sodium distribution and reaction mechanisms of a $Na_3V_2O_2(PO_4)_2F$ electrode during use in a sodium-ion battery [J]. Chemistry of Materials, 2014, 26 (11): 3391-3402.

[193] Park Y U, Seo D H, Kim H, et al. A family of high-performance cathode materials for Na-ion batteries, $Na_3(VO_{1-x}PO_4)_2F_{1+2x}$ ($0 \leqslant x \leqslant 1$): combined first-principles and experimental study [J]. Advanced Functional Materials, 2014, 24 (29): 4603-4614.

[194] Park Y U, Seo D H, Kwon H S, et al. A new high-energy cathode for a Na-ion battery with ultrahigh stability [J]. Journal of the American Chemical Society, 2013, 135 (37): 13870-13878.

[195] Qi Y, Mu L, Zhao J, et al. Superior Na-storage performance of low-temperature-synthesized $Na_3(VO_{1-x}PO_4)_2F_{1+2x}$ ($0 \leqslant x \leqslant 1$) nanoparticles for Na-ion batteries [J]. Angewandte Chemie International Edition, 2015, 54 (34): 9911-9916.

[196] Peng M, Li B, Yan H, et al. Ruthenium-oxide-coated sodium vanadium fluorophosphate nanowires as high-power cathode materials for sodium-ion batteries [J]. Angewandte Chemie International Edition, 2015, 54 (22): 6452-6456.

[197] Sanz F, Parada C, Rojo J, et al. Synthesis, structural characterization, magnetic properties, and ionic conductivity of $Na_4MII_3(PO_4)_2(P_2O_7)$ (MII = Mn, Co, Ni) [J]. Chemistry of Materials, 2001, 13 (4): 1334-1340.

[198] Wood S M, Eames C, Kendrick E, et al. Sodium ion diffusion and voltage trends in phosphates $Na_4M_3(PO_4)_2P_2O_7$ (M = Fe, Mn, Co, Ni) for possible high-rate cathodes [J]. The Journal of Physical Chemistry C, 2015, 119 (28): 15935-15941.

[199] Kim H, Park I, Seo D H, et al. New iron-based mixed-polyanion cathodes for lithium and sodium rechargeable batteries: combined first principles calculations and experimental study [J]. Journal of the American Chemical Society, 2012, 134 (25): 10369-10372.

[200] Kim H, Park I, Lee S, et al. Understanding the electrochemical mechanism of the new iron-based mixed-phosphate $Na_4Fe_3(PO_4)_2(P_2O_7)$ in a Na rechargeable battery [J]. Chemistry of Materials, 2013, 25 (18): 3614-3622.

[201] Yuan T, Wang Y, Zhang J, et al. 3D graphene decorated $Na_4Fe_3(PO_4)_2(P_2O_7)$ microspheres as low-cost and high-performance cathode materials for sodium-ion batteries [J]. Nano Energy, 2019, 56: 160-168.

[202] Kim H, Yoon G, Park I, et al. Anomalous Jahn-Teller behavior in a manganese-based mixed-phosphate cathode for sodium ion batteries [J]. Energy & Environmental Science, 2015, 8 (11): 3325-3335.

[203] Nose M, Nakayama H, Nobuhara K, et al. $Na_4Co_3(PO_4)_2P_2O_7$: a novel storage material for sodium-ion batteries [J]. Journal of Power Sources, 2013, 234: 175-179.

[204] Moriwake H, Kuwabara A, Fisher C A, et al. Crystal and electronic structure changes during the charge-discharge process of $Na_4Co_3(PO_4)_2P_2O_7$ [J]. Journal of Power Sources, 2016, 326: 220-225.

[205] Nose M, Shiotani S, Nakayama H, et al. $Na_4Co_{2.4}Mn_{0.3}Ni_{0.3}(PO_4)_2P_2O_7$: high potential and high capacity electrode material for sodium-ion batteries [J]. Electrochemistry Communications, 2013, 34: 266-269.

[206] Lim S Y, Kim H, Chung J, et al. Role of intermediate phase for stable cycling of $Na_7V_4(P_2O_7)_4PO_4$ in sodium ion battery [J]. Proceedings of the National Academy of Sciences, 2014, 111 (2): 599-604.

[207] Lin X, Hou X, Wu X, et al. Exploiting Na_2MnPO_4F as a high-capacity and well-reversible cathode material for Na-ion batteries [J]. RSC Advances, 2014, 4 (77): 40985-40993.

[208] Zou H, Li S, Wu X, et al. Spray-drying synthesis of pure Na_2CoPO_4F as cathode material for sodium ion batteries [J]. ECS Electrochemistry Letters, 2015, 4 (6): A53-A55.

[209] Huang W, Zhou J, Li B, et al. Detailed investigation of $Na_{2.24}FePO_4CO_3$ as a cathode material for Na-ion batteries [J]. Scientific Reports, 2014, 4: 4188.

[210] Chen H, Hao Q, Zivkovic O, et al. Sidorenkite ($Na_3MnPO_4CO_3$): a new intercalation cathode material for Na-ion batteries [J]. Chemistry of Materials, 2013, 25 (14): 2777-2786.

[211] Shiva K, Singh P, Zhou W, et al. $NaFe_2PO_4(SO_4)_2$, a potential cathode for a Na-ion battery [J]. Energy & Environmental Science, 2016, 9 (10): 3103-3106.

[212] Ji Z, Han B, Liang H, et al. On the mechanism of the improved operation voltage of rhombohedral nickel hexacyanoferrate as cathodes for sodium-ion batteries [J]. ACS Applied Materials & Interfaces, 2016, 8 (49): 33619-33625.

[213] Song J, Wang L, Lu Y, et al. Removal of interstitial h_2o in hexacyanometallates for a superior cathode of a sodium-ion battery [J]. Journal of the American Chemical Society, 2015, 137 (7): 2658-2664.

[214] Wessells C D, Huggins R A, Cui Y. Copper hexacyanoferrate battery electrodes with long cycle life and high power [J]. Nature Communications, 2011, 2 (1): 550.

[215] Lu Y, Wang L, Cheng J, et al. Prussian blue: a new framework of electrode materials for sodium batteries [J]. Chemical Communications, 2012, 48 (52): 6544-6546.

[216] Mizuno Y, Okubo M, Hosono E, et al. Suppressed activation energy for interfacial charge transfer of a Prussian blue analog thin film electrode with hydrated ions (Li^+, Na^+, and Mg^{2+}) [J]. The Journal of Physical Chemistry C, 2013, 117 (21): 10877-10882.

[217] Wu X, Cao Y, Ai X, et al. A low-cost and environmentally benign aqueous rechargeable sodium-ion battery based on $NaTi_2(PO_4)_3$-$Na_2NiFe(CN)_6$ intercalation chemistry [J]. Electrochemistry Communications, 2013, 31: 145-148.

[218] You Y, Wu X L, Yin Y X, et al. A zero-strain insertion cathode material of nickel ferricyanide for sodium-ion batteries [J]. Journal of Materials Chemistry A, 2013, 1 (45): 14061-14065.

[219] Yue Y, Binder A J, Guo B, et al. Mesoporous Prussian blue analogues: template-free synthesis and sodium-ion battery applications [J]. Angewandte Chemie International Edition, 2014, 53 (12): 3134-3137.

[220] Ren W, Qin M, Zhu Z, et al. Activation of sodium storage sites in prussian blue analogues via surface etching [J]. Nano Letters, 2017, 17 (8): 4713-4718.

[221] Wang L, Lu Y, Liu J, et al. A superior low-cost cathode for a Na-ion battery [J]. Angewandte Chemie International Edition, 2013, 52 (7): 1964-1967.

[222] Yang D, Xu J, Liao X-Z, et al. Structure optimization of Prussian blue analogue cathode materials for advanced sodium ion batteries [J]. Chemical Communications, 2014, 50 (87): 13377-13380.

[223] Li W J, Chou S L, Wang J Z, et al. Multifunctional conducing polymer coated $Na_{1+x}MnFe(CN)_6$ cathode for sodium-ion batteries with superior performance via a facile and one-step chemistry approach [J]. Nano Energy, 2015, 13: 200-207.

[224] Wu X, Deng W, Qian J, et al. Single-crystal $FeFe(CN)_6$ nanoparticles: a high capacity and high rate cathode for Na-ion batteries [J]. Journal of Materials Chemistry A, 2013, 1 (35): 10130-10134.

[225] You Y, Wu X L, Yin Y X, et al. High-quality Prussian blue crystals as superior cathode materials for room-temperature sodium-ion batteries [J]. Energy & Environmental Science, 2014, 7 (5): 1643-1647.

[226] You Y, Yu X, Yin Y, et al. Sodium iron hexacyanoferrate with high Na content as a Na-rich cathode material for Na-ion batteries [J]. Nano Research, 2015, 8 (1): 117-128.

[227] Wang L, Song J, Qiao R, et al. Rhombohedral Prussian white as cathode for rechargeable sodium-ion batteries [J]. Journal of the American Chemical Society, 2015, 137 (7): 2548-2554.

[228] Yan X, Yang Y, Liu E, et al. Improved cycling performance of prussian blue cathode for sodium ion batteries by controlling operation voltage range [J]. Electrochimica Acta, 2017, 225: 235-242.

[229] You Y, Yao H R, Xin S, et al. Subzero-temperature cathode for a sodium-ion battery

[J]. Advanced Materials, 2016, 28 (33): 7243-7248.

[230] Takachi M, Matsuda T, Moritomo Y. Cobalt hexacyanoferrate as cathode material for Na^+ secondary battery [J]. Applied Physics Express, 2013, 6 (2): 025802.

[231] Xie M, Xu M, Huang Y, et al. $Na_2Ni_xCo_{1-x}Fe(CN)_6$: a class of Prussian blue analogs with transition metal elements as cathode materials for sodium ion batteries [J]. Electrochemistry Communications, 2015, 59: 91-94.

[232] Wu X, Wu C, Wei C, et al. Highly crystallized $Na_2CoFe(CN)_6$ with suppressed lattice defects as superior cathode material for sodium-ion batteries [J]. ACS Applied Materials & Interfaces, 2016, 8 (8): 5393-5399.

[233] Okubo M, Li C H, Talham D R. High rate sodium ion insertion into core-shell nanoparticles of Prussian blue analogues [J]. Chemical Communications, 2014, 50 (11): 1353-1355.

[234] Jiao S, Tuo J, Xie H, et al. The electrochemical performance of $Cu_3[Fe(CN)_6]_2$ as a cathode material for sodium-ion batteries [J]. Materials Research Bulletin, 2017, 86: 194-200.

[235] Lee H W, Wang R Y, Pasta M, et al. Manganese hexacyanomanganate open framework as a high-capacity positive electrode material for sodium-ion batteries [J]. Nature Communications, 2014, 5 (1): 5280.

[236] Lee H, Kim Y I, Park J K, et al. Sodium zinc hexacyanoferrate with a well-defined open framework as a positive electrode for sodium ion batteries [J]. Chemical Communications, 2012, 48 (67): 8416-8418.

[237] Doeff M M, Peng M Y, Ma Y, et al. Orthorhombic Na_xMnO_2 as a cathode material for secondary sodium and lithium polymer batteries [J]. Journal of The Electrochemical Society, 1994, 141 (11): L145-L147.

[238] Cao Y, Xiao L, Wang W, et al. Reversible sodium ion insertion in single crystalline manganese oxide nanowires with long cycle life [J]. Advanced Materials, 2011, 23 (28): 3155-3160.

[239] Sauvage F, Laffont L, Tarascon J M, et al. Study of the insertion/deinsertion mechanism of sodium into $Na_{0.44}MnO_2$ [J]. Inorganic Chemistry, 2007, 46 (8): 3289-3294.

[240] Kim H, Kim D J, Seo D H, et al. Ab initio study of the sodium intercalation and intermediate phases in $Na_{0.44}MnO_2$ for sodium-ion battery [J]. Chemistry of Materials, 2012, 24 (6): 1205-1211.

[241] Hosono E, Saito T, Hoshino J, et al. High power Na-ion rechargeable battery with single-crystalline $Na_{0.44}MnO_2$ nanowire electrode [J]. Journal of Power Sources, 2012, 217: 43-46.

[242] Qiao R, Dai K, Mao J, et al. Revealing and suppressing surface Mn (II) formation of $Na_{0.44}MnO_2$ electrodes for Na-ion batteries [J]. Nano Energy, 2015, 16: 186-195.

[243] Wang C H, Yeh Y W, Wongittharom N, et al. Rechargeable $Na/Na_{0.44}MnO_2$ cells with ionic liquid electrolytes containing various sodium solutes [J]. Journal of Power Sources, 2015, 274: 1016-1023.

[244] Demirel S, Oz E, Altin E, et al. Growth mechanism and magnetic and electrochemical

properties of $Na_{0.44}MnO_2$ nanorods as cathode material for Na-ion batteries [J]. Materials Characterization, 2015, 105: 104-112.

[245] Guo S, Yu H, Liu D, et al. A novel tunnel $Na_{0.61}Ti_{0.48}Mn_{0.52}O_2$ cathode material for sodium-ion batteries [J]. Chemical Communications, 2014, 50 (59): 7998-8001.

[246] Jiang X, Liu S, Xu H, et al. Tunnel-structured $Na_{0.54}Mn_{0.50}Ti_{0.51}O_2$ and $Na_{0.54}Mn_{0.50}Ti_{0.51}O_2$/C nanorods as advanced cathode materials for sodium-ion batteries [J]. Chemical Communications, 2015, 51 (40): 8480-8483.

[247] Xu S, Wang Y, Ben L, et al. Fe-based tunnel-type $Na_{0.61}[Mn_{0.27}Fe_{0.34}Ti_{0.39}]O_2$ designed by a new strategy as a cathode material for sodium-ion batteries [J]. Advanced Energy Materials, 2015, 5 (22): n/a-n/a.

[248] West K, Zachau-Christiansen B, Jacobsen T, et al. Sodium insertion in vanadium oxides [J]. Solid State Ionics, 1988, 28-30: 1128-1131.

[249] Su D W, Dou S X, Wang G X. Hierarchical orthorhombic V_2O_5 hollow nanospheres as high performance cathode materials for sodium-ion batteries [J]. Journal of Materials Chemistry A, 2014, 2 (29): 11185-11194.

[250] Wei Q, Liu J, Feng W, et al. Hydrated vanadium pentoxide with superior sodium storage capacity [J]. Journal of Materials Chemistry A, 2015, 3 (15): 8070-8075.

[251] Tepavcevic S, Xiong H, Stamenkovic V R, et al. Nanostructured bilayered vanadium oxide electrodes for rechargeable sodium-ion batteries [J]. ACS Nano, 2012, 6 (1): 530-538.

[252] Su D, Wang G. Single-crystalline bilayered V_2O_5 nanobelts for high-capacity sodium-ion batteries [J]. ACS Nano, 2013, 7 (12): 11218-11226.

[253] Ali G, Lee J H, Oh S H, et al. Investigation of the Na intercalation mechanism into nanosized V_2O_5/C composite cathode material for Na-ion batteries [J]. ACS Applied Materials & Interfaces, 2016, 8 (9): 6032-6039.

[254] Nishijima M, Gocheva I D, Okada S, et al. Cathode properties of metal trifluorides in Li and Na secondary batteries [J]. Journal of Power Sources, 2009, 190 (2): 558-562.

[255] Li C, Yin C, Gu L, et al. An $FeF_3 \cdot 0.5H_2O$ polytype: a microporous framework compound with intersecting tunnels for Li and Na batteries [J]. Journal of the American Chemical Society, 2013, 135 (31): 11425-11428.

[256] Ali G, Oh S H, Kim S Y, et al. An open-framework iron fluoride and reduced graphene oxide nanocomposite as a high-capacity cathode material for Na-ion batteries [J]. Journal of Materials Chemistry A, 2015, 3 (19): 10258-10266.

[257] Yamada Y, Doi T, Tanaka I, et al. Liquid-phase synthesis of highly dispersed $NaFeF_3$ particles and their electrochemical properties for sodium-ion batteries [J]. Journal of Power Sources, 2011, 196 (10): 4837-4841.

[258] Zhu J, Deng D. Wet-chemical synthesis of phase-pure FeOF nanorods as high-capacity cathodes for sodium-ion batteries [J]. Angewandte Chemie International Edition, 2015, 54 (10): 3079-3083.

[259] Zhou Y N, Sina M, Pereira N, et al. $FeO_{0.7}F_{1.3}$/C nanocomposite as a high-capacity

cathode material for sodium-ion batteries [J]. Advanced Functional Materials, 2015, 25 (5): 696-703.

[260] Wang C, Fang Y, Xu Y, et al. Manipulation of disodium rhodizonate: factors for fast-charge and fast-discharge sodium-ion batteries with long-term cyclability [J]. Advanced Functional Materials, 2016, 26 (11): 1777-1786.

[261] Chi X, Liang Y, Hao F, et al. Tailored organic electrode material compatible with sulfide electrolyte for stable all-solid-state sodium batteries [J]. Angewandte Chemie International Edition, 2018, 57 (10): 2630-2634.

[262] Chihara K, Chujo N, Kitajou A, et al. Cathode properties of disodium rhodizonate for sodium secondary battery [J]. ECS Meeting Abstracts, 2012.

[263] Lee M, Hong J, Lopez J, et al. High-performance sodium-organic battery by realizing four-sodium storage in disodium rhodizonate [J]. Nature Energy, 2017, 2 (11): 861-868.

[264] Kim H, Kwon J E, Lee B, et al. High energy organic cathode for sodium rechargeable batteries [J]. Chemistry of Materials, 2015, 27 (21): 7258-7264.

[265] Yao M, Kuratani K, Kojima T, et al. Indigo carmine: an organic crystal as a positive-electrode material for rechargeable sodium batteries [J]. Scientific Reports, 2014, 4 (1): 3650.

[266] Renault S, Mihali V A, Edström K, et al. Stability of organic Na-ion battery electrode materials: the case of disodium pyromellitic diimidate [J]. Electrochemistry Communications, 2014, 45: 52-55.

[267] Wang S, Wang L, Zhu Z, et al. All organic sodium-ion batteries with $Na_4C_8H_2O_6$ [J]. Angewandte Chemie International Edition, 2014, 53 (23): 5892-5896.

[268] Wang C, Jiang C, Xu Y, et al. A selectively permeable membrane for enhancing cyclability of organic sodium-ion batteries [J]. Advanced Materials, 2016, 28 (41): 9182-9187.

[269] Chen X, Wu Y, Huang Z, et al. $C_{10}H_4O_2S_2$/graphene composite as a cathode material for sodium-ion batteries [J]. Journal of Materials Chemistry A, 2016, 4 (47): 18409-18415.

[270] Zhang W, Sun P, Wu H, et al. Thioindigo: a novel cathode material of sodium ion battery predicted through dispersion-corrected density functional theory [J]. Computational Materials Science, 2018, 143: 255-261.

[271] Luo W, Allen M, Raju V, et al. An organic pigment as a high-performance cathode for sodium-ion batteries [J]. Advanced Energy Materials, 2014, 4 (15): 1400554.

[272] Deng W, Shen Y, Qian J, et al. A perylene diimide crystal with high capacity and stable cyclability for na-ion batteries [J]. ACS Applied Materials & Interfaces, 2015, 7 (38): 21095-21099.

[273] Banda H, Damien D, Nagarajan K, et al. Twisted perylene diimides with tunable redox properties for organic sodium-ion batteries [J]. Advanced Energy Materials, 2017, 7 (20): 1701316.

[274] Gu J, Gu Y, Yang S. 3D organic $Na_4C_6O_6$/graphene architecture for fast sodium

storage with ultralong cycle life [J]. Chemical Communications, 2017, 53 (94): 12642-12645.

[275] Wang H G, Yuan S, Ma D L, et al. Tailored aromatic carbonyl derivative polyimides for high-power and long-cycle sodium-organic batteries [J]. Advanced Energy Materials, 2014, 4 (7): 1301651.

[276] Xu F, Wang H, Lin J, et al. Poly (anthraquinonyl imide) as a high capacity organic cathode material for Na-ion batteries [J]. Journal of Materials Chemistry A, 2016, 4 (29): 11491-11497.

[277] Xu F, Xia J, Shi W. Anthraquinone-based polyimide cathodes for sodium secondary batteries [J]. Electrochemistry Communications, 2015, 60: 117-120.

[278] Deng W, Liang X, Wu X, et al. A low cost, all-organic Na-ion battery based on polymeric cathode and anode [J]. Scientific Reports, 2013, 3 (1): 2671.

[279] Song Z, Qian Y, Zhang T, et al. Poly (benzoquinonyl sulfide) as a high-energy organic cathode for rechargeable Li and Na batteries [J]. Advanced Science, 2015, 2 (9): 1500124.

[280] Tang M, Zhu S, Liu Z, et al. Tailoring π-conjugated systems: from π-π stacking to high-rate-performance organic cathodes [J]. Chem, 2018, 4 (11): 2600-2614.

[281] Zhao R, Zhu L, Cao Y, et al. An aniline-nitroaniline copolymer as a high capacity cathode for Na-ion batteries [J]. Electrochemistry Communications, 2012, 21: 36-38.

[282] Zhou M, Zhu L, Cao Y, et al. Fe(CN)$_6$-doped polypyrrole: a high-capacity and high-rate cathode material for sodium-ion batteries [J]. RSC Advances, 2012, 2 (13): 5495-5498.

[283] Zhou M, Xiong Y, Cao Y, et al. Electroactive organic anion-doped polypyrrole as a low cost and renewable cathode for sodium-ion batteries [J]. Journal of Polymer Science Part B: Polymer Physics, 2013, 51 (2): 114-118.

[284] Shen Y F, Yuan D D, Ai X P, et al. Poly (diphenylaminesulfonic acid sodium) as a cation-exchanging organic cathode for sodium batteries [J]. Electrochemistry Communications, 2014, 49: 5-8.

[285] Zhou M, Li W, Gu T, et al. A sulfonated polyaniline with high density and high rate Na-storage performances as a flexible organic cathode for sodium ion batteries [J]. Chemical Communications, 2015, 51 (76): 14354-14356.

[286] Fang C, Huang Y, Yuan L, et al. A metal-organic compound as cathode material with superhigh capacity achieved by reversible cationic and anionic redox chemistry for high-energy sodium-ion batteries [J]. Angewandte Chemie International Edition, 2017, 56 (24): 6793-6797.

[287] Sakaushi K, Hosono E, Nickerl G, et al. Aromatic porous-honeycomb electrodes for a sodium-organic energy storage device [J]. Nature Communications, 2013, 4 (1): 1485.

第 5 章

钠离子电池负极材料

5.1 负极材料的概述

上一章中，我们讨论了不同正极材料在钠离子电池中的应用及其基本性质，作为钠离子电池的重要组成部分，负极材料的性能也显得尤为重要。对于负极材料来说，高容量的负极首先考虑的是金属钠电极。金属钠（Na^+/Na）的标准电极电势为-2.71V（相对于SHE），比锂的电位（-3.07V）稍高一些，钠熔点（97.7℃）较低，质量比容量为1160mA·h/g。然而，与金属锂类似，采用金属钠作为负极也存在许多问题，如在长期循环充放电过程中，钠会在电极表面不均匀沉积而产生枝晶，进而穿透隔膜，造成短路；同时，钠的熔点较低，容易引起电池内部短路而发生爆炸，存在严重的安全隐患。因此，常规的钠片不宜作为商业化应用的钠离子电池负极材料。受锂离子电池负极材料的启发，研究者积极探索具有优良储钠性能的负极材料，这些材料需要满足以下要求[1]：

① 具有合适的输出电压，钠嵌入脱出过程中电极电位变化较小；
② 具有较高的储钠容量以及库仑效率，保证较高的能量密度；
③ 循环过程中体积变化小，循环结构稳定性良好；
④ 较高的离子迁移率和电子电导率；
⑤ 与电解液的兼容性好，较好的化学稳定性和热稳定性；
⑥ 原料丰富，价格低廉，环境友好，工艺简便。

如图5-1所示，目前钠离子电池负极材料主要包括碳基材料、氧（硫）化物材料、钛基材料、非金属单质材料和有机材料。虽然目前研究的钠离子电池负极材料种类繁多，然而基于钠化与去钠化过程，其储钠机制可以分为以下几类，如图5-2所示[2]。

① 嵌入反应机制：Na^+插入材料结构的空位中，形成含钠的化合物。常见的材料有碳基材料，以及小部分的氧化物和硫化物。
② 转化反应机制：在储钠反应过程中材料发生转化反应，生成金属单质或相应低价化合物，结构和物相发生变化。常见的材料有金属氧化物和硫族化合物。
③ 合金反应机制：金属或非金属与Na^+发生合金反应，能实现多个Na^+的储存。常见的具有合金性质的材料有Sn、Sb、P等。
④ 有机物反应机制：通过发生不同的氧化还原反应，实现多电子转移，从而实现高容量储钠。常见的是含有羰基的小分子有机化合物。

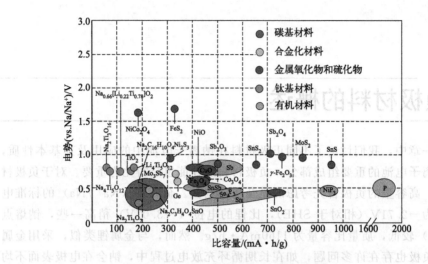

图 5-1 不同钠离子电池负极材料[1]

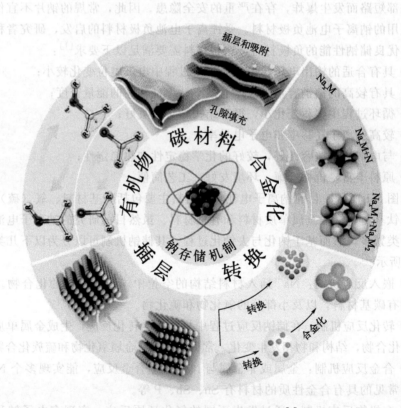

图 5-2 钠离子电池负极材料的分类[2]

5.2 嵌入反应负极材料

嵌入反应是指电解质中的钠离子在电势的推动下嵌入电极材料主体晶格（或从晶格中脱出）的过程。嵌入反应体系主体晶格的结构骨架稳定且主体晶格内应存在一定数量的离子空位和离子通道。

嵌入反应可以用下式表示：

$$Na^+ + e^- + \langle S \rangle \rightleftharpoons Na\langle S \rangle$$

式中，$\langle S \rangle$ 表示主体晶格中可供钠离子嵌入的单元结构；$Na\langle S \rangle$ 表示嵌入化合物。

5.2.1 碳基负极材料

碳基材料具有资源丰富、结构多样、成本较低等特点，是钠离子电池中研究比较广泛的一类负极材料。目前用于储钠的碳基材料分为石墨类碳、非石墨类碳（软炭和硬炭）、纳米/多孔碳和掺杂碳材料等。

5.2.1.1 石墨类碳及其衍生物

目前锂离子电池商用负极材料主要为石墨类材料，它由平面六角网状石墨烯组成，层间通过范德华力将石墨烯片吸引在一起。根据片层堆垛方式不同，一般石墨材料结构可分为六方石墨排列方式 ABABAB（2H）型和菱形石墨排列方式 ABCABC（3R）型[3]。如图 5-3 所示，六方晶结构为每隔一层可以找到相同排列的碳层，而菱形晶结构则隔两层可以找到相同排列的碳层。在碳材料中，这两种结构一般是共存的，六方石墨占的比例更大。石墨结晶度高，有规则的层状结构和良好的导电性，适合 Li^+ 的嵌入和脱出，并且来源广泛，价格低廉，因此成为研究者关注和开发的热点。石墨的储锂机理是 Li^+ 嵌入石墨层间形成一阶石墨层间化合物 LiC_6（理论容量为 372mA·h/g，实际容量已经接近理论容量的 96% 左右）。然而，Na^+ 在石墨中的嵌入量却很少，仅能形成 NaC_{64} 高阶化合物。在充放电过程中，锂离子在层状石墨碳中进行可逆的嵌入与脱出，钠离子由于半径（0.102nm）较大，难以嵌入石墨层状结构中，仅有少量钠离子嵌入层中。较大离子半径钠离子的嵌入也会破坏其原有的层状结构，造成其热力学不稳定、活性较低，从而限制了其储钠容量（一般几十毫安时每克）。低储钠容量的原因可能是石墨的层间距（$d_{002}=0.334$nm）和钠离子的半径不匹配，造成 Na-C 化合物的能量较高，热力学受到限制。因此，石墨被普遍认为不适合用作钠离子电池的负极材料[4]。

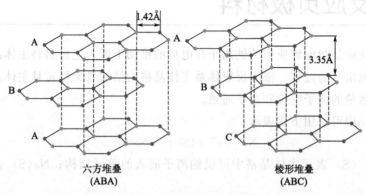

图 5-3　石墨晶体示意图[3]

钠离子不能很好地嵌入石墨层中并不完全是其较大的离子半径所导致的。近年来许多研究结果表明半径更大的碱金属离子［如钾（K）、铷（Rb）和铯（Cs）］可以嵌入石墨层中形成石墨层间化合物[5-7]。针对石墨储钠性能差的现象，研究者通过理论计算揭示了钠离子插入石墨后的石墨层间化合物的稳定性。Nobuhara 等[6] 通过第一性原理计算（first-principles calculations）得到不同阶段的钠-石墨层间化合物的形成能，结果发现即便是低阶的钠-石墨层间化合物（NaC_{12}、NaC_{16}）也是不稳定的。这主要是由于钠离子嵌入石墨层中后，石墨的 C-C 键拉伸导致形成的石墨层间化合物不稳定。Liu 等[7] 结合赫斯定律（Hess's law）和密度泛函理论（density functional theory，DFT）发现钠-石墨层间化合物的形成能过高，其主要原因是钠原子嵌入拉伸的石墨层的结合能太低，无法抵消石墨层拉伸和块状金属蒸发形成单个原子的能量损失。

上述计算结果表明，不能形成稳定的钠-石墨层间化合物 NaC_6，阻碍了石墨在钠离子电池中的应用。为此，研究者们采用了多种方法来实现石墨储钠。Cao 等[8] 通过理论计算发现，当石墨层间距扩大到 0.37nm 及以上时，钠离子就能跨越能垒嵌入石墨层中。近年来，通过一些改性手段扩大石墨层间距，使其具备了一定的容量。2000 年，Thomas 等[9] 对一种比表面积为 $15m^2/g$ 的石墨，采用先在 460℃下真空热处理、后机械球磨的方法，使其具备一定的储钠容量。其原理是通过球磨法增大了石墨孔层的结构，为 Na^+ 的嵌入（或吸附）提供了活性点，提高了储钠容量。但由于产生更多的表面和边缘缺陷，使得比表面积过大，在形成 SEI 膜过程中造成大量的电解液分解，导致初始库仑效率很低。Wen

等[10]通过对石墨先氧化后部分还原的方法制备了膨胀石墨负极材料,获得的层间距为0.43nm的膨胀石墨,在电流密度为20mA/g时其可逆比容量达到284mA·h/g;在电流密度为100mA/g时,可逆比容量达到184mA·h/g,2000次循环以后容量保持率为73.9%。储钠容量的提高主要是膨胀石墨保留长程有序的层状结构,并扩大了层间距,使得Na^+能够在膨胀石墨层间可逆嵌入脱出[10]。对于氧化石墨材料来说,虽然氧化石墨层间距足够支撑Na^+的嵌入,但是层间大量含氧官能团限制了Na^+的嵌入数量;膨胀石墨由于具有适合的层间距和较少的含氧官能团,具有较大的储钠量。Wang等[11]发现,还原氧化石墨烯(RGO)具有较高的容量和循环稳定性,在电流密度为40mA/g时,可逆比容量达到174.3mA·h/g,循环1000次以后可逆比容量仍能保持141mA·h/g。良好的循环性能是由于RGO有大的层间距和无序度,且二维的纳米薄片结构有效缩短了Na^+的扩散路径。

Wang等[12]以氧化石墨烯和吡咯为原料,合成了二维多孔氮掺杂碳材料,在电流密度为50mA/g时,可逆比容量为349.7mA·h/g,这是由于氮杂原子的引入使材料的容量以及电导率都得到了提高。Li等[13]采用氧化石墨烯和葡萄糖为前体合成了无定形碳/石墨烯纳米复合负极材料,作为支撑的无定形碳可将石墨烯层间距扩大,提供了宽的储钠空间,使得材料具有优异的循环稳定性和倍率性能。电流密度为10A/g时,其可逆比容量达到120mA·h/g;电流密度为0.5A/g时,经2500次循环后,比容量仍能保持142mA·h/g以上,容量保持率达到83.5%。

除了扩大石墨层间距的方法外,近年来研究者还发现在醚类电解液中,溶剂分子与Na^+可以共嵌入石墨层中实现石墨的储钠。Jache等[14]发现在二乙二醇二甲醚(diglyme)电解液中,溶剂化的钠离子可以嵌入石墨层中形成Na(diglyme)$_y$C$_{20}$($y=1$或2)。在37.2mA/g的电流密度下,可逆比容量接近100mA·h/g,循环1000周容量基本不衰减。2015年,Kim等[15]改用天然石墨,在二乙二醇二甲醚电解液中,石墨储钠比容量高达150mA·h/g,对应形成NaC$_{15}$石墨层间化合物,且在2500周循环下容量保持率为80%。他们还发现在醚类电解液中,石墨储钠机理不仅仅是溶剂化钠离子共嵌入,还包含了部分赝电容行为。Kim等[16]进一步研究了在醚类电解液中的石墨储钠机理。通过对比DFT理论计算结果和同步X射线衍射图谱得到的石墨层间距,可以发现形成的三元共嵌化合物更有可能为(Na-DEGDME)C$_{12.9}$。进一步的实验结果显示只有在线型醚类电解液中才能发生共嵌入行为,且随着线型醚类的链增长,储钠电压平台也在逐渐增加。

虽然石墨可以在线型醚类电解液中通过溶剂化钠离子共嵌入的方式表现出相

对较好的储钠性能,但是其面临的挑战和问题也同样不可忽视。首先,石墨在醚类电解液中表现的储钠比容量(<150mA·h/g)较低,同时电压平台(0.59~0.77V,相对于Na^+/Na)较高,组成的钠离子全电池的能量密度偏低;其次,石墨与溶剂化钠离子共嵌入的过程中会发生巨大的体积膨胀(346%),在长时间反复充放电过程中可能会导致石墨的粉化;另外,醚类电解液在高压下不稳定,这将会限制钠离子全电池正极材料的选择,对开发高比能量的钠离子电池不利。因此,提高石墨电极在醚类电解液中的稳定性和发展高电压稳定的醚类电解液,可能为石墨储钠的应用开辟新的途径。

5.2.1.2 非石墨化碳材料

图 5-4 硬炭和软炭的结构示意图[17]

非石墨化碳主要包括硬炭和软炭两大类。软炭和硬炭同属无定形碳,其结构由无定形区和石墨类纳米晶两部分组成,且都有一定石墨化的趋势。软炭和硬炭的结构如图 5-4 所示[17],其结构主要有两方面的区别:

① 在结构方面,软炭石墨化程度较高,层间距与石墨基本相同,而硬炭石墨化程度低,层状结构不发达,层间距比石墨大,并且层间距可以通过热解条件来调整。

② 在石墨化难易方面,软炭在 2500℃ 以上的高温下能石墨化,而硬炭在 2500℃ 以上的高温也难以石墨化[17]。硬炭的无序结构使得其拥有更多的缺陷、空位,即更多的储钠活性位点;其层间距较大,更适合钠离子的嵌入与脱出,而且能在钠离子嵌入脱出过程中保持良好的稳定性。故相较于软炭,硬炭更适宜用作钠离子电池负极材料。此外,由于硬炭具有来源广泛、制备简单等优势,也是研究最多的碳负极材料[18]。硬炭主要有树脂炭(酚醛树脂、环氧树脂、聚糠醇 PFA-C)、有机聚合物热解炭(聚丙烯腈、聚偏氟乙烯)、炭黑等。而软炭呈现石墨化微晶,主要有沥青焦、中间相沥青、焦炭、石墨化中间相碳微球等。

(1) 软炭的储钠性质

对于软炭材料来说,其内部的石墨微晶的排布相对有序,且微晶片层的宽度和厚度较大,储钠机理主要表现为碳层边缘、碳层表面以及微晶间隙对 Na^+ 的吸附。1993 年,Doeff 等[19] 首次报道了石油焦炭(petroleum coke)和导电炭黑在钠离子电池(86℃)中的电化学行为,在聚环氧乙烯电解质中分别可形成 NaC_{30} 和 NaC_{15}(分别对应约为 75mA·h/g 和 149mA·h/g 的可逆比容量)。2001 年,Stevens 等[20] 发现沥青热解软炭在室温钠离子电池中可以达到约 130mA·h/g 的储钠比容量,与同时期的硬炭(可逆比容量 300mA·h/g)相比，存在储钠比容量较低且其平均嵌钠电位更高的问题，因此软炭在2000年到2014年间关注度不高[21-24]。直到2014年之后，通过使用不同的聚合物和石油衍生物为高温热解前体，如沥青[25-30]、聚四羧酸二酐[31]、萘三羧酸二酐，并加以各种不同处理方法，软炭的储钠比容量可以达到330mA·h/g以上，逐渐成为研究热点。Alcántara等[23,24]将石油残余物在750℃热处理后获得的中间碳微珠（聚丙烯腈、聚偏氟乙烯等）具有一定的嵌钠性能。随后，他们通过热解间苯二酚和甲醛的混合物制备微球状碳颗粒，表现出高度无序结构和低比表面积，可逆比容量达到285mA·h/g。Adelhelm等[32]采用中间相碳沥青制备模板碳负极材料，与市场上销售的多孔碳材料和非多孔石墨相比，模板碳显示出更为优越的电化学性能：即使在2C和5C下的可逆比容量仍然大于100mA·h/g，循环25周之后的库仑效率依旧保持在99.8%。Luo等[33]通过热解$C_{24}H_8O_6$获得软炭负极材料，研究了在不同热解温度下得到的纯软炭的层间距和其相应的Na^+存储性质之间的相关性。实验结果表明，软炭负极材料的乱层微晶会随着热解温度的改变发生膨胀，层间距从约0.36nm增加到约0.42nm，从而提升其电化学性能。900℃下热解获得的软炭材料在1000mA/g的电流密度下表现出114mA·h/g的可逆比容量，倍率性能和循环性能优异。

由于软炭在高温热解过程中会形成流动中间相，更容易形成长程有序的结构，导致层间距减小，储钠容量受到限制，所以除了选择合适的软炭热解前体外，常用的增加软炭储钠容量的方法是增加软炭材料的无序度。一般方式如下：

① 软硬炭复合。在软炭热解前体中加入硬炭热解前体，混合后热解。具体介绍见硬炭章节。

② 加入造孔剂或氧化剂，活化软炭，如添加纳米碳酸钙等造孔剂，在空气中热解预氧化沥青等。Cao等[26]以纳米碳酸钙为模板，制备合成了介孔沥青碳，缩短了离子扩散的距离并增加了电解液的润湿性，增强了其可逆储钠容量和倍率性能。该软炭在30mA/g的电流密度下，可逆比容量可以达到331mA·h/g，在5A/g的电流密度下，仍有63mA·h/g的比容量。但是由于增大了比表面积，该软炭的首周库仑效率较低，仅为45%。Lu等[29]通过在空气中低温预氧化沥青的方法，即先将沥青在低温空气中热解预处理再进行高温裂解，从而将沥青热解碳的可逆比容量从94mA·h/g提高至300.6mA·h/g。导致沥青热解碳储钠比容量增加的原因是低温预氧化沥青能够引入含氧官能团，促使沥青在低温热解过程中形成交联结构，同时在高温热解过程中有效抑制沥青在热解过程中出现流动中间相，避免碳层重排，将沥青热解碳的结构变得无序。因此，预氧化的软炭在热解过程中趋向于形成硬炭的结构，使得电化学曲线出现一个低电位平台（0.1V，相对于Na^+/Na），表现出硬炭的电化学行为。

由上可知，选取不同软炭的热解前体和预处理方法将会改变软炭的结构，从而对软炭的储钠性能有极大的影响。因此，理解认识软炭的储钠机理极为重要。软炭在钠离子电池的充放电曲线中仅存在一个斜坡电压区。Stevens 等[20] 发现软炭在锂离子电池和钠离子电池中电化学曲线存在相似性，从而认为软炭的斜坡电压区对应的是钠离子插入乱层堆积的石墨层中。该课题组采用原位 XRD 观测到软炭在锂离子电池和钠离子电池中的充放电过程中都出现了（002）峰的偏移，对应类石墨层层间距的变化，证明了斜坡区对应钠离子嵌入类石墨层中。Jian 等[31] 通过高温热解 PTCDA 得到软炭在循环伏安曲线中存在一个 0.5V 左右的不可逆还原峰，对应软炭的"准平台"。他们结合非原位 XRD 和透射电镜（TEM）发现这个不可逆峰对应着钠离子嵌入碳层中被"困住"（trapping），造成类石墨层层间距增大至 3.8Å，并在之后的循环过程中保持不变。同时他们还发现随着热解温度的升高，斜坡区的容量降低，说明在 0.5V 之前和之后的斜坡电压区对应的是钠离子与软炭缺陷的结合。

总的来说，通过合成方法的改善能有效提高软炭的电化学性能，但是改善后的软炭材料一般随着其储钠比容量提升，也伴随着首周库仑效率的降低和平均氧化电压的升高，不利于钠离子全电池能量密度的提升。同时改善后的软炭材料其储钠容量一般在 200mA·h/g 左右，平均氧化电压接近 0.5V，首周库仑效率一般在 60% 左右，其性能不如硬炭材料。然而，软炭优异的倍率性能和循环性能可能为商品化钠离子电池快充技术提供材料选择。

(2) 硬炭储钠性质

① 硬炭结构及储钠性能。硬炭材料由于具有高度无序的结构和大的层间距，作为钠离子电池负极得到广泛的关注。将酚醛树脂、蔗糖、生物质原料等高温热解，都可得到层间距较大的硬炭材料，使得硬炭基负极材料具有较低的嵌钠电位（约 0.1V，相对于 Na^+/Na）、较高的储钠容量（约 300mA·h/g）、环境友好和价格低廉等优点，是最具有商业化前景的储钠负极材料。2000 年，Stevens 等[34] 以葡萄糖为前体高温热解合成硬炭材料，并研究其储钠行为。该硬炭材料具有高达 300mA·h/g 的可逆比容量，接近于石墨嵌锂容量，引发了研究者的极大关注。为了提高硬炭负极材料的储钠性能，研究者通过对前体和热解条件进行调节，设计合成了具有不同结构的硬炭材料。

Matsuo 等[35] 在不同温度下裂解氧化石墨烯制备了不同层间距（0.334～0.422nm）的硬炭材料，相比于石墨，这些硬炭材料具有较多的缺陷，300℃制备的碳材料比容量高达 252mA·h/g。Matsuo 等人[35] 将微石墨和石墨化碳纤维在不同温度下炭化得到膨胀石墨材料（层间距为 0.3493～0.4038nm），合成的膨胀石墨储钠性能优于膨胀石墨化碳纤维，容量保持率从 40%～50% 提高到了80%。近年来，生物质热解硬炭材料也得到了广泛的关注。Lotfabad 等[36]通过热解香蕉皮得到的硬炭材料具有较小的比表面积（19～217m²/g），在 50mA/g 下循环 10 次后具有 335mA·h/g 的比容量。Liu 等[37] 通过简单的炭化处理玉米棒得到硬炭材料，具有 300mA·h/g 的可逆比容量和高的首次库仑效率（86%），以及良好的循环寿命。此外，由于生物质原材料通常都含有一定量的氮、磷、硫等元素，因此直接炭化生物质原材料制备的硬炭材料会含有少量的杂原子。Hu 课题组[38] 将豌豆荚炭化后，材料含有丰富的硫元素和氮元素，在 1C 倍率下具有 230mA·h/g 的储钠容量，循环 100 周之后的容量保持率为 97%。

② 硬炭储钠机制。通过以上硬炭结构与性能的介绍，可以看出硬炭材料的结构对硬炭的储钠性能有着极大的影响。由于硬炭材料结构无序复杂，存在较多的微孔区域和缺陷区域，因此对硬炭的储钠机理存在较大的争议。硬炭的充放电曲线表现为两个部分，一个是 0.1V 左右（相对于 Na^+/Na）的低电位平台，一个是 1～0.1V（相对于 Na^+/Na）之间的斜坡区。结合 Dahn 课题组[34] 提出的纸牌屋结构（house of cards），硬炭结构中可能存在的储钠位点主要分为三个部分：a. Na^+ 在类石墨层缺陷处、大间距碳层面上和表面开放孔中的吸脱附；b. Na^+ 在类石墨层层间的嵌入；c. Na^+ 在碳材料微孔（包括开放孔和闭合孔）中的沉积。

Dahn 等[20] 通过对比葡萄糖热解碳的储钠曲线和储锂曲线，发现其首周充放电曲线极为相似，并结合硬炭的"house of cards"的结构模型，提出硬炭充放电曲线的斜坡区对应的是类石墨层嵌钠，低电位平台区对应的是微孔吸附沉积。为了方便与之后提到的机理进行对比，文献中将其简称为"插入-吸附"机理[34]。之后 Komaba 等[39] 在充放电过程中对硬炭材料进行了 XRD、SAXS 和 Raman 监测，发现在斜坡电位区，石墨层层间距增大，符合"插入-吸附"机理的预测。Reddy 等[40] 通过对硬炭材料进行原位 Raman 分析，发现在高电位斜坡区，会出现 G 峰的红移，归于 C-C 键的延长和强度减弱，对应嵌入反应的发生，也符合"插入-吸附"机理的结果。

针对硬炭材料中不同的储钠位点和独特的电化学曲线，Xu 等[41] 对硬炭储钠机制给出了不同的理解（图 5-5）。他们提出的"吸附-插入"模型与实验结果非常吻合，并且通过硬炭的微观结构变化的表征，可以加深对硬炭储钠行为和性能-热解温度依赖关系的理解。如图 5-5(a) 所示，其微观结构的演变以及钠存储行为包括五个阶段。阶段 1：前体在较低温度下的热解产生高度无序的碳，层间距大于 0.40nm，层间距离足够大，Na^+ 很容易发生类似表面的"赝电容吸附"，导致钠存储行为类似于由边缘、纳米孔和杂原子等常规缺陷引起的"缺陷

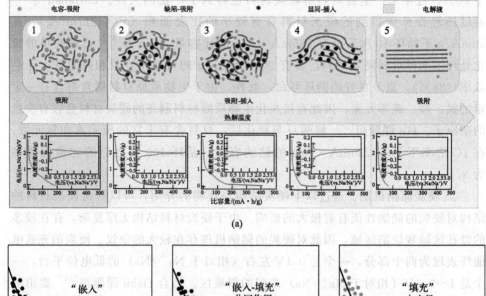

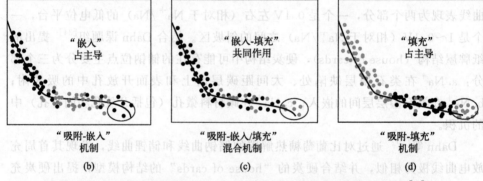

图 5-5 （a）硬炭热解温度下的微观结构、储钠机制和行为的示意图[41]；
（b）~（d）硬炭储钠的统一机制（"吸附-嵌入/填充"混合机制）[46]

吸附"。层间距超过 0.40nm 的空间可以定义为 Na^+ 存储的特殊"缺陷"，导致放电/充电曲线中的倾斜容量和高于 0.1V 的 CV 曲线中的宽峰。因此，具有较大层间距（>0.40nm）的硬炭的电化学行为表现出钠存储的"吸附"机制。由于所有容量都来自表面活性位点（包括大的层间空间、边缘、纳米孔和杂原子）的"吸附"，没有相变或结构变化，因此在此阶段获得的硬炭材料通常具有良好的循环稳定性和倍率性能。阶段 3：随着热解温度的升高，高度无序的石墨微晶重新排列，层间距减小到 0.36~0.40nm。而这个层间距离对于 Na^+ 来说太小，不容易进行"赝电容吸附"，但对于 Na^+"层间插入"来说已经足够大。因此，碳夹层中的钠储存机制从"赝电容吸附"转变为"层间插入"，材料的充放电曲线中电压平台在 0.1V 以下，并且 CV 中的氧化还原峰位置也低于 0.1V 的。然而，传统的缺陷诸如边缘、纳米孔和杂原子也可以通过"缺陷吸附"提供一定的容量。因此，此阶段的硬炭材料通常具有较高的容量，但其循环稳定性和倍率性能不如第一阶段"吸附"的高度无序碳。第 5 阶段：重排导致碳转化为类石墨状态，层间距离小于 0.36nm，并在高热解温度下产生少量残留缺陷和空隙。由于层间距对于 Na^+ 插入来说太小，平台区域消失了。只能观察到一个小的倾斜区域，这源于残留的缺陷和空隙。"缺陷吸附"机制赋予这一阶段的碳良好的循环稳定性和高倍率能力，但容量太低，不适合作为钠离子电池负极。值得注意的是，硬炭从高度无序状态到类石墨状态的转变是一个复杂、缓慢的过程。碳的微观结构不均匀，多种微晶相共存。第 2 阶段是从第 1 阶段到第 3 阶段的过渡状态，其中大于 0.40nm 和 0.36~0.40nm 的夹层共存，提供"伪吸附"和"夹层插入"。第 4 阶段是从第 3 阶段到第 5 阶段的过渡状态，层间距在 0.36~0.40nm 的部分域有利于 Na^+ 的"层间插入"，形成 NaC_8 化合物。其具有 279mA·h/g 的高理论容量，而"赝电容吸附"由于具有高的微观结构稳定性和离子扩散动力学，在循环稳定性和倍率性能方面具有优越性。因此硬炭材料的微观结构可以通过控制热解条件来调整，并且通常可以在第 2 阶段的硬炭中实现关于容量、循环和倍率性能的优化[41]。

  Cao 等[8] 发现硬炭嵌钠的低电位平台区类似于石墨嵌锂，通过理论计算，指出增大碳层间距可有效降低钠离子的嵌入能垒，同时也提出钠离子在硬炭材料中嵌入脱出的合适层间距为 0.37nm 左右；根据这一理论分析，最早提出了低电位平台区对应钠离子在类石墨层层间的嵌入脱出，高电位斜坡区对应钠离子在硬炭表面的吸附行为，即"吸附-嵌入"机理。Mitlin 等[42] 通过改变硬炭前体的热解温度，发现随着热解温度的升高，其低电位平台区容量增加。同时该课题组利用 ex-situ XRD 研究了硬炭材料在充放电过程中的结构变化，发现放电至低电位平台区时，其 $d_{(002)}$ 增大，对应嵌入反应的发生。Bommier 等[43] 通过 ex-situ XRD 和 GITT 等方法，进一步验证了该机理。Cao 等[44] 对充放电过程中的硬炭材料进行了细致的结构分析，发现放电至 0.1V 存在类石墨层层间距增大的现象，对应钠离子嵌入类石墨层层间，符合"吸附-嵌入"机理的预测。同时，基于"吸附-嵌入"机理，他们设计合成出了一种具有合适层间距且含少量微孔的硬炭材料，该材料具有 362mA·h/g 高可逆比容量和 86.1% 的首周库仑效率，且仅平台区容量就高达 230mA·h/g。Tarascon 等[45] 用原位 XRD 观测碳纳米纤维在充放电过程中的结构变化，发现在整个放电过程中 (002) 峰没有发生偏移，对应类石墨层层间距没有变化，说明整个充放电过程中无嵌入行为。他们提出了高电位区 (1.0V 之前) 对应 Na^+ 在缺陷处的吸附；中间斜坡电位区 (0.1~1V) 对应 Na^+ 吸附在混乱堆砌的类石墨层上；而低电位平台区 (约 0.1V) 对应 Na^+ 填充 (或沉积) 在微孔中，即"吸附-填充"机制。

  实际上，上述提出的一些储钠机制只能解释部分硬炭储钠的现象，并不能与所有的硬炭储钠表征结果相一致。最近的一些文章对硬炭斜坡区的储钠机制达成了统一的认识,即斜坡区主要对应于 Na^+ 在开放的表面、缺陷结构和较大的层间结构（$d>0.4nm$）的吸附。然而,对于硬炭低电位平台的储钠机制,仍然存在争议。基于对硬炭储钠的思考,为了全面研究硬炭低电位的储钠机制,Cao 等[46]制备了两种具有不同微观结构的硬炭材料,即分别以类石墨微区和微孔为主的微观结构。并通过系列电化学表征、现场 X 射线衍射、非原位拉曼光谱、核磁共振谱和理论计算等,系统地探究了两个材料微观结构与其储钠行为之间的关系。基于实验现象,作者提出了一种新的硬炭储钠的统一机制（"吸附-嵌入/填充"混合机制）[图 5-5(b)~(d)]：硬炭材料的低电位平台区容量来源于层间嵌入和微孔填充的共同贡献,而两者的比例取决于硬炭材料的微观结构。此外,作者还提出根据放电曲线末端是否存在电位拐点,可以判断层间嵌入和微孔填充机制的主导地位。研究硬炭储钠机理和探索硬炭材料在储钠过程中的结构变化,是设计合成高性能硬炭负极的首要条件。该机制建立了对硬炭储钠机制的统一认识,对高性能硬炭负极材料的结构设计和开发具有重要意义,其讨论将进一步加深我们对机制的认识和加快硬炭应用开发的进程。

(3) 硬炭材料面临的挑战及解决方法

与软炭和石墨相比,硬炭材料具有更高的可逆容量、较低的平均嵌钠电位等优势,可大大提升钠离子电池的能量密度,但是其较低的首周库仑效率、差的倍率性能,以及长循环容量衰减等问题,限制了硬炭负极在钠离子电池中的应用。常见的解决方法主要从硬炭材料结构和电解液组成两方面进行优化。

① 硬炭材料的结构优化。根据上节的讨论,理想的硬炭材料应该具备以下几个特点：合适的类石墨层间距,有利于钠离子的嵌入；比表面积低且表面缺陷少,以减少电解液的分解,提高可逆容量和首周库仑效率；较为有序的结构,增加钠离子的嵌入位点。针对这些特点,常见的解决方法有：

a. 热解前体和热解条件的优化。热解条件包括两个方面：热解温度和热解速率。其中热解前体和热解温度对硬炭储钠性能的影响在前部分已有介绍,以下将主要介绍调控热解速率的影响。Xiao 等[47]通过改变热解速率,合成了一系列硬炭材料。随着热解速率的降低,硬炭材料的石墨化程度更高,表面缺陷减少,比表面积降低,引起硬炭材料的平台区容量、首周可逆容量和首周库仑效率的增加。同时结合计算发现,硬炭材料类石墨层的缺陷和其首周库仑效率直接相关,因为缺陷会和钠离子结合,形成一个排斥的电场限制钠离子嵌入类石墨层中。他们将水热反应得到的蔗糖前体以 0.5℃/min 的低热解速率热解得到一种低孔隙率和低表面缺陷的硬炭材料。该硬炭材料的首周可逆比容量为 $361mA \cdot h/g$,首周库仑效率为 86.1%,循环 100 周容量保持率为 93.4%。

b. 杂原子掺杂。常见的杂原子掺杂包括氮（N）、磷（P）、硼（B）、硫（S）掺杂，不同的掺杂元素的效果也有区别。N、O、P元素掺杂可以为碳材料创造出更多的活性位点，有助于提高硬炭的储钠容量。而S、P掺杂可以增大碳材料的层间距，同时其本身在低电压区存在电化学活性，有利于钠离子在类石墨层间的嵌入脱出，同时提高硬炭的储钠容量。元素掺杂的内容将在下节详细介绍。

c. 降低硬炭材料的开放孔隙产生的比表面积，常见的方法是表面包覆。通过在硬炭材料表面包覆，可以有效降低硬炭材料的比表面积，减少电解液的分解，提高不可逆容量。常见的表面包覆方法有物理气相沉积（physical vapor deposition，PVD）和溶剂蒸发法（solvent evaporation method）等。Li等[48]在碳球的表面包覆一层甲苯热解软炭，使其与电解液的接触面积大大减小，SEI膜的形成明显减少，使碳球的首周库仑效率提升至83%。Li等[49]使用溶剂蒸发法在热解活性碳材料表面包覆了一层沥青热解碳，制备得到的碳具有多孔的内部结构，在表面形成了一层致密的碳层，从而降低碳材料的比表面积，使其首周库仑效率提升至80%，在25mA/g的电流密度下循环100周之后的容量保持率为97%。

d. 添加一些石墨化程度高的材料，可以使硬炭材料在热解过程中的结构更为有序。常见的方法是软硬炭复合和添加微量石墨。ⓐ软硬炭复合。添加易石墨化的软炭，在热解过程中，软炭相对较有序的碳基本单元结构可以使硬炭材料形成更长程的碳层堆叠结构，提高硬炭材料的储钠容量。Li等[28]将沥青和木质素通过乳化作用混合，热解得到软硬炭复合碳材料，沥青热解的软炭可以促进硬炭材料在热解过程中分子结构更有序化排列，木质素可以抑制沥青在热解过程中石墨化。该碳材料首周可逆比容量为254mA·h/g，首周库仑效率为82%。Hu课题组[27]用沥青和酚醛树脂混合，热解得到一种高性能的软硬炭复合材料，首周可逆比容量为284mA·h/g，首周库仑效率高达88%，循环100周容量保持率为94%。同时沥青热解碳的加入可以提高硬炭的热解产率，降低碳材料的成本。ⓑ添加石墨微晶。Zhao等[50]在鸡蛋壳热解碳中添加少量的石墨粉，导致其首周库仑效率提高至91%，首周可逆比容量高达301mA·h/g。添加的少量石墨粉可以作为一种结晶模板，促进硬炭在热解过程中形成长程有序的类石墨层结构，降低缺陷含量，提高硬炭材料的有序度，有利于钠离子在类石墨层的嵌入脱出，从而提高首周可逆容量和首周库仑效率。

② 电解液的组成优化。

a. 醚类电解液。自从2014年Jache等[14]发现在二乙二醇二甲醚电解液中石墨可以和溶剂化钠离子形成三元共嵌化合物，从而具有储钠容量，醚类电解液开始被人们关注。He等[51]发现使用醚类电解液可以有效提高硬炭负极材料的首周库仑效率（85.9%）、循环性能（2000周容量保持率为90%）和倍率性能（10A/g的电流密度下，比容量为139mA·h/g），明显高于酯类电解液（首周库仑效率为75%；2A/g的电流密度下，比容量为60mA·h/g）。这是由于在醚类电解液中，可以形成更薄的固体电解质界面（solid electrolyte interphase，SEI）膜，增加了离子导电性和钠离子扩散系数。Yang等[52]合成的多孔碳纤维膜在醚类电解液中表现出极高的电化学性能，在200mA/g的电流密度下，首周充电比容量高达303mA·h/g，首周库仑效率高达93%，循环10000周仍有105mA·h/g的比容量，容量保持率为70%。然而醚类电解液在高压下不稳定，不适合直接用作钠离子全电池的电解液，但是基于醚类电解液可以优化硬炭材料的SEI膜，可以将其用于构建功能化SEI膜来改善硬炭材料的性能。

b.电解液添加剂。Komaba等[53]探索了碳酸亚乙烯酯（vinylene carbonate，VC）、氟代碳酸乙烯酯（fluoroethylene carbonate，FEC）、碳酸二氟乙烯酯（difluoroetyhene carbonate，DFEC）和亚硫酸乙烯酯（ethylene sulfite，ES）在碳酸丙烯酯（propylene carbonate，PC）基电解液中作为电解液添加剂对硬炭材料的影响。只有FEC的添加可以有效提高硬炭材料的可逆比容量和循环性能，其他三种添加剂都会降低硬炭材料的储钠性能。这是由于FEC的添加可以有效减少PC的分解，减少界面极化。但是FEC添加剂在不同电解液中表现不一。Ponrouch等[54]发现FEC在碳酸乙二酯-碳酸丙烯酯（EC-PC）基电解液中会增加过电势和降低首周库仑效率。Soto等[55]也发现了类似的现象，FEC添加剂在碳酸乙烯酯-碳酸二甲酯（EC-DMC）电解液中会导致首周放电比容量降低（从250mA·h/g降低至100mA·h/g），这是由于添加FEC后形成的SEI膜会限制钠离子的传输。

5.2.1.3 纳米/多孔碳材料

用于储钠的硬炭材料种类繁多，结构和掺杂对硬炭的储钠性能影响也较大，前节介绍了一些常见碳材料的储钠性能，以下介绍纳米/多孔形式碳材料的储钠电化学行为。

近年来，研究者发现碳材料的纳米化有利于提高其比表面积，增加与电解液的接触，为Na^+的储存提供更多的活性位点及缩短离子和电子的传输路径，特别是具有良好的结构稳定性和优越导电性的纳米/多孔结构碳材料，包括碳纳米管（CNTs）、纳米线、纳米片、石墨烯、多孔碳等[56]。这些纳米/多孔结构材料具有较大的比表面积，能有效缩短离子的扩散路径，因此纳米结构的碳基材料能有效改善电化学性能[8,46,57]，已经被广泛用于锂/钠离子电池负极材料的研究。典型的纳米碳材料的特性列举在表5-1中。

表 5-1 典型纳米碳材料的特性

碳材料	电导率/(S/cm)	层间距/nm	电压(相对于Na^+/Na)/V	S_{BET}/(m^2/g)	机理
膨胀石墨	100	0.43	0~0.3,0.3~2	30~34	插层
石墨烯	10^3~10^6	0.635~0.371	0.01~2	330.9	吸附
硬炭	10~100	0.39	0.1,0.1~1.2	1272	插入纳米孔
碳纳米层	10~100	0.388	0.2,0.2~1.2	196.6	石墨烯层间吸附
中空碳纳米球	10~100	0.401	0~1.5	410	表面吸附
氮掺杂纤维	—	0.369	0.01~1.5	81.7	表面吸附和氧化还原

Li 等[46]以天然棉为前体,合成硬炭微管负极材料(HCTs),研究了不同炭化温度对 HCTs 结构的影响,并探索了 Na^+ 的储存机理。1300℃下炭化得到的 HCTs 呈独特的管状结构,在 0.1C 倍率下的可逆比容量达到 315mA·h/g,初始库仑效率高达 83%且循环性能良好。同时,采用 GITT、TEM、XPS 等测试技术,揭示了不同微观结构的储钠机理与电化学性能的对应关系:无序片层结构对 Na^+ 的吸附作用对应于充放电曲线 0.12V 以上的高电位斜坡区域,而 Na^+ 在纳米孔的填充对应于充放电曲线上接近 0V 的低电位平台区。此外,HCTs 在以 $O3-Na_{0.9}[Cu_{0.22}Fe_{0.30}Mn_{0.48}]O_2$ 为正极的全电池中也表现出优异的电化学性能:全电池能量密度高达 207W·h/kg,在 1C 倍率下的可逆比容量为 220mA·h/g。Licht 等[57]采用太阳能热电化学技术合成 CO_2 衍生的碳纳米管材料(CNTs),在 100mA/g 的电流密度下可逆比容量达到 130mA·h/g,600 次循环后的比容量几乎没有衰减。虽然纳米结构有助于 Na^+ 的嵌入脱出,但是其嵌入脱出机理尚未有统一的认识,还需要进一步深入研究。Ding 等[42]通过高温热解生物质苔藓制备了碳纳米片,厚度大约 60nm。这种碳材料可以形成高度有序的类石墨结构且具有较大的层间距(0.388nm)。通过空气活化技术,得到微孔/介孔结构,在 100mA/g 循环 210 周后仍然保持在 255mA·h/g,接近 100%的库仑效率。

中空碳纳米结构相较于其他实心碳材料表现出更好的倍率性能[58]。Cao 等[8]通过炭化中空聚苯胺得到中空碳纳米管[图 5-6(a)],这种碳材料在 50mA/g 具有 251mA·h/g 的初始可逆比容量,循环 200 周后具有 82%的保持率[图 5-6(b)]。该优异电化学性能主要归因于独特的中空结构,不仅缓解了钠离子在嵌入和脱出过程中的体积压力(粉化),而且缩短了钠离子的扩散路径,促进离子、电子输运。

石墨烯纳米结构在钠离子电池体系中也受到了广泛关注。石墨烯是由碳原子

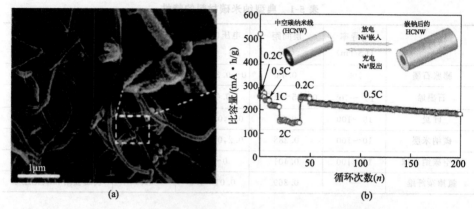

图 5-6 中空碳纳米管的（a）SEM 和（b）倍率性能[8]

组成的只有一层原子厚度的二维晶体，具有高的电子电导率和化学稳定性，石墨烯也被用作钠离子电池的负极材料[16,59-63]，具有比容量高、循环性能和倍率性能优越的特点。Liang 等[64]合成了薄皱纸状的纳米片状石墨烯，比表面积达到 492.5 m^2/g，在 100mA/g 下首周储钠容量高达 1264mA·h/g，40 次循环后可逆比容量为 848mA·h/g，在 500mA/g 下比容量也保持在 718mA·h/g。

此外，构建多孔结构可以改善石墨烯的电化学性能。例如，通过离子热方法制备的三维多孔碳/石墨烯复合物展示了优异的容量，在 50mA/g 下具有 400mA·h/g 的可逆比容量，并且在 1A/g 下循环 1000 次可保持 250mA·h/g 的可逆比容量[65]。该优异的电化学性能源于其特殊的结构：分级孔结构可以促进钠离子的嵌入和脱出，石墨烯的加入提高了电子电导率。Liu 等[66]通过热解酚醛树脂制备了具有 9.5nm 孔尺寸的介孔碳材料，紧密堆垛的介孔碳球具有高的比表面积，初始的储钠容量为 410mA·h/g，其改善的电化学性能主要是由于碳球材料具有大的介孔结构和微孔结构，以及相互联通的导电网络，因此构建纳米孔是一种有效的改善储钠性能的方法。

5.2.1.4 元素掺杂碳材料

（1）氮掺杂碳材料

对碳材料进行功能化修饰近年来得到了广泛的关注。碳材料的功能化修饰是通过对材料的表面、界面和电子特性进行改性，从而改善材料的某方面性能及拓宽材料的应用领域。在种类繁多的修饰碳中，氮掺杂碳由于具有合成原料便捷、应用广泛、环境友好等特点，得到了极大的研究。氮元素作为一种有益的选择，主要存在三个因素：①氮元素在元素周期表上和碳元素邻近，在碳的网络结构中通过氮元素代替碳元素，体系中的电子总量可以重新调整，从而调控体系的电子特性；②氮的原子半径和碳相似，可以避免晶格上的不匹配；③氮掺杂可以对碳结构进行 n-型电子修饰，这和典型的半导体材料相似，从而使这种 C-N 结构具有特殊的纳米电学性能。因此，氮掺杂碳材料在能源转化和电化学储能领域得到了很大的关注[67]。

研究者对各种碳材料进行氮掺杂修饰，如石墨烯[68]、碳纳米管[69]、多孔碳[70]等。主要有两种方式对碳材料进行化学掺杂：①在碳材料表面吸附气体、金属或者有机分子；②取代掺杂，即在碳材料晶格上引入氮原子。这两种氮功能化修饰方法都能够调控碳材料的电子特性，并且通常都会在碳层出现典型的三种结合键：石墨化氮、吡啶型氮和吡咯型氮（图 5-7）[68,71,72]。

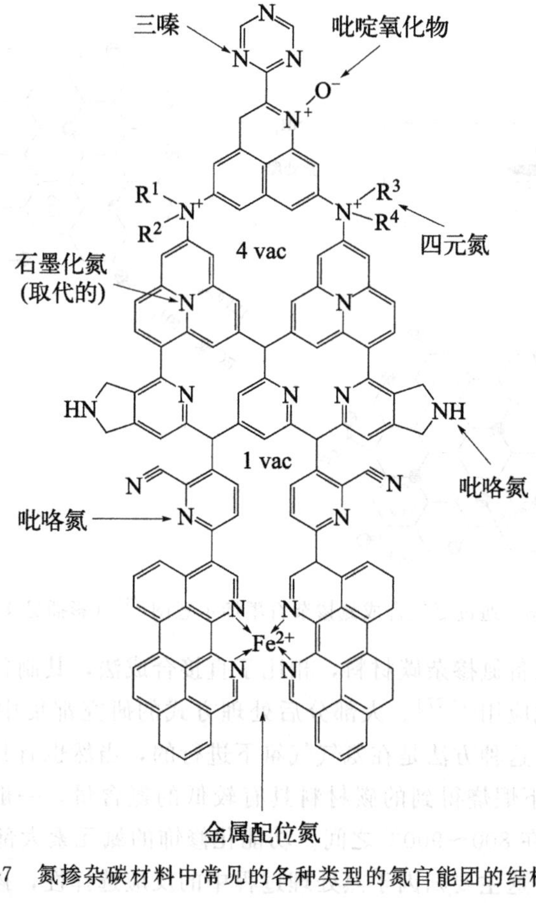

图 5-7　氮掺杂碳材料中常见的各种类型的氮官能团的结构[71]

氮掺杂碳的合成方法主要有两种：直接合成法和后处理法。直接合成法氮掺杂碳材料的途径主要包括化学气相沉积法和直接炭化含氮前体，后处理法主要包括热煅烧和溶液处理等。相比于直接合成法，后处理法通常只对材料的表面进行修饰,而被处理碳的内部却仍未改变。常见的碳材料氮原子掺杂的途径有三种:①在 NH_3 气氛下热解;②热解含有氮的前体,如聚苯胺、聚噻吩或者是含有氮的生物质材料;③将碳前体和含氮化合物混合后热解,常见的含氮化合物为尿素、三聚氰胺和双氰胺。根据掺杂氮的含量可以分为低氮掺杂碳材料和高氮掺杂碳材料。

混合气体也通常被用来直接合成氮掺杂碳,通常涉及碳氢化合物(如 CH_4)作为碳源,氨气作为氮源。氮掺杂的程度可通过调节气体流量和气体前体的比例来控制。采用这种方法合成的氮掺杂碳的氮元素含量可以控制在 1%~9%(质量分数)之间,如图 5-8 所示[73]。

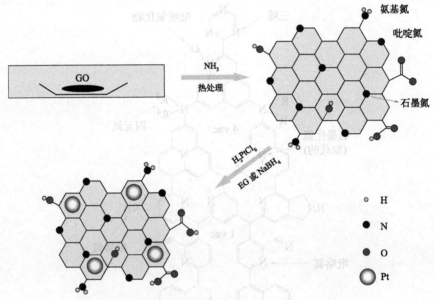

图 5-8　通过氨气合成氮掺杂石墨烯示意图[73](彩插见文前)

后处理方式制备氮掺杂碳材料,相比于直接合成法,其制备方式更加灵活和方便,更易工业化应用[74-77]。大部分后处理方式的研究都集中在通过热煅烧进行。一般情况下,这种方法是在氨气气氛下进行的,当然也有其他环境气氛被报道[78]。氨气气氛下煅烧得到的碳材料具有较低的氮含量,一般低于 3%(质量分数),煅烧温度在 800~900℃之间。功能化修饰的氮元素大部分以吡啶氮和吡咯氮的形式存在,这主要归因于热处理过程中的反应选择性,掺杂剂的嵌入更容易发生在平面的边缘和缺陷位[79]。而低的氮含量可以理解为原始碳层结构上具有较少的边缘和缺陷位可以嵌入掺杂剂。合成低氮掺杂碳材料的热解温度一般较高,表现出典型的硬炭电化学行为。Xiao 等[80] 以聚苯胺为前体在 1150℃下热解合成了氮含量为 1%(质量分数)的硬炭材料,随着温度的升高,类石墨层层间距增大。这是由于在热解中释放的氮可以嵌入类石墨层中,增加类石墨层层间距,从而提高钠离子的扩散速率。该碳材料在 50mA/g 的电流密度下 0~1.2V 的电压窗口内可逆比容量为 270mA·h/g。

为了增加氮含量,一些研究者将主体材料与含氮前体复合,如三聚氰胺。在煅烧过程中三聚氰胺热解生成富含氮的碳材料并且释放出氨气,对主体材料进行修饰,这一过程可以使材料的氮含量高达 10%(质量分数)[78]。Vinayan 等[81]人采用了一种新颖的氮掺杂方式,即直接裂解聚吡咯(PPy)包覆 PSS 修饰的石墨烯(图 5-9)。这一过程引入的氮含量在 7.5%(质量分数)左右,其中石墨化氮占的比例相对较大,也会包含一些吡啶氮[79,81-85]。常见的高氮掺杂碳材料一般热解温度(600~900℃)较低,存在较多的缺陷和开放孔,并具有较高的比表面积。其电化学行为受到多孔结构和氮掺杂的协同作用,导致其电化学曲线和软炭比较接近,都只存在一个高电位的斜坡区。Wang 等[86] 以聚吡咯为前体合成了氮含量为 13.93%(质量分数)的碳纳米纤维,在 50mA/g 的电流密度下首周可逆比容量为 172mA·h/g,首周库仑效率仅为 41.8%。Wang 等[87] 以聚氨酸为原材料合成了高氮掺杂[7.15%(质量分数)]的碳纳米纤维膜,首周充电比容量高达 564mA·h/g,在 15A/g 的电流密度下,其储钠比容量仍有 154mA·h/g,但首周库仑效率仅为 35.5%。Zhong 等[88] 以葡萄糖为碳源,三聚氰胺为氮源合成了氮含量高达 20.64%(质量分数)的硬炭材料。其电化学曲线仅存在一个高电位斜坡区,在 50mA/g 的电流密度下,其首周可逆比容量达到 334.7mA·h/g。这类氮掺杂使硬炭材料存在更多的活性位点,并可以改善其导电性。氮掺杂石墨

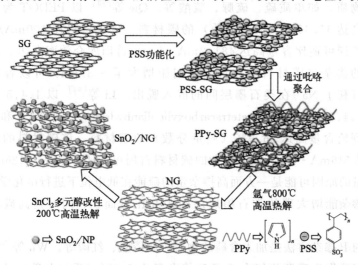

图 5-9 裂解吡咯包覆的石墨烯制备氮掺杂石墨烯的示意图[81]

烯[89,90]近几年也被广泛研究，显示出较好的储钠性能，这是由于杂原子掺杂不仅提高了电子电导率，而且增加了碳材料的缺陷和储钠活性位点。

各种各样的氮掺杂碳材料被报道用作钠离子电池的负极。杂原子氮的引入会在材料的表面引入大量的缺陷，增加反应动力学，如大量活性位点的引入可以造成更加稳定的界面，从而提高材料的可逆容量、倍率性能和循环性能。此外，研究表明，材料的氮含量越高，可逆容量也越高，同时倍率性能也越好[91]。

综上所述，高氮掺杂的碳材料表面具有较多活性位点和开放孔，导致电解液分解增多，首周库仑效率偏低。同时，多孔结构会增加钠离子的扩散速率，氮掺杂可以提高材料的导电性，从而有效提升硬炭材料的倍率性能。而低氮掺杂量的碳材料由于掺杂量较少，性能改变不大。因此构筑合适的氮掺杂量，可以有效地优化硬炭的储钠性能。同时，氮掺杂主要形成三种不同的碳氮结构，即吡啶 N、吡咯 N 和季铵 N。研究结果表明，吡啶 N 的增加能有效提高氮掺杂碳的电化学活性，从而提高硬炭的储钠容量[12,82]。

(2) 硫、磷和硼元素掺杂

硫（S）、磷（P）和硼（B）等元素与碳的相互作用不同，因此它们掺杂对硬炭材料储钠性能的影响也不尽相同。S 掺杂和 P 掺杂可以扩大硬炭材料的类石墨层层间距，从而提高其平台区容量；而 P 掺杂和 B 掺杂可以增加硬炭材料的缺陷，从而增加其斜坡区容量[92]。在钠离子电池中，S 和 P 在低电位下存在电化学活性，所以 S 掺杂和 P 掺杂可以增加储钠比容量。常见的 S 掺杂的方法是：①热解含硫的前体，比如聚（3,4-乙烯）二氧噻吩（PEDOT）；②加入含硫的物质，如单质硫、硫脲、硫酸等。Qie 等[93]以 PEDOT 为前体合成了硫含量高达 15.17%（质量分数）的碳材料。该碳材料在 100mA/g 的电流密度下，首周可逆比容量高达 481.2mA·h/g，首周库仑效率高达 73.6%。这是由于 S 的掺杂将碳材料的类石墨层间距增大至 0.39nm，可以容纳更多的 Na^+，并有利于 Na^+ 在类石墨层间的嵌入脱出。Li 等[94]以 1,4,5,8-萘乙氧基二酐（1,4,5,8-naphthalenetetracarboxylic dianhydride，NTCDA）和单质硫混合热解得到硫含量高达 26.9%（质量分数）的碳材料。该碳材料的首周可逆比容量高达 516mA·h/g，而未掺杂的碳材料首周可逆比容量仅为 126mA·h/g。提升比容量的原因可能是一方面高掺杂量的硫能在低电位下进行电化学反应，另一方面硫掺杂能增大碳的类石墨层层间距和比表面积，同时提高碳材料的导电性。

常见的 P 掺杂方法是加入含磷的物质，如磷酸、红磷等。Wu 等[95]以棉布为碳源，红磷作为磷源热解合成了 P 掺杂量为 5.2%（质量分数）的磷掺杂碳布。该碳材料倍率性能优异，在 1A/g 的电流密度下，其可逆比容量达到

123.1mA·h/g，而未掺杂的碳材料仅有 71.1mA·h/g。采用恒电流滴定法发现磷掺杂可以提高钠离子的扩散速率，从而提升其倍率性能。Li 等[92] 以蔗糖为碳源，磷酸为磷源合成了 P 掺杂量为 3.0%（质量分数）的磷掺杂碳。相比于未掺杂的碳材料，P 掺杂的碳材料的可逆比容量明显提升（未掺杂碳：283mA·h/g；P 掺杂碳：359mA·h/g）。这是由于一方面磷掺杂可以增大碳材料的类石墨层层间距，有利于 Na^+ 在类石墨层间的嵌入脱出；另一方面磷掺杂碳材料相比未掺杂的碳材料含有更多的缺陷。

而 B 掺杂的文章相对较少，常见 B 掺杂的方法是加入硼酸。Li 等[92] 合成了 B 掺杂量为 3%（质量分数）的碳材料，B 掺杂之后碳材料的首周可逆比容量明显降低（未掺杂碳材料：283mA·h/g；B 掺杂碳材料：147mA·h/g）。B 掺杂之后，类石墨层平面缺陷处和 Na^+ 的结合能变高，导致其首周不可逆容量增加，可逆容量降低。

（3）多元素掺杂

多种元素掺杂的碳材料被报道用于提高材料的储钠性能。Yang 等[96] 在热解 N 掺杂碳材料的过程中通入 H_2S 气体，将其中一部分 N 用 S 置换得到 S/N 共掺杂碳材料。S/N 共掺杂碳材料电化学性能优异，首周可逆比容量高达 419mA·h/g，在 10A/g 的电流密度下，其可逆比容量可以达到 110mA·h/g，而 N 掺杂的碳材料首周可逆比容量仅有 237.2mA·h/g，在高电流密度下比容量较低。这是由于 N/S 共掺杂的协同效应可以形成高电导率、大层间距的硬炭负极材料。Yu 等[97] 合成了一种 N/O 共掺杂的三维交联网络状碳材料，提供了更多活性位点，有效地提高了碳材料的比容量，该碳材料在 100mA/g 的电流密度下的可逆比容量高达 545mA·h/g，在 2A/g 的电流密度下循环 2000 次之后比容量保持在 240mA·h/g。

综上可以看出，N、O、P 掺杂可为碳材料创造出更多的活性位点，提高了硬炭的储钠容量。S、P 掺杂可以增大碳材料的层间距，同时其本身在低电压区具有电化学容量，有利于钠离子在类石墨层间的嵌入脱出，同时提高硬炭的储钠容量。这些元素掺杂都可以在一定程度上提高材料的电子导电性，从而提高电极的倍率性能。

5.2.1.5 碳基储钠负极材料小结

碳基材料（石墨、软炭和硬炭）由于其来源丰富、价格低廉是近年来的研究热点，其中硬炭材料以其较高的储钠比容量（约 300mA·h/g）和较低的氧化还原电位（约 0.1V，相对于 Na^+/Na），是最具有应用前景的钠离子电池负极材料。但硬炭材料较低的首周库仑效率和长循环稳定性不佳等问题限制了其在钠离子全电池中的应用，常见的改进方法主要是优化硬炭材料的结构和优化电解液的组成。其中，优化硬炭材料的结构包括杂原子（N、P、S、B）掺杂、优化前体类型和热解条件、表面包覆、软硬炭复合等方法。优化硬炭材料的结构需要了解硬炭结构与储钠性能的对应关系，即硬炭的储钠机理。深入研究硬炭储钠机理，探索硬炭材料在储钠过程中的结构变化，是设计合成高性能硬炭负极的必要条件。由于硬炭材料具有结晶度低、结构无序复杂、存在较多缺陷区域和微孔区域等复杂结构特征，硬炭储钠机理一直存在争议。目前，碳基负极材料的研究仍处于起步阶段，未来的研究方向将着重于设计合理的材料结构、增大的碳层间距，以及避免循环过程中较大的体积变化等方面，以解决其在能量密度、循环性能以及库仑效率等方面存在的问题。

5.2.2 非碳嵌入负极材料

除了碳基嵌入负极材料外，一些钛基、钒基和钠快离子导体（NASICON）结构的嵌钠体系也被广泛地研究。然而对于这些嵌入材料体系来说（除了NASICON结构材料），由于钠离子半径相对较大，存在钠离子嵌入脱出时体积变化较大，导致材料循环性能较差的问题。下面分类讨论这些结构的嵌钠特点及其性能改善途径。

5.2.2.1 钛基负极材料

钛基化合物是一系列具有Ti^{3+}/Ti^{4+}低电位氧化还原电对材料的总称，钠离子可以在这些材料的晶格中进行可逆的嵌入/脱出，具有循环性能优异、结构稳定性良好以及倍率性能出色等特点，是一类有发展前景的钠离子电池负极材料。钛基化合物主要有TiO_2、$Li_4Ti_5O_{12}$、$Na_2Ti_3O_7$、$Na_{0.66}[Li_{0.22}Ti_{0.78}]O_2$和NASICON型$NaTi_2(PO_4)_3$等。

(1) TiO_2

TiO_2因其结构稳定、环境友好和原料丰富等优点，成为了近年来研究较多的负极材料之一。TiO_2为开放式晶体结构，其中钛离子电子结构灵活，使TiO_2很容易吸引外来电子，并为嵌入的碱金属离子提供空位。在TiO_2中，Ti与O是六配位，TiO_6八面体通过共用顶点和棱连接成为三维网络状，在空位处留下碱金属的嵌入位置。TiO_2是少有的几种能在低电压下嵌入钠离子的过渡金属材料，且在有机电解液中溶解度低，所以TiO_2有较高的理论能量密度。然而TiO_2为半导体，导电性较低，导致其电化学活性不高，将TiO_2与高导电性碳材料进行复合成为提高其储钠性能的重要手段。此外，TiO_2的晶型和微观结构也会影响其电化学性能,优化 TiO_2 及其复合材料的结构对提高其储钠性能至关重要。Xiong 等[98]通过简单的水热法合成了石墨烯负载的 TiO_2 纳米球。多孔 TiO_2 纳米球提供丰富的电化学活性位点和离子通道,同时 rGO 基质提供高电子传导性并防止 TiO_2 纳米颗粒在反复循环过程中聚集。所制备的 rGO-TiO_2 电极在 4A/g 的高倍率下的比容量为 123.1mA·h/g,同时也具有相当可观的倍率性能。元素掺杂可以改变 TiO_2 的电子结构,从而改善材料的电化学性能[99-103]。Nb 掺杂可以提高 TiO_2 的电导率并且使晶格扩张[99,100],从而提高 TiO_2 的电化学性能。Sn 掺杂的 TiO_2 纳米管在 50mA/g 的电流密度下,循环 50 周后仍有 257mA·h/g 的高比容量,这归因于 Sn 掺杂提高了材料的电子导电性[101]。Fe 掺杂可以减小 TiO_2 的带隙,并抑制 TiO_2 晶粒生长。Fe 掺杂的锐钛矿 TiO_2 在 100mA/g 的电流密度下,循环 50 周后具有 304mA·h/g 的高比容量,在 2A/g 的大电流密度下,仍有 198mA·h/g 的比容量[102]。采用 N 掺杂结合碳复合可以有效地提高 TiO_2 的电子电导率,N 掺杂 TiO_2/C 复合材料在 5C 倍率下,比容量为 176mA·h/g,循环 300 周后容量保持率为 93.6%,在 20C 下比容量仍有 131mA·h/g[103]。

综上所述,通过微观结构调控、引入氧缺陷、异质元素掺杂、碳材料复合等策略,可以有效提高 TiO_2 材料的电化学性能。构筑 TiO_2 纳米颗粒及纳米结构可有效缩短钠离子的固相扩散距离,改善材料的倍率特性;在 TiO_2 材料中引入氧缺陷和异质原子可改变其能带结构,增加其导电性、电化学活性和倍率性能;将 TiO_2 与碳材料复合可大幅提高材料的导电性和结构稳定性,显著改善材料的倍率性能和循环稳定性。

(2) $NaTiO_2$

$NaTiO_2$ 呈现 α-$NaFeO_2$ 结构,即岩盐结构的有序变体。层中共边的 TiO_6 八面体和共边的 NaO_6 八面体沿着 [111] 方向交替变化(即 Na-O 和 Ti-O 平面交替出现)[104]。O3-$NaTiO_2$ 在 0~1.6V 范围内可实现约 0.5 个 Na^+ 的可逆嵌入脱出,比容量为 152mA·h/g(图 5-10),在充放电过程中经历 O3-O′3 的可逆相变,60 周稳定循环后的容量保持率为 98%[105]。

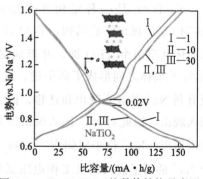

图 5-10 O3-$NaTiO_2$ 的晶体结构示意图和充放电曲线[106]

(3) 尖晶石 $Li_4Ti_5O_{12}$ 材料

尖晶石结构的 $Li_4Ti_5O_{12}$ 具有立方晶格,它的对称性可被描述为 Fd-3m 空间群,具有八个 $(Li)^{8a}[Li_{1/3}Ti_{5/3}]^{16d}(O_4)^{32e}$ 单元。每个单元由三个子晶格位点 8a、16d 和 32e 组成。锂离子和氧离子分别完全占据了四面体 8a 位和八面体 32e 位,而八面体 16d 位被锂离子和钛离子以 1∶5 的比例随机占据。$Li_4Ti_5O_{12}$ 是一种被广泛研究的钠离子电池负极材料,这种材料结构十分稳定,具有优异的循环寿命。Sun 等[107] 将这种尖晶石 $Li_4Ti_5O_{12}$ 作为钠离子负极,可以得到 145mA·h/g 的比容量,嵌入脱出电位约 1.0V(图 5-11),钠嵌入后终产物为 $LiNa_6Ti_5O_{12}$ 和 $Li_7Ti_5O_{12}$ 的混合物。由于 Na^+(1.02Å)半径比 Li^+(0.76Å)大,钠离子扩散动力学受到一定限制。减小材料尺寸可以提高钠离子扩散速率[108],构建多孔的 $Li_4Ti_5O_{12}$ 纳米纤维与三维石墨烯复合结构也能缩短钠离子扩散路径并提高导电性,实现超过 12000 周的循环寿命[109]。

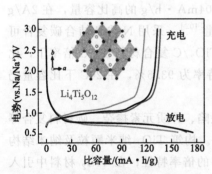
图 5-11 $Li_4Ti_5O_{12}$ 的晶体结构示意图和充放电曲线[106]

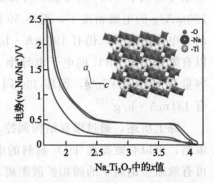
图 5-12 $Na_2Ti_3O_7$ 的晶体结构示意图和充放电曲线[112,113](彩插见文前)

(4) $Na_2Ti_3O_7$ 材料

$Na_2Ti_3O_7$ 是一种结构非常稳定的负极材料,其结构如图 5-12 所示[110]。$Na_2Ti_3O_7$ 展现出层状结构,Ti-O 强共价键构成 TiO_6 八面体,三个相邻的 TiO_6 八面体共享两个 Ti-O 键,并形成 Z 字形 Ti_3O_7 的过渡金属层;同时,Na^+ 与 TiO_6 八面体之间形成了离子键。这种结构使 $Na_2Ti_3O_7$ 非常稳定,较大的层间距有利 Na^+ 的嵌入脱出和迁移,但 Z 字形的 Na^+ 迁移通道需要更多的能量进行嵌入脱出,因此对 Na^+ 嵌入脱出带来困难。这种结构通过堆叠 TiO_6 八面体形成锯齿形层,Na^+ 位于层间[111]。$Na_2Ti_3O_7$ 作为钠离子电池负极材料可以实现 2 个 Na^+ 的可逆嵌入,且工作电压低至 0.3V(图 5-12)[112,113]。嵌入 2 个钠离子之后形成的 $Na_4Ti_3O_7$ 具有较强的静电排斥力,结构不稳定。此外,$Na_2Ti_3O_7$ 的电子导电性较差,其反应动力学不佳,导致倍率性能较差。目前研究集中在改变 $Na_2Ti_3O_7$ 的微观结构来提高其储钠电化学性能。Xie 等[114] 将均匀的 $Na_2Ti_3O_7$ 纳米空心球嵌入 N 掺杂的碳纳米片中,这多层结构降低了 Na^+ 的迁移能量，并且增加整体复合材料的导电性，使其具有优异的倍率循环性能，在50C下循环1000圈后仍可以获得可逆比容量68mA·h/g，容量保持率高达93.5%。Li等[115]通过水热法制备了$Na_2Ti_3O_7$纳米线，长度达到100μm，宽度为100~200nm，并均匀生长在碳布上面。这种多孔复合材料有助于电极和电解液充分接触，有利于电子快速传输。在2C倍率下，该复合材料首周可逆比容量达到170.2mA·h/g，接近于理论容量，且循环200圈后容量保持率高达96%，在后续3C倍率下循环300圈仍可以获得100.6mA·h/g的比容量。Rudola等[116]认为在钠离子嵌入过程中存在中间相，整个嵌入过程经历$Na_2Ti_3O_7$-$Na_{3-x}Ti_3O_7$-$Na_4Ti_3O_7$两步反应。低电位平台对应的第二步反应是导致不可逆相转变并造成后续循环中钠离子扩散路径的消失的主要原因。将截止电位控制在0.155~2.5V时，仅发生第一步反应，工作电位为0.2V，容量仅为89mA·h/g，可实现80C的倍率性能和超过1500周的循环寿命。

(5) $Na_2Ti_6O_{13}$

$Na_2Ti_6O_{13}$为单斜晶体，沿c轴有连续的隧道结构，提供了容纳碱金属离子的空间（图5-13）[117]。Rudola等[118,119]报道了$Na_2Ti_6O_{13}$的储钠性能，在0.5~2.5V范围内，可实现0.85 Na^+的嵌入。He等[51]通过将截止电位从0.3V降低至0V，将其比容量从49.5mA·h/g提高到196mA·h/g，实现了4个Na^+的可逆嵌入。Wagemaker等[120]采用实验结合理论计算对$Na_2Ti_6O_{13}$的储钠行为进行了系统研究，发现放电截止电位对材料的比容量有重要影响。0.1C下，当放电截止电位为0.3V（vs. Na^+/Na），第2周放电比容量约为60mA·h/g，而当截止电位降低至0V时，第二周放电比容量增大至约300mA·h/g。研究表明，当放电截止电位为0.3V时，根据容量计算$Na_2Ti_6O_{13}$嵌入了一个Na^+生成$Na_3Ti_6O_{13}$，而当截止电位为0V时，计算得出每1mol $Na_2Ti_6O_{13}$嵌入了4mol Na^+，因此比容量大幅度提高。但同时，循环性能变差，截止电位为0.3V时，循环30周容量保持率为95%，而截止电位为0V时，循环30周容量保持率降低为75%[图5-13(a)，(b)，(d)]。原位XRD测试表明，当在0.3V以下继续嵌入Na^+时，材料虽然保持了与$Na_2Ti_6O_{13}$相似的单斜结构，但晶粒变小，结晶度变差。DFT计算表明，0.8V（相对于Na^+/Na）附近的电位平台是由于Na^+在2d位的嵌入引起的，在0V以上每1mol $Na_2Ti_6O_{13}$只能嵌入2mol Na^+，其他的容量归因于晶粒变小而引起的表面反应。由于$Na_2Ti_3O_7$中的2e位全部由Na^+占据，嵌钠过程会引起较大的结构变化，储钠机理归因于相转变，而$Na_2Ti_6O_{13}$的储钠机理归于形成固溶体，因此$Na_2Ti_6O_{13}$具有更好的电化学循环稳定性。

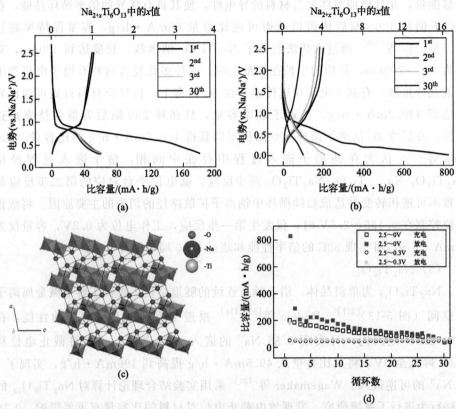

图 5-13 (a) $Na_2Ti_6O_{13}$ 在 0.005A/g 电流密度下前三周和第 30 周的充放电曲线，截止电位到 0.3V，相对于 Na^+/Na；(b) 在 0.005A/g 电流密度下前三周和第 30 周的充放电曲线，截止电位到 0.0V，相对于 Na^+/Na[120]；(c) 单斜 $Na_2Ti_6O_{13}$ 结构示意图[117]；(d) 循环性能[120]（彩插见文前）

(6) $Na_4Ti_5O_{12}$

$Na_4Ti_5O_{12}$ 有三方 $T-Na_4Ti_5O_{12}$ 和单斜 $M-Na_4Ti_5O_{12}$ 两种不同的结构（图 5-14），均具有储钠活性[121]。两种材料在结构上相似，都包含共面和共边的 TiO_6 八面体，具有二维钠离子传输路径。$M-Na_4Ti_5O_{12}$ 表现为准二维层状结构，具有四个晶体学上明显不同且部分占据的 Na 位点。而 $T-Na_4Ti_5O_{12}$ 具有三维隧道结构，钠位点被完全填充。值得注意的是，这两种结构都与尖晶石型 $Li_4Ti_5O_{12}$ 的结构不同。单斜结构的 $Na_4Ti_5O_{12}$ 具有更高的容量，而隧道型 $Na_2Ti_7O_{15}$ 也可以储钠。Li 等[122]在钛网基体上生长出 $Na_2Ti_7O_{15}$ 纳米管，在 50mA/g 电流密度下可实现 258mA·h/g 的可逆比容量，在 1.0A/g 的电流密度下循环 200 周后容量保持率为 96%。

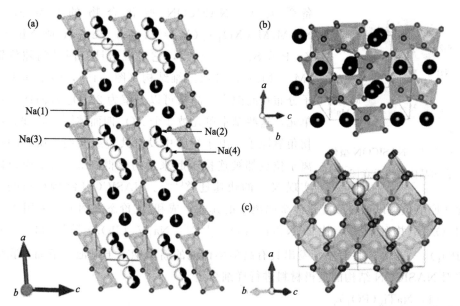

图 5-14 （a）M-$Na_4Ti_5O_{12}$、(b) T-$Na_4Ti_5O_{12}$ 和 (c) $Li_4Ti_5O_{12}$ 的晶体结构示意图[121]

（7）层状钛酸盐材料

Wang 等[123] 报道了一种 P2 型层状结构的钛酸盐 $Na_{0.66}$ [$Li_{0.22}Ti_{0.78}$]O_2，在钠离子的嵌入/脱出过程中仅有 0.77%的体积变化，近似零应变的特性确保了其长循环寿命。该材料的平均工作电位为 0.75V，可逆比容量为 100mA·h/g，接近理论数值，表观钠离子扩散系数达到 $1×10^{-10}$ cm^2/s。得益于碳网络在稳定材料结构和提高电子电导率方面的作用，该材料展现出良好的循环性能和倍率性能，在 0.2C 倍率充电和 10C 倍率放电条件下，200 次循环后的容量保持率达到 96.9%。Zhou 等[124] 合成了一种 P2 型 $Na_{2/3}Co_{1/3}Ti_{2/3}O_2$ 材料，工作电位为 0.70V，表现出优异的循环稳定性，循环 3000 周之后的容量保持率为 84.84%，在钠离子的嵌/脱过程中循环 500 周仅有 0.046%的体积变化。Huang 等[125] 报道的层状材料 $Na_2Li_2Ti_5O_{12}$ 在 0.1A/g 电流密度下，可逆比容量高达 175mA·h/g，平均电位 0.5V，同时材料具有 $3×10^{-10}$ cm^2/s 的较高的钠离子扩散系数。

由以上讨论可知，钛基化合物晶体结构中的储钠位点有限，其比容量较低，有效地设计材料的微纳结构、进行高导电性碳修饰可以改善钛基化合物的电化学性能。

5.2.2.2 NASICON 结构负极材料

钠快离子导体（NASICON）结构的聚阴离子型材料因其独特的晶体框架而

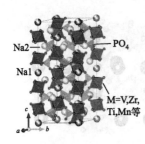

图 5-15 NASICON 型化合物晶体结构示意图[126]

备受关注，NASICON 型化合物的化学式为 $Na_xM_1M_2(XO_4)_3$（M = V，Ti，Fe，Tr 或 Nb 等；X = P 或 S；$x = 0 \sim 4$），它表现出具有两种间隙位置（M_1，M_2）的开放三维结构（图 5-15），碱金属阳离子分布在间隙中。晶格可以分解为 $2MO_6$ 八面体基本单元，这些基本单元被 3 个 XO_4 四面体隔开，并共用拐角氧原子。由于矩阵中没有共边或共面，所有的钠离子位点都被连接了起来，构建得到 3D 离子通道以实现 Na^+ 的快速迁移[126]。NASICON 结构材料的氧化还原电位可以通过改变过渡金属离子的元素组成和/或价态来调节。采用 NASICON 结构的材料，比如 $NaTi_2(PO_4)_3$[127]、$Na_3V_2(PO_4)_3$[128] 和 $NaZr_2(PO_4)_3$[129] 等，将有望开发出具有高倍率性能的新型钠离子电池。下面，我们将对 NASICON 结构的负极材料进行详细介绍。

(1) $NaTi_2(PO_4)_3$

NASICON 结构的 $NaTi_2(PO_4)_3$ 和 $Na_3Ti_2(PO_4)_3$ 是比较常见的钠离子电池负极材料，两种材料的晶体结构如图 5-16 所示[130,131]。$Na_3Ti_2(PO_4)_3$ 在 0~3V 电压区间内具有两个放电平台，分别位于 2.1V 和 0.4V [如图 5-16(b) 所示]，对应于 Ti^{4+}/Ti^{3+} 和 Ti^{3+}/Ti^{2+} 氧化还原反应，其理论容量高达 200mA·h/g。

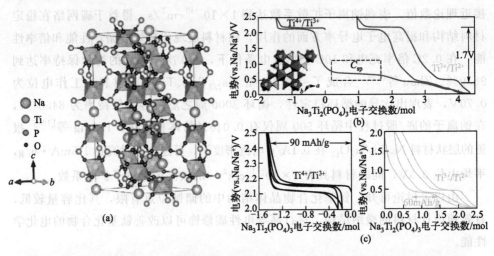

图 5-16 (a) $NaTi_2(PO_4)_3$ 的晶体结构示意图[130]；(b) $Na_3Ti_2(PO_4)_3$ 的充放电曲线和晶体结构示意图；(c) 不同电压范围下的充放电曲线[131]（彩插见文前）

$NaTi_2(PO_4)_3$ 材料导电性很差，通过导电材料修饰，例如石墨烯、CMK-3 和碳包覆等，都能显著改善材料的性能。同时，减小材料尺寸可以缩短离子扩散距离，从而有效提高其活性。Wu 等[132] 采用水热法实现多孔的 $NaTi_2(PO_4)_3$ 颗粒（粒径约为 100nm）均匀分散在石墨烯形成的网状结构中，有效促进电荷的迁移，材料在 10C 倍率下循环 1000 周容量保持率为 79%。Zhang 等[133] 将 $NaTi_2(PO_4)_3$ 纳米粒子（粒径约为 5nm）均匀分散到 CMK-3 的通道内，获得的材料可以达到 100mA·h/g 的可逆比容量以及良好的循环性。Wang 等[134] 制备出碳包覆的 $NaTi_2(PO_4)_3$，得到的纳米颗粒具有良好的结晶性，并且表面包裹着一层薄薄的碳层（厚度约为 7nm）。复合材料在 0.1~20C 不同倍率下（0~3V 电压区间内），比容量从 220mA·h/g 逐步变到 82mA·h/g，显示优异的倍率性能。Yu[135] 等合成了双重碳包覆的 $NaTi_2(PO_4)_3$ 材料，具有高比表面积、多孔的结构特征，以及高的电子/离子导电性。材料具有十分优异的倍率性能与循环性能，50C 的大倍率下仍有 64mA·h/g 的比容量，且 10C 循环 6000 周后，比容量仍保持为 76mA·h/g。

Liang 等[136] 以油酸作为碳源，通过水热法合成多孔 $NaTi_2(PO_4)_3$@C 复合材料，在电压范围为 0.01~3.0V 之间以 100mA/g 电流密度循环 100 次后的容量达到 201mA·h/g，即使在 1A/g 大电流密度下 1000 次循环后仍可实现 140mA·h/g 的可逆比容量。Xu 等[137] 制备了氮掺杂碳修饰的 $NaTi_2(PO_4)_3$ 复合材料，表现出优异的电化学性能，包括较高的放电比容量、良好的倍率性能和优异的循环性能。在 4C 和 6C 倍率下的放电比容量分别为 105.1mA·h/g 和 94.7mA·h/g，而在 10C 大倍率下经 200 次循环后的可逆比容量可达 75.5mA·h/g，容量保持率为 92.5%。

(2) $NaZr_2(PO_4)_3$

NASICON 结构的 $NaZr_2(PO_4)_3$ 是由 PO_4 四面体和 ZrO_6 八面体组成的开放晶体结构［如图 5-17(a) 所示］，ZrO_6 排列而成的孔道结构可以容纳 Na^+，PO_4-ZrO_6 形成的多面体通道则有利于 Na^+ 的快速迁移。非原位 XRD 结果证实了电化学反应过程中 Na^+ 含量变化导致的相转变过程［$Na_3Zr_2(PO_4)_3$ 到 $NaZr_2(PO_4)_3$ 的相变］。其充放电曲线如图 5-17(b) 所示，电极可以获得 150mA·h/g 的高容量，并保持稳定的循环库仑效率［图 5-17(c)］[129]。

(3) 其他 NASICON 结构负极材料

大多数负极材料都不含钠，比如无定形碳、锑、锡和磷等，通常在全电池应用中也需要预钠化处理进行活化[138-140]。这需要耗费大量的钠（从正极获取）来形成稳定的 SEI 层，造成较大的不可逆容量损失。相比之下，NASICON 类的

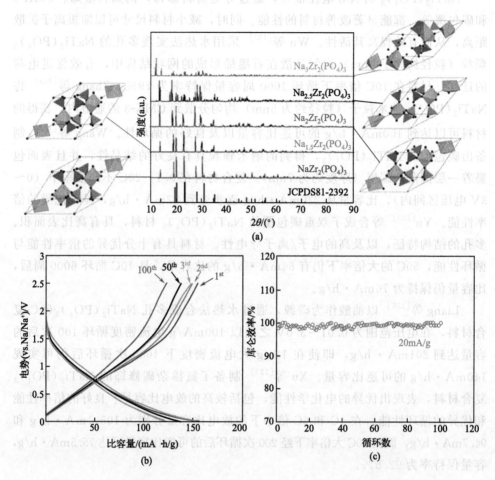

图 5-17 (a) 不同充电状态下 $Na_xZr_2(PO_4)_3$ 的 XRD 以及对应的晶体结构图；
(b) 不同循环周数的充放电曲线及 (c) 循环过程中的库仑效率[129]

负极材料没有这类问题。目前，除了 $NaTi_2(PO_4)_3$ 和 $NaZr_2(PO_4)_3$，另一些 NASICON 结构的负极材料，比如 $NaV_2(PO_4)_3$、$Na_3V_2(PO_4)_3$、$NaSn_2(PO_4)_3$、$Na_3Ti_2(PO_4)_3$ 以及 $Na_3MnTi(PO_4)_3$ 等也具有一定的研究价值，相关的参数和性能见表 5-2。

在非水系电解质中，$Na_3V_2(PO_4)_3$ 作为负极表现出较好的电化学性能。Jian 等[128]人研究发现，在深度嵌钠过程中，$Na_3V_2(PO_4)_3$ 在 1.6V 和 0.3V 电压下会分别形成 $Na_4V_2(PO_4)_3$ 和 $Na_5V_2(PO_4)_3$，并在 11.7mA/g 的电流密度下可释放出 149mA·h/g 的可逆比容量。

表 5-2　典型的 NASICON 型负极材料的性能比较

材料	尺寸/nm	比容量/(mA·h/g)	循环次数	容量保留	文献
$NaTi_2(PO_4)_3$@石墨烯片	100	109	200	93%	[132]
$NaTi_2(PO_4)_3$@CMK-3 复合物	约 3	101	200	73%	[133]
$NaTi_2(PO_4)_3$@C 复合物	约 7	220(0~3V)	10000(20C)	68%	[134]
$NaTi_2(PO_4)_3$@石墨烯(水系)	100~200	104.4(2C)	100	95.7%	[141]
$NaTi_2(PO_4)_3$@石墨烯	30~40	128.6(0.1C)	1000(10C)	95.5%	[142]
$Na_3Zr_2(PO_4)_3$	400~500	150(20mA/g)	100	88%	[129]
$Na_3V_2(PO_4)_3$/碳复合物	>1000	146(11.7mA/g)	50	91%	[128]
$NaSn_2(PO_4)_3$/碳复合物	约 100	320(50mA/g)	120	87%	[143]
$Na_3MnTi(PO_4)_3$/碳复合物(水系)	约 30	58.4(0.5C)	100(1C)	98%	[144]

5.3
转化反应负极材料

转化反应的本质是置换反应,这与钠离子的嵌入脱出反应不同。然而,转化反应很少单独发生,大多数情况下伴随着插入过程中的嵌入或合金化反应。转化反应的通式可以表示为:

$$M_aX_b + (bc)Na \rightleftharpoons aM + bNa_cX$$

金属氧化物、硫化物、磷化物等作为负极材料主要发生的是转化反应,是高容量钠离子电池负极材料之一。金属化合物主要包括金属氧化物(Fe_3O_4、Sb_2O_4、MoO_3 等)、金属硫化物(SnS、SeS_2、MoS_2 等)、金属硒化物($FeSe_2$、$CoSe_2$ 等)和金属磷化物(SnP_3、Sn_4P_3 等)等。根据金属化合物(MX_y)中的金属是否可以与钠发生合金化反应,可将此类材料的储钠机理细分为两类。第一类是金属化合物中的金属元素不可以与钠发生合金化反应(比如 Fe、Co、Ni、Cu 和 Mo 等),则金属化合物是通过转化反应进行储钠,反应方程式如式(5-1)所示:

$$MX_y + 2yNa^+ + 2ye^- \rightleftharpoons M + yNa_2X \tag{5-1}$$

第二类是金属化合物中的金属元素可以与钠发生合金化反应(比如 Sn、Sb 等),则金属化合物是通过转化反应及进一步的合金化反应来实现储钠,反应方程式如式(5-2)和式(5-3)所示:

$$MX_y + 2yNa^+ + 2ye^- \rightleftharpoons M + yNa_2X \tag{5-2}$$

$$M + zNa \rightleftharpoons Na_zM \tag{5-3}$$

在放电过程中，不同种类的金属化合物所发生的储钠反应也不尽相同，如氧化物通常发生转化反应；硫化物和硒化物首先进行嵌入反应，然后为转化反应；磷化物主要发生转化反应。

5.3.1 金属氧化物

与嵌入/脱出和合金化反应不同的是，转化型反应不仅涉及钠离子在电极材料主体晶格发生可逆的嵌入与脱出，也涉及内部的一个或者多个原子融入电极材料的主晶格中形成新的化合物[145]。与锂离子电池相似，金属氧（硫）化物由于高的理论比容量被认为是潜在的钠离子电池负极材料。但是在充放电过程中，材料会发生较大的体积变化致使其比容量迅速衰减。纳米技术的发展促进了金属氧（硫、磷）化物作为钠离子电池负极材料的发展。许多金属氧化物被用作钠离子电池负极材料，例如氧化铁（Fe_3O_4，Fe_2O_3）[146-148]、氧化锡（SnO，SnO_2）[149-151]、氧化钴（Co_3O_4）[152,153]、氧化铜（CuO）[154]等均表现出优异的电化学性能。

(1) 铁基氧化物

Liu课题组[146]在碳基纳米片上生长出Fe_3O_4量子点，在钠离子电池中发生的电化学反应为：$Fe_3O_4 + 8e^- + 8Na^+ \longrightarrow 3Fe + 4Na_2O$，该材料展现了良好的电化学性能，在0.1A/g的电流密度下，比容量为416mA·h/g，且在1A/g的电流密度下循环1000圈之后，容量仍可保持70%。采用一步水热法制备的Fe_3O_4/石墨烯复合物[155]，Fe_3O_4纳米颗粒的尺寸为4.9nm，均匀地分布在三维结构石墨烯纳米片上，如图5-18所示。这种结构设计可以扩大电极活性物质与电解液的接触面积，提高复合材料的电化学活性，促进离子迁移和电子传导，并且可以有效抑制Fe_3O_4颗粒的团聚，缓解体积膨胀。该复合材料表现出较高的储钠容量（在30mA/g电流密度下比容量为525mA·h/g）和倍率性能（在10000mA/g电流密度下比容量为56mA·h/g）。

与Fe_3O_4相同，Fe_2O_3在储钠过程中也发生转化型反应，生成纳米氧化钠和铁单质。Zhao等[156]采用水热法制备的α-Fe_2O_3纳米棒具有较高的放电比容量和循环稳定性能，在50mA/g电流密度下循环100次后的放电比容量达到252mA·h/g。优异的电化学性能与α-Fe_2O_3纳米棒之间的协同效应和较短的钠离子迁移距离有关，使得储钠容量增加。

(2) 锡基氧化物

SnO_2作为钠离子电池负极材料的理论比容量为1378mA·h/g[157-159]。

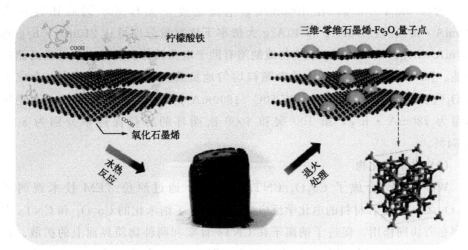

图 5-18 Fe_3O_4/石墨烯-复合物的合成示意图[155]

SnO_2 与钠离子的反应分为转换和合金化两步,如式(5-4) 和式(5-5) 所示:

$$SnO_2+4Na^++4e^-\longrightarrow Sn+2Na_2O, 711mA\cdot h/g \quad (5-4)$$

$$Sn+3.75Na^++3.75e^-\longrightarrow Na_{3.75}Sn(Na_{15}Sn_4), 667mA\cdot h/g \quad (5-5)$$

由于第一步生成 Na_2O 的反应动力学较差,此步骤很难达到完全的逆向反应。因此,SnO_2 材料的倍率性能较差,如何克服转化反应动力学慢的问题成为关键。SnO_2 存在的另一问题是循环过程中巨大的体积变化,导致循环性能较差。目前主要的改善方法有:①制备出具有疏松多孔结构的纳米材料;②与碳基或其他基质材料复合,缓解体积变化。Su 等[160] 通过水热法控制 SnO_2 晶体生长,制得不规则八面体形貌的单晶 SnO_2 材料,获得了较高的可逆比容量和良好的循环稳定性,循环 100 周后,比容量仍然保持在 $432mA\cdot h/g$,同时生成的 Na_2O 能够有效防止 Sn 颗粒的团聚。Wang 等[161] 通过溶剂热法合成了 SnO_2/MWCNT 复合材料,首周比容量高达 $839mA\cdot h/g$,循环 50 次后的容量保持率为 72%;同时,水热法合成的 SnO_2/石墨烯复合材料,其可逆比容量达到 $700mA\cdot h/g$。这种通过与碳材料复合制备的材料有效地缓解了钠嵌入脱出过程中电极材料较大的体积变化,同时导电碳也有助于提高复合材料的导电性,从而提高比容量。石墨烯具有典型的二维结构,是优良的金属氧化物生长的基底材料。石墨烯优良的电子传导特性和稳定的结构,有利于提高复合材料的导电性以及缓冲体积变化。因此,制备 SnO_2/石墨烯复合材料是改善 SnO_2 电化学性能的有效途径[162,163]。

Xu 等[164] 利用阳极氧化铝为模板制备了无定形 SnO_2 纳米阵列,并采用原子层沉积的方式在其表面制造氧空位。这种含氧空位的无定形 SnO_2 作为无黏结剂负极材料表现出优异的电化学性能,在 $50mA/g$ 电流密度下循环 100 周后比容量为 376mA·h/g，在 1000mA/g 电流密度下循环 800 周后比容量为 220mA·h/g；且在 5A/g 和 10A/g 大倍率下比容量分别可达 210mA·h/g 和 200mA·h/g。结果表明，氧空位或缺陷有助于电荷转移和传输，从而提高储钠性能。Jahel 等[165]将 SnO_2 纳米颗粒均匀地负载到介孔碳的孔隙中，合成了 SnO_2@C 复合材料。SnO_2@C 在 50C（1800mA/g）的电流密度下，首周可逆比容量为 780mA·h/g，第 100 次和 4000 次循环的容量保持率分别为 80% 和 54%。

（3）钴基氧化物

Wu 等[166]合成了 Co_3O_4/CNTs 复合物，通过原位 TEM 技术观测了 Co_3O_4/CNTs 复合材料的电化学反应变化，揭示了纳米化的 Co_3O_4 和 CNTs 之间存在着协同作用，促进了钠离子在 CNTs 骨架和两种物质界面上的扩散。这种 Co_3O_4/CNTs 负极材料的反应机理为（图 5-19）：在钠离子嵌入时，首先在 CNTs 表面形成一层低导电性的 Na_2O 薄膜；然后，还原反应在 CNTs 层间形成超细的 Co 纳米粒子和聚合物状 Na_2O；在钠离子脱出过程中，Co 被氧化形成 Co_3O_4。

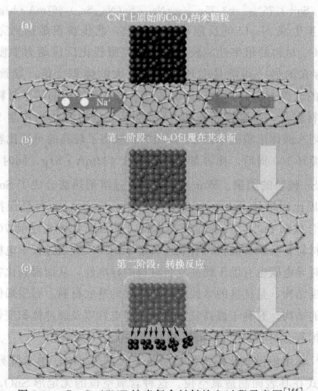

图 5-19　Co_3O_4/CNT 纳米复合材料放电过程示意图[166]

（4）铜基氧化物

CuO 在电化学循环过程中体积变化较大[167]，为了提高电子导电性和调节循环过程中的体积变化，研究者采取的改性方法主要有与导电碳复合和制备疏松多孔的微纳米结构。Rath 等[168]人成功将超细的 CuO 纳米颗粒嵌入微孔碳材料中，制备出多孔结构的复合材料。CuO 颗粒尺寸在 4nm 左右且负载量高达 78%，并表现出优异的电化学储钠性能。在 20mA/g 的电流密度下，其首次放电比容量和充电比容量可达 1405mA·h/g 和 768mA·h/g；在 100mA/g 的电流密度下循环 200 圈后仍可以获得的 477mA·h/g 的比容量，且库仑效率保持在 99% 以上。其优异的倍率循环性能主要是由于 CuO 和多孔碳材料之间的协同作用，不仅提高了复合材料的导电性，也有效地抑制了循环过程中的体积膨胀，有利于维持结构稳定。Lu 等[167]通过喷雾热解法制备了微纳米结构的碳包覆 CuO，CuO 纳米颗粒（约 10nm）均匀地嵌入碳基质中，该材料在 200mA/g 电流密度下经 600 次循环后具有 402mA·h/g 的容量。Liu 等[169]对 CuO 嵌钠反应进行了研究，CuO 首先钠化成 Cu_2O 和 Na_2O，随后转化成 NaCuO，最终产物包含 $Na_6Cu_2O_6$、Na_2O 和 Cu。

二元金属氧化物 $CuCo_2O_4$ 与单一成分的氧化物材料相比，具有良好的储钠性能，其导电性高、成本低和经济环保。Wang 等[170]将 $CuCo_2O_4$ 纳米量子点嵌入到 N 掺杂的碳纤维中，获得自支撑无黏结剂的负极材料。其独特的结构表现出较好的倍率性能（在 5A/g 电流密度下比容量为 296mA·h/g）以及超长循环寿命（在 1000mA/g 倍率下循环 1000 周后比容量保持在 314mA·h/g）。在首周放电过程中，$CuCo_2O_4$ 分解成单质 Cu 和 Co 是一个不可逆的过程，在接下来的循环过程中主要发生 Cu/Co 和 CuO/Co_3O_4 之间的可逆转化反应，这对研究和开发新型多元金属氧化物有借鉴意义。

5.3.2 金属硫化物

大部分金属硫族化合物具有典型的层状结构，如 MoS_2、WS_2、SnS_2、$MoSe_2$ 等，金属原子和硫族原子通过共价键作用而稳定存在，层与层之间存在范德华作用力[171]。在一定条件下，由于较弱的范德华力，一些离子可以吸附或者嵌入材料的层间，且不破坏其层状结构[172]。此外，一些金属硫族化合物发生转化反应，一些能够发生合金反应，可以提供多电子储钠反应，具有较高的储钠容量[173,174]。金属硫族化合物相比于氧化物材料具有更好的导电性，表现出较好的动力学性能，成为储钠负极材料的研究热点。

层状过渡金属硫族化合物具有高导电性、力学稳定性、热力学稳定性以及结构稳定性等一系列优势。过渡金属硫族化物材料的一般表达式为 MX_2（M=Mo、V、Sn、Ti、Re、Ta、Zr、W，X=S、Se 等），由金属原子 M 夹在两层硫原子间形成，这种层状化合物有利于 Na^+ 的嵌入和脱出。其结构如图 5-20 所示：M-S 间是强共价键作用力，S-M-S 层间是较弱的范德华力，利于钠离子的嵌入和脱出[175]。

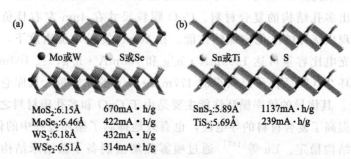

图 5-20 MX_2 典型的层状结构和相应的层间距及理论容量[175]

由于堆积方式的不同，过渡金属硫族化物可分为六角（$2H-MX_2$，ABAB 堆积）、三方（$1T-MX_2$）和斜方（$3R-MX_2$，ABCABC 堆积）三种结构，如图 5-21 所示，其中 2H 结构更普遍、更稳定，是典型的片层构型。因此，层状金属硫化物电极材料极具潜力[176]。诸多过渡金属硫化物作为负极材料陆续被报道，一般层状二硫化物通常先在高电位发生 Na^+ 嵌入脱出反应，然后在低电位发生转化反应，生成金属单质 M 和 Na_2S，其中有些材料如 SnS_2 在更低电位时还可以发生合金化反应，具有更高的理论比容量。

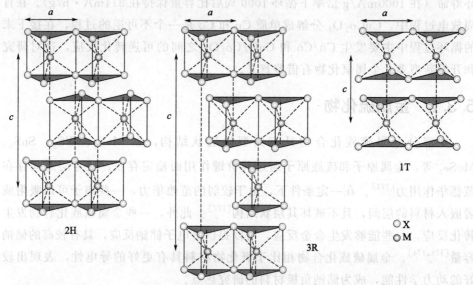

图 5-21 MX_2 三种堆叠方式示意图[175]

(1) 二硫化钼

层状二硫化钼（MoS_2）主要分为单层或多层结构。单层 MoS_2 由两层硫原子夹一层钼原子组成，多层 MoS_2 由若干单层 MoS_2 组成，间距约为 0.65nm。该层状结构不仅有利于钠离子的嵌入，还可缓和充放电过程中的体积膨胀，从而保障结构的稳定性。层状 MoS_2 作为负极材料具有较高的比容量，储钠容量为 500~800mA·h/g[177]，但层与层之间的分子间作用力使电化学充放电过程中 MoS_2 材料易团聚，使电解质与活性物质之间脱离有效接触，电极的可逆容量迅速下降。因此，提高层状 MoS_2 的结构稳定性和电子电导率是其作为钠离子电池负极材料亟待解决的问题之一。MoS_2 可与碳材料及部分金属纳米颗粒复合或耦合，形成片层状结构[178]，该方法对抑制层状结构 MoS_2 电极可逆容量的衰减和提高其电化学性能有显著成效。而具有一定储钠能力的石墨烯或超薄非晶碳层可很好地匹配层状结构 MoS_2，一方面，石墨烯或超薄非晶碳层不仅抑制了镶嵌过程中 MoS_2 的团聚，还降低了石墨烯或超薄非晶碳层的表面缺陷，耦合界面还能增大 MoS_2 层间距，扩大钠离子嵌入空间，从而增加可逆储钠容量，改善 MoS_2 电极的结构稳定性；另一方面，石墨烯或超薄非晶碳层具有良好的离子导电性，提高了 MoS_2 电极的离子和电子迁移速率。Choi 等[179]通过酸剥离得到了 MoS_2-rGO 复合材料，0.2A/g 电流密度首周放电比容量为 797mA·h/g，充电比容量为 573mA·h/g，1.5A/g 下循环 600 次之后的库仑效率依然保持在 99.98%。Xie 等[180]通过将 MoS_2 生长在碳纸上，制备出自支撑材料。这种分级结构有利于电极与电解液之间接触，加速离子和电子的传输。同时，这种结构能够最大程度地降低碳纸与电解质之间的界面，提高首周库仑效率。该材料具有高比容量（在 20mA/g 电流密度下比容量为 446mA·h/g）、高首周库仑效率（79.5%）、良好的循环性能（在 80mA/g 电流密度下循环 100 圈后比容量为 286mA·h/g）和优异的倍率性能（在 1000mA/g 电流密度下比容量为 205mA·h/g）。此外，通过原位 Raman 技术，可以观察到 MoS_2 在 Na^+ 嵌入脱出过程中从 2H 相到 1T 相的可逆晶相转变，如图 5-22 所示。

(2) 二硫化钨

属六方晶系的 WS_2 与 MoS_2 有相似的结构特征，其大的层间距使得层与层间易发生滑移[181]，并且层间较弱的作用力和大的间隙（0.62nm）有利于钠离子的嵌脱。减小钠离子在二硫化钨材料中的扩散阻力可使电化学性能得到提升[182]。水热法、高能球磨法、固相烧结法、化学气相沉积法等均可制备出纯相的 WS_2 材料。但是 WS_2 结晶性差，晶体结构不稳定，反复充放电易使材料非晶化，导致容量衰减快，循环稳定性差，当下主要采用二硫化钨与导电性

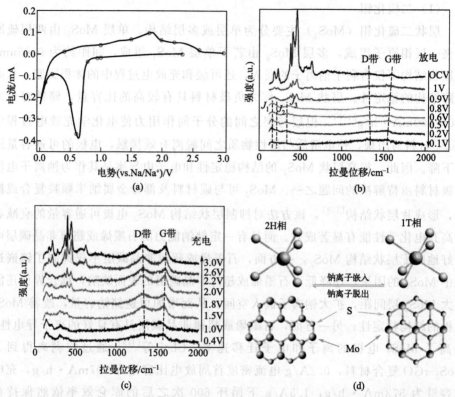

图 5-22 MoS_2@C 的 (a) CV 曲线；MoS_2@C 电极在 (b) 放电和 (c) 充电过程中的原位拉曼光谱；(d) Na^+ 嵌入脱出过程中 $2H-MoS_2$ 和 $1T-MoS_2$ 的晶型转变示意图[180]

好的碳基材料复合来缓解钠离子嵌入脱出过程中结构不稳定问题。Su 等[183]用水热法合成了 WS_2@石墨烯复合物，其 500 次循环后储钠容量仍达 329mA·h/g（电流密度 20mA/g）。Seung 等[184]采用喷雾热解法合成了 WS_2-3DRGO 材料，在 200mA/g 的电流密度下循环 200 周后容量保持在 344mA·h/g。此外，形貌控制和碳包覆也可缓解 WS_2 结构稳定性差的问题，Liu 等[185]用溶剂热法制得直径 25nm 的均匀 WS_2 纳米线，其层间距为 0.83nm，并通过提高放电截止电位（0.5~3V）保护了材料的层状结构，材料表现出优异的循环稳定性，在 1000mA/g 电流密度下循环 1400 周后，容量保持在约 330mA·h/g。

(3) 二硫化锡

锡基化合物具有理论容量高和工作电压低等优点，作为钠离子电池的负极材料会发生转化反应和合金化反应，在形成 $Na_{15}Sn_4$ 合金的反应中，Sn 的理论容量是 847mA·h/g。考虑到转化反应的额外容量贡献，锡的氧化物和硫化物具有更高的容量，相比之下，锡的硫化物的性能更好。二硫化锡（SnS_2）晶体结构种类很多，具体的反应过程为：

$$SnS_2 + Na^+ + e^- \longrightarrow NaSnS_2 \tag{5-6}$$

$$NaSnS_2 + 3Na \longrightarrow Sn + 2Na_2S \tag{5-7}$$

$$Sn + 3.75Na \longrightarrow Na_{15}Sn_4 \tag{5-8}$$

第一步反应是不可逆的，这也导致了 SnS_2 材料的实际容量低于理论容量[186]。设计合适的 SnS_2 纳米结构可以更好地适应在钠合金化反应中体积变化，从而提高其容量和循环稳定性。目前研究较广泛的是层状六方结构的 CdI_2 型 SnS_2 纳米片（$a=0.3648nm$，$c=0.5899nm$，空间群为 $P3m1$），硫原子紧密堆积形成两层，锡原子夹在中间形成八面体结构，层内为共价键结合，层与层之间存在弱的范德华力。正是因为层间作用力很小，电极同时发生嵌入和转化反应时比容量更高。然而，限制二硫化锡发展的最大阻碍是循环过程中产生的体积膨胀，甚至引起电极材料的破裂，导致容量快速衰减。为解决这一问题，通常的方法是减小锡材料的粒径，或与其他材料复合。Qu 等[187] 制备了纳米片状 SnS_2@氧化石墨烯复合材料，这种石墨烯分割了 SnS_2 纳米片，增大了电解液与 Na^+ 的接触面积，提升了材料的导电性，获得了高的可逆比容量（0.2A/g 电流密度下可逆比容量为 630mA·h/g），兼具优异的倍率性能（2A/g 的电流密度下可逆比容量为 544mA·h/g）和循环性能（2A/g 的电流密度下循环 400 周，可逆比容量为 500mA·h/g）。

（4）二硫化钒

2011 年 Feng 等[188] 通过水热法制得超薄层状 VS_2 纳米结构，引起了人们的研究兴趣。Mai 等[189] 制备的 VS_2 微米片在电流密度为 100mA/g 时，可逆比容量达 250mA·h/g。Liao 等[190] 制备出 $NaTiO_5$ 纳米线修饰的 VS_2 纳米片，在 0.01~2.5V 的电压范围内，C/10 和 1C（1C=200mA/g）的条件下充放电，50 次循环后，容量分别是 298mA·h/g 和 203mA·h/g。

（5）二硫化钛

二硫化钛具有层状结构，是最早用于钠离子电池的材料之一。1976 年，Winn 等[191] 首次报道了钠离子在碳酸丙烯酯中能够插入 TiS_2 单晶的工作。在 1980 年 Newman[192] 验证了 Na/TiS_2 电池室温下的可逆性，但是在长循环时容量迅速衰减，高倍率下衰减更为严重。近年来，Liu 等[193] 制备出 TiS_2 纳米片，其容量接近钠离子插层的理论容量（186mA·h/g），在 10C 时，容量为 100mA·h/g，在低倍率和高倍率都有较好的循环稳定性。Jiang 团队[194] 通过高温固相烧结法合成了 TiS_2 材料，对中间产物多硫离子具有较强的吸附作用，有效改善了过渡金属硫化物在转化反应过程中中间产物的溶解流失问题。通过优化电解液组分以及充放电电压区间，TiS_2 的可逆比容量高达 1040mA·h/g（200mA/g）和 621mA·h/g（40A/g），循环 9000 圈容量无明显衰减，实现了转化反应负极材料的高可逆容量以及长期稳定循环。

（6）其他硫化物

除了上述这些层状二硫化物以外，还有一些其他硫化物也可以作为钠离子电池的负极材料，这些硫化物有的具有层状结构，有的不具有层状结构，如硫化镍、硫化锌、硫化铜、硫化亚铁等。

① 硫化镍。硫化镍具有层状结构，在锂离子电池、超级电容及太阳能电池等方面有着广泛应用。过渡金属镍的电子排布可有多种方式，这也就决定了硫化镍具有多种组成，例如 NiS_2、Ni_3S_4、Ni_7S_6、Ni_9S_8 等[195]。至今，人们发展了很多合成不同形貌的硫化镍微纳米结构的方法，在用作锂离子电池电极方面已有诸多报道[196-198]。目前，硫化镍用作钠离子电池电极材料的研究并不令人满意，一方面比容量较低，另一方面循环性能较差。Ryu 等[197] 利用机械合金法制备了硫化镍，在 0.4~2.6V 电压范围内，充放电循环 100 次之后，比容量由最初的 430mA·h/g 降至 220mA·h/g，这可能是由于该材料导电性较差或者充放电过程中钠离子嵌入脱出对电极材料造成了结构破坏，可以通过碳包覆或者制备复合材料的方法提高其电学性能。

② 硫化锌。硫化锌有立方和六方两种晶型，它的导电性较差，限制了硫化锌在钠离子电池中的应用。Qin 等[199] 使用微波法合成了含不同比例石墨烯的硫化锌-石墨烯复合材料。在最优的石墨烯比例下，当使用 100mA/g 电流密度进行恒流充放电测试时，首周可逆比容量高达 610mA·h/g，经过 5 次充放电循环，容量保持在 481mA·h/g。

③ 硫化铜。Qin 等[199] 用微波法合成了硫化铜-石墨烯复合材料，通过优化电解液种类、充放电电压窗口范围，以及复合材料中石墨烯的含量优化了材料的电化学性能。当使用醚类电解液体系时，硫化铜-石墨烯电极的循环性能得到了明显改善。当在 0.4~2.6V 电压范围内，电流密度为 100mA/g 时，充放电循环 50 次后，其比容量仍可以稳定保持在 392.9mA·h/g，这是因为钠离子嵌入 CuS 中时引起的巨大体积变化在复合材料中得到了一些缓解，使得循环稳定性有所提升。

④ 硫化亚铁。硫化铁具有资源丰富、价格低廉、理论比容量高等优点，但其电化学循环过程中体积变化达到 200%，同样存在体积膨胀问题导致较差的循环性能。Wu 等[200] 通过简单的溶剂热反应合成了饼状的 FeS/C 复合材料，有效提高了电化学反应动力学和电极结构稳定性，材料表现出了较好的倍率性能和

循环稳定性。在 0.2A/g 的电流密度下，150 次循环后容量为 555.1mA·h/g，基本没有衰减，在 35A/g 的电流密度时，可逆容量为 140.8mA·h/g，即使电流密度提高到 80A/g 时，容量仍然为 60.4mA·h/g，展示出了优异的倍率性能。

金属硫化物在储钠研究中具有很大的潜力，但金属硫化物对发展具有优异电化学性能的钠离子电池来说挑战很大。一方面转化反应会导致活性物质的体积膨胀和嵌钠/脱钠反应动力学的降低，另一方面还存在钠离子扩散缓慢、充放电效率低、多硫化物溶解-穿梭等问题，严重影响钠离子电池的电化学性能。目前主要通过与碳材料复合、材料纳米化、控制形貌、扩大层间距以及调节截止电压等方式提高其容量和循环稳定性。

5.3.3 金属硒化物

硒化物作为钠离子电池负极材料受到广泛的关注。硒化物主要分为层状硒化物（如 $MoSe_2$ 和 WSe_2）和非层状硒化物（如 $FeSe_2$、$CoSe_2$、$NiSe_2$ 和 $CuSe$ 等）。硒化物具有导电性好、理论比容量高、合成简单等优点，但其缺点也很明显，主要是发生转化反应时，体积变化较大，容易发生结构的坍塌，导致循环性能衰减。如何缓解循环过程中材料的体积膨胀是改善硒基化合物储钠性能的关键。非层状结构的硒化物目前受到了广泛的关注，其中一些可以从天然矿物中获得，如黄铜矿、黄铁矿、白铁矿和闪锌矿。因此，与其他负极材料相比，低价格和高理论容量的优势使其具有很强的竞争力。

(1) 硒化铁

$FeSe_2$ 是斜方晶系的 $Pnnm$ 空间群，理论容量为 500mA·h/g。在放电过程中，$FeSe_2$ 储钠过程如下所示[201-213]：

$$FeSe_2 + xNa^+ + xe^- \longrightarrow Na_xFeSe_2 (0 < x < 2) \tag{5-9}$$

$$Na_xFeSe_2 + (4-x)Na^+ + (4-x)e^- \longrightarrow Fe + 2Na_2Se \tag{5-10}$$

Fe_7Se_8 储钠过程如下所示[212-214]：

$$Fe_7Se_8 + xNa^+ + xe^- \longrightarrow Na_xFe_7Se_8 \tag{5-11}$$

$$Na_xFe_7Se_8 + yNa^+ + ye^- \longrightarrow Na_{x+y}FeSe_2 + 6FeSe \tag{5-12}$$

$$Na_{x+y}FeSe_2 + (4-x-y)Na^+ + (4-x-y)e^- \longrightarrow 2Na_2Se + Fe \tag{5-13}$$

$$FeSe + 2Na^+ + 2e^- \longrightarrow Na_2Se + Fe \tag{5-14}$$

Qiu 等[206]通过将硝酸铁和 PVP 形成凝胶，经过退火处理形成三维多孔的 $Fe_3@C$ 材料，通过硒化形成三维多孔结构的 $FeSe_2@C$（图 5-23）。这种三维结构的 $FeSe_2@C$ 在 0.5A/g、1A/g、10A/g、20A/g 条件下，分别有 414.5mA·h/g、

413.3mA·h/g、395.5mA·h/g、384.3mA·h/g 的比容量，显示出优异的倍率性能。在 5A/g 的条件下，循环 2000 次后，容量保持率为 98.5%。通过设计三维多孔结构的 $FeSe_2$@C，多孔的结构能够缓冲材料在充放电过程中的体积膨胀，使得循环性能和倍率性能得到了极大的提升。然而，多孔结构的电极材料密度低，所以相应地会减小电极材料的体积能量密度。

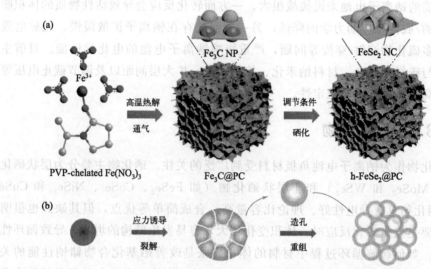

图 5-23　三维多孔结构 $FeSe_2$@C 的合成过程示意图[206]

Kang 等制备了空心石墨化碳限域的 $FeSe_2$-HGCNS 复合材料[209]，在 0.5A/g 的条件下，循环 100 次后，可逆储钠比容量为 425mA·h/g。此外，他们还通过喷雾的方法制备了 Fe_2O_3/C，通过后续硒化处理得到 H-$FeSe_2$/GC 复合材料，在 0.2A/g 的条件下，循环 200 次后，储钠比容量为 510mA·h/g，容量保持率为 88%。Xu 课题组[214] 开发了一种基于 MOF 衍生物制备金属硒化物负极材料的方法。采用 Fe-MOF 纳米棒为前体，通过简单热处理和水热硒化可以得到碳原位包覆的 Fe_7Se_8@C 材料，MOF 衍生的豆荚状 Fe_7Se_8@C 在不同电流密度下的循环性能都较为稳定。其中，多孔的碳框架有效地限制 Fe_7Se_8 颗粒的长大，使其保持在 20nm 左右，缓解了充放电过程的体积膨胀。其次，碳壳层也能够有效地提高材料整体导电性，从而使得材料具有良好的倍率性能。Yang 等制备了碳纳米纤维限域的 FeSe-CNFA-T 气凝胶[201]，在 2.0A/g 的电流密度下，循环 1000 次后，可逆比容量为 313mA·h/g。以石墨烯为碳载体也可有效地抑制材料的体积膨胀，Zhang 等[213] 制备了 $FeSe_2$/rGO 复合材料，经过 100 圈循环之后，放电比容量为 408mA·h/g，对应容量保持率为 90%。尽管碳改性可以有效提高 $FeSe_2$ 在碳酸酯类电解液中的循环和倍率性能，但它仍然不能满足长周期循环的需求。经过数百次循环后,包覆碳或 rGO 可能与活性物质分离。此外,硒化钠与电解液可能会发生副反应或溶解在电解质中,这是导致容量衰减的可能原因。

（2）硒化钴

$CoSe_2$ 的理论容量为 494mA·h/g。反应机理与 $FeSe_2$ 相似[187],Na_x-$CoSe_2$ 和 CoSe 为放电过程中的中间体;当完全放电时,最终产物为 Co 和 Na_2Se,在充电过程中,所有的反应都是可逆的。Zhang 等[215] 通过溶剂热反应合成了海胆状的 $CoSe_2$ 材料,在充放电过程中的反应机理如图 5-24 所示。首先 Na^+ 嵌入 $CoSe_2$ 形成 Na_xCoSe_2,进一步,Na_xCoSe_2 和 Na^+ 反应形成 CoSe 和 Na_2Se,最后 CoSe 转化成 Co 和 Na_2Se,三个阶段的充放电过程分别用 C1、C2、C3 和 D1、D2、D3 表示,$CoSe_2$ 循环过程中对应电化学反应过程如方程式所示。通过以 rGO 或多孔碳作为载体,$CoSe_2$ 可以获得良好的电化学性能[216,217]。

$$(D1) CoSe_2 + xNa^+ + xe^- \longrightarrow Na_xCoSe_2 \tag{5-15}$$

$$(D2) Na_xCoSe_2 + (2-x)Na^+ + (2-x)e^- \longrightarrow CoSe + Na_2Se \tag{5-16}$$

$$(D3) CoSe + 2Na^+ + 2e^- \longrightarrow Co + Na_2Se \tag{5-17}$$

$$(C2\&3) Co + 2Na_2Se \longrightarrow Na_xCoSe_2 + (4-x)Na^+ + (4-x)e^- \tag{5-18}$$

$$(C1) Na_xCoSe_2 \longrightarrow CoSe + xNa^+ + xe^- \tag{5-19}$$

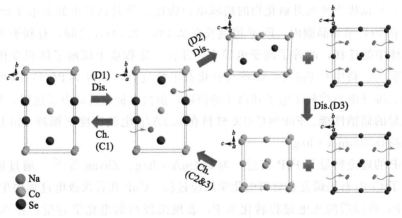

图 5-24 $CoSe_2$ 在醚类电解液（0.5～3.0V）中充放电过程中的反应过程示意图[215]

（3）硒化镍

$NiSe_2$ 具有立方结构,理论容量为 495mA·h/g,它的储钠机理与 $FeSe_2$ 非常相似[218]。在放电过程中,三步反应机制包括两个中间体:Na_xNiSe_2 和

NiSe。最终产物是 Ni 和 Na_2Se；在充电过程中，先形成 Na_xNiSe_2，然后是 $NiSe_2$。$NiSe_2$ 纳米片在 1A/g 的电流密度下，经过 100 周循环后，仍然有 318mA·h/g 的容量。

$NiSe_2$ 放电过程：

$$NiSe_2 + xNa^+ + xe^- \longrightarrow Na_xNiSe_2 \tag{5-20}$$

随后的充电过程：

$$Ni + 2Na_2Se \longrightarrow Na_xNiSe_2 + (4-x)Na^+ + (4-x)e^- \tag{5-21}$$

$$Na_xNiSe_2 \longrightarrow NiSe_2 + xNa^+ + xe^- \tag{5-22}$$

5.3.4 金属磷化物

磷单质作为电极材料，其理论比容量高达 2596mA·h/g。然而其本身的绝缘性及反应过程中巨大的体积膨胀使得磷电极材料表现出较差的电化学性能。通过研究过渡金属磷化物（MP_x）的电化学反应过程[219-221]，研究者发现其反应机制与 MO_x 和 MS_x 类似，MP_x 与 Na 发生转化反应，生成 M 和 Na_3P。金属单质 M 在 Na_3P 相中均匀分散，能够加快 Na_3P 氧化反应的动力学过程，从而使得 MP_x 作为电极材料时表现出优异的电化学性能。

FeP 作为钠离子电池负极材料，不仅来源广泛、价格低廉，且理论比容量达 926mA·h/g。铁基金属磷化物的 Fe-P 键在 3p 和 3d 轨道拥有一对未成键的孤对电子，可以极大地提升磷化物的局域电荷密度，使其具有更好的电子导电性。其次，在 FeP 单元晶胞内，Fe-P 键键长在 2.186~2.447Å 之间，有利于 Na^+ 在 FeP 晶体中的迁移，改善了离子电导率，并在一定程度上缓解了体积变化[219]。Wang 等[222]将中空 FeP@C 微球与氧化石墨烯复合，制得 FeP@C-GR 复合材料，其三维导电结构利于电子和离子的传输，加快电极反应动力学过程，从而表现出优异的储钠性能。FeP@C-GR 材料在 0.1A/g 电流密度下循环 250 周，容量仍保持在 400mA·h/g。

CoP 的理论容量与 FeP 接近，为 894mA·h/g。Zhang 等[223]通过透射电镜分析了 CoP/石墨烯复合材料电化学反应过程，CoP 在首次放电过程中生成 Co 和 Na_3P；在随后的充电过程转化为 P，表现出较高的电化学容量，在 0.1A/g 电流密度下容量高达 831mA·h/g；且在 1A/g 电流密度下经过 900 次循环容量保持率高达 98.5%。Ge 等[224]以钴基金属有机框架材料为原料，辅之以石墨烯的复合，制得具有规则多面体结构的 CoP/石墨烯材料，在 0.1A/g 电流密度下，100 次循环后容量保持在 473.1mA·h/g。

Ni_2P 材料由于富金属元素，理论容量有所降低，为 547mA·h/g，但是放电过程中大量金属 Ni 的生成有利于电极材料导电性的提高。这使得 Ni_2P 材料具有较高的活性物质利用率和较好的循环性能。Wu 等[225] 报道的核-壳结构的 $Ni_2P/NiS_{0.66}$ 异质结材料，在 100mA/g 电流密度下容量为 320.8mA·h/g。

此外，铜基磷化物[226,227] 和锡基磷化物[228-230] 也被报道作为钠离子电池负极材料。Cu_3P[226] 在 50mA/g 电流密度下可逆容量达 349mA·h/g，且在 1A/g 电流密度下循环 260 周，容量每周衰减约为 0.12%，展现出较好的循环性能。非活性组分（Cu）比重的增加使得 Cu_3P 材料容量偏低，而 Sn_4P_3 负极材料与钠离子先发生转化反应生成 Sn 和 Na_3P，随后金属 Sn 与 Na 发生合金化反应，生成 $Na_{15}Sn_4$。Qian 等[228] 研究了 Sn_4P_3/C 材料的电极反应过程（图 5-25），Sn_4P_3 与钠离子反应生成 $Na_{15}Sn_4$ 和 Na_3P，而在随后的脱钠过程中，生成 Sn 和 P，而不是 Sn_4P_3。其中高度分散的 Sn 纳米颗粒可促进 P 组分的电化学反应，而 P 及其产物 Na_3P 可有效抑制 Sn 纳米颗粒的团聚。Sn_4P_3/C 复合材料在 500mA/g 电流密度下，比容量高达 850mA·h/g，循环 150 周后容量保持率约为 86%。

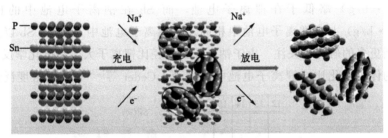

图 5-25　Sn_4P_3/C 材料充放电过程中的反应机理示意图[228]

Sn_4P_3 首次放电过程：

$$Sn_4P_3 + 24Na^+ + 24e^- \longrightarrow Na_{15}Sn_4 + 3Na_3P \tag{5-23}$$

随后的充电过程：

$$Na_{15}Sn_4 \rightleftharpoons 4Sn + 15Na^+ + 15e^- \tag{5-24}$$

$$Na_3P \rightleftharpoons 3P + 3Na^+ + 3e^- \tag{5-25}$$

转化反应负极材料具有较高的理论比容量，是一类理想的钠离子电池负极材料。然而，转化反应负极材料需要克服本身较低的电子电导率以及电化学反应过程中较大的体积变化等问题。构筑高效的金属化合物与导电碳材料的复合电极，以及设计制备微纳结构的电极材料，是解决上述问题进而提高转化反应负极储钠容量，改善循环寿命的可行策略。另外，这类材料脱钠的电位一般较高（1.0V 以上），会造成整个电池能量密度的降低，因此发展这类金属化合物储钠负极需要综合考虑其容量和电压。

5.4 合金化反应负极材料

合金化反应材料由于具有较高的理论容量和良好的导电性，一直受到人们的广泛关注。如：Sb（Na_3Sb，660mA·h/g），Sn（$Na_{15}Sn_4$，847mA·h/g），Ge（NaGe，369mA·h/g），In（Na_2In，467mA·h/g），P（Na_3P，2596mA·h/g）。在钠离子电池中，高比容量负极的研究主要集中在第Ⅳ族和第Ⅴ族主族元素[230]。图 5-26 是化学元素周期表第Ⅳ、第Ⅴ主族以及相关的富钠相的示意图[230]。如图 5-26(a) 所示，Si、Ge 可以和 1 个 Na 发生合金反应；N、P、As、Sb、Bi 可以与 3 个 Na 反应；Sn 和 Pb 可以与 3.75 个 Na 发生合金反应。图 5-26(b)~(d) 是相关合金富钠相的结构示意图。Ge 在钠离子电池中的理论比容量（369mA·h/g）低于在锂离子电池中的容量，Sn 在钠离子电池中的比容量（847mA·h/g）略低于在锂离子电池中，而 Sb 在钠离子电池中的比容量（660mA·h/g）与在锂离子电池中相同。在钠离子电池中，Sn 和 Sb 以其高比容量受到更多的研究与关注。由于钠离子的半径比锂离子大，在电化学反应过程中合金的体积变化比在锂离子电池中更剧烈。Ceder 等[231] 采用密度泛函理论

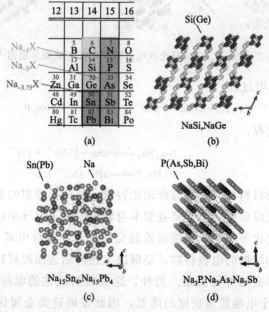

图 5-26　元素周期表中第Ⅳ和第Ⅴ主族元素以及相关合金富钠相的结构示意图[230]

（图 5-27）对 Sn、Si、Ge 和 Pb 等的合金反应过程进行分析，发现合金反应是分步进行的，随着嵌入钠离子量的增大，电位也相应发生变化。Baggetto 等[232]通过实验和理论相结合，证实了 Sn 在合金过程中发生 4 步反应，最终形成 $Na_{15}Sn_4$，同时利用穆斯堡尔谱证实了 Sb 与 Na 合金反应最终产物为 Na_3Sb[233]。

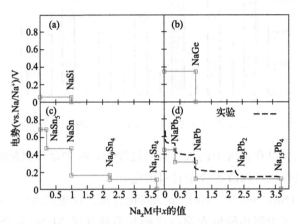

图 5-27　Na-M（M=Si，Ge，Sn，Pb）合金化反应历程的 DFT 计算[230]

但在合金化过程中会有很大的体积膨胀，造成严重的容量衰减。目前，研究过的合金类材料主要有 Sn、Sb、P、Ge、Bi、Pb 和 Si 等。这类材料与 Na 发生合金化反应的一般方程式为：

$$M + xNa^+ + xe^- \longrightarrow Na_xM \tag{5-26}$$

采用合金作为负极材料，可有效避免钠枝晶问题，从而提高钠离子电池的安全性和稳定性，并且合金反应通常被认为是可逆的，因此合金材料是非常有潜力的负极材料。由于多电子的合金化反应，其理论比容量一般比较高。然而，高的合金化容量也造成循环过程中体积膨胀严重[234]（其理论比容量和体积膨胀率如图 5-28 所示），从而致使电极材料粉化及极片脱落，严重影响电池的循环性能。为了有效解决上述问题，通常使用的方法为合成各种独特松散结构的纳米材料，以及将合金与基质材料（包括碳材料）进行复合，缓解严重的体积变化。

目前研究者为了改善合金负极材料的性能，主要采用以下 4 个途径：

① 纳米化：纳米化能够减小颗粒表面的应力、缩短离子和电子的扩散路径。同时，这种纳米化的结构可以容纳应力、缓冲体积膨胀和减少材料的粉化。

② 与碳材料复合：一方面可以将导电材料包覆在合金材料表面，提高材料的电导率，缓解其体积膨胀；另一方面可以在合金体系中引入碳，一般是将金属颗粒填充在碳材料中。在复合材料中，碳材料既可以作为缓冲基体缓冲金属颗粒

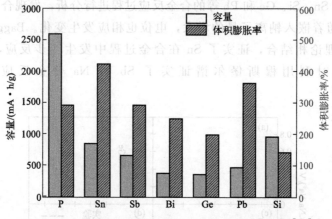

图 5-28 合金类负极材料的理论比容量与体积膨胀率[234]

的体积膨胀，也可以在钠离子嵌入与脱出过程中，减少金属颗粒的团聚，同时碳材料优良的导电性也可以改善合金材料的电导率。

③ 设计 M-(Sn，Sb，P，Ge) 金属间化合物，这里的 M 是一种电化学惰性组分。其中，金属中间相能够在第一次循环后转化成 M/Sn 复合物。M 在体系中作为电化学惰性基质来缓冲钠离子嵌入与脱出过程中的体积膨胀。这种引入相可以提高体系的电导率，大量的 M-Sn（M＝Cu、Ni 和 Co）、M-Sb（M＝Al、Cu、Zn、Mo 和 Bi）以及 M-P（M＝Fe、Ni）合金已经应用在钠离子电池中。

④ 构建 M-(Sn，Sb，P，Ge) 合金，M 代表一种电化学活性组分。在这一体系中两种不同的金属相共同作用缓冲较大的体积变化。

从图 5-29 可以发现，Bi、Ge 和 Pb 的理论比容量较低；Si 在常温电化学环境中几乎不能与钠形成合金，仅表现出吸附行为；而 Sb、Sn 和 P 三类合金材料

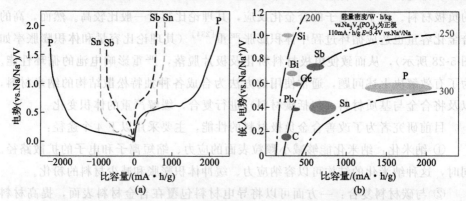

图 5-29 （a）Sb、Sn 和 P 负极材料的首周充放电曲线；（b）合金类负极材料的能量密度[234]

具有较高的理论比容量［图 5-29（a）］。从图 5-29（b）可以看出，当以 $Na_3V_2(PO_4)_3$ 作正极时，Sb 与 C 能量密度相当，但是 Sb 具有更高的嵌入电势，更加安全。而 Sn 和 P 则拥有更高的理论比容量和能量密度，因此，Sb、Sn 和 P 是目前有较大应用前景的合金类负极材料[234]。

5.4.1 锡负极材料

Sn 负极材料主要分为 Sn 单质、Sn-M′合金（SnSb，Sn-Ge，Sn-Ge-Sb）或合金间化合物（Sn-Ni，Sn-Cu）等。Sn 和 Na 发生合金反应生成 $Na_{15}Sn_4$，提供的理论比容量可达 847mA·h/g[129]，且锡资源丰富易得。Wang 等[235] 通过原位 TEM 直接观察了纳米 Sn 在充放电过程中的变化，Sn 在储钠过程发生严重的体积和物相变化。如图 5-30 所示，Sn 的合金反应是分步进行的，可以分为两步：一是 Sn 与 Na^+ 发生两相反应，在反应的相界面形成贫钠、无定形的 Na_xSn 合金（$0 < x \leqslant 0.5$）；二是进一步与 Na^+ 发生单相反应，逐步从无定形的富钠相（经历 Sn，$Na_{0.6}Sn$，$Na_{1.2}Sn$，Na_5Sn_2）到最后生成 $Na_{15}Sn_4$。第一步形成的 Na_xSn 体积膨胀为 60%，第二步形成的 $Na_{15}Sn_4$ 体积膨胀高达 420%。

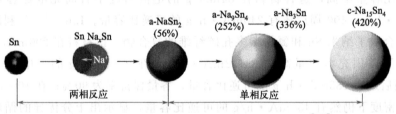

图 5-30　锡颗粒在嵌钠过程中的结构变化示意图[235]

为了克服合金反应带来的体积膨胀等问题，Sha 等[236] 通过静电纺丝制备的碳纤维表面均匀分布着 Sn 纳米颗粒，在 0.1C 倍率下，循环 200 周后容量还有 600mA·h/g；在 1C 倍率下，循环 1000 周后容量保持在 390mA·h/g。此外，将 Sn 与金属复合形成合金，也能优化储钠反应的循环性能。Liu 等[237] 采用一步溶剂热法合成了多孔的 Ni_3Sn_2 微孔笼，由于缩短的离子扩散路径、较高的比表面积、良好的电子导电性以及缓冲的体积膨胀，Ni_3Sn_2 表现出较好的电化学储钠性能，在 1C 倍率下，循环 300 圈后容量还有 270mA·h/g。Chevrier 等[231] 根据密度泛函理论计算了 Sn 的嵌钠电势。计算结果显示，Sn 的嵌钠反应有 4 个平台，分别对应形成 $NaSn_5$、NaSn、Na_9Sn_4 和 $Na_{15}Sn_4$ 四种晶相。Komaba 等[238] 通过 XRD 证明了 $Na_{15}Sn_4$ 晶相的存在。同时 Ellis 等[239] 还证明了无定形相 NaSn 的存在，并认为这是由于材料内部原子流动性较差引起的。他们也观察到 4 个平台，并通过原位 XRD、DFT 计算和电量分析认为4个平台分别对应如下反应：

平台1： $Na+Sn \longrightarrow NaSn_3$ (5-27)

平台2： $Na+NaSn_3 \longrightarrow a\text{-}NaSn$ (5-28)

平台3： $5Na+4(a\text{-}NaSn) \longrightarrow Na_9Sn_4$ (5-29)

平台4： $6Na+Na_9Sn_4 \longrightarrow Na_{15}Sn_4$ (5-30)

对材料反应机理的研究能够为材料的设计提供理论支持，但是由于Sn-Na合金相较多，中间相为无定形相，难以确定其组成和结构，反应机理又会受到材料形貌、颗粒大小、微观结构和电流密度等众多因素的影响，要探究其反应机理十分困难。研究者目前还没有得出较为一致的结论，其反应机理还需要进一步研究。

(1) Sn-C复合物

Sn-C复合物包括一维纳米纤维或纳米棒[240-242]、微球[151,243,244]和石墨烯复合物[245,246]等。Zhu等[240]将Sn沉积在木质纤维基质的表面，形成一层Sn薄膜，木质纤维的多孔结构有利于钠离子扩散，在嵌钠过程中，柔性的木质纤维能够形成有褶皱的表面来缓解材料内部的机械应力。由于沉积上去的Sn较少，其可逆比容量不高，这种材料在84mA/g的电流密度下首周充电比容量达到339mA·h/g，400周后还有240mA·h/g的可逆比容量。Liu等[241]利用静电纺丝法合成了纳米Sn和氮掺杂多孔碳纤维的复合物。该材料在200mA/g的电流密度下首周充电容量高达631.2mA·h/g，在2000mA/g的大电流下循环1300周后还有483mA·h/g的可逆比容量，容量保持率为90%；在10000mA/g的电流密度下仍然有450mA·h/g的可逆比容量，显示出十分优异的循环性能和倍率性能。Mao等[242]利用静电纺丝和原子层沉积技术制备了TiO$_2$-Sn@CNFs纳米纤维。在Sn@CNFs纳米纤维表面沉积上一层TiO$_2$后，TiO$_2$能够限制纳米纤维的膨胀，提供结构支撑，提高库仑效率。该材料在100mA/g的电流密度下首周充电比容量高达610mA·h/g，在循环400周后依然有413mA·h/g的可逆比容量，显示出较高的可逆比容量和较好的循环稳定性。但是即使是在包覆了TiO$_2$层后，其首周库仑效率依然只有58.3%。

(2) Sn-M复合物

研究者对Sn与其他金属形成的合金的电化学性能进行了研究，如Sn-Co[247,248]、Sn-Cu[249-251]、Sn-P[228,229,252-256]、Sn-Ni[237]、Sn-Ge[257]、Sn-Fe[258,259]、Sn-Mn[260]和Sn-Sb[261-264]等。其中研究得较多的是Sn-P和Sn-Sb复合物。

Lin等[220]利用硼氢化钠在表面活性剂存在的情况下同时还原Sn^{2+}和Cu^{2+}，得到了100nm左右的$Sn_{0.9}Cu_{0.1}$纳米颗粒。该材料在169mA/g的电流密度下循环100周后仍有420mA·h/g的可逆比容量,容量几乎没有衰减。Cu和Sn形成Cu_6Sn_5合金均匀地分布在Sn纳米颗粒中,一方面Cu可以提高材料的导电性,另外一方面作为惰性金属,Cu可以缓解材料嵌钠过程中体积膨胀问题,使得材料的循环稳定性大大增强。Qian等[228]通过球磨法制备了Sn_4P_3/C纳米颗粒,该材料在50mA/g的电流密度下首周充电比容量达到850mA·h/g,循环150周后容量保持率为86%。均匀分布的Sn充当了导电网络,使得P活化,而P嵌钠后的产物Na_3P又作为缓冲介质缓解Sn体积膨胀的问题,Sn和P的协同效应使得材料具有优异的循环性能。Liu等[229]合成了复杂的核壳结构的Sn_4P_3@C纳米球,这种材料在100mA/g的电流密度下首周充电比容量为790mA·h/g,在1500mA/g的电流密度下可逆比容量为505mA·h/g,循环400周后可逆比容量为360mA·h/g。但是该材料的合成过程复杂,核壳结构具有较大的比表面积,导致其首周库仑效率较低。

(3) Sn金属微纳结构

Nam等[265]利用电沉积的方法,通过在水溶液中加入能吸附在Sn(200)晶面的表面活性剂,使得Sn定向生长形成一维的Sn纳米纤维阵列,呈现出多孔的结构。在0.001~0.65V电压范围内,该材料在0.1C的电流密度下循环100周后仍可输出776.26mA·h/g的可逆比容量,容量保持率为95.09%,其高的容量和循环可逆性主要因为一方面纳米纤维结构具有优异的力学稳定性,另一方面多孔结构能够缓解材料嵌钠过程中的体积膨胀问题。Kim等[266]以PVDF为黏结剂制备了多孔结构的Sn电极。在0.001~1V电压范围内,该材料在0.5C的电流密度下首周充电比容量为674mA·h/g,首周库仑效率为63%,循环500周后仍然有519mA·h/g的可逆比容量。该材料制备方法简单、比容量高、循环性能稳定。但是由于该材料孔隙率(86%)过高,远高于正常制备电极材料的孔隙率(37%),其体积比容量较低。

Sn具有高达847mA·h/g的理论比容量,因此Sn基材料比容量易达到500mA·h/g以上,且在大电流情况下能稳定循环超过1000周,是一种很有应用前景的储钠负极材料。

5.4.2 锑负极材料

金属Sb具有较高的储钠理论比容量(660mA·h/g)、相对较小的体积膨胀、合适的储钠平台(约0.5V),一直是人们研究的热点。但是,长循环中极片的粉化脱落以及大倍率下的无定形化,容易造成循环性能衰减。金属单质Sb充放电过程中对应的主要结构之间的转换如图5-31所示[267]。

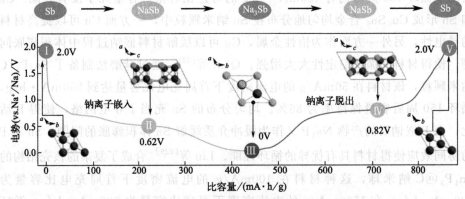

图 5-31　Sb-C 在充放电过程中结构转变的示意图[267]

其充放电的具体过程如下：

放电过程中：

$(2.0V \rightarrow 0.62V)$：　　　　　$Sb + Na^+ + e^- \longrightarrow NaSb$　　　　　(5-31)

$(0.62V \rightarrow 0V)$：　　　　　$NaSb + 2Na^+ + 2e^- \longrightarrow Na_3Sb$　　　　(5-32)

充电过程中：

$(0V \rightarrow 0.8V)$：　　　　　$Na_3Sb \longrightarrow NaSb + 2Na^+ + 2e^-$　　　　(5-33)

$(0.8V \rightarrow 2.0V)$：　　　　　$NaSb \longrightarrow Sb + Na^+ + e^-$　　　　　(5-34)

Allan 等[268]利用对分布函数分析（PDF）和固体核磁共振（ssNMR）等技术，从另一个角度阐述了他们对 Sb-Na 反应机理的见解。通过对比分析，他们分离出了两个无定形中间相，分别为 a-Na$_{1.7}$Sb 和 a-Na$_{3-x}$Sb（$0.4 < x <0.5$）。对于首周钠离子嵌入过程，他们认为这主要是晶态 Sb 破裂的过程，需要一个较大的过电位来克服晶格能，因此在 0.5V 处出现了一个单一的平台。同时 PDF 分析表明，即使放电结束，还有一部分无定形态的中间相没有转变为 Na$_3$Sb。第二周钠离子嵌入过程与第一周钠离子嵌入过程反应机理不同，主要是由于无定形态和晶态 Sb 参与反应的电位不同，经过第一周的钠离子脱出后，Sb 颗粒变小，结晶度下降，克服晶格能所需的过电位减小。

(1) Sb-C 复合物

常见的 Sb-C 复合物主要有以下几种：a. 将 Sb 分散于一维碳纤维中[269,270]；b. 将 Sb 分散于碳微球内部[271-273]；c. 将 Sb 分散于三维碳网络[196,274]；d. 将 Sb 与高导电性的石墨烯或碳纳米管复合[275,276]；e. 制备核壳结构的 Sb-C 复合物[277-279]。

Qian 等[228]利用高能球磨法制得了 Sb/C 复合物，该材料的可逆比容量高达 610mA·h/g，首周库仑效率为 85%，循环 100 周后容量保持率为 94%。Wu

等[280]。利用静电纺丝制备的 Sb-C 纳米纤维在 40mA/g 的电流密度下首周充电比容量为 631mA·h/g，在 200mA/g 的电流密度下循环 400 周后容量保持率为 90%。Luo 等[281] 将 Sb 纳米颗粒嵌入三维碳网络中得到 SbNPs@3D-C 材料，该材料首周库仑效率为 79.1%，可逆比容量为 456mA·h/g，在 100mA/g 的电流密度下循环 500 周后容量保持率为 94.3%。

(2) Sb-M 复合物

Sb 和其他金属的复合物是研究得较早的一类材料，根据复合的金属是否有储钠能力分为电化学惰性金属复合和电化学活性金属复合。

电化学惰性金属有 Mo[282]、Al[283]、Fe[284-286]、Ni[284,287]、Cu[288] 和 Zn[289,290] 等。Baggetto 等[288] 利用磁控溅射的方法制备 Cu_2Sb 薄膜，该材料首周充电比容量为 250mA·h/g，循环 10 周后容量保持率为 70%。Darwiche 等[291] 通过球磨法制备的 $FeSb_2$ 材料首周充电比容量为 540mA·h/g，在 300mA/g 的电流密度下循环 130 周后仍保持 440mA·h/g 的可逆比容量。

具有电化学活性的金属有 Sn、Bi 和 Ge 等，如 SnSb[261,262,264,292]、Sn-Ge-Sb[293]、Bi-Sb[294]、Sn-Sb-P[295] 和 Sn-Bi-Sb[296] 等。Xiao 等[264] 首次利用简单的球磨法制备了 SnSb/C 复合材料，该材料在 100mA/g 的电流密度下循环 50 周后仍然有 80% 的容量保持率。Xie 等[296] 制备了 Sn-Bi-Sb 材料，其中 Sn、Bi 和 Sb 含量分别为 10%、10% 和 80%。该材料在 200mA/g 的电流密度下首周充电比容量为 592mA·h/g，循环 100 周后可逆比容量为 621mA·h/g。

(3) Sb 金属微纳结构

通过微纳结构设计可以缓解纯 Sb 材料电化学反应过程中的体积变化。如单分散的纳米 Sb 颗粒[297]、Sb 空心纳米球[298]、Sb 多孔空心微球[299]、柏树叶状的 Sb[300]、Sb 纳米棒阵列[301]、多孔 Sb[302] 和金属 Sb 纳米薄片[303] 等。

Liu 等[302] 利用 $Al_{30}Sb_{70}$ 为模板制备了多孔珊瑚状 Sb，这种多孔结构能够减小钠离子的传输距离，同时还有足够的机械强度使得材料在循环过程中不会粉化脱落。该材料首周充电比容量高达 630mA·h/g，在 100mA/g 的电流密度下循环 200 周仍然有 573.8mA·h/g 的可逆比容量。Sb 具有褶皱的片状结构，层间作用力较弱，因而可以像石墨烯一样作为一种二维材料。Gu 等[303] 利用液相剥离法制备出 4nm 厚的金属 Sb 纳米薄片，在 $0.1mA/cm^2$ 的电流密度下，该材料具有 $1226mA·h/cm^3$ 的可逆比容量。在 $4mA/cm^2$ 的电流密度下有 $112mA·h/cm^3$ 的可逆比容量，并能稳定循环 100 周。

目前大部分 Sb 基材料循环稳定性还需要进一步提高，由于加入了其他惰性物质，电极材料的比容量只能到达 400mA·h/g 左右，纯 Sb 金属材料有比较好的循环稳定性以及高达 500mA·h/g 以上的比容量，但是制备过程较为复杂，成本较高。

5.4.3 磷负极材料

P 能与 Na 形成 Na$_3$P 合金，理论容量为 2596mA·h/g，体积膨胀率为 291%[230]，从 2013 年起，研究者就开始将 P 作为储钠材料[252,304,305]。P 有多种同素异形体，常见的有白磷、红磷和黑磷。白磷活性较高、有毒、易燃，不宜作为电极材料。红磷价格便宜、储量丰富、性质稳定，是储钠负极的理想选择。红磷主要面临的问题有 3 点：①电导率（约 10^{-14} S/cm）低；②钠离子在红磷中迁移速度慢，造成较差的动力学以及较大的电化学极化；③红磷嵌钠过程面临严重的体积膨胀问题，导致材料粉化以及不断新生长的 SEI 膜对 Na$^+$ 的消耗。因此，单质红磷经常表现出较低的倍率性能和快速的容量衰减。黑磷具有与石墨类似的二维层状结构，电导率（约 300S/m）[306]高，钠离子在黑磷层间扩散快，是一种很好的储钠材料。同时还可以剥离黑磷形成与石墨烯类似的磷烯，但是制备过程较为复杂。此外，P 单质在 50℃会在空气中自燃，造成安全隐患。

(1) 黑磷

黑磷具有层状结构，首先发生嵌入反应，再发生合金化反应（图 5-32），理论计算和实验都证实了这一点[230,307,308]。黑磷 x 轴的通道大小为 0.308nm，足够容纳钠离子的嵌入。通过 XRD 分析发现，当钠离子嵌入黑磷层间后，其层间距增大。在储钠过程中，P 能够实现 3 个电子转移反应（3Na$^+$+P+3e$^-$⇌Na$_3$P）。黑磷的嵌入反应发生在 0.54～1.5V，由于钠离子的嵌入反应并没有对黑磷的结构造成重大影响，嵌入反应的容量可逆性较高。在 0.54V 以下发生的是合金化反应，P-P 键断裂成单独的磷原子或者哑铃状的 P$_2$，形成无定形的中间相，直到最后生成 Na$_3$P 相。实验发现，黑磷体积膨胀主要是在 y 轴和 z 轴方向上，x 轴并没有发生明显的变化。据此 Sun 等认

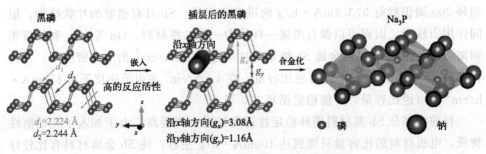

图 5-32 钠离子嵌入黑磷的反应机理图[306]

为，通过减小其层数将有利于缓解体积膨胀，提高其电化学性能[306]。

(2) 红磷

与 Sn 和 Sb 相比，红磷除了面临更大的体积膨胀问题外，还有一个问题就是红磷电导率太低，因而大多数研究者主要是将红磷与碳复合（P-C）或者与其他金属复合形成合金（P-M）以增强其循环稳定性，如 Zn-Ge-P[309]、Ge-P[310]、Fe-P[219,311]、Co-P[312,224] 以及 Sn-P[228,252-256] 等。P-C 复合物主要将 P 与石墨烯[312-314]、碳纳米管[305,315] 或者其他碳基质[252,306,316,317] 复合，增强材料的导电性。

Qian 等[305] 首次利用高能球磨法合成了无定形 P/C 复合物，该材料首周充电比容量高达 1764mA·h/g，并且能稳定循环 140 周，首周库仑效率为 87%。蒸发-冷凝法[318] 是一种常见的制备 P-C 复合物的方法，Liu 等[319] 通过该方法将红磷均匀地分布在还原氧化石墨烯上，该材料在 1593.9mA/g 的电流密度下首周充电比容量为 1211mA·h/g，循环 300 周后可逆比容量为 914mA·h/g，在 31.8A/g 的电流密度下可逆比容量仍然达到 510.6mA·h/g。通过微纳结构设计的 Sn 和 Sb 纯金属材料表现出了优异的电化学性能，但是在 P 基材料中还很少报道。Zhou 等[320] 在甲苯溶液中通过用 NaN_3 还原 PCl_5 得到了 P 的多孔空心纳米球。该材料在 520mA/g 的电流密度下首周充电比容量为 2274.5mA·h/g，在 1C 的电流密度下循环 600 周可逆比容量为 969.8mA·h/g。

(3) 磷烯

磷烯是只有一层或数层的黑磷，具有褶皱的层状结构，是一种新型的二维材料。常见的制备方法有机械剥离、液相剥离和化学气相沉积等[321]。Sun 等[306] 首次将磷烯作为储钠负极材料，减少黑磷层数形成磷烯后，其层间距大，有利于钠离子在层间的扩散，而石墨烯为电子的传输提供了快速通道，这使得三明治结构的磷烯-石墨烯复合材料拥有良好的电化学性能。该复合材料在 50mA/g 的电流密度下首周充电比容量高达 2440mA·h/g，循环 100 周后容量保持率为 83%。Huang 等[322] 利用电化学阳离子嵌入的方法制备了磷烯，通过调节电压可以控制磷烯的层数。制得的磷烯在 100mA/g 的电流密度下充电比容量达 1968mA·h/g，50 周后容量保持率为 60.5%。目前磷烯在钠离子电池中的应用还不多，需要进一步探索。

P 的比容量远高于 Sb 和 Sn 基材料，在保持较高的比容量的同时还能稳定循环超过 1000 周[317,323]，然而 P 具有一定的毒性和可燃性，同时，其还原产物 Na_3P 水解后会产生易燃且有毒的 PH_3 气体，这限制了 P 在实际钠离子电池中的应用[324]。

5.4.4 铅负极材料

Pb 负极的理论比容量为 485mA·h/g，完全嵌钠以后体积膨胀率为 365%[325]。据 Jow 等[326] 的研究，Pb 在钠离子嵌入脱出过程中的充放电曲线有 4 个平台，分别对应的是 $NaPb_3$、NaPb、Na_5Pb_2 和 $Na_{15}Pb_4$ 相的形成，与 Pb-Na 相图相一致 ［如图 5-27(d) 所示］。Ellis 等[325] 通过离子溅射方法制备的 Pb 薄膜首周放电比容量达到 484mA·h/g，非常接近 Pb 的理论容量。原位 XRD 显示第 3 个平台对应的是 Na_9Pb_4 相，而不是之前的研究所认为的 Na_5Pb_2 相[327]。Pb 在嵌钠过程中的反应历程为：

$$Pb \rightarrow NaPb_3 \rightarrow NaPb \rightarrow Na_9Pb_4 \rightarrow Na_{15}Pb_4 \tag{5-35}$$

由于 Pb 是重金属元素，相对于 Sb、Sn 和 P 等材料，其理论比容量偏低，这限制了其进一步发展。

5.4.5 硅负极材料

Si 在锂离子电池中有很高的比容量，表现出优异的电化学性能，并有望在将来实现商业化应用。根据 Na-Si 相图，有 4 种 Na-Si 相被报道，分别是 NaSi、$NaSi_2$、Na_4Si_{23} 和 $NaSi_{94}$[328]。Si 完全钠化有高达 954mA·h/g 的理论比容量，体积膨胀率为 144%[327]。Komaba 等[238] 和 Ellis 等[325] 发现，虽然 Si 有很高的理论比容量，但是实际上 Si 并不具有嵌钠能力。Malyi 等[329] 通过计算发现 Na 在 Si 中迁移的势垒高达 1.14eV，而通过掺杂能有效降低其迁移势垒。此外，根据 Chevrier 等[231] 的计算，Si 的嵌钠电势小于 0.1V。过低的嵌入电位会导致 Na 在电极表面析出，造成容量的衰减[329]。Jung 等[330] 通过理论计算发现无定形硅可以和钠形成 $Na_{0.76}Si$ 合金，比容量为 725mA·h/g。Xu 等[331] 制备了部分无定形的 Si 材料，在 20mA/g 的电流密度下循环 100 周后具有 248mA·h/g 的可逆比容量。Lim 等[332] 通过机械扩散的方法制备了无定形 Si-Sn 材料，该材料中无定形 Si 具有 230mA·h/g 的可逆比容量。虽然无定形 Si 有一定的储钠能力，但是其实际比容量远远低于其理论比容量，需要从合金化机理入手，寻找 Si 基材料与 Na 电化学合金化的途径，以提升其实际比容量。Huang 等[333] 制备了一种基于卷状无定形硅纳米膜的快速超稳定合金化负极。在嵌入/脱出的过程中，这种卷状的无定形 Si 纳米薄膜的体积变化（114%）很小，具有良好的倍率性能和超长循环寿命（2000 周容量保持率为 85%）。DFT 计算表明，晶态 Si（c-Si）在钠化时需要很高的能量，储钠的过程中不会形成 Si-Na 合金；而无定形的 Si（a-Si）在钠化时需要的能量较低，会形成 Si-Na 合金，提高了材料的容量以及降低了循环过程中的体积变化，具体的储钠机理见图 5-33。

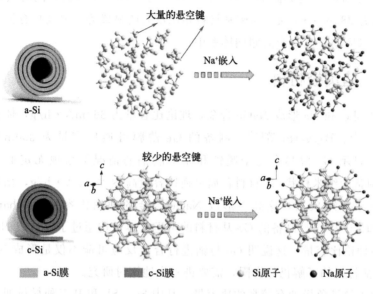

图 5-33　a-Si 和 c-Si 储钠机理示意图[333]　（彩插见文前）

5.4.6　铋负极材料

金属 Bi 也具有储钠能力，Bi 的理论比容量为 385mA·h/g，体积膨胀率为 250%[325]。Ellis 等[325]对 Bi 的嵌钠行为进行了研究，Bi 的充放电曲线上存在两对平台，通过原位 XRD 分析可知，两对平台对应的是 NaBi 和 Na_3Bi 相的生成。Su 等[334]将 Bi 与石墨烯复合，在 0.3～0.9V 电压范围内可逆比容量为 358mA·h/g，在 40mA/g 的电流密度下循环 50 周后，仍能保持大约 200mA·h/g 的可逆比容量。有趣的是，他们通过 XRD 分析并没有发现 Ellis 等人所说的 NaBi 相和 Na_3Bi 相。同时作者也注意到 (012) 晶面的峰位置随钠离子的嵌入向右偏移，而脱出钠离子向左偏移，这种情况在后续的研究中也被观察到[334]。考虑到 Bi 是由褶皱的六元环组成的层状结构材料，其层间距为 0.395nm，完全可以容纳钠离子嵌入。因此，作者认为 Bi 与 Na 反应不是发生合金化反应，而是嵌入式反应。后来的研究者也主要是将 Bi 和碳复合[335,336]，或者制备成金属铋纳米棒阵列[337]以缓解 Bi 体积膨胀的问题。Yin 等[336]利用静电纺丝的方法制备的一维 Bi/C 纳米纤维在 100mA/g 的电流密度下，循环 500 周后仍然保持 273.2mA·h/g 的可逆比容量。Wang 等[338]直接以商业化的 Bi 作为电极，在

1mol/L $NaPF_6$ 的二乙二醇二甲醚电解液中可逆比容量高达 400mA·h/g，在 400mA/g 的电流密度下循环 2000 周后容量保持率为 94.4%，表现出高的储钠性能。虽然 Bi 有一定的储钠能力，但是在地壳中的含量不高，同时其理论嵌钠比容量只有 385mA·h/g，与碳基材料相比没有明显优势。但其具有较高的嵌入电势，可以应用在高安全的储钠体系中。

5.4.7 锗负极材料

Ge 也可以和 Na 形成 NaGe 合金，理论比容量为 369mA·h/g，体积膨胀率为 200%[339]。Baggetto 等[340] 制备的 Ge 薄膜可逆比容量为 350mA·h/g，XRD 结果显示 Ge 薄膜在完全脱钠和完全嵌钠的情况下呈现无定形态。Abel 等[341] 制备的纳米柱状 Ge 材料首周可逆比容量高达 430mA·h/g，循环 100 周后容量保持率为 88%，这高于形成 NaGe 合金的理论比容量。Kohandehghan 等[342] 和 Lu 等[343] 制备的 Ge 基材料的可逆比容量均超过了以形成 NaGe 合金所计算的理论比容量，这说明 Ge 与钠进行合金反应可能不仅是形成 NaGe。目前对 Ge 基材料的了解仍然有限，需要进一步地探讨研究。

合金类储钠负极拥有较高的比容量，其中 Sn、Sb 和 P 三种材料拥有较高的理论比容量和可逆的合金化反应，是一类很有应用前景的储钠负极材料。合金类储钠负极材料的主要问题是在循环过程中面临着严重的体积变化，研究者们通过碳包覆、合金化和微纳结构设计等途径改善了合金类负极的电化学性能。其中，碳包覆能有效提高合金材料的循环性能，合成过程简单，但是通常复合材料中碳所占比例较高，会降低整个电极的比容量，从而失去合金负极高比容量的优势；合金复合设计也能在一定程度上改善合金类储钠负极的循环性能，特别是与具有嵌钠电化学活性的金属形成的复合合金，能够发挥各自储钠的优势，然而目前这一途径对材料循环性能的提升仍有限，还需要结合碳包覆等方法进一步提升其电化学性能；通过微纳结构设计得到的材料具有有效缓冲体积变化和高比表面积的优势，表现出高的比容量和优异的循环与倍率性能，但是这类材料的制备过程较为复杂，成本较高，难以工业化生产。另外，微纳结构材料高的比表面积也造成其首周充放电效率较低，这也是应用中需要考虑的问题。虽然上述方法能够大大提高合金类储钠负极的电化学性能，然而大部分材料的循环性能仍需改善，同时很少有研究者关注材料的首周库仑效率，而首周库仑效率低会过多消耗电池中有限的钠离子，造成电池循环性能的下降。因此，更好的循环性能、更高的首周库仑效率以及更简单高效的合成方法是未来合金类储钠负极的发展方向。

5.5 有机负极材料及全有机电池

5.5.1 有机负极

常见的有机负极材料包括羰基化合物、导电聚合物、席夫碱、二维层状配合物、共价有机框架材料（COFs）等。与有机正极材料类似，负极材料的充放电过程也是通过活性官能团的氧化还原反应或者体系荷电状态的改变以实现 Na^+ 的可逆存储。按照储钠机理，可以分为 C═O 储钠[334-363]、C═N 储钠[364-369]、N═N 储钠[370]，以及共轭芳香环储钠[371,372] 四种，下面将分别展开介绍。

5.5.1.1 C═O 储钠

C═O 储钠常见于共轭羰基化合物中，通过共轭羰基的烯醇化反应实现 Na^+ 的可逆存储。常见的羰基储钠负极主要有羧酸盐[355-362]、醌类[348-354]、酰亚胺[363]、聚合物[344-347] 等，储钠性能如表 5-3 所示。共轭羰基储钠负极具有如下特点：

① 氧化还原反应可逆性好，发生烯醇化反应的 C═O 成对出现，且处于对称位置。

② 充放电平台平坦，一般低于 2V（vs. Na^+/Na），可以通过调节分子的结构实现电极氧化还原电位的可控调节。

③ 分子的共轭程度不高，因此电子电导率较低，需要在复合电极中加入大量导电碳（40% 以上）以保证活性材料的利用率。

（1）共轭羧酸盐

对苯二甲酸钠（SBDC）是最早出现且研究最成熟的一类共轭羧酸盐负极，理论容量 255mA·h/g，氧化还原电位为 0.3V（相对于 Na^+/Na）[357]。然而，该材料共轭度较低，导电性差，因此倍率性能极差。通过调节芳香环结构、取代基种类、数量等可以调节电极材料的电化学性能。现阶段，共轭羧酸盐负极的研究主要集中在 SBDC 的改性上，主要思路如下：

① 氧化物包覆：对苯二甲酸钠的导电性较差，倍率性能一般，且首周效率较低（50%）。在对苯二甲酸钠表面包覆一层 Al_2O_3 薄膜，有利于形成薄且稳定

的 SEI 膜，提高首周效率（62.5%）的同时，增加 Na$^+$ 的传输速率，改善电极的倍率性能与循环稳定性[358]。

② 共轭体系拓展：通过调节苯环的数量以及分子构型，扩大羧酸钠的 π 共轭体系，减小能隙，提升结构稳定性与电子传输速度，显著改善电极的倍率性能。Wang[327] 等人合成了高共轭的层状 π-π 堆积 4,4′-二苯乙烯二羧酸钠（SSDC）晶体，在 10A/g 电流密度下，可逆储钠容量仍然达到 72mA·h/g。

③ 杂原子取代：在 SBDC 中引入含有孤对电子的 N、S 等杂原子，将增强苯环的局部电荷密度，提升其电子离域特性，改善储钠性能。例如：N 取代苯环上的 C 合成的吡啶-2,5-二甲酸钠（Na$_2$PDC），可逆储钠容量为 236mA·h/g，循环 100 周后容量保持率为 83%，5C 电流密度下容量达到 138mA·h/g[362]。然而，N 的取代降低了 SBDC 的 LUMO 能级，因此氧化还原电位略微提升至 0.5V（vs. Na$^+$/Na）。

④ 金属-有机框架化合物：羧酸盐小分子在钠离子电解液中有一定的溶解度，因此循环性能不佳。通过与金属离子络合，形成在电解液中溶解度极低的配合物，有利于提升羧酸盐类负极的循环稳定性[356,361,362]。例如：均苯四甲酸钠与钙离子络合形成的金属-有机框架化合物 Ca$_2$BTEC 在钠离子电解液中循环 300 周，容量几乎没有衰减[356]。

(2) 醌类

醌类化合物广泛存在于植物体中，目前报道的醌类储钠负极主要有苯醌、萘醌以及蒽醌衍生物等。相比于共轭羧酸盐，醌类化合物的氧化还原电位（1.0～2.0V，相对于 Na$^+$/Na）普遍较高。为满足可持续发展的需求，现阶段醌类负极的研究主要集中在生物质材料方面。

2,5-二羟基-1,4-苯醌二钠盐（Na$_2$DBQ）作为钠离子电池负极，充放电平台在 1.2V（相对于 Na$^+$/Na）左右，可逆储钠容量为 265mA·h/g，5C 倍率下容量为 160mA·h/g，循环 300 周容量保持率为 81.4%[346]。胡桃醌作为一种生物质材料，广泛存在于胡桃科植物以及黑核桃的外果皮中。胡桃醌与还原氧化石墨烯（rGO）的复合材料作为钠离子电池负极，充放电平台在 0.4V（相对于 Na$^+$/Na）左右，在 0.1A/g 的电流密度下，可逆储钠容量为 305mA·h/g，循环 100 周后容量为 280mA·h/g，是现阶段综合性能最为优异的一类有机负极材料之一。将该复合材料作为负极，Na$_3$V$_2$(PO$_4$)$_3$ 作为正极，组装成钠离子全电池，电压在 1.5V 左右，循环 100 周后容量为 80mA·h/g[353]。

表 5-3 共轭羰基负极材料的储钠性能

分类	名称	结构	电解液	电位 (vs. Na$^+$/Na)/V	容量/(mAh/g)/首效	循环寿命	文献
羧酸盐	对苯二甲酸钠		NaFSI/EC+DEC	0.3	255/50.3%	82.7%/50	[357]
	Na$_4$DHTPA		NaClO$_4$/EC+DMC	0.3	186/60%	76%/100	[375]
	SSDC		NaClO$_4$/PC	0.4	220/69%	70%/400	[360]
	Ca$_2$BTEC		NaClO$_4$/EC+DEC	0.7	140/45.8%	100%/300	[356]
	Na$_2$PDC		NaClO$_4$/PC	0.6	270/54%	83%/100	[356]
	Na$_4$C$_{24}$H$_8$O$_8$		NaPF$_6$/EC+DEC	0.7	100/43.5%	100%/100	[359]
芳香醌	CADS		NaClO$_4$/EC+DMC	1.4, 1.0, 0.85	250/76.5%	20%/50	[352]
	胡桃醌		NaClO$_4$/EC+DMC	0.4	305/57.8%	92%/100	[353]
	Na$_2$DBQ		NaClO$_4$/EC+DMC	1.2	265/67%	81%/300	[351]

续表

分类	名称	结构	电解液	电位 (vs. Na$^+$/Na)/V	容量/(mAh/g)/首效	循环寿命	文献
芳香醌	$C_{14}H_6O_4Na_2$	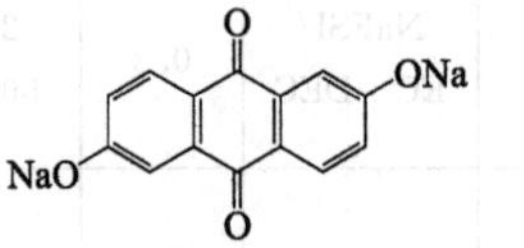 (结构式)	CF_3SO_3Na/TEGDM	1.27	173/98%	82%/50	[350]
芳香醌	DDQ	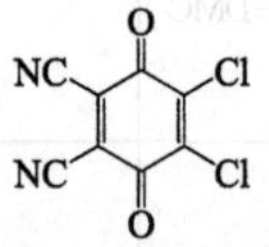 (结构式)	$NaClO_4$/EC+DMC	1.0	457/34.2%	90%/400	[349]
酰亚胺	$Na_2C_{10}H_2N_2O_4$	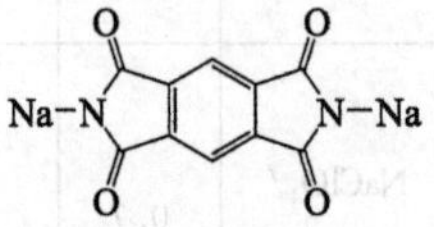 (结构式)	$NaPF_6$/PC	1.3	129/67.5%	70%/100	[363]

(3) 共轭羰基聚合物

共轭羰基聚合物负极是将羧酸（酸酐）、醌类小分子等通过一定的方式连接起来形成的高分子聚集体，且高分子的聚合度在一定范围内正态分布。由于同一结构单元、不同聚合度的高分子对应的氧化还原电位不同，因此共轭羰基聚合物的充放电平台呈斜坡状态。与小分子相比，共轭羰基聚合物在电解液中溶解度低，因此循环性能更加优异。常见的羰基聚合物负极有聚酰亚胺[344,345]、聚多巴胺[347] 等。

多巴胺是一类在生物体内广泛存在的物质，Zhang 等[347] 通过多巴胺的聚合与部分氧化，合成了一系列活性基团（C═O）含量不同的聚多巴胺（O-PDA），并将 PDA 同时作为活性材料与黏结剂。其中，O-PDA-2（氧化剂与单体的比例 2∶1）表现出最好的储钠性能：50mA/g 电流密度下可逆容量 581mA·h/g，1024 周后容量保持在 00mA·h/g。Wu 等将酸酐（NTCDA、PMDA）与三聚氰胺通过缩聚反应合成高共轭的三维结构的聚酰亚胺（3D-PI-1，3D-PI-2），结构如图 5-34 所示[344]。基于萘醌结构的 3D-PI-2 具有较低的 HOMO-LUMO 能级差，更强的电子亲和性，储钠性能更优异：在 100mA/g 的电流密度下，可逆容量为 330.8mA·h/g，电流密度提升至 5.0A/g，容量保持在 102.3mA·h/g，且循环 1000 周容量几乎无衰减。机理研究表明，除了共轭羰基的烯醇化反应，三嗪环中的 N 具有较强电负性，同样为 Na$^+$ 提供了更多可逆存储位点，此部分在后面 C=N 储钠部分介绍。

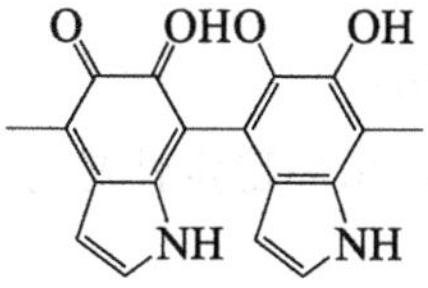

PDA 581 mA·h/g

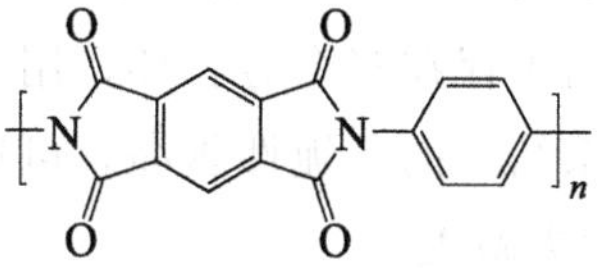

PI-1 125 mA·h/g

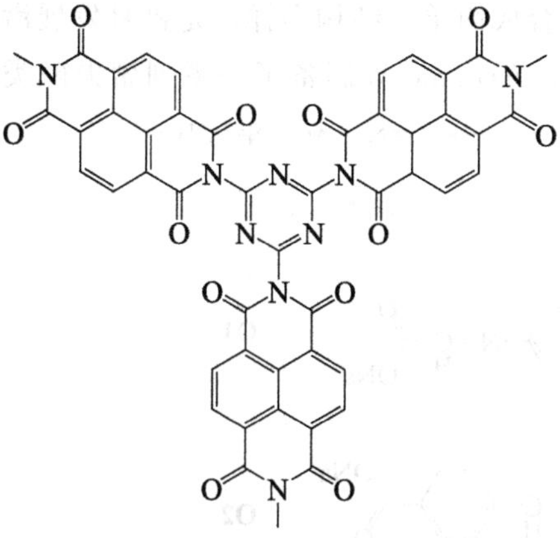

3D-PI-1 244 mA·h/g

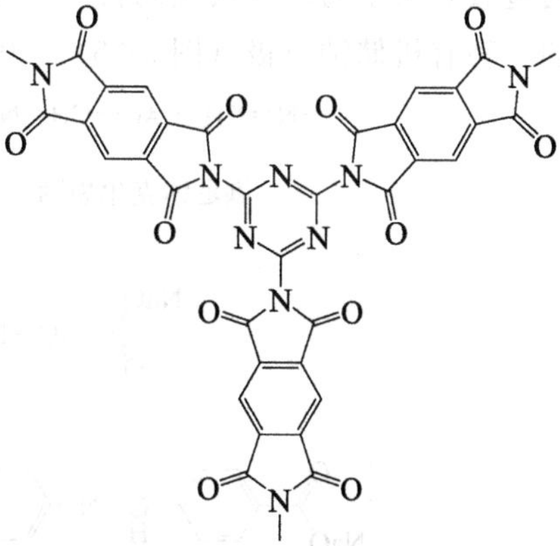

3D-PI-2 137 mA·h/g

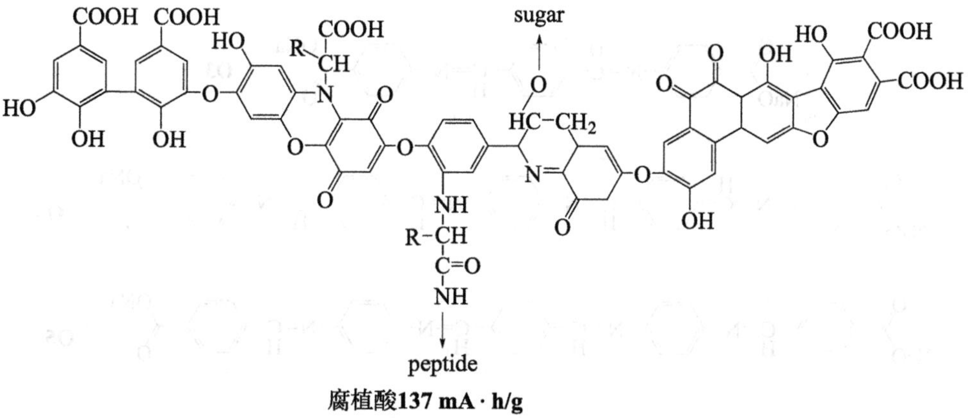

腐植酸 137 mA·h/g

图 5-34　几种共轭羰基聚合物的结构及其储钠容量[344]

5.5.1.2　C=N 储钠

与共轭羰基（C=O）类似，可以通过碳氮双键的亚胺化反应，实现 Na$^+$ 的可逆存储。目前报道的以 C=N 为活性基团储钠的有机负极材料有席夫碱[368,369]、蝶啶[364]、梯形高分子[365]以及三嗪类化合物[367]等。

C═N储钠具有如下特点：

① 储钠电位在2V（相对于Na^+/Na）以下；

② 结构中存在多个芳香环，用于稳定体系的结构；

③ 体系结构的共轭性越高，可逆储钠容量越高，循环稳定性越好。

(1) 席夫碱类

席夫碱是一类含有亚胺或甲亚胺基团（—RC═N—）的有机化合物，可以通过胺和羰基的缩合反应制备。该类材料合成简单、结构多样，是极具发展潜力的一种有机储钠负极（图5-35）。2015年，Armand等制备了一系列席夫碱类小

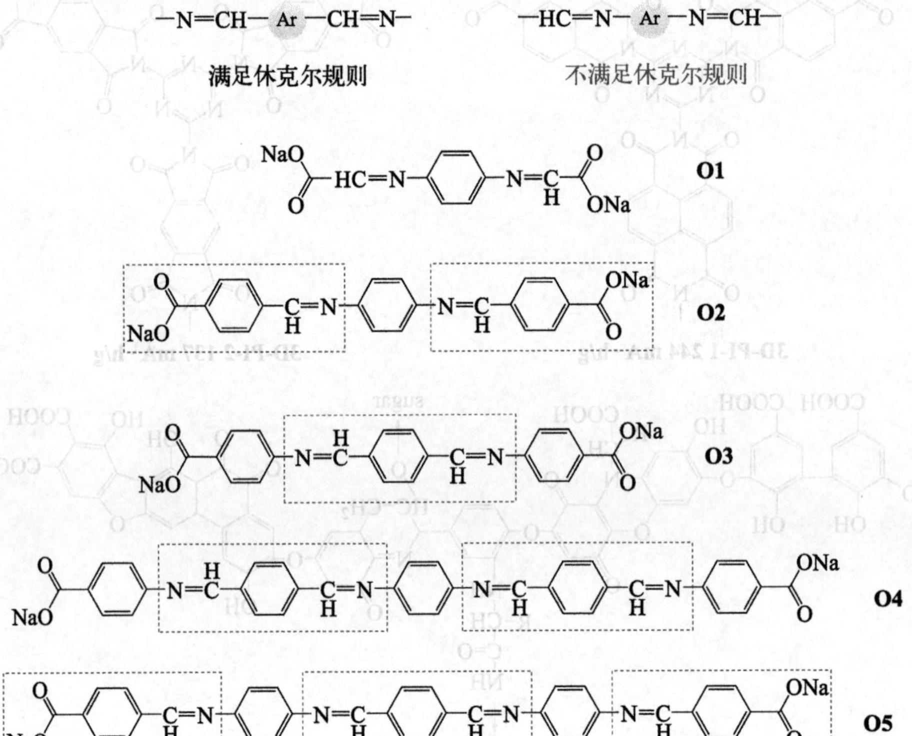

—N═CH—Ar—CH═N—　　　—HC═N—Ar—N═CH—

满足休克尔规则　　　　　　　**不满足休克尔规则**

图5-35 几类席夫碱小分子的结构[368]

分子并研究了储钠性能[368]。结论如下：

a. —N=CH—Ar—HC=N—（Ar 为芳香环）为平面共轭结构（10 个 π 电子，满足休克尔规则），具有电化学活性；而—HC=N—Ar—N=CH—的共轭度较低，表现为电化学惰性，因此 O1、O3、O4 的储钠性能较差。

b. 用—COO⁻取代其中一个—N=CH，得到了具有扩展共轭平面的 ⁻OOC—Ar—HC=N—材料，电化学性能进一步提高。且—COO⁻作为电子给体，降低了材料的整体储钠电位；通过优化芳香环的数量、结构以及电极的制备方式，O2 和 O5 的可逆储钠容量高达 320mA·h/g 和 340mA·h/g，对应于每个—C=N 结构单元可逆嵌入脱出 1.4 个 Na^+，充放电平台低于 1.2V（相对于 Na^+/Na）。

c. 芳香环不具有电化学活性，但对于稳定结构具有重要作用。O6 与 O7 的芳香环数量减小，活性基团比例更高，但是储钠容量并没有提升，且循环稳定性显著下降。

基于席夫碱结构的聚合物同样具有优异的储钠性能[369]。如图 5-36 所示，席夫碱聚合物 PSb-PEO 由对苯胺、对苯二醛以及嵌有环氧乙烷和环氧丙烷的二胺物质缩聚而成。该聚合物可以同时作为负极活性材料以及黏结剂，充放电平台在 0.5~1.0V（相对于 Na^+/Na）之间，链段 A/B/C 的比例为 5/6/1 的聚合物的储钠性能最优异。

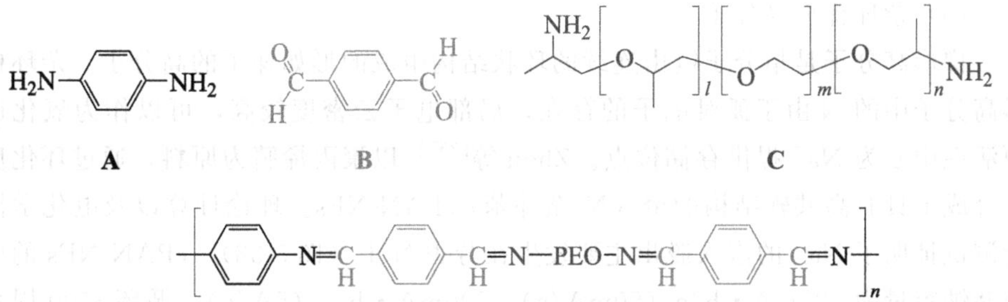

图 5-36 席夫碱类聚合物的结构[369]

（2）蝶啶类

蝶啶由嘧啶环和吡嗪环稠合而成，其衍生物是多种蝴蝶翅膀上的色素。芳香环上的 N 原子可以为 Na^+ 提供可以键合的位点。2014 年，Kang 等合成了一系列蝶啶衍生物（LC，ALX，LMZ），结构与储钠机理如图 5-37 所示[364]。咯嗪结构的有机物首先发生异构化反应，变成氧化还原活性更高的异咯嗪结构，之后化合物中 C=O 双键相邻的 C=N 双键发生氧化还原反应实现 Na^+ 的可逆存储。以单位结构蝶啶存储 2 个 Na^+ 来计算，LC、ALX 与 LMZ 的理论容量分别为

221mA·h/g、250mA·h/g 和 327mA·h/g，充放电平台在 2V（相对于 Na^+/Na）左右。其中，LMZ 的结构最简单，活性基团的相对含量较高，理论比容量最高，然而，其电化学反应动力学极慢，极化最大，容量利用率最低。在 50mA/g 的电流密度下，LMZ 的实际储钠容量仅有 220mA·h/g；而 LC 与 ALX 的实际储钠容量接近理论值。此外，该类材料循环稳定性不佳，20 周的容量保持率仅有 50%，有待进一步优化。

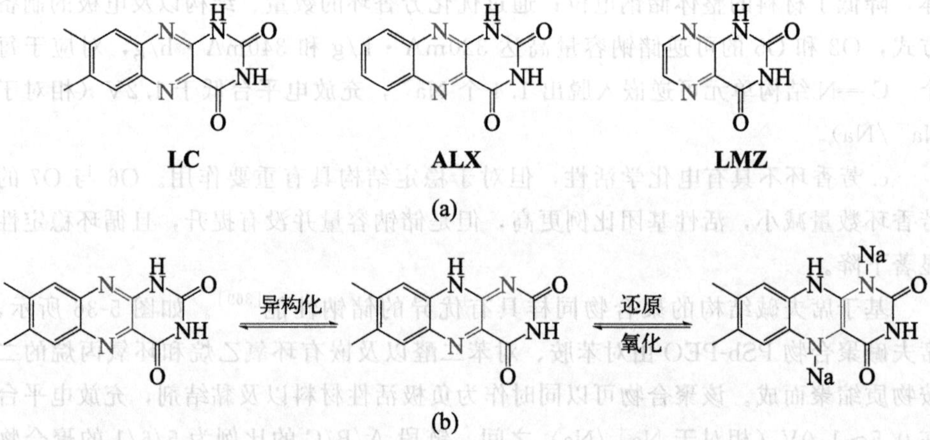

图 5-37 （a）几类蝶啶衍生物的结构；（b）LC 充放电过程的结构变化以及氧化还原反应[364]

（3）杂环梯形高分子

梯形高分子是指分子链由连续的环状结构组成的形如梯子的高分子。杂环梯形高分子中的 N 由于孤对电子的存在，局部电子云密度较高，可以作为氧化还原活性中心为 Na^+ 提供存储位点。Zhou 等[365] 以聚丙烯腈为原料，通过环化反应合成了具有高共轭结构的聚（N-杂并苯）-cPAN-NFs。理论计算以及电化学性能测试证明了 Na^+ 的嵌入脱出主要发生在芳香 N 上（图 5-38）。cPAN-NFs 的可逆储钠容量为 527mA·h/g（50mA/g）、200mA·h/g（5A/g），循环 3500 周容量保持率为 99.4%，是一种极具应用潜力的钠离子电池负极材料。然而，该材料的充放电平台（1V，相对于 Na^+/Na）较高，作为负极材料限制了电池的整体能量密度。如何通过结构优化降低材料的充放电平台是这类材料发展的一个重要方向。

（4）均三嗪类

均三嗪是在 1,3,5-位含有三个氮原子的杂环化合物，具有 6 个离域电子，满足休克尔规则，具有芳香性。前面有机正极材料部分介绍，以三嗪环为基本单元的共价有机框架材料在一定的电势范围内，可以发生 n-掺杂反应，单位三嗪环实现 3 个 Na^+ 的可逆存储。Xu 等通过对苯二氰与 CF_3SO_3H 在二氯乙烷溶液中

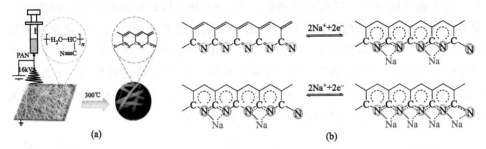

图 5-38 (a) cPAN-NFs 的制备示意图；(b) cPAN-NFs 的充放电机理[365]

100℃加热回流得到毫米级尺寸、结晶的层状共价三嗪框架（CTFs），并通过微机械和液相超声两种手段剥离获得微米级的超薄二维三嗪高分子，以特殊的 AB 堆积方式排列（图 5-39)[367]。该材料作为钠离子电池负极，在 0.1A/g 和 5A/g 的电流密度下，可逆容量达到 262mA·h/g 和 119mA·h/g。

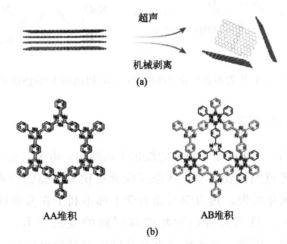

图 5-39 (a) CTFs 的制备示意图；(b) CTFs 的层状堆积方式[367]

5.5.1.3 N═N 储钠

基于偶氮基团（—N═N—）的共轭有机化合物是一类新型的有机活性材料，—N═N—可以作为氧化还原活性中心为 Na^+ 提供可逆键合位点。芳香偶氮化合物由于共轭体系的存在，具有较强的化学稳定性，一般以反式结构的形式存在。Wang 等以偶氮苯（AB）、4-(苯偶氮)苯甲酸钠盐（PBASS）和偶氮苯-4,4′-二羧酸钠盐（ADASS）作为模型，研究了芳香族偶氮化合物的储钠性能以及机理（图 5-40)[370]。原位/非原位表征以及 DFT 计算证实了储钠反应发生在—N═N—基团上。偶氮小分子 AB 在电解液中溶解度较高，循环稳定性较差。在共轭结构中引入羧酸盐基团后，PBASS 和 ADASS 在电解液中的溶解度显著降低，循环稳定性提高。其中，ADASS 结构的共轭度较高，电化学性能最优异：0.2C 倍率下容量为 170mA·h/g，当电流密度增大到 10C 和 20C 时，容量保持率分别为 66% 和 58%，20C 倍率下循环 2000 周后可逆容量为 98mA·h/g（衰减率 0.0067%/周）。目前，关于偶氮类电极材料的研究还在初级阶段，相关材料的特性以及电化学反应机理有待进一步深入研究。

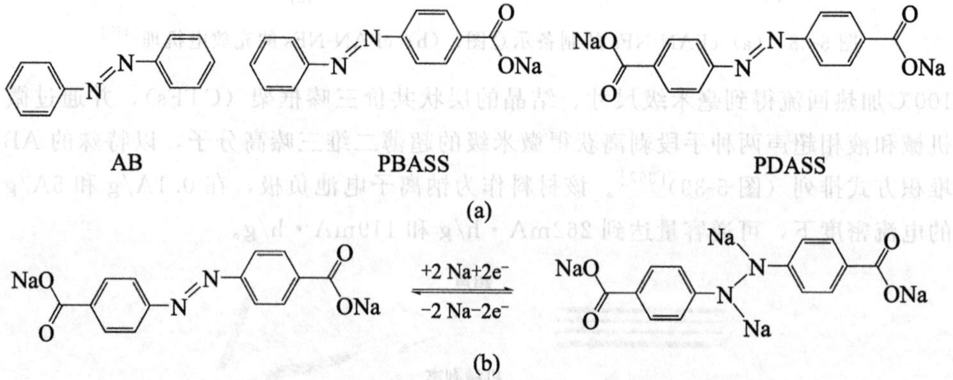

图 5-40　(a) 几类偶氮小分子的结构；(b) PDASS 的储钠机理[370]

5.5.1.4　芳香环储钠

芳香环是由 sp^2 杂化碳原子组成的稳定平面结构，电子云密度较高，原则上可以在一定的电势范围内发生氧化还原反应并提供多个储钠位点。然而，Na^+ 半径较大且迁移速率缓慢，热力学与动力学上都不利于在芳香环层间的嵌入脱出；另一方面，Na^+ 进入芳香层间将破坏层间的范德华力，造成结构坍塌，Na^+ 无法可逆脱出。因此，要实现芳香环高储钠容量的可逆反应，激活芳香环的电化学活性并保持结构稳定是关键。目前，提高芳香环储钠反应活性的方法主要有两种：①杂原子取代，提高芳香环局部电子云密度；②构建金属-芳香环有机复合材料，为 Na^+ 的可逆存储提供更开放的空间。

在共轭结构中引入较高电子云密度的杂原子，提高体系的共轭度，有利于有机分子在高荷电状态下稳定存在，实现高效可逆的氧化还原反应。Du 等用 S 取代对苯二甲酸中的 O，制备了三种不同的羧硫基化合物，结构如图 5-41 所示[372]。相对于 PTA-Na，S 取代后的材料：①LUMO 能级降低，充放电平台 (0.5~2.2V，相对于 Na^+/Na) 提升，且 S 的含量越高，充放电平台越高；②HOMO-LUMO 能级差减小，共轭度提高，单位结构的储钠位点增多。以 4 个 S 取代的化合物 c 为例，单位结构可逆存储 6 个 Na^+，可逆储钠容量高达

567mA·h/g。

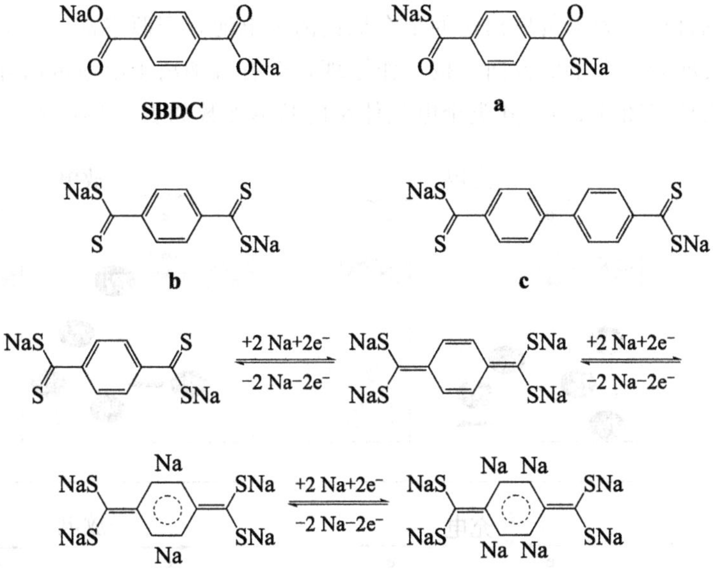

图 5-41　几类硫代对苯二甲酸钠的结构以及储钠机理[372]

另一种实现芳香环的稳定高活性储钠的思路是构建金属-有机化合物复合材料。过渡金属与有机分子之间存在配位键，替代有机层间的范德华力，既可以实现储钠过程中分子结构的稳定，又可以形成可控的开放空间，促进 Na^+ 在芳香环平面的层间传输。Huang 等设计合成了具有稳定开放通道结构的金属有机化合物苝四甲酸锌（Zn-PTCA），苝环平面由 ZnO_6 八面体相互连接形成三维波浪形的开放骨架[371]。该材料在 0.01~2V（相对于 Na^+/Na）范围，可逆储钠容量 357mA·h/g，对应于单位结构可逆存储 8 个 Na^+，其中 4 个 Na^+ 位于 C=O 双键附近，另外 4 个 Na^+ 存储于芳香环层间。

目前，有机储钠负极仍存在首周库仑效率偏低的问题。有机负极材料大多含有芳香环结构，Na^+ 进入芳香层间造成结构坍塌后无法可逆脱出，因此首周的不可逆容量偏高。应探索如何通过结构调控等手段提高材料的共轭度，实现 Na^+ 在芳香环中的可逆嵌入脱出，提高储钠容量的同时，提高首周库仑效率与循环稳定性。此外，还可以发展新型的氧化还原活性基团。事实上，除了共轭羰基（—C=O），还有很多有机基团都具有氧化还原活性，目前报道的新型储钠反应活性基团（N=N、—C≡N 等）的研究也还处于起步阶段，如何通过对氧化还原机理的进一步深入认识以及结构优化实现更优异的综合储钠性能也是有机负极发展的一个重要方向。

5.5.2 全有机钠离子电池

以有机材料作为正负极构建的全有机钠离子电池,资源丰富、环境友好,是绿色电池发展的一个重要方向。按工作原理,全有机钠离子电池可以分为双极型和摇椅型两种(图 5-42)。几类全电池体系的基本参数如表 5-4 所示。

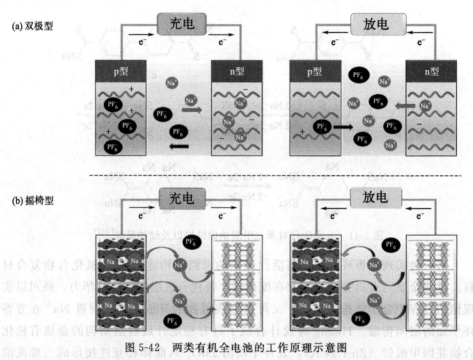

图 5-42 两类有机全电池的工作原理示意图

(1) 双极型全有机钠离子电池

2013 年 Yang 等报道了第一例全有机钠离子电池体系[373]:聚三苯胺(PTAn,正极),聚蒽醌硫醚(PAQS,负极),NaPF$_6$-DOL/DME(电解液)。PTAn 为典型的 p 型自由基聚合物,主链失去电子被氧化后,伴随着电解液中阴离子的掺杂;PAQS 的充放电机理是 C=O 双键的烯醇化反应。充电过程中,电解液中的 PF$_6^-$ 进入 PTAn,Na$^+$ 嵌入 PAQS,放电过程与之相反。该电池体系平均放电电压为 1.8V,能量密度 92W·h/kg,以 8C 的倍率循环 500 周后容量保持率为 85%。

基于双极型反应机理,以硝基-聚苯胺 [P(AN-NA)] 为正极,PAQS 为负极,NaClO$_4$/丁二腈(SCN)为塑晶电解质,构建了固态全聚合物电池[374]。该电池的放电电压为 1.6V,可逆储钠容量为 196mA·h/g(基于负极)。由于电解质 SCN 的离子电导率较高,该体系表现了极好的倍率性能。

表 5-4　几类全有机钠离子电池的电池参数

分类	正极	负极	电解液	电压/V	比容量/(mA·h/g);能量密度/(W·h/kg)	循环	文献
双极型	聚三苯胺(PTAn)	聚蒽醌硫醚(PAQS)	$NaPF_6$/DOL+DME	1.8	220(基于负极);92	85%/500	[373]
	聚硝基苯胺 P(AN-NA)	聚蒽醌硫醚(PAQS)	$NaClO_4$/丁二腈(SCN)	1.6	196(基于负极);—	81%/50	[374]
摇椅型	Na_4DHTPA	Na_4DHTPA	$NaClO_4$/EC+DMC	1.8	198(基于负极);65	76%/500	[375]
	PI	对苯二甲酸钠(预钠化)	$NaClO_4$/EC+DMC	1.35	73(基于正极+负极);98.55	62%/20	[376]
	Na_2PDHBQS	对苯二甲酸钠(预钠化)	$NaClO_4$/TGM	1.1	210(基于负极);—	61.9%/20	[377]

然而，基于双极型反应机理的全有机钠离子电池存在的问题是充放电过程中消耗大量的电解液，体系难以稳定，在大规模应用中存在困难。

(2) 摇椅型全有机钠离子电池

2014 年 Chen 等设计并合成了包含羧酸盐和苯醌结构的 $Na_4C_8H_2O_6$ (Na_4DHTPA)[375]。该材料可以同时作为钠离子电池的正极和负极材料，反应机理如图 5-43 所示：在 1.6～2.8V（相对于 Na^+/Na）范围，醌基发生氧化还原反应，可逆储钠容量为 183mA·h/g；0.1～1.8V（相对于 Na^+/Na）范围，羧酸基团上的 C=O 发生烯醇化反应，储钠容量为 186mA·h/g。全电池体系 Na_4DHTPA/$NaClO_4$-EC/EMC 的充放电基于 Na^+ 的嵌入脱出机理，平均放电电压为 1.8V，能量密度为 65W·h/kg，100 周循环后仍能保持 76% 的初始容量。该体系是目前报道的全有机钠离子电池中唯一以富钠有机物为正极的体系，构建电池过程中不存在正极或者负极的预钠化问题，极具实际应用前景。

现阶段，全有机电池存在以下几个关键问题：

① 双极型钠离子电池在充放电过程中存在电解液的大量消耗，难以实际应用。聚合物电解质安全性高，构建高安全性的全聚合物"摇椅式"钠离子电池是有机电池发展的一个重要方向。

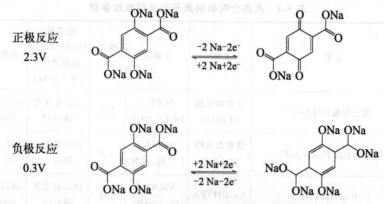

图5-43 Na₄DHTPA的作为电极材料的反应机理[375]

② 电池电压整体偏低（低于2V），因此电池整体能量密度不高；如何提高正极的氧化还原电势以及降低负极的氧化还原电势是有机电池发展的重要方向。

③ 实际能量密度偏低：由于负极的库仑效率较低，实际组装电池的过程中，正极材料会大量浪费，造成电池实际整体能量密度较低。提高负极材料的库仑效率，是实现全有机钠离子电池应用的关键。

参考文献

[1] Kang H, Liu Y, Cao K, et al. Update on anode materials for Na-ion batteries [J]. Journal of Materials Chemistry A, 2015, 3 (35): 17899-17913.

[2] Cui J, Yao S, Kim J K. Recent progress in rational design of anode materials for high-performance Na-ion batteries [J]. Energy Storage Materials, 2017, 7: 64-114.

[3] Li Y, Lu Y, Adelhelm P, et al. Intercalation chemistry of graphite: alkali metal ions and beyond [J]. Chem Soc Rev, 2019, 48 (17): 4655-4687.

[4] Ge P, Fouletier M. Electrochemical intercalation of sodium in graphite [J]. Solid State Ionics, 1988, 28-30: 1172-1175.

[5] Jian Z, Xing Z, Bommier C, et al. Hard carbon microspheres: potassium-ion anode versus sodium-ion anode [J]. Advanced Energy Materials, 2016, 6 (3): 1501874.

[6] Nobuhara K, Nakayama H, Nose M, et al. First-principles study of alkali metal-graphite intercalation compounds [J]. Journal of Power Sources, 2013, 243: 585-587.

[7] Liu Y, Merinov B V, Goddard W A, et al. Origin of low sodium capacity in graphite and generally weak substrate binding of Na and Mg among alkali and alkaline earth metals [J]. Proc Natl Acad Sci, 2016, 113 (14): 3735-3739.

[8] Cao Y, Xiao L, Sushko M L, et al. Sodium ion insertion in hollow carbon nanowires for battery applications [J]. Nano Letters, 2012, 12 (7): 3783-3787.

[9] Thomas P, Billaud D. Effect of mechanical grinding of pitch-based carbon fibers and graphite on their electrochemical sodium insertion properties [J]. Electrochimica Acta,

2000, 46 (1): 39-47.

[10] Wen Y, He K, Zhu Y, et al. Expanded graphite as superior anode for sodium-ion batteries [J]. Nature Communications, 2014, 5 (1): 4033.

[11] Wang Y X, Chou S L, Liu H K, et al. Reduced graphene oxide with superior cycling stability and rate capability for sodium storage [J]. Carbon, 2013, 57: 202-208.

[12] Wang H G, Wu Z, Meng F L, et al. Nitrogen-doped porous carbon nanosheets as low-cost, high-performance anode material for sodium-ion batteries [J]. ChemSusChem, 2013, 6 (1): 56-60.

[13] Li S, Qiu J, Lai C, et al. Surface capacitive contributions: towards high rate anode materials for sodium ion batteries [J]. Nano Energy, 2015, 12: 224-230.

[14] Jache B, Adelhelm P. Use of graphite as a highly reversible electrode with superior cycle life for sodium-ion batteries by making use of Co-intercalation phenomena [J]. Angewandte Chemie International Edition, 2014, 53 (38): 10169-10173.

[15] Kim H, Hong J, Park Y U, et al. Sodium storage behavior in natural graphite using ether-based electrolyte systems [J]. Advanced Functional Materials, 2015, 25 (4): 534-541.

[16] Kim H, Hong J, Yoon G, et al. Sodium intercalation chemistry in graphite [J]. Energy Environmental Science, 2015, 8 (10): 2963-2969.

[17] Saurel D, Orayech B, Xiao W B, et al. From charge storage mechanism to performance: a roadmap toward high specific energy sodium-ion batteries through carbon anode optimization [J]. Advanced Energy Materials. 2018, 1703268.

[18] Qiu S, Wu X Y, Lu H Y, et al. Research progress of carbon-based sodium-storage anode materials [J]. Energy Storage Science and Technology, 2016, 5 (3): 258-267.

[19] Doeff M M, Ma Y, Visco S J, et al. Electrochemical insertion of sodium into carbon [J]. Journal of the Electrochemical Society, 1993, 140 (12): L169-L170.

[20] Stevens D A, Dahn J R. The mechanisms of lithium and sodium insertion in carbon materials [J]. Journal of the Electrochemical Society, 2001, 148 (8): A803-A811.

[21] Wenzel S, Hara T, Janek J, et al. Room-temperature sodium-ion batteries: improving the rate capability of carbon anode materials by templating strategies [J]. Energy & Environmental Science, 2011, 4 (9): 3342-3345.

[22] Zhecheva E, Stoyanova R, Jiménez-Mateos J M, et al. EPR study on petroleum cokes annealed at different temperatures and used in lithium and sodium batteries [J]. Carbon, 2002, 40 (13): 2301-2306.

[23] Alcántara R, Jiménez Mateos J M, Lavela P, et al. Carbon black: a promising electrode material for sodium-ion batteries [J]. Electrochemistry Communications, 2001, 3 (11): 639-642.

[24] Alcántara R, Fernández Madrigal F J, Lavela P, et al. Characterisation of mesocarbon microbeads (MCMB) as active electrode material in lithium and sodium cells [J]. Carbon, 2000, 38 (7): 1031-1041.

[25] Song L J, Liu S S, Yu B J, et al. Anode performance of mesocarbon microbeads for sodium-ion batteries [J]. Carbon, 2015, 95: 972-977.

[26] Cao B, Liu H, Xu B, et al. Mesoporous soft carbon as an anode material for sodium ion batteries with superior rate and cycling performance [J]. Journal of Materials Chemistry A, 2016, 4 (17): 6472-6478.

[27] Li Y, Mu L, Hu Y S, et al. Pitch-derived amorphous carbon as high performance anode for sodium-ion batteries [J]. Energy Storage Materials, 2016, 2: 139-145.

[28] Li Y, Hu Y S, Li H, et al. A superior low-cost amorphous carbon anode made from pitch and lignin for sodium-ion batteries [J]. Journal of Materials Chemistry A, 2016, 4 (1): 96-104.

[29] Lu Y, Zhao C, Qi X, et al. Pre-oxidation-tuned microstructures of carbon anodes derived from pitch for enhancing Na storage performance [J]. Advanced Energy Materials, 2018, 8 (27): 1800108.

[30] Qi Y, Lu Y, Ding F, et al. Slope-dominated carbon anode with high specific capacity and superior rate capability for high safety Na-ion batteries [J]. Angewandte Chemie International Edition, 2019, 58 (13): 4361-4365.

[31] Jian Z, Bommier C, Luo L, et al. Insights on the mechanism of Na-ion storage in soft carbon anode [J]. Chemistry of Materials, 2017, 29 (5): 2314-2320.

[32] Wenzel S, Hara T, Janek J, et al. Room-temperature sodium-ion batteries: improving the rate capability of carbon anode materials by templating strategies [J]. Energy & Environmental Science, 2011, 4 (9): 3342-3345.

[33] Luo W, Jian Z, Xing Z, et al. Electrochemically expandable soft carbon as anodes for Na-ion batteries [J]. ACS Central Science, 2015, 1 (9): 516-522.

[34] Stevens D A, Dahn J R. High capacity anode materials for rechargeable sodium-ion batteries [J]. Journal of the Electrochemical Society, 2000, 147 (4): 1271-1273.

[35] Matsuo Y, Ueda K. Pyrolytic carbon from graphite oxide as a negative electrod of sodium-ion battery [J]. Journal of Power Sources, 2014, 263: 158-162.

[36] Lotfabad E M, Ding J, Cui K, et al. High-density sodium and lithium ion battery anodes from banana peels [J]. ACS Nano, 2014, 8 (7): 7115-7129.

[37] Liu P, Li Y, Hu Y S, et al. A waste biomass derived hard carbon as a high-performance anode material for sodium-ion batteries [J]. Journal of Materials Chemistry A, 2016, 4 (34): 13046-13052.

[38] Xu G Y, Han J P, Ding B, et al. Biomass-derived porous carbon materials with sulfur and nitrogen dual-doping for energy storage [J]. Green Chemistry, 2015, 17 (3): 1668-1674.

[39] Komaba S, Murata W, Ishikawa T, et al. Electrochemical Na insertion and solid electrolyte interphase for hard-carbon electrodes and application to Na-ion batteries [J]. Advanced Functional Materials, 2011, 21 (20): 3859-3867.

[40] Reddy M A, Helen M, Gross A, et al. Insight into sodium insertion and the storage mechanism in hard carbon [J]. Acs Energy Letters, 2018, 3 (12): 2851-2857.

[41] Sun N, Guan Z X, Liu Y W, et al. Extended "adsorption-insertion" model: a new insight into the sodium storage mechanism of hard carbons [J]. Advanced Energy Materilas, 2019, 9 (32): 1901351.

[42] Ding J, Wang H, Li Z, et al. Carbon nanosheet frameworks derived from peat moss as high performance sodium ion battery anodes [J]. ACS Nano, 2013, 7 (12): 11004-11015.

[43] Bommier C, Surta T W, Dolgos M, et al. New mechanistic insights on Na-ion storage in nongraphitizable carbon [J]. Nano Letters, 2015, 15 (9): 5888-5892.

[44] Qiu S, Xiao L, Sushko M L, et al. Manipulating adsorption-insertion mechanisms in nanostructured carbon materials for high-efficiency sodium ion storage [J]. Advanced Energy Materials, 2017, 7 (17): 1700403.

[45] Zhang B, Ghimbeu C M, Christel L, et al. Correlation between microstructure and Na storage behavior in hard carbon [J]. Advanced Energy Materials, 2016, 6 (1): 1501588.

[46] Chen X, Tian J, Li P, et al. An overall understanding of sodium storage behaviors in hard carbons by an "adsorption-intercalation/filling" hybrid mechanism [J]. Advanced Energy Materials, 2022, 12: 2200886.

[47] Xiao L, Lu H, Fang Y, et al. Low-defect and low-porosity hard carbon with high coulombic efficiency and high capacity for practical sodium ion battery anode [J]. Advanced Energy Materials, 2018, 8 (20): 1703238.

[48] Li Y M, Hu S Y, Wu X Y, et al. Amorphous monodispersed hard carbon micro-spherules derived from biomass as a high performance negative electrode material for sodium-ion batteries [J]. Journal of Materials Chemistry A, 2015, 3 (1): 71-77.

[49] Li Q, Zhu Y, Zhao P, et al. Commercial activated carbon as a novel precursor of the amorphous carbon for high-performance sodium-ion batteries anode [J]. Carbon, 2018, 129: 85-94.

[50] Zhao X, Ding Y, Xu Q, et al. Low-temperature growth of hard carbon with graphite crystal for sodium-ion storage with high initial coulombic efficiency: a general method [J]. Advanced Energy Materials, 2019, 9 (10): 1803648.

[51] He Y, Bai P, Gao S, et al. Marriage of an ether-based electrolyte with hard carbon anodes creates superior sodium-ion batteries with high mass loading [J]. ACS Applied Materials & Interfaces, 2018, 10 (48): 41380-41388.

[52] Yang H, Xu R, Yu Y. et al. A facile strategy toward sodium-ion batteries with ultra-long cycle life and high initial coulombic efficiency: free-standing porous carbon nanofiber film derived from bacterial cellulose [J]. Energy Storage Materials, 2019, 22: 105-112.

[53] Komaba S, Ishikawa T, Yabuuchi N, et al. Fluorinated ethylene carbonate as electrolyte additive for rechargeable Na batteries [J]. ACS Applied Materials & Interfaces, 2011, 3 (11): 4165-4168.

[54] Ponrouch A, Goñi A R, Palacín M R. High capacity hard carbon anodes for sodium ion batteries in additive free electrolyte [J]. Electrochemistry Communications, 2013, 27: 85-88.

[55] Soto F A, Yan P, Engelhard M H, et al. Tuning the solid electrolyte interphase for selective Li-and Na-ion storage in hard carbon [J]. Advanced Materials, 2017, 29 (18): 1606860.

[56] Palomares V, Serras P, Villaluenga I, et al. Na-ion batteries, recent advances and pres-

ent challenges to become low cost energy storage systems [J]. Energy & Environmental Science, 2012, 5 (3): 5884-5901.

[57] Licht S, Douglas A, Ren J, et al. Carbon nanotubes produced from ambient carbon dioxide for environmentally sustainable lithium-ion and sodium-ion battery anodes [J]. ACS Central Science, 2016, 2 (3): 162-168.

[58] Tang K, Fu L, White R J, et al. Hollow carbon nanospheres with superior rate capability for sodium-based batteries [J]. Advanced Energy Materials, 2012, 2 (7): 873-877.

[59] Yoo E, Kim J, Hosono E, et al. Large reversible li storage of graphene nanosheet families for use in rechargeable lithium ion batteries [J]. Nano Letters, 2008, 8 (8): 2277-2282.

[60] Datta D, Li J, Shenoy V B. Defective graphene as a high-capacity anode material for Na- and Ca-ion batteries [J]. ACS Applied Materials & Interfaces, 2014, 6 (3): 1788-1795.

[61] Pramudita J C, Pontiroli D, Magnani G, et al. Graphene and selected derivatives as negative electrodes in sodium-and lithium-ion batteries [J]. ChemElectroChem, 2015, 2 (4): 600-610.

[62] Kang Y J, Jung S C, Choi J W, et al. Important role of functional groups for sodium ion intercalation in expanded graphite [J]. Chemistry of Materials, 2015, 27 (15): 5402-5406.

[63] David L, Singh G. Reduced graphene oxide paper electrode: opposing effect of thermal annealing on Li and Na cyclability [J]. The Journal of Physical Chemistry C, 2014, 118: 28401-28408.

[64] Lian P, Zhu X, Liang S, et al. Large reversible capacity of high quality graphene sheets as an anode material for lithium-ion batteries [J]. Electrochimica Acta, 2010, 55 (12): 3909-3914.

[65] Yan Y, Yin Y X, Guo Y G, et al. A Sandwich-like hierarchically porous carbon/graphene composite as a high-performance anode material for sodium-ion batteries [J]. Advanced Energy Materials, 2014, 4 (8): 1301584.

[66] Liu J, Liu H, Yang T, et al. Mesoporous carbon with large pores as anode for Na-ion batteries [J]. Chinese Science Bulletin, 2014, 59 (18): 2186-2190.

[67] Ayala P, Arenal R, Rümmeli M, et al. The doping of carbon nanotubes with nitrogen and their potential applications [J]. Carbon, 2010, 48 (3): 575-586.

[68] Wang H, Maiyalagan T, Wang X. Review on recent progress in nitrogen-doped graphene: synthesis, characterization, and its potential applications [J]. ACS Catalysis, 2012, 2 (5): 781-794.

[69] Shin W H, Jeong H M, Kim B G, et al. Nitrogen-doped multiwall carbon nanotubes for lithium storage with extremely high capacity [J]. Nano Letters, 2012, 12 (5): 2283-2288.

[70] Xu B, Zheng D, Jia M, et al. Nitrogen-doped porous carbon simply prepared by pyrolyzing a nitrogen-containing organic salt for supercapacitors [J]. Electrochimica Acta, 2013, 98: 176-182.

[71] Wood K N, O'hayre R, Pylypenko S. Recent progress on nitrogen/carbon structures designed for use in energy and sustainability applications [J]. Energy & Environmental Science, 2014, 7 (4): 1212-1249.

[72] Lee S K, Kim J H, Jeong M G, et al. Direct deposition of patterned nanocrystalline CVD diamond using an electrostatic self-assembly method with nanodiamond particles [J]. Nanotechnology, 2010, 21 (50): 505302.

[73] Xiong B, Zhou Y, Zhao Y, et al. The use of nitrogen-doped graphene supporting Pt nanoparticles as a catalyst for methanol electrocatalytic oxidation [J]. Carbon, 2013, 52: 181-192.

[74] Panchakarla L S, Govindaraj A, Rao C N R. Boron-and nitrogen-doped carbon nanotubes and graphene [J]. Inorganica Chimica Acta, 2010, 363 (15): 4163-4174.

[75] Choi C H, Park S H, Chung M W, et al. Easy and controlled synthesis of nitrogen-doped carbon [J]. Carbon, 2013, 55: 98-107.

[76] Deng D, Pan X, Yu L, et al. Toward N-doped graphene via solvothermal synthesis [J]. Chemistry of Materials, 2011, 23 (5): 1188-1193.

[77] Panchakarla L S, Subrahmanyam K S, Saha S K, et al. Synthesis, structure, and properties of boron-and nitrogen-doped graphene [J]. Advanced Materials, 2009, 21 (46): 4726-4730.

[78] Sheng Z H, Shao L, Chen J J, et al. Catalyst-free synthesis of nitrogen-doped graphene via thermal annealing graphite oxide with melamine and its excellent electrocatalysis [J]. ACS Nano, 2011, 5 (6): 4350-4358.

[79] Geng D, Chen Y, Chen Y, et al. High oxygen-reduction activity and durability of nitrogen-doped graphene [J]. Energy & Environmental Science, 2011, 4 (3): 760-764.

[80] Xiao L, Cao Y, Henderson W A, et al. Hard carbon nanoparticles as high-capacity, high-stability anodic materials for Na-ion batteries [J]. Nano Energy, 2016, 19: 279-288.

[81] Vinayan B P, Ramaprabhu S. Facile synthesis of SnO_2 nanoparticles dispersed nitrogen doped graphene anode material for ultrahigh capacity lithium ion battery applications [J]. Journal of Materials Chemistry A, 2013, 1 (12): 3865-3871.

[82] Long D, Li W, Ling L, et al. Preparation of nitrogen-doped graphene sheets by a combined chemical and hydrothermal reduction of graphene oxide [J]. Langmuir, 2010, 26 (20): 16096-16102.

[83] Shao Y, Zhang S, Engelhard M H, et al. Nitrogen-doped graphene and its electrochemical applications [J]. Journal of Materials Chemistry, 2010, 20 (35): 7491-7496.

[84] Parambhath V B, Nagar R, Ramaprabhu S. Effect of nitrogen doping on hydrogen storage capacity of palladium decorated graphene [J]. Langmuir, 2012, 28 (20): 7826-7833.

[85] Wang Y, Shao Y, Matson D W, et al. Nitrogen-doped graphene and its application in electrochemical biosensing [J]. ACS Nano, 2010, 4 (4): 1790-1798.

[86] Wang Z, Qie L, Yuan L, et al. Functionalized N-doped interconnected carbon nanofibers as an anode material for sodium-ion storage with excellent performance [J]. Carbon, 2013, 55: 328-334.

[87] Wang S, Xia L, Yu L, et al. Free-standing nitrogen-doped carbon nanofiber films: integrated electrodes for sodium-ion batteries with ultralong cycle life and superior rate capability [J]. Advanced Energy Materials, 2016, 6 (7): 1502217.

[88] Zhong X, Li Y, Zhang L, et al. High-performance sodium-ion batteries based on nitrogen-doped mesoporous carbon spheres with ultrathin nanosheets [J]. ACS Applied Materials & Interfaces, 2019, 11 (3): 2970-2977.

[89] Wu G, Mack N H, Gao W, et al. Nitrogen-doped graphene-rich catalysts derived from heteroatom polymers for oxygen reduction in nonaqueous lithium-O_2 battery cathodes [J]. ACS Nano, 2012, 6 (11): 9764-9776.

[90] Kichambare P, Rodrigues S, Kumar J. Mesoporous nitrogen-doped carbon-glass ceramic cathodes for solid-state lithium-oxygen batteries [J]. ACS Applied Materials & Interfaces, 2012, 4 (1): 49-52.

[91] Guo Y, Liu W, Wu R, et al. Marine-biomass-derived porous carbon sheets with a tunable n-doping content for superior sodium-ion storage [J]. ACS Applied Materials & Interfaces, 2018, 10 (44): 38376-38386.

[92] Li Z, Bommier C, Chong Z S, et al. Mechanism of Na-ion storage in hard carbon anodes revealed by heteroatom doping [J]. Advanced Energy Materials, 2017, 7 (18): 1602894.

[93] Qie L, Chen W, Xiong X, et al. Sulfur-doped carbon with enlarged interlayer distance as a high-performance anode material for sodium-ion batteries [J]. Advanced Science, 2015, 2 (12): 1500195.

[94] Li W, Zhou M, Li H, et al. A high performance sulfur-doped disordered carbon anode for sodium ion batteries [J]. Energy & Environmental Science, 2015, 8 (10): 2916-2921.

[95] Lyu H Y, Zhang X H, Wan F, et al. Flexible p-doped carbon cloth: vacuum-sealed preparation and enhanced Na-storage properties as binder-free anode for sodium ion batteries [J]. ACS Applied Materials & Interfaces, 2017, 9 (14): 12518-12527.

[96] Yang J, Zhou X, Wu D, et al. S-doped N-rich carbon nanosheets with expanded interlayer distance as anode materials for sodium-ion batteries [J]. Advanced Materials, 2017, 29 (6): 1604108.

[97] Wang M, Yang Z Z, Li W H, et al. Superior sodium storage in 3d interconnected nitrogen and oxygen dual-doped carbon network [J]. Small, 2016, 12 (19): 2559-2566.

[98] Xiong Y, Qian J, Cao Y, et al. Graphene-supported TiO_2 nanospheres as a high-capacity and long-cycle life anode for sodium ion batteries [J]. Journal of Materials Chemistry A 2016, 4 (29): 11351-11356.

[99] Zhao F, Wang B, Tang Y, et al. Niobium doped anatase TiO_2 as an effective anode material for sodium-ion batteries [J]. Journal of Materials Chemistry A, 2015, 3 (45): 22969-22974.

[100] Usui H, Yoshioka S, Wasada K, et al. Nb-doped rutile TiO_2: a potential anode material for Na-ion battery [J]. ACS Appl Mater Interfaces 2015, 7 (12): 6567-6573.

[101] Yan D, Yu C, Bai Y, et al. Sn-doped TiO_2 nanotubes as superior anode materials for sodium ion batteries [J]. Chem Commun (Camb), 2015, 51 (39): 8261-8264.

[102] Lai Y, Liu W, Li J, et al. High performance sodium storage of Fe-doped mesoporous anatase TiO_2/amorphous carbon composite [J]. Journal of Alloys and Compounds, 2016, 666: 254-261.

[103] Yang Y, Ji X, Jing M, et al. Carbon dots supported upon N-doped TiO_2 nanorods applied into sodium and lithium ion batteries [J]. Journal of Materials Chemistry A, 2015, 3 (10): 5648-5655.

[104] Clarke S J, Fowkes A J, Harrison A, et al. Synthesis, structure, and magnetic properties of $NaTiO_2$ [J]. Chemistry of Materials, 1998, 10 (1): 372-384.

[105] Wu D, Li X, Xu B, et al. $NaTiO_2$: a layered anode material for sodium-ion batteries [J]. Energy & Environmental Science, 2015, 8 (1): 195-202.

[106] Wang Y, Zhu W, Guerfi A, et al. Roles of Ti in electrode materials for sodium-ion batteries [J]. Frontiers in Energy Research, 2019, 7 (28).

[107] Sun Y, Zhao L, Pan H, et al. Direct atomic-scale confirmation of three-phase storage mechanism in $Li_4Ti_5O_{12}$ anodes for room-temperature sodium-ion batteries [J]. Nature Communications, 2013, 4 (1): 1870.

[108] Yu X, Pan H, Wan W, et al. A Size-dependent sodium storage mechanism in $Li_4Ti_5O_{12}$ investigated by a novel characterization technique combining in situ X-ray diffraction and chemical sodiation [J]. Nano Letters, 2013, 13 (10): 4721-4727.

[109] Chen C, Xu H, Zhou T, et al. Integrated intercalation-based and interfacial sodium storage in graphene-wrapped porous $li_4ti_5o_{12}$ nanofibers composite aerogel [J]. Advanced Energy Materials, 2016, 6 (13): 1600322.

[110] Rudola A, Saravanan K, Mason C W, et al. $Na_2Ti_3O_7$: an intercalation based anode for sodium-ion battery applications [J]. Journal of Materials Chemistry A, 2013, 1 (7): 2653-2662.

[111] Senguttuvan P, Rousse G, Seznec V, et al. $Na_2Ti_3O_7$: lowest voltage ever reported oxide insertion electrode for sodium ion batteries [J]. Chemistry of Materials, 2011, 23 (18): 4109-4111.

[112] Rudola A, Saravanan K, Masona C W, et al. $Na_2Ti_3O_7$: an intercalation based anode for sodium-ion battery applications [J]. Journal of Materials Chemistry A, 2013, 1 (7): 2653-2662.

[113] Xu J, Ma C, Balasubramanian M, et al. Understanding $Na_2Ti_3O_7$ as an ultra-low voltage anode material for a Na-ion battery [J]. Chemical Communications, 2014, 50 (83): 12564-12567.

[114] Xie F, Zhang L, Su D, et al. $Na_2Ti_3O_7$@N-doped carbon hollow spheres for sodium-ion batteries with excellent rate performance [J]. Advanced Materials, 2017, 29 (24): 1700989.

[115] Li Z, Shen W, Wang C, et al. Ultra-long $Na_2Ti_3O_7$ nanowires @ carbon cloth as a binder-free flexible electrode with a large capacity and long lifetime for sodium-ion batteries [J]. Journal of Materials Chemistry A, 2016, 4 (43): 17111-17120.

[116] Rudola A, Sharma N, Balaya P. Introducing a 0.2V sodium-ion battery anode: the $Na_2Ti_3O_7$ to $Na_{3-x}Ti_3O_7$ pathway [J]. Electrochemistry Communications, 2015, 61:

10-13.

[117] Dominko R, Baudrin E, Umek P, et al. Reversible lithium insertion into $Na_2Ti_6O_{13}$ structure [J]. Electrochemistry Communications, 2006, 8 (4): 673-677.

[118] Trinh N D, Crosnier O, Schougaard S B, et al. Synthesis, characterization and electrochemical studies of active materials for sodium ion batteries [J]. ECS Transactions, 2011, 35 (32): 91-98.

[119] Rudola A, Saravanan K, Devaraj S, et al. $Na_2Ti_6O_{13}$: a potential anode for grid-storage sodium-ion batteries [J]. Chemical Communications, 2013, 49 (67): 7451-7453.

[120] Shen K, Wagemaker M. $Na_{2+x}Ti_6O_{13}$ as potential negative electrode material for Na-ion batteries [J]. Inorg Chem, 2014, 53 (16): 8250-8256.

[121] Naeyaert P J P, Avdeev M, Sharma N, et al. Synthetic, structural, and electrochemical study of monoclinic $Na_4Ti_5O_{12}$ as a sodium-ion battery anode material [J]. Chemistry of Materials, 2014, 26 (24): 7067-7072.

[122] Li H, Fei H, Liu X, et al. In situ synthesis of $Na_4Ti_5O_{12}$ nanotubes on a Ti net substrate as a high performance anode for Na-ion batteries [J]. Chemical Communications, 2015, 51 (45): 9298-9300.

[123] Wang Y, Yu X, Xu S, et al. A zero-strain layered metal oxide as the negative electrode for long-life sodium-ion batteries [J]. Nature Communications, 2013, 4 (1): 2365.

[124] Yu H, Ren Y, Xiao D, et al. An ultrastable anode for long-life room-temperature sodium-ion batteries [J]. Angew Chem Int Ed Engl, 2014, 53 (34): 8963-8969.

[125] Huang Y, Wang J, Miao L, et al. A new layered titanate $Na_2Li_2Ti_5O_{12}$ as a high-performance intercalation anode for sodium-ion batteries [J]. J Mater Chem A 2017, 5 (42): 22208-22215.

[126] Tian Y, Zeng G, Rutt A, et al. Promises and challenges of next-generation "beyond Li-ion" batteries for electric vehicles and grid decarbonization [J]. Chem Rev, 2021, 121 (3): 1623-1669.

[127] Xu G B, Wang L W, Wei X L, et al. Hierarchical porous nanocomposite architectures from multi-wall carbon nanotube threaded mesoporous $NaTi_2(PO_4)_3$ nanocrystals for high-performance sodium electrodes [J]. Journal of Power Sources, 2016, 327: 580-590.

[128] Jian Z, Sun Y, Ji X, et al. A new low-voltage plateau of $Na_3V_2(PO_4)_3$ as an anode for Na-ion batteries [J]. Chem Commun (Camb), 2015, 51 (29): 6381-6383.

[129] Wang W, Jiang B, Hu L, et al. Nasicon material $NaZr_2(PO_4)_3$: a novel storage material for sodium-ion batteries [J]. J Mater Chem A 2014, 2 (5): 1341-1345.

[130] Wu M, Ni W, Hu J, et al. NASICON-structured $NaTi_2(PO_4)_3$ for sustainable energy storage [J]. Nano-Micro Letters, 2019, 11 (1).

[131] Senguttuvan P, Rousse G, Vezin H, et al. Low-potential sodium insertion in a NASICON-type structure through the Ti (Ⅲ)/Ti (Ⅱ) redox couple [J]. J Am Chem Soc, 2013, 135 (10): 3897-3903.

[132] Wu C, Kopold P, Ding Y L, et al. Synthesizing porous $NaTi_2(PO_4)_3$ nanoparticles embedded in 3D graphene networks for high-rate and long cycle-life sodium electrodes

[J]. Acs Nano, 2015, 9 (6): 6610-6618.

[133] Pang G, Nie P, Yuan C, et al. Mesoporous $NaTi_2(PO_4)_3$/CMK-3 nanohybrid as anode for long-life Na-ion batteries [J]. J Mater Chem A, 2014, 2 (48): 20659-20666.

[134] Wang D, Liu Q, Chen C, et al. NASICON-structured $NaTi_2(PO_4)_3$@C nanocomposite as the low operation-voltage anode material for high-performance sodium-ion batteries [J]. ACS Appl Mater Interfaces, 2016, 8 (3): 2238-2246.

[135] Jiang Y, Zeng L, Wang J, et al. A carbon coated NASICON structure material embedded in porous carbon enabling superior sodium storage performance: $NaTi_2(PO_4)_3$ as an example [J]. Nanoscale, 2015, 7 (35): 14723-14729.

[136] Liang J, Fan K, Wei Z, et al. Porous $NaTi_2(PO_4)_3$@C nanocubes as improved anode for sodium-ion batteries [J]. Materials Research Bulletin, 2018, 99: 343-348.

[137] Xu D, Wang P, Yang R. Nitrogen-doped carbon decorated $NaTi_2(PO_4)_3$ composite as an anode for sodium-ion batteries with outstanding electrochemical performance [J]. Ceramics International, 2018, 44 (6): 7159-7164.

[138] Zhang B, Dugas R, Rousse G, et al. Insertion compounds and composites made by ball milling for advanced sodium-ion batteries [J]. Nat Commun, 2016, 7: 10308.

[139] Wang H, Xiao Y, Sun C, et al. A type of sodium-ion full-cell with a layered $NaNi_{0.5}Ti_{0.5}O_2$ cathode and a pre-sodiated hard carbon anode [J]. RSC Advances, 2015, 5 (129): 106519-106522.

[140] Hasa I, Passerini S, Hassoun J, et al. A rechargeable sodium-ion battery using a nanostructured Sb-C anode and P2-type layered $Na_{0.6}Ni_{0.22}Fe_{0.11}Mn_{0.66}O_2$ cathode [J]. RSC Advances, 2015, 5 (60): 48928-48934.

[141] Pang G, Yuan C, Nie P, et al. Synthesis of NASICON-type structured $NaTi_2(PO_4)_3$-graphene nanocomposite as an anode for aqueous rechargeable Na-ion batteries [J]. Nanoscale 2014, 6 (12): 6328-6334.

[142] Roh H K, Kim H K, Kim M S, et al. In situ synthesis of chemically bonded $NaTi_2(PO_4)_3$/rGO 2D nanocomposite for high-rate sodium-ion batteries [J]. Nano Research, 2016, 9 (6): 1844-1855.

[143] Hu P, Ma J, Wang T, et al. NASICON-structured $NaSn_2(PO_4)_3$ with excellent high-rate properties as anode material for lithium ion batteries [J]. Chemistry of Materials, 2015, 27 (19): 6668-6674.

[144] Gao H, Goodenough J B. An aqueous symmetric sodium-ion battery with nasicon-structured $Na_3MnTi(PO_4)_3$ [J]. Angew Chem Int Ed Engl, 2016, 55 (41): 12768-12772.

[145] Douglas A, Carter R, Oakes L, et al. Ultrafine iron pyrite (FeS_2) nanocrystals improve sodium-sulfur and lithium-sulfur conversion reactions for efficient batteries [J]. ACS Nano, 2015, 9 (11): 11156-11165.

[146] Liu S, Wang Y, Dong Y, et al. Ultrafine Fe_3O_4 quantum dots on hybrid carbon nanosheets for long-life, high-rate alkali-metal storage [J]. ChemElectroChem, 2016, 3 (1): 38-44.

[147] Ming J, Ming H, Yang W, et al. A sustainable iron-based sodium ion battery of por-

ous carbon-Fe_3O_4/$Na_2FeP_2O_7$ with high performance [J]. RSC Advances, 2015, 5 (12): 8793-8800.

[148] Liu X, Chen T, Chu H, et al. Fe_2O_3-reduced graphene oxide composites synthesized via microwave-assisted method for sodium ion batteries [J]. Electrochimica Acta, 2015, 166: 12-16.

[149] Dirican M, Lu Y, Ge Y, et al. Carbon-confined SnO_2-electrodeposited porous carbon nanofiber composite as high-capacity sodium-ion battery anode material [J]. ACS Applied Materials & Interfaces, 2015, 7 (33): 18387-18396.

[150] Kalubarme R S, Lee J Y, Park C J. Carbon encapsulated tin oxide nanocomposites: an efficient anode for high performance sodium-ion batteries [J]. ACS Applied Materials & Interfaces, 2015, 7 (31): 17226-17237.

[151] Liu Y, Zhang N, Jiao L, et al. Ultrasmall Sn nanoparticles embedded in carbon as high-performance anode for sodium-ion batteries [J]. Advanced Functional Materials, 2015, 25 (2): 214-220.

[152] Deng Q, Wang L, Li J. Electrochemical characterization of Co_3O_4/MCNTs composite anode materials for sodium-ion batteries [J]. Journal of Materials Science, 2015, 50 (11): 4142-4148.

[153] Klavetter K C, Garcia S, Dahal N, et al. Li-and Na-reduction products of meso-Co_3O_4 form high-rate, stably cycling battery anode materials [J]. Journal of Materials Chemistry A, 2014, 2 (34): 14209-14221.

[154] Zhang Z, Feng J, Ci L, et al. Mental-organic framework derived CuO hollow spheres as high performance anodes for sodium ion battery [J]. Materials Technology, 2016, 31 (9): 497-500.

[155] Liu H, Jia M, Zhu Q, et al. 3D-0D graphene-Fe_3O_4 quantum dot hybrids as high-performance anode materials for sodium-ion batteries [J]. ACS Applied Materials & Interfaces, 2016, 8 (40): 26878-26885.

[156] Zhao D, Xie D, Liu H, et al. Flexible α-Fe_2O_3 nanorod electrode materials for sodium-ion batteries with excellent cycle performance [J]. Functional Materials Letters, 2018, 11 (6): 1840002.

[157] Su D, Ahn H J, Wang G. SnO_2@graphene nanocomposites as anode materials for Na-ion batteries with superior electrochemical performance [J]. Chemical Communications, 2013, 49 (30): 3131-3133.

[158] Li Z, Ding J, Mitlin D. Tin and tin compounds for sodium ion battery anodes: phase transformations and performance [J]. Accounts of Chemical Research, 2015, 48 (6): 1657-1665.

[159] Ding J, Li Z, Wang H, et al. Sodiation vs. lithiation phase transformations in a high rate-high stability SnO_2 in carbon nanocomposite [J]. Journal of Materials Chemistry A, 2015, 3 (13): 7100-7111.

[160] Su D, Wang C, Ahn H, et al. Octahedral tin dioxide nanocrystals as high capacity anode materials for Na-ion batteries [J]. Physical Chemistry Chemical Physics, 2013, 15 (30): 12543-12550.

[161] Wang Y, Su D, Wang C, et al. SnO$_2$@MWCNT nanocomposite as a high capacity anode material for sodium-ion batteries [J]. Electrochemistry Communications, 2013, 29: 8-11.

[162] Zhang Y, Xie J, Zhang S, et al. Ultrafine tin oxide on reduced graphene oxide as high-performance anode for sodium-ion batteries [J]. Electrochimica Acta, 2015, 151: 8-15.

[163] Pei L, Jin Q, Zhu Z, et al. Ice-templated preparation and sodium storage of ultrasmall SnO$_2$ nanoparticles embedded in three-dimensional graphene [J]. Nano Research, 2015, 8 (1): 184-192.

[164] Xu Y, Zhou M, Zhang C, et al. Oxygen vacancies: effective strategy to boost sodium storage of amorphous electrode materials [J]. Nano Energy, 2017, 38: 304-312.

[165] Jahel A, Ghimbeu C M, Monconduit L, et al. Confined ultrasmall SnO$_2$ particles in micro/mesoporous carbon as an extremely long cycle-life anode material for li-ion batteries [J]. Advanced Energy Materials, 2014, 4 (11): 1400025.

[166] Li Q, Wu J, Xu J, et al. Synergistic sodiation of cobalt oxide nanoparticles and conductive carbon nanotubes (CNTs) for sodium-ion batteries [J]. Journal of Materials Chemistry A, 2016, 4 (22): 8669-8675.

[167] Lu Y, Zhang N, Zhao Q, et al. Micro-nanostructured CuO/C spheres as high-performance anode materials for Na-ion batteries [J]. Nanoscale 2015, 7 (6): 2770-2776.

[168] Chandra Rath P, Patra J, Saikia D, Mishra M, et al. Highly enhanced electrochemical performance of ultrafine CuO nanoparticles confined in ordered mesoporous carbons as anode materials for sodium-ion batteries [J]. Journal of Materials Chemistry A 2016, 4 (37): 14222-14233.

[169] Liu H, Cao F, Zheng H, et al. In situ observation of the sodiation process in CuO nanowires [J]. Chem Commun (Camb), 2015, 51 (52): 10443-10446.

[170] Wang X, Cao K, Wang Y, et al. Controllable N-Doped CuCo$_2$O$_4$@C film as a self-supported anode for ultrastable sodium-ion batteries [J]. Small, 2017, 13 (29): 1700873.

[171] Cho J S, Ju H S, Lee J K, et al. Carbon/two-dimensional MoTe$_2$ core/shell-structured microspheres as an anode material for Na-ion batteries [J]. Nanoscale, 2017, 9 (5): 1942-1950.

[172] Xiang Z, Zhang Z, Xu X, et al. MoS$_2$ nanosheets array on carbon cloth as a 3D electrode for highly efficient electrochemical hydrogen evolution [J]. Carbon, 2016, 98: 84-89.

[173] Zhou X, Wan L J, Guo Y G. Synthesis of MoS$_2$ nanosheet-graphene nanosheet hybrid materials for stable lithium storage [J]. Chemical Communications, 2013, 49 (18): 1838-1840.

[174] Yao S, Cui J, Lu Z, et al. Unveiling the unique phase transformation behavior and sodiation kinetics of 1D van der Waals Sb$_2$S$_3$ anodes for sodium ion batteries [J]. Advanced Energy Materials, 2017, 7 (8): 1602149.

[175] Kang W, Wang Y, Xu J. Recent progress in layered metal dichalcogenide nanostruc-

tures as electrodes for high-performance sodium-ion batteries [J]. Journal of Materials Chemistry A, 2017, 5 (17): 7667-7690.

[176] Xiao Y, Lee S H, Sun Y K. The application of metal sulfides in sodium ion batteries [J]. Advanced Energy Materials, 2017, 7 (3): 1601329.

[177] Teng Y, Zhao H, Zhang Z, et al. MoS_2 Nanosheets vertically grown on graphene sheets for lithium-ion battery anodes [J]. ACS Nano, 2016, 10 (9): 8526-8535.

[178] Guo J, Chen X, Jin S, et al. Synthesis of graphene-like MoS_2 nanowall/graphene nanosheet hybrid materials with high lithium storage performance [J]. Catalysis Today, 2015, 246: 165-171.

[179] Choi S H, Ko Y N, Lee J K, et al. 3D MoS_2-graphene microspheres consisting of multiple nanospheres with superior sodium ion storage properties [J]. Advanced Functional Materials, 2015, 25 (12): 1780-1788.

[180] Xie X, Makaryan T, Zhao M, et al. MoS_2 nanosheets vertically aligned on carbon paper: a freestanding electrode for highly reversible sodium-ion batteries [J]. Advanced Energy Materials, 2016, 6 (5): 1502161.

[181] Prabakaran A, Dillon F, Melbourne J, et al. WS_2 2D nanosheets in 3D nanoflowers [J]. Chemical Communications, 2014, 50 (82): 12360-12362.

[182] Cao S, Liu T, Hussain S, et al. Hydrothermal synthesis of variety low dimensional WS_2 nanostructures [J]. Materials Letters, 2014, 129: 205-208.

[183] Su D, Dou S, Wang G. WS_2@graphene nanocomposites as anode materials for Na-ion batteries with enhanced electrochemical performances [J]. Chemical Communications, 2014, 50 (32): 4192-4195.

[184] Choi S H, Kang Y C. Sodium ion storage properties of WS_2-decorated three-dimensional reduced graphene oxide microspheres [J]. Nanoscale, 2015, 7 (9): 3965-3970.

[185] Liu Y, Zhang N, Kang H, et al. WS_2 nanowires as a high-performance anode for sodium-ion batteries [J]. Chemistry, 2015, 21 (33): 11878-11884.

[186] Zhao Y, Guo B, Yao Q, et al. A rational microstructure design of SnS_2-carbon composites for superior sodium storage performance [J]. Nanoscale, 2018, 10 (17): 7999-8008.

[187] Qu B, Ma C, Ji G, et al. Layered SnS_2-reduced graphene oxide composite-a high-capacity, high-rate, and long-cycle life sodium-ion battery anode material [J]. Advanced Materials, 2014, 26 (23): 3854-3859.

[188] Feng J, Sun X, Wu C, et al. Metallic few-layered VS_2 ultrathin nanosheets: high two-dimensional conductivity for in-plane supercapacitors [J]. Journal of the American Chemical Society, 2011, 133 (44): 17832-17838.

[189] He P, Yan M, Zhang G, et al. Layered VS_2 nanosheet-based aqueous Zn ion battery cathode [J]. Advanced Energy Materials, 2017, 7 (11): 1601920.

[190] Liao J Y, Manthiram A. high-Performance $Na_2Ti_2O_5$ nanowire arrays coated with VS_2 nanosheets for sodium-ion storage [J]. Nano Energy, 2015, 18: 20-27.

[191] Winn D A, Shemilt J M, Steele B C H. Titanium disulphide: a solid solution electrode for sodium and lithium [J]. Materials Research Bulletin, 1976, 11 (5): 559-566.

[192] Newman G H. Ambient Temperature cycling of an Na-TiS$_2$ Cell [J]. Journal of the Electrochemical Society, 1980, 127 (10): 2097.

[193] Liu Y, Wang H, Cheng L, et al. TiS$_2$ nanoplates: a high-rate and stable electrode material for sodium ion batteries [J]. Nano Energy, 2016, 20: 168.

[194] Tao H, Zhou M, Wang R, et al. TiS$_2$ as an advanced conversion electrode for sodium-ion batteries with ultra-high capacity and long-cycle life [J]. Advanced Science, 2018, 5 (11): 1801021.

[195] Kullerud G, Yund R A. The Ni-S system and related minerals [J]. Journal of Petrology, 1962, 3 (1): 126-175.

[196] Chen Q, Chen W, Ye J, et al. l-Cysteine-assisted hydrothermal synthesis of nickel disulfide/graphene composite with enhanced electrochemical performance for reversible lithium storage [J]. Journal of Power Sources, 2015, 294: 51-58.

[197] Ryu H S, Kim J S, Park J, et al. Degradation mechanism of room temperature Na/Ni$_3$S$_2$ cells using Ni$_3$S$_2$ electrodes prepared by mechanical alloying [J]. Journal of Power Sources, 2013, 244: 764-770.

[198] Go D Y, Park J, Noh P J, et al. Electrochemical properties of monolithic nickel sulfide electrodes for use in sodium batteries [J]. Materials Research Bulletin, 2014, 58: 190-194.

[199] Qin W. The microwave-assisted synthesis of metal sulfide-graphene composite for the anode of sodium-ion batteries [D]. Shanghai: East China Normal University, 2016.

[200] Hou B H, Wang Y Y, Guo J Z, et al. Pseudocapacitance-boosted ultrafast Na storage in a pie-like FeS@C nanohybrid as an advanced anode material for sodium-ion full batteries [J]. Nanoscale, 2018, 10 (19): 9218-9225.

[201] Lyu C, Liu H, Li D, et al. Ultrafine FeSe nanoparticles embedded into 3D carbon nanofiber aerogels with FeSe/Carbon interface for efficient and long-life sodium storage [J]. Carbon, 2019, 143: 106-115.

[202] Wei X, Tang C, An Q, et al. FeSe$_2$ clusters with excellent cyclability and rate capability for sodium-ion batteries [J]. Nano Research, 2017, 10 (9): 3202-3211.

[203] Zhang K, Hu Z, Liu X, et al. FeSe$_2$ microspheres as a high-performance anode material for Na-ion batteries [J]. Advanced Materials, 2015, 27 (21): 3305-3309.

[204] Kong F, Lyu L, Gu Y, et al. Nano-sized FeSe$_2$ anchored on reduced graphene oxide as a promising anode material for lithium-ion and sodium-ion batteries [J]. Journal of Materials Science, 2019, 54 (5): 4225-4235.

[205] Park J S, Jeong S Y, Jeon K M, et al. Iron diselenide combined with hollow graphitic carbon nanospheres as a high-performance anode material for sodium-ion batteries [J]. Chemical Engineering Journal, 2018, 339: 97-107.

[206] Tang Y, Zhao Z, Hao X, et al. Cellular carbon-wrapped FeSe$_2$ nanocavities with ultrathin walls and multiple rooms for ion diffusion-confined ultrafast sodium storage [J]. Journal of Materials Chemistry A, 2019, 7 (9): 4469-4479.

[207] Li D, Zhou J, Chen X, et al. Achieving ultrafast and stable Na-ion storage in FeSe$_2$ nanorods/graphene anodes by controlling the surface oxide [J]. ACS Applied Materials &

[208] Ge P, Hou H, Li S, et al. Tailoring rod-like FeSe$_2$ coated with nitrogen-doped carbon for high-performance sodium storage [J]. Advanced Functional Materials, 2018, 28 (30): 1801765.

[209] Choi J H, Park S K, Kang Y C. A salt-templated strategy toward hollow iron selenides-graphitic carbon composite microspheres with interconnected multicavities as high-performance anode materials for sodium-ion batteries [J]. Small, 2019, 15 (2): 1803043.

[210] Fan H, Yu H, Zhang Y, et al. 1D to 3D hierarchical iron selenide hollow nanocubes assembled from FeSe2@C core-shell nanorods for advanced sodium ion batteries [J]. Energy Storage Materials, 2018, 10: 48-55.

[211] Park G D, Kang Y C. Multiroom-structured multicomponent metal selenide-graphitic carbon-carbon nanotube hybrid microspheres as efficient anode materials for sodium-ion batteries [J]. Nanoscale, 2018, 10 (17): 8125-8132.

[212] Jiang T, Bu F, Liu B, et al. Fe$_7$Se$_8$@C core-shell nanoparticles encapsulated within a three-dimensional graphene composite as a high-performance flexible anode for lithium-ion batteries [J]. New Journal of Chemistry, 2017, 41 (12): 5121-5124.

[213] Wan M, Zeng R, Chen K, et al. Fe$_7$Se$_8$ nanoparticles encapsulated by nitrogen-doped carbon with high sodium storage performance and evolving redox reactions [J]. Energy Storage Materials, 2018, 10: 114-121.

[214] Xu X, Liu J, Liu J, et al. A general metal-organic framework (MOF)-derived selenidation strategy for in situ carbon-encapsulated metal selenides as high-rate anodes for Na-ion batteries [J]. Advanced Functional Materials, 2018, 28 (16): 1707573.

[215] Zhang K, Park M, Zhou L, et al. Urchin-like CoSe$_2$ as a high-performance anode material for sodium-ion batteries [J]. Advanced Functional Materials, 2016, 26 (37): 6728-6735.

[216] Park G D, Kang Y C. One-pot synthesis of CoSe$_x$-rGO composite powders by spray pyrolysis and their application as anode material for sodium-ion batteries [J]. Chemistry-A European Journal, 2016, 22 (12): 4140-4146.

[217] Cho J S, Won J M, Lee J K, et al. Design and synthesis of multiroom-structured metal compounds-carbon hybrid microspheres as anode materials for rechargeable batteries [J]. Nano Energy, 2016, 26: 466-478.

[218] Fan H, Yu H, Wu X, et al. Controllable preparation of square nickel chalcogenide (NiS and NiSe$_2$) nanoplates for superior Li/Na ion storage properties [J]. ACS Applied Materials & Interfaces, 2016, 8 (38): 25261-25267.

[219] Li W J, Chou S L, Wang J Z, et al. A new, cheap, and productive FeP anode material for sodium-ion batteries [J]. Chemical Communications, 2015, 51 (17): 3682-3685.

[220] Lin Y, Abel P R, Gupta A, et al. Sn-Cu nanocomposite anodes for rechargeable sodium-ion batteries [J]. ACS Applied Materials Interfaces, 2013, 5 (17): 8273-8277.

[221] Kim Y U, Lee C K, Sohn H J, et al. Reaction mechanism of tin phosphide anode by mechanochemical method for lithium secondary batteries [J]. Journal of The Electrochemical Society, 2004, 151 (6): A933.

[222] Wang X, Chen K, Wang G, et al. Rational design of three-dimensional graphene encapsulated with hollow FeP@carbon nanocomposite as outstanding anode material for lithium ion and sodium ion batteries [J]. ACS Nano, 2017, 11 (11): 11602-11616.

[223] Zhang K, Park M, Zhang J, et al. Cobalt phosphide nanoparticles embedded in nitrogen-doped carbon nanosheets: promising anode material with high rate capability and long cycle life for sodium-ion batteries [J]. Nano Research, 2017, 10 (12): 4337-4350.

[224] Ge X, Li Z, Yin L. Metal-organic frameworks derived porous core/shellCoP@C polyhedrons anchored on 3D reduced graphene oxide networks as anode for sodium-ion battery [J]. Nano Energy, 2017, 32: 117-124.

[225] Wu T, Zhang S, He Q, et al. Assembly of multifunctional $Ni_2P/NiS_{0.66}$ heterostructures and their superstructure for high lithium and sodium anodic performance [J]. ACS Applied Materials & Interfaces, 2017, 9 (34): 28549-28557.

[226] Fan M, Chen Y, Xie Y, et al. Na^+ fuel cells: half-cell and full-cell applications of highly stable and binder-free sodium ion batteries based on Cu_3P nanowire anodes [J]. Advanced Functional Materials, 2016, 26 (28): 5002.

[227] Zhao F, Han N, Huang W, et al. Nanostructured CuP_2/C composites as high-performance anode materials for sodium ion batteries [J]. Journal of Materials Chemistry A, 2015, 3 (43): 21754-21759.

[228] Qian J, Xiong Y, Cao Y, et al. Synergistic Na-storage reactions in Sn_4P_3 as a high-capacity, cycle-stable anode of Na-ion batteries [J]. Nano Letters, 2014, 14 (4): 1865-1869.

[229] Liu J, Kopold P, Wu C, et al. Uniform yolk-shell Sn_4P_3@C nanospheres as high-capacity and cycle-stable anode materials for sodium-ion batteries [J]. Energy & Environmental Science, 2015, 8 (12): 3531-3538.

[230] Yabuuchi N, Kubota K, Dahbi M, et al. Research development on sodium-ion batteries [J]. Chemical Reviews, 2014, 114 (23): 11636-11682.

[231] Chevrier V L, Ceder G. Challenges for Na-ion negative electrodes [J]. Journal of The Electrochemical Society, 2011, 158 (9): A1011.

[232] Baggetto L, Ganesh P, Meisner R P, et al. Characterization of sodium ion electrochemical reaction with tin anodes: experiment and theory [J]. Journal of Power Sources, 2013, 234: 48-59.

[233] Baggetto L, Hah H Y, Jumas J C, et al. The reaction mechanism of SnSb and Sb thin film anodes for Na-ion batteries studied by X-ray diffraction, ^{119}Sn and ^{121}Sb Mössbauer spectroscopies [J]. Journal of Power Sources, 2014, 267: 329-336.

[234] 刘永畅, 陈程成, 张宁, 等. 钠离子电池关键材料研究及应用进展 [J]. 电化学, 2016, 22 (5): 437-452.

[235] Wang J W, Liu X H, Mao S X, et al. Microstructural evolution of tin nanoparticles during in situ sodium insertion and extraction [J]. Nano Letters, 2012, 12 (11): 5897-5902.

[236] Sha M, Zhang H, Nie Y, et al. Sn nanoparticles@nitrogen-doped carbon nanofiber

composites as high-performance anodes for sodium-ion batteries [J]. Journal of Materials Chemistry A, 2017, 5 (13): 6277-6283.

[237] Liu J, Wen Y, Van Aken P A, et al. Facile synthesis of highly porous Ni-Sn intermetallic microcages with excellent electrochemical performance for lithium and sodium storage [J]. Nano Letters, 2014, 14 (11): 6387-6392.

[238] Komaba S, Matsuura Y, Ishikawa T, et al. Redox reaction of Sn-polyacrylate electrodes in aprotic Na cell [J]. Electrochemistry Communications, 2012, 21: 65-68.

[239] Ellis L D, Hatchard T D, Obrovac M N. Reversible insertion of sodium in tin [J]. Journal of The Electrochemical Society, 2012, 159 (11): A1801-A1805.

[240] Zhu H, Jia Z, Chen Y, et al. Tin anode for sodium-ion batteries using natural wood fiber as a mechanical buffer and electrolyte reservoir [J]. Nano Letters, 2013, 13 (7): 3093-3100.

[241] Liu Y, Zhang N, Jiao L, et al. Tin nanodots encapsulated in porous nitrogen-doped carbon nanofibers as a free-standing anode for advanced sodium-ion batteries [J]. Advanced Materials, 2015, 27 (42): 6702-6707.

[242] Mao M, Yan F, Cui C, et al. Pipe-wire TiO_2-Sn@carbon nanofibers paper anodes for lithium and sodium ion batteries [J]. Nano Letters, 2017, 17 (6): 3830-3836.

[243] Chen W, Deng D. Carbonized common filter paper decorated with Sn@C nanospheres as additive-free electrodes for sodium-ion batteries [J]. Carbon, 2015, 87: 70-77.

[244] Li S, Wang Z, Liu J, et al. Yolk-shell Sn@C eggette-like nanostructure: application in lithium-ion and sodium-ion batteries [J]. ACS Applied Materials & Interfaces, 2016, 8 (30): 19438-19445.

[245] Luo B, Qiu T, Ye D, et al. Tin nanoparticles encapsulated in graphene backboned carbonaceous foams as high-performance anodes for lithium-ion and sodium-ion storage [J]. Nano Energy, 2016, 22: 232-240.

[246] Pan F, Zhang W, Ma J, et al. Integrating in situ solvothermal approach synthesized nanostructured tin anchored on graphene sheets into film anodes for sodium-ion batteries [J]. Electrochimica Acta, 2016, 196: 572-578.

[247] Ellis L D, Ferguson P P, Obrovac M N. Sodium insertion into tin cobalt carbon active/inactive nanocomposite [J]. Journal of The Electrochemical Society, 2013, 160 (6): A869-A872.

[248] Zhao M, Zhao Q, Qiu J, et al. Tin-based nanomaterials for electrochemical energy storage [J]. RSC Advances, 2016, 6 (98): 95449-95468.

[249] Lin Y M, Abel P R, Gupta A, et al. Sn-Cu nanocomposite anodes for rechargeable sodium-ion batteries [J]. ACS Applied Materials & Interfaces, 2013, 5 (17): 8273-8277.

[250] Kim J C, Kim D W. Electrospun Cu/Sn/C nanocomposite fiber anodes with superior usable lifetime for lithium-and sodium-ion batteries [J]. Chemistry-An Asian Journal, 2014, 9 (11): 3313-3318.

[251] Kim I T, Allcorn E, Manthiram A. Cu_6Sn_5-TiC-C nanocomposite anodes for high-performance sodium-ion batteries [J]. Journal of Power Sources, 2015, 281: 11-17.

[252] Kim Y, Park Y, Choi A, et al. An amorphous red phosphorus/carbon composite as a promising anode material for sodium ion batteries [J]. Advanced Materials, 2013, 25 (22): 3045-3049.

[253] Li W, Chou S L, Wang J Z, et al. $Sn_{4+x}P_3$@ Amorphous Sn-P composites as anodes for sodium-ion batteries with low cost, high capacity, long life, and superior rate capability [J]. Advanced Materials, 2014, 26 (24): 4037-4042.

[254] Li Q, Li Z, Zhang Z, et al. Low-temperature solution-based phosphorization reaction route to Sn_4P_3/reduced graphene oxide nanohybrids as anodes for sodium ion batteries [J]. Advanced Energy Materials, 2016, 6 (15): 1600376.

[255] Shin H S, Jung K N, Jo Y N, et al. Tin phosphide-based anodes for sodium-ion batteries: synthesis via solvothermal transformation of Sn metal and phase-dependent Na storage performance [J]. Scientific Reports, 2016, 6 (1): 26195.

[256] Lan D, Wang W, Shi L, et al. Phase pure Sn_4P_3 nanotops by solution-liquid-solid growth for anode application in sodium ion batteries [J]. Journal of Materials Chemistry A, 2017, 5 (12): 5791-5796.

[257] Abel P R, Fields M G, Heller A, et al. Tin-germanium alloys as anode materials for sodium-ion batteries [J]. ACS Applied Materials & Interfaces, 2014, 6 (18): 15860-15867.

[258] Xin F X, Tian H J, Wang X L, et al. Enhanced electrochemical performance of $Fe_{0.74}Sn_5$@reduced graphene oxide nanocomposite anodes for both li-ion and na-ion batteries [J]. ACS Applied Materials & Interfaces, 2015, 7 (15): 7912-7919.

[259] Vogt L O, Villevieille C. $FeSn_2$ and $CoSn_2$ electrode materials for Na-ion batteries [J]. Journal of the Electrochemical Society, 2016, 163 (7): A1306-A1310.

[260] Vogt L O, Villevieille C. $MnSn_2$ negative electrodes for Na-ion batteries: a conversion-based reaction dissected [J]. Journal of Materials Chemistry A, 2016, 4 (48): 19116-19122.

[261] Darwiche A, Sougrati M T, Fraisse B, et al. Facile synthesis and long cycle life of SnSb as negative electrode material for Na-ion batteries [J]. Electrochemistry Communications, 2013, 32: 18-21.

[262] Tian J, Yang F, Cui H, et al. A novel approach to making the gas-filled liposome real: based on the interaction of lipid with free nanobubble within the solution [J]. ACS Applied Materials & Interfaces, 2015, 7 (48): 26579-26584.

[263] Liu Z, Song T, Paik U. Sb-based electrode materials for rechargeable batteries [J]. Journal of Materials Chemistry A, 2018, 6 (18): 8159-8193.

[264] Xiao L, Cao Y, Xiao J, et al. High capacity, reversible alloying reactions in SnSb/C nanocomposites for Na-ion battery applications [J]. Chemical Communications, 2012, 48 (27): 3321-3323.

[265] Nam D H, Kim T H, Hong K S, et al. Template-free electrochemical synthesis of sn nanofibers as high-performance anode materials for na-ion batteries [J]. ACS Nano, 2014, 8 (11): 11824-11835.

[266] Kim C, Lee K Y, Kim I, et al. Long-term cycling stability of porous Sn anode for sodium-

ion batteries [J]. Journal of Power Sources, 2016, 317: 153-158.

[267] Kong B, Zu L, Peng C, et al. Direct superassemblies of freestanding metal-carbon frameworks featuring reversible crystalline-phase transformation for electrochemical sodium storage [J]. Journal of the American Chemical Society, 2016, 138 (50): 16533-16541.

[268] Allan P K, Griffin J M, Darwiche A, et al. Tracking sodium-antimonide phase transformations in sodium-ion anodes: insights from operando pair distribution function analysis and solid-state NMR spectroscopy [J]. Journal of the American Chemical Society, 2016, 138 (7): 2352-2365.

[269] Zhu Y, Han X, Xu Y, et al. Electrospun Sb/C fibers for a stable and fast sodium-ion battery anode [J]. ACS Nano, 2013, 7 (7): 6378-6386.

[270] Hou H, Jing M, Yang Y, et al. Antimony nanoparticles anchored on interconnected carbon nanofibers networks as advanced anode material for sodium-ion batteries [J]. Journal of Power Sources, 2015, 284: 227-235.

[271] Wu L, Lu H, Xiao L, et al. Electrochemical properties and morphological evolution of pitaya-like Sb@C microspheres as high-performance anode for sodium ion batteries [J]. Journal of Materials Chemistry A, 2015, 3 (10): 5708-5713.

[272] Zhang N, Liu Y, Lu Y, et al. Spherical nano-Sb@C composite as a high-rate and ultrastable anode material for sodium-ion batteries [J]. Nano Research, 2015, 8 (10): 3384-3393.

[273] Qiu S, Wu X, Xiao L, et al. Antimony nanocrystals encapsulated in carbon microspheres synthesized by a facile self-catalyzing solvothermal method for high-performance sodium-ion battery anodes [J]. ACS Applied Materials & Interfaces, 2016, 8 (2): 1337-1343.

[274] Ding Y L, Wu C, Kopold P, et al. Graphene-protected 3d sb-based anodes fabricated via electrostatic assembly and confinement replacement for enhanced lithium and sodium storage [J]. Small, 2015, 11 (45): 6026-6035.

[275] Nithya C, Gopukumar S. rGO/nano Sb composite: a high performance anode material for Na^+ ion batteries and evidence for the formation of nanoribbons from the nano rGO sheet during galvanostatic cycling [J]. Journal of Materials Chemistry A, 2014, 2 (27): 10516-10525.

[276] Hu L, Zhu X, Du Y, et al. A chemically coupled antimony/multilayer graphene hybrid as a high-performance anode for sodium-ion batteries [J]. Chemistry of Materials, 2015, 27 (23): 8138-8145.

[277] Wu L, Pei F, Mao R, et al. SiC-Sb-C nanocomposites as high-capacity and cycling-stable anode for sodium-ion batteries [J]. Electrochimica Acta, 2013, 87: 41-45.

[278] Liu J, Yu L, Wu C, et al. New nanoconfined galvanic replacement synthesis of hollow Sb@C yolk-shell spheres constituting a stable anode for high-rate Li/Na-ion batteries [J]. Nano Letters, 2017, 17 (3): 2034-2042.

[279] Pham X M, Ngo D T, Le H T T, et al. A self-encapsulated porous Sb-C nanocomposite anode with excellent Na-ion storage performance [J]. Nanoscale, 2018, 10 (41):

19399-19408.

[280] Wu L, Hu X, Qian J, et al. Sb-C nanofibers with long cycle life as an anode material for high-performance sodium-ion batteries [J]. Energy & Environmental Science, 2014, 7 (1): 323-328.

[281] Luo W, Zhang P, Wang X, et al. Antimony nanoparticles anchored in three-dimensional carbon network as promising sodium-ion battery anode [J]. Journal of Power Sources, 2016, 304: 340-345.

[282] Baggetto L, Allcorn E, Unocic R R, et al. Mo_3Sb_7 as a very fast anode material for lithium-ion and sodium-ion batteries [J]. Journal of Materials Chemistry A, 2013, 1 (37): 11163-11169.

[283] Baggetto L, Marszewski M, Górka J, et al. AlSb thin films as negative electrodes for Li-ion and Na-ion batteries [J]. Journal of Power Sources, 2013, 243: 699-705.

[284] Kim I T, Allcorn E, Manthiram A. High-performance $M_xSb-Al_2O_3$-C (M=Fe, Ni, and Cu) nanocomposite-alloy anodes for sodium-ion batteries [J]. Energy Technology, 2013, 1 (5-6): 319-326.

[285] Allcorn E, Manthiram A. $FeSb_2$-Al_2O_3-C nanocomposite anodes for lithium-ion batteries [J]. ACS Applied Materials & Interfaces, 2014, 6 (14): 10886-10891.

[286] Baggetto L, Hah H Y, Johnson C E, et al. The reaction mechanism of $FeSb_2$ as anode for sodium-ion batteries [J]. Physical Chemistry Chemical Physics, 2014, 16 (20): 9538-9545.

[287] Liu J, Yang Z, Wang J, et al. Three-dimensionally interconnected nickel-antimony intermetallic hollow nanospheres as anode material for high-rate sodium-ion batteries [J]. Nano Energy, 2015, 16: 389-398.

[288] Baggetto L, Allcorn E, Manthiram A, et al. Cu_2Sb thin films as anode for Na-ion batteries [J]. Electrochemistry Communications, 2013, 27: 168-171.

[289] Jackson E D, Green S, Prieto A L. Electrochemical performance of electrodeposited Zn_4Sb_3 films for sodium-ion secondary battery anodes [J]. ACS Applied Materials & Interfaces, 2015, 7 (14): 7447-7450.

[290] Liao S, Sun Y, Wang J, et al. Three dimensional self-assembly ZnSb nanowire balls with good performance as sodium ions battery anode [J]. Electrochimica Acta, 2016, 211: 11-17.

[291] Darwiche A, Toiron M, Sougrati M T, et al. Performance and mechanism of $FeSb_2$ as negative electrode for Na-ion batteries [J]. Journal of Power Sources, 2015, 280: 588-592.

[292] Walter M, Doswald S, Kovalenko M V. Inexpensive colloidal SnSb nanoalloys as efficient anode materials for lithium-and sodium-ion batteries [J]. Journal of Materials Chemistry A, 2016, 4 (18): 7053-7059.

[293] Farbod B, Cui K, Kalisvaart W P, et al. Anodes for sodium ion batteries based on tin-germanium-antimony alloys [J]. ACS Nano, 2014, 8 (5): 4415-4429.

[294] Zhao Y, Manthiram A. high-capacity, high-rate Bi-Sb alloy anodes for lithium-ion and sodium-ion batteries [J]. Chemistry of Materials, 2015, 27 (8): 3096-3101.

[295] Zhang W, Mao J, Pang W K, et al. Large-scale synthesis of ternary Sn_5SbP_3/C composite by ball milling for superior stable sodium-ion battery anode [J]. Electrochimica Acta, 2017, 235: 107-113.

[296] Xie H, Kalisvaart W P, Olsen B C, et al. Sn-Bi-Sb alloys as anode materials for sodium ion batteries [J]. Journal of Materials Chemistry A 2017, 5 (20): 9661-9670.

[297] He M, Kravchyk K, Walter M, et al. Monodisperse antimony nanocrystals for high-rate Li-ion and Na-ion battery anodes: nano versus bulk [J]. Nano Letters, 2014, 14 (3): 1255-1262.

[298] Hou H, Jing M, Yang Y, et al. Sodium/lithium storage behavior of antimony hollow nanospheres for rechargeable batteries [J]. ACS Applied Materials & Interfaces, 2014, 6 (18): 16189-16196.

[299] Hou H, Jing M, Yang Y, et al. Sb porous hollow microspheres as advanced anode materials for sodium-ion batteries [J]. Journal of Materials Chemistry A, 2015, 3 (6): 2971-2977.

[300] Hou H, Jing M, Zhang Y, et al. Cypress leaf-like Sb as anode material for high-performance sodium-ion batteries [J]. Journal of Materials Chemistry A, 2015, 3 (34): 17549-17552.

[301] Liang L, Xu Y, Wang C, et al. Large-scale highly ordered Sb nanorod array anodes with high capacity and rate capability for sodium-ion batteries [J]. Energy & Environmental Science, 2015, 8 (10): 2954-2962.

[302] Liu S, Feng J, Bian X, et al. The morphology-controlled synthesis of a nanoporous-antimony anode for high-performance sodium-ion batteries [J]. Energy & Environmental Science, 2016, 9 (4): 1229-1236.

[303] Gu J, Du Z, Zhang C, et al. Liquid-phase exfoliated metallic antimony nanosheets toward high volumetric sodium storage [J]. Advanced Energy Materials, 2017, 7 (17): 1700447.

[304] Li W J, Chou S L, Wang J Z, et al. Simply mixed commercial red phosphorus and carbon nanotube composite with exceptionally reversible sodium-ion storage [J]. Nano Letters, 2013, 13 (11): 5480-5484.

[305] Qian J, Wu X, Cao Y, et al. High capacity and rate capability of amorphous phosphorus for sodium ion batteries [J]. Angewandte Chemie International Edition, 2013, 52 (17): 4633-4636.

[306] Sun J, Lee H W, Pasta M, et al. A phosphorene-graphene hybrid material as a high-capacity anode for sodium-ion batteries [J]. Nature Nanotechnology, 2015, 10 (11): 980-985.

[307] Hembram K P S S, Jung H, Yeo B C, et al. Unraveling the atomistic sodiation mechanism of black phosphorus for sodium ion batteries by first-principles calculations [J]. The Journal of Physical Chemistry C, 2015, 119 (27): 15041-15046.

[308] Hembram K P S S, Jung H, Yeo B C, et al. A comparative first-principles study of the lithiation, sodiation, and magnesiation of black phosphorus for Li-, Na-, and Mg-ion batteries [J]. Physical Chemistry Chemical Physics, 2016, 18 (31): 21391-21397.

[309] Zhang M, Hu R, Liu J, et al. A ZnGeP$_2$/C anode for lithium-ion and sodium-ion batteries [J]. Electrochemistry Communications, 2017, 77: 85-88.

[310] Li W, Ke L, Wei Y, et al. Highly reversible sodium storage in a GeP$_5$/C composite anode with large capacity and low voltage [J]. Journal of Materials Chemistry A, 2017, 5 (9): 4413-4420.

[311] Yang Q R, Li W J, Chou S L, et al. Ball-milled FeP/graphite as a low-cost anode material for the sodium-ion battery [J]. RSC Advances, 2015, 5 (98): 80536-80541.

[312] Pei L, Zhao Q, Chen C, et al. Phosphorus nanoparticles encapsulated in graphene scrolls as a high-performance anode for sodium-ion batteries [J]. ChemElectroChem, 2015, 2 (11): 1652-1655.

[313] Ding X, Huang Y, Li G, et al. Phosphorus nanoparticles combined with cubic boron nitride and graphene as stable sodium-ion battery anodes [J]. Electrochimica Acta, 2017, 235: 150-157.

[314] Lee G H, Jo M R, Zhang K, et al. A reduced graphene oxide-encapsulated phosphorus/carbon composite as a promising anode material for high-performance sodium-ion batteries [J]. Journal of Materials Chemistry A, 2017, 5 (7): 3683-3690.

[315] Zhu Y, Wen Y, Fan X, et al. Red phosphorus-single-walled carbon nanotube composite as a superior anode for sodium ion batteries [J]. ACS Nano, 2015, 9 (3): 3254-3264.

[316] Ruan B, Wang J, Shi D, et al. A phosphorus/N-doped carbon nanofiber composite as an anode material for sodium-ion batteries [J]. Journal of Materials Chemistry A, 2015, 3 (37): 19011-19017.

[317] Li W, Hu S, Luo X, et al. Confined amorphous red phosphorus in mof-derived n-doped microporous carbon as a superior anode for sodium-ion battery [J]. Advanced Materials, 2017, 29 (16): 1605820.

[318] Marino C, Debenedetti A, Fraisse B, et al. Activated-phosphorus as new electrode material for Li-ion batteries [J]. Electrochemistry Communications, 2011, 13 (4): 346-349.

[319] Liu Y, Zhang A, Shen C, et al. Red phosphorus nanodots on reduced graphene oxide as a flexible and ultra-fast anode for sodium-ion batteries [J]. ACS Nano, 2017, 11 (6): 5530-5537.

[320] Zhou J, Liu X, Cai W, et al. Wet-chemical synthesis of hollow red-phosphorus nanospheres with porous shells as anodes for high-performance lithium-ion and sodium-ion batteries [J]. Advanced Materials, 2017, 29 (29): 1700214.

[321] Ren X, Lian P, Xie D, et al. Properties, preparation and application of black phosphorus/phosphorene for energy storage: a review [J]. Journal of Materials Science, 2017, 52 (17): 10364-10386.

[322] Huang Z, Hou H, Zhang Y, et al. Layer-tunable phosphorene modulated by the cation insertion rate as a sodium-storage anode [J]. Advanced Materials, 2017, 29 (34): 1702372.

[323] Liu S, Feng J, Bian X, et al. A controlled red phosphorus@Ni-P core@shell nanostructure as an ultralong cycle-life and superior high-rate anode for sodium-ion batteries [J]. En-

[324] Yabuuchi N, Matsuura Y, Ishikawa T, et al. Phosphorus electrodes in sodium cells: small volume expansion by sodiation and the surface-stabilization mechanism in aprotic solvent [J]. ChemElectroChem, 2014, 1 (3): 580-589.

[325] Ellis L D, Wilkes B N, Hatchard T D, et al. In situ XRD study of silicon, lead and bismuth negative electrodes in nonaqueous sodium cells [J]. Journal of The Electrochemical Society, 2014, 161 (3): A416-A421.

[326] Jow T R, Shacklette L W, Maxfield M, et al. The role of conductive polymers in alkali-metal secondary electrodes [J]. Journal of The Electrochemical Society, 2019, 134 (7): 1730-1733.

[327] Wang C, Xu F, Fang Y, et al. Extended π-conjugated system for fast-charge and-discharge sodium-ion batteries [J]. Journal of the American Chemical Society, 2015, 137 (8): 3124.

[328] Sangster J, Pelton A D. The Na-S (sodium-sulfur) system [J]. Journal of Phase Equilibria, 1997, 18 (1): 89.

[329] Malyi O I, Tan T L, Manzhos S. A comparative computational study of structures, diffusion, and dopant interactions between Li and Na insertion into Si [J]. Applied Physics Express, 2013, 6 (2): 027301.

[330] Jung S C, Jung D S, Choi J W, et al. Atom-level understanding of the sodiation process in silicon anode material [J]. The Journal of Physical Chemistry Letters, 2014, 5 (7): 1283-1288.

[331] Xu Y, Swaans E, Basak S, et al. Reversible Na-ion uptake in Si nanoparticles [J]. Advanced Energy Materials, 2016, 6 (2): 1501436.

[332] Lim C H, Huang T Y, Shao P S, et al. Experimental study on sodiation of amorphous silicon for use as sodium-ion battery anode [J]. Electrochimica Acta, 2016, 211: 265-272.

[333] Huang S, Liu L, Zheng Y, et al. Efficient sodium storage in rolled-up amorphous si nanomembranes [J]. Advanced Materials, 2018, 30 (20): 1706637.

[334] Su D, Dou S, Wang G. Bismuth: a new anode for the Na-ion battery [J]. Nano Energy, 2015, 12: 88-95.

[335] Yang F, Yu F, Zhang Z, et al. Bismuth nanoparticles embedded in carbon spheres as anode materials for sodium/lithium-ion batteries [J]. Chemistry-A European Journal, 2016, 22 (7): 2333-2338.

[336] Yin H, Li Q, Cao M, et al. Nanosized-bismuth-embedded 1D carbon nanofibers as high-performance anodes for lithium-ion and sodium-ion batteries [J]. Nano Research, 2017, 10 (6): 2156-2167.

[337] Liu S, Feng J, Bian X, et al. Advanced arrayed bismuth nanorod bundle anode for sodium-ion batteries [J]. Journal of Materials Chemistry A, 2016, 4 (26): 10098-10104.

[338] Wang C, Wang L, Li F, et al. Bulk bismuth as a high-capacity and ultralong cycle-life anode for sodium-ion batteries by coupling with glyme-based electrolytes [J]. Advanced

Materials, 2017, 29 (35): 1702212.
- [339] Chou C Y, Lee M, Hwang G S. A comparative first-principles study on sodiation of silicon, germanium, and tin for sodium-ion batteries [J]. The Journal of Physical Chemistry C, 2015, 119 (27): 14843-14850.
- [340] Baggetto L, Keum J K, Browning J F, et al. Germanium as negative electrode material for sodium-ion batteries [J]. Electrochemistry Communications, 2013, 34: 41-44.
- [341] Abel P R, Lin Y M, De Souza T, et al. Nanocolumnar germanium thin films as a high-rate sodium-ion battery anode material [J]. The Journal of Physical Chemistry C, 2013, 117 (37): 18885-18890.
- [342] Kohandehghan A, Cui K, Kupsta M, et al. Activation with Li enables facile sodium storage in germanium [J]. Nano Letters, 2014, 14 (10): 5873-5882.
- [343] Lu X, Adkins E R, He Y, et al. Germanium as a sodium ion battery material: in situ TEM reveals fast sodiation kinetics with high capacity [J]. Chemistry of Materials, 2016, 28 (4): 1236-1242.
- [344] Li Z, Zhou J, Xu R, et al. Synthesis of three dimensional extended conjugated polyimide and application as sodium-ion battery anode [J]. Chemical Engineering Journal, 2016, 287: 516-522.
- [345] Zhao Q, Gaddam R R, Yang D, et al. Pyromellitic dianhydride-based polyimide anodes for sodium-ion batteries [J]. Electrochimica Acta, 2018, 265: 702-708.
- [346] Zhu H, Yin J, Zhao X, et al. Humic acid as promising organic anodes for lithium/sodium ion batteries [J]. Chemical Communications, 2015, 51 (79): 14708-14711.
- [347] Sun T, Li Z J, Wang H G, et al. A biodegradable polydopamine-derived electrode material for high-capacity and long-life lithium-ion and sodium-ion batteries [J]. Angewandte Chemie International Edition, 2016, 55 (36): 10662-10666.
- [348] Wu X, Ma J, Ma Q, et al. A spray drying approach for the synthesis of a $Na_2C_6H_2O_4$/CNT nanocomposite anode for sodium-ion batteries [J]. Journal of Materials Chemistry A, 2015, 3 (25): 13193-13197.
- [349] Chen L, Liu S, Wang Y, et al. 2,3-Dicyano-5,6-dichloro-1,4-benzoquinone as a novel organic anode for sodium-ion batteries [J]. Journal of Electroanalytical Chemistry, 2019, 837: 226-229.
- [350] Mu L, Lu Y, Wu X, et al. Anthraquinone derivative as high-performance anode material for sodium-ion batteries using ether-based electrolytes [J]. Green Energy & Environment, 2018, 3 (1): 63-70.
- [351] Zhu Z, Li H, Liang J, et al. The disodium salt of 2,5-dihydroxy-1,4-benzoquinone as anode material for rechargeable sodium ion batteries [J]. Chemical Communications, 2015, 51 (8): 1446-1448.
- [352] Luo C, Zhu Y, Xu Y, et al. Graphene oxide wrapped croconic acid disodium salt for sodium ion battery electrodes [J]. Journal of Power Sources, 2014, 250: 372-378.
- [353] Wang H, Hu P, Yang J, et al. Renewable-juglone-based high-performance sodium-ion batteries [J]. Advanced Materials, 2015, 27 (14): 2348-2354.
- [354] Luo C, Wang J, Fan X, et al. Roll-to-roll fabrication of organic nanorod electrodes for

sodium ion batteries [J]. Nano Energy, 2015, 13: 537-545.

[355] Zhao L, Zhao J, Hu Y S, et al. Disodium terephthalate ($Na_2C_8H_4O_4$) as high performance anode material for low-cost room-temperature sodium-ion battery [J]. Advanced Energy Materials, 2012, 2 (8): 962-965.

[356] Zhang Y, Niu Y, Wang M Q, et al. Exploration of a calcium-organic framework as an anode material for sodium-ion batteries [J]. Chemical Communications, 2016, 52 (64): 9969-9971.

[357] Wang C, Xu Y, Fang Y, et al. Extended π-conjugated system for fast-charge and-discharge sodium-ion batteries [J]. Journal of the American Chemical Society, 2015, 137 (8): 3124-3130.

[358] Wan F, Wu X L, Guo J Z, et al. Nanoeffects promote the electrochemical properties of organic $Na_2C_8H_4O_4$ as anode material for sodium-ion batteries [J]. Nano Energy, 2015, 13: 450-457.

[359] Zhao R R, Cao Y L, Ai X P, et al. Reversible Li and Na storage behaviors of perylenetetracarboxylates as organic anodes for Li-and Na-ion batteries [J]. Journal of Electroanalytical Chemistry, 2013, 688: 93-97.

[360] Park Y, Shin D S, Woo S H, et al. Sodium terephthalate as an organic anode material for sodium ion batteries [J]. Advanced Materials, 2012, 24 (26): 3562-3567.

[361] Fei H, Feng W, Xu T, et al. Zinc naphthalenedicarboxylate coordination complex: a promising anode material for lithium and sodium-ion batteries with good cycling stability [J]. Journal of Colloid and Interface Science, 2017, 488: 277-281.

[362] Padhy H, Chen Y, Lüder J, et al. Charge and discharge processes and sodium storage in disodium pyridine-2,5-dicarboxylate anode-insights from experiments and theory [J]. Advanced Energy Materials, 2018, 8 (7): 1701572.

[363] Renault S, Mihali V A, Edström K, et al. Stability of organic Na-ion battery electrode materials: the case of disodium pyromellitic diimidate [J]. Electrochemistry Communications, 2014, 45: 52-55.

[364] Hong J, Lee M, Lee B, et al. Biologically inspired pteridine redox centres for rechargeable batteries [J]. Nature Communications, 2014, 5 (1): 5335.

[365] Gu T, Zhou M, Huang B, et al. Highly conjugated poly (N-heteroacene) nanofibers for reversible Na storage with ultra-high capacity and a long cycle life [J]. Journal of Materials Chemistry A, 2018, 6 (38): 18592-18598.

[366] Chen Y, Manzhos S. Lithium and sodium storage on tetracyanoethylene (TCNE) and TCNE-(doped)-graphene complexes: a computational study [J]. Materials Chemistry and Physics, 2015, 156: 180-187.

[367] Liu J, Lyu P, Zhang Y, et al. New layered triazine framework/exfoliated 2D polymer with superior sodium-storage properties [J]. Advanced Materials, 2018, 30 (11): 1705401.

[368] López-Herraiz M, Castillo-Martínez E, Carretero-González J, et al. Oligomeric-schiff bases as negative electrodes for sodium ion batteries: unveiling the nature of their active redox centers [J]. Energy & Environmental Science, 2015, 8 (11): 3233-3241.

[369] Fernández N, Sánchez-Fontecoba P, Castillo-Martínez E, et al. Polymeric redox-active

[370] Luo C, Xu G L, Ji X, et al. Reversible redox chemistry of azo compounds for sodium-ion batteries [J]. Angewandte Chemie International Edition, 2018, 57 (11): 2879-2883.

[371] Liu Y, Zhao X, Fang C, et al. Activating aromatic rings as na-ion storage sites to achieve high capacity [J]. Chem, 2018, 4 (10): 2463-2478.

[372] Zhao H, Wang J, Zheng Y, et al. Organic thiocarboxylate electrodes for a room-temperature sodium-ion battery delivering an ultrahigh capacity [J]. Angewandte Chemie International Edition, 2017, 56 (48): 15334-15338.

[373] Deng W, Liang X, Wu X, et al. A low cost, all-organic Na-ion battery based on polymeric cathode and anode [J]. Scientific Reports, 2013, 3 (1): 2671.

[374] Zhu X, Zhao R, Deng W, et al. An all-solid-state and all-organic sodium-ion battery based on redox-active polymers and plastic crystal electrolyte [J]. Electrochimica Acta, 2015, 178: 55-59.

[375] Wang S, Wang L, Zhu Z, et al. All organic sodium-ion batteries with $Na_4C_8H_2O_6$ [J]. Angewandte Chemie International Edition, 2014, 53 (23): 5892-5896.

[376] Banda H, Damien D, Nagarajan K, et al. A polyimide based all-organic sodium ion battery [J]. Journal of Materials Chemistry A, 2015, 3 (19): 10453-10458.

[377] Li A, Feng Z, Sun Y, et al. Porous organic polymer/RGO composite as high performance cathode for half and full sodium ion batteries [J]. Journal of Power Sources, 2017, 343: 424-430.

第 6 章

钠离子电池电解质溶液

在钠离子电池体系中，电解液是重要的组成部分，其在正负极之间不仅承担离子传输的介质作用，且在平衡和转移两个电极之间的电荷方面也起着关键作用。然而，目前钠离子电池体系的研究重点仍集中在正负极材料上，对电解液的系统研究相对较少。值得注意的是，由于钠的反应性比锂更强，其与有机溶剂更容易发生反应。因此，在钠离子电池体系中选择合适的电解液尤为重要。电解液一般分为溶剂、电解质盐和添加剂三个部分。目前，对钠离子电池电解液的研究主要集中于液态电解液体系（有机溶剂电解液、水系电解液、离子液体电解液等），还包含近些年逐步引起关注的准固态凝胶聚合物电解液和纯固体聚合物电解质的研究等，下面将进行分类阐述。

6.1
电解液的要求及其影响因素

6.1.1 溶剂

6.1.1.1 溶剂选取的要求

电解液一般分为溶剂、电解质盐和添加剂三个部分。其中，溶剂是电解液的主体成分，选择合适的溶剂是开发电解液的重要途径。而溶剂的各种物理化学参数对电解液性能有着至关重要的影响，常用的溶剂如表 6-1 所示。性能优异的溶剂体系应当同时具备以下几个特性[1,2]：

① 介电常数 ε 高：通常要求含有羧基（—COOH）、氰基（—CN）、磺酰基（—S=O）、醚链（—O—）等极性基团。此类溶剂有利于钠盐阴阳离子解离，提高钠盐溶解度，从而增加电解液的离子电导率。

② 黏度低：黏度低的电解液能够促使 Na^+ 迁移，有利于提升电解液的离子电导率。

③ 化学稳定性高：在电池系统中，不与隔膜、电极材料、集流体等发生副反应。

④ 电化学稳定性高：具有宽的电化学窗口，在电池工作电压范围内不发生氧化还原反应。

⑤ 液相温度范围宽：电池的工作温度区间在溶剂的熔点和沸点之内，保证电解液具有高的离子电导率和稳定状态。

⑥ 具有较高的安全性（高的闪点，低蒸气压）、好的热稳定性能、无毒无害和低成本的特征。

表 6-1 一些钠离子电池常用溶剂的性质与用途

种类	结构	溶剂	性质	用途
碳酸酯	环状	乙烯碳酸酯(EC) 丙烯碳酸酯(PC) 丁烯碳酸酯(BC)	介电常数大、黏度大	作为电解液的溶剂
	链状	碳酸二甲酯(DMC) 碳酸二乙酯(DEC) 碳酸甲乙酯(EMC)	较低的黏度、较低的介电常数以及较低的沸点和闪点	与环状碳酸酯混合作为电解液的溶剂
羧酸酯	环状	γ-丁内酯(γ-BL)	介电常数较大、黏度大	作为电解液的溶剂
	链状	乙酸甲酯(MA) 甲酸甲酯(MF) 丁酸甲酯(MB)	很低的熔点、较低的黏度	作为共溶剂,提高电解液的低温性
亚硫酸酯	环状	亚硫酸乙烯酯(ES) 亚硫酸丙烯酯(PS)	熔点低,成膜性好	用作电解液的成膜添加剂
	链状	亚硫酸二甲酯(DMS)	熔点低,黏度低,成膜性不好	共溶剂,提高电解液的低温性能和安全性
醚类	链状	三乙二醇二甲醚(TRGDME) 二乙二醇二甲醚(DEGDME) 1,2-二甲氧基乙烷(DME)等	低的黏度、高的离子电导率	短链作为共溶剂;长链可以作为石墨基的电解液
氟代有机溶剂	环状	三氟代碳酸丙烯酯(TFPC) 氟代碳酸乙烯酯(FEC)等	高热稳定性,成膜性好	作为不燃或者成膜添加剂

6.1.1.2 溶剂的性质

目前钠离子电池中所用溶剂主要沿用于锂离子电池的溶剂,表 6-1 列举了一些钠离子电池常用溶剂的性质与用途。在钠离子电池体系中,溶剂的电导率反映电解液传输离子的能力,是衡量电解液性能的重要指标。一般来说,离子电导率满足以下方程:

$$\sigma = \sum n_i u_i z_i e \tag{6-1}$$

式中,n_i 为参与输运的离子的浓度;u_i 为参与输运的离子的迁移率;z_i 为第 i 种离子的电荷量。

溶剂的离子电导率可以通过电导率仪进行测量得到。电导率测量仪的测量原理是将两块平行的极板放在被测溶液中,在两个极板上加一定的电势(通常为正弦波电压),然后测量极板间流过的电流。通过等效电路对数据进行拟合,获得等效电路中元件的数值，从而计算得到电导率 $\sigma=d/(R_b S)$，式中，d 为两平行极板间距离，R_b 为电解质电阻，S 为极板面积。

而为了保证溶剂可以溶解足够的钠盐，获得高的电导率，需要溶剂具有高的介电常数。一般来说，介质在外加电场时会产生感应电荷而削弱电场，介质中的电场减小与无外加电场（真空中）的比值即为相对介电常数。介电常数是相对介电常数与真空中绝对介电常数的乘积。电解液的介电常数与分子本身的结构密切相关，一般来说，具有较强极性基团的溶剂，其介电常数较大，对离子的离解能力较强。从离子的溶剂化自由能公式(6-2)可以看出，溶剂的溶剂化性质也与其介电常数相关。

$$\Delta G_s^0 = -[N_0(z_i e)^2/(8\pi\varepsilon_0 r_i)] \times (1-1/\varepsilon_r) \tag{6-2}$$

式中，N_0 为阿伏伽德罗常数；$z_i e$ 为离子电荷；ε_0 和 ε_r 为真空中的介电常数及溶剂的相对介电常数；r_i 为离子的半径。

同时为了保证钠离子在溶剂中具有足够的扩散速度，溶剂需要具有低的黏度，溶剂的黏度可以采用黏度计进行测量。一般使用的有机溶剂的黏度是由溶剂分子之间的范德华力造成的。由极限扩散公式(6-3)可知，溶剂的黏度越小，离子在溶剂中的扩散系数越大。

$$D_i = \frac{kT}{6\pi\eta r_i} \tag{6-3}$$

式中，D_i 为扩散系数；η 为介质的系数；r_i 为粒子的有效半径；T 为热力学温度；k 为系数。

此外，离子的迁移率与溶剂的黏度也密切相关，可用斯托克斯公式(6-4)来表示。

$$r_s = \frac{|z_i|F^2}{6\pi\lambda_i \eta_0 L_a} \tag{6-4}$$

式中，r_s 为离子的斯托克斯半径；λ_i 为无限稀释下离子 i 的迁移率；$|z_i|$ 为离子所带电荷；F 为法拉第常数；L_a 为扩散层有效厚度。从公式(6-4)中可以推导出，溶剂的黏度越小，离子迁移率越大。

除了这些性质，溶剂的电化学窗口也是衡量溶剂能否兼容正负极材料的关键参数。电化学窗口是指电解质溶液能够稳定存在的电压范围，它保障电解液在电池的充放电过程中不会发生电化学反应而分解。溶剂的电化学窗口可以通过第一性原理计算出材料的最高占据轨道（HOMO）和最低未占据轨道（LUMO）的相对差值来大致判断。由于实际在电池充放电过程中涉及较多的极化和界面性质，计算值并不能准确预测电解液的真实电化学窗口，只能提供一定的参考。目前溶剂的电化学窗口可以由实验测定，一般方法是采用惰性电极，并利用循环伏安技术进行测试得到。另外，溶剂的许多其他性能参数如溶剂的熔点、沸点、闪点、偶极矩等因素也与电解液的使用温度、电化学性能以及电池的安全性能密切相关。

优良的溶剂是电池高性能、长寿命和高安全性的保障，因此选取溶剂需尽可能多地满足以上条件。但由于实际情况下单一溶剂很难满足以上全部要求，则需要通过不同溶剂相互混合来达到各参数兼顾的目的。在传统电池中，通常使用水作为溶剂，但由于水溶液电化学窗口的理论值就是水的分解电压（1.23V），大大限制了电池在水溶液体系的能量密度。目前也有一些研究致力于将水溶液的工作电位窗口扩展，用于钠离子电池的研究（参见第 7 章）[3-6]。但为了提升电池电压，现在常用的电解液主要为非水有机溶剂，其优点是具有较宽的电化学窗口（>4.0V，甚至可以达到5V），大大提升了电池的能量密度。除了液态有机电解液外，近些年对固态电解质的研究逐渐升温，其主要的优点是无电解液泄漏、易燃性小、对电极腐蚀性小以及可直接作为隔膜等，但也存在电导率低、界面阻抗大、工作时由于体积变化使得界面脱离接触等问题[7-9]。由于有机液态电解液具有更接近实际应用的性质，近年来在钠离子电池体系中得到了广泛的关注和发展。目前钠离子电池中有机液态电解液的主要非水有机溶剂是碳酸酯类和醚类两大体系。

6.1.2 电解质盐

6.1.2.1 电解质盐选取的要求

电解液的另一重要组分是电解质盐。盐是电解液离子传导的主体，是电解液的核心组分。一般来说，要用于钠离子电池电解液中的盐，需满足如下一些基本要求：

① 易溶于溶剂中并发生解离，确保电解液具有比较高的电导率；

② 具有高的化学、电化学和热稳定性，与电解液、电极材料和电池部件不发生电化学和热力学反应；

③ 低毒或无毒、易于制备和提纯、成本低。

常见阴离子半径较小的钠盐，如 NaF、NaCl 和 Na_2O 等，虽然成本较低，但在有机溶剂中溶解度极低，很难满足实际需求。如果使用 Br^-、I^-、S^{2-} 和羧酸根等弱路易斯碱离子作为阴离子，钠盐的溶解度会得到提高，但是电解液的抗氧化性将会降低。选取溶于有机溶剂的盐通常是寻找基于中心原子的弱配位阴离子。目前所研究的钠盐主要是基于温和路易斯酸的一些化合物，这些盐主要包括高氯酸钠（$NaClO_4$）、六氟磷酸钠（$NaPF_6$）等无机钠盐。除此之外，有机钠盐[如三氟甲基磺酸钠（NaOTf）、双（三氟甲烷）磺酰亚胺钠（NaTFSI）及其衍生物]也被广泛研究和使用。而用于钠离子电池的大多数电解液是将$NaClO_4$、$NaPF_6$、NaOTf、双氟磺酰亚胺钠（NaFSI）或NaTFSI等电解质盐溶解在基于碳酸酯（PC）的单一或者混合有机溶剂（EC：PC、EC：DMC或EC：PC：DMC等）中。

6.1.2.2 常用电解质盐

由于盐的物化性质更多地取决于阴离子，所以钠盐和锂盐的优缺点大部分是相近的，常用的钠盐如表6-2所示。上述钠盐都存在锂盐的问题与缺点：ClO_4^-是一种强氧化剂，在钠离子电池的应用过程中会存在较大限制；PF_6^-作为锂离子电池的首选阴离子，却存在与水反应严重的问题，特别是在高温和有水存在的情况下，会水解产生PF_5、POF_3和HF，严重影响电池的循环稳定性；OTf^-盐的电导率不够高，并且会腐蚀铝集流体；FSI^-和$TFSI^-$溶解度大、电导率高，但是它们也会造成铝集流体的腐蚀。

目前研究报道中最常用的盐是$NaClO_4$，然而这种盐在使用过程中存在很难干燥的问题（虽然在文献中很少提及），即使是在80℃下真空状态干燥12h，所配制的电解液仍旧表现出较高的含水量（$>40\times10^{-6}$），而同等条件基于$NaPF_6$电解液的含水量（$<10\times10^{-6}$）要小得多。除$NaClO_4$之外研究较多的盐是$NaPF_6$，但它与水接触不稳定，易分解出酸性成分。其他的钠盐，如NaTFSI和NaFSI，由于这些盐的阴离子会腐蚀铝集流体且成本较高，因此在钠离子电池的实际应用中受到一定限制。考虑到它们的无毒性、比$NaPF_6$更高的热稳定性、高电导率和成膜性等特点，一般可以作为一种复合盐进行组合使用。

其他新盐的开发实际上比较缓慢，主要是因为很难同时满足各种电化学性能指标要求。目前阴离子的选择主要有以下几种方法：

① 使用杂环作为阴离子的骨架结构。例如4,5-二氰基-2-三氟甲基咪唑钠（NaTDI）盐以及类似的4,5-二氰基-2-五氟甲基咪唑钠（NaPDI）盐，两种钠盐也显示出较高的电导率（室温下在1mol/L PC中，4mS/cm）以及好的电化学稳定性（$>4V$，相对于Na^+/Na）[10]。另外，这两种盐对水的稳定性较好，也具有较高的热稳定性（NaTDI的熔点$>330℃$；LiTDI$>160℃$）。这些优点使得这两种盐具有较大的研究和应用前景。

② 通过取代反应替换掉阴离子中的不同元素。例如用—CN基团取代吸电子

的 F，这种阴离子的盐在常规有机溶剂（如 PC）中溶解度很低，而在 PEGDME（聚乙二醇二甲醚）中的溶解度却很高，但其高压性能（＞4V）不够稳定，仍需进一步研究和优化[11]。

表6-2 钠离子电池电解液中常用盐的物理化学性质

盐	结构	分子量/(g/mol)	熔点/℃
NaClO$_4$		122.4	468
NaPF$_6$		167.9	300
NaOTf		172.1	248
NaFSI		203.3	118
NaTFSI		303.1	257
NaTDI		252.1	—
NaPDI		302.1	—

目前对钠离子电池中钠盐的研究和开发并不多，但其重要性毋庸置疑。钠盐的性质会影响电解液的电导率、热稳定性、SEI 以及电池的电化学性能等。并且由于 Na_2CO_3 的溶解度大于 Li_2CO_3，所以盐的选择在钠离子电池中尤为重要。故而继续深入研究不同钠盐的性质、机理与电池性能，以及探索设计新型钠盐是钠离子实用化重要的一步。

6.2 液态电解液

6.2.1 碳酸酯电解液

目前钠离子电池电解液主要沿用锂离子电池体系的研究。由于碳酸酯类电解液研究最为充分，因此钠离子电池体系也以碳酸酯类电解液为主，如表 6-3 所示。碳酸酯类溶剂具有较好的化学、电化学、热稳定性及较高的电导率、较低的黏度和宽的电化学窗口等优点，在钠离子电池中也对正负极材料具有较好的电化学兼容性。钠离子电池电解液中所用的碳酸酯溶剂主要以两种环状碳酸酯（碳酸乙烯酯 EC 和碳酸丙烯酯 PC）和三种线型碳酸酯（碳酸二甲酯 DMC、碳酸二乙酯 DEC 和碳酸甲乙酯 EMC）为主。

表 6-3 钠离子电池电解液中常用碳酸酯溶剂的物理化学性质

名称	简称	分子式	熔点/℃	沸点/℃	闪点/℃	黏度 η (25℃)/cP	介电常数 ε (25℃)	偶极矩 (D)/(F/m)	HOMO/LUMO/eV
碳酸丙烯酯	PC	$C_4H_6O_3$	−48.8	242	132	2.53	64.92	5.38	−7.92/1.04
碳酸乙烯酯	EC	$C_3H_4O_3$	36.4	248	160	1.9 (40℃)	89.78	5.27	−8.00/0.95
碳酸二甲酯	DMC	$C_3H_6O_3$	4.6	91	18	0.59	3.107	0.76	−12.85/1.88
碳酸二乙酯	DEC	$C_5H_{10}O_3$	−74.3	126	31	0.75	2.805	0.63	−7.60/1.26
碳酸甲乙酯	EMC	$C_4H_8O_3$	−53	110	23.9	0.65	2.958	0.51	−7.67/1.18
氟代碳酸乙烯酯	FEC	$C_3H_3O_3F$	18	249	102	3.98	109.4	4.67	−8.43/0.53
亚硫酸乙烯酯	ES	$C_2H_4O_3S$	−11	173	79	—	—	—	—
碳酸亚乙烯酯	VC	$C_3H_2O_3$	19	165	73	—	—	4.61	−6.94/0.01
三氟代碳酸丙烯酯	TFPC	$C_4H_3O_3F_3$	−3	206	134	5.01	—	4.57	−8.45/0.56

其中，PC 具有高的沸点和较低的熔点（−48.8℃）且溶盐能力好，是锂离子电池和钠离子电池中最早使用的溶剂之一。然而，在锂离子电池中 PC 没有真正用于商品化电解液中，而被另一种环状碳酸酯 EC 所取代，这主要是由于具有相似结构的环状碳酸酯 PC 和 EC 在石墨电极上具有不同的电化学行为。PC 会与

锂离子一起共嵌入石墨层，导致石墨结构剥落坍塌[12]。而 EC 能够在石墨表面分解并形成一层具有离子导电、电子绝缘的固体电解质界面（SEI）膜，抑制电解液的持续分解。在钠离子电池中，石墨电极在碳酸酯的电解液中并不能形成稳定的钠离子插层化合物，几乎没有可逆容量。而最常用的硬炭负极材料并不会因为 PC 而剥离，因此 PC 溶剂可以用于硬炭负极的电解液主要成分。但是以单一 PC 溶剂为电解液的钠离子电池，其容量衰减较快，这主要是由于 PC 不具有成膜性能，在碳表面不够稳定，会造成一定的分解。具体来说，PC 基电解液中钠离子的诱导效应可以促发 PC 分子发生开环反应，导致电解液的分解，而线型碳酸酯的添加则会进一步加速 PC 的分解反应[13]。因此，硬炭在 PC 作为单一溶剂的电解液中，循环前期可以获得 200mA·h/g 以上的比容量，但是在后续循环过程中硬炭的容量会迅速衰减。Ponrouch 等[14] 观察到硬炭在 1mol/L $NaClO_4$-PC 电解液中循环时的阻抗和极化都在不断地增大，说明循环过程中 PC 会持续地还原分解。为了理解 PC 的分解机理，Pan 等[13] 研究了 PC 基电解液与钠金属的相容性，发现 PC 基的溶剂与钠金属不反应，只有加入钠盐之后电解液才会与钠金属反应。通过气质联用（GC-MS）观察到 PC 两种可能的分解产物为碳酸二异丙酯（DIPC）和 1,1′-氧二-双（2-羟丙基）醚（OBHE），并提出 Na^+ 诱导 PC 分解生成 DIPC 和 OBHE 的机理。

Komaba 等[15] 研究了硬炭在锂离子电池和钠离子电池处于相同类型电解液中生成 SEI 膜的区别（锂离子电池：1mol/L $LiClO_4$-PC；钠离子电池：1mol/L $NaClO_4$-PC）。根据 SEM 的表征结果，钠离子电池中硬炭的 SEI 膜由较大的颗粒组成且表面更不均匀；XPS 和 TOF-SIMS 测试结果表明钠离子电池中硬炭的 SEI 膜成分大部分是无机盐，而锂离子电池中 SEI 包含聚合物等有机成分，因此整体厚度更薄，无法起到有效的保护作用。在锂离子电池和钠离子电池中 SEI 膜的差异性可归因于锂和钠的一些化学本质不同，如离子半径、离子溶剂化特性、反应性、盐的溶解度等。目前采用的解决方法是加入成膜添加剂或者与 EC 相互混合，来形成稳定的 SEI 膜，以抑制 PC 的分解反应，从而大大改善循环性能[13,14,16-20]。目前单一 PC 溶剂作为电解液可以应用于含 F 或者其他元素的电极材料中，主要是由于材料中所含的 F 或其他元素促进生成稳定的 SEI 膜，抑制了 PC 的分解[21-23]。

纯 EC 因为凝固点（36℃）高而不适合单独作为常温下的溶剂。但是，EC 是一种优异的成膜共溶剂，它是形成 SEI 保护层的有效成分，在锂离子电池和钠离子电池中都有较多报道[24-26]。EC 是目前钠离子电池中主要采用的溶剂，然而高熔点的 EC 必须添加一些低熔点的成分作为助溶剂，才能作为电解液使用。由于线型碳酸酯具有比环状碳酸酯更低的黏度、熔点和闪点，是一种理想的助溶剂体系，因此有助于获取性能更好的电解液。但是其介电常数低，会一定程度上降低电解液体系的电导率。钠离子电池电解液中常用的线型碳酸酯主要有 EMC、DMC 和 DEC，通过配制不同成分或比例的线型碳酸酯，电解液会具有不同的物理特性（如离子导电性、热稳定性和黏度），这将进一步影响电池的电化学性能[27-30]。EC 的还原分解可能有两种途径[24]，第一种是通过单电子反应生成烷基碳酸钠，第二种是通过两电子反应生成碳酸钠：

① 单电子步骤：$2EC + 2Na^+ + 2e^- \longrightarrow (CH_3CH_2CO_3Na)_2$

② 两电子步骤：$EC + 2Na^+ + 2e^- \longrightarrow Na_2CO_3 + C_2H_4$

以 EC 为主的电解液在电池循环过程中会发生少量分解形成 SEI 膜[31-33]，阻止 EC 进一步分解，从而保证稳定的电极/电解液界面。但在某种特定盐或者线型碳酸酯溶剂的电解液中，EC 也会像 PC 一样不停发生分解[34,35]。可以理解为在电池循环过程中，线型碳酸酯先在钠表面发生分解反应产生自由基，促使 EC 的分解。在这种情况下有必要在电解液中加入成膜添加剂来抑制电解液的分解。在钠离子电池的实际应用中，电解液更多地采用二元或者三元混合可以得到更好的电池综合性能[36]，是因为单一的溶剂很难满足不同的应用要求，比如在 EC/PC 混合物中加入 10% DMC 可大大降低体系的黏度，提高离子电导率[37]。另外将 PC 改用 EC/DEC 混合溶剂可以改善氟磷酸钒钠正极的性能，如在 1mol/L $NaPF_6$ 的 PC 电解液中，电解液会在低电压下发生分解，而对应的 EC/DEC 电解液中，电化学窗口会更宽[38]。Komaba 等[15]研究了一系列碳酸酯作为溶剂，以寻找最适合硬炭负极的电解液。通过对比不同电解液中 Na/硬炭半电池的循环性能，发现在单溶剂电解液（EC、PC 和 BC）以及双溶剂体系电解液（EC+X 和 PC+X，其中 X 为 DMC、EMC 和 DEC）中，PC/DEC 和 EC/DEC 是与硬炭负极最为兼容的电解液溶剂体系，在 100 周循环后均无明显的容量衰减。使用其他溶剂时，由于溶剂的分解，电池均表现出不同程度的容量衰减。而在硬炭负极界面钝化形成的 SEI 是稳定循环的原因，SEM、TEM、XPS 以及 TOF-SIMS 分析证明了这一结论：在 PC/DEC 和 EC/DEC 电解液中形成了含无机化合物为主要成分的 SEI 膜（大约 30nm），这些无机组分提高了 SEI 膜在长循环过程中的稳定性。

Ponrouch 研究发现 EC/PC 混合电解液在 EC/DME、EC/DMC、EC/DEC、EC/PC 这四种混合电解液中热稳定性最好。同时发现 $NaPF_6$ 溶入 EC∶PC=1∶1 的有机溶剂中，在 Na/硬炭电池中电池性能最好[14]。另外将 EC∶PC 的比例固定为 1∶1，以不同比例加入 DMC、DEC 或者 DME 组成混合溶剂，再分别选择不同盐（1mol/L $NaClO_4$、$NaPF_6$ 或 NaTFSI）匹配电解液，测试不同电解液的电导率、阻抗、拉曼光谱等性质,并且观察不同电解液在硬炭负极和 $Na_3V_2(PO_4)_2F_3$ 正极的电化学性能。结果显示,$EC_{0.45}$:$PC_{0.45}$:$DMC_{0.1}$ 加入 1mol/L 盐 ($NaClO_4$、$NaPF_6$ 或 NaTFSI) 的电解液表现出最优的电化学性能,这主要是由于其不仅能在负极材料上形成合适的 SEI 膜,而且电解液还具有高离子导电性和低黏度的优势[36]。根据 Ponrouch[14] 和 Zhao 等[39] 的研究,不同类型的硬炭负极在相同的 1mol/L $NaClO_4$/EC+DMC 电解液中表现出不同的充放电性能。通过糖热解制备得到的硬炭与该电解液不兼容,而由带芳香环的有机聚合物制备的硬炭则在该电解液中表现出良好的兼容性,这可能与其比表面积或表面活性官能团有关。

优化电解液的组成,不应仅考虑可生成优异的 SEI 膜及与负极的兼容性,对正极的适配性也应加以考虑。根据 Abarca 等[40] 的报道,Na_2FePO_4F 正极在 1mol/L $NaPF_6$/EC+DEC 电解液中的性能比 1mol/L $NaPF_6$/PC 中的更好,能够给出更高的容量和容量保持率。

电解液的一些物化性能除了采用实验手段研究外,通过电解液的理论模拟计算也可从基础上进一步认识电解液的性质。例如,采用潜在平均力(PMF)和分子动力学(MD)计算的组合,可以估计溶剂化的自由能、离子电导率和各种有机溶液对钠离子的活化阻碍等[41]。模拟表明,最大溶剂化能出现在 EC、EC/PC 和 EC/EMC 溶剂中,而最小溶剂化能出现在 PC 和 EMC 溶剂中,因此 EC/PC 和 EC/EMC 为最易溶剂化的溶剂。对于离子电导率而言,发现 EC 作为共溶剂可以大大提高二元混合溶剂的电导率,例如 EC/EMC 和 EC/DMC。通过对类似电解液溶剂进行密度泛函理论(DFT)计算,对该初始计算研究进行了跟踪,得出的结论与之前的结论相似,都发现基于 EC 的电解液在溶剂化和电荷转移方面表现出好的性能,而在非环状碳酸酯的电解液中则表现不佳[42]。这主要基于 EC 电解液在结合能和溶解自由能方面表现更优。一方面,EC 与钠离子的结合能为 −115.73kcal/mol,而 DMC 和 EMC 的分别只有 −97.71kcal/mol 和 −88.68kcal/mol;另一方面,EC 的溶解自由能为 −71.63kcal/mol,而 DMC 和 EMC 的分别只有 −45.59kcal/mol 和 −50.37kcal/mol。

6.2.2 醚类电解液

目前除了应用最广的碳酸酯电解液外,醚类电解液在钠离子电池中的研究也较多。表 6-4 是一些常见醚类电解液的物理参数。从表中可以看出,实际上醚类电解液[43-52] 具有黏度低、离子电导率高等特点,但是在锂离子电池中醚类电解液应用较少,这主要是由于醚类电解液在高电压下不稳定且易分解[2,53]。然而醚类电解液在钠离子电池中具有特殊的电化学性能。例如,石墨在醚类电解液中可以形成钠离子的插层化合物（Na-GIC），这与在碳酸酯类电解液中钠离子无法嵌入石墨完全不同。Jache 等最早报道了石墨在醚类电解液中的储钠行为[30]，实验发现石墨在二甘醇二甲醚（DEGDME，G2）基电解液中可以嵌入溶剂化的 Na^+，并形成钠-溶剂-石墨三元嵌入化合物（t-GICs），并提出 t-GICs 的化学计量比为 $Na(G2)_2C_{20}$，其储钠容量在 100mA·h/g 左右，而且具有较长的循环寿命（超过 1000 周）。随后，Kim 等[45,54] 报道了天然石墨电极在 $NaPF_6$-G2 电解液中具有接近 150mA·h/g 的比容量和超过 2500 周的循环寿命，并且对石墨储钠的机理进行了系统的研究。CV 测试结果表明，石墨储钠容量来自于扩散控制的嵌入行为和与表面相关的赝电容行为。此外，他们通过 XPS、XRD、HR-TEM、FTIR、EIS 等一系列分析方法进行了研究，证明了石墨在 G2 基电解液中的这类嵌钠行为是一个高度可逆的 Na^+ 溶剂共嵌入反应。在之后的研究中，Kim 等[54] 对石墨储钠的机理做了更深入的研究。他们发现溶剂化 Na^+ 的嵌入是多阶段的反应，最终形成阶段的 t-GICs，Na：C 比在 1∶28 至 1∶21 之间，石墨层间距也会扩增至初始状态的 346%，每一个 Na^+ 都和一个醚分子一起嵌入石墨层中，在每个石墨层中每两个 [Na-醚分子]$^+$ 络合物进行双堆叠。有研究表明[43]，GIC 的形成主要是溶剂化离子嵌入石墨层间，所得到的 GIC 化学计量比为 Na：2DEGDME：C_{20}，嵌入机理可表示为：$C_n + e^- + A^+ + \gamma solv \rightleftharpoons A^+(solv)_\gamma C_n^-$。另外，还发现石墨电极在线型醚类电解液中比环状醚类电解液具有更高的电化学可逆性，而不同的线型醚类电解液对石墨的电化学性能也有显著差异[45]。

表 6-4 钠离子电池中常用醚类溶剂的物理化学性质

名称	简称	分子式	熔点/℃	沸点/℃	闪点/℃	黏度 η (25℃)/cP	介电常数 ε (25℃)	偶极矩 (D)/(F/m)	HOMO/LUMO/eV
1,2-二甲氧基乙烷	DME	$C_4H_{10}O_2$	-58	84	0	0.46	7.18	1.15	-11.49/2.02
二氧戊环	DOL	$C_3H_6O_2$	-95	78	-6	0.58	6.79	1.22	—
乙醚	DEE	$C_4H_{10}O$	-116	35	20	0.224	4.27	1.15	-11.36/2.05
二乙二醇二甲醚	DEGDME	$C_6H_{14}O_3$	-64	162	57	1.06	7.4	1.97	—
三乙二醇二甲醚	TEGDME	$C_8H_{18}O_4$	-46	216	111	3.39	7.53	2.24	—

然而，从实际应用的角度来看，醚类电解液应用于以石墨为负极的钠离子电池中仍存在两个不容忽视的问题：有限的比容量（小于 150mA·h/g）和较大的体积膨胀（超过 300%）[54]。另外，在机理方面也存在两点争论：是否存在可忽

略不计的SEI和为什么只有特定的线型醚类溶剂才能实现可逆和稳定的共同嵌入[55,56]。Liu等[57]认为之所以石墨在碳酸酯类电解液中不能发生Na^+共嵌入而可以在醚类溶剂中进行，主要是因为醚类溶剂与Na^+的溶剂化能更大，在发生界面反应时醚类分子更倾向于共嵌入而不是去溶剂化，而且醚类具有更高的还原稳定性，在石墨电极表面不会被还原而造成嵌入障碍。根据Kim等的研究[54]，这种石墨储钠行为与电解液中阴离子的种类无关，而与溶剂种类有关，对于甘醇二甲醚类溶剂的电解液，石墨的充放电平台随链长的增长而升高，在$NaPF_6$-甘醇二甲醚（DME，G1）、二甘醇二甲醚（G2）、三甘醇二甲醚（G3）、四甘醇二甲醚（G4）的电解液中，G2基电解液的倍率性能最好，类似的实验现象被Zhu等[43]报道。此外，Jache等[58]也对石墨在不同醚类电解液中的储钠行为进行了研究。对于线型醚类来说，G1、G2和G4基电解液中石墨电极的性能差别不大，但在G3基电解液中，CV图的氧化还原峰不清晰且峰面积也更小，这可能是因为G3分子与Na^+半径匹配性不好，导致无法形成在几何构型上有利的配位结构。对于环状醚类电解液来说，四氢呋喃（THF）基电解液中石墨的循环寿命较短、过电势较大且容量也很小。而在15-冠-5基电解液中石墨完全没有储钠活性，可能的原因是与线型醚类相比，环状醚类与Na^+形成的络合物更具有刚性，不利于共嵌入反应。总的来说，石墨储钠只有在特定的线型醚类电解液中才具有较好的电化学性能。

醚类电解液在钠离子电池中的另一个优势是可以对负极SEI进行修饰改性。在钠离子电池中，特别是对于负极而言，几乎所有极性非质子溶剂都会在接近0V时（相对于Na^+/Na）不可逆地分解，因此，致密的SEI膜对稳定负极是非常重要的。研究发现，钠离子电池中碳酸酯类电解液的分解产物比锂离子电池更易溶解，这可能源于锂离子与钠离子之间路易斯酸度的差异[59-61]。对于金属钠负极，其电沉积和剥离的可逆性通常低于锂金属。而对于碳负极来说，相比锂离子电池，碳酸酯类电解液更易在碳负极表面形成粗糙和不均匀的SEI膜。因此，对负极材料进行有效的SEI改性至关重要。基于醚类电解质对SEI的修饰作用可以从金属钠的可逆性研究中得到证实[33]。一种简单的醚类电解质，单独含$NaPF_6$盐，可以在钠金属负极上形成均匀的无机SEI，抑制钠枝晶的形成。另外，高浓度的双（三氟甲磺酰基）亚胺钠（NaFSI）和醚的混合物可以在很大程度上钝化金属钠的表面，并降低循环过程中的副反应，获得高的库仑效率。

目前大多数商用的碳基材料都具有结晶度低、多孔和比表面积大的特征，在其表面形成的SEI常常是不完整和不稳定的，会导致电极的首次库仑效率较低。研究证明，醚类电解质可以在高比表面积碳材料表面实现SEI的改性，以增大其可逆比容量以及大幅提高首效。Zhang等[62]的研究表明，相比NaOTf/EC-

DEC电解液，使用NaOTf/DEGDME电解液能够对不同高比表面积的碳材料进行SEI改性，将碳材料的首周库仑效率从39%提高至74%，并增加了可逆比容量。而对于那些具有低比表面积的硬炭材料，醚类电解液可以在很大程度上促进钠离子的传输动力学。Bai等[63]提出一种硬炭在碳酸酯电解液中预形成SEI膜后，再使用醚类电解液进行循环的策略，这使得硬炭电极可以兼具好的循环稳定性和倍率性能。为了进一步增加钠离子电池负极的能量密度，对钠金属负极的研究逐渐增多[64,65]。而对于金属负极来说，醚类电解液是最佳的应用体系。最近，基于醚类电解液金属负极的研究不断增多，并取得了良好的效果[47,52,66-69]，这主要是因为醚类电解液用于金属负极具有以下优势：①增加电极润湿性；②构建有效的SEI；③增加中间产物的稳定性；④促进反应动力学。

虽然醚类电解液的高压不稳定性限制了其在具有较高电压的锂离子电池体系中的发展，但在钠离子电池中，一般聚阴离子正极材料的电压上限低于3.6V，可以很好地与醚类电解液相匹配[66]。因此，醚类电解液有希望应用于低电压的储钠正极体系，包括一些层状氧化物、普鲁士蓝类似物和聚阴离子材料等[61,65]。此外，醚类电解液也在有机阴极体系如$Na_2C_6O_6$[70]中得到应用。

目前，在钠离子电池中醚类电解液的开发仍然处于起步阶段，而对于醚类电解液，需要基于其独特性，弄清其电化学反应的本质和机理，寻找合适的正负极材料体系，为高性能钠离子电池体系提供应用选择。

6.2.3 阻燃或不燃电解液

目前，锂离子电池电解液主要由低沸点、低闪点的碳酸酯溶剂组成，存在易燃易爆等安全隐患。尽管阻燃添加剂可以在一定程度上抑制电解液的燃烧，但是在实际应用过程中阻燃作用甚微。因此，使用完全不燃的电解液应该是解决这一问题的根本途径。目前研究比较广泛的不燃电解液主要有离子液体和磷酸酯类溶剂。

6.2.3.1 离子液体电解液

离子液体通常由大的有机阳离子和阴离子组成，在室温下离子液体能够保持液态，因此也被称为室温熔融盐。离子液体最早报道于1914年，第一个被发现的离子液体是硝酸乙胺，其熔点为14℃[71]，随后氯酸铝体系被发现，它们都具有更低的熔点[72]。随着离子液体的发展，越来越多新的离子液体体系被开发出来，人们逐渐认识到离子液体是一种具有特殊物理化学性质的新型溶剂，在很多领域有着巨大的应用潜力。离子液体作为电解液时，与传统电解液相比，它具有优异的热稳定性、低蒸气压、高安全性和宽电化学窗口等优点，但是离子液体黏度较大，因此大部分离子液体的电导率实际并不太高，同时较高的成本也制约着离子液体的实际应用[73]。目前，离子液体电解液在钠离子电池中的研究仍比较少，而常见组成离子液体的阳离子主要有咪唑类、吡咯类和季铵类，阴离子主要有 BF_4^-、$TFSI^-$ 和 FSI^-，其结构如图 6-1 所示[74]。

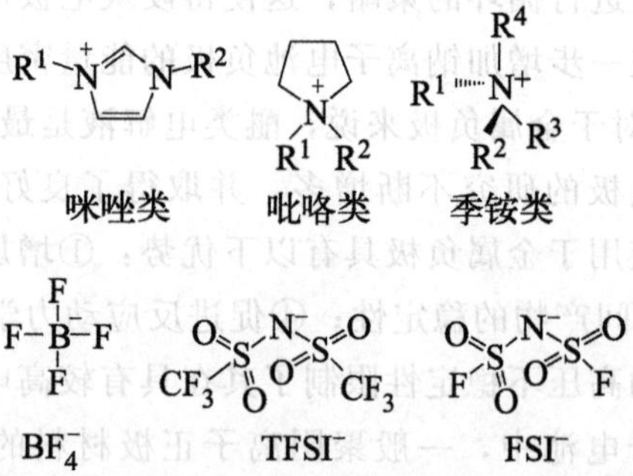

图 6-1 钠离子电池电解液中常见离子液体的结构图[74]

对于离子液体电解液来说，较宽的液相温度范围也是实际应用的优势特征。离子液体的蒸气压很低，几乎可以忽略不计，因此离子液体具有较高的沸点，而且离子液体在加热达到其沸点之前就会分解，因此讨论离子液体的液相范围时，很少考虑它的沸点，而是集中于其熔点。离子液体的熔点和阴阳离子的相互作用密切相关，组成离子液体的阴阳离子电荷越离域，离子液体的熔点就会越低。此外，离子液体的结构越不对称，越难以形成晶体，离子液体的熔点也会越低。一个典型的例子就是对称结构的硝酸铵（熔点为 169.6℃）和不对称结构的硝酸乙胺（熔点为 14℃）。目前，已报道用于钠离子电池电解液的离子液体，其结构也都是不对称的，如 1-乙基-3-甲基咪唑阳离子（EMIM-）和 N-丙基-N-甲基吡咯烷（Pry_{13}-）等，其中，EMIM-组成对应的离子液体 $EMIMBF_4$ 的熔点可低至 −81℃[75]。

咪唑类的离子液体具有相对较低的黏度和较高的离子电导率，因此，在早期咪唑类离子液体更受到人们的关注。2010 年就有关于 $NaBF_4$-$EMIMBF_4$ 离子液体电解液的报道，该体系的离子电导率可以达到 $9.8×10^{-3}$ S/cm（20℃），并且研究者使用热重法（TG）和差示扫描量热法（DSC）证实了该离子液体电解液与 $Na_3V_2(PO_4)_3$ 电极混合时热稳定温度高达 400℃。同时，$NaBF_4$-$EMIMBF_4$ 体系电解液不可燃的特性使得由其组成的电池具有更高的安全性[76]。此外，研究者对 NaTFSI-EMIMTFSI 和 NaTFSI-BMIMTFSI（BMIM 为 1-丁基-3-甲基咪唑）体系也进行了研究[77]，结果显示 $Na_{0.1}EMIM_{0.9}TFSI$（相当于 0.4mol/L NaTFSI）的室温离子电导率为 $5.3×10^{-3}$ S/cm。在该体系中，Na^+ 以 $[Na(TFSI)_3]^{2-}$ 的形式进行输运，当钠盐浓度增大时，由于 Na^+ 与 $TFSI^-$ 间较强的相互作用会生成更大的离子簇来进行离子输运，使得电解液黏度不断升高，从而降低体系的离子电导率。

咪唑类的离子液体虽然离子电导率较高，但是它们在与负极匹配方面存在还原稳定性较差的问题。位于咪唑 C2 位上的 H 在高于钠沉积电位时就会被还原，从而导致电解液连续地还原分解。有研究表明，FSI^- 的存在对 EMIM 基离子液体电解液在钠金属电极上的稳定性有着较大影响[78]。去除氧化层后表面光亮的钠金属分别放入 $Na_{0.1}EMIM_{0.9}FSI$ 和 $Na_{0.1}EMIM_{0.9}TFSI$ 电解液中储存四周时间，可以观察到 $TFSI^-$ 阴离子基的电解液明显与钠金属发生了反应，而 FSI^- 阴离子基的电解液则无明显变化（图 6-2）。且对比电解液四周前后的紫外光谱图，也可以证明存在 FSI^- 阴离子的电解液并未与钠金属反应。即便是将电解液中 FSI^- 的质量分数降至 1%，电解液与钠金属的反应性仍远低于 $TFSI^-$ 阴离子的电解液，这可能是因为 FSI^- 阴离子在钠金属表面可以形成致密的 SEI 膜，抑制咪唑阳离子的还原反应。然而，咪唑类离子液体本征的还原不稳定性，对其在强还原电池体系中的应用仍存在较大的影响。

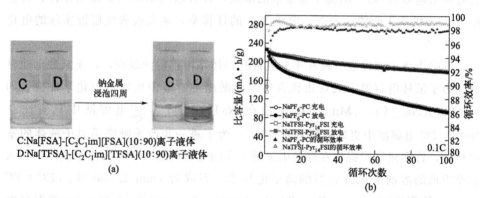

图 6-2 (a) 钠金属分别在 $Na_{0.1}EMIM_{0.9}FSI$ 和 $Na_{0.1}EMIM_{0.9}TFSI$ 电解液中储存四周前后对比图[78]；(b) $Na/Na_{0.45}Ni_{0.22}Co_{0.11}Mn_{0.66}O_2$ 电池分别在 $NaTFSI-Pyr_{14}FSI$ 和 $NaPF_6-PC$ 电解液中 20℃ 下的循环图[79]

相比于咪唑类离子液体，吡咯类离子液体的电化学窗口比较宽，因此得到了很广泛的研究，其中研究最多的是 N-丙基-N-甲基吡咯烷（Pry_{13}-）和 N-丁基-N-甲基吡咯烷（Pry_{14}-）两类。大部分吡咯类离子液体对钠金属的稳定性都较好，然而它们的黏度会比咪唑类的大，因此相应的离子电导率也会更低，如 $NaFSI:Pyr_{13}FSI=2:8$ 在 20℃ 下电导率为 $3.2×10^{-3} S/cm$。该电解液与钠金属相容性好，且电化学窗口高达 5.2V（相对于 Na^+/Na）。使用 NaFSI：

$Pyr_{13}FSI=2:8$ 电解液时，$NaCrO_2$ 正极在 25℃和 80℃下（电流密度为 20mA/g）分别展现出 92mA·h/g 和 106mA·h/g 的比容量，且经过几周的活化后循环效率可以达到 99%以上[80]。$NaFSI-Pyr_{13}FSI$ 体系电解液应用于其他电极材料时，如硬炭、$Na_2FeP_2O_7$、$Na_{1.56}Fe_{1.22}P_2O_7$、Na_2MnSiO_4、TiO_2、$NaFeO_4$、$Na_2Ti_3O_7$ 等，都展现出较好的高温（60~80℃）性能。然而室温性能还有待提高，这主要是室温下电导率不足导致的[81,82]。

对于吡咯类离子液体电解液来说，提高盐浓度对电导率有着双重影响。在温度较低时，盐浓度的提高可以降低离子液体的熔点，从而提高电导率；当温度和盐浓度达到一定的值时，提高盐浓度对电解液黏度的影响就更为明显，此时电导率随钠盐浓度的升高而降低。然而，高盐浓度下电解液的电导率虽然有所降低，但是电极的性能却有所提升，电极具有更长的循环寿命。电化学阻抗谱表明，在高盐浓度下，电极表面的电荷转移阻抗会降低，从而可以实现更快的界面电荷转移。根据对高浓 $NaFSI-Pyr_{13}FSI$ 体系离子传输机理的探索，研究者发现当盐浓度增大时，离子液体的结构重排会促进 Na^+ 的解离运动，当盐浓度不断升高时，会有越来越多的 Na^+-阴离子聚集域的形成，并且这些聚集域会逐渐相连，就会给 Na^+ 提供优先的传输通道，提高 Na^+ 的迁移率，从而改善电解液实际的电化学性能[83]。

吡咯类离子液体电解液在很多电极材料体系中都得到研究，甚至某些电池材料在离子液体电解液中展现出比在传统碳酸酯电解液中更好的电化学性能。如 $Na/Na_{0.45}Ni_{0.22}Co_{0.11}Mn_{0.66}O_2$ 电池在 $NaTFSI-Pyr_{14}FSI$ 电解液中具有比在 $NaPF_6$-PC 电解液中更好的循环性能[84]。为了进一步改善吡咯类离子液体的室温性能，许多研究者提出在保持电解液一定阻燃性的情况下，向离子液体中加入黏度更低的溶剂来提升它们的离子电导率。组成为 1mol/L NaFSI-[xEC∶PC（1∶1，体积比）+$(1-x)Pyr_{13}$TFSI]（$x=0, 0.25, 0.5, 0.75, 1$）的混合电解液，$Na_3V_2(PO_4)_3$/碳正极材料在 $x=0.5$ 时具有最好的电化学性能[85]。然而，关于离子液体中添加碳酸酯溶剂是否还能真正保证电池安全，以及对于电化学性能的改善可以提高到怎样的程度还需进一步研究。

6.2.3.2 有机磷酸酯电解液

钠离子电池电解液中主要使用的碳酸酯类溶剂具有低沸点、低闪点的特点，因而存在着易燃易爆炸的隐患，只有使用完全不可燃的电解液才能彻底解决这一问题。在目前不可燃溶剂中，有机磷化合物是最有希望取代碳酸酯的溶剂体系。有机磷化合物具有沸点高、介电常数大、黏度小和自身不可燃等特点，且具有与碳酸酯类似的分子结构。有机磷化合物在受热后会分解产生磷自由基，可以淬灭 H·和 OH·，从而阻断燃烧的自由基链式反应，以达到灭火的目的。并且，在高温下，有机磷化合物与充电态的电极具有更小的反应活性，从而极大提升电池的安全性能。目前所研究的有机磷化合物主要包括磷酸三甲酯（TMP）、磷酸三乙酯（TEP）、磷酸三（2,2,2-三氟乙基）酯（TFEP）等。

其中，TMP 最先被用来当作纯溶剂来进行非燃电解液的研究，它具有低的黏度（0.02257P）、高的介电常数（21.6）以及很宽的液程（$-46 \sim 197$℃）[86,87]。同时，TMP 具有很强的溶盐能力，能够溶解最多 2mol/L 的 $NaPF_6$，并且当 $NaPF_6$ 的浓度为 0.8mol/L 时，电解液的电导率达到 5.41mS/cm 的最高值，这可以与碳酸酯电解液相媲美。在安全性上，差示扫描量热法（DSC）表明，脱钠的 $NaV_2(PO_4)_3$ 与嵌钠的 $Na_3Ti_2(PO_4)_3$ 材料在 TMP 电解液中的放热峰与碳酸酯相比，均位于更高的温度且放热量更低，这表明 TMP 电解液能显著提高钠离子电池的热稳定性和安全性能。

虽然拥有诸多优点，TMP 仍然在电化学兼容性上存在缺陷：在锂离子电池中，TMP 会在碳负极上持续分解，并且无法形成稳定的 SEI 膜，从而大大影响电池的电化学性能。这对于构筑稳定的不燃钠离子电池电解液同样也是一个巨大的挑战。研究发现，在 0.8mol/L $NaPF_6$ 的 TMP 电解液中加入 10%（体积分数）的 FEC 作为成膜添加剂后，TMP 电解液表现出了良好的电化学稳定性以及与电极材料的兼容性。该电解液具有超过 4.5V 的电化学窗口，展现出更宽的工作电压范围。实验表明，添加 FEC 的 TMP 电解液与 Sb 基合金负极具有良好的兼容性[86]。在首周放电过程中，0.7V 左右出现的平台对应于 FEC 的成膜过程，良好的 SEI 膜阻止了 TMP 的分解，使该电解液具有与碳酸酯类似的电化学性能。而 Sb 基合金在不添加 FEC 的电解液中，在 0.5V 左右表现出很长的放电平台，且首周库仑效率仅为 22%，这是由 TMP 的持续分解所导致的。对于硬炭负极来说，即使在添加了 FEC 的 TMP 电解液中，负极的库仑效率也极低，且存在较大的极化，这表明 FEC 无法抑制 TMP 在碳材料表面上的不可逆分解。

为了提高磷酸酯电解液的电化学稳定性，使其能够与硬炭负极兼容，主要有两种策略：一是构建离子-溶剂络合的高摩尔比盐电解液，通过提高盐与溶剂的摩尔比，能够增强溶剂分子与锂离子的络合，减少自由溶剂分子的数量，降低溶剂的活度，从而提高电解液的还原稳定性[88]；二是在磷酸酯分子中引入 F，利用无机 NaF 低的溶解度，可能提前分解形成稳定的 SEI 膜，避免不稳定的磷酸酯溶剂进一步还原分解[89]。

（1）高摩尔比稳定磷酸酯电解液

众所周知，在电解液中，所有的钠离子都与溶剂分子络合形成溶剂化物。在低盐与溶剂摩尔比的电解液中,由于盐的量少,除了部分溶剂与钠离子形成溶剂化物,还有大部分自由溶剂分子存在,这些自由的溶剂分子具有较高的反应活性,在充放电过程中容易发生氧化还原反应,导致电解液的不稳定。随着盐与溶剂的摩尔比率增加,更多的溶剂分子参与钠离子的络合,自由的溶剂分子减少,活度也随之减小,并且锂盐中的阴离子也会参与溶剂化过程,从而形成离子-溶剂络合结构,提升整体的电化学稳定性。从电化学的角度来看,溶剂分子的氧化还原电位可以认为遵循能斯特方程:

$$E = E^{\ominus\prime} + \frac{RT}{nF} \ln \frac{a_{[solv]O}}{a_{[solv]R}} \quad (6-5)$$

式中,$a_{[solv]O}$ 和 $a_{[solv]R}$ 分别为溶剂分子的活度以及溶剂分子对应分解产物的活度;$E^{\ominus\prime}$ 为标准电极常数;R 为气体常数;T 为热力学温度;F 为法拉第常数;n 为反应的电子转移数。

当摩尔比升高时,自由溶剂分子的活度会显著降低,导致溶剂分子的还原电位负移,其还原稳定性得到提升。同理,高摩尔比电解液的氧化电位也会正移,氧化稳定性得到增强。实际上,目前文献报道采用高摩尔浓度电解液(>3mol/L)也可稳定电解液。然而,经过电解液结构的本质分析[90],高浓度电解液稳定化的根源在于提高了盐与溶剂的摩尔比率,因此高摩尔浓度并不是本质判断条件。比如要实现电解液的稳定性,在水溶液中,需要达到20mol/L以上,而对于碳酸丙烯酯等溶剂,仅需要 3mol/L。同时,通过调节溶剂分子的分子量,也可以得到既具有高摩尔比率,又具有低摩尔浓度的稳定化电解液体系[91]。因此,在此通常称为的高浓电解液稳定机制的实质是具有高的盐与溶剂摩尔比率(high-molar-ratio)。

据文献报道,NaFSI(双氟磺酰亚胺钠盐)与 TMP 的摩尔比能够显著影响其对硬炭负极的电化学性能[92]。对于 NaFSI∶TMP=1∶7.6 的电解液,在硬炭/金属钠半电池放电过程中,其在 1.0V 左右会有持续的还原分解,并且几乎没有充电容量,表明其无法与硬炭负极兼容。当摩尔比提高至 1∶3 时,硬炭电极能够可逆嵌入钠离子,但严重的电解液分解反应依然存在,首效仅为 48%。继续提高摩尔比至 1∶1.8,电解液的还原分解则被显著抑制,硬炭电极的首周库仑效率提高至 75%,并且循环 1000 周没有明显的容量衰减。密度泛函理论分子动力学方法模拟表明,在高摩尔比电解液中,大约 95% 的 TMP 分子都与钠离子形成溶剂化物,并且每个 FSI^- 阴离子都与至少 2 个钠离子络合配位,形成独特的三维网络结构。X射线光电子能谱结果表明,硬炭电极在高摩尔比电解液中的表面 SEI 膜主要由阴离子 FSI^- 的还原产物组成。

同样地,对于高电压的正极材料,高摩尔比的磷酸酯电解液也有更优的适应性[93]。对于双三氟甲基磺酰亚胺钠（NaTFSI）与 TMP 的体系，线性伏安扫描法结果显示，随着盐摩尔比的提高，在超过 5V 电压下的分解电流会渐渐减小，这表明高摩尔比的电解液在正极端具有更高的氧化稳定性。并且，由于在高摩尔比电解液中没有自由的溶剂以及 TFSI$^-$ 阴离子，Al^{3+} 也就无法被络合，Al 集流体的腐蚀被大大抑制。对于在高电压区发生嵌入阴离子反应的石墨正极上，高摩尔比的 TMP 电解液也表现出优异的性能。当摩尔比为 1∶4 时，Na/石墨半电池无法充电至 4.7V，这是由于电解液在石墨正极上发生的持续分解反应；而当摩尔比提升至 1∶2 后，半电池能够给出优异的电化学性能，并且硬炭/石墨双碳全电池能够稳定循环 200 周以上。

以上实验研究表明，通过提高盐与溶剂的摩尔比率能够调整电解液中离子与溶剂分子的配位状态，从而改变电解液的氧化还原电势，调节电解液与正负极材料的电化学兼容性，以达到应用要求。这类电解液体系可用于其他电化学不兼容的溶剂体系，以提高这些溶剂的稳定性。

（2）氟代磷酸酯电解液

通过对磷酸酯分子进行氟元素的取代，从而诱导氟代磷酸酯溶剂的 LUMO 能级降低，使其更加容易还原分解。这样可能在钠离子嵌入硬炭前，氟代磷酸酯溶剂分解形成含氟化钠等无机成分的稳定 SEI 膜，从而抑制磷酸酯溶剂的进一步还原分解。这种前期生成稳定 SEI 的作用，与锂离子电池中氟代碳酸乙烯酯（FEC）添加剂的作用相似。磷酸三（2,2,2-三氟乙基）酯（TFEP）是磷酸三乙酯（TEP）九氟取代产物，它能够在硬炭电极的表面形成均一致密的 SEI 膜，SEI 膜中的 NaF 和 PO$_4^{3-}$ 来自 TFEP 的还原分解，从而提高硬炭电极的性能。这种富含无机盐的 SEI 膜还具有很高的热稳定性，且 TFEP 具有极好的阻燃特性，从而提高电池的安全性。差示扫描量热法结果表明，TFEP 电解液不仅具有不燃的优点，它还能大大减少在滥用情况下电池的放热量。但 TFEP 电解液存在自身的缺点，其电导率仅为 0.43mS/cm，不到碳酸酯电解液的十分之一，需要进一步优化研究。

6.3
电解液添加剂

6.3.1 添加剂的特点及作用

仅由各种溶剂混合后溶解钠盐得到的电解液可能无法满足电池的全部使用要

求,而在目前改善优化电解液的方法中,加入添加剂是最具效率、最容易放大以及最经济的方法。添加剂不同于电解液本体,仅仅加入少量以优化目标电解液的属性,而不改变电解液自身的框架结构。添加剂的选择可以是溶剂,也可以是溶质,对于不同的需求,可以加入不同的添加剂。添加剂的特点是用量少但能显著改善电解液某一方面的性能。典型添加剂的功能是改变 SEI、增加表面的润湿性和增强其电化学稳定性等。还有一些添加剂在电解液中具有其他的作用,例如降低可燃性、减小黏度和防止过充电过程等[94-96]。

6.3.2 成膜添加剂

成膜添加剂是目前应用最广泛的添加剂,作用是改善电极与电解液之间 SEI 的成膜性能。最早的成膜添加剂是由美国 Covalent 公司在 1997 年提出的 SO_2[97] 添加剂应用于锂离子电池,它能够有效抑制 PC 的共嵌入,防止电极腐蚀,提高电池的安全性。目前研究钠离子电池电解液添加剂的重点主要放在尽可能生成较好的 SEI 成膜添加剂,使电极在可逆性能和安全性方面(如首周库仑效率、循环稳定性和热稳定性等)得到提升。这些添加剂的 LUMO 能量应低于所用的电解液溶剂和盐阴离子,以便在负极优先发生还原反应,并能形成稳定的 SEI 膜。理想的成膜添加剂可以分解产生一层难溶于电解液的薄且致密的 SEI 膜,而这种 SEI 具有离子导通性质,但是电子绝缘的。然而,在钠离子电池中所形成的 SEI 与锂离子电池中也是有区别的,这可能是由于构成 SEI 膜的主要成分,如烷基碳酸钠、Na_2CO_3 以及 NaF 等,比锂离子电池中相应成分具有更高的溶解度,造成保护效果不佳,或者金属钠的化学活泼性比金属锂要高,因此对 SEI 膜的稳定性提出了更高的要求。下面针对不同类型的钠离子电池电解液添加剂进行阐述。

6.3.2.1 负极成膜添加剂

负极成膜添加剂是目前研究最为广泛的添加剂,它的主要作用是在负极材料(如硬炭)表面形成一层稳定的 SEI 膜,从而阻止电解液中溶剂和盐分子的分解。一般来说,成膜添加剂的机制是通过优先还原的方式来保护电解液本体。因此,成膜添加剂通常具有更高的还原分解电压,从而优先还原以形成稳定的 SEI 膜。目前,常用的成膜添加剂主要有氟代碳酸乙烯酯(FEC)、反式二氟代乙烯酯(DFEC)、碳酸亚乙烯酯(VC)[98]、亚硫酸丙烯酯(PS)[99]和亚硫酸乙烯酯(ES)[100]等。有研究工作将这几种不同添加剂用于同一体系中,结果发现 FEC 对首效、循环稳定性等方面的性能明显优于其他添加剂,而在锂离子电池中应用较为广泛的 VC 添加剂,在钠离子电池中并没有发现具有相似的改善效果。FEC 在硬炭负极中的表现也因电解液的种类而异。当在 1mol/L $NaClO_4$ 的 PC 电解液中添加 FEC 时，会促进形成稳定的 SEI，使得电池的循环性能大大提高[13,19]。而当电解液本身可以构建良好的 SEI 时（例如 EC：PC），再添加 FEC 却会形成更厚的 SEI 膜[18]，反而引起更大的电极极化[101]。

然而，FEC 所形成的 SEI 可以很好地抑制负极的体积膨胀，所以可以应用于体积膨胀较大的负极材料，如 SnO_2、Sn、Sb、SnSb 和磷等[102,103]，以提高其容量保持率[104]。如黑磷负极在常规碳酸酯电解液中循环时会发生较大的体积膨胀，从而导致 SEI 的破裂和反复生长，大量消耗电解液，影响电极的循环寿命。在电解液中添加氟代碳酸乙烯酯（FEC）后，黑磷电极的循环性能得到了大幅度提升[105]，这主要是由于 FEC 会还原生成无机的 NaF、Na_2CO_3 以及有机的聚烯烃类等混合 SEI 膜，使得 SEI 膜具有一定的弹性，抑制循环过程中 SEI 的破裂。

铷离子和铯离子也能作为负极添加剂有效改善硬炭材料表面 SEI 膜的化学组分。溶剂化的铷（铯）离子能降低溶剂分子的 LUMO 轨道能级，从而改变电解液中各成分还原分解的顺序以形成不同组分的 SEI 膜[106]。硬炭电极在加入了 0.05mol/L 的 $RbPF_6$ 或 $CsPF_6$ 的电解液中循环 3 周后表面的 SEI 膜成分包含更多的 Na、F、P 元素，表明铷（铯）离子能够促进 PF_6^- 分解形成 SEI 膜。而这样的 SEI 具有更高的离子导电性和稳定性，从而提升电极的循环性能。

6.3.2.2 正极成膜添加剂

在锂离子电池中，含硼盐主要用于正极成膜添加剂，是由于其能够在正极表面形成钝化膜，有效减少电解液的分解和集流体的腐蚀。与二氟草酸硼酸锂（LiDFOB）相似，二氟草酸硼酸钠（NaDFOB）也具有高热稳定性和良好的溶解性[107,108]。将 0.025mol/L 的 NaDFOB 添加到 $NaClO_4$/EC/PC 电解液中，电解液的氧化分解电压从 4.6V 提高到 4.85V，这可能是由于 $DFOB^-$ 阴离子的分解产物钝化了电极的表面。此外，$NaNi_{0.5}Mn_{0.5}O_2$ 半电池在添加了 0.025mol/L NaDFOB 电解液中的首周不可逆容量从 22mA·h/g 降低至 9mA·h/g，并且循环 200 周的容量保持率也从 44.4% 提升到 89.5%。从交流阻抗谱上可以看出，加入了 NaDFOB 添加剂半电池的 SEI 膜阻抗稍大于不添加 NaDFOB 的半电池，这可能是由于 NaDFOB 分解成膜而导致的[109]。

虽然氟代碳酸乙烯酯是广泛研究的负极成膜添加剂，但其在正极侧也能有效钝化电极表面，改善电极界面结构。添加了 FEC 的电解液能在 P2 型 $Na_{0.67}Mn_{0.8}Cu_{0.1}Mg_{0.1}O_2$ 表面形成钝化层，从而抑制过渡金属离子在电解液中的溶解，提高电池的库仑效率以及长期循环的稳定性[110]。

少量离子液体的添加也能改变有机碳酸酯的电化学性能，并控制正极表面发生的副反应[111]。当5%的［C_3mpyr］［NTf_2］加入碳酸酯电解液后，$Na_3V_2(PO_4)_3$/C 半电池的循环稳定得到提升，其原因是离子液体的存在导致了更加致密和稳定的表面膜，并且离子液体能够抑制活性材料与电解液的反应。

6.3.2.3 阻燃添加剂

目前钠离子电池中主要使用的也是易燃易挥发的碳酸酯类电解液，极易燃烧，甚至引起电池的爆炸。因此，加入阻燃添加剂以降低燃烧发生的可能性，也是十分重要的途径。钠离子电池阻燃添加剂主要可以分为有机磷化合物以及含氟化合物。在锂离子电池中，大量的阻燃添加剂被广泛研究，但它们在钠离子电池中的作用还鲜有介绍。

磷酸三甲酯（TMP）、三（2,2,2-三氟乙基）亚磷酸酯（TFEP）、二甲基磷酸甲酯（DMMP）以及甲基九氟丁醚（MFE）是四种常见的阻燃添加剂，其中，MFE 表现出良好的电化学稳定性[112]。普鲁士蓝正极以及碳纳米管负极在加入了甲基九氟丁醚的电解液中展现出优异的循环稳定性和电化学兼容性，但是该电解液的电导率较低，仅为 0.43mS/cm，难以支撑其实际应用。

磷腈类化合物同时具有磷系阻燃剂和氮系化合物的阻燃效果，且安全无毒，因而具有广泛的应用领域。其低黏度、宽液程、电化学稳定性优异的特点使其在锂离子电池电解液中也得到广泛的研究。但磷腈在钠离子电池电解液中的应用仅有为数不多的报道[113]。当 5%的乙氧基（五氟）环三磷腈（EFPN）加入到 1mol/L $NaPF_6$/EC-DEC（1∶1，体积比）电解液中时，电解液从可燃变为不可燃，而电解液的电导率仅从 6.4mS/cm 降为 5.7mS/cm。此外，加入了 5% EFPN 的电解液表现出对金属钠良好的稳定性，并能同时提升 $Na_{0.44}MnO_2$ 正极以及乙炔黑（AB）负极的循环稳定性。

6.3.2.4 多功能添加剂

丙烯基-1,3-磺酸内酯（PST）以及硫酸乙烯酯（DTD）的添加能够提升以 $NaNi_{1/3}Fe_{1/3}Mn_{1/3}O_2$ 为正极和硬炭为负极的 1A·h 钠离子软包电池的循环稳定性[114]。在负极端，PST 和 DTD 分子能够产生 $ROCO_2Na$、$ROSO_2Na$ 以及 RSO_3Na 等有机分子来促进坚固 SEI 膜的形成，从而减少溶剂分子的不可逆分解。在正极端 PST 以及 DTD 分子能够分解生成 RSO_3^-、$ROSO_3^{2-}$ 以及 SO_3^{2-} 阴离子，并与过渡金属离子形成不溶于电解液的过渡金属硫酸盐或过渡金属亚硫酸盐，这样形成致密的阴极固态电解质中间相（CEI）膜不仅能抑制电解液溶剂分子的氧化分解，还能阻止过渡金属离子的进一步溶解，提升正极材料的循环稳定性。

不同添加剂的应用都取决于电解液的组成、材料的种类、温度以及所占比例等因素，不能一概而论。我们需要在理解其机理的前提下，通过采用现有的添加剂或者设计合成新的添加剂来对不同体系的电极反应进行改善，实现不同的作用效果。

6.4 SEI 膜结构及生长机理

如前所述，电解液成膜添加剂对提高电极的电化学性能非常重要，这主要是由于金属钠的活泼性强，且钠离子电池负极材料的电位低，几乎所有溶剂在负极都不稳定，而电解液成膜添加剂可以在电极和电解质之间形成固态电解质界面膜（SEI）以阻止溶剂的进一步分解，进而保障电池的正常工作。SEI 膜在锂离子电池中已经有大量研究，并占据重要地位。钠离子电池 SEI 膜的研究才刚刚起步，其机制和类型与在锂离子电池中的性质相似。一些锂离子电池优异的成膜添加剂也同样可以应用于钠离子电池（见 6.3.2）。

6.4.1 SEI 膜的结构及机制

早在 1979 年就有科学家提出由于电解质的还原或氧化分解，在电极表面上形成钝化层[115]。SEI 膜的形成机理可以从负极的电化学势（μ_A）高于电解液组分的 LUMO 能级进行解释。通常认为，在液体电解液中，碱金属离子电池的负极表面会形成 SEI 膜。然而许多实验已经表明，钝化层的生长不仅发生在负极的表面上（SEI），而且还发生在正极的表面上（正极固体电解质界面 CEI）。总体而言，SEI 膜的形成机理、有效成分和稳定性应通过其他实验技术进一步研究。采用 X 射线光电子能谱（XPS）可以研究电极表面上 SEI 膜的组分，还可以通过刻蚀技术检测 SEI 膜的厚度。此外，固体核磁共振谱（SS-NMR）可揭示电极本体的成分，该成分与电解质和活性材料之间的反应有关。扫描电子显微镜（SEM）成像可用于研究 SEI 膜的形态和厚度。原子力显微镜（AFM）可以显示 SEI 膜的粗糙度和厚度。结合 AFM 和电化学测试技术可以直观地获得 SEI 膜的组成和离子电导率等信息。此外，SEI 膜中的质量密度分布可以反映其物理和化学性质，包括化合物的稳定组成、SEI 膜的厚度和各种组分的分布。最近，研究者基于混合蒙特卡洛/分子动力学方法，采用理论模拟描述了 SEI 膜的形成过程，确定了 SEI 膜的组分[20,116]。将理论计算和实验分析相结合，应用微观推理和宏观现象的知识已成为研究钠离子电池中 SEI 膜性质的有效方法。

Peled 在研究 SEI 膜阻抗时发现其成分中微观颗粒相之间的晶界电阻 R_{gb} 要比体相的离子电阻大，因此提出 SEI 膜各成分颗粒是相互堆砌而成，类似马赛克结构（masaic model）[115]。关于 SEI 膜的形成机理和组成分析，Aurbach 等利用红外光谱、Raman 光谱、电化学阻抗谱、XPS 等做了大量工作，提出多层结构模型[117]。以金属锂为例，新鲜的金属锂浸泡于电解液中，由于其活泼的金属性，锂金属与电解液成分发生反应形成一层表面膜，这种反应可认为是自发的，选择性低；之后的电化学过程，电解液会继续得到电子，此时的反应选择性更高，产物与第一步不同，后续过程形成的表面膜含有聚合物成分，可部分溶解于电解液。也认为和反应类型有关，初始双电子反应主要在表面直接形成无机成分。之后，随着 SEI 膜生长，电子通过集流体传导至材料再穿过表面无机层，电子供应不足，主要为单电子反应，因此以形成有机成分为主。因为电子通过隧道效应穿到外表面，SEI 达到一定厚度则不可能无限生长。电极材料体积形变、电解液中痕量水也将影响 SEI 膜的成分与结构。该模型同样也可以用来解释钠离子电池表面 SEI 膜的形成过程，只不过 SEI 膜的成分与锂离子电池中存在差异。

在有机电解液中，钠离子电池电极表面上 SEI 膜的主要成分包括无机化合物（如 NaF 和 NaCl）、碱金属碳酸盐、碳酸烷基酯和聚合物等，XPS 已证实这些化合物的存在[118]［图 6-3(a)］。如图 6-3(b) 所示，这些产物会随电极的充放电深度和电势而发生变化。通常，SEI 膜中的 NaF 源于添加剂 FEC 的分解、$NaPF_6$ 的分解，以及 PVDF 和 Na^+ 之间的反应。类似地，当 $NaClO_4$ 用作电解质盐时，可以在 SEI 膜中观察到 NaCl。其他有机组分主要通过有机电解液的分解和钠化合物的沉积形成。而来自碱金属碳酸盐和碳酸烷基酯的有机物质可能降低电极的电化学性能，但是能为 SEI 膜提供良好的黏附力和内聚力。这些组分在 SEI 膜中的分布不均匀：高度还原的化合物倾向于聚集在电极内表面，而还原程度低的化合物在电极外表面。因此，研究者已经提出了 SEI 膜的各种可能结构，包括双层结构、多层结构和镶嵌微相结构，并可以通过控制近表面异质结构和 SEI 组分来提高离子的传输速度。

除了稳定性和电化学性质之外，SEI 膜的力学性能也很重要，因为较差的弹性可能导致 SEI 破裂并暴露新表面，致使电极库仑效率较低。因此，需要良好的力学性能以提供足够的柔韧性，来适应电极的体积膨胀，并保持在电极表面的强吸附能力。Hu 等[119]通过原子力显微镜（AFM）检测了钠离子电池中 SEI 膜的力学性能，图 6-3(c) 中的杨氏模量定量描述了 SEI 膜的力学性质，表明

SEI 膜具有不均匀的双层结构。

此外，SEI 膜的溶解性影响电极的电化学性质并导致电池的自放电。由于钠离子电池中 SEI 膜的组分主要是一些不稳定的有机金属化合物，这些有机物质的单体在有机电解液中容易溶解，因此钠离子电池 SEI 膜的溶解问题比锂离子电池更为严重[120]［图 6-3(d)］。与之相反，锂离子电池中的不溶性 SEI 膜由交联和聚合物所组成，相对更加稳定。

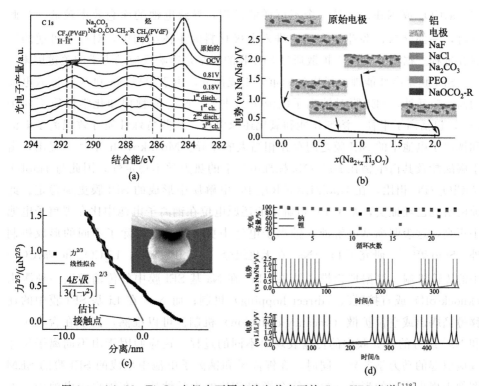

图 6-3 （a）$Na_2Ti_3O_7$ 电极在不同充放电状态下的 C 1s XPS 光谱[118]；
（b）$Na_2Ti_3O_7$ 电极在酯类电解质中不同充放电深度下的产物[118]；（c）根据赫兹模型拟合所得的力-分离曲线，插图为胶体探针的 SEM 图像，标尺为 $5\mu m$[119]；
（d）钠离子和锂离子电池在循环过程中暂停测试的影响[120]（彩插见文前）

简而言之，SEI 膜对电极性能的影响是一把双刃剑，因为它虽然保护电极免受副反应的侵害，但也增加了界面电阻。SEI 膜可以防止过渡金属离子的溶解和溶剂分子的共嵌入，因此稳定了电极的结构。然而 SEI 膜通常是电绝缘的，这增加了电极和电解质之间的界面阻抗。此外，SEI 膜的形成会消耗电极和电解质中大量的碱金属离子，这导致电池初始循环时库仑效率较低。因此，控制 SEI 膜的组成、厚度、机械强度和其他性质是很重要的。优化后的 SEI 膜应能满足薄、光滑、均匀和稳定的要求。一个有效的 SEI 膜不仅可以保护电极，还可以改善界面处的反应动力学，即循环后电池的电荷转移阻抗应该降低或趋于稳定。

如图 6-4(a) 所示，通过模型的建立可以将 Na^+ 从电解质穿过 SEI 膜转移到嵌入宿主的过程分为四个阶段。首先，溶剂化的 Na^+ 被输送到电极外表面附近。随后，这些 Na^+ 在去溶剂化后形成自由离子，并储存在延伸至液体电解质的多孔聚合物结构中。在第三步中，一部分 Na^+ 被电极表面致密的无机层捕获，生成 Na_2CO_3 或 NaF。这是一个不可逆的过程，导致电池的库仑效率较低。与此同时，一部分 Na^+ 发生嵌入反应进入电极材料的主体结构中，对应于可逆的钠储存过程。据测算，Na^+ 扩散通过 SEI 膜的能垒是影响反应动力学的关键因素。

SEI 膜是高性能锂离子电池的重要组成部分，由于金属 Na 和 Na^+ 嵌入电极的高反应活性，SEI 膜对钠离子电池更为重要。Na^+ 的物理和化学性质不同于 Li^+，包括离子半径、溶剂化能和氧化还原电位。这些特殊性质导致锂离子电池和钠离子电池中的 SEI 膜之间存在相当大的差异。Moshkovich 等[121] 提出，由于碳酸酯及其衍生物在 Na^+/Na 标准电位下的热力学不稳定性，因此与 1mol/L $NaClO_4$/PC 相比，在 1mol/L $LiClO_4$/PC 电解质中形成的 SEI 膜更加稳定。此前的研究已经证实，基于 EC 电解液的还原电位在钠离子电池中比在锂离子电池中更高，这表明酯基电解液在钠离子电池中更容易降解。除了不同的形成机制外，Soto 等[122] 研究了 Li^+/Na^+ 在无机组分（如 LiF、NaF、Li_2CO_3 和 Na_2CO_3）中的传输机制。根据理论模拟结果，Li^+ 在 Na 基 SEI 膜中的传输遵循一种踢出（knock-off）或直接跳跃（direct hopping）机制；而 Na^+ 在 Li 基 SEI 膜中的迁移遵循踢出或空位扩散（vacancy-diffusion）机制。可以推测，离子在含有 Li^+ 和 Na^+ 组分的 SEI 膜中的传输表现出不同的过程，这应归因于由不同离子尺寸效应引起的动力学差异。同时，在锂离子和钠离子电池中形成的 SEI 膜的 SEM 图像表现出不同的形态，这可能会影响 SEI 的力学性质。在钠离子电池中，电极上的沉积层是粗糙且不均匀的；相反，锂离子电池的电极表面被 SEI 膜均匀覆盖。另一个值得注意的差异在于，钠离子电池中的 SEI 膜主要由无机化合物如 Na_2O、NaCl、NaF 和 Na_2CO_3 组成 [图 6-4(b)]，而锂离子电池中的 SEI 膜主要由有机化合物组成。尽管结晶态的 LiF 和 NaF 都是锂离子和钠离子电池中的稳定组分，但它们对缺陷热力学、扩散载流子浓度和扩散势垒的影响是不同的，导致其离子电导率也存在较大差异 [图 6-4(c)]。对于 NaF，无论正极或负极条件如何，离子电导率都比 LiF 低几个数量级。因此，无机组分（即 NaF）决定了钠离子电池中 SEI 的电化学性质。

除阳离子的影响外，溶剂的选择也会影响 SEI 膜 [图 6-4(d)]。对于有机电解质，酯类和醚类溶剂会形成具有不同厚度、组分和性质的 SEI 膜。这种现象不仅可以在碳负极上观察到,也可以在硫化物电极上观察到。对于常见的酯基电解液,溶剂分子的环或链结构被认为是决定 SEI 成分的主要因素。在忽略电极影响的前提下,研究者已通过理论模拟详细研究了钠离子电池中环状碳酸酯(如 EC、PC 和 FEC)的单电子或双电子还原机制。然而,目前尚未有人对链状碳酸盐进行类似的研究。此外,溶剂的纯度对钠离子电池的性能也是非常重要的,因为杂质在活性电极表面分解会形成有害的 SEI 膜组分。

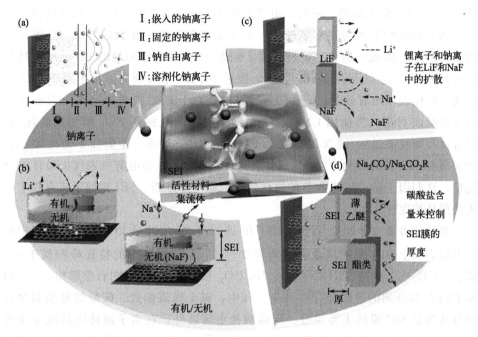

图 6-4 钠离子电池中 SEI 膜的典型特征:(a) Na^+ 通过 SEI 膜的传输途径[123];
(b) SEI 膜中 NaF 的能垒[45];(c) SEI 膜的主要组分[124];
(d) 在醚类和酯类电解质中的 SEI 膜[62] (彩插见文前)

总的来说,目前对钠离子电池 SEI 膜的认识主要是基于多种分析手段在典型电解液体系和典型电极上积累的一些化学知识。对 SEI 膜厚度的研究主要是通过对局部结构敏感的 TEM、SIMS、Ar 刻蚀辅助的 XPS 获得了一定的了解。但是对于 SEI 膜电子电导、力学行为、覆盖度、溶解度、化学稳定性等特性的精确了解目前还有相当的距离,亟须新的研究手段对其进行系统深入研究。

6.4.2 不同电极表面的 SEI 膜

对 SEI 膜的研究主要基于具有各种电化学稳定窗口、晶体结构、表面特征和化学组成的不同电极。因此,这里介绍在各种电极上形成 SEI 膜的研究。在未来通过整合电极和电解质的研究，也可以实现电极性能的优化。

(1) 硬炭表面 SEI 膜

硬炭表面的 SEI 膜因其在保持电极的可逆性和稳定性方面起着重要作用而备受关注。各种环状碳酸亚烷基酯溶剂已应用于硬炭负极，其中 EC 和 PC 溶剂表现出最佳的电化学性质。在早期的一项研究中，Ponrouch 等[125] 提出了一种基于 EC+PC 混合溶剂的不含 FEC 的电解液，可以形成均匀的 SEI 膜，其导电性高于含 FEC 的电解液。同时，由于形成 SEI 膜，含 FEC 电解液的过电位增加导致初始循环中的不可逆容量较大。另一项研究发现，由于 FEC 在 PC 溶剂之前发生分解，形成一层致密的钝化层，因此含有 FEC 添加剂的 PC 电解液具有更好的循环稳定性[19]。Dahbi 等[126] 报道了 FEC 添加剂对采用 PVDF 黏结剂的硬炭电极表现出有效的成膜性能，这可能是由于 FEC 有效抑制了 PVDF 黏合剂分解形成 NaF。当使用 CMC 作为黏结剂时，未观察到 FEC 添加剂的优点。最近，有研究通过软/硬 X 射线光电子能谱（XPES）进一步研究了钠盐和 FEC 添加剂对 SEI 膜的影响[127]，发现含有 $NaPF_6$ 和 FEC 的电解液表现出最佳的可逆性，这归因于形成较薄含 F 的钝化层。因此可以推断，SEI 膜的生成有利于电极的循环稳定性。

有研究者通过非原位 XPS 测试了在 1mol/L $NaClO_4$＋EC/DEC 电解液中硬炭电极表面上 SEI 膜的组成和结构演变[128]。XPS 光谱中的特征峰归属于 sp^2 碳、—CH_2—、酯键、$ROCO_2Na$、Na_2CO_3 和—CF_2—，表明石墨烯相、SEI 膜和 PVDF 黏合剂的界面处存在硬炭。其中，碱金属碳酸盐、碳酸烷基酯和聚合物被认为是 SEI 膜的主要组分。除碳酸盐电解液外，在离子液体电解液中也观察到在硬炭电极上形成 SEI 膜的不可逆平台[129]。随后研究者发现由于阴离子的减少，超高浓度电解液表现出在硬炭负极上形成 SEI 膜的不寻常能力，从而实现高容量和稳定的循环[130]。因此，可以推测硬炭电极上的 SEI 不仅与溶剂和添加剂的种类有关，而且还受到钠盐浓度的影响。最近，对硬炭电极上 SEI 膜形成的观点表明，SEI 的连续形成是容量衰减的主要原因，而不是硬炭材料的退化。SEI 膜的逐渐增厚导致硬炭电极的动力学缓慢[131]。因此，未来的研究应致力于构筑稳定的界面以获得高性能的硬炭电极。

(2) 其他碳材料表面 SEI 膜

除硬炭电极外，高比表面积碳（HSSAC）在热力学上也可以可逆储存钠离子，例如还原的氧化石墨烯（rGO）、活性炭（AC）和有序中孔碳（CMK-3）。但可以预期的是这些电极由于具有高表面积会引起严重的界面问题。因此，在这些 HSSAC 电极上 SEI 膜的性能比在硬炭电极上更重要。幸运的是，醚类电解液可以有效地改善 HSSAC 电极上 SEI 膜的成分，从而获得高的初始库仑效率和长期循环稳定性[132]。通过优化醚类电解液中 SEI 膜的成分能实现超快的离子迁移动力学。针对在不同电解液中循环的 rGO 电极进行 XPS 分析显示，由于沉积在 SEI 膜外侧的聚醚含量较低，因此在醚基电解液中能观察到薄且致密的 SEI 膜；相反，在酯类电解液中，大量聚酯分布在整个 SEI 膜上，导致钝化层厚且松散。此外，热力学不稳定的 Na_2CO_3/Na_2CO_2R 仅在酯类电解液的 SEI 膜中被检测到[133]，而醚类电解液中存在的 F—C（sp^2）官能团可以改善表面缺陷的可逆电化学活性。

（3）Ti 基负极表面 SEI 膜

SEI 膜对 Ti 基负极的电化学性能也有着显著影响，包括 TiO_2、$Na_2Ti_3O_7$ 和 $NaTi_2(PO_4)_3$。通常，锐钛矿型 TiO_2 作为钠离子电池的负极材料表现出较低的初始库仑效率，这应归因于形成 SEI 膜的不可逆过程。而在随后循环过程中库仑效率的逐渐增加与钝化层表面的活化和电极内部的结构重排有关[134]。在循环期间能否形成稳定的 SEI 膜与电解液的选择有关。在醚类电解质中，非晶 TiO_2（A-TiO_2）负极表面能形成薄且坚固的 SEI 膜[135]。因此，各种钠盐、溶剂和添加剂都被用于 A-TiO_2 电极，形成具有不同性质的 SEI 膜。尽管 A-TiO_2 电极在 $NaPF_6$ 电解质中具有最稳定的循环性能和高库仑效率，但可逆容量仅为 120mA·h/g，远低于在 NaTFSI 和 $NaClO_4$ 电解质中所达到的容量。相比之下，A-TiO_2 在 $NaClO_4$ 电解质中具有高比容量和快速活化过程，因此 $NaClO_4$ 被认为是最适合 A-TiO_2 电极的钠盐。同样，A-TiO_2 在 FEC 作为添加剂的 PC、EC+PC 和 EC+DMC 三种溶剂中也显示出不同的电化学性能。总的来说，A-TiO_2 电极在 1mol/L $NaClO_4$/EC+PC 电解质中表现出最优异的性能。Vogt 等[136]提出了 TiO_2/碳电极的形态与 SEI 膜的性质之间的相关性。发现表面积大的 TiO_2/碳电极中 SEI 的含量高，导致循环稳定性差。SEI 膜随着电极中碳含量的增加而增厚，厚的 SEI 膜限制了 Na^+ 的扩散并降低 TiO_2 电极的反应动力学。

$Na_2Ti_3O_7$ 电极的性能与电解液和界面性质密切相关。研究者通过测试 $Na_2Ti_3O_7$ 在不同的钠盐（$NaClO_4$，NaFSI）和溶剂（EC+DMC、EC+DEC 和 PC）中的性能发现[137]，在三种电解液中，$Na_2Ti_3O_7$ 在 $NaClO_4$ 中表现出低的库仑效率和容量保持率。而在 1mol/L NaFSI/PC 中，$Na_2Ti_3O_7$ 电极具有高的初始库仑效率和长循环稳定性，并且形成了含氟化物的 SEI 膜。因为 SEI 膜的稳定性与电极的容量衰减直接相关，所以成膜添加剂可以进一步改善大表面积 $Na_2Ti_3O_7$ 电极的界面阻抗和循环稳定性。添加 FEC 有助于在 SEI 膜中形成稳定的富氧化合物和 NaF 惰性组分，其中富氧化合物对 SEI 膜的稳定性起着重要作用。$Na_2Ti_3O_7$电极的保护涂层可能降低$Na_2Ti_3O_7$的催化活性，并改善电极和电解液的稳定性。

一般来说，$NaTi_2(PO_4)_3$电极在1~3V电压范围内进行测试时不形成SEI膜，因此具有超稳定的循环性能和超高库仑效率。为了进一步提高$NaTi_2(PO_4)_3$的容量和降低工作电压，有研究者将$NaTi_2(PO_4)_3$的工作电位扩展到0.01~3V，获得了高达210mA·h/g的容量，对应于$Ti^{2+} \rightarrow Ti^{3+} \rightarrow Ti^{4+}$的两步电子转移过程[138]。当使用EC+PC混合溶剂时，第一周在2.0V附近观察到一个新的短平台，可能与电极表面上形成钝化层有关。相反，在纯PC溶剂中并未观察到此平台，说明EC的分解有助于形成SEI膜。

（4）有机电极材料表面SEI膜

近年来，有机电极材料因为成本低、合成容易和氧化还原活性高等优点被广泛研究。然而，这类材料易溶于有机电解液，导致循环稳定性差。为了解决这一问题，研究者利用XPS研究了有机电极材料和有机电解液之间的关系[139]。结果表明，有机体系中的SEI膜在电池组装后立即形成，膜的主要成分是无机物。在充放电过程中，这些物质的连续降解导致电极的循环稳定性差。因此，调节SEI膜中的组分是限制电极溶解的关键，可以通过使用离子液体或固体电解质从根本上加以解决。

（5）合金负极表面SEI膜

合金负极由于其高理论容量而受到广泛关注。然而，此类材料在合金化反应期间发生大的体积膨胀使电极粉碎并使SEI膜破裂。Sn电极表面的XPS结果表明，SEI膜主要由碳酸盐（Na_2CO_3和$NaCO_3R$）组成[140]。Sn^{4+}而不是Sn^0覆盖在Sn纳米颗粒上，为电解液的分解提供氧化性环境。研究者同样采用XPS分析研究了Sb/Na半电池中SEI膜的主要成分及其在电池循环期间的演变[31]，发现SEI膜的主要成分是碳酸盐和碳酸烷基酯。

磷是最有可能用于高容量电池的负极材料之一，其在合金化反应过程中也经历巨大的体积变化。基于循环后黑磷电极的XPS结果表明，由于电解液溶剂和添加剂的分解，有机和无机物质在SEI膜中共存[133]。相比之下，在没有添加剂的电解液中会形成较厚的SEI膜。值得注意的是，FEC和VC添加剂均可在黑磷表面形成稳定且均匀的SEI膜，但在两种添加剂中SEI膜的组成是不同的。前者中的SEI膜主要由无机化合物组成，而后者中的SEI膜具有含量相近的有机和无机化合物。在含FEC的电解液中，NaF、Na_2CO_3和多烯是形成稳定SEI膜的活性成分，而在含VC的电解质中，大分子量的含氧聚合物构成钝化层的主要成分。两种添加剂带来的不同结果归因于黑磷电极的强还原性和独特的反应过程。

(6) 正极表面 SEI 膜

由于高电压下电解液的分解,正极表面也会形成钝化(CEI)层。然而到目前为止,CEI 层很少受到关注,但它对正极材料的循环性能有着重要的影响。研究者研究了普鲁士蓝类化合物和电解液之间的界面相容性[141]。在有机溶液中加入 FEC,可以产生稳定的 CEI 层。砜类电解液在高电压下能改变钝化层的组分,因此普鲁士蓝类化合物可在其中释放出更高容量[142]。此外,间隙水与有机电解液之间的副反应产生的 Na_2CO_3 不仅可以保护电极免于退化,而且还能促进界面处的电荷转移[143]。过渡金属氧化物正极上的固/液界面显著影响电极的离子电导率和结构稳定性,因此也受到了特别的关注。过渡金属氧化物正极界面的退化可归因于过渡金属还原、异质表面重建、金属溶解和晶内纳米裂纹的形成。Mu 等发现氧化物在浸入混合有机溶剂中后,表面的 Mn 被还原形成人工的 CEI 层[144]。该保护层由还原的过渡金属阳离子和金属有机化合物组成,不仅能维持颗粒在大气环境下的化学稳定性,而且还改善了电极的电化学性质。当在高电压下循环时,在聚阴离子正极中也会遇到类似的界面问题,因此应该通过构建稳定的 CEI 层来加以解决。

6.4.3 SEI 膜的改性

人造 SEI 膜或预生成钝化层可以有效改善界面的性质。在电极表面构建合适的包覆层能减少后续循环过程中 SEI 膜的再生和 Na^+ 的连续消耗。Al_2O_3 包覆层是一种优异的无机钝化膜,适用于钠离子电池正极和负极材料的表面改性。有研究者通过相对能级的理论计算,揭示了 Al_2O_3 包覆层影响电极性能的机理[如图 6-5(a) 所示][145]。由于负极的电化学电势(μ_A)高于电解液的 LUMO 值,所以电解质盐和溶剂在负极表面上易分解。这个还原过程可以通过在电极表面上形成 SEI 钝化层来阻止。同样,正极的电化学电势(μ_C)位于电解质的 HOMO 值以下,导致电解液发生氧化,也需要阻挡层来稳定电解液体系。根据密度泛函理论(DFT)的计算结果,具有合适带隙和 Na^+ 传导能力的 Al_2O_3 包覆层可以有效地防止电解液分解,并减少 Na^+ 的消耗。Al_2O_3 包覆层具有与 SEI 膜类似的效果,允许 Na^+ 的传输并阻止电子迁移 [图 6-5(b)]。

制备 Al_2O_3 包覆层的方法包括湿化学法、溶胶-凝胶法和原子层沉积(ALD)。ALD 技术可以精确控制包覆层的厚度,实现保障离子扩散的同时阻止电子导通,抑制电解液的还原。然而对于 ALD 来说,难以规模应用。而简单廉价的溶胶-凝胶法和化学沉淀法被认为是替代 ALD 批量化制备包覆层的有效途径。如图 6-5(c) 所示,通过化学方法将 Al_2O_3 保护层均匀地包覆在

$Na_{2/3}[Ni_{1/3}Mn_{2/3}]O_2$ 的表面上[146]，可显著改善正极循环稳定性，这可归因于在正极材料表面上形成了高质量 CEI 层，抑制了高电压下电解液的副反应。Al_2O_3 包覆层还表现出良好的力学性能，适合用于充放电时发生大体积膨胀和收缩的 Sn 纳米负极，Al_2O_3 包覆层避免了 SEI 膜在电极表面上的破裂[图 6-5(d)]，并且防止了活性材料的粉化，保持了负极材料结构的完整性，因此 Sn 电极在 40 次循环后仍具有 650mA·h/g 的可逆容量。

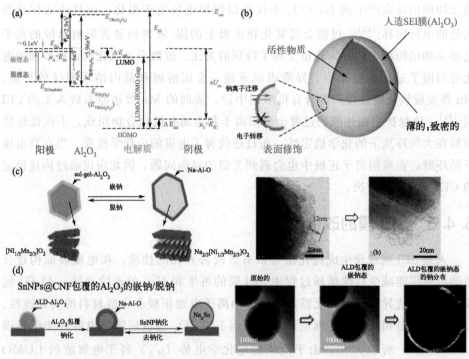

图 6-5 (a) 采用 Al_2O_3 包覆层的钠离子电池的能级示意图[145]；
(b) 电极材料修饰人工 SEI（Al_2O_3）的示意图[145]；
(c) Al_2O_3 包覆的 $P2-Na_{2/3}[Ni_{1/3}Mn_{2/3}]O_2$ 储钠的示意图和相应的 TEM 图像[146]；
(d) Al_2O_3 包覆的 Sn 纳米颗粒储钠的示意图和相应的 TEM 图像[147]（彩插见文前）

除了 Al_2O_3 包覆层外，其他人工 SEI 薄膜的研究也不断涌现。例如，将磷酸钠（$NaPO_3$）包覆在 P2 型 $Na_{2/3}[Ni_{1/3}Mn_{2/3}]O_2$ 的表面，形成厚度约 10nm 的人工 SEI 膜。如图 6-6(a) 所示，薄的 $NaPO_3$ 纳米层可有效地阻隔电解液中的 HF 和 H_2O，从而避免在电极表面上形成 Mn_3O_4[148]。同样地，均匀的 β-$NaCaPO_4$ 包覆层对高压正极表现出相似的效果 [图 6-6(b)]，有效地抑制了晶格中的氧溶解[149]。

另外，为了得到更好的钠离子导电人工 SEI 膜，固体电解质也可以作为材料表面上的包覆层。有研究通过原位液相方法在 $Fe_{1-x}S$ 电极表面修饰上离子电导率高达 $1.21×10^{-4}$ S/cm 的 $Na_{2.9}PS_{3.95}Se_{0.05}$ 固体电解质 [图 6-6(c)][150]，当在全固态电池中测量该电极时，固-固相间的良好相容性改善了接触电阻并降低了电池的极化。

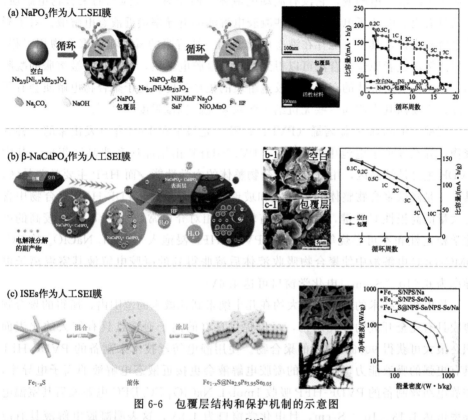

图 6-6 包覆层结构和保护机制的示意图

(a) 包覆在 $Na_{2/3}[Ni_{1/3}Mn_{2/3}]O_2$ 上的 $NaPO_3$ 层[148]；(b) 包覆在 $Na_{2/3}[Ni_{1/3}Mn_{2/3}]O_2$ 上的 β-$NaCaPO_4$ 层[149]；(c) 包覆在 $Fe_{1-x}S$ 上的 ISE 层（$Na_{2.9}PS_{3.95}Se_{0.05}$）[150]（彩插见文前）

6.5 凝胶电解液

目前在钠离子电池中液态电解液体系仍然占主流，然而液态电解液的可燃性、易挥发性和泄漏等缺点，对电池的安全性存在隐患。在锂离子电池电解液研究中，除了液态电解液外，还有采用聚合物将电解液固定化形成凝胶电解液，这类电解液体系表面没有明显液体，但也不会使电解液的电导率产生较大损失，兼具"固态的形状"和"液态的性能"。因此，凝胶电解液也在钠离子电池中得到广泛研究。

凝胶电解液可以看作是聚合物通过吸收或包含液态电解液之后溶胀得到的，相比于传统液态电解液，它没有流动的液体，而相对于全固态的聚合物电解质，它又具有更高的离子电导率，有些凝胶电解液的电导率接近液态电解液。对于凝胶电解液来说，其中可能存在液态电解液相、被溶胀的凝胶相和聚合物相三相，使用浇铸法或者原位聚合法可以得到均相的凝胶电解质，即只含有被溶胀的凝胶相。但由于大量液体的存在，凝胶电解质的机械强度相比于聚合物电解质会有所下降，需要向其中添加一些无机纳米颗粒来提高机械强度[151-153]。

聚偏二氟乙烯-六氟丙烯（PVDF-HFP）是最早在 1994 年开发出来的一种共聚物，并在锂离子电池中使用[154]。PVDF-HFP 由结晶区和非晶区组成，其中 PVDF 主要是结晶区，用以提升聚合物整体的力学性能，而 HFP 主要是非晶区，其作用是降低聚合物整体的结晶度和玻璃化转变温度。PVDF-HFP 聚合物中含有大量的高极性 C-F 键，使得它具有较高的相对介电常数（$\varepsilon \approx 8.4$）、较高的电化学稳定性和不可燃烧等优点。将 PVDF-HFP 浸泡入 1mol/L $NaClO_4$ 的 EC/DMC/DEC 电解液中使聚合物吸收液体后溶胀得到的凝胶电解液其室温离子电导率为 6×10^{-4} S/cm，电化学窗口可达 4.6V[155]。

静电纺丝技术的纤维直径大约在几十纳米到几微米的范围内，所得的聚合物薄膜具有完全开放的多孔结构，可以提供良好的离子通道且具有较大的比表面积，最大可获得 90% 孔隙率的聚合物。使用静电纺丝技术来制备的 PVDF-HFP 具有更强的吸液能力，所获得的凝胶电解液会更接近液态电解液的离子电导率，如静电纺丝制备的 PVDF-HFP 吸收 1mol/L $NaClO_4$ EC/DEC 电解液后其室温电导率可达 1.13×10^{-3} S/cm，且电化学窗口为 4.8V，这表明凝胶电解液具有应用于高压电池体系的潜力[156]。然而 PVDF-HFP 基凝胶电解液与钠金属负极的相容性较差，会使得电池的循环性能较差，为了提高电解液与钠金属的相容性，可以向电解液中加入少量成膜添加剂。目前来说，对钠金属有效且具有较好保护作用的添加剂是氟代碳酸乙烯酯（FEC）[157]。

室温离子液体作为一种塑化剂添加到聚合物电解质中也可以得到凝胶电解液。离子液体具有电化学窗口宽和出色的热稳定性等优点，含有离子液体的凝胶电解液各种性能也会提升。如 1-丁基-3-甲基咪唑甲基硫酸盐（BMIM-MS）添加到 PEO-甲基硫酸钠（NaMS）电解质中 30℃ 下电导率可以达到 1.05×10^{-4} S/cm，这是因为该离子液体的加入降低了 PEO 的结晶度，然而当 BMIM-MS 的质量分数上升至 60% 时，电解质中会形成离子对或更大的离子团，导致电导率下降[158]。另外，PVDF-HFP/EMITf/NaCF$_3$SO$_3$ 体系的室温电导率最高可达 $5.74×10^{-3}$ S/cm，通过添加 Al$_2$O$_3$ 或 NaAlO$_2$ 纳米颗粒还可以进一步增加该体系的离子电导率，如添加 Al$_2$O$_3$ 和 NaAlO$_2$ 分别可达 $6.8×10^{-3}$ S/cm 和 $6.5×10^{-3}$ S/cm[159]。

PMMA 基聚合物中含有大量的酯基，使得与大多数有机溶剂相容性都较好，可以吸收大量的液体，因此 PMMA 基的凝胶电解液具有较高的离子电导率。然而，PMMA 基聚合物具有脆性，实际应用时存在一些问题。添加无机纳米颗粒、与其他聚合物共混或交联等方法，都可以一定程度上改善 PMMA 的机械强度，并提高电解液的离子电导率。而向 PMMA/NaClO$_4$/EC/PC 体系的电解液中添加适量[4%（质量分数）]的 SiO$_2$，可以增加聚合物的非晶区域，20℃下的离子电导率可达到 $3.4×10^{-3}$ S/cm[160]。丙烯酸酯类的聚合物有许多结构不同的单体，这些单体按照一定比例混合后，通过现场引发聚合可以得到性质各异的聚合物。例如一种含有 6.8%（质量分数，下同）MATEPP、1.2% MMA、2.0% TFMA 和 90%液态电解液的多孔交联凝胶电解液，其室温电导率高达 $6.29×10^{-3}$ S/cm，电化学窗口可达 4.9V，且电池具有较好的循环性能[161]。

6.6 固态电解质

目前大部分商品化锂离子电池所使用的液态电解液具有易挥发、易燃烧等特点，因此，关于电池的安全事故频频发生，其中包括手机电池充电爆炸、电动车自燃等。而钠离子电池的研究在很大程度上借鉴了锂离子电池的成果，主要研究的电解液是由若干种碳酸酯溶剂组成的液态电解液，即碳酸乙烯酯（EC）、碳酸丙烯酯（PC）、碳酸二甲酯（DMC）、碳酸二乙酯（DEC）和碳酸甲乙酯（EMC），这使得这类钠离子电池和目前的锂离子电池一样具有严重的安全隐患，再加上由于钠和电解液反应比锂更加剧烈而带来的焦虑，人们不得不担心其实际上的安全问题。采用固态电解质取代现有的液态电解液是解决安全问题的方法之一。固态电解质指的是在固体状态时具有和液态电解液相近离子电导率的材料，常被称作快离子导体（fast ionic conductor）[162-165]。固态电解质可分为无机和聚合物固态电解质两大类。

6.6.1 聚合物固态电解质

聚合物固态电解质指的是将钠盐溶解于分子量较高的聚合物中形成的可以传

导钠离子的一类固态电解质，相比于无机固态电解质，其优点在于聚合物具有良好的可加工性、更好的柔韧性和与电极间更紧密的接触，在充放电期间就有较好的应对体积变化的能力。但其缺点在于聚合物电解质的离子电导率普遍较低，室温下大部分都在 $10^{-7} \sim 10^{-4}$ S/cm 之间，且 Na^+ 迁移数也小于 0.5。与无机固态电解质的导电机理不同的是，聚合物固态电解质通过聚合物链段中的极性基团（如—O—、—N—、—S—、C=O、C=N 等）对 Na^+ 进行溶剂化作用，使钠盐能够溶解于聚合物中，因此与液态电解液类似的是聚合物的相对介电常数越大，聚合物溶解钠盐的能力就会越强。目前普遍接受的聚合物电解质导电机制是钠离子传输主要发生在聚合物的无定形区域，在聚合物的玻璃化转变温度（T_g）以上时，聚合物分子链段能够发生运动，产生自由体积，在电场的作用下，钠离子可以沿着聚合物长链从当前的络合位置上移动至下一个相邻的络合位置，从而实现钠离子传输。聚合物固态电解质中离子电导率符合 Arrhenius 方程或 Vogel-Tammann-Fulcher（VTF）方程，VTF 方程形式如下：

$$\sigma = \sigma_0 T^{-1/2} e^{-B/(T-T_0)} \tag{6-6}$$

式中，B 为离子传导的伪激活能；T_0 则为参考温度（一般比聚合物的玻璃化转变温度低 50K）。然而，聚合物固态电解质的 Na^+ 迁移数一般来说都要小于 0.5，因为在聚合物中钠盐阴离子可以沿 Na^+ 传输的反方向传导有效电荷。Na^+ 迁移数定义为 Na^+ 传导的有效电荷占总电荷量的比值，定义式如下：

$$t_+ = \frac{\mu_+}{\mu_+ + \mu_-} \tag{6-7}$$

式中，μ_+ 和 μ_- 分别为电解质中阳离子和阴离子传导的有效电荷。Na^+ 迁移数可以使用 Na-Na 对称电池通过稳态电流法获得，其计算公式为：

$$t_+ = \frac{I_{ss}(\Delta V - I_0 R_0)}{I_0(\Delta V - I_{ss} R_{ss})} \tag{6-8}$$

式中，I_{ss} 和 R_{ss} 分别为稳态电流和稳态电阻；I_0 和 R_0 分别为初始电流和初始电阻；ΔV 为施加的恒定电势，一般不超过 10mV[166]。

常见的聚合物体系包括聚环氧乙烷（PEO）、聚甲基丙烯酸甲酯（PMMA）、聚偏二氟乙烯-六氟丙烯（PVDF-HFP）、聚丙烯腈（PAN）、聚乙烯基吡咯烷酮（PVP）和聚乙烯醇（PVA）等，其中，PEO 基固态电解质由于它对钠盐良好的溶解能力、较轻的质量、较好的黏弹性、易成膜和在无定形区域较高的电导率等优点，一直是聚合物电解质的研究重点。

PEO 基电解质通过其链段中的—O—对 Na^+ 进行溶剂化作用，如图 6-7 所示，Na^+ 在 PEO 的无定形区域中可以随着链段的运动而传导，然而，室温下的

PEO 处于结晶状态，晶态下的 PEO 链段运动受到限制，导致 Na^+ 传导困难，表现出的离子电导率很低。这使得许多聚合物固态电解质需要在较高的温度下运行，才能够获得足够大的离子电导率。因此，有关 PEO 的研究集中于如何降低 PEO 的结晶度，以增加其离子电导率。

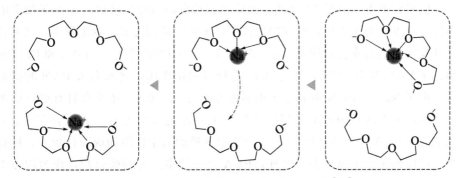

图 6-7　PEO 基聚合物固态电解质导电机理[167]

1973 年，Wright 等[168] 首次发现 PEO 溶解碱金属盐后可以传导离子，该报道可以认为是聚合物电解质研究的开端，随后，他们还深入研究了这一现象[169,170]。1988 年，West 等[171] 报道了钠盐为 $NaClO_4$ 的 PEO 基电解质组成的全固态钠电池，他们还发现当环氧乙烷链段（EO）：Na^+ 的比值为 12∶1 时电解质具有最高的离子电导率，60℃下为 $3.1×10^{-6}$ S/cm。此后，有许多通过调节钠盐浓度来优化 PEO 基聚合物电解质电导率的工作得到报道，如 $NaClO_3$、$NaPF_6$、NaFSI 和 NaTFSI 等钠盐。在 $NaPF_6$-PEO 体系中，当 Na^+∶EO≈0.065 时拥有最高的室温离子电导率，约为 $5×10^{-6}$ S/cm[172]。而对于 $NaFSI(PEO)_n$ 和 $NaTFSI(PEO)_n$ 体系来说，当 $n=9$ 时，$NaTFSI(PEO)_9$ 在 40℃以下会具有比 $NaFSI(PEO)_9$ 更高的离子电导率，这可能是因为 $TFSI^-$ 具有更大的体积，可以抑制 PEO 结晶，同时 NaTFSI 比 NaFSI 更容易解离，所以温度较低时 $NaFSI(PEO)_n$ 会更容易结晶导致电导率低[173]。

为了提高聚合物固态电解质的离子电导率，研究者们还开发出了许多方法来降低 PEO 的结晶度，包括共混、共聚、交联和添加塑化剂等。PVP 具有较多的无定形区域，与其他结晶聚合物相比具有更快的离子传导能力，当使用 PVP 和 PEO 共混时可以降低 PEO 的结晶度[174]，提高离子电导率，如 $NaPO_3$-PEO/PVP 体系的室温电导率为 $1.07×10^{-5}$ S/cm[175]。此外，向聚合物中添加无机纳米颗粒来提高离子电导率也是一种有效方法，如 SiO_2、TiO_2、离子液体和 NA-SICON 等[176-179]，这些添加物不仅能提高聚合物的离子电导率，同时还可以提升聚合物的力学性能。如向 $NaClO_4$-PEO 电解质中添加 5%（质量分数）的纳米

TiO$_2$后，60℃的离子电导率可以从1.35×10^{-4}S/cm提升至2.62×10^{-4}S/cm。对于NaFSI-PEO体系，添加了一定含量的NASICON纳米材料后也可以降低聚合物的结晶度[179]。

PEO基聚合物电解质虽凭借其对钠盐良好的溶解度等优点成为固态聚合物电解质的研究重点，但是PEO基电解质仍有较低的氧化电势以及室温下较高的结晶度等缺点，为了避免这些问题以获得性能更好的固态聚合物电解质，研究者们还开发了其他的聚合物体系，如PAN、PVA和PVP等[180]。PAN和PEO的区别在于PAN利用—CN基团对Na$^+$进行溶剂化作用，然而有关PAN的报道较少。由于Na$^+$与PAN中氮原子更弱的相互作用，PAN体系会具有更高的离子电导率，如NaCF$_3$SO$_3$-PAN体系[181]，其室温电导率约为7.13×10^{-4}S/cm，活化能为0.23eV，但是，PAN基聚合物电解质的力学性能和成膜性较差，使得其难以应用到实际电池中去。另外，PVA是一种半晶态的聚合物，作为固态电解质它具有易制备、高介电常数和成膜性好等优点，通过溶液浇筑法制备的NaBr：PVA（摩尔比为3：7）在40℃下具有1.36×10^{-6}S/cm的电导率[182]。

6.6.2 无机固态电解质

对于无机固态电解质，离子传导取决于可移动Na$^+$的浓度和晶格中缺陷的浓度，晶格中的缺陷一般可以通过掺杂取代来生成，对离子电导率有较大作用的两种点缺陷分别是Na$^+$空位和填隙Na$^+$[165]。在固态电解质中的离子传导从原子尺度上可以看作是可移动的Na$^+$沿着有利的扩散途径在固体中移动，即在阴离子晶格骨架中的基态稳定位点和中间亚稳态位点之间的离子跳跃。这种离子跳跃可以通过三种主要的机制来实现：①Na$^+$直接迁移到相邻的空位上；②Na$^+$直接迁移到相邻的未被占据间隙上；③多离子协同扩散，间隙中的Na$^+$迁移到下一个位点并促进相邻Na$^+$的扩散[183]。无机固态电解质中的离子电导率定义为传导离子的带电荷量（q）、浓度（n）和固体中电荷载流子的迁移率（u）的乘积，且符合修正的Arrhenius关系：

$$\sigma=qnu=\sigma_0 T^m e^{-E_a/(k_B T)} \quad (6\text{-}9)$$

式中，σ_0为指前因子；m的值一般为-1；k_B为玻尔兹曼常数；T为温度；E_a包括生成可供离子传导的缺陷的能量（E_f）和离子传导路径上需要跨越的最大能垒（E_m）。指前因子σ_0和迁移熵变（ΔS_m）、跳跃距离（α_0）、尝试频率（v_0）之间的关系见式(6-10)，几何因子z一般≤ 1，取决于传导机制的方向性。

$$\sigma_0 = z\frac{nq^2}{k_B}e^{\Delta S_m/k_B}\alpha_0^2 v_0 \quad (6\text{-}10)$$

目前，无机固态电解质主要研究的体系包括 β-Al_2O_3、NASICON、硫化物和复合氢化物等[165,167]，其中 β-Al_2O_3 钠离子导体的发现可以追溯到 20 世纪 60 年代，该发现被认为是固态电解质发展中的里程碑。目前 β-Al_2O_3 已经是商品化的高温钠电池（如高温钠硫电池、高温 Na-$NiCl_2$ 电池）的电解质，但 β-Al_2O_3 只有在较高的温度下才能具有良好的导电性[184,185]。随后，Goodenough 等设计合成了钠超离子导体 NASICON（Na superionic conductor），NASICON 型材料具有较高的电导率，并且可以通过掺杂其他元素来不断提升其电导率，然而 NASICON 电解质与电极之间的界面接触较差，会导致界面电阻较高[185,186]。硫化物固态电解质的研究起步相对较晚，但它是这三种固态电解质中离子电导率最高的一类，在某些特定的硫化物体系中甚至可以超过液态有机电解液的电导率，且硫化物都比较软，仅通过冷压就可以实现电解质与电极之间良好的接触。然而，硫化物电解质面临着化学稳定性和电化学稳定性不足的挑战[187-189]。

(1) Na-β-Al_2O_3 固态电解质

自 1967 年首次报道了 β-Al_2O_3 以来[190]，β-Al_2O_3 凭借着其高离子电导率和低电子电导率被广泛应用于各种电化学器件中。β-Al_2O_3 是 Na_2O 和 Al_2O_3 的复合氧化物，β-Al_2O_3 属于层状结构，由松散的钠氧层和紧密的铝氧层组成，其中钠离子可以在松散的钠氧层进行传导，因此钠氧层也被称为导电平面，而紧密的铝氧层也被称为尖晶石层，两个尖晶石层由一个导电平面连接[191]。β-Al_2O_3 具有两种晶体结构，这两种晶体结构的物质组成的化学计量比和导电平面的氧离子堆叠顺序不同，分别为：① β-Al_2O_3（六方 $P6_3/mmc$，$a_0=0.559nm$，$c_0=2.261nm$），化学计量比为 $Na_2O \cdot (8\sim11) Al_2O_3$；② β″-$Al_2O_3$（菱形 $R3m$，$a_0=0.560nm$，$c_0=3.395nm$），化学计量比为 $Na_2O \cdot (5\sim7) Al_2O_3$。如图 6-8 所示为 β-$Al_2O_3$ 和 β″-Al_2O_3 的晶体结构，这两种结构都是由包含四面体的 [AlO_4] 和八面体的 [AlO_6] 的尖晶石层通过导电平面连接而成，其中 β″-Al_2O_3 的晶胞具有更多的导电平面且 c 轴长度是 β-Al_2O_3 的 1.5 倍，在每个导电平面中 β″-Al_2O_3 相有两个可自由移动的 Na^+ 而 β-Al_2O_3 只有一个，因此 β″-Al_2O_3 常展现出更高的离子电导率[192]。

一般来说，影响 β-Al_2O_3 离子电导率的因素包括：①化学组成；②β/β″相的比例；③微观比例（晶粒尺寸、孔隙率和杂质等）。由于晶界效应和钠离子传导的各向异性，单晶的 β-Al_2O_3 或 β″-Al_2O_3 会比多晶的具有更高的离子电导率。由于晶体结构上的差异，相比于 β-Al_2O_3，β″-Al_2O_3 具有更高的钠含量，也具有更高的离子电导率，单晶 β″-Al_2O_3 常温下的离子电导率可达 0.01S/cm，在 300℃下高达 1S/cm[193,194]。如此看来，纯的单晶 β″-Al_2O_3 似乎是理想的固态电

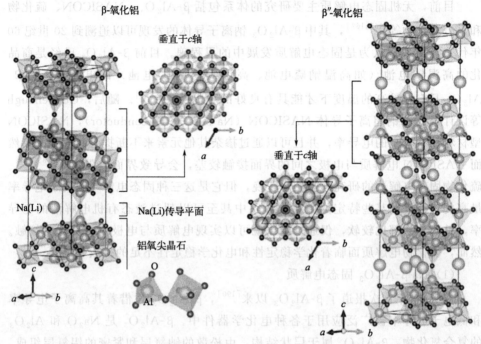

图 6-8 β-Al_2O_3 和 β″-Al_2O_3 的晶体结构图[192]

解质,然而 β″-Al_2O_3 具有较差的机械强度并且对水分较为敏感,通过传统的固相反应或液相反应途径制备的 β″-Al_2O_3 往往含 β-Al_2O_3 和 $NaAlO_2$ 等杂质。因此,以纯的单晶 β″-Al_2O_3 作为电解质难以实现,常见的 β″-Al_2O_3 固态电解质均为 β 和 β″ 两相混合并且掺杂稳定化离子的混合物。多晶 β″-Al_2O_3 的离子电导率受 β/β″ 相的比例和平均晶粒尺寸影响,β″ 相含量越多,平均晶粒尺寸越大,离子电导率越高。此外,杂质的存在对离子电导率的影响也较大,常见的杂质元素包括钙和硅。β-Al_2O_3 固态电解质中钙的存在会使得晶界处生成铝酸钙相,铝酸钙相会阻碍离子传导并导致界面阻抗呈指数级上升[195],而硅元素的也有相似的影响[196]。

Na-β-Al_2O_3 固态电解质可由传统的固相法[197,198]、溶胶-凝胶法[199,200]、共沉淀技术[201]、冷冻干燥法[202]、火焰喷雾热解法[203]、微波加热法[204]、机械化学法[205] 等方法制备而得。传统的固相法合成 Na-β-Al_2O_3 固态电解质一般以 α-Al_2O_3 为前体,而 Na_2O 的引入则是通过向反应物中加入 Na_2CO_3、$NaNO_3$、NaOH 或 $NaAlO_2$ 来实现的,由于 β″-Al_2O_3 的热力学不稳定性,为了保证生成更多的 β″-Al_2O_3 相还需要加入 Li_2O、MgO、TiO_2、ZrO_2、Y_2O_3、MnO_2、SiO_2、Fe_2O_3 等晶相稳定剂[192,206-210],然后将反应物经过高能球磨以及在

1600℃以上的高温煅烧才可以获得 β''-Al_2O_3 相含量较高的固态电解质。但这种固相法合成的材料晶粒尺寸较大且材质不够均匀，影响电解质的离子电导率和机械强度。因此，为了控制好 β/β'' 比例以获得较高的离子电导率和较好的力学性能，众多研究者开发了上述一系列的合成方法，不断推动着 Na-β-Al_2O_3 固态电解质的发展。

(2) NASICON 型固态电解质

NASICON 型固态电解质是一种可以提供 Na^+ 三维运输通道以实现快速钠离子传导的材料，这是 NASICON 相对于 β-Al_2O_3 材料只能在二维导电平面上传导钠离子的优势所在，β-Al_2O_3 在垂直于导电平面上的离子电导率几乎为 0。在 1976 年，Goodenough 等[186]最早报道了这种钠超离子导体（$Na_{1+x}Zr_2Si_xP_{3-x}O_{12}$），这种 NASICON 可以看作是由 $NaZr_2P_3O_{12}$ 固溶体中的 P^{5+} 被 Si^{4+} 取代而来的，因此它的结构通式可写成 $Na_{1+x}Zr_2Si_xP_{3-x}O_{12}$（$0 \leqslant x \leqslant 3$）。当 $x=2$ 时，$Na_3Zr_2Si_2PO_{12}$ 展现最高的离子电导率，在室温和 300℃ 下分别可以达到 10^{-4}S/cm 和 10^{-1}S/cm。因此，许多工作都是围绕着 $Na_3Zr_2Si_2PO_{12}$ 型 NASICON 材料展开研究。$Na_3Zr_2Si_2PO_{12}$ 两种晶体结构分别是菱方相（$R3c$）和单斜相（$C2/c$），图 6-9(a) 和 (b) 所示分别为它们的晶体结构示意图[211]。两种晶体结构都是由共顶点的四面体的 [SiO_4]、[PO_4] 和八面体的 [ZrO_6] 通过氧原子相连接形成的 Na^+ 三维运输通道。在菱方相的晶体结构中，存在两个不同的 Na^+ 位点（图中 M_1 和 M_2），其中 M_1 为低能量位点，M_2 为高能量位点，当 $x=0$ 时，钠离子仅占据 M_1；当 x 增大时，钠离子数量增多并在完全占据 M_1 后开始占据 M_2，当 $1.8 \leqslant x \leqslant 2.2$，NASICON 结构会发生轻微旋转畸变形成单斜相，单斜相与菱方相的不同之处在于单斜相的结构发生扭曲之后，高能位点 M_2 发生了分裂，形成了新的占据位点（M_2^α 和 M_2^β）。

无论是菱方相还是单斜相，钠离子传导时都必须经过三角形的瓶颈区域，该瓶颈区域由三个分别来自 [SiO_4]、[PO_4] 四面体和 [ZrO_6] 八面体的氧原子组成，瓶颈区域的尺寸大小直接影响钠离子传导的能量势垒，决定着钠离子的传输动力学。图 6-9(c) 和 (d) 为单斜相中钠离子传导经过的四种不同的瓶颈区域（M_1 为 Na_1，M_2^α 和 M_2^β 分别为 Na_2 和 Na_3），Na_1 和 Na_2 之间为 A 和 B 瓶颈区域，Na_1 和 Na_3 之间为 C 和 D 瓶颈区域[212]。钠离子的传输势垒取决于较小的瓶颈区域尺寸，因此通过引入适当的取代离子来扩大瓶颈区域尺寸，可以有效提高离子电导率。这种结论是符合经典的离子传输模型的，即认为离子传输是单个离子从一个晶格位点通过晶体结构中相互连接的传输通道跳跃至另一个晶格位点上。在经典模型中，离子传输的活化能由整个传输通道中能量势垒的最大值决定，具有相似晶体结构的固态电解质应当具有相近的能量势垒。然而在研究中发现了许多晶体结构相似但能量势垒差距较大的例子，这说明经典的离子传输模型不够完善。有工作表明，固态电解质中还存在一种多离子协同传输模型，即处在不同位点上的钠离子同时向其最近的位点跳跃，处于高能量位点 M_2 的钠离子向低能量位点跳跃时释放的能量，可以补偿到处于低能量位点 M_1 的钠离子向高能量位点跳跃所需能量，同时离子间的库仑作用力会促进离子的传输。因此，这种传输模型的能量势垒要低于单离子传输的能量势垒，如图 6-9(e) 所示。这种多离子协同传输发生在可移动钠离子浓度较高的情况下，因为当可移动钠离子浓度低时，钠离子只会占据低能量的 M_1 位点，所以增大可移动离子的浓度也是提高固态电解质的离子电导率的一种策略，这对大多数快离子导体型材料具有普适性[213]。

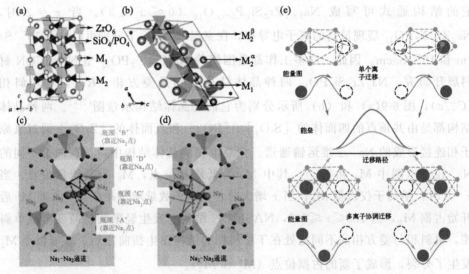

图 6-9 (a) 菱方相和 (b) 单斜相的 NASICON 晶体结构图[211]；
单斜相 NASICON 中钠离子传导经过的四种不同的瓶颈区域；(c) Na_1-Na_2 通道，
(d) Na_1-Na_3 通道[212]；(e) 单离子传输和多离子协同传输示意图及能垒[213]

NASICON 材料具有开放的材料骨架，其中的高价阳离子易于被其他离子取代，因此向 NASICON 材料中掺杂不同价态和不同半径的阳离子是调节瓶颈区域和钠离子浓度的有效方法。当使用价态低于 Zr^{4+} 的阳离子取代它时，根据电荷平衡原理，需要额外的 Na^+ 进行电荷补偿，用于取代的低价阳离子包括 Sc^{3+}、Mg^{2+}、Ni^{2+}、Ca^{2+}、Co^{3+}、Nd^{3+} 等。同时，取代阳离子和 Zr^{4+} (0.72Å) 的离子半径上的差异会影响瓶颈区域的尺寸，合适半径的取代离子可以增大瓶颈区域尺寸来实现提高离子电导率的目的。Song 等[214] 研究了碱土金属离子掺杂的 NASICON 材料，即 $Na_{3.1}Zr_{1.95}M_{0.05}Si_2PO_{12}$（M=Mg、Ca、Sr、Ba），他们发现通过简单的机械化学方法就可以使碱土金属离子取代部分 Zr^{4+} 位点，并且随着碱土金属离子半径的增大，离子传输路径中的瓶颈区域会变窄，导致离子电导率的下降，所以在这些离子中 Mg^{2+} 掺杂时展现出最高的电导率（3.5×10^{-3} mS/cm）。Sc^{3+}（0.745Å）离子半径与 Zr^{4+} 相近，以最佳掺杂量（$Na_{3.4}Sc_{0.4}Zr_{1.6}Si_2PO_{12}$）掺杂时室温离子电导率可达 4.0×10^{-3} S/cm，是目前报道的 NASICON 型材料中电导率较大的一种[215]。Sc 掺杂的缺点是价格昂贵、使用成本较高。最近 Yang 等[216] 报道的 Zn 掺杂的 $Na_{3.4}Zr_{1.9}Zn_{0.1}Si_{2.2}P_{0.8}O_{12}$ 材料也展现出极高的离子电导率，室温下可达 5.27×10^{-3} S/cm，这是目前报道的离子电导率最高的 NASICON 型材料。关于通过掺杂金属离子来提高电导率的研究还有很多，就不一一赘述，表 6-5 中列举了部分已发表的 NASICON 材料的数据。

表 6-5 部分 NASICON 材料的电导率和活化能数据

NASICON 材料	σ_{RT}/(S/cm)	E_a/eV	参考文献
$Na_3Zr_2P_3O_{12}$	4.5×10^{-6}	0.47	[185,224,225]
$Na_3Zr_2Si_2PO_{12}$	6.7×10^{-4}	0.29	[185,186,226]
$Na_{3.4}Zr_{1.6}Sc_{0.4}Si_2PO_{12}$	4.0×10^{-3}	0.26	[215]
$Na_{3.08}Zr_{1.6}Mg_{0.04}Si_2PO_{12}$	3.7×10^{-4}	0.36	[227]
$Na_{3.08}Zr_{1.6}Nb_{0.04}Si_2PO_{12}$	4.95×10^{-3}	0.21	[227]
$Na_{3.08}Zr_{1.6}V_{0.04}Si_2PO_{12}$	1.2×10^{-3}	0.21	[227]
$Na_{3.08}Zr_{1.6}Ta_{0.04}Si_2PO_{12}$	9.4×10^{-4}	0.17	[227]
$Na_{3.1}Zr_{1.95}Mg_{0.05}Si_2PO_{12}$	3.5×10^{-3}	0.25	[214]
$Na_3Hf_2Si_{2.2}P_{0.8}O_{12}$	2.3×10^{-3}	0.36	[228]
$Na_{3.4}Zr_{1.9}Zn_{0.1}Si_{2.2}P_{0.8}O_{12}$	5.27×10^{-3}		[216]

除了钠离子在材料本体中的传导会影响电导率外，它在晶界处以及电解质和电极之间的传输行为也很重要[217,218]。传统的固相制备方法是通过高温烧结的方法来降低晶界阻抗和促进电解质-电极材料的接触，因为固相法需要通过高温来减少晶粒间的气孔促进材料的致密化。然而在高温下（NASICON 一般在 1000℃以上烧结）容易导致钠和磷的挥发，并导致 ZrO_2 等离子电导率较低的杂质相在晶界处生成，阻碍钠离子传输。溶胶-凝胶法制备的 NASICON 材料可以实现反应物分子级别的均匀混合，降低反应和材料致密化所需温度，避免了钠、磷的挥发和杂质相的生成。一些其他的新型制备方法还包括溶液辅助固相法

(SA-SSR)[219,220]、机械球磨法[221]、液相进料火焰喷雾热解法 (LF-FSP)[222]、放电等离子体烧结法 (SPS)[223] 等。机械球磨法是通过碰撞产生的能量打断原有的化学键，使得反应物的化学活性和均匀程度提高，以此降低所需的烧结温度。放电等离子体烧结时不仅通过加热和加压促进了反应物颗粒的接触扩散，同时还会在颗粒间产生直流脉冲电压形成放电等离子体，使反应物颗粒均匀产生热量并发生表面活化。

电解质和电极之间的接触界面问题一直是固态电池研究的拦路虎，一方面，NASICON 固态电解质硬度大，缺乏液态电解液的润湿性，导致电解质和电极之间接触面积过小，因此具有较大的界面阻抗；另一方面，充放电过程中钠离子的嵌入脱出会导致活性材料的体积变化，而固态电解质的体积基本不变，这会进一步导致电解质和电极间的接触不良，对于钠金属负极，还可能存在枝晶生长的问题[229,230]。将固态电解质粉末和活性材料粉末混合可以一定程度上改善接触不良问题，但是当活性材料体积变化较大时，仍然会破坏界面结构，而且这种方法对材料的尺寸和均匀性要求较高。通过在电解质和电极界面间引入修饰物也可以改善界面问题，直接引入小部分液态电解液或离子液体对电解液的润湿性有较大的提高，但是存在和纯液态电解液一样的漏液风险[231,232]。另外，引入部分聚合物电解质（如 PEO、PVDF、PMEA 等）或者硫化物固态电解质，虽然润湿性比引入液体物质相差较远，但是可以在没有漏液风险的同时，改善界面接触，提高电池的稳定性[221]。通过物理气相沉积将固态电解质直接生长在电极表面可以获得致密且均匀的界面，且电解质与电极材料有较好的附着力[233]。而构建三维多孔结构的电解质和电极界面，可以保证活性材料和电解质充分接触的同时，预留出体积变化的空间，达到提高界面稳定性的目的[234]。

(3) 硫化物固态电解质

与 Na-β-Al_2O_3 氧化物相比，硫化物固态电解质一般具有更高的离子电导率，这是因为硫原子半径较大，且硫的电负性小于氧的电负性，使得硫与钠离子的静电作用力变小，所以硫化物固态电解质常展现出比氧化物更快的钠离子传输能力。目前，已报道的硫化物电解质最大电导率已经超过 40mS/cm，这比常用的有机液态电解液电导率还要高[235]。另外，硫化物电解质还具有更加温和的合成条件，它可以在较低的温度下合成，因此可以降低成本和对反应容器的要求不高。同时，硫化物电解质具有比 Na-β-Al_2O_3 和 NASICON 更好的延展性，仅通过冷压处理就可以实现和电极之间的良好接触。基于以上原因，硫化物电解质受到了众多研究者的关注。

最常见的硫化物固态电解质为 Na_3PS_4，具有两种晶体结构，如图 6-10 所示，分别为四方相（$P-42_1c$；$a_0=b_0=6.9520Å$，$c_0=7.0757Å$）和立方相

(I-$43m$；$a_0=b_0=c_0=7.0699$Å)[167]。然而，在常温下 Na_3PS_4 一般是四方相，当温度上升至 530K 左右才会转变生成立方相。Na_3PS_4 最早报道于 1992 年，在当时就通过 XRD 确定了四方相的晶体结构，且发现了四方相 Na_3PS_4 的离子电导率仅有 $4.17×10^{-6}$ S/cm[236]。直到 2012 年，有人报道了可以在常温下稳定存在的立方相 Na_3PS_4，其室温电导率增大至 $2×10^{-4}$ S/cm[237]。并且在使用纯度较高（99.1%）的 Na_2S 作为原料时，虽然得到的立方相 Na_3PS_4 从 XRD 图谱中无法看出区别，但是高纯度原料得到的 Na_3PS_4 离子电导率可达 $4.6×10^{-4}$ mS/cm，是普通纯度原料的两倍[238]。至此，基于硫化物的固态电解质才开始吸引众多研究者的目光，并得以快速发展。

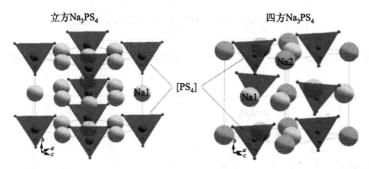

图 6-10 立方相和四方相 Na_3PS_4 的晶体结构[167]

对于硫化物固态电解质来说，向电解质晶格中引入缺陷是提升离子电导率的重要方法，尤其是空位的引入可以有效地提高电导率。引入异价阳离子掺杂来取代 P^{5+} 或异价阴离子掺杂来取代 S^{2-}，可以在电解质晶格中产生 Na^+ 间隙，如 M^{4+}（M=Si、Sn、Ge）。理论计算和实验验证说明 Na^+ 间隙对电导率的提升来自于电荷载流子密度的增大[239]，例如 Si 掺杂的 $94Na_3PS_4 \cdot 6Na_4SiS_4$ 就展现出比未掺杂状态下的 Na_3PS_4 更高离子电导率，可达 $7.4×10^{-4}$ mS/cm[240]。硫化物晶格中空位的存在对离子电导率的提升效果更加显著。如图 6-11 所示，密度泛函理论分子动力学模拟表明，当 Na_3PS_4 中仅存在 2% 的钠离子空位时（即 $Na_{2.94}PS_4$），电导率就可以提高至 0.2S/cm，活化能就会从 0.28eV 降至 0.16eV，这说明硫化物固态电解质的钠离子传导过程中钠空位起到了重要作用[241]。此外，通过引入卤素离子（Cl^-、Br^-）取代 S^{2-} 也可以在晶格中引入空位，如一种四方相的 $Na_{2.9375}PS_{3.9375}Cl_{0.0625}$ 电导率可达 $1.14×10^{-3}$ S/cm（303K），活化能为 0.249eV，比未取代的四方相 Na_3PS_4 的电导率（$5×10^{-5}$ S/cm，303K）高[242]。以离子半径更大的阳离子掺杂来取代 P^{5+} 也是引入空位的一种方法，如 As^{5+}、Sb^{5+}、W^{6+} 等[243,244]。目前已报道过的硫化物电解质中离子电导率最高的一种也是通过这种方法获得的。在 Na_3SbS_4 的基础上再向其中掺杂少量的 W^{6+} 来稳定室温下的立方相结构,并提高晶格中的 Na^+ 空位浓度,如图 6-12 所示,得到的 $Na_{2.88}Sb_{0.9}W_{0.12}S_4$ 电解质室温离子电导率高达 3.2×10^{-2} mS/cm[245]。同时还有其他研究者报道了 $Na_{2.9}P_{0.9}W_{0.1}S_4$ 和 $Na_{2.9}Sb_{0.9}W_{0.1}S_{0.4}$ 电解质的离子电导率分别为 (13 ± 3) mS/cm 和 (41 ± 8) mS/cm[246]。

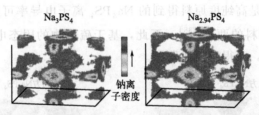

图 6-11 Na_3PS_4 和 $Na_{2.94}PS_4$ 分子动力学模拟的 525K 下的钠离子分布图[241]

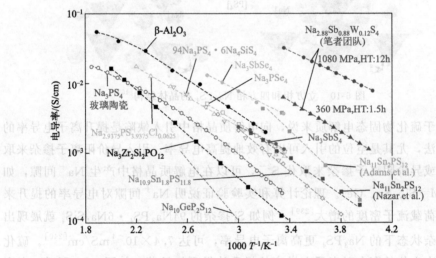

图 6-12 $Na_{2.88}Sb_{0.9}W_{0.12}S_4$ 和部分其他已报道钠离子导体电导率的 Arrhenius 图[245]

此外,Na^+ 和阴离子骨架的相互作用,以及 Na^+ 传输通道的尺寸对离子电导率也有很大的影响。当使用 Se^{2-} 取代 S^{2-} 时,Na_3PSe_4 电解质的室温离子电导率可达 1.16×10^{-3} S/cm,活化能为 0.21eV[247]。该化合物的离子电导率提高的原因有两个方面,首先,由于 Se 的原子半径大于 S,所以 Se 的取代有助于扩大晶格体积和增大 Na^+ 传输通道的尺寸;其次,Se 的高极化特性有助于降低 Na^+ 和阴离子骨架间的结合能,进一步减弱晶格骨架对 Na^+ 的束缚。研究表明,在 $Na_3PS_xSe_{4-x}$ 电解质中,随着 Se 含量的增多,其晶体结构会从四方相转变成立方相，并且空位浓度也会同时增大。另外，通过使用离子半径更大的 Sb^{5+} 取代 P^{5+} 对 Na_3PSe_4 电解质进一步改性可以得到更高的离子电导率，当 Sb^{5+} 完全取代时，Na_3SbSe_4 的离子电导率为 $3.7×10^{-3}S/cm$[248]。

受到 $Li_{10}MP_2S_{12}$（M＝Si、Ge 和 Sn）和 $Li_7P_3S_{11}$ 等锂超离子导体的启发，部分研究者致力于开发类似结构的钠离子导体[249,250]。理论计算表明，$Na_{10}GeP_2S_{12}$、$Na_7P_3S_{11}$ 和 $Na_7P_3Se_{11}$ 等电解质的离子电导率分别为 $4.7×10^{-3}S/cm$、$1.1×10^{-2}S/cm$ 和 $1.26×10^{-2}S/cm$，但是这些电解质的纯相都难以合成[251,252]。有报道的此类电解质有 $Na_{10}SnP_2S_{12}$ 和 $Na_{11}Sn_2PS_{12}$，其电导率分别为 $4×10^{-4}S/cm$ 和 $(3.7±0.3)×10^{-3}S/cm$。$Na_{10}SnP_2S_{12}$ 的电导率较低，其原因是电解质中还含有大量的杂质相如 P_2S_5、Na_2S 和 Na_3PS_4 等[253]。另外，$Na_{11}Sn_2PS_{12}$ 是一种新的晶体结构类型，属于四方晶系（$I4_1/acd$；2；$a_0=b_0=13.6148Å$，$c_0=27.2244Å$），Na^+ 在其中占据八面体位点，可以实现三维传输。虽然此类材料的离子电导率在现在看来比不上 W^{6+} 掺杂的 Na_3SbS_4，且很多同类型的电解质也尚未被制备出来，但是关于这类材料的开发与研究对硫化物固态电解质仍十分重要。

用 As 或 Sb 等与 S 相互作用更强的元素进行掺杂，形成的 As-S 键和 Sb-S 键的强度就会高于 P-S 键的强度，以此来提高硫化物的化学稳定性[244]。对于 Na_3SbS_4 电解质来说，当它暴露在空气中后仅会与水结合生成 $Na_3SbS_4·9H_2O$，而不是和它发生化学反应，且经过 150℃烧结 1h 后就可以恢复至初始状态，同时 Na_3SbS_4 也可以在有水分的外界条件下合成，即水溶液合成法[254]。这种化学稳定性的提升可以用"软硬酸碱理论"来解释，在 Na_3PS_4 中，S^{2-} 是软碱而 P^{5+} 是硬酸，因此晶格中的 S^{2-} 倾向于被 O^{2-}（硬碱）取代。而在 Na_3SbS_4 电解质中，Sb^{5+} 是软酸，它与软碱 S^{2-} 的相互作用力会比硬碱 O^{2-} 的大得多，因此 Sb-S 键的强度也远大于 P-S 键的强度。

除了化学稳定性外，电化学稳定性对硫化物固态电解质来说也是亟待解决的问题。当以惰性电极对硫化物进行循环伏安测试时，硫化物电解质的电化学窗口可达到 5V（相对于 Na^+/Na）以上[254,255]。但是，理论计算得到的数据显示硫化物的电化学窗口普遍较窄，如 Na_3PS_4 的电化学窗口为 $1.55\sim2.25V$，同时根据实际电池的研究，Na_3PS_4 在 2.7V（相对于 Na^+/Na）左右就会发生氧化反应，并且硫化物电解质和钠金属接触时会被还原成 Na_3P 和 Na_2S[187,256]。目前，为了获得更好的循环寿命，常用与硫化物电解质相容性较好的有机正极材料来与之匹配；另外，为了提高电解质与钠金属的稳定性，可以在界面处包覆一层钝化层,如聚合物薄膜、离子液体和Na-β-Al_2O_3固态电解质等[257]。但目前对硫化物电解质和正负极之间的兼容性问题研究得不够透彻,还需要开发更多途径来实现电解质和电极界面的稳定性,以提高固态电池的循环寿命,因此硫化物固态电解质的实际应用还任重道远。

(4) 复合氢化物固态电解质

复合氢化物固态电解质最早报道于2012年[258],有研究者发现某些氢化物如$NaAlH_4$和Na_3AlH_6等具有接近1的钠离子迁移数,但是它们的室温离子电导率仅有2.1×10^{-10}mS/cm和6.4×10^{-7}mS/cm。为了提高离子电导率,研究者将$NaBH_4$和$NaNH_2$按1∶1的摩尔比混合制备了$Na_2(BH_4)(NH_2)$,相比于原来单独的氢化物,$Na_2(BH_4)(NH_2)$的离子电导率可以提升至3×10^{-6}mS/cm,电导率提升的原因是两者复合后得到的$Na_2(BH_4)(NH_2)$具有富含Na^+空位的反钙钛矿型结构,正是这一发现开拓了复合氢化物用于钠离子导体的研究[259]。随后,就有研究者报道了尺寸更大的氢化物展现出更高的离子电导率,如$Na_2B_{12}H_{12}$和$Na_2B_{10}H_{10}$,其中$Na_2B_{12}H_{12}$在540~573K下就展现出0.1S/cm的超高电导率[260]。然而,这种高离子电导率仅在高温下$Na_2B_{12}H_{12}$具有无序的体心立方相结构时才会出现,主要是由于在低温下$Na_2B_{12}H_{12}$为有序的单斜相,只有在温度超过529K时才能转变成无序结构。一般来说,它们的相转变温度都比较高,导致室温下离子电导率比较低。

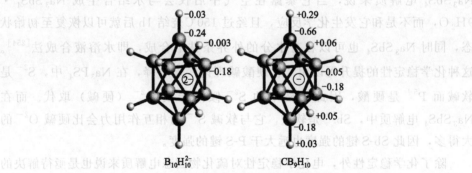

图6-13 $B_{10}H_{10}^{2-}$和$CB_9H_{10}^-$的结构图和不同原子的Mulliken电荷
(绿色、棕色和白色球体分别代表硼、碳和氢原子)[261]

为了让这类钠离子导体能够在室温下应用,许多研究者致力于降低甚至消除它们的相转变温度。目前,有三种方法能够实现相转变温度的降低:阴离子的化学修饰、混合阴离子和晶粒的纳米化及无序化。阴离子的化学修饰是最早提出的一种有效方法,如图6-13所示,通过引入C取代$B_{12}H_{12}^{2-}$中的1个B得到−1价的$CB_{11}H_{12}^-$,$NaCB_{11}H_{12}$的相转变温度被降低至380K,在383K时它的离子电导率就可达到 0.12S/cm。对于 $Na_2B_{10}H_{10}$ 来说，引入 C 取代后得到的相转变温度可从 360K 降低至室温以下，在 297K 时它的离子电导率为 $3×10^{-2}$ mS/cm。当 Cl、Br、I 等原子部分取代 $Na_2B_{12}H_{12}$ 中的 H 时，电解质的相转变温度一定程度上下降，但是当 Cl、Br、I 等完全取代时，相转变温度反而会上升[262]。第二种方法就是混合多硼酸盐阴离子来降低相转变温度的方法，如 $Na_2(B_{12}H_{12})_{0.5}(B_{10}H_{10})_{0.5}$ 电解质在 20℃ 时离子电导率为 $9×10^{-4}$ S/cm，且在 -70℃ 至 280℃ 之间未观察到明显的相转变[263]。另外，研究者制备得到 $Na_2(CB_9H_{10})(CB_{11}H_{12})$ 电解质，它的无序结构也能在室温下稳定存在，300K 下它的离子电导率为 $7×10^{-2}$ S/cm。第三种方法则是通过球磨来实现电解质晶粒尺寸的减小并增加了其无序程度，从而有效地降低相转变温度，使得电解质在室温下达到更高的离子电导率[264]。

目前，关于复合氢化物电化学窗口的研究还比较少，有报道称 $Na_2(B_{12}H_{12})_{0.5}(B_{10}H_{10})_{0.5}$ 的电化学窗口较窄，不能和 3V（相对于 Na^+/Na）以上的正极材料匹配[264]。因此，对于复合氢化物电解质而言，已经有比较高离子电导率的化合物报道，但还需要开发出兼具高离子电导率和宽电化学窗口的新型体系，并进行进一步电极界面的兼容性研究。

6.7
小结

随着钠离子电池研究的不断深入，研究人员逐渐认识到电解液也是影响钠离子电池应用性能的一个关键因素。其不仅可以影响电池的电化学性能，包括首周库仑效率、倍率能力和循环寿命，还影响电池的安全和应用条件。本章讨论了在钠离子电池中应用的碳酸酯类电解液、醚类电解液、凝胶和固态电解质，以及电解质盐和成膜添加剂的研究进展。虽然有机电解液体系的研究已经取得了巨大进步，但仍有许多工作需要深入进行。目前钠离子电池非水电解液仍需解决以下几个方面的问题。

① 虽然目前对电解液的稳定性和电化学兼容性有一定的了解，但对稳定电解液的结构组成，包括阴阳离子的相互作用、离子与溶剂的配位状态等基础知识仍不清楚，特别是目前高稳定性的高摩尔比（或高浓）体系的电化学基础仍缺乏，这将是今后的研究方向之一。

② SEI 膜的组成及机制研究。虽然锂离子电池中对 SEI 膜的研究已经相当

广泛,但在钠离子电池中钠盐的溶解性和钠离子对溶剂分解反应的诱导作用可能与锂离子电池中不同,造成 SEI 的组成、性质和构造都有差别,然而这方面的研究比较少,需进行深入的研究工作。

③ 功能电解液的开发。电池需要不断提高工作电压和拓宽工作温度范围来适应应用需求,因此,对高低温、倍率、长循环、高比能等功能性的要求在不断提高,其中绝大部分的性能在于对电解液的研究和开发方面。发展新溶剂、添加剂及功能性盐等成为重点。

④ 电解液的安全性。通过加入氟代碳酸酯、阻燃剂等以及发展非燃溶剂体系来解决现在可燃碳酸酯溶剂体系,同时发展固态电解质也为高比能和高安全钠电池提供可能。

总的来说,电解液在钠离子电池中有着至关重要的作用,并且极大地影响了钠离子电池的性能及商业化进展。在这方面,仍然需要通过研究电解液的机理以及开发新的电解液和固态电解质来使钠离子电池更快更好地发展。

参考文献

[1] Aurbach D, Talyosef Y, Markovsky B, et al. Design of electrolyte solutions for Li and Li-ion batteries: a review [J]. Electrochimica Acta, 2004, 50 (2): 247-254.

[2] Xu K. Electrolytes and interphases in Li-ion batteries and beyond [J]. Chemical Reviews, 2014, 114 (23): 11503-11618.

[3] Wu X, Cao Y, Ai X, et al. A low-cost and environmentally benign aqueous rechargeable sodium-ion battery based on $NaTi_2(PO_4)_3$-$Na_2NiFe(CN)_6$ intercalation chemistry [J]. Electrochemistry Communications, 2013, 31: 145-148.

[4] Zhang B H, Liu Y, Wu X W, et al. An aqueous rechargeable battery based on zinc anode and $Na_{0.95}MnO_2$ [J]. Chemical Communications, 2014, 50 (10): 1209-1211.

[5] Li Z, Young D, Xiang K, et al. Towards high power high energy aqueous sodium-ion batteries: the $NaTi_2(PO_4)_3/Na_{0.44}MnO_2$ system [J]. Advanced Energy Materials, 2013, 3 (3): 290-294.

[6] Whitacre J F, Wiley T, Shanbhag S, et al. An aqueous electrolyte, sodium ion functional, large format energy storage device for stationary applications [J]. Journal of Power Sources, 2012, 213: 255-264.

[7] Zhang X, Wang X, Liu S, et al. A novel PMA/PEG-based composite polymer electrolyte for all-solid-state sodium ion batteries [J]. Nano Research, 2018, 11 (12): 6244-6251.

[8] Yue J, Zhu X, Han F, et al. Long cycle life all-solid-state sodium ion battery [J]. ACS Applied Materials & Interfaces, 2018, 10 (46): 39645-39650.

[9] Jinisha B, Anilkumar K M, Manoj M, et al. Poly (ethylene oxide) (PEO)-based, sodium ion-conducting, solid polymer electrolyte films, dispersed with Al_2O_3 filler, for applications in sodium ion cells [J]. Ionics, 2018, 24 (6): 1675-1683.

[10] Bitner-Michalska A, Krzton-Maziopa A, Zukowska G, et al. Liquid electrolytes contai-

ning new tailored salts for sodium-ion batteries [J]. Electrochimica Acta, 2016, 222: 108-115.

[11] Scheers J, Lim D H, Kim J K, et al. All fluorine-free lithium battery electrolytes [J]. Journal of Power Sources, 2014, 251: 451-458.

[12] Ein-Eli Y, Thomas S R, Koch V R. New electrolyte system for Li-ion battery [J]. Journal of The Electrochemical Society, 1996, 143 (9): L195-L197.

[13] Pan K, Lu H, Zhong F, et al. Understanding the electrochemical compatibility and reaction mechanism on Na metal and hard carbon anodes of PC-based electrolytes for sodium-ion batteries [J]. ACS Applied Materials & Interfaces, 2018, 10 (46): 39651-39660.

[14] Ponrouch A, Marchante E, Courty M, et al. In search of an optimized electrolyte for Na-ion batteries [J]. Energy & Environmental Science, 2012, 5 (9): 8572-8583.

[15] Komaba S, Murata W, Ishikawa T, et al. Electrochemical Na insertion and solid electrolyte interphase for hard-carbon electrodes and application to Na-ion batteries [J]. Advanced Functional Materials, 2011, 21 (20): 3859-3867.

[16] Moreau P, Guyomard D, Gaubicher J, et al. Structure and stability of sodium intercalated phases in olivine $FePO_4$ [J]. Chemistry of Materials, 2010, 22 (14): 4126-4128.

[17] Sathiya M, Hemalatha K, Ramesha K, et al. Synthesis, structure, and electrochemical properties of the layered sodium insertion cathode material: $NaNi_{1/3}Mn_{1/3}Co_{1/3}O_2$ [J]. Chemistry of Materials, 2012, 24 (10): 1846-1853.

[18] Ponrouch A, Goni A R, Palacin M R. High capacity hard carbon anodes for sodium ion batteries in additive free electrolyte [J]. Electrochemistry Communications, 2013, 27: 85-88.

[19] Komaba S, Ishikawa T, Yabuuchi N, et al. Fluorinated ethylene carbonate as electrolyte additive for rechargeable Na batteries [J]. Acs Applied Materials & Interfaces, 2011, 3 (11): 4165-4168.

[20] Takenaka N, Sakai H, Suzuki Y, et al. A computational chemical insight into microscopic additive effect on solid electrolyte interphase film formation in sodium-ion batteries: suppression of unstable film growth by intact fluoroethylene carbonate [J]. Journal of Physical Chemistry C, 2015, 119 (32): 18046-18055.

[21] Gocheva I D, Nishijima M, Doi T, et al. Mechanochemical synthesis of $NaMF_3$ (M= Fe, Mn, Ni) and their electrochemical properties as positive electrode materials for sodium batteries [J]. Journal of Power Sources, 2009, 187 (1): 247-252.

[22] Yabuuchi N, Kajiyama M, Iwatate J, et al. P2-type $Na_x[Fe_{1/2}Mn_{1/2}]O_2$ made from earth-abundant elements for rechargeable Na batteries [J]. Nature Materials, 2012, 11 (6): 512-517.

[23] Pan H L, Hu Y S, Chen L Q. Room-temperature stationary sodium-ion batteries for large-scale electric energy storage [J]. Energy & Environmental Science, 2013, 6 (8): 2338-2360.

[24] Dubois M, Ghanbaja J, Billaud D. Electrochemical intercalation of sodium ions into poly (para-phenylene) in carbonate-based electrolytes [J]. Synthetic Metals, 1997, 90 (2):

127-134.

[25] Thomas P, Ghanbaja J, Billaud D. Electrochemical insertion of sodium in pitch-based carbon fibres in comparison with graphite in $NaClO_4$-ethylene carbonate electrolyte [J]. Electrochimica Acta, 1999, 45 (3): 423-430.

[26] Weadock N, Varongchayakul N, Wan J Y, et al. Determination of mechanical properties of the SEI in sodium ion batteries via colloidal probe microscopy [J]. Nano Energy, 2013, 2 (5): 713-719.

[27] Qiu S, Xiao L F, Sushko M L, et al. Manipulating adsorption-insertion mechanisms in nanostructured carbon materials for high-efficiency sodium ion storage [J]. Advanced Energy Materials, 2017, 7 (17): 11.

[28] Zhang H M, Ming H, Zhang W F, et al. Coupled carbonization strategy toward advanced hard carbon for high-energy sodium-ion battery [J]. Acs Applied Materials & Interfaces, 2017, 9 (28): 23766-23774.

[29] Li C Y, Patra J, Yang C H, et al. Electrolyte optimization for enhancing electrochemical performance of antimony sulfide/graphene anodes for sodium-ion batteries-carbonate-based and ionic liquid electrolytes [J]. Acs Sustainable Chemistry & Engineering, 2017, 5 (9): 8269-8276.

[30] Jache B, Adelhelm P. Use of graphite as a highly reversible electrode with superior cycle life for sodium-ion batteries by making use of Co-intercalation phenomena [J]. Angewandte Chemie-International Edition, 2014, 53 (38): 10169-10173.

[31] Darwiche A, Bodenes L, Madec L, et al. Impact of the salts and solvents on the SEI formation in Sb/Na batteries: an XPS analysis [J]. Electrochimica Acta, 2016, 207: 284-292.

[32] Jang J Y, Kim H, Lee Y, et al. Cyclic carbonate based-electrolytes enhancing the electrochemical performance of $Na_4Fe_3(PO_4)_2(P_2O_7)$ cathodes for sodium-ion batteries [J]. Electrochemistry Communications, 2014, 44: 74-77.

[33] Seh Z W, Sun J, Sun Y M, et al. A highly reversible room-temperature sodium metal anode [J]. Acs Central Science, 2015, 1 (8): 449-455.

[34] Lee Y, Lee J, Kim H, et al. Highly stable linear carbonate-containing electrolytes with fluoroethylene carbonate for high-performance cathodes in sodium-ion batteries [J]. Journal of Power Sources, 2016, 320: 49-58.

[35] Kim H, Grugeon S, Gachot G, et al. Ethylene bis-carbonates as telltales of SEI and electrolyte health, role of carbonate type and new additives [J]. Electrochimica Acta, 2014, 136: 157-165.

[36] Ponrouch A, Monti D, Boschin A, et al. Non-aqueous electrolytes for sodium-ion batteries [J]. Journal of Materials Chemistry A, 2015, 3 (1): 22-42.

[37] Ponrouch A, Dedryvere R, Monti D, et al. Towards high energy density sodium ion batteries through electrolyte optimization [J]. Energy & Environmental Science, 2013, 6 (8): 2361-2369.

[38] Vidal-Abarca C, Lavela P, Tirado J L, et al. Improving the cyclability of sodium-ion cathodes by selection of electrolyte solvent [J]. Journal of Power Sources, 2012, 197:

314-318.

[39] Zhao J, Zhao L, Chihara K, et al. Electrochemical and thermal properties of hard carbon-type anodes for Na-ion batteries [J]. Journal of Power Sources, 2013, 244: 752-757.

[40] Vidal-Abarca C, Lavela P, Tirado J L, et al. Improving the cyclability of sodium-ion cathodes by selection of electrolyte solvent [J], 2012, 197 (1): 314-318.

[41] Kamath G, Cutler R W, Deshmukh S A, et al. In silico based rank-order determination and experiments on nonaqueous electrolytes for sodium ion battery applications [J]. Journal of Physical Chemistry C, 2014, 118 (25): 13406-13416.

[42] Shakourian-Fard M, Kamath G, Smith K, et al. Trends in Na-ion solvation with alkyl-carbonate electrolytes for sodium-ion batteries: insights from first-principles calculations [J]. Journal of Physical Chemistry C, 2015, 119 (40): 22747-22759.

[43] Zhu Z, Cheng F, Hu Z, et al. Highly stable and ultrafast electrode reaction of graphite for sodium ion batteries [J]. Journal of Power Sources, 2015, 293: 626-634.

[44] Miura M, Hatai K, Oono H, et al. Antifungal effect of potassium chloride (KCl) on water mold infection in ayu plecoglossus altivelis eggs [J]. Fish Pathology, 2009, 44 (4): 166-171.

[45] Kim H, Hong J, Park Y U, et al. Sodium storage behavior in natural graphite using ether-based electrolyte systems [J]. Advanced Functional Materials, 2015, 25 (4): 534-541.

[46] Hu Z, Wang L X, Zhang K, et al. MoS_2 nanoflowers with expanded interlayers as high-performance anodes for sodium-ion batteries [J]. Angewandte Chemie-International Edition, 2014, 53 (47): 12794-12798.

[47] Hu Z, Zhu Z, Cheng F, et al. Pyrite FeS_2 for high-rate and long-life rechargeable sodium batteries [J]. Energy & Environmental Science, 2015, 8 (4): 1309-1316.

[48] Su D W, Kretschmer K, Wang G X. Improved electrochemical performance of Na-ion batteries in ether-based electrolytes: a case study of ZnS nanospheres [J]. Advanced Energy Materials, 2016, 6 (2): 13.

[49] Zhang K, Hu Z, Liu X, et al. $FeSe_2$ Microspheres as a high-performance anode material for Na-ion batteries [J]. Advanced Materials, 2015, 27 (21): 3305-3309.

[50] Zhang K, Park M, Zhou L, et al. Urchin-like $CoSe_2$ as a high-performance anode material for sodium-ion batteries [J]. Advanced Functional Materials, 2016, 26 (37): 6728-6735.

[51] Zhang K, Park M, Zhou L, et al. Cobalt-doped FeS_2 nanospheres with complete solid solubility as a high-performance anode material for sodium-ion batteries [J]. Angewandte Chemie-International Edition, 2016, 55 (41): 12822-12826.

[52] Kajita T, Itoh T. Ether-based solvents significantly improved electrochemical performance for Na-ion batteries with amorphous GeO_x anodes [J]. Physical Chemistry Chemical Physics, 2017, 19 (2): 1003-1009.

[53] Xu K. Nonaqueous liquid electrolytes for lithium-based rechargeable batteries [J]. Chemical Reviews, 2004, 104 (10): 4303-4417.

[54] Kim H, Hong J, Yoon G, et al. Sodium intercalation chemistry in graphite [J]. Energy & Environmental Science, 2015, 8 (10): 2963-2969.

[55] Seidl L, Bucher N, Chu E, et al. Intercalation of solvated Na-ions into graphite [J]. Energy & Environmental Science, 2017, 10 (7): 1631-1642.

[56] Goktas M, Bolli C, Berg E J, et al. Graphite as cointercalation electrode for sodium-ion batteries: electrode dynamics and the missing solid electrolyte interphase (SEI) [J]. Advanced Energy Materials, 2018, 8 (16).

[57] Liu M, Xing L, Xu K, et al. Deciphering the paradox between the Co-intercalation of sodium-solvent into graphite and its irreversible capacity [J]. Energy Storage Materials, 2020, 26: 32-39.

[58] Jache B, Binder J O, Abe T, et al. A comparative study on the impact of different glymes and their derivatives as electrolyte solvents for graphite co-intercalation electrodes in lithium-ion and sodium-ion batteries [J]. Physical Chemistry Chemical Physics, 2016, 18 (21): 14299-14316.

[59] Yabuuchi N, Kubota K, Dahbi M, et al. Research development on sodium-ion batteries [J]. Chemical Reviews, 2014, 114 (23): 11636-11682.

[60] Kundu D, Talaie E, Duffort V, et al. The emerging chemistry of sodium ion batteries for electrochemical energy storage [J]. Angewandte Chemie-International Edition, 2015, 54 (11): 3431-3448.

[61] Hwang J Y, Myung S T, Sun Y K. Sodium-ion batteries: present and future [J]. Chemical Society Reviews, 2017, 46 (12): 3529-3614.

[62] Zhang J, Wang D W, Lyu W, et al. Achieving superb sodium storage performance on carbon anodes through an ether-derived solid electrolyte interphase [J]. Energy & Environmental Science, 2017, 10 (1): 370-376.

[63] Bai P X, He Y W, Xiong P X, et al. Long cycle life and high rate sodium-ion chemistry for hard carbon anodes [J]. Energy Storage Materials, 2018, 13: 274-282.

[64] Kim S W, Seo D H, Ma X H, et al. Electrode materials for rechargeable sodium-ion batteries: potential alternatives to current lithium-ion batteries [J]. Advanced Energy Materials, 2012, 2 (7): 710-721.

[65] Nayak P K, Yang L, Brehm W, et al. From lithium-ion to sodium-ion batteries: advantages, challenges, and surprises [J]. Angewandte Chemie International Edition, 2018, 57 (1): 102-120.

[66] Zhang B A, Rousse G, Foix D, et al. Microsized Sn as advanced anodes in glyme-based electrolyte for Na-ion batteries [J]. Advanced Materials, 2016, 28 (44): 9824-9830.

[67] Zhang K, Park M, Zhou L M, et al. Cobalt-doped FeS_2 nanospheres with complete solid solubility as a high-performance anode material for sodium-ion batteries [J]. Angewandte Chemie-International Edition, 2016, 55 (41): 12822-12826.

[68] Das S K, Jache B, Lahon H, et al. Graphene mediated improved sodium storage in nanocrystalline anatase TiO_2 for sodium ion batteries with ether electrolyte [J]. Chemical Communications, 2016, 52 (7): 1428-1431.

[69] Wang C, Wang L, Li F, et al. Bulk bismuth as a high-capacity and ultralong cycle-life

anode for sodium-ion batteries by coupling with glyme-based electrolytes [J]. Advanced Materials, 2017, 29 (35).

[70] Wang Y, Ding Y, Pan L, et al. Understanding the size-dependent sodium storage properties of $Na_2C_6O_6$-based organic electrodes for sodium-ion batteries [J]. Nano Letters, 2016, 16 (5): 3329-3334.

[71] Plechkova N V, Seddon K R. Applications of ionic liquids in the chemical industry [J]. Chemical Society Reviews, 2008, 37 (1): 123-150.

[72] Hurley F H, Wier T P. Electrodeposition of metals from fused quaternary ammonium salts [J]. Journal of The Electrochemical Society, 1951, 98 (5): 203.

[73] Macfarlane D R, Tachikawa N, Forsyth M, et al. Energy applications of ionic liquids [J]. Energy & Environmental Science, 2014, 7 (1): 232-250.

[74] Che H Y, Chen S L, Xie Y Y, et al. Electrolyte design strategies and research progress for room-temperature sodium-ion batteries [J]. Energy & Environmental Science, 2017, 10 (5): 1075-1101.

[75] Vignarooban K, Kushagra R, Elango A, et al. Current trends and future challenges of electrolytes for sodium-ion batteries [J]. International Journal of Hydrogen Energy, 2016, 41 (4): 2829-2846.

[76] Plashnitsa L S, Kobayashi E, Noguchi Y, et al. Performance of NASICON symmetric cell with ionic liquid electrolyte [J]. Journal of The Electrochemical Society, 2010, 157 (4): A536.

[77] Monti D, Jónsson E, Palacín M R, et al. Ionic liquid based electrolytes for sodium-ion batteries: Na^+ solvation and ionic conductivity [J]. Journal of Power Sources, 2014, 245: 630-636.

[78] Hosokawa T, Matsumoto K, Nohira T, et al. Stability of ionic liquids against sodium metal: a comparative study of 1-ethyl-3-methylimidazolium ionic liquids with bis (fluorosulfonyl) amide and bis (trifluoromethylsulfonyl) amide [J]. Journal of Physical Chemistry C, 2016, 120 (18): 9628-9636.

[79] Chagas L G, Buchholz D, Wu L M, et al. Unexpected performance of layered sodium-ion cathode material in ionic liquid-based electrolyte [J]. Journal of Power Sources, 2014, 247: 377-383.

[80] Ding C, Nohira T, Kuroda K, et al. NaFSA-C1C3pyrFSA ionic liquids for sodium secondary battery operating over a wide temperature range [J]. Journal of Power Sources, 2013, 238: 296-300.

[81] Che H, Chen S, Xie Y, et al. Electrolyte design strategies and research progress for room-temperature sodium-ion batteries [J]. Energy & Environmental Science, 2017, 10 (5): 1075-1101.

[82] Eshetu G G, Elia G A, Armand M, et al. Electrolytes and interphases in sodium-based rechargeable batteries: recent advances and perspectives [J]. Advanced Energy Materials, 2020, 10 (20): 2000093.

[83] Wang C H, Yang C H, Chang J K. Suitability of ionic liquid electrolytes for room-temperature sodium-ion battery applications [J]. Chemical Communications, 2016, 52

(72): 10890-10893.

[84] Hasa I, Passerini S, Hassoun J. Characteristics of an ionic liquid electrolyte for sodium-ion batteries [J]. Journal of Power Sources, 2016, 303: 203-207.

[85] Manohar C V, Raj K A, Kar M, et al. Stability enhancing ionic liquid hybrid electrolyte for NVP@C cathode based sodium batteries [J]. Sustainable Energy & Fuels, 2018, 2 (3): 566-576.

[86] Zeng Z, Jiang X, Li R, et al. A safer sodium-ion battery based on nonflammable organic phosphate electrolyte [J]. Advanced Science, 2016, 3 (9): 1600066.

[87] Jiang X, Zeng Z, Xiao L, et al. An all-phosphate and zero-strain sodium-ion battery based on $Na_3V_2(PO_4)_3$ cathode, $NaTi_2(PO_4)_3$ anode, and trimethyl phosphate electrolyte with intrinsic safety and long lifespan [J]. ACS Applied Materials & Interfaces, 2017, 9 (50): 43733-43738.

[88] Xiao L, Zeng Z, Liu X, et al. Stable Li metal anode with "ion-solvent-coordinated" nonflammable electrolyte for safe li metal batteries [J]. ACS Energy Letters, 2019, 4 (2): 483-488.

[89] Jiang X Y, Liu X W, Zeng Z Q, et al. A bifunctional fluorophosphate electrolyte for safer sodium-ion batteries [J]. iScience, 2018, 10: 114-122.

[90] Zeng Z, Murugesan V, Han K S, et al. Non-flammable electrolytes with high salt-to-solvent ratios for Li-ion and Li-metal batteries [J]. Nature Energy, 2018, 3 (8): 674-681.

[91] Liu X, Shen X, Zhong F, et al. Enabling electrochemical compatibility of non-flammable phosphate electrolytes for lithium-ion batteries by tuning their molar ratios of salt to solvent [J]. Chemical Communications, 2020, 56 (48): 6559-6562.

[92] Wang J H, Yamada Y, Sodeyama K, et al. Fire-extinguishing organic electrolytes for safe batteries [J]. Nature Energy, 2018, 3 (1): 22-29.

[93] Jiang X Y, Liu X W, Zeng Z Q, et al. A nonflammable Na^+-based dual-carbon battery with low-cost, high voltage, and long cycle life [J]. Advanced Energy Materials, 2018, 8 (36): 9.

[94] Caballero A, Hernan L, Morales J, et al. Synthesis and characterization of high-temperature hexagonal P2-$Na_{0.6}MnO_2$ and its electrochemical behaviour as cathode in sodium cells [J]. Journal of Materials Chemistry, 2002, 12 (4): 1142-1147.

[95] Zhu J, Yang D, Yin Z, et al. Graphene and graphene-based materials for energy storage applications [J]. Small, 2014, 10 (17): 3480-3498.

[96] Chang J F, Feng L G, Liu C P, et al. Ni_2P enhances the activity and durability of the Pt anode catalyst in direct methanol fuel cells [J]. Energy & Environmental Science, 2014, 7 (5): 1628-1632.

[97] Ein-Eli Y, Thomas S R, Koch V R. The role of SO_2 as an additive to organic Li-ion battery electrolytes [J]. Journal of The Electrochemical Society, 1997, 144 (4): 1159-1165.

[98] Aurbach D, Gamolsky K, Markovsky B, et al. On the use of vinylene carbonate (VC) electrolyte solutions for Li-ion as an additive to batteries [J]. Electrochimica Acta, 2002,

47（9）：1423-1439.

[99] Wrodnigg G H, Wrodnigg T M, Besenhard J O, et al. Propylene sulfite as film-forming electrolyte additive in lithium ion batteries [J]. Electrochemistry Communications, 1999, 1 (3-4)：148-150.

[100] Wrodnigg G H, Besenhard J O, Winter M. Ethylene sulfite as electrolyte additive for lithium-ion cells with graphitic anodes [J]. Journal of the Electrochemical Society, 1999, 146 (2)：470-472.

[101] Rodriguez R, Loeffler K E, Nathan S S, et al. In situ optical imaging of sodium electrodeposition：effects of fluoroethylene carbonate [J]. Acs Energy Letters, 2017, 2 (9)：2051-2057.

[102] Wang Y X, Lim Y G, Park M S, et al. Ultrafine SnO_2 nanoparticle loading onto reduced graphene oxide as anodes for sodium-ion batteries with superior rate and cycling performances [J]. Journal of Materials Chemistry A, 2014, 2 (2)：529-534.

[103] Darwiche A, Marino C, Sougrati M T, et al. Better cycling performances of bulk Sb in Na-ion batteries compared to Li-ion systems：an unexpected electrochemical mechanism [J]. Journal of the American Chemical Society, 2012, 134 (51)：20805-20811.

[104] Qian J, Wu X, Cao Y, et al. High capacity and rate capability of amorphous phosphorus for sodium ion batteries [J]. Angewandte Chemie, 2013, 52 (17)：4633-4636.

[105] Dahbi M, Yabuuchi N, Fukunishi M, et al. Black phosphorus as a high-capacity, high-capability negative electrode for sodium-ion batteries：investigation of the electrode/electrolyte interface [J]. Chemistry of Materials：A Publication of the American Chemistry Society, 2016, 28 (6)：1625-1635.

[106] Che H, Liu J, Wang H, et al. Rubidium and cesium ions as electrolyte additive for improving performance of hard carbon anode in sodium-ion battery [J]. Electrochemistry Communications, 2017, 83：20-23.

[107] Chen J, Huang Z, Wang C, et al. Sodium-difluoro (oxalato) borate (NaDFOB)：a new electrolyte salt for Na-ion batteries [J]. Chemical Communications, 2015, 51 (48)：9809-9812.

[108] 陈君儿, Huang Z, Wang C, et al. 二氟草酸硼酸钠（NaDFOB）：一种新型钠离子电池电解质盐 [C]. 大连：中国化学会第 30 届学术年会——第三十分会：化学电源, 2016.

[109] 张鼎, 朱芹, 王瑛, 等. 二氟草酸硼酸钠作为钠离子电池非水电解液添加剂的电化学性能 [J]. 电化学, 2017, 23 (4)：473-479.

[110] Li J, Wang J, He X, et al. P2-type $Na_{0.67}Mn_{0.8}Cu_{0.1}Mg_{0.1}O_2$ as a new cathode material for sodium-ion batteries：insights of the synergetic effects of multi-metal substitution and electrolyte optimization [J]. Journal of Power Sources, 2019, 416：184-192.

[111] Manohar C V, Forsyth M, Macfarlane D R, et al. Role of N-propyl-N-methyl pyrrolidinium bis (trifluoromethanesulfonyl) imide as an electrolyte additive in sodium battery electrochemistry [J]. Energy Technology Generation Conversion Storage Distribution, 2018, 6 (11)：2232-2237.

[112] Feng J, Zhang Z, Li L, et al. Ether-based nonflammable electrolyte for room tempera-

ture sodium battery [J]. Journal of Power Sources, 2015, 284: 222-226.
[113] Feng J, An Y, Ci L, et al. Nonflammable electrolyte for safer non-aqueous sodium batteries [J]. Journal of Materials Chemistry A, 2015, 3 (28): 14539-14544.
[114] Che H, Yang X, Wang H, et al. Long cycle life of sodium-ion pouch cell achieved by using multiple electrolyte additives [J]. Journal of Power Sources, 2018, 407: 173-179.
[115] Peled E. The electrochemical behavior of alkali and alkaline earth metals in nonaqueous battery systems——the solid electrolyte interphase model [J]. Journal of the Electrochemical Society, 1979, 126 (12): 2047-2051.
[116] Wang Y X, Balbuena P B. Theoretical insights into the reductive decompositions of propylene carbonate and vinylene carbonate: density functional theory studies [J]. Journal of Physical Chemistry B, 2002, 106 (17): 4486-4495.
[117] Aurbach D, Markovsky B, Levi M D, et al. New insights into the interactions between electrode materials and electrolyte solutions for advanced nonaqueous batteries [J]. Journal of Power Sources, 1999, 81: 95-111.
[118] Munoz-Marquez M A, Zarrabeitia M, Castillo-Martinez E, et al. Composition and evolution of the solid-electrolyte interphase in $Na_2Ti_3O_7$ electrodes for Na-ion batteries: XPS and auger parameter analysis [J]. Acs Applied Materials & Interfaces, 2015, 7 (14): 7801-7808.
[119] Weadock N, Varongchayakul N, Wan J, et al. Determination of mechanical properties of the SEI in sodium ion batteries via colloidal probe microscopy [J]. Nano Energy, 2013, 2 (5): 713-719.
[120] Mogensen R, Brandell D, Younesi R. Solubility of the solid electrolyte interphase (SEI) in sodium ion batteries [J]. Acs Energy Letters, 2016, 1 (6): 1173-1178.
[121] Moshkovich M, Gofer Y, Aurbach D. Investigation of the electrochemical windows of aprotic alkali metal (Li, Na, K) salt solutions [J]. Journal of The Electrochemical Society, 2001, 148 (4): E155.
[122] Soto F A, Marzouk A, El-Mellouhi F, et al. Understanding ionic diffusion through SEI components for lithium-ion and sodium-ion batteries: insights from first-principles calculations [J]. Chemistry of Materials, 2018, 30 (10): 3315-3322.
[123] Soto F A, Yan P, Engelhard M H, et al. Tuning the solid electrolyte interphase for selective Li-and Na-ion storage in hard carbon [J]. Advanced Materials, 2017, 29 (18).
[124] Yildirim H, Kinaci A, Chan M K Y, et al. First-principles analysis of defect thermodynamics and ion transport in inorganic SEI compounds: LiF and NaF [J]. Acs Applied Materials & Interfaces, 2015, 7 (34): 18985-18996.
[125] Ponrouch A, Goni A R, Rosa Palacin M. High capacity hard carbon anodes for sodium ion batteries in additive free electrolyte [J]. Electrochemistry Communications, 2013, 27: 85-88.
[126] Dahbi M, Nakano T, Yabuuchi N, et al. Sodium carboxymethyl cellulose as a potential binder for hard-carbon negative electrodes in sodium-ion batteries [J]. Electrochemistry Communications, 2014, 44: 66-69.

[127] Dahbi M, Nakano T, Yabuuchi N, et al. Effect of hexafluorophosphate and fluoroethylene carbonate on electrochemical performance and the surface layer of hard carbon for sodium-ion Batteries [J]. Chemelectrochem, 2016, 3 (11): 1856-1867.

[128] Komaba S, Murata W, Ishikawa T, et al. Electrochemical Na insertion and solid electrolyte interphase for hard-carbon electrodes and application to Na-ion batteries [J]. Advanced Functional Materials, 2011, 21 (20): 3859-3867.

[129] Ding C, Nohira T, Hagiwara R, et al. Electrochemical performance of hard carbon negative electrodes for ionic liquid-based sodium ion batteries over a wide temperature range [J]. Electrochimica Acta, 2015, 176: 344-349.

[130] Takada K, Yamada Y, Watanabe E, et al. Unusual passivation ability of superconcentrated electrolytes toward hard carbon negative electrodes in sodium-ion batteries [J]. Acs Applied Materials & Interfaces, 2017, 9 (39): 33802-33809.

[131] Bommier C, Leonard D, Jian Z, et al. New paradigms on the nature of solid electrolyte interphase formation and capacity fading of hard carbon anodes in Na-ion batteries [J]. Advanced Materials Interfaces, 2016, 3 (19).

[132] Xu J, Wang M, Wickramaratne N P, et al. High-performance sodium ion batteries based on a 3D anode from nitrogen-doped graphene foams [J]. Advanced Materials, 2015, 27 (12): 2042-2048.

[133] Dahbi M, Yabuuchi N, Fukunishi M, et al. Black phosphorus as a high-capacity, high-capability negative electrode for sodium-ion batteries: investigation of the electrode/interface [J]. Chemistry of Materials, 2016, 28 (6): 1625-1635.

[134] Yang X, Wang C, Yang Y, et al. Anatase TiO_2 nanocubes for fast and durable sodium ion battery anodes [J]. Journal of Materials Chemistry A, 2015, 3 (16): 8800-8807.

[135] Xu Z L, Lim K, Park K Y, et al. Engineering solid electrolyte interphase for pseudocapacitive anatase TiO_2 anodes in sodium-ion batteries [J]. Advanced Functional Materials, 2018, 28 (29).

[136] Lee J, Chen Y M, Zhu Y, et al. Tuning SEI formation on nanoporous carbon-titania composite sodium ion batteries anodes and performance with subtle processing changes [J]. Rsc Advances, 2015, 5 (120): 99329-99338.

[137] Pan H, Lu X, Yu X, et al. Sodium storage and transport properties in layered $Na_2Ti_3O_7$ for room-temperature sodium-ion batteries [J]. Advanced Energy Materials, 2013, 3 (9): 1186-1194.

[138] Pang G, Nie P, Yuan C, et al. Mesoporous $NaTi_2(PO_4)_3$/CMK-3 nanohybrid as anode for long-life Na-ion batteries [J]. Journal of Materials Chemistry A, 2014, 2 (48): 20659-20666.

[139] Oltean V A, Philippe B, Renault S, et al. Investigating the interfacial chemistry of organic electrodes in Li- and Na-ion batteries [J]. Chemistry of Materials, 2016, 28 (23): 8742-8751.

[140] Baggetto L, Ganesh P, Meisner R P, et al. Characterization of sodium ion electrochemical reaction with tin anodes: experiment and theory [J]. Journal of Power Sources, 2013, 234: 48-59.

[141] Jose Piernas-Munoz M, Castillo-Martinez E, Gomez-Camer J L, et al. Optimizing the electrolyte and binder composition for sodium Prussian blue, $Na_{1-x}Fe_{x+1/3}(CN)_6$ center dot yH_2O, as cathode in sodium ion batteries [J]. Electrochimica Acta, 2016, 200: 123-130.

[142] Chen R, Huang Y, Xie M, et al. Chemical inhibition method to synthesize highly crystalline Prussian blue analogs for sodium-ion battery cathodes [J]. Acs Applied Materials & Interfaces, 2016, 8 (46): 31669-31676.

[143] Fu H, Xia M, Qi R, et al. Improved rate performance of Prussian blue cathode materials for sodium ion batteries induced by ion-conductive solid-electrolyte interphase layer [J]. Journal of Power Sources, 2018, 399: 42-48.

[144] Mu L, Rahman M M, Zhang Y, et al. Surface transformation by a " cocktail" solvent enables stable cathode materials for sodium ion batteries [J]. Journal of Materials Chemistry A, 2018, 6 (6): 2758-2766.

[145] Feng T, Xu Y, Zhang Z, et al. Low-cost Al_2O_3 coating layer as a preformed SEI on natural graphite powder to improve coulombic efficiency and high-rate cycling stability of lithium-ion batteries [J]. Acs Applied Materials & Interfaces, 2016, 8 (10): 6512-6519.

[146] Liu Y, Fang X, Zhang A, et al. Layered P2-$Na_{2/3}Ni_{1/3}Mn_{2/3}O_2$ as high-voltage cathode for sodium-ion batteries: the capacity decay mechanism and Al_2O_3 surface modification [J]. Nano Energy, 2016, 27: 27-34.

[147] Han X, Liu Y, Jia Z, et al. Atomic-layer-deposition oxide nanoglue for sodium ion batteries [J]. Nano Letters, 2014, 14 (1): 139-147.

[148] Jo J H, Choi J U, Konarov A, et al. Sodium-ion batteries: building effective layered cathode materials with long-term cycling by modifying the surface via sodium phosphate [J]. Advanced Functional Materials, 2018, 28 (14).

[149] Jo C H, Jo J H, Yashiro H, et al. Bioinspired surface layer for the cathode material of high-energy-density sodium-ion batteries [J]. Advanced Energy Materials, 2018, 8 (13).

[150] Wan H, Mwizerwa J P, Qi X, et al. Core-shell $Fe_{1-x}S@Na_{2.9}PS_{3.95}Se_{0.05}$ nanorods for room temperature all-solid-state sodium batteries with high energy density [J]. Acs Nano, 2018, 12 (3): 2809-2817.

[151] Qiao L, Judez X, Rojo T, et al. Review-polymer electrolytes for sodium batteries [J]. Journal of The Electrochemical Society, 2020, 167 (7): 070534.

[152] Ma Q L, Tietz F. Solid-state electrolyte materials for sodium batteries: towards practical applications [J]. Chemelectrochem, 2020, 7 (13): 2693-2713.

[153] Zhao C, Liu L, Qi X, et al. Solid-state sodium batteries [J]. Advanced Energy Materials, 2018, 8 (17): 1703012.

[154] Du Pasquier A, Warren P C, Culver D, et al. Plastic PVDF-HFP electrolyte laminates prepared by a phase-inversion process [J]. Solid State Ionics, 2000, 135 (1): 249-257.

[155] Yang Y Q, Chang Z, Li M X, et al. A sodium ion conducting gel polymer electrolyte

[J]. Solid State Ionics, 2015, 269: 1-7.

[156] Janakiraman S, Padmaraj O, Ghosh S, et al. A porous poly (vinylidene fluoride-co-hexafluoropropylene) based separator-cum-gel polymer electrolyte for sodium-ion battery [J]. Journal of Electroanalytical Chemistry, 2018, 826: 142-149.

[157] Li H, Ding Y, Ha H, et al. An all-stretchable-component sodium-ion full battery [J]. Advanced Materials, 2017, 29 (23): 1700898.

[158] Singh V K, Shalu, Chaurasia S K, et al. Development of ionic liquid mediated novel polymer electrolyte membranes for application in Na-ion batteries [J]. Rsc Advances, 2016, 6 (46): 40199-40210.

[159] Hashmi S A, Bhat M Y, Singh M K, et al. Ionic liquid-based sodium ion-conducting composite gel polymer electrolytes: effect of active and passive fillers [J]. Journal of Solid State Electrochemistry, 2016, 20 (10): 2817-2826.

[160] Kumar D, Hashmi S A. Ion transport and ion-filler-polymer interaction in poly (methyl methacrylate)-based, sodium ion conducting, gel polymer electrolytes dispersed with silica nanoparticles [J]. Journal of Power Sources, 2010, 195 (15): 5101-5108.

[161] Zheng J Y, Zhao Y H, Feng X M, et al. Novel safer phosphonate-based gel polymer electrolytes for sodium-ion batteries with excellent cycling performance [J]. Journal of Materials Chemistry A, 2018, 6 (15): 6559-6564.

[162] Christensen J, Albertus P, Sanchez-Carrera R S, et al. A critical review of Li/air batteries [J]. Journal of The Electrochemical Society, 2011, 159 (2): R1-R30.

[163] Wang Y, Richards W D, Ong S P, et al. Design principles for solid-state lithium superionic conductors [J]. Nature Materials, 2015, 14 (10): 1026-1031.

[164] Manthiram A, Yu X, Wang S. Lithium battery chemistries enabled by solid-state electrolytes [J]. Nature Reviews Materials, 2017, 2 (4): 16103.

[165] Bachman J C, Muy S, Grimaud A, et al. Inorganic solid-state electrolytes for lithium batteries: mechanisms and properties governing ion conduction [J]. Chemical Reviews, 2016, 116 (1): 140-162.

[166] Lu Y, Li L, Zhang Q, et al. Electrolyte and interface engineering for solid-state sodium batteries [J]. Joule, 2018, 2 (9): 1747-1770.

[167] Zhao C, Liu L, Qi X, et al. Solid-state sodium batteries [J]. Advanced Energy Materials, 2018, 8 (17): 1703012.

[168] Wright P. Electrical conductivity in ionic complexes of poly (ethylene oxide) [J]. British Polymer Journal, 1973, 7 (5): 319.

[169] Parker J M, Wright P V, Lee C C. A double helical model for some alkali metal ion-poly (ethylene oxide) complexes [J]. Polymer, 1981, 22 (10): 1305-1307.

[170] Lee C C, Wright P V. Morphology and ionic conductivity of complexes of sodium iodide and sodium thiocyanate with poly (ethylene oxide) [J]. Polymer, 1982, 23 (5): 681-689.

[171] West K, Zachau-Christiansen B, Jacobsen T, et al. Poly (ethylene oxide)-sodium perchlorate electrolytes in solid-state sodium cells [J]. British Polymer Journal, 1988, 20 (3): 243-246.

[172] Hashmi S A, Chandra S. Experimental investigations on a sodium-ion-conducting polymer electrolyte based on poly (ethylene oxide) complexed with $NaPF_6$ [J]. Materials Science and Engineering: B, 1995, 34 (1): 18-26.

[173] Boschin A, Johansson P. Characterization of NaX (X: TFSI, FSI) -PEO based solid polymer electrolytes for sodium batteries [J]. Electrochimica Acta, 2015, 175: 124-133.

[174] Kumar K K, Ravi M, Pavani Y, et al. Investigations on PEO/PVP/NaBr complexed polymer blend electrolytes for electrochemical cell applications [J]. Journal of Membrane Science, 2014, 454: 200-211.

[175] Chandra A. PEO-PVP blended Na^+ ion conducting solid polymeric membranes [J]. Chinese Journal of Polymer Science, 2013, 31 (11): 1538-1545.

[176] Song S, Kotobuki M, Zheng F, et al. A hybrid polymer/oxide/ionic-liquid solid electrolyte for Na-metal batteries [J]. Journal of Materials Chemistry A, 2017, 5 (14): 6424-6431.

[177] Makhlooghiazad F, Gunzelmann D, Hilder M, et al. Mixed phase solid-state plastic crystal electrolytes based on a phosphonium cation for sodium devices [J]. Advanced Energy Materials, 2017, 7 (2): 1601272.

[178] Villaluenga I, Bogle X, Greenbaum S, et al. Cation only conduction in new polymer-SiO_2 nanohybrids: Na^+ electrolytes [J]. Journal of Materials Chemistry A, 2013, 1 (29): 8348-8352.

[179] Ni'mah Y L, Cheng M Y, Cheng J H, et al. Solid-state polymer nanocomposite electrolyte of TiO_2/PEO/$NaClO_4$ for sodium ion batteries [J]. Journal of Power Sources, 2015, 278: 375-381.

[180] Gebert F, Knott J, Gorkin R, et al. Polymer electrolytes for sodium-ion batteries [J]. Energy Storage Materials, 2021, 36: 10-30.

[181] Osman Z, Isa K B M, Ahmad A, et al. A comparative study of lithium and sodium salts in PAN-based ion conducting polymer electrolytes [J]. Ionics, 2010, 16 (5): 431-435.

[182] Bhargav P B, Mohan V M, Sharma A K, et al. Structural and electrical properties of pure and NaBr doped poly (vinyl alcohol) (PVA) polymer electrolyte films for solid state battery applications [J]. Ionics, 2007, 13 (6): 441-446.

[183] Zhang Q, Liu K, Ding F, et al. Recent advances in solid polymer electrolytes for lithium batteries [J]. Nano Research, 2017, 10 (12): 4139-4174.

[184] Knödler R. Thermal properties of sodium-sulphur cells [J]. Journal of Applied Electrochemistry, 1984, 14 (1): 39-46.

[185] Hong H Y P. Crystal structures and crystal chemistry in the system $Na_{1+x}Zr_2Si_xP_{3-x}O_{12}$ [J]. Materials Research Bulletin, 1976, 11 (2): 173-182.

[186] Goodenough J B, Hong H Y P, Kafalas J A. Fast Na^+-ion transport in skeleton structures [J]. Materials Research Bulletin, 1976, 11 (2): 203-220.

[187] Tian Y, Shi T, Richards W D, et al. Compatibility issues between electrodes and electrolytes in solid-state batteries [J]. Energy & Environmental Science, 2017, 10 (5):

1150-1166.

[188] Banerjee A, Park K H, Heo J W, et al. Na_3SbS_4: a solution processable sodium superionic conductor for all-solid-state sodium-ion batteries [J]. Angewandte Chemie International Edition, 2016, 55 (33): 9634-9638.

[189] Zhang Z, Zhu M, Zhang D. A Thermogravimetric study of the characteristics of pyrolysis of cellulose isolated from selected biomass [J]. Applied Energy, 2018, 220: 87-93.

[190] Yung-Fang Yu Y, Kummer J T. Ion exchange properties of and rates of ionic diffusion in beta-alumina [J]. Journal of Inorganic and Nuclear Chemistry, 1967, 29 (9): 2453-2475.

[191] Birnie D P. On the structural integrity of the spinel block in the $β''$-alumina structure [J]. Acta Crystallographica Section B-Structural Science, 2012, 68: 118-122.

[192] Chi C, Katsui H, Goto T. Effect of Li addition on the formation of Na-$β/β''$-alumina film by laser chemical vapor deposition [J]. Ceramics International, 2017, 43 (1, Part B): 1278-1283.

[193] Bates J B, Engstrom H, Wang J C, et al. Composition, ion-ion correlations and conductivity of $β''$-alumina [J]. Solid State Ionics, 1981, 5: 159-162.

[194] Engstrom H, Bates J B, Brundage W E, et al. Ionic conductivity of sodium $β''$-alumina [J]. Solid State Ionics, 1981, 2 (4): 265-276.

[195] Buechele A C, Dejonghe L C. Microstructure and ionic resistivity of calcium-containing sodium beta-alumina [J]. American Ceramic Society Bulletin, 1979, 58 (9): 861-864.

[196] Hsieh M Y, De Jonghe L C. Silicate-containing sodium beta-alumina solid electrolytes [J]. Journal of the American Ceramic Society, 1978, 61 (5-6): 186-191.

[197] Virkar A V, Miller G R, Gordon R S. Resistivity-microstructure relations in lithia-stabilized polycrystalline $β''$-alumina [J]. Journal of the American Ceramic Society, 1978, 61 (5-6): 250-252.

[198] Wei X, Cao Y, Lu L, et al. Synthesis and characterization of titanium doped sodium beta''-alumina [J]. Journal of Alloys and Compounds, 2011, 509 (21): 6222-6226.

[199] Zaharescu M, Pârlog C, Stancovschi V, et al. The influence of the powders synthesis method on the microstructure of lanthanum-stabilized β-alumina ceramics [J]. Solid State Ionics, 1985, 15 (1): 55-60.

[200] Yamaguchi S, Terabe K, Iguchi Y, et al. Formation and crystallization of beta-alumina from precursor prepared by sol-gel method using metal alkoxides [J]. Solid State Ionics, 1987, 25 (2): 171-176.

[201] Takahashi T, Kuwabara K. $β$-Al_2O_3 synthesis from m-Al_2O_3 [J]. Journal of Applied Electrochemistry, 1980, 10 (3): 291-297.

[202] Pekarsky A, Nicholson P S. The relative stability of spray-frozen/freeze-dried $β''$-Al_2O_3 powders [J]. Materials Research Bulletin, 1980, 15 (10): 1517-1524.

[203] Sutorik A C, Neo S S, Treadwell D R, et al. Synthesis of ultrafine $β''$-alumina powders via flame spray pyrolysis of polymeric precursors [J]. Journal of the American Ceramic Society, 1998, 81 (6): 1477-1486.

[204] Park H C, Lee Y B, Lee S G, et al. Synthesis of beta-alumina powders by microwave

heating from solution-derived precipitates [J]. Ceramics International, 2005, 31 (2): 293-296.

[205] Lin J, Wen Z, Wang X, et al. Mechanochemical synthesis of Na-β/β″-Al$_2$O$_3$ [J]. Journal of Solid State Electrochemistry, 2010, 14 (10): 1821-1827.

[206] Viswanathan L, Ikuma Y, Virkar A V. Transfomation toughening of β″-alumina by incorporation of zirconia [J]. Journal of Materials Science, 1983, 18 (1): 109-113.

[207] Chen G, Lu J, Li L, et al. Microstructure control and properties of β″-Al$_2$O$_3$ solid electrolyte [J]. Journal of Alloys and Compounds, 2016, 673: 295-301.

[208] Lu X, Xia G, Lemmon J P, et al. Advanced materials for sodium-beta alumina batteries: status, challenges and perspectives [J]. Journal of Power Sources, 2010, 195 (9): 2431-2442.

[209] Shan S J, Yang L P, Liu X M, et al. Preparation and characterization of TiO$_2$ doped and MgO stabilized Na-β″-Al$_2$O$_3$ electrolyte via a citrate sol-gel method [J]. Journal of Alloys and Compounds, 2013, 563: 176-179.

[210] La Rosa D, Monforte G, D'urso C, et al. Enhanced ionic conductivity in planar sodium-β″-alumina electrolyte for electrochemical energy storage applications [J]. ChemSusChem, 2010, 3 (12): 1390-1397.

[211] Samiee M, Radhakrishnan B, Rice Z, et al. Divalent-doped Na$_3$Zr$_2$Si$_2$PO$_{12}$ natrium superionic conductor: improving the ionic conductivity via simultaneously optimizing the phase and chemistry of the primary and secondary phases [J]. Journal of Power Sources, 2017, 347: 229-237.

[212] Park H, Jung K, Nezafati M, et al. Sodium ion diffusion in nasicon (Na$_3$Zr$_2$Si$_2$PO$_{12}$) solid electrolytes: effects of excess sodium [J]. Acs Applied Materials & Interfaces, 2016, 8 (41): 27814-27824.

[213] He X F, Zhu Y Z, Mo Y F. Origin of fast ion diffusion in super-ionic conductors [J]. Nature Communications, 2017, 8: 7.

[214] Song S F, Duong H M, Korsunsky A M, et al. A Na$^+$ superionic conductor for room-temperature sodium batteries [J]. Scientific Reports, 2016, 6: 10.

[215] Ma Q, Guin M, Naqash S, et al. Scandium-substituted Na$_3$Zr$_2$(SiO$_4$)$_2$(PO$_4$) prepared by a solution assisted solid-state reaction method as sodium-ion conductors [J]. Chemistry of Materials, 2016, 28 (13): 4821-4828.

[216] Yang J, Liu G, Avdeev M, et al. Ultrastable all-solid-state sodium rechargeable batteries [J]. Acs Energy Letters, 2020, 5 (9): 2835-2841.

[217] Kim J G, Son B, Mukherjee S, et al. A review of lithium and non-lithium based solid state batteries [J]. Journal of Power Sources, 2015, 282: 299-322.

[218] 黄祯, 杨菁, 陈晓添, 等. 无机固体电解质材料的基础与应用研究 [J], 2015, 4 (1): 1-18.

[219] Ma Q, Guin M, Naqash S, et al. Scandium-substituted Na$_3$Zr$_2$(SiO$_4$)$_2$(PO$_4$) prepared by a solution-assisted solid-state reaction method as sodium-ion conductors [J]. Chemistry of Materials, 2016, 28 (13): 4821-4828.

[220] Ma Q, Tsai C L, Wei X K, et al. Room temperature demonstration of a sodium supe-

rionic conductor with grain conductivity in excess of 0.01 S/cm and its primary applications in symmetric battery cells [J]. Journal of Materials Chemistry A, 2019, 7 (13): 7766-7776.

[221] Song S, Duong H, Korsunsky A, et al. A Na^+ superionic conductor for room-temperature sodium batteries [J]. Scientific Reports, 2016, 6: 32330.

[222] Liu S, Zhou C, Wang Y, et al. Ce-substituted nano-grain $Na_3Zr_2Si_2PO_{12}$ prepared by LF-FSP as sodium-ion conductors [J]. ACS Applied Materials & Interfaces, 2019, XXXX.

[223] Leng H, Huang J, Nie J, et al. Cold sintering and ionic conductivities of $Na_{3.256}Mg_{0.128}Zr_{1.872}Si_2PO_{12}$ solid electrolytes [J]. Journal of Power Sources, 2018, 391: 170-179.

[224] Winand J M, Rulmont A, Tarte P. Nouvelles solutions solides $L^I(M^{IV})_{2-x}(N^{IV})_x(PO_4)_3$ (L = Li, Na; M, N = Ge, Sn, Ti, Zr, Hf) synthèse et étude par diffraction x et conductivité ionique [J]. Journal of Solid State Chemistry, 1991, 93 (2): 341-349.

[225] Rodrigo J L, Alamo J. Phase transition in $NaSn_2(PO_4)_3$ and thermal expansion of $NaM_2^{IV}(PO_4)_3$; M^{IV} = Ti, Sn, Zr [J]. Materials Research Bulletin, 1991, 26 (6): 475-480.

[226] Ignaszak A, Pasierb P, Gajerski R, et al. Synthesis and properties of Nasicon-type materials [J]. Thermochimica Acta, 2005, 426 (1-2): 7-14.

[227] Takahashi T, Kuwabara K, Shibata M. Solid-state ionics-conductivities of Na^+ ion conductors based on NASICON [J]. Solid State Ionics, 1980, 1 (3): 163-175.

[228] Vogel E M, Cava R J, Rietman E. Na^+ ion conductivity and crystallographic cell characterization in the Hf-nasicon system $Na_{1+x}Hf_2Si_xP_{3-x}O_{12}$ [J]. Solid State Ionics, 1984, 14 (1): 1-6.

[229] Gao H, Xin S, Xue L, et al. Stabilizing a high-energy-density rechargeable sodium battery with a solid electrolyte [J]. Chem, 2018, 4 (4): 833-844.

[230] Zhou W, Li Y, Xin S, et al. Rechargeable sodium all-solid-state battery [J]. ACS Central Science, 2017, 3 (1): 52-57.

[231] Zhang Z, Zhang Q, Shi J, et al. A self-forming composite electrolyte for solid-state sodium battery with ultralong cycle life [J]. Advanced Energy Materials, 2017, 7 (4): 1601196.

[232] Liu L, Qi X, Ma Q, et al. Toothpaste-like electrode: a novel approach to optimize the interface for solid-state sodium-ion batteries with ultralong cycle life [J]. ACS Applied Materials & Interfaces, 2016, 8 (48): 32631-32636.

[233] Santhanagopalan D, Qian D, Mcgilvray T, et al. Interface limited lithium transport in solid-state batteries [J]. The Journal of Physical Chemistry Letters, 2014, 5 (2): 298-303.

[234] Lan T, Tsai C L, Tietz F, et al. Room-temperature all-solid-state sodium batteries with robust ceramic interface between rigid electrolyte and electrode materials [J]. Nano Energy, 2019, 65: 104040.

[235] Cao C, Li Z B, Wang X L, et al. Recent advances in inorganic solid electrolytes for lithium batteries [J]. Frontiers in Energy Research, 2014, 2 (1): 1-10.

[236] Jansen M, Henseler U. Synthesis, structure determination, and ionic conductivity of sodium tetrathiophosphate [J]. Journal of Solid State Chemistry, 1992, 99 (1): 110-119.

[237] Hayashi A, Noi K, Sakuda A, et al. Superionic glass-ceramic electrolytes for room-temperature rechargeable sodium batteries [J]. Nature Communications, 2012, 3 (1): 856.

[238] Hayashi A, Noi K, Tanibata N, et al. High sodium ion conductivity of glass-ceramic electrolytes with cubic Na_3PS_4 [J]. Journal of Power Sources, 2014, 258: 420-423.

[239] Zhu Z, Chu I H, Deng Z, et al. Role of Na^+ interstitials and dopants in enhancing the Na^+ conductivity of the cubic Na_3PS_4 superionic conductor [J]. Chemistry of Materials, 2015, 27 (24): 8318-8325.

[240] Tanibata N, Noi K, Hayashi A, et al. Preparation and characterization of highly sodium ion conducting Na_3PS_4-Na_4SiS_4 solid electrolytes [J]. RSC Advances, 2014, 4 (33): 17120-17123.

[241] De Klerk N J J, Wagemaker M. Diffusion mechanism of the sodium-ion solid electrolyte Na_3PS_4 and potential improvements of halogen doping [J]. Chemistry of Materials, 2016, 28 (9): 3122-3130.

[242] Chu I H, Kompella C S, Nguyen H, et al. Room-temperature all-solid-state rechargeable sodium-ion batteries with a Cl-doped Na_3PS_4 superionic conductor [J]. Scientific Reports, 2016, 6 (1): 33733.

[243] Shang S L, Yu Z, Wang Y, et al. Origin of outstanding phase and moisture stability in a $Na_3P_{1-x}As_xS_4$ superionic conductor [J]. ACS Applied Materials & Interfaces, 2017, 9 (19): 16261-16269.

[244] Zhang L, Zhang D, Yang K, et al. Vacancy-contained tetragonal Na_3SbS_4 superionic conductor [J]. Advanced Science, 2016, 3 (10): 1600089.

[245] Hayashi A, Masuzawa N, Yubuchi S, et al. A sodium-ion sulfide solid electrolyte with unprecedented conductivity at room temperature [J]. Nature Communications, 2019, 10: 6.

[246] Fuchs T, Culver S P, Till P, et al. Defect-mediated conductivity enhancements in $Na_{3-x}Pn_{1-x}W_xS_4$ (Pn = P, Sb) using aliovalent substitutions [J]. ACS Energy Letters, 2020, 5 (1): 146-151.

[247] Zhang L, Yang K, Mi J, et al. Na_3PSe_4: a novel chalcogenide solid electrolyte with high ionic conductivity [J]. Advanced Energy Materials, 2015, 5 (24): 1501294.

[248] Cretin M, Khireddine H, Fabry P. NASICON structure for alkaline ion recognition [J]. Sensors and Actuators B: Chemical, 1997, 43 (1): 224-229.

[249] Mo Y, Ong S P, Ceder G. First principles study of the $Li_{10}GeP_2S_{12}$ lithium super ionic conductor material [J]. Chemistry of Materials, 2012, 24 (1): 15-17.

[250] Wang Y, Lu D, Bowden M, et al. Mechanism of formation of $Li_7P_3S_{11}$ solid electrolytes through liquid phase synthesis [J]. Chemistry of Materials, 2018, 30 (3):

990-997.

[251] Kandagal V S, Bharadwaj M D, Waghmare U V. Theoretical prediction of a highly conducting solid electrolyte for sodium batteries: $Na_{10}GeP_2S_{12}$ [J]. Journal of Materials Chemistry A, 2015, 3 (24): 12992-12999.

[252] Wang Y, Richards W D, Bo S H, et al. Computational prediction and evaluation of solid-state sodium superionic conductors $Na_7P_3X_{11}$ (X = O, S, Se) [J]. Chemistry of Materials, 2017, 29 (17): 7475-7482.

[253] Richards W D, Tsujimura T, Miara L J, et al. Design and synthesis of the superionic conductor $Na_{10}SnP_2S_{12}$ [J]. Nature Communications, 2016, 7 (1): 11009.

[254] Wang H, Chen Y, Hood Z D, et al. An air-stable Na_3SbS_4 superionic conductor prepared by a rapid and economic synthetic procedure [J]. Angewandte Chemie International Edition, 2016, 55 (30): 8551-8555.

[255] Yu Z, Shang S L, Seo J H, et al. Exceptionally high ionic conductivity in $Na_3P_{0.62}As_{0.38}S_4$ with improved moisture stability for solid-state sodium-ion batteries [J]. Advanced Materials, 2017, 29 (16): 1605561.

[256] Chi X, Liang Y, Hao F, et al. Tailored organic electrode material compatible with sulfide electrolyte for stable all-solid-state sodium batteries [J]. Angewandte Chemie International Edition, 2018, 57 (10): 2630-2634.

[257] Huang Y, Zhao L, Li L, et al. Electrolytes and electrolyte/electrode interfaces in sodium-ion batteries: from scientific research to practical application [J]. Advanced Materials, 2019, 31 (21): 1808393.

[258] Oguchi H, Matsuo M, Kuronnoto S, et al. Sodium-ion conduction in complex hydrides $NaAlH_4$ and Na_3AlH_6 [J]. Journal of Applied Physics, 2012, 111 (3).

[259] Matsuo M, Oguchi H, Sato T, et al. Sodium and magnesium ionic conduction in complex hydrides [J]. Journal of Alloys and Compounds, 2013, 580: S98-S101.

[260] Udovic T J, Matsuo M, Unemoto A, et al. Sodium superionic conduction in $Na_2B_{12}H_{12}$ [J]. Chemical Communications, 2014, 50 (28): 3750-3752.

[261] Tang W S, Matsuo M, Wu H, et al. Liquid-like ionic conduction in solid lithium and sodium monocarba-closo-decaborates near or at room temperature [J]. Advanced Energy Materials, 2016, 6 (8): 1502237.

[262] Hansen B R S, Paskevicius M, Jorgensen M, et al. Halogenated sodium-closo-dodecaboranes as solid-state ion conductors [J]. Chemistry of Materials, 2017, 29 (8): 3423-3430.

[263] Duchene L, Kuhnel R S, Rentsch D, et al. A highly stable sodium solid-state electrolyte based on a dodeca/deca-borate equimolar mixture [J]. Chemical Communications, 2017, 53 (30): 4195-4198.

[264] Tang W S, Matsuo M, Wu H, et al. Stabilizing lithium and sodium fast-ion conduction in solid polyhedral-borate salts at device-relevant temperatures [J]. Energy Storage Materials, 2016, 4: 79-83.

第 7 章

水溶液钠离子电池

7.1 概述

传统的钠离子电池与锂离子电池一样，都是以有机碳酸酯电解液为主要电解液，由于其宽的电化学窗口，可以实现高的电压，从而达到更高的能量密度。然而有机碳酸酯电解液由于高度的可燃性，使电池的生产和使用都存在巨大的安全隐患，这对于应用于规模储能的电池系统来说危险性更高。与传统的有机体系相比，水系电解液具有成本低廉、绿色、无毒、无污染和安全性高等突出优势，同时水系电解液具有更高的离子迁移率、更高的离子浓度和更高的电导率。因此，水系钠离子电池的倍率性能往往更高，同时可以采取厚电极设计来提升电池的功率和能量密度。此外，水系电解液易实现规模制备且容易保存，而有机体系电解液制备工艺较为复杂，制备条件苛刻，因为要避免水分和氧气的引入。仅对电解质而言，水系钠离子电池的制备成本可以大幅降低，提高规模储能的经济性。本章重点介绍近几年水系钠离子电池的正负极材料、电解液组成和全电池方面的研究，并讨论了水系钠离子电池体系的应用前景和发展挑战。

7.2 水系钠离子电池的基本原理

如图7-1所示，水系钠离子电池与有机系钠离子电池具有类似的工作原理。水系钠离子电池电解液采用含有钠离子的水溶液作为电解液，正极为钠离子的嵌入化合物，负极为嵌钠化合物或者高比表面的活性碳材料。在充放电过程中利用钠离子在正负极之间可逆地迁移完成电能的储存和释放，也属于典型的"摇椅式"二次电池。充电时，正极电极电势升高，钠离子从正极活性物质中脱出经过电解液迁移至负极材料的表面或者嵌入负极材料中，而电子则经过外电路从正极流向负极，从而使负极电极电势降低，以完成水系钠离子电池的充电过程；放电过程则与之相反，钠离子从负极材料中脱出，经过电解液传递至正极材料的表面重新嵌入正极材料中，而电子则经由外电路从负极流向正极，从而为外电路的用电设备提供电量，完成电池能量的释放。

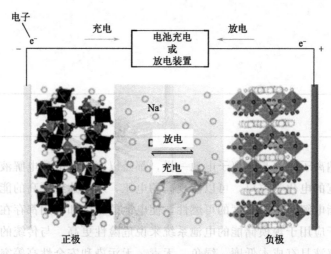

图 7-1 水系钠离子电池工作原理示意图

相比有机体系,水系钠离子电池的研究发展时间较短。理论上,水系钠离子电池的电极材料和生产工艺可以直接借鉴有机系钠离子电池,然而这两类电池之间也存在显著的差异。由于水溶液的特殊性,水系钠离子电池在挑选电极材料时具有自身的局限性。主要表现在以下几个方面:

① 水的电解。在水系电解质体系中,首要遇到的问题是可能存在水分解而导致的正极析氧和负极析氢副反应的发生。由于水溶液的理论电化学窗口为 1.23V,为了有效避免水的分解,即使采用析氢和析氧超电势较高的电极,水系钠离子电池的电压一般最高不能超过 1.8V。一般要求正极材料的嵌钠电位不得高于水的析氧电位,负极材料的嵌钠电位不得低于水的析氢电位,并且在电极材料的选择上也要尽量选用析氢和析氧超电势较高的材料,这就从一方面限制了储钠电极材料的选择。

② 电极材料的稳定性。电极材料或者充放电中间态存在与 H_2O 或者水溶液中的 O_2 发生反应,以及 H^+ 嵌入电极材料而导致电极材料失效等问题。同时,需要考虑电极材料在酸性和碱性条件下的稳定性,尽量减少电极材料在水体系中的溶解和腐蚀,保持电极材料在水溶液中的化学和物理稳定性。

③ 副反应的影响。水溶液中存在较多副反应,如析氢、析氧、质子或水分子共嵌入、pH 值变化等,容易导致电极材料结构的破坏和电化学性能的恶化。在较高电位下,电极材料可以与溶液中的 O_2 发生副反应,因此要求电极材料在不同 pH 值的电解液中具有一定的化学稳定性,不发生电极材料的溶解且不与氧发生反应。

④ 放电态负极的稳定性。负极材料在水溶液中难以形成 SEI 膜,水中溶解

的 O_2 或者水分解产生的 O_2 极易氧化放电态负极（低电位），从而导致库仑效率的降低甚至电极结构的破坏。

可以看到，能满足上述要求的正负极材料十分有限，因此构建性能优异的水系钠离子电池存在较大的挑战。图 7-2 给出了水溶液的电化学窗口和几类典型的水系钠离子电池正负极材料。目前正极材料主要集中于锰的氧化物、普鲁士蓝类化合物、聚阴离子型材料，负极材料包括活性炭、金属氧化物、聚阴离子型材料、普鲁士蓝类似物和有机化合物等。

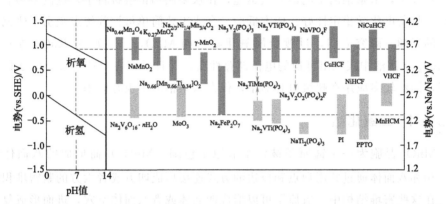

图 7-2 不同 pH 值水溶液电解液的电化学稳定窗口和典型电极材料的氧化还原电位[1]

7.3
正极材料的种类

正极材料是水系钠离子电池组成中的关键部分，也是整个水系钠离子电池研究的重点和难点。理想的水系钠离子电池正极材料需要满足以下要求：

① 具有合适的储钠位点：例如氧离子构成的八面体空位、六棱柱空位、磷氧四面体空位等。

② 正极材料的脱钠电位在水的电化学稳定窗口内应尽可能高，且脱钠产物不与水发生反应，从而使得电池具有较高的输出电压。

③ 电极材料具有较大的钠离子扩散通道，具备较好的离子电导率（σ_{Na^+}），同时材料也具有一定的电子电导率（σ_e），降低材料的电阻极化。

④ 电极材料应该具有良好的稳定性。由于水溶液中存在的副反应较多，电极材料应该首先保证不在水溶液中发生溶解，且不与氧气发生反应；其次，在钠离子的嵌入和脱出过程中，主体结构没有或者仅发生很小的变化，保持良好的电化学稳定性。

⑤ 从应用的角度考虑，电极材料应具有来源广泛、储量丰富、价格低廉、安全无毒和对环境友好等特点。

目前能满足水系特殊环境的要求，可应用于水系钠离子电池的正极材料有过渡金属氧化物、聚阴离子型化合物、普鲁士蓝类化合物等。

7.3.1 过渡金属氧化物

近几年，水系钠离子电池发展迅速，在众多储钠正极材料中，过渡金属氧化物由于具备电化学稳定性好、成本低廉、合成工艺简单可控等优点吸引了研究者广泛的兴趣。研究表明，过渡金属氧化物（如 MnO_2、V_2O_5 和 RuO_2 等）在 Na_2SO_4 水溶液中表现出可逆的电荷储存性质，并且反应主要涉及表面的法拉第过程，因此较多应用在超级电容器中，但在水系钠电中也有应用。

7.3.1.1 二氧化锰

MnO_2 晶胞为一个锰原子被六个氧原子包围（MnO_6）而形成的八面体结构，相邻八面体通过共用顶点和棱边的方式连接形成四方或者六方的紧密堆积结构。在这些密堆结构中，氧原子可以形成四面体或者八面体空穴，进而形成复杂的隧道晶型结构，这些隧道可以容纳不同尺寸的离子，因而具有潜在的储钠可能性。通过控制合成条件可以得到不同晶型的 MnO_2，一般分为 α、β、γ、δ、λ 五种晶型结构（如图 7-3）。其根据隧道结构的不同可分 3 类：α、β、γ 三种晶型具有一维隧道结构，δ-MnO_2 为二维层状结构，λ-MnO_2 具有三维尖晶石结构。多样的晶体结构导致这些晶型电化学性能有所差异，同时这些金属氧化物一般都表现出电容行为。

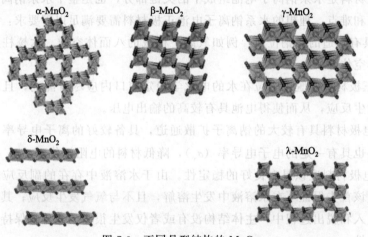

图 7-3 不同晶型结构的 MnO_2

δ-MnO_2 为层状结构,以 [MnO_6] 八面体共棱构成,具有较大的层间距,约 7.0Å,且对 K^+、Na^+、Rb^+、Sr^{2+}、Li^+ 等阳离子具有很强的吸附性,并且源于其较大的层间距,离子嵌入过程中不容易破坏其层状结构,因此 δ-MnO_2 结构较稳定。通过对 δ-MnO_2 在水溶液中嵌钠后的 XRD 分析可知,钠离子可以可逆地在层状结构中脱出而不会引起结构的变形。δ-MnO_2 在 Na_2SO_4 水系电解液中经过 50 周循环后的比电容依然可以保持在 145F/g,具有较好的循环稳定性 [图 7-4(a)][2,3]。

λ-MnO_2 是典型的尖晶石结构,锰与氧原子配位构成 [MnO_6] 八面体并通过共点连接成相互连通的三维隧道结构。利用 $LiMn_2O_4$ 进行化学或电化学脱锂处理可制得尖晶石型 λ-MnO_2,该材料在 1mol/L Na_2SO_4 的中性电解液中表现出了 80mA·h/g 的储钠容量,且具有比 $Na_{0.44}MnO_2$ 更高的放电电压平台 [高出 0.4V,图 7-4(b)][4]。将该材料与活性炭组装成不对称全电池后,在中性电解液中经过 5000 次的循环后,放电容量基本上没有发生衰减,可达理论容量的 70% [如图 7-4(c) 所示]。此外,研究者还报道了一种使用表面羟基化处理的 Mn_5O_8。该正极材料在 0.1mol/L 的 Na_2SO_4 电解液中可实现相对于 Hg/Hg_2SO_4 电极 -1.7V (超过氢的析出电位 0.64V) 到 0.8V (超过氧的析出电位 0.64V) 电压范围的钠离子吸附行为 [图 7-4(e)][5],且能明显降低析氢、析氧副反应的发生,从而使该水系钠离子全电池具有 2.5V 超宽的工作电压范围。图 7-4(d) 显示的是 Mn_5O_8 电极在 5~50A/g 电流密度下的放电曲线,当电流密度为 5A/g 时,Mn_5O_8 的电极比容量为 120mA·h/g,而在 50A/g 高电流密度下,电极仍能输出 20mA·h/g 的比容量,表现出优异的倍率性能。而在电流密度为 20A/g 下经过 25000 周循环后,其电极比容量仍可保持 61mA·h/g,库仑效率和能量效率分别达到 100% 和 85% [图 7-4(f)]。这些结果为发展高性能水系钠离子电池提供了可能的材料体系。

除了二氧化锰过渡金属氧化物外,研究者还开展了 V_2O_5 和 RuO_2 等其他过渡金属氧化物作为水系钠离子电池嵌钠正极材料的研究。V_2O_5 是一种宽层间距的层状化合物,可以容纳钠离子在层间嵌入和脱出,其中 $V_2O_5·0.6H_2O$ 在 0.5mol/L 的 Na_2SO_4 电解液中可表现出 43mA·h/g 的放电比容量[6]。然而钒氧化物在水溶液中的稳定性不佳,造成其循环稳定性较差。对于 RuO_2 材料来说,在中性水溶液中 RuO_2/RuO_2 对称电容器具有 1.6V 的工作电压,当功率密度为 500W/kg 时,表现出 18.77W·h/kg 的能量密度,也显示出了较高的循环性能[7]。但是这些氧化物正极的容量利用率和资源价格都明显不如锰氧化物,应用价值不高。

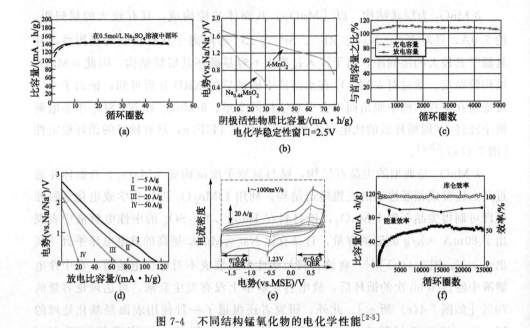

图 7-4　不同结构锰氧化物的电化学性能[2-5]

(a) δ-MnO_2 在 Na_2SO_4 水系电解液中经过 50 周循环性能；(b) 尖晶石型 λ-MnO_2 和 $Na_{0.44}MnO_2$ 材料在 1mol/L Na_2SO_4 的中性电解液中的放电曲线；(c) 尖晶石型 λ-MnO_2 在 1mol/L Na_2SO_4 的中性电解液中的循环曲线；(d) Mn_5O_8 电极在不同电流密度下的放电曲线；(e) Mn_5O_8 电极 0.1mol/L 的 Na_2SO_4 电解液中的循环伏安曲线；(f) Mn_5O_8 电极循环过程中的库仑效率和能量效率

7.3.1.2　Na_xMnO_2

在水系锂离子电池中，层状氧化物 Li_xMO_2（M 为过渡金属 Co、Mn、Fe、Cr、Ni 等）由于拥有优异的电化学性能而被广泛研究。然而，在水系钠离子电池中，类似的钠基层状过渡金属氧化物 Na_xMO_2 在水溶液中结构不稳定，难以应用于水系钠离子电池。与此不同，隧道型过渡金属氧化物在水溶液中表现出较好的结构稳定性和电化学活性。$Na_{0.44}MnO_2$ 由于具有特殊的三维互通的 S 形隧道结构，使得钠离子快速扩散时能够较好地保持结构的稳定性，具有比较高的循环稳定性。研究者报道了隧道型 $Na_{0.44}MnO_2$ 在 1mol/L Na_2SO_4 水系电解液中在 C/5 的电流密度下具有 35mA·h/g 的嵌钠容量，且当电流密度增大为 18C 时，容量仍保持在 20mA·h/g，具有良好的倍率性能（如图 7-5 所示）[8]。另外，当 $Na_{0.44}MnO_2$ 与活性炭组装成水系全电池后，在 0.4～1.8V 的电压范围内，循环 1000 次容量几乎不发生衰减，这些结果表明隧道型 $Na_{0.44}MnO_2$ 在水溶液中表现了良好的电化学稳定性。

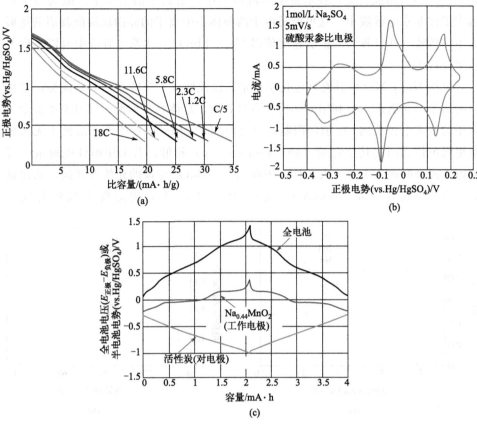

图 7-5 隧道型 $Na_{0.44}MnO_2$ 在 1mol/L Na_2SO_4 水系电解液中的电化学性能[8]

$Na_{0.44}MnO_2$ 中钠离子扩散系数可以通过 EIS 阻抗谱的测试结果计算得到，如图 7-6 所示[9]，计算得其在水溶液体系中的钠离子扩散系数为 $1.08\times10^{-13}\sim 9.15\times10^{-12} cm^2/s$，而在非水体系中的扩散系数仅为 $5.75\times10^{-16}\sim 2.14\times$

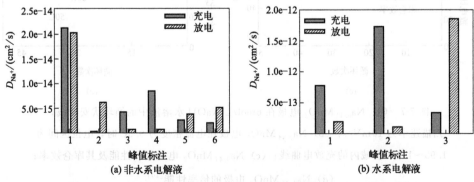

图 7-6 $Na_{0.44}MnO_2$ 中钠离子在水系和非水体系的扩散系数对比[9]

第 7 章 水溶液钠离子电池

$10^{-14} cm^2/s$。由此可见，在水系电解液体系中，电极中的钠离子扩散动力学远远大于在非水电解液中，这可能是由于两种体系中离子的界面反应能及溶剂化形式不同所致，并且较大的扩散速度使得 $Na_{0.44}MnO_2$ 在水系电解液中可以实现大倍率充放电。

虽然 $Na_{0.44}MnO_2$ 具有高电化学稳定性以及低成本等特点，但是该类锰基化合物属于半充满态，可利用的钠离子数目有限，总体容量偏低。同时水溶液中氢离子的嵌入电势受到 pH 值的限制，也使得 $Na_{0.44}MnO_2$ 在中性水溶液中无法放至更低电位，因此其比容量（30~40mA·h/g）较低。若采用碱性电解液，可使得氢离子的嵌入电势大大负移，拓宽 $Na_{0.44}MnO_2$ 电极的充放电区间，从而显著提升其可逆比容量（80mA·h/g）。图 7-7（a）为采用溶胶-凝胶法合成的

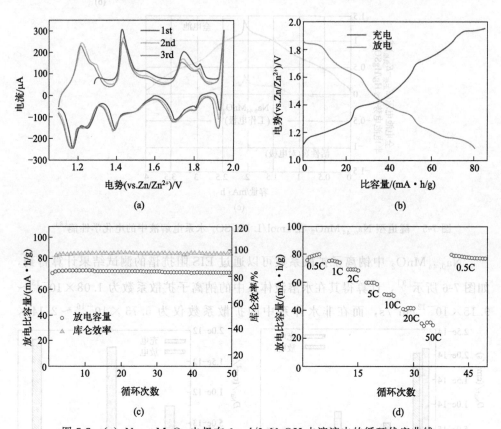

图 7-7 （a）$Na_{0.44}MnO_2$ 电极在 6mol/L NaOH 水溶液中的循环伏安曲线，扫描速率为 10mV/s；（b）$Na_{0.44}MnO_2$ 电极在电流密度为 0.5C 时，电位区间为 1.95~1.1V 区域内的充放电曲线；（c）$Na_{0.44}MnO_2$ 电极循环性能及其库仑效率；（d）$Na_{0.44}MnO_2$ 电极的倍率性能[10]

$Na_{0.44}MnO_2$ 材料在 6mol/L NaOH 碱性电解液中的循环伏安曲线,可以看出,在 1.1~1.95V(相对于 Zn/Zn^{2+})电位区间内,$Na_{0.44}MnO_2$ 电极显示出多个可逆的氧化还原峰,对应着材料嵌入脱出钠过程中的多重相变。该电极材料在 1C 电流密度下可释放出 80mA·h/g 的可逆比容量,当电流密度增加到 50C 时依然保持 30mA·h/g 的可逆比容量,说明 $Na_{0.44}MnO_2$ 材料在碱性溶液中具有较高的电化学可逆性[10]。

通过掺杂、阳离子取代、包覆以及改进合成方法,如固相法、水热法、溶胶-凝胶等方法,可以提高隧道型正极材料的结构稳定性和电化学性能。研究者采用 Ti 取代部分锰合成了新型的隧道型材料 $Na_{0.44}[Mn_{0.66}Ti_{0.34}]O_2$,其结构如图 7-8 所示,这种材料在 2C 下具有高达 76mA·h/g 的可逆比容量,且与 $NaTi_2(PO_4)_3$ 负极组装的全电池显示出优异的循环性能,是水系钠离子电池正极材料的理想选择之一[11]。

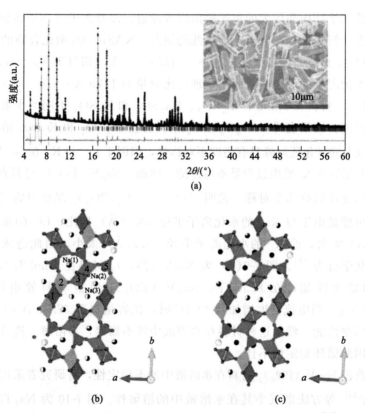

图 7-8 $Na_{0.44}[Mn_{0.66}Ti_{0.34}]O_2$ XRD 图谱及结构示意图[11]

7.3.2 聚阴离子型化合物

聚阴离子型化合物是一系列含有四面体或者八面体阴离子结构单元$(XO_m)^{n-}$（X=P、S、As、Mo、W）的化合物的总称，其中MO_6（M为过渡金属）八面体和XO_4（X=P、S、As等）四面体通过共顶点或者共边的方式连接成三维网状结构，形成可被其他金属离子占据的空隙。其具有稳定开放的框架结构，有利于钠离子的扩散，同时其放电电位可根据不同阴离子的匹配情况进行调节，因此具有成为高稳定水系钠离子电池的电极材料的巨大潜力。但是这些聚阴离子型化合物电子电导率低，通过包覆导电碳等改性方法可以提高其电子导电性，从而提升其在水溶液中的电化学性能。下面对几类聚阴离子型化合物进行简要介绍。

7.3.2.1 NASICON型化合物

钠超离子导体（NASICON）型化合物可表示为$Na_xM_2(PO_4)_3$（M=金属），具有开放的三维结构和较大的离子脱出嵌入通道，以及离子迁移率高和晶体结构稳定等优点，但是也存在电子电导率低的缺点。NASICON型化合物的典型代表$Na_3V_2(PO_4)_3$具有高的离子扩散速率，可以在3.4V（相对于Na^+/Na）的电压下实现两个钠离子的可逆嵌入脱出，理论比容量为117mA·h/g。图7-9对比了$Na_3V_2(PO_4)_3$材料在1mol/L Li_2SO_4、Na_2SO_4和K_2SO_4不同的水系电解液中的电化学性能。结果表明，$Na_3V_2(PO_4)_3$材料在Li_2SO_4和K_2SO_4溶液中，循环伏安曲线上的氧化还原峰具有高度不对称性，归因于Li^+和K^+在$Na_3V_2(PO_4)_3$晶格中的电化学嵌入/脱出过程是不可逆的。然而，$Na_3V_2(PO_4)_3$材料在Na_2SO_4溶液中的氧化还原峰几乎对称，说明Na^+在$Na_3V_2(PO_4)_3$晶格中的嵌入脱出较容易，这可能是由于与Na^+的水化离子半径（3.58Å）相比，Li^+的水化离子半径（3.82Å）太大，而K^+的水化离子半径（3.31Å）太小，因此造成不同的嵌入脱出电化学行为[12]。图7-9（b）为$Na_3V_2(PO_4)_3$材料在1mol/L Na_2SO_4水溶液中的倍率性能，在8.5C下，$Na_3V_2(PO_4)_3$电极材料放电比容量为58.1mA·h/g，当电流密度增加到42.7C时，比容量仍有37.8mA·h/g，展现出优异的倍率性能。然而这种材料在水溶液中极不稳定，易溶解，造成活性物质的流失，因此循环稳定性不佳。

为了改善$Na_3V_2(PO_4)_3$材料在水溶液中的不稳定性，有研究者采用碳包覆或者Ti掺杂[13]等方法来减小其在水溶液中的溶解性。图7-10为$Na_2TiV(PO_4)_3$电极材料在1mol/L Na_2SO_4水溶液中的充放电曲线。该材料首周放电比容量为

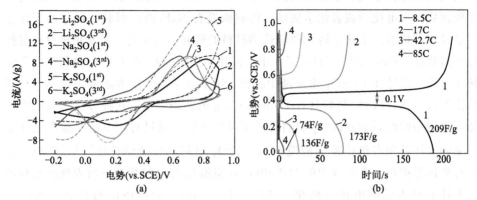

图 7-9 (a) $Na_3V_2(PO_4)_3$ 电极材料在 1mol/L Li_2SO_4、Na_2SO_4 和 K_2SO_4 中的首周以及第三周 CV 曲线，扫描速率为 5mV/s；(b) $Na_3V_2(PO_4)_3$ 电极材料在 1mol/L Na_2SO_4 溶液中不同倍率下的充放电曲线[12]

55mA·h/g，达到理论容量的 87.3%，且经过 100 周的循环，容量几乎没有衰减，展示出较好的循环稳定性。说明钛离子在 $Na_2V_2(PO_4)_3$ 晶格中的取代可以有效稳定晶格结构，减弱材料在水溶液中的溶解，从而提升材料的循环稳定性。

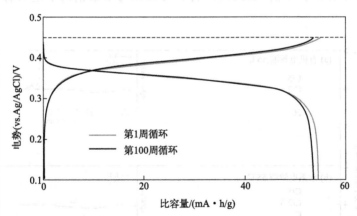

图 7-10 $Na_2TiV(PO_4)_3$ 电极材料在 1mol/L Na_2SO_4 水溶液中的充放电曲线[13]

7.3.2.2 橄榄石型 $NaFePO_4$ 材料

作为聚阴离子型化合物的另一个典型代表，橄榄石结构的 $NaFePO_4$ 具有高的结构稳定性，且放电比容量高达 150mA·h/g。由于橄榄石 $NaFePO_4$ 材料在高温下结构不稳定，造成其无法通过传统高温固相合成方法制备。目前主要制备方法是通过电化学或化学转换得到,即从橄榄石型磷酸铁锂材料出发,通过电化学脱锂后,再电化学或者化学嵌钠,得到橄榄石 $NaFePO_4$ 材料。最早的工作主要是针对有机溶液电化学转化磷酸铁钠材料的研究。为了进一步实现该过程易操作和高效性,Fang 等[14]研究了在水溶液体系中橄榄石 $NaFePO_4$ 材料的电化学转化合成。通过在 Li_2SO_4 水溶液中脱锂,随后在 Na_2SO_4 水溶液中嵌钠,得到的橄榄石型 $NaFePO_4$ 材料具有 120mA·h/g 的储钠容量,这种方法为发展高性能和实用型橄榄石 $NaFePO_4$ 材料提供了可行途径。通过对比不同温度和电压窗口下的水体系和有机体系中橄榄石 $NaFePO_4$ 材料的电化学性能[15],发现与传统有机体系相比,水溶液中的 $NaFePO_4$ 在室温和 55℃的高温下均表现出更高的倍率性能和更低的电化学极化(如图 7-11 所示)。$NaFePO_4$ 材料在水溶液中 C/5 和 2C 的倍率下分别表现出 110mA·h/g 和 74mA·h/g 的放电比容量。当组成 $NaTi_2(PO_4)_3$//$NaFePO_4$ 的全电池时,平均工作电压为 0.6V,经过 20 周的循环之后容量保持率为 76%,初步证明了 $NaFePO_4$ 水溶液全电池的可行性。然而,这一体系在水溶液中的循环稳定性仍然不足,这与材料在水溶液中的溶解及反应中间产物或终产物与水的反应有关。总的来说,相对于有机电解液体系,$NaFePO_4$ 材料在水系中具有更好的倍率性能和安全性,但是循环稳定性需要进一步提高,可以通过对材料进行改性,以及优化电解液组成等来实现。因此,高容量、低成本和高安全的 $NaFePO_4$ 材料可以作为水系钠离子电极材料的选择之一。

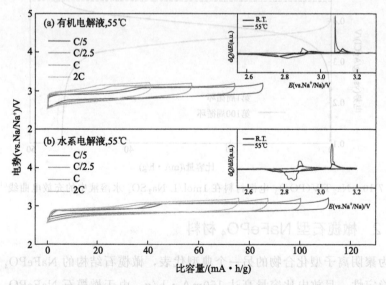

图 7-11　$NaFePO_4$//$NaTi_2(PO_4)_3$ 在 55℃下不同体系的充放电曲线[15]

7.3.2.3 其他磷酸盐和焦磷酸盐类材料

其他磷酸盐和焦磷酸盐材料也被作为水溶液钠离子电池的正极进行了相关研究。比如，磷铁钠矿型 $NaCo_{1/3}Ni_{1/3}Mn_{1/3}PO_4$ 虽在有机体系中电化学性能不佳，但是其在 2mol/L NaOH 水溶液中可以实现钠离子的可逆嵌入/脱出[16]，循环 1000 周后比电容仍为 40F/g（图 7-12），展现出优异的循环性能。

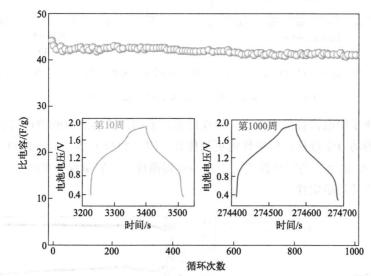

图 7-12　$NaCo_{1/3}Ni_{1/3}Mn_{1/3}PO_4$ 在 2mol/L NaOH 水体系中的电化学性能[16]

此外，研究者报道了 $Na_7V_4(P_2O_7)_4(PO_4)/C$、$NaFe_{0.95}V_{0.05}PO_4/C$ 等聚阴离子型化合物在水溶液中的储钠性能，这些材料在水系中均具有储钠活性。图 7-13 为 $Na_7V_4(P_2O_7)_4(PO_4)/C$ 正极在 1mol/L Na_2SO_4 水溶液中的倍率性能及其循环性能[17]。在 80mA/g 的电流密度下，该材料释放出 51.2mA·h/g 的容量，当电流密度增加到 1000mA/g 时，其容量保持率高达 72%，展示出较好的倍率性能。这得益于该材料开放的一维离子扩散通道，但该电极材料在水溶液中的溶解流失造成其循环性能不佳。

$Na_2FeP_2O_7$ 也可作为水系钠离子电池正极材料[18]，与非水体系相比，由于水溶液中具有更快的动力学，使得电池具有更好的倍率性能和循环性能。图 7-14(a) 为 $Na_2FeP_2O_7/C$ 正极分别在水溶液（-0.654~0.576V，相对于 SCE 电极）和有机电解液（2.0~3.8V，相对于 Na^+/Na）中的电化学性能对比。在 1C 的倍率下，$Na_2FeP_2O_7/C$ 在水溶液中可释放出和非水体系相近的可逆容量，且在水体系中当倍率提高至 5C 时，电极的容量没有发生较大的衰减。相比之

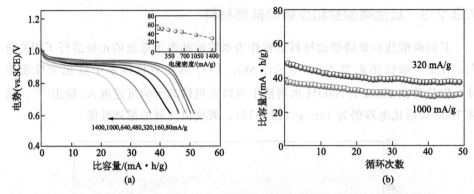

图 7-13 $Na_7V_4(P_2O_7)_4(PO_4)$/C 正极在不同电流密度下的（a）放电曲线及
（b）在 320mA/g 和 1000mA/g 时的循环性能[17]

下，非水体系中电极容量则出现大幅度降低，表明该铁基焦磷酸钠材料在水系中具有更好的动力学特征，倍率性能更加优异。图 7-14(b) 为 $Na_2FeP_2O_7$/C 正极在 1C 和 10C 倍率下的循环性能，经过 300 周循环，其容量保持率高于 86%，展示出极为优异的稳定性。

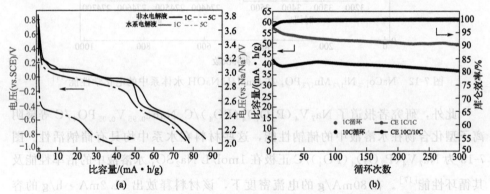

图 7-14 （a）1C 和 5C 倍率下，$Na_2FeP_2O_7$/C 在非水溶剂和水溶液电解质中的恒电流放电曲线；（b）$Na_2FeP_2O_7$/C 阴极在 1C 和 10C 倍率下的循环性能[18]

具有 $I4/mmm$ 和 $P42/mnm$ 混合型四方相的 $Na_3V_2O_{2x}(PO_4)_2F_{3-2x}$ 也可作为水系钠离子电池的正极材料[19]，受水溶液较窄的电化学窗口的限制，$Na_3V_2O_{2x}(PO_4)_2F_{3-2x}$ 可逆容量较低。在添加 2% 碳酸亚乙烯酯（VC）的 10mol/L $NaClO_4$ 水溶液中，1C（65mA/g）的电流密度下循环 100 周后，$Na_3V_2O_{2x}(PO_4)_2F_{3-2x}$ 可以保持 46mA·h/g 的稳定比容量；而该材料在 40C 高倍率下也能保持 1C 下容量的 40%，显示出较高的倍率性能。随后，研究者对 $NaTi_2(PO_4)_3$-C//$Na_3V_2O_{2x}(PO_4)_2F_{3-2x}$-MWCNT 水系全电池体系的研究发

现，盐浓度和电解液添加剂对全电池的性能会产生较大影响[20]。

7.3.3 普鲁士蓝类化合物

普鲁士蓝类似物是一种典型的过渡金属铁氰化物，过渡金属原子与C≡N键六配位形成三维隧道结构，存在着大量空隙位点，有利于碱金属离子的传输和储存。其可以容纳各种大尺寸阳离子，并且几乎没有晶格畸变，为可逆储钠反应提供了良好的结构体系。目前所研究的普鲁士蓝类似物在Na^+等其他碱金属离子基水溶液中均具有良好的电化学性能。

研究者合成了一系列普鲁士蓝类衍生物，在水系钠离子电池体系中均表现出优异的储钠性能，例如六氰合铁酸镍（NiHCF）、六氰合铁酸铜（CuHCF）、六氰合铁酸镍铜（CuNiHCF）、石墨烯修饰的六氰基铁酸铜（CuHCF/Gr）、六氰基铁酸盐（HQ-PBNCs）以及钒铁基（V/FePBA）等。图7-15(a)为NiHCF在$NaNO_3$水溶液中的不同倍率下的充放电曲线。可以看出，随着充放电倍率由0.83C增加到41.7C，NiHCF的放电容量仅减少33%，展示出优异的倍率性能[21]。图7-15(b)为CuHCF的充放电曲线，可以看出，CuHCF正极的放电平台要远高于NiHCF，这可能来源于Cu^{2+}更强的诱导效应[22]。虽然这一系列的Ni基和Cu基的普鲁士蓝正极材料表现出高倍率性能和循环稳定性，但是由于其本身不含钠，使得与传统贫钠的负极材料相匹配比较麻烦。

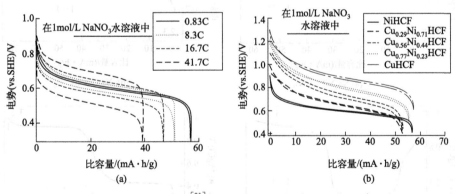

图7-15 NiHCF (a)[21]、(b) CuHCF以及CuNiHCF在1mol/L $NaNO_3$水溶液中的充放电曲线[22]

此外，研究者制备了一系列富钠态的普鲁士蓝衍生物$Na_xMFe(CN)_6$（M=Fe、Co、Ni、Cu等）[23,24]，发现这类化合物也具有良好的电化学储钠性能。图7-16(a)为$Na_2NiFe(CN)_6$材料的充放电曲线。可以看出，$Na_2NiFe(CN)_6$首周放电比容量为59.4mA·h/g。在后续四周充放电过程中，充放电容量基本维持不变。$Na_2CuFe(CN)_6$ 材料首周放电比容量为 58.5mA·h/g，并且具有较好的循环稳定性 [图 7-16(b)]。图 7-16(c) 为 $Na_2FeFe(CN)_6$ 材料的充放电曲线，该材料在 1.0V/0.8V 和 0.15V/0.1V 出现了明显的充放电平台，分别对应着 C-Fe^{3+}/Fe^{2+} 和 N-Fe^{3+}/Fe^{2+} 电对的氧化还原反应。该材料首周库仑效率仅为 68.4%，较低的首周库仑效率一方面来源于晶格中存在一定含量的 Fe^{2+}，另一方面来源于较高的充电电位引起的析氧副反应。在后续循环中，该材料放电比容量维持在 125mA·h/g，库仑效率也逐渐上升至 92%。此外，$Na_2CoFe(CN)_6$ 材料在 0.92V/0.91V 和 0.43V/0.38V 处出现明显的充放电平台，分别对应着 C-Fe^{3+}/Fe^{2+} 电对和 N-Co^{3+}/Co^{2+} 电对的氧化还原反应，首周放电容量可以达到 127mA·h/g [图 7-16(d)]。上述四种正极在随后的充放电过程中容量基本保持不变，表明它们在水溶液中具有优异的电化学可逆性。相比于其他水系钠电正极材料，$Na_2CoFe(CN)_6$ 兼具高容量以及高反应电位特性，是高能量密度正极材料的典型代表。

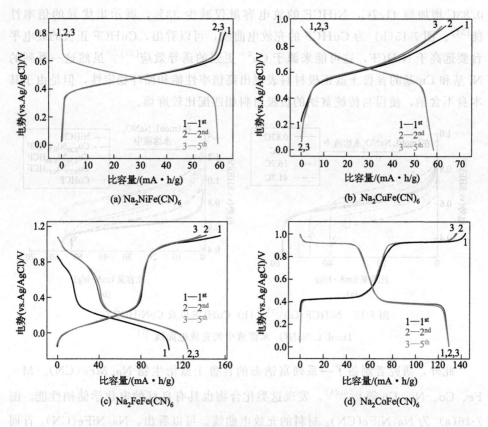

图 7-16　不同电极材料的充放电曲线

由于普鲁士蓝类似物中水分子（配位水和吸附水）的存在会阻碍 Na^+ 嵌入晶格位点，使得普鲁士蓝及其类似物在水溶液中的容量利用率偏低。为了克服这一问题，研究者合成了一种低缺陷的普鲁士蓝 $FeFe(CN)_6$[25]。图 7-17(a) 为该材料的 SEM 图，可以明显看到材料具有非常规整的立方体形貌。该材料在 10C 下循环 500 周后，容量保持率仍为 83% [图 7-17(b)]。另外，一种富钠态的 $Na_2VO_x[Fe(CN)_6]$ 正极在 3mol/L $NaNO_3$ 水溶液体系中可得到约 80mA·h/g 的可逆比容量 [图 7-17(c) 和 (d)][26]，且该材料具有高的钠离子嵌入脱出电位 (0.78V/0.71V，相对于 Ag/AgCl)，体系的比能量高。同时该材料在较高扫速下也显示出明显的氧化还原峰，表现了优异的倍率性能。

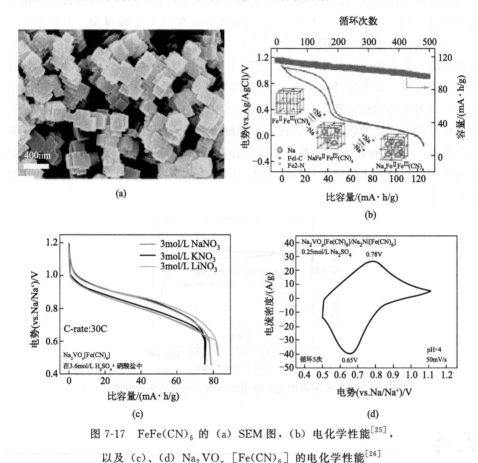

图 7-17 $FeFe(CN)_6$ 的 (a) SEM 图，(b) 电化学性能[25]，以及 (c)、(d) $Na_2VO_x[Fe(CN)_6]$ 的电化学性能[26]

普鲁士蓝类化合物本身无毒且价格低廉，只是在酸性条件下由于 CN^- 的释放会对环境造成影响。其合成过程对水和盐的活度比较敏感，这直接影响材料的结构和电化学性能。并且这类材料需要适应水溶液的特殊条件进行充放电反应，这与有机体系截然不同。因此，针对水溶液中结构稳定的普鲁士蓝类材料的制备和合成，仍需要进一步研究。已有的研究表明，通过一些改性的方法如碳包覆、掺杂和表面稳定修饰等手段改性普鲁士蓝有望实现钠离子高效可逆的嵌入反应，从而推进其在水系钠离子电池中的规模应用。

7.3.4 水系有机正极材料

有机电极材料具有价格低廉且种类繁多等优点，并且一些有机材料可以直接从绿色植物或者动物外壳中提取，可以实现资源的回收利用，一些有机材料在水溶液电解液中也表现出较好的电化学性能。Koshika 等[27]将自由基聚合物用于水系储钠正极，所合成的聚 2,2,6,6-四甲基哌啶氧-4-乙烯基醚（PTVE）在 0.1mol/L NaCl 溶液中表现出良好的电化学性能。图 7-18 为 PTVE 在 NaCl 水溶液中的充放电曲线及其循环性能。PTVE 的放电比容量为 131mA·h/g，接近其理论比容量。该电极经过长达 1000 周的循环，容量保持率高达 75%，在水溶液中展现出较高的稳定性。一些研究组尝试在聚合物链段间固定电活性阴离子，使正极反应由传统的阴离子掺杂转变为钠离子的嵌入脱出机理，以此获得储钠聚合物正极[28,29]。相比无机体系，发展聚合物储钠材料不仅可以克服无机刚性晶体的束缚，同时大大拓展了材料的选择空间，为水系钠离子电池正极材料的选择提供参考。

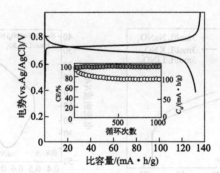

图 7-18 PTVE 阴极的充放电曲线（内嵌图为其循环性能[27]）

7.4 负极材料的种类

用于水系钠离子电池负极材料的氧化还原电位应该高于水的析氢电位，因此

能用作水系钠离子电池负极的材料不多,其需要满足以下要求:

① 钠离子在负极材料中的嵌入电位尽可能低,从而使得电池具有较高的输出电压;

② 电极材料具有较大的钠离子扩散通道,同时具有较好的离子电导率(σ_{Na^+})和电子电导率(σ_e);

③ 在电化学反应窗口内负极材料不与水发生反应;

④ 从应用的角度考虑,电极材料应具有来源广泛、储量丰富、价格低廉、安全无毒、对环境友好等特点。

基于以上限制条件,满足电极材料在较低电势下的结构稳定性及对水溶液稳定的要求,水体系中储钠负极材料的选择更加困难,至今满足要求的材料体系十分有限,目前常用的负极材料有活性炭、$NaTi_2(PO_4)_3$以及钒基化合物等。

7.4.1 活性炭

硬炭、石墨和乙炔黑等碳材料的钠离子嵌入脱出电位低于水溶液中的析氢电位,所以不适合用作水系钠离子电池的负极。而活性炭具有发达的孔径结构和较大的比表面积,适合钠离子在表面的吸附和脱附,而且活性炭材料具有良好的化学稳定性、无毒无污染以及原材料易得等明显优势。因此可以将活性炭作负极,与嵌钠正极匹配得到混合型水溶液钠离子电容电池。研究者采用$Na_{0.44}MnO_2$作为正极材料,活性碳作负极,1mol/L Na_2SO_4作电解液组装成全电池[8]。如图7-19所示,电池在C/8倍率下放电容量为45mA·h/g,4C倍率下循环1000圈

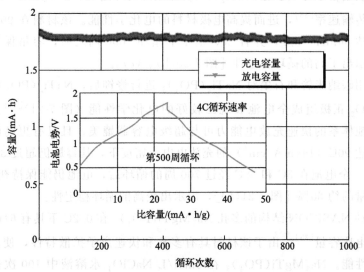

图7-19 $Na_{0.44}MnO_2$正极和活性炭负极的水系全电池的电化学性能[8]

后，容量几乎保持不变。然而活性炭仅具有吸附容量，造成负极容量较低，导致整个全电池的能量密度低，以材料计算仅为20W·h/kg（若转换为实际电池体系约为8~10W·h/kg）。但是活性炭具有原料广泛和易于加工的特点，是规模应用的一种选择。

7.4.2 磷酸盐负极

NASICON型结构的$NaTi_2(PO_4)_3$是一类极具潜力的水系钠离子电池负极材料，其三维开放框架结构能有效地促进钠离子的传输。在1mol/L的Na_2SO_4电解液中，$NaTi_2(PO_4)_3$在-0.82V（相对于Ag/AgCl）附近出现一对可逆对称的氧化还原峰，对应于钠离子的嵌入脱出反应，且该材料在水系中的电化学极化比在有机电解液体系中小[30]。这一嵌入脱出反应的电位略高于水的析氢电位，有利于提高整个电池的工作电压以获得较高的能量密度。此外，放电态$Na_3Ti_2(PO_4)_3$也被用作水系钠离子电池富钠负极材料，主要是由于该材料为预嵌钠态，可以与不含钠的正极材料进行匹配使用，但该使用条件较为苛刻，必须在无氧条件下进行。$NaTi_2(PO_4)_3$用作水系钠离子电池负极时具有突出的优势，但是存在电子电导率低等缺点。研究者多采用碳包覆、结构调控以及合成方法改进等方式，来提高材料的电化学性能，这不仅可以提高其电子电导率，还可以减少材料表面与电解液的接触，防止副反应的发生，从而提高材料的储钠性能。$NaTi_2(PO_4)_3$在15.7mA/g的电流密度下可以得到85mA·h/g的放电比容量[31,32]。研究者通过模板法制备了分层多孔$NaTi_2(PO_4)_3$/碳阵列 [图7-20(a)]，可以明显提高钠离子的传输速率[33]，进而提高电极材料的电化学性能。该材料在90C下可逆比容量可达66mA·h/g，并且20C倍率下循环2000周之后，容量保持率达到89%，显示出了高的循环稳定性 [图7-20(b)、(c)]。

而采用碳纳米管和石墨对$NaTi_2(PO_4)_3$进行修饰后，$NaTi_2(PO_4)_3$负极与$Na_{0.44}MnO_2$正极组成全电池表现出较好的电化学性能（图7-21）[34]。可以看到，该电池体系的快速充放电能力可与超级电容器媲美，且具有更高的能量密度。在高达90C（144mA/cm^2）的充放电电流密度下，其容量仍超过3C倍率放电的70%。全电池在5C和50C经过700周的循环后，电池仍能保持初始5C倍率放电容量的约60% [图7-21(b)]，展示出较高的循环稳定性。

另一种NASICON结构的多孔$Na_3MgTi(PO_4)_3$在0.2C下具有61mA·h/g的初始放电比容量[35]，由于该材料具有多孔和快速离子扩散特性，使其具有良好的倍率性能。$Na_3MgTi(PO_4)_3$在6mol/L $NaClO_4$水溶液中100次循环后的容量保持率为94.2%，循环性能远优于$NaTi_2(PO_4)_3$材料（图7-22）。

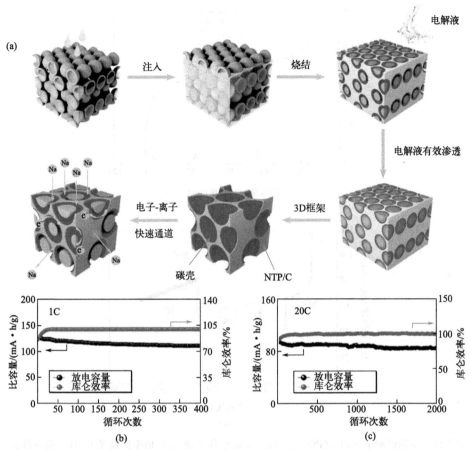

图 7-20 (a) 多孔 $NaTi_2(PO_4)_3$/碳合成示意图,以及在 (b) 1C 和
(c) 20C 下全电池的循环性能[33]

7.4.3 钒基负极材料

VO_2 作为水系锂离子电池负极材料的研究始于 20 世纪 90 年代初[36],这为其他钒基材料作为水系钠离子电池负极材料提供了参考。由于 V 具有多种氧化态,可以实现多电子的氧化还原反应。一种纳米层状结构的 $Na_2V_6O_{16} \cdot nH_2O$ 被报道用于钠离子负极材料[37],其中水合钠离子位于 V_3O_8 层隙中,空隙宽度足够大,可供钠离子嵌入。该材料初始充放电比容量分别为 42mA·h/g 和 123mA·h/g,其放电(嵌钠过程)容量在前几周循环中迅速减少,随后保持稳定。采用非原位 X 射线衍射测试证明,第一周放电过程中的不可逆相变导致了初期循环不稳定。

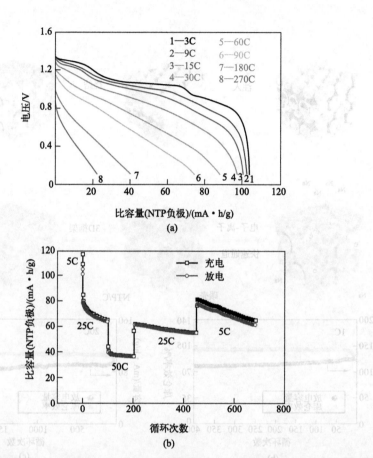

图 7-21 不同倍率下 $NaTi_2(PO_4)_3/Na_{0.44}MnO_2$ 体系的（a）倍率性能及其（b）循环性能

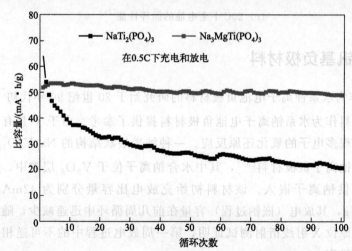

图 7-22 $Na_3MgTi(PO_4)_3$ 和 $NaTi_2(PO_4)_3$ 的长周期循环曲线[35]

$Na_2V_6O_{16} \cdot nH_2O$ 由于不可逆相变导致其电化学性能较差。具有开放 3D 框架和钠快离子导体性质的 $NaV_3(PO_4)_3$ 材料，作为水系钠离子电池负极具有更高的循环稳定性。但是其电子电导率较差，限制了离子嵌入的动力学过程，研究者多采用碳包覆的手段来提高其电化学性能。图 7-23 为 $NaV_3(PO_4)_3$@C 负极和 $Na_{0.44}MnO_2$ 正极构成的全电池体系的电化学性能[38]。得益于 $NaV_3(PO_4)_3$@C 较高的孔隙率以及有序的一维结构，该全电池具有快速的电子/离子输运能力以及良好的机械柔性，显示出优越的高倍率性能和循环稳定性。除此之外，钒基化合物 $Na_xV_3O_8$ 和 $Na_2VTi(PO_4)_3$ 也可以用作水系钠离子电池负极材料，但是由于自身局限性，应用前景不大。

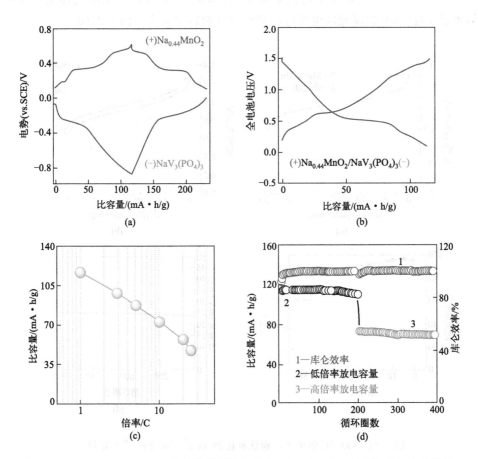

图 7-23 (a) $NaV_3(PO_4)_3$@多孔碳纤维负极和 $Na_{0.44}MnO_2$ 正极及 (b) 全电池的恒电流充放电曲线；(c) 全电池在不同速率下的放电容量；(d) 全电池在 1C 和 10C 倍率下的循环特性[38]

7.4.4 其他无机负极材料

鉴于 $Na_{0.44}MnO_2$ 作为水系钠离子电池正极材料的优异电化学性能,钛取代部分锰获得的 $Na_{0.44}[Mn_{1-x}Ti_x]O_2$($x=0.11$,$0.22$,$0.33$,$0.44$ 和 0.56)系列化合物被用作负极材料[39],具有约 37mA·h/g 的可逆比容量。另外,普鲁士蓝及其衍生物可用于水系钠离子电池正极材料,但是也有研究者[40]报道了新开发的锰基普鲁士蓝类似物(Mn^{II}-NC-$Mn^{III/II}$)与六氰基铁酸铜(Cu^{II}-NC-$Fe^{III/II}$)组装成不对称电池(图 7-24),在 $NaClO_4$ 水溶液中,5C 倍率下的能量效率为 96.7%,50C 倍率下的能量效率为 84.2%。此外,该全电池体系在 10C 倍率下经过 1000 次深充放电循环后没有明显的容量损失 [图 7-24(d)]。

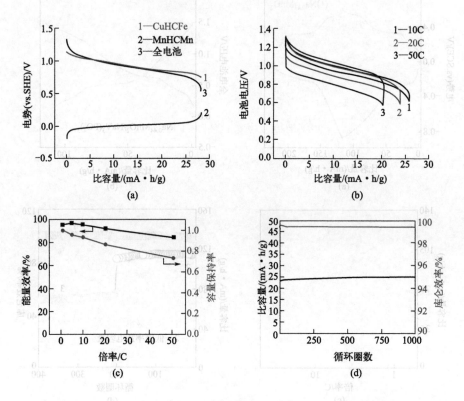

图 7-24 (a) 1C 倍率下,铜铁氰化物(Cu^{II}-NC-$Fe^{III/II}$)正极、锰基氰化物(Mn^{II}-NC-$Mn^{III/II}$)负极以及两者构成的全电池充放电曲线;
(b) 不同倍率下全电池的充放电曲线;(c) 不同充放电倍率下的能量效率和容量保持率;
(d) Cu^{II}-NC-$Fe^{III/II}$//Mn^{II}-NC-$Mn^{III/II}$ 全电池 10C 下的循环性能[40]

7.4.5 有机负极材料

有机储钠材料结构种类丰富,且可以调节官能团来改变其可逆电位,这对用作水系电极材料至关重要。研究者提出了 1,4,5,8-萘四羧酸二酐(NTCDA)衍生物作为水系钠离子电池负极材料[反应原理示意图见图 7-25(a)][41],其结构中的共轭羰基可以发生可逆的氧化还原反应以实现电荷存储,其在 5mol/L $NaNO_3$ 电解液中的平均充放电电位分别为 -0.50V 和 -0.39V(相对于 SCE),在 50mA/g 的电流密度下,充放电比容量分别为 184mA·h/g 和 165mA·h/g,表现出良好的电化学活性[图 7-25(b)、(c)]。

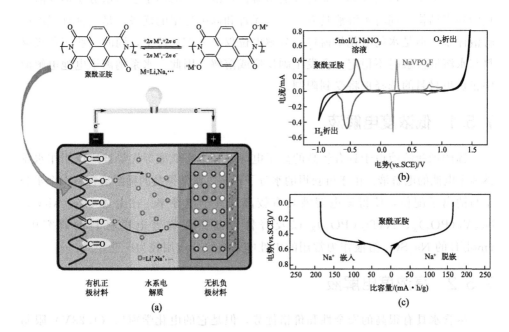

图 7-25 (a) 有机负极材料与无机正极材料组成的水溶液全电池结构模型;
(b) 聚酰亚胺和 $NaVPO_4F$ 的 CV 曲线;(c) 聚酰亚胺在水系
电解液中的充放电曲线[41]

另外,醌类有机电极材料,特别是 1,2-苯醌或 1,4-苯醌,具有结构稳定的离子配位电荷储存机制和化学惰性,也适合用于水系钠离子电池负极材料。Choi 等[42]设计合成了蒽醌聚合物(简称 PVAQ),并证实了在蒽醌基团两电子还原过程中,两个钠离子嵌入聚合物链段以维持电荷平衡,这种聚合物在 pH=14 的 NaCl 水溶液中表现出平稳的电压平台。在 5A/g 的电流密度下,可逆比容量高达 217mA·h/g，循环 300 次后容量保持率为 91%，具有良好的电化学性能。

7.5 水系电解液

电解液是水系钠离子电池不同于传统有机系钠离子电池的根本所在，也是水系钠离子电池工作过程中正极和负极之间传输钠离子的媒介。与非水溶剂相比，水对各种类型的盐类都具有非常好的溶解性，溶解后的离子会与水分子形成溶剂化的外壳结构，同时水溶液具有安全、无毒和高电导率的优势，是一种理想的电解液体系。但是水的电化学窗口（分解电位仅 1.23V）较窄，同时一些正负极材料与水溶液接触时不稳定，会发生副反应或溶解。因此，水系钠离子电池电解液中正负极材料的选择也将受到限制。

7.5.1 低浓度电解液

稀的钠盐溶液由于具有较高的离子电导率和价格低廉等优势被广泛用作水系钠离子电池的电解液。由于可获得的水分子很多，通常钠盐的稀溶液含有六个水分子与钠离子配位，使得该电解液具有较高的离子电导率。在上述 $Na_{0.44}MnO_2$、$Na_3V_2(PO_4)_3$、$NaTi_2(PO_4)_3$ 以及普鲁士蓝类似物等电极材料的研究中，1mol/L 的 Na_2SO_4 溶液作为常用的中性电解液组分应用较为广泛。

7.5.2 高浓度电解液

尽管水具有很高的安全性和价格优势，但是它的电化学窗口（1.23V）限制了高电压水系钠离子电池的发展。同时，由于电极材料在水中的溶解性及水中氧含量的影响，导致多种副反应有可能在电极材料和电解液之间发生，因此也可能降低电池的可逆性，如正极析氧、负极析氢反应，电极活性材料与水或水中残余 O_2 的反应，电极活性材料在电解液中的溶解等。

在某种程度上，由于高浓度的电解液可以抑制水的活性，可以避免以上很多弊端。此前有研究发现，高浓度的水系锂离子电池电解液不仅能扩展电解液的稳定窗口，并且能让电极在该体系中更加稳定。因此，众多研究者将目光转向高浓度水系钠离子电池电解液体系的电化学研究方面。目前高浓度的中性电解液中，$NaClO_4$、Na_2SO_4 和 $NaNO_3$ 的研究较多。图 7-26 中虚线为钛网在 17mol/L

NaClO₄ 水溶液中线性扫描伏安曲线,在该水溶液中,析氧电位高于 1.5V,析氢电位低于 -1.25V,整个电位稳定区间高达 2.75V[43]。

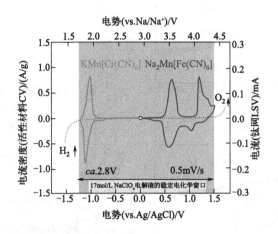

图 7-26　钛网集流体,$Na_2Mn[Fe(CN)_6]$ 和 $KMn[Cr(CN)_6]$ 在 17mol/L NaClO₄ 水溶液中的线性扫描伏安图[43]

7.5.3　"water-in-salt"型电解液

最近,以钠盐三氟甲磺酸钠($NaCF_3SO_3$)为"water-in-salt"型[44]水系钠离子电池电解液被开发利用。虽然受钠盐溶解度的影响,"water-in-salt"型水系钠离子电解液不如水系锂离子电解液效果好,但是电解液的稳定窗口可以扩宽到 2.5V。图 7-27 为 $Na_{0.66}[Mn_{0.66}Ti_{0.34}]O_2//NaTi_2(PO_4)_3$ 全电池在不同电解质(NaSiWE:2mol/L $NaCF_3SO_3$,NaWiSE:9.26mol/L $NaCF_3SO_3$ 和 1mol/L Na_2SO_4)中的电化学性能。可以看出全电池体系在 $NaCF_3SO_3$ 基电解液中的循环稳定性、库仑效率及其容量利用率要明显高于 Na_2SO_4 体系。在相同电解质情况下,全电池体系在高浓度 $NaCF_3SO_3$ 电解液中的电化学性能要明显高于低浓度电解液。原因在于,在这种超饱和电解质的模型下,负极上易形成致密的固体电解质界面(SEI),能抑制负极析氢副反应的发生,同时高浓电解液能减少正极材料在水中的溶解,从而扩大电化学稳定化窗口,提高材料的充放电区间,进而增加体系的能量密度。然而,高浓度电解液会引起较高的黏度、较低的电导率和高的电解液成本等问题,这些也将成为应用挑战。

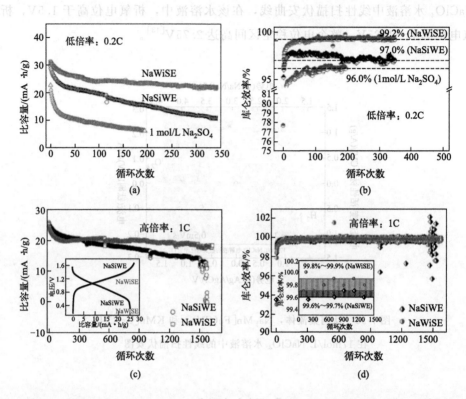

图 7-27 $Na_{0.66}[Mn_{0.66}Ti_{0.34}]O_2//NaTi_2(PO_4)_3$ 全电池在不同电解质中的电化学
性能 (a),(b) 0.2C 下的循环性能和库仑效率;(c),(d) 1C 下的循环性能和
库仑效率,插图中给出了相应的初始充放电曲线及循环中的库仑效率[44]

7.6 全电池体系

在水系钠离子电池正负极材料以及电解液研究的基础上,研究者们还开展了水系钠离子全电池体系的研究工作。综合各种因素,正极材料主要以金属氧化物、聚阴离子型化合物以及普鲁士蓝类似物为主,负极材料主要以高比表面的活性炭材料以及 $NaTi_2(PO_4)_3$ 为主。目前所报道的全电池体系大致可以分为以下两类:

(1) "电容负极/嵌入正极"型非对称型电容电池

在这类电池中,负极采用高比表面积的活性炭材料,反应原理为钠离子在表面的吸附/脱附反应;而正极采用高电位的嵌钠化合物,反应原理为钠离子的嵌

入脱出机理。因此，这类电池又被称为混合型水系钠离子电容电池。此类非对称电容型电池的优点为结构简单，有效地避免了储钠负极材料选择困难的问题，缺点是能量密度较低。

2009年，研究者报道了以 $NaMnO_2$ 为正极，活性炭为负极，在 Na_2SO_4 水体系中组装的不对称电容器[45]。该体系理论比能量为 19.5W·h/kg（以材料计算），平均工作电压为 1V，在 1300W/kg 的大功率下能量密度仍超过 10W·h/kg，远远超过传统的全炭超级电容器。而且经过 10000 周的充放电循环后，容量保持率为 97%。另外，采用 $\lambda-MnO_2$ 为正极材料，活性炭为负极材料，在 Na_2SO_4 的水系电解液中组装成的混合电容器[4]，其平均放电电压为 1.4V，以活性物质计算的体积能量密度达 40W·h/L，连续 5000 次以上的充放电循环后容量几乎保持不变。这类电池反应原理简单，且原材料价格低廉、储量丰富，具有良好的应用前景。

(2) "嵌入负极/嵌入正极"钠离子电池

这类电池的基本原理与"摇椅式"有机电解液体系钠离子电池的原理相似。正极采用高电位的嵌钠化合物，负极采用低电位的嵌钠化合物，正负极反应均为钠离子的嵌入脱出机制。与非对称型电容电池相比，此类电池具有较高的能量密度和电压。然而，由于存在水分解等副反应，将影响低电位嵌入电极材料的稳定性，造成电池容量的衰减。

研究者报道了以 $Na_2NiFe(CN)_6$ 为正极材料，$NaTi_2(PO_4)_3$ 为负极，Na_2SO_4 水溶液为电解质的全电池体系[26]，该电池的平均工作电压达到 1.27V，能量密度为 42.5W·h/kg，在 5C 的倍率下循环 250 周容量保持率为 88%。当采用 $Na_2CuFe(CN)_6$ 为正极时，电池的工作电压可提高至 1.4V。而正负极分别采用 $Na_{0.44}MnO_2$ 和 $NaTi_2(PO_4)_3$ 材料[34]，以 1mol/L Na_2SO_4 溶液为电解液，组装的水系钠离子电池，其平均工作电压为 1.1V，理论质量能量密度为 33W·h/kg，体积能量密度为 127W·h/L，在高倍率下循环 700 周后容量保持率仍达 60%。

整体看来，目前所研究的水系钠离子全电池体系的能量密度一般低于 50W·h/kg，应用时会受到每单位瓦时价格的限制。然而水系钠离子电池具有绿色无污染、价格低廉、工艺简单和安全性等优势，特别适合于大型储能场景的使用。因此，水系钠离子电池体系的研究将对未来能源存储系统起到重要的推动作用。为了系统地比较目前不同材料体系的水系钠离子全电池的性能，表 7-1 列出了典型的水系钠离子电池体系性能比较，为发展合适的水系钠离子电池实用化体系提供参考。

表 7-1 典型的水系钠离子全电池体系组成及性能比较

正极材料	负极材料	电解液	电流密度	平均电压/V	放电比容量/(mA·h/g)	容量保持率
$Na_{0.44}MnO_2$	$NaTi_2(PO_4)_3$	1mol/L Na_2SO_4	5C	1.1	95	86%(100)
$NaMnO_2$	$NaTi_2(PO_4)_3$	2mol/L CH_3COONa	5C	1.0	27	75%(500)
$K_{0.27}MnO_2$	$NaTi_2(PO_4)_3$	1mol/L Na_2SO_4	0.2A/g	1.2	68.5	没有衰减(100)
$Na_{0.66}[Mn_{0.66}Ti_{0.34}]O_2$	$NaTi_2(PO_4)_3$	1mol/L Na_2SO_4	2C	1.2	76	87%(300)
$Na_3V_2(PO_4)_3$	$NaTi_2(PO_4)_3$	1mol/L Na_2SO_4	10A/g	1.2	58	50%(50)
$Na_2CuFe(CN)_6$	$NaTi_2(PO_4)_3$	1mol/L Na_2SO_4	10C	1.4	86	88%(1000)
$Na_2NiFe(CN)_6$	$NaTi_2(PO_4)_3$	1mol/L Na_2SO_4	5C	1.3	79	88%(250)
$Na_2VTi(PO_4)_3$	$Na_2VTi(PO_4)_3$	1mol/L Na_2SO_4	10C	1.2	40.6	70%(1000)
$Na_3MnTi(PO_4)_3$	$Na_3MnTi(PO_4)_3$	1mol/L Na_2SO_4	1C	1.4	56.5	98%(100)
$Na_4Mn_9O_{18}$	AC	1mol/L Na_2SO_4	500mA/g	—	61.1	84(4000)
$Na_{0.35}MnO_2$	AC	0.5mol/L Na_2SO_4	200mA/g	0.5	157	>90%(5000)
λ-MnO_2	AC	1mol/L Na_2SO_4	3C	1.2	—	100(5000)
$Na_3V_2O_2(PO_4)F$-MWCNT	$NaTi_2(PO_4)_3$-MWCNT	10mol/L $NaClO_4$+2%VC	1C	1.5	54.3	≈81%(100)
$NaVPO_4F$	聚酰亚胺	5mol/L $NaNO_3$	0.05A/g	0.8	54	≈68%(20)
$NaFe_{0.95}V_{0.05}PO_4$	$Na_{1.2}V_3O_8$	10.73mol/L $NaNO_3$	100mA/g	0.5	100	90%(1000)
$Na_{0.44}MnO_2$	$Na_2V_6O_{16} \cdot nH_2O$	1mol/L Na_2SO_4	0.04A/g	0.8	30	≈67%(250)
$Na_{0.44}MnO_2$	$NaV_3(PO_4)_3$@C	1mol/L Na_2SO_4	5C	0.7	100	≈83%(500)
$FePO_4$	$NaTi_2(PO_4)_3$	1mol/L Na_2SO_4+NaOH	0.2mA/g	0.7	100	60(20)
$Na_{0.35}MnO_2$	PPy@MoO_3	0.5mol/L Na_2SO_4	550mA/g	0.8	25	79(1000)
$NaMn_{1/3}Co_{1/3}Ni_{1/3}PO_4$	AC	2mol/L NaOH	0.5A/g	1.3	45	>95%(1000)
Cu^{II}-NC-$Fe^{III/II}$	Mn^{II}-NC-$Mn^{III/II}$	10mol/L $NaClO_4$	10C	1.0	22	无衰减1000

7.7 挑战与展望

随着智能电网以及可再生能源（如太阳能、风能、潮汐能等）的不断发展，人类对大型储能系统的需求也越来越多。水系钠离子电池由于资源储备丰富、价格低廉、绿色安全等明显的优势，有望成为大规模储能系统的选择之一。水系钠离子电池突出的优势和潜在价值主要表现在以下方面：

① 高安全性：传统有机体系电池的电解液易燃，存在起火、爆炸等安全隐患，这将限制其大规模应用。采用水系电解液将不存在此问题，为未来的大规模应用提供了安全保障。

② 绿色无污染：水系钠离子电池具有良好的环境友好性和可持续发展性，因为该体系完全使用无毒无污染的电解质，减少了电池的二次污染。

③ 价格低廉：对于传统有机体系电池而言，电解液的价格相当昂贵，而且生产工艺要求很高。相比之下，水系钠离子电池所需的电解液材料储量丰富，且对生产环境如水氧含量等要求不高，因此水体系成本低且容易实现大规模生产。

④ 能量密度适中：水系钠离子电池的能量密度虽然远不及有机二次电池，但是有些体系也高于传统铅酸电池，因此具有储能应用的潜在可能性。

⑤ 能够实现大电流充放电：由于水的黏度小、介电常数大，不仅溶解电解质的能力强，而且对水合离子的阻力小，可以使得电解液具有高电导率，进而实现大倍率的快充快放，有助于提高功率密度。

虽然水系钠离子电池有诸多优点，但是由于采用水溶液这一特殊的电解液，也存在许多应用发展方面的问题，有待进一步研究和改进。目前存在的主要问题有：

① 由于水的电化学窗口比较狭窄，水系钠离子电池电极材料的选择范围会受到很大影响，目前合适的电极材料并不多，需要进一步探索性能更优的电极材料。另外，水体系中可能存在多种副反应，将会降低电极材料的可逆性。例如，电极材料在水溶液中的溶解与副反应的发生；水分解发生析氢、析氧副反应；质子（H^+）在电极材料中与离子共嵌入造成变价金属离子的歧化和溶解，形成电化学惰性产物；充放电过程中引起电极材料晶体结构变化、集流体的氧化腐蚀等。

② 电极本身的催化效应、电解质中钠盐的种类和添加剂以及溶液的 pH 值均影响电极材料的稳定性和水中析氢、析氧副反应的发生，进而影响反应效率和

循环稳定性。特别是纳米结构材料比表面积大，会加速副反应的发生，因此需要对材料进行表面包覆或加入添加剂以稳定电极材料。此外，也需要研究不同集流体在水溶液中的效果以提高电池的循环寿命。

为了解决这些问题，可以采取以下几个方面的措施：

① 寻找合适的正负极材料；

② 匹配合适的正负极材料以及电解液体系（合适的pH值范围，盐的种类、浓度和电解液添加剂），研究其容量衰减机理；

③ 通过改性修饰等手段提高电极材料在水溶液中的物理化学稳定性和电化学稳定性；

④ 选择合适的集流体（优良的导电性，较高的机械强度，较高的析氢、析氧过电位和良好的耐腐蚀性能等）。

总而言之，水系钠离子电池为储能技术的发展提供了一种廉价、清洁的新体系。随着新材料、新构思和新技术的应用，水系钠离子电池的综合性能将不断提升，并以其特殊的资源和环境优势满足固定式储能领域应用要求，推动清洁能源技术的发展。随着研究者对电极材料及体系的不断改进优化，水系钠离子电池有望在未来能源存储系统中得到应用，而且在推动智能电网大规模可再生清洁能源的应用方面得到发展。

参考文献

[1] Bin D, Wang F, Tamirat A G, et al. Progress in aqueous rechargeable sodium-ion batteries [J]. Advanced Energy Materials, 2018, 8 (17): 1703008.

[2] Kanoh H, Tang W, Makita Y, et al. Electrochemical intercalation of alkali-metal ions into birnessite-type manganese oxide in aqueous solution [J]. Langmuir, 1997, 13 (25): 6845-6849.

[3] Athouël L, Moser F, Dugas R, et al. Variation of the MnO_2 birnessite structure upon charge/discharge in an electrochemical supercapacitor electrode in aqueous Na_2SO_4 electrolyte [J]. The Journal of Physical Chemistry C, 2008, 112 (18): 7270-7277.

[4] Whitacre J F, Wiley T, Shanbhag S, et al. An aqueous electrolyte, sodium ion functional, large format energy storage device for stationary applications [J]. Journal of Power Sources, 2012, 213: 255-264.

[5] Shan X, Charles D S, Lei Y, et al. Bivalence Mn_5O_8 with hydroxylated interphase for high-voltage aqueous sodium-ion storage [J]. Nature Communications, 2016, 7 (1): 13370.

[6] Qu Q T, Liu L L, Wu Y P, et al. Electrochemical behavior of $V_2O_5 \cdot 0.6H_2O$ nanoribbons in neutral aqueous electrolyte solution [J]. Electrochimica Acta, 2013, 96: 8-12.

[7] Xia H, Shirley Meng Y, Yuan G, et al. A symmetric RuO_2/RuO_2 supercapacitor operating at 1.6V by using a neutral aqueous electrolyte [J]. Electrochemical and Solid-State

Letters, 2012, 15 (4): A60.

[8] Whitacre J F, Tevar A, Sharma S. $Na_4Mn_9O_{18}$ as a positive electrode material for an aqueous electrolyte sodium-ion energy storage device [J]. Electrochemistry Communications, 2010, 12 (3): 463-466.

[9] Kim D J, Ponraj R, Kannan A G, et al. Diffusion behavior of sodium ions in $Na_{0.44}MnO_2$ in aqueous and non-aqueous electrolytes [J]. Journal of Power Sources, 2013, 244: 758-763.

[10] Yuan T, Zhang J, Pu X, et al. Novel alkaline $Zn/Na_{0.44}MnO_2$ dual-ion battery with a high capacity and long cycle lifespan [J]. ACS Applied Materials & Interfaces, 2018, 10 (40): 34108-34115.

[11] Wang Y, Mu L, Liu J, et al. A novel high capacity positive electrode material with tunnel-type structure for aqueous sodium-ion batteries [J]. Advanced Energy Materials, 2015, 5 (22): 1501005.

[12] Song W, Ji X, Zhu Y, et al. Aqueous sodium-ion battery using a $Na_3V_2(PO_4)_3$ electrode [J]. ChemElectroChem, 2014, 1 (5): 871-876.

[13] Mason C W, Lange F. Aqueous ion battery systems using sodium vanadium phosphate stabilized by titanium substitution [J]. ECS Electrochemistry Letters, 2015, 4 (8): A79-A82.

[14] Fang Y, Liu Q, Xiao L, et al. High-performance olivine $NaFePO_4$ microsphere cathode synthesized by aqueous electrochemical displacement method for sodium ion batteries [J]. ACS Applied Materials & Interfaces, 2015, 7 (32): 17977-17984.

[15] Fernández-Ropero A J, Saurel D, Acebedo B, et al. Electrochemical characterization of $NaFePO_4$ as positive electrode in aqueous sodium-ion batteries [J]. Journal of Power Sources, 2015, 291: 40-45.

[16] Minakshi M, Meyrick D, Appadoo D. Maricite ($NaMn_{1/3}Ni_{1/3}Co_{1/3}PO_4$)/activated carbon: hybrid capacitor [J]. Energy & Fuels, 2013, 27 (6): 3516-3522.

[17] Deng C, Zhang S, Wu Y. Hydrothermal-assisted synthesis of the $Na_7V_4(P_2O_7)_4(PO_4)$/C nanorod and its fast sodium intercalation chemistry in aqueous rechargeable sodium batteries [J]. Nanoscale, 2015, 7 (2): 487-491.

[18] Jung Y H, Lim C H, Kim J H, et al. $Na_2FeP_2O_7$ as a positive electrode material for rechargeable aqueous sodium-ion batteries [J]. RSC Advances, 2014, 4 (19): 9799-9802.

[19] Kumar P R, Jung Y H, Lim C H, et al. $Na_3V_2O_{2x}(PO_4)_2F_{3-2x}$: a stable and high-voltage cathode material for aqueous sodium-ion batteries with high energy density [J]. Journal of Materials Chemistry A, 2015, 3 (12): 6271-6275.

[20] Kumar P R, Jung Y H, Ahad S A, et al. A high rate and stable electrode consisting of a $Na_3V_2O_{2x}(PO_4)2F_{3-2x}$-rGO composite with a cellulose binder for sodium-ion batteries [J]. RSC Advances, 2017, 7 (35): 21820-21826.

[21] Wessells C D, Peddada S V, Huggins R A, et al. Nickel hexacyanoferrate nanoparticle electrodes for aqueous sodium and potassium ion batteries [J]. Nano Letters, 2011, 11 (12): 5421-5425.

[22] Wessells C D, Mcdowell M T, Peddada S V, et al. Tunable reaction potentials in open framework nanoparticle battery electrodes for grid-scale energy storage [J]. ACS Nano, 2012, 6 (2): 1688-1694.

[23] 钱江锋, 周敏, 曹余良, 等. $Na_x MyFe(CN)_6 (M=Fe,Co,Ni)$: 一类新颖的钠离子电池正极材料 $Na_x M_y Fe(CN)_6 (M=Fe,Co,Ni)$ [J]. 电化学, 2012, 18 (2): 108-112.

[24] Wu X, Cao Y, Ai X, et al. A low-cost and environmentally benign aqueous rechargeable sodium-ion battery based on $NaTi_2(PO_4)_3$-$Na_2 NiFe(CN)_6$ intercalation chemistry [J]. Electrochemistry Communications, 2013, 31: 145-148.

[25] Wu X, Luo Y, Sun M, et al. Low-defect Prussian blue nanocubes as high capacity and long life cathodes for aqueous Na-ion batteries [J]. Nano Energy, 2015, 13: 117-123.

[26] Paulitsch B, Yun J, Bandarenka A S. Electrodeposited $Na_2 VO_x [Fe(CN)_6]$ films As a cathode material for aqueous Na-ion batteries [J]. ACS Applied Materials & Interfaces, 2017, 9 (9): 8107-8112.

[27] Koshika K, Sano N, Oyaizu K, et al. An ultrafast chargeable polymer electrode based on the combination of nitroxide radical and aqueous electrolyte [J]. Chemical Communications, 2009 (7): 836-838.

[28] Zhou M, Xiong Y, Cao Y, et al. Electroactive organic anion-doped polypyrrole as a low cost and renewable cathode for sodium-ion batteries [J]. Journal of Polymer Science Part B, 2013, 51 (2): 114-118.

[29] Zhou M, Qian J, Ai X, et al. Redox-active $Fe(CN)_6^{4-}$-doped conducting polymers with greatly enhanced capacity as cathode materials for Li-ion batteries [J], 2011, 23 (42): 4913-4917.

[30] Park S I, Gocheva I, Okada S, et al. Electrochemical properties of $NaTi_2(PO_4)_3$ anode for rechargeable aqueous sodium-ion batteries [J]. Journal of The Electrochemical Society, 2011, 158 (10): A1067.

[31] Wu W, Mohamed A, Whitacre J F. Microwave synthesized $NaTi_2(PO_4)_3$ as an aqueous sodium-ion negative electrode [J]. Journal of The Electrochemical Society, 2013, 160 (3): A497-A504.

[32] Wu W, Yan J, Wise A, et al. Using intimate carbon to enhance the performance of $NaTi_2(PO_4)_3$ anode materials: carbon nanotubes vs graphite [J]. Journal of The Electrochemical Society, 2014, 161 (4): A561-A567.

[33] Zhao B, Lin B, Zhang S, et al. A frogspawn-inspired hierarchical porous $NaTi_2(PO_4)_3$-C array for high-rate and long-life aqueous rechargeable sodium batteries [J]. Nanoscale, 2015, 7 (44): 18552-18560.

[34] Li Z, Young D, Xiang K, et al. Towards high power high energy aqueous sodium-ion batteries: the $NaTi_2(PO_4)_3/Na_{0.44}MnO_2$ system [J]. Advanced Energy Materials, 2013, 3 (3): 290-294.

[35] Zhang F, Li W, Xiang X, et al. Nanocrystal-assembled porous $Na_3 MgTi(PO_4)_3$ aggregates as highly stable anode for aqueous sodium-ion batteries [J]. Chemistry Europe, 2017, 23 (52): 12944-12948.

[36] Li W, Mckinnon W R, Dahn J R. Lithium intercalation from aqueous solutions

[J]. Journal of The Electrochemical Society, 1994, 141 (9): 2310-2316.

[37] Deng C, Zhang S, Dong Z, et al. 1D nanostructured sodium vanadium oxide as a novel anode material for aqueous sodium ion batteries [J]. Nano Energy, 2014, 4: 49-55.

[38] Ke L, Dong J, Lin B, et al. A $NaV_3(PO_4)_3$@C hierarchical nanofiber in high alignment: exploring a novel high-performance anode for aqueous rechargeable sodium batteries [J]. Nanoscale, 2017, 9 (12): 4183-4190.

[39] Wang Y, Liu J, Lee B, et al. Ti-substituted tunnel-type $Na_{0.44}MnO_2$ oxide as a negative electrode for aqueous sodium-ion batteries [J]. Nature Communications, 2015, 6 (1): 6401.

[40] Pasta M, Wessells C D, Liu N, et al. Full open-framework batteries for stationary energy storage [J]. Nature Communications, 2014, 5 (1): 3007.

[41] Qin H, Song Z P, Zhan H, et al. Aqueous rechargeable alkali-ion batteries with polyimide anode [J]. Journal of Power Sources, 2014, 249: 367-372.

[42] Choi W, Harada D, Oyaizu K, et al. Aqueous electrochemistry of poly (vinylanthraquinone) for anode-active materials in high-density and rechargeable polymer/air batteries [J]. Journal of the American Chemical Society, 2011, 133 (49): 19839-19843.

[43] Nakamoto K, Sakamoto R, Sawada Y, et al. Over 2 V aqueous sodium-ion battery with Prussian blue-type electrodes [J]. Small Methods, 2019, 3 (4): 1800220.

[44] Suo L, Borodin O, Wang Y, et al. "Water-in-salt" electrolyte makes aqueous sodium-ion battery safe, green, and long-lasting [J]. Advanced Energy Materials, 2017, 7 (21): 1701189.

[45] Qu Q T, Shi Y, Li L L, et al. $V_2O_5 \cdot 0.6H_2O$ nanoribbons as cathode material for asymmetric supercapacitor in K_2SO_4 solution [J]. Electrochemistry Communications, 2009, 11 (6): 1325-1328.

第 8 章

钠离子电池材料的理论计算研究

8.1 概述

在过去的研究中,新材料的开发往往采用经验和试错法,很大程度上依赖于研究者的经验和直觉。随着超级计算机与高性能计算的迅猛发展,计算机模拟已经成为材料研发不可或缺的重要方法。事实上,计算模拟已经被广泛应用于钠离子电池材料的研究与开发。基于密度泛函理论(density functional theory,DFT)的第一性原理计算,在预测评估一系列电池相关的重要性质方面被证明是非常有效的,这些性质主要包括电压、理论容量、理论能量密度和离子迁移等。利用第一性原理计算方法,研究人员成功预测了多种钠离子电池的新型电极材料及固态电解质。这些计算方法在快速高通量筛选、开发和预测新型含钠化合物方面也有着明显的优势,促进了钠离子电池的快速发展。更重要的是,计算模拟可以帮助研究人员在原子层面深入理解钠离子电池电极材料充放电过程中的基本机理。因此,计算模拟在电池发展过程中起着重要作用,本章将主要介绍理论计算模拟在研究钠离子电池材料中的一些主要方法及相关进展。

8.2 计算方法及实例简介

本节将简要介绍研究钠离子电池材料的主要计算方法,这些方法大部分都是研究电池材料的通用方法,也可以用来研究其他类型的金属离子电池材料[1]。

在研究电池材料时,常常应用DFT来计算研究体系的基态性质。DFT将体系的基态性质与电子密度 ρ 联系起来。在Kohn-Sham理论框架下,体系的总能量 E 可由下式表达:

$$(-\nabla^2 + V_H[\rho(\dot{r})] + V_N(\dot{r}) + V_{XC}[\rho(\dot{r})])\psi_i(\dot{r}) = E_i\psi_i(\dot{r}) \tag{8-1}$$

式中,第一项为电子动能;V_H 为Hartree项,代表一个电子在其他电子构成的平均静电场中独立运动的静电能;V_N 代表原子核的能量;V_{XC} 代表交换相关能,涉及泡利不相容和电子相关的影响。与前三项不同的是,交换相关能不能直接计算,而是用许多近似方法来处理。首先发展起来的方法是局域密度近似

(local density approximation，LDA)，其核心思想基于均匀电子气模型来获得非均匀电子气的交换关联泛函，此方法对于金属计算较为准确。然而，当材料包含局域电子时，例如对于大部分氧化物或盐，LDA通常会高估结合能，低估晶格参数。LDA是基于均匀电子气模型，而在实际体系中的电子密度并非均匀。为了提高计算准确性，研究人员提出了广义梯度近似（generalized gradient approximation，GGA)，此方法引入了电子密度变化的梯度修正。此外，为了进一步提高计算精度，解决传统DFT低估带隙的问题，研究人员还将Hartree-Fock交换能按照一定比例加入其中，组成杂化泛函。这有利于提高计算精度，尤其是半导体带隙的计算精度。

如今，有许多软件可以进行DFT计算，应用较广的一些软件包括VASP（Vienna ab-initio simulation package）、CASTEP（Cambridge sequential total energy pack）、Quantum Espresso、SIESTA和ABINIT等。

8.2.1 结构和能量

结构和能量在电池材料的计算中是极其重要的。了解材料结构是进行计算研究的基础，其对应的能量计算与电池材料的许多重要参数有关。

8.2.1.1 平衡电压

一种增加电池比能量和能量密度的有效方法是在不超过电解质电化学稳定窗口的情况下，尽可能增加电池的电压。因此，平衡电压是研究电池性能的一个重要参数。下面我们介绍电池平衡电压的第一性原理计算。

对于一个正极材料是Na_xA，负极材料为钠金属的电池，在嵌钠过程中，其总电池反应可以写为：

$$Na_{x_1}A + (x_2-x_1)Na \longrightarrow Na_{x_2}A \tag{8-2}$$

此过程中，正极材料嵌入由负极钠金属提供的(x_2-x_1)Na后，由$Na_{x_1}A$变为$Na_{x_2}A$。其相对于Na/Na^+的平均平衡电压V可以根据反应的吉布斯自由能变ΔG_r计算，具体计算公式为：

$$V = -\frac{\Delta G_r}{(x_2-x_1)F} = -\frac{G(Na_{x_2}A) - G(Na_{x_1}A) - (x_2-x_1)G(Na)}{(x_2-x_1)F} \tag{8-3}$$

式中，G代表相应物质的吉布斯自由能；F代表法拉第常数。通常情况下，温度较低时，熵变与体积变化对ΔG_r的影响较小，因此忽略不计。在大部分第一性原理计算的工作中，ΔG_r通常近似等于在0K下反应的内能。利用第一性原理静态计算可得各个物质的相应能量，通过下式可求得平衡电压：

$$V=-\frac{E(\mathrm{Na}_{x_2}\mathrm{A})-E(\mathrm{Na}_{x_1}\mathrm{A})-(x_2-x_1)E(\mathrm{Na})}{(x_2-x_1)F} \tag{8-4}$$

式中，$\mathrm{Na}_{x_2}\mathrm{A}$、$\mathrm{Na}_{x_1}\mathrm{A}$ 和金属钠的能量可通过第一性原理静态计算获得。值得注意的是，计算电压时，$E(\mathrm{Na})$ 应使用稳定的金属体相中钠的能量而非气态钠原子能量。这是因为钠离子电池研究中是用体相金属钠作为参比。以广泛研究的钠离子过渡金属层状氧化物 $\mathrm{Na}_x\mathrm{MO}_2$ 为例，如其对应负极为钠金属，则电池反应为：

$$\mathrm{Na}_{x_1}\mathrm{MO}_2+(x_2-x_1)\mathrm{Na} \longrightarrow \mathrm{Na}_{x_2}\mathrm{MO}_2 \tag{8-5}$$

平均平衡电压为：

$$V=-\frac{E(\mathrm{Na}_{x_2}\mathrm{MO}_2)-E(\mathrm{Na}_{x_1}\mathrm{MO}_2)-(x_2-x_1)E(\mathrm{Na})}{(x_2-x_1)F} \tag{8-6}$$

例如，Li 等[2] 便通过此方法计算 NaMO_2（M=V，Cr，Co 和 Ni）材料在不同 Na 浓度时的平均电压。类似地，此方法也可用来研究金属离子嵌入石墨层间时的电压表现。一个经典的例子是 Nobuhara 等[3] 通过研究不同浓度碱金属嵌入［如图 8-1(a) 所示］，计算 MC_x（M=Li，Na 和 K）的形成能，发现 LiC_6 与 KC_8 的形成能依然为负值，意味着它们拥有一个正的平衡电压，而 NaC_{16} 与 NaC_{12} 的形成能则接近 0，NaC_8 与 NaC_6 的能量减去石墨与对应金属钠的能量则为正值［如图 8-1(b) 所示］，意味着 NaC_8 与 NaC_6 难以稳定存在。这在一定程度上解释了实验发现钠离子很难嵌入石墨层间，然而锂离子与钾离子可以嵌入石墨层间。随后，Liu 等[4] 通过研究石墨对碱金属的结合能发现 Na 通常结合较弱，这也揭示了石墨基材料储钠性能较差的原因。

显然，此近似方法不只可以用于计算插入型电极材料，也可用来计算其他类型的电极材料。对于二维材料，也可用上述方法计算。以 Lee 等[5] 通过第一性原理计算研究二维单层石墨烯的储锂性能为例。结果表明，单层石墨烯对金属锂的吸附能为正值（如图 8-2 所示），锂离子很难吸附在无缺陷的完美单层石墨烯表面。作者认为，实验中测得的锂储存于单层石墨烯上可能是由于实验所制得的单层石墨烯中微观缺陷的存在和石墨烯边缘的作用。上述是对储锂性能的研究，储存其他金属离子的研究方法也是类似的。例如，Xie 等[6] 利用第一性原理计算，研究了 MXene 材料作为其他离子（Na、K、Mg 和 Al）电池负极时的性质。结果表明，带有氧端基的 MXene 纳米片是优秀的金属离子电池负极材料。

近年来，随着材料基因组计划与机器学习的迅速发展，利用机器学习方法快速预测材料的电压已成为可能。例如 Joshi 等[7] 基于 Materials Project 数据库，

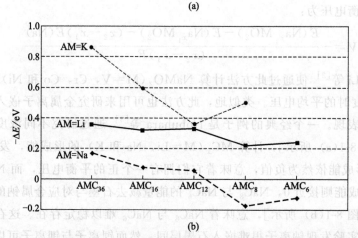

图 8-1 （a）碱金属嵌入石墨层间的模型；（b）不同碱金属浓度下的形成能[3]

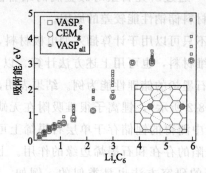

图 8-2 利用 DFT（$VASP_g$ 和 $VASP_{all}$）和集团展开法（CEM_g）计算的
不同锂浓度下单层石墨烯对金属锂的吸附能[5]

利用深度神经网络构建机器学习模型，较为准确地预测出 Li、Na、K 和 Mg 等金属离子电池电极材料的电压。随着数据库的不断扩大与算法的改进，利用该机器学习模型预测电压的精度将会逐渐提高。虽然机器学习方法的速度远高于

DFT 计算，但其对某些体系准确性依然表现不佳，还需进一步提高机器学习模型的准确性及普遍适用性。

通过式(8-6)可知，计算平衡电压仅需利用第一性原理单独计算各个对应物质的能量。值得注意的是，如果在嵌入脱出 Na^+ 过程中已知有稳定的中间相，则可通过式(8-4)计算对应能量获得充放电过程中的多个电压平台与电压变化曲线。其难点在于如何确定热力学稳定的中间相以及它们对应的晶体结构[8]。

8.2.1.2 电压曲线

许多电极材料在不同钠离子浓度下有稳定的中间相，例如含有各种钠空位的插层材料及不同钠浓度的合金材料等。具体来说，例如 Na-Pb 合金电极具有多个中间相，如 $NaPb_3$、$NaPb$、Na_5Pb_2 和 $Na_{15}Pb_4$ 等。钠离子过渡金属层状氧化物 $NaMO_2$ 在不同钠离子浓度下钠空位的排列不尽相同，因此有一系列的中间相结构。如果所有中间相的结构已知，各个中间相的平衡电压可通过式(8-4)计算得到，进一步可得其电压变化曲线。在锂离子电池的计算中，Courtney 等[9]考虑了六种实验已知的 Li_xSn 中间相，并用第一性原理计算其 0K 电压变化曲线，所得结果与实验一致（如图 8-3 所示）。

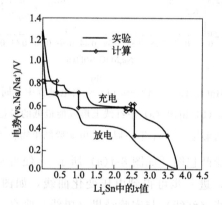

图 8-3 Li-Sn 体系计算电势与实验电势对比[9]

然而，大部分情况下，材料中间相实验上是未知的，特别是当设计新型电极材料时，它们的中间相也是未知的，因此，利用第一性原理计算预测稳定的中间相尤为重要。0K 下相对于稳定参比材料的形成能是比较不同相稳定性的重要参数。以钠离子过渡金属层状氧化物 $NaMO_2$ 为例，其中间相的形成能可以表示为：

$$E_f(Na_xMO_2) = E(Na_xMO_2) - xE(NaMO_2) - (1-x)E(MO_2) \quad (8-7)$$

其中 E 代表利用第一性原理计算的各化合物能量，$NaMO_2$ 与 MO_2 为计算形成能的参比材料。与参比材料相比，如果中间相 Na_xMO_2 为热力学稳定相，则其对应的形成能应位于形成能 E_f 与含钠量 x 所构成的能量凸包上，如图 8-4(a) 红线所示。

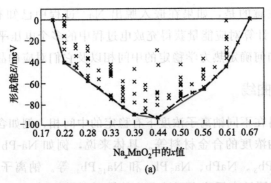

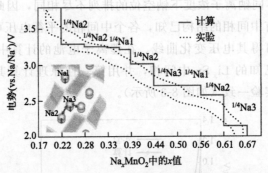

图 8-4 (a) 由 Na_xMnO_2 ($x=0.19\sim0.44$) 充放电过程中不同钠浓度的 156 个构型得到的形成能凸包图；(b) 由图 (a) 中红线上形成能最低的最稳定中间相计算所得的电压变化曲线，结果与 0.1C 下第一周充放电实验结果吻合[10]（彩插见文前）

只要得到了形成能凸包图 [如图 8-4(a) 所示]，便可利用式 (8-4) 计算两相邻中间相的平衡电压，进一步可得到电压变化曲线，如图 8-4(b) 所示。其中，计算所得电压变化曲线（红线）与实验结果（黑线）吻合，这也意味着 0K 下稳定的中间相在实验条件下也是稳定的。

通过能量凸包图，可以判断一组给定结构中稳定的中间相构型。对于转换类电极材料，中间相的结构可以根据已知相的结构、化学组成等合理推测出来。对于插层类的电极材料，中间相结构应基于同一主体材料推测，例如钠离子或空位都占据一个共同的亚晶格。Wang 等[11] 通过引入硼原子对氟化石墨烯进行 p 型掺杂，降低离子嵌入的轨道能级，提升材料的嵌锂/钠电位。研究人员通过结构预测程序 CALYPSO 搜索可能的构型，并研究稳定的 Li(Na)BCF$_2$、Li(Na)B$_2$C$_2$F$_2$ 结构。基于子群投影和 Wyckoff 位置分割，研究人员分别得到了 16220

种 $Li_x(Na_x)BCF_2$ 和 79050 种 $Li_x(Na_x)B_2C_2F_2$ 结构。

一般来说，最稳定的构象应该是钠离子及空位有序均匀地排列，因为这种排列方式可以使得带正电的钠离子之间静电排斥作用降到最小。基于这种想法，研究人员提出一种降低计算量的方法，即假设原子所带电荷固定，根据静电能来初步对所枚举的结构排序，再用第一性原理精确计算能量最低的几个构型。这种方法对于确定含有分数占位的晶体结构中的原子的排列方式非常有帮助。利用 Pymatgen 软件包可以非常方便地枚举原子构型并计算相应结构的静电能。

基于此，研究人员利用 Pymatgen 中 Ewald 静电能计算方法，将等价结构排除。最终分别计算 2347 种 $Li_x(Na_x)BCF_2$ 和 1337 种 $Li_x(Na_x)B_2C_2F_2$ 结构便可得到形成能凸包图。基于 $Li_x(Na_x)BCF_2$ 结构的能量凸包图，得到 $Li_x(Na_x)BCF_2$ 材料的电压变化曲线，如图 8-5 所示。

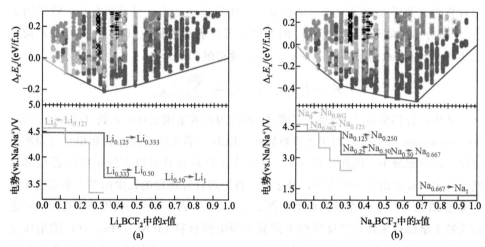

图 8-5 （a）Li_xBCF_2 和（b）Na_xBCF_2 的形成能凸包图与对应的电势变化曲线[11]

此外，这种搜寻格点上原子分布的问题可以用集团展开理论解决。然而，对于合金类材料中原子排序的问题，研究人员经常采用 Hart 等[12]提出的方法来枚举可能的原子排序。但是，对于一些钠离子或者空位浓度较低的体系，需要很大的超胞来进行模拟计算，甚至对于一些较小晶胞的体系，由于要考虑钠离子及空位在不同位置排列组合的情况，所需的计算量也是巨大的，这使得利用第一性原理计算的成本非常高。

值得注意的是，大部分计算所得的电压曲线都忽视了温度的影响，因此，图 8-4（b）中计算预测与实验所得数据之间的差异很大一部分原因可能是由于温度的影响。事实上，某些非基态的中间相，例如图 8-4（a）中红线上方某些黑叉所代表的相，如果其距离能量凸包很近，则在电池使用温度下也可能稳定存在。为了在计算电压曲线过程中引入温度的影响,需要了解热力学系统中内能和熵的变化。蒙特卡洛模拟能够引入构型中熵的贡献来预测在一定温度下的结构和能量。然而,对于热力学性质的收敛,蒙特卡洛模拟通常需要以数百万计的能量计算和原子构型,这对于第一性原理计算来说太过困难。

集团展开法是一种能够精确将 DFT 能量模型映射到更简单的哈密顿量上的简便方法。这种方法可以迅速获得体系能量与钠离子及空位分布的关系,并将其迅速应用于蒙特卡洛模拟中。当钠离子及空穴在它们各自的亚晶格中排列不同的时候,对熵贡献最大的可能是构型的自由度。虽然振动熵有可能很大,但是它在同一化学物质不同相之间的差距通常较小,因此,它对不同相的相对稳定性影响不大。此外,若存在高度局域的电子,由于过渡金属氧化态不同,电子对构型熵的影响较大。在晶体中,原子的相互作用可以很好地离散到晶格中,因此可以快速计算含有数千个原子的构型的能量。利用集团展开法,针对拥有某一特定钠离子/空位分布的原子构型 $s=\{\sigma_i\}$ 的总能量可以表示为格点 $(i,j,\cdots,k)$ 构成的集团 $\{\alpha\}$(表示为 $\varphi_\alpha=\sigma_i\sigma_j\cdots\sigma_k$)对能量贡献的展开:

$$E_s = E(\{\sigma_i\}) = J_0 + \sum_\alpha^{clusters} J_\alpha \varphi_\alpha \tag{8-8}$$

式中,位移常数 J_0 与展开系数 J_α 被称为有效集团交互项系数(effective cluster interactions,ECIs)。对于大多数体系,ECIs 随着集团中位点数和相互之间距离的增加而急剧减小。因此,式(8-8)可以快速收敛并且可以在较精确的近似时截断。研究人员提出了一些方法,基于第一性原理计算所得的较少的参考能量值来拟合非零 ECIs[13-15]。一个较为典型的例子是 van der Ven 等[16]利用基于集团展开法的蒙特卡洛模拟来计算温度影响下的插入型电极材料 $Li(Ni_{1/2}Mn_{1/2})O_2$ 的电压变化曲线。如图 8-6 所示,为便于与实验数据对比,图中虚线为计算电压曲线上移 1V,可以看出,相比 0K 下电压曲线,温度主要使得电压曲线更加平滑。因此,在 0K 下近似预测电压曲线通常可以定性理解充放电机理,估算电池能量密度。

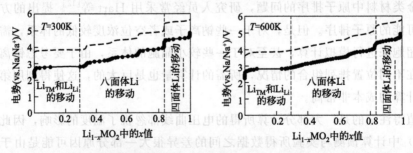

图 8-6 基于集团展开法的蒙特卡洛模拟计算的 300K 和 600K 下插入型材料 $Li(Ni_{1/2}Mn_{1/2})O_2$ 的电势变化曲线[16]

目前，集团展开法逐渐发展完善，并被广泛用来研究锂离子电池材料。例如，Lee 等[17] 提出考虑过渡金属氧化物中过渡金属的磁性有利于集团展开法的收敛，并且将此方法应用到研究层状 $LiCo_yNi_{1-y}O_2$ 体系的稳定性。虽然目前这些方法仍然主要用来研究锂离子电池电极材料，但是它也可以拓展应用到钠离子电池材料的研究当中。例如，Baggetto 等[18] 利用集团展开法研究 Na-Sn 负极材料。通过集团展开法，可以搜寻到许多比已知结构能量更低的（亚）稳定结构。研究人员认为，具有类似形成能的不同晶格中同时存在着许多不同晶相，这导致反应过程是不可逆的。

8.2.1.3　DFT 计算的误差

由上述内容可知，如需计算获得电池材料中钠离子及其空位的分布顺序、对应相的稳定性和结构、平衡电压及其电压曲线，其前提是需要第一性原理计算准确得到各种物质的能量。然而，由于在 DFT 中广泛存在的自相关误差，所以计算所得能量通常有些误差。例如 LDA 与 GGA 处理强相关体系中的电子离域误差较大。因此，通常在计算含有过渡金属的电池材料时，会引入 Hubbard U 项，利用 DFT+U 的方法来修正自相关误差。利用线性响应理论或者从已知的参考性质中拟合可以获得各个带有强相关电子的元素的 U 值。DFT+U 的方法已经被广泛应用在电池材料的计算研究中。通常来说，利用 DFT+U 方法计算所得的正极材料的电压比未加 U 而单纯应用 GGA 或 LDA 泛函计算所得的电压更接近实验值。合理利用 DFT+U 的方法准确计算电池材料的性质是非常必要的。Zhou 等[19] 发现 U 值能够显著影响计算电压（如图 8-7），且利用 DFT+U 的方法能够显著提高计算电压的准确性。自洽计算所得的 U 值对还原态或氧化态的正极材料都有较好的准确性（图 8-7 中圆圈所示）。Kim 等[10] 利用 DFT+U 的方法详细计算了 Na_xMnO_2 材料充放电过程中电压变化曲线，此曲线与实验值吻合较好［如图 8-4(b) 所示］，该结果进一步说明 DFT+U 方法在计算材料电压时的准确性。

除此之外，常用的 LDA 和 GGA 泛函难以准确处理长程弱相互作用，一般情况下，LDA 通常高估结合能而 GGA 通常低估结合能。然而，对于层状材料或者有机小分子材料等钠离子电池中经常研究的对象，长程范德华相互作用对于准确计算这些材料的结构、能量等性质极其重要。因此，范德华力修正对于这些体系是十分必要的。目前基于 DFT 常用的修正包括：参数化密度泛函（parameterized density functionals，DFs）、非局域范德华密度泛函（nonlocal vdW-DFs）、DFT-D 方法和单电子有效势，也称作色散修正势（dispersion-correcting potentials，DCPs）。此外，随机相位近似（random-phase approximation，

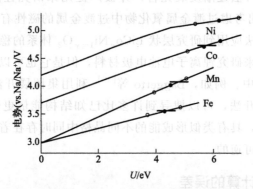

图 8-7　$LiMPO_4$（M＝Ni，Co，Mn，Fe）中，计算电压随 U 值变化曲线

图中横线代表每种材料的实验电势[19]

RPA）方法近来也被广泛用来处理范德华相互作用，而且根据已有经验，它通常是常用方法中最为准确的。然而，由于其计算量非常大，因此仅在较小体系中应用。

利用范德华修正可以大幅提高计算的准确性，特别是对一些层状材料（例如石墨）和有机分子材料（例如 $Na_xC_6O_6$）的晶格常数或形成能等的计算。例如，Yamashita 等[20] 利用不同泛函预测 $Na_xC_6O_6$ 的晶体结构及电压表现。如前文所述，通常 LDA 泛函高估结合能，低估晶格常数；而 GGA 泛函低估结合能，高估晶格常数，这与此研究结果一致（如表 8-1 与图 8-8 所示）。而利用 DFT-D 范德华修正所得结果与实验基本一致（如表 8-1 所示），这说明了范德华修正在计算层状材料时的重要性。此外，在基底材料（如石墨或层状氧化物）上的吸附能或插入能的计算中，范德华修正也是十分重要的。例如，Yu 等[21] 利用不同泛函及 DFT-D 修正研究了 Na 与二甘醇二甲醚分子共嵌入石墨。结果显示，考虑了范德华修正的方法与实验结果更为接近。以上结论说明在进行相关计算时，需要认真评估是否需要进行范德华力修正，以获得更准确的计算结果。

表 8-1　实验与计算所得 α 堆叠的 $Na_2C_6O_6$（空间群为 $Fddd$）的晶格常数（括号内为计算与实验的误差[20]）

晶格常数	实验值	LDA	PBE	PBE-D2
a/Å	11.483	10.739(−6%)	11.788(+3%)	11.371(−1%)
b/Å	14.321	13.963(−3%)	14.401(+1%)	14.373(0%)
c/Å	7.925	7.740(−2%)	8.005(+2%)	7.984(+1%)

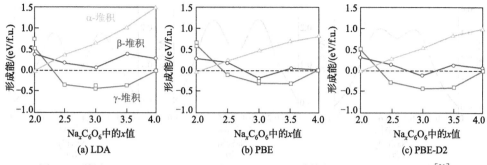

图 8-8 利用 (a) LDA、(b) PBE 和 (c) PBE-D2 计算的 $Na_xC_6O_6$ 的形成能[20]

8.2.2 迁移

除能量密度之外，倍率性能是设计电池材料时需要考虑的另一重要因素。例如，对于插入型电极材料来说，钠离子从主体框架中嵌入和脱出的难易程度是决定材料倍率性能的重要因素。其嵌入/脱出的速率既取决于电子电导率也取决于离子电导率。本节内容我们主要讨论离子电导率的计算。

8.2.2.1 离子的迁移路径和能垒

NEB (nudged elastic band) 方法被广泛应用于原子迁移机理的计算研究。利用 NEB 方法需要体系的初态与末态结构。此外，通常还需要合理猜测原子的迁移路径与机理作为 NEB 计算的输入文件。根据初始猜测的迁移路径，NEB 可以给出能量最低的迁移路径、迁移路径上的能量变化以及过渡态和迁移能垒等。此外，CI-NEB (climbing-NEB) 方法是一种改进的 NEB 方法，可以较为准确地获得反应路径鞍点处的能量，因此可以更准确地预测过渡态结构与反应能垒。

利用实验方法较难定量研究离子的扩散行为和相关力学信息，因此通过计算研究离子的扩散是非常直观的。Zhang 等[22] 基于 Materials Project 材料数据库高通量筛选含钠的插层材料作为钠离子电池的电极材料。在经过电压、稳定性等一系列筛选之后，利用 NEB 方法计算候选层状材料的钠离子迁移能垒（如图 8-9 所示）。研究发现，候选插层材料中钠离子迁移能垒很低，说明其有潜力作为高倍率钠离子电池电极材料。

Zhang 等[23] 利用 CI-NEB 方法研究 Na 在 $Na_2Mn_3O_7$ 中的扩散行为。如图 8-10(a)、(b) 所示，无论材料中 Na 的浓度高低，从位点 2 迁移至位点 3 的能垒是最低的，因此在 $Na_2Mn_3O_7$ 中，Na 迁移将会倾向于位点 2 到 3 的迁移方式 [如图 8-10(c)、(d) 所示]。此方法可以推广到各类金属迁移行为的研究，Zhao

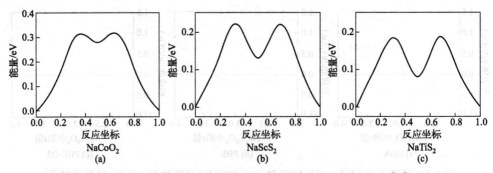

图 8-9 利用 CI-NEB 方法计算 Na 在层状材料中的迁移能垒[22]

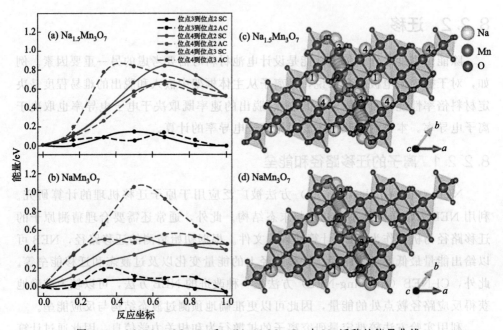

图 8-10 (a) $Na_{1.5}Mn_3O_7$ 和 (b) $NaMn_3O_7$ 中 Na 迁移的能量曲线，实线表示在单胞中迁移，虚线表示跨晶胞迁移；Na 在 (c) $Na_{1.5}Mn_3O_7$ 和 (d) $NaMn_3O_7$ 中最有利的迁移路线，图中序号代表不同的位点[23]（彩插见文前）

等[24]利用 NEB 方法研究不同浓度 Li、Na、K 和 Mg 在 V_2O_5 单层与层间迁移的动力学能垒。研究发现，对于一价金属，在单层上的迁移能垒要比层间低得多；而对于 Mg，在层间迁移较为容易。

然而，对于一些钠空位较多、对称性复杂的材料，其迁移机理较为复杂，利用 NEB 方法预测迁移路径及能垒较为困难。此时，可以利用分子动力学（molecular dynamics，MD）的方法来预测其迁移机理。以混合磷酸盐

以 $Na_4M_3(PO_4)_2P_2O_7$（M = Fe，Mn，Co，Ni）为例（如图 8-11 所示），它们的结构复杂，Na 位点较多，利用 NEB 方法预测钠离子在材料中的迁移路径十分烦琐。此类材料可以利用分子动力学方法来研究其迁移机理，具体将在 8.2.2.2 节给出详细说明。

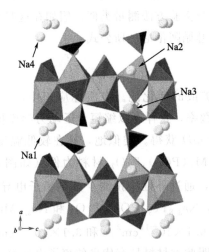

图 8-11　$Na_4Fe_3(PO_4)_2P_2O_7$ 的结构示意图

棕色、灰色、黄色分别代表 FeO_6、PO_4/P_2O_7 和 $Na^{[25]}$

8.2.2.2　分子动力学模拟

分子动力学模拟了材料中所有原子的实时牛顿动力学过程，因此可以考虑到所有离子的迁移过程。通过追踪动力学模拟过程中钠离子的实时迁移轨迹和位移，其基于时间的迁移速率可以根据均方根位移（mean square displacement，MSD）来计算：

$$\langle [\Delta r(t)]^2 \rangle = \frac{1}{N}\sum_i [r_i(t+t_0)-r_i(t_0)]^2 \tag{8-9}$$

式中，N 表示体系内钠离子的总数；$r_i(t)$ 表示对应时间 t 时，第 i 个钠离子的位置。钠离子的自扩散系数 D^* 可由下式计算：

$$D^* = \lim_{t \to \infty} \frac{\langle [\Delta r(t)]^2 \rangle}{2dt} \tag{8-10}$$

式中，d 为钠离子扩散的维度。基于自扩散系数，可以根据 Nernst-Einstein 方程计算离子电导率 σ：

$$\sigma = \frac{Ne^2D}{Vk_BT} \tag{8-11}$$

式中，N 为体系中可迁移钠离子的总数；V 为体系的体积；e 为钠离子所带电荷；T为温度。对于那些不同钠离子之间迁移互相独立的材料，利用分子动力学求得的自扩散系数可以用来评估材料的离子电导率。否则，应该进一步考虑钠离子迁移的相关因子。

除此之外，还应该模拟不同温度下的分子动力学来计算多个温度下的扩散率和离子电导率，这一点与实验方法测量类似。假如在这些温度范围内离子扩散机理类似，则其扩散率应遵循阿伦尼乌斯公式：

$$D(T) \approx D_0 e^{-\frac{E_a}{k_B T}} \tag{8-12}$$

式中，E_a是离子扩散的活化能。在实际应用中，一般计算预测较高温度（500~1500K）下的扩散率，这样可以缩短分子动力学模拟的时间，较低温度下的扩散率可以通过外推$\lg D$获得。类似地，其在较低温度下的离子电导率也可通过外推得到。以$Na_4M_3(PO_4)_2P_2O_7$材料为例（如图8-11所示），Wood等人[25]利用分子动力学，通过外推法预测了其钠离子电导率（如图8-12所示）。结果显示，在325K下，$Na_{3.8}Fe_3(PO_4)_2P_2O_7$和$Na_{3.8}Mn_3(PO_4)_2P_2O_7$材料中钠离子扩散系数分别为$6.1\times10^{-11}cm^2/s$和$3.1\times10^{-10}cm^2/s$，对应迁移能垒为0.24eV和0.20eV，说明此类材料具有优良的离子电导率。

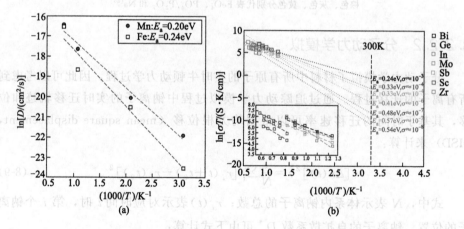

图8-12 (a) $Na_{3.8}Fe_3(PO_4)_2P_2O_7$和$Na_{3.8}Mn_3(PO_4)_2P_2O_7$中钠离子扩散系数与温度关系图[25]；(b) NASICONs型材料的锂离子电导率与温度关系图[26]（彩插见文前）

显然，上述方法不仅可以应用到钠离子电池材料的研究中，其他类型的金属离子电池的电极材料或者固态电解质也可以利用上述方法进行研究。例如Zhao等[26]基于Materials Project材料数据库筛选的含锂NASICON型材料，利用第一性原理分子动力学（AIMD），通过外推的方法计算预测候选材料的离子电导率。结果显示，候选材料中 $Li_3Bi_2(PO_4)_3$ 拥有室温下最高的离子电导率，约为 10^{-3} S/cm 数量级，适合作为锂离子电池固态电解质。利用 AIMD 方法确认离子的迁移路径之后，可进一步利用 NEB 方法研究某一迁移路径的迁移能垒。例如，Kang 等[27] 利用 AIMD 方法在高温 1073K 和 873K 下分别研究 $LiGe_2(PO_4)_3$ 和铝掺杂的 $Li_{1+x}Al_xGe_{2-x}(PO_4)_3$ 材料中锂离子的迁移轨迹。AIMD 结果明确给出了三条迁移路径，而如果利用 AIMD 方法完全求得锂离子扩散系数，需要在不同温度下进行多次长时间 AIMD 模拟，所需计算成本较高。因此，研究人员利用 NEB 方法，详细研究 AIMD 给出的三条迁移路径。结果显示，$LiGe_2(PO_4)_3$ 中锂离子的迁移能垒为 0.787eV 而 $Li_{1+x}Al_xGe_{2-x}(PO_4)_3$ 的迁移能垒为 0.673eV。此结果说明铝掺杂可以有效改善 $LiGe_2(PO_4)_3$ 型材料的锂离子电导率。这可能是由于 Al^{3+} 的半径略大于 Ge^{4+} 的半径，这使得 $Li_{1+x}Al_xGe_{2-x}(PO_4)_3$ 中离子迁移通道略大于 $LiGe_2(PO_4)_3$ 中的离子迁移通道，使得锂离子更容易迁移。

此外，由于固态电解质往往结构复杂，利用第一性原理分子动力学或 NEB 方法对计算成本要求巨大。因此可以用一些低计算成本的方法快速筛选一些潜在的高扩散系数的材料，再用更精确的方法进行详细研究。例如 Kahle 等[28] 利用计算速度更快的近似模型（弹球模型）进行分子动力学模拟，在无机晶体结构数据库（inorganic crystal structure database，ICSD）和开放晶体结构数据库（crystallography open database，COD）中初筛具有较高自扩散系数的材料。随后，利用 AIMD 进一步准确计算其自扩散系数，得到有望作为锂离子固态电解质的材料。随着材料计算的不断发展，已有许多成熟的软件包如 Pymatgen 和 R.I.N.G.S. 等，可以用来快速求解目标离子的 MSD 和自扩散系数。

NEB 方法与分子动力学模拟都可通过第一性原理或者经验势方法进行计算。一般来说，NEB 方法大多利用较为准确的第一性原理计算方法，这可以得到更为可信的势能面和更精确的迁移能垒。如需快速获得离子迁移率，可以利用近似模型、经验势或分子动力学方法。Fujimura 等[29] 基于理论计算与实验数据，利用支持向量回归方法构建机器学习模型，预测 LISICON（Li super ionic conductors）型材料在 373K 下的离子电导率，并预测了多种优异的固态电解质。

相比上述方法，第一性原理分子动力学可以更为准确地研究扩散机理，但是其计算量非常大，应用经常限于较小的体系或者较短的模拟时间。因此，当利用第一性原理分子动力学计算扩散率时，通常模拟较高温度的离子扩散性质以缩短模拟时间。

8.2.3 稳定性

电池的安全性也是不容忽视的重要因素。因此，电池材料的稳定性十分重要，特别对于一些含氧正极材料，例如 NaM_xO_y（M 为过渡金属）中的氧可能析出：

$$NaM_xO_{y+z} \longrightarrow NaM_xO_y + \frac{z}{2}O_2 \qquad (8-13)$$

导致容量衰减，甚至会造成有机电解质着火，存在安全隐患。此外，当电池电压超过电解质的电压窗口时，也会导致电解质分子的氧化，存在一定危险。利用第一性原理计算预测电极材料或电解质材料的相对稳定性也是十分必要的。下面我们从正极材料热力学稳定性与电解液的电化学稳定性两方面来介绍。

8.2.3.1 正极材料的热力学稳定性

正极材料与电解液之间的反应动力学非常复杂，单纯用第一性原理计算研究其反应动力学是非常困难的。因此，在目前研究中，往往着重研究其热力学稳定性。通常来说，研究热力学稳定性首先要构建相图，这对于研究各相在不同条件下的稳定性十分有帮助。相图可以通过前述形成能凸包图来构建，这也需要精确计算自由能。因此，对于强相关体系或者范德华相互作用影响较大的体系，需要考虑利用 DFT+U 和范德华修正来获得体系精确的自由能。此外，LDA 或 GGA 方法通常会高估 O_2 的结合能，这会使计算氧化物形成能时造成一定的误差。可以对 O_2 能量引入一个常数修正来减小误差，或者利用实验中水的形成能以及计算所得水与氢气的能量来求得氧气的能量。合理利用这些方法，在大部分情况下，可以使过渡金属氧化物形成能的计算误差减小到 0.1eV 以内。

然而，上述方法是考虑 0K 下材料的稳定性。如需更准确全面地计算电极材料真实的稳定性，需要考虑温度的影响。非常重要的一点是，式(8-13)中氧气的释放会导致明显熵增，在精确计算吉布斯自由能时，这是必须要考虑的：

$$\Delta G_r \approx E(NaM_xO_y) + \frac{z}{2}E(O_2) - E(NaM_xO_{y+z}) - \frac{z}{2}TS_{O_2}^{p_0}(T) \qquad (8-14)$$

式中，$S_{O_2}^{p_0}$ 代表所求温度下氧气的熵，可以根据参考氧分压 p_0 下实验上的热力学数据求得，氧气的能量可根据上述方法修正求得。由式(8-14)可知，温度主要影响氧气熵的变化。热力学分解温度可根据 ΔG_r 小于等于 0 时的温度求得。值得注意的是，这里只考虑了热力学过程，然而氧析出的动力学能垒并未涉及。对于一些体系，其动力学因素可能占主导，大大增加了其分解温度。类似地，此方法也适用于其他金属离子电池体系，例如，利用上述方法，Wang 等[30] 计算了 Li-Mn-O_2、Li-Ni-O_2、Li-Co-O_2（如图 8-13 所示）体系温度相关的相图，结果发现脱锂后的层状相通常是亚稳态，并且相分离为尖晶石结构 LiM_2O_4 和层状 LiMO_2 或缺氧结构在热力学上较为稳定。以 Li-Ni-O_2 体系为例，根据式(8-14)所计算的反应焓与实验测量误差一般在 $10\sim20$ meV/单位化学式。

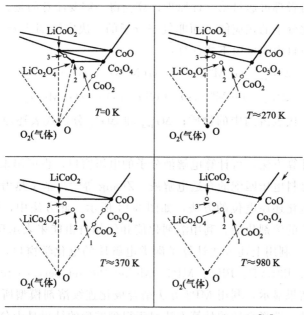

图 8-13　Li-Co-O_2 体系在不同温度下的相图[30]

根据式(8-14)所计算的反应自由能并未考虑反应是在氧化条件还是在还原条件下进行，仅由气体环境和温度所决定。为了进一步描述可以吸收或释放氧气的开放体系中的相平衡，需要考虑氧气的巨势：

$$\varphi = G - \mu_{O_2} N_{O_2} \tag{8-15}$$

式中，N_{O_2} 是氧分子数量；μ_{O_2} 是氧气的化学势，其依赖于氧分压 p_{O_2}：

$$\mu_{O_2}(T, p_{O_2}) = \mu_{O_2}(T, p_0) + k_B T \ln\frac{p_{O_2}}{p_0} \approx H^{p_0}_{O_2}(T) - T\left[S^{p_0}_{O_2}(T) - k_B T \ln\frac{p_{O_2}}{p_0}\right] \tag{8-16}$$

式中，$H^{p_0}_{O_2}$ 为氧气的焓；$S^{p_0}_{O_2}$ 为氧气的熵。Ong 等[31] 基于氧气的巨势计算了对氧气开放体系 Li-Fe-P-O 和 Li-Mn-P-O 的相图来评估 LiFePO_4 和 LiMnPO_4 脱锂时释放出氧气的条件，其计算结果与实验一致，且此方法可以扩展应用到其他金属离子电池体系。

8.2.3.2 电解液的电化学稳定性

电池中电解液的稳定性也是不可忽视的。在电化学反应过程中，电解液应保证其自身的稳定性。也就是说，电池电压应保持在电解液的电化学稳定窗口中。

电解液分子的氧化还原电位取决于其获得和失去电子的能量，即电离势和电子亲和势，这两者都可通过第一性原理计算获得。需要注意的是，准确来说，应计算相关溶剂化分子的相应能量而非气态分子的。决定溶剂化分子 M 的氧化还原电位的吉布斯自由能可由下式计算：

$$\Delta G_{red}^{s} = G[M^{n-}(s)] - G[M(s)] - nG[e^{-}(s)] \tag{8-17}$$

$$\Delta G_{ox}^{s} = G[M^{n+}(s)] + G[e^{-}(s)] - nG[M(s)] \tag{8-18}$$

式中，(s) 代表溶剂中的物质；ΔG_{red}^{s} 和 ΔG_{ox}^{s} 分别代表还原和氧化的吉布斯自由能。

利用上述计算方法，可计算电解液分子的电压窗口，也可用来预测筛选电压窗口宽与电极材料电压匹配的合适电解液。Zhang 等[32]基于热力学循环提出一种计算电解液氧化还原电位的方法，如图 8-14 所示。此方法中，通过连续溶剂模型来近似分子的溶剂化能，利用溶剂化能和气相自由能来表示反应的自由能。例如 Shao 等[33]利用上述方法计算了砜类电解质的电化学窗口，并比较了 HF (Hatree Fock)、B3LYP、PBE、MP2 (Møller-Plesset perturbation) 等不同方法的准确性。结果显示，利用 MP2 方法结合极化连续溶剂模型所得结果与实验误差较小。可见，选择合适的计算方法对于得到准确的结果是十分重要的。

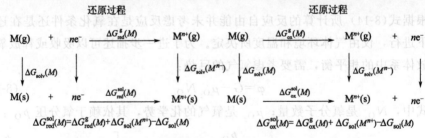

图 8-14 基于热力学循环计算电解液的氧化还原电位[34]

Cheng 等[34]通过高通量计算对比发现有机分子的最高占据轨道 (highest occupied molecular orbital，HOMO) 和最低空轨道 (lowest unoccupied molecular orbital，LUMO) 与分子的氧化还原电势有着良好的线性关系（如图 8-15 所示）。类似地，研究人员通过计算 74 种具有氧化还原活性的有机化合物在非水体系中的氧化还原电势，发现了 HOMO 和 LUMO 与分子氧化还原电势的线性关系[35]。因此，可以通过计算分子的 HOMO 和 LUMO 来初步评估其氧化还原电势，这有利于减少高通量筛选的计算量，提高有机电解液材料的研发效率。然而，这种线性关系不是普遍的、绝对的。例如，计算所得的碳酸乙烯酯（ethylene carbonate，EC）与碳酸二甲酯（dimethyl carbonate，DMC）的 HOMO 分别为 $-10.51eV$ 与 $-9.64eV$，然而计算所得它们对应的氧化电势分别为 $7.87V$ 和 $7.07V^{[36]}$。因此，单纯利用 HOMO 来计算氧化电势，可能会严重高估某些电解液分子的稳定性。此外，H 或者 F 的转移反应也影响电解液分子的分解电位[37]。例如，EC 的氧化电位为 $7.87V$，然而当 EC 与 PF_6^- 阴离子复合时则可能在较低电位下被氧化，当生成 HF 时，H 可以转移与 EC 结合，将其氧化电位进一步降低至 $6.4\sim6.6V^{[38]}$。因此，虽然 HOMO 与 LUMO 可以用来初步评估有机电解液分子的电化学窗口，如需进一步精确研究，还需用基于热力学的方法详细计算。

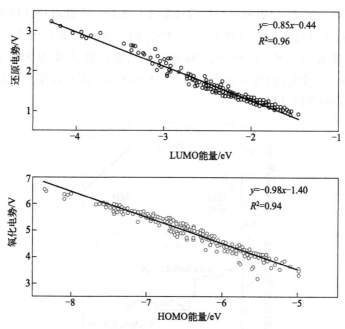

图 8-15　还原电势与 LUMO 以及氧化电势与 HOMO 的线性关系[34]

利用分子动力学计算，也可直接研究电解质分子在电极表面的稳定性。例如 Leung 等[39] 利用 DFT 计算与 AIMD 模拟，研究 EC 在尖晶石相电极材料 $Li_{0.6}Mn_2O_4$(100) 表面分解的初始过程。结果显示，EC 中 C-O 键的断裂为放热过程，会导致促进后续 EC 氧化与质子到电极表面的转移。随后，Leung 等[40] 利用 AIMD 进一步研究了 EC 在石墨负极表面的分解。基于 7ps 的 AIMD 模拟轨迹，研究人员发现了生成 CO 或者乙烯的两种降解过程，这与实验中发现的电池循环过程中会生成 CO 与乙烯是一致的。然而，对于大多数情况来说，电解液在电极上不会快速发生自发的降解反应，因而单纯利用 AIMD 轨迹来分析电解液的稳定性需要超长时间的分子动力学模拟，计算成本过高。

对于固态电解质，计算模拟还可以通过构建钠的巨势相图来得到其电化学窗口，同时还可预测电解质与电极之间的界面稳定性。与计算氧气的巨势的方法类似，钠的巨势可以表示为：

$$\varphi = G - \mu_{Na} N_{Na} \tag{8-19}$$

式中，N_{Na} 为体系中 Na 的数量；μ_{Na} 为 Na 的化学势，依赖于电压 u：

$$\mu_{Na} = \mu_{Na}^0 - eu \tag{8-20}$$

式中，μ_{Na}^0 为金属 Na 的化学势。Oh 等[41] 基于钠的巨势相图计算了 $Na_{11}Sn_2PS_{12}$ 的电化学稳定性（如图 8-16 所示）。研究显示，在 1.16~1.92V 的电压区间，$Na_{11}Sn_2PS_{12}$ 表现出良好的稳定性，然而，在此电压区间外，则有可能发生还原或者氧化反应，导致 $Na_{11}Sn_2PS_{12}$ 的分解。从图 8-16(b) 可以看出，还原产物主要为 $Na_{15}Sn_4$、Na_3P、Na_2S，而氧化产物主要为 SnS_2、P_2S_7、S 等。由于 $Na_{11}Sn_2PS_{12}$ 的电化学稳定窗口（1.16~1.92V）较窄，因此实际使用时应选择合适的电极材料。

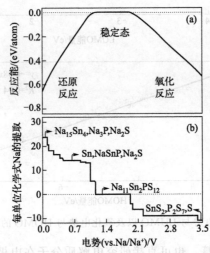

图 8-16 (a) $Na_{11}Sn_2PS_{12}$ 电化学分解反应能；
(b) $Na_{11}Sn_2PS_{12}$ 中 Na 的变化量随电势变化曲线[41]

类似地，此方法也可推广应用到其他类型金属离子电池的计算当中。例如，Zhao 等[26] 根据材料的锂巨势相图得到对应含锂 NASICON 型固态电解质在不同电压下的电化学稳定性。结果显示，所有 NASICON 材料都具有较高的还原电势，表明其对锂金属负极不稳定。因此，在实际应用中，需在锂金属负极与固态电解质之间加入界面包覆层。由此可见，计算模拟对电解质稳定性的预测有着极其重要的作用，并且会对其实际应用给出相应建议。

8.3 材料基因组技术与钠离子电池

8.3.1 材料基因工程

长期以来，材料研发依赖于科学直觉与试错实验，导致材料从研发到实际使用跨度极长。变革传统研发方式，缩短新材料开发周期成为材料学的重要目标。材料基因工程融合了材料的高通量计算、制备、检测及相关数据库，旨在加速新材料的发现与应用。

材料基因组计划是美国于 2011 年提出的"先进制造业伙伴关系"计划中的一个重要组成部分。材料基因组计划旨在建立一个从实际需求出发，通过理论模拟目标材料，预测所需材料的结构，最终以实验验证新材料的设计模式，逐步取代现有的以经验和半经验为主的材料研发模式，真正实现材料"设计"。计算工具平台、实验工具平台与数字化平台的结合加速了材料的设计与应用，这既要求开发快速可靠的计算方法与计算程序，更要求建立高通量实验方法对理论预测进行快速验证，从而对材料数据库提供必要数据，建立可靠的材料基因数据库。

可见，全面的数据库的建立在材料设计中占据举足轻重的位置。此外，在材料计算过程中，对已知材料的结构进行搜索查询是非常重要的步骤。合理使用材料数据库进行结构查询，可以快速得到材料的原子结构。常用材料数据库有 ICSD、COD、Pauling File、DCAIKU 等。以上材料数据库包含数十万种实验已制备的材料的结构。除此之外，还有计算材料数据库，例如 Materials Project 数据库是应用最为广泛的计算数据库，其包含数万种无机化合物和相应的第一性原理计算的数据。另外，AFLOWLIB 与开放量子材料数据库（open quantum materials database，OQMD）也是常用的计算材料数据库。基于这些材料学数据库，可以进行大规模、高通量的计算材料设计，大大加快了新材料设计的速度。

2016 年，我国将材料基因组工程与技术列为国家重点研发计划。缩短材料的"发现-研发-生产-应用"周期是实施此计划的根本目的，也是中国实现新材料领域非常规发展的内在需求。中国版材料基因组计划将围绕能源与环境材料、海洋工程材料、军用材料和生物医学材料等关乎国家安全、能源安全和人民健康福祉等国家发展规划急需，又有一定基础的关键材料进行示范，尽快取得成果，为进一步推广普及到整个材料领域积累经验[42]。其中，能源材料领域，例如钠离子电池材料，也可利用材料基因工程的相关技术，这对加速钠离子电池材料的研发和应用意义重大。

8.3.2 电池材料的高通量筛选

基于上述材料数据库，利用高通量计算的方法，可快速筛选有潜力的电池材料，加速电池材料的研发。例如，Zhang 等[22] 基于 Materials Project 数据库，忽略含钠的化学键，利用拓扑缩放算法（topology-scaling algorithm，TSA）[43]，筛选层状插入型电极材料。相较于合金类或者转化类电极材料，在充放电过程中，插入型电极材料形变更小，因此具有较好的循环稳定性。此外，层与层之间的空隙有利于钠离子迁移，因此插入型层状电极材料具有高循环稳定性、高倍率性能等优点。经过筛选之后，一些代表性的含钠层状结构如图 8-17 所示。随后，便可利用 8.2 节中所述方法，计算材料充放电过程中的体积变化、电压、钠离子迁移能垒，得到有望作为钠离子电池电极的候选材料。此方法也可应用于其他金属离子电池电极材料的筛选。Zhang 等[44] 用此方法筛选层状多价离子电池电极材料。结果表明，$Mg_3Ru_2O_7$、Mg_2RuO_4 和 $Mg_4Mn_2O_7$ 等有望作为镁离子电池的电极材料。

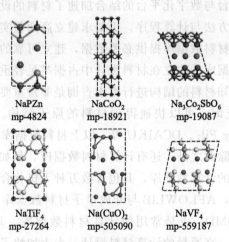

图 8-17 一些代表性含钠层状材料[22]

Yu 等[45] 基于 Materials Project 数据库，利用高通量计算，筛选合适的钾离子电池负极材料。平均电压、理论容量、充放电体积变化为主要的筛选条件。

最终筛选得到 18 种理论容量大于 450mA·h/g，平均电压小于 0.7V 的候选钾离子电池负极材料（如图 8-18 所示）。

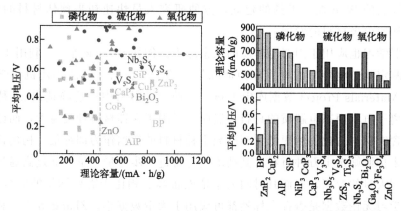

图 8-18　DFT 计算的 18 种候选材料的理论容量与平均电压[45]

此外，高通量计算的方法也能用来快速筛选固态电解质材料，加快固态电解质的研发。由于还没有利用高通量计算的方法研究钠离子电池固态电解质的相关工作，这里以锂离子电池固态电解质的研究为例进行说明。NASICON 型材料是一种广泛研究的固态电解质。Zhao 等[26] 基于 Materials Project 数据库，筛选化学式为 $Li_xM_2(PO_4)_3$ 的含锂的 NASICON 型材料作为锂离子电池的固态电解质。经由 8.2 节中所述方法计算离子电导率、电化学窗口，最终发现 $Li_3Sc_2(PO_4)_3$ 同时拥有较高的稳定性、宽的电化学窗口及高的室温离子电导率。此外，如前文所述，Kahle 等[28] 基于 ICSD 与 COD 数据库，利用弹球模型进行分子动力学模拟，初筛具有较高锂离子扩散系数的含锂材料，再用 AIMD 更为精确的确认结果，最终得到 $LiGaI_4$、$LiGaBr_4$、Li_2CsI_3、$Li_{10}GeP_2S_{12}$、Li_5Cl_3O、Li_7TaO_6 等具有高锂离子扩散系数的材料。通过基于数据库的高通量筛选，能够促进电池材料的开发进程。

8.3.3　机器学习在电池材料探索中的应用

随着材料基因数据库的不断扩大与机器学习算法的发展完善，机器学习在材料科学领域的应用也越来越广泛[46]。虽然利用高通量计算的方法能够有效加速新材料的研发，然而，第一性原理计算仍然十分耗时，高通量计算则要求更高的计算条件。而当拥有较为准确的机器学习模型之后，可以显著提高预测速度，进一步加快新材料的预测与研发。如前文所述，Joshi 等[7] 利用 Materials Project 数据库中 DFT 计算的能量求得 3580 种插入型材料的对应电压。随后，利用这些数据训练机器学习模型，研究人员尝试了三种不同的机器学习算法，包括深度神经网络、支持向量机、核岭回归，其中深度神经网络有最好的预测表现。基于机器学习算法的 Web 查询工具的建立，方便研究人员快速初步预估材料的电压，有助于加速电极材料的发展。

机器学习也应用于固态电解质的探索之中。例如 Sendek 等[47] 利用 40 种已有实验测定离子电导率的材料作为训练集，基于逻辑回归算法构建机器学习模型，从 Materials Project 数据库中 12000 余种含锂材料中快速筛选出 21 种有望作为锂离子电池固态电解质的材料。然而，受限于含锂材料种类庞大，而已详细研究的含锂材料占比仍然很低，利用数十种材料的数据作为训练集，构建机器学习模型来预测筛选上万种材料，其精确度有待进一步考量。虽然通过高通量计算可以得到大量的数据，然而其时间成本依然很高。相比于需要标签的监督学习，非监督学习无论数据是否存在标签都可应用于大量数据集。Zhang 等[48] 利用非监督学习的聚类算法，基于材料的修正 X 射线衍射图谱，将 ICSD 数据库中的含锂材料聚类。结果显示，已知的具有较高离子电导率的材料集中于两个类别当中。因此，只需用第一性原理详细研究这两个类别中的材料，这使得研究对象从最初的 2989 种含锂材料骤降到 82 种，大大增加了研究效率。随后，按照第 2 章中所介绍的方法，研究人员利用第一性原理计算及分子动力学模拟详细研究了这些材料的电化学窗口及离子电导率，最终发现 Li_8N_2Se、Li_6KBiO_6 和 $Li_5P_2N_5$ 等材料具有超过 10^{-2} S/cm 的室温锂离子电导率，大大加速了固态电解质的研发。

机器学习除了用来辅助加速电池材料的研发，还能直接用来预测电池的循环寿命。通常，为了获得长寿命电池的性能反馈，需要花费数月甚至数年时间。如果能够使用前期几周的循环数据准确预测电池寿命，将会大大加速电池寿命的评测，推动电池生产、使用环节的优化和发展。Severson 等[49] 构建机器学习模型，利用电池前期数周循环数据，准确预测电池寿命。研究人员利用 124 只商业锂离子电池（正极为磷酸铁锂，负极为石墨），通过不同的快充条件，改变电池的循环寿命。因此，所构建的数据库中包括了较宽范围的循环寿命（从 150 周到 2300 周）。随后，研究人员利用前 100 周循环的数据建立机器学习模型，其中，表现最好的模型有 9.1% 的测试误差，如图 8-19 所示。此模型缩短了锂离子电池寿命预测的

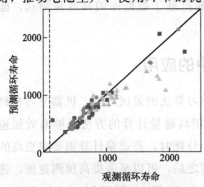

图 8-19 机器学习模型所得的循环寿命与实验观察循环寿命对比[49]

周期，有助于新型电池技术的开发和优化。

8.4 总结与展望

在锂离子电池材料体系理论计算研究经验不断积累的基础上，研究人员已建立具有较高能量密度与长循环寿命的钠离子电池材料体系的理论计算方法。然而，为了继续推动钠离子电池的发展，进一步的实验与计算应继续深入进行研究。目前为止，计算模拟已预测了一些新的具有优异电化学性质的钠离子电池材料，并在一定程度上帮助研究人员理解反应机理，推动了钠离子电池的发展。但在计算模拟的过程中，仍然存在着一定的挑战。

虽然依据热力学稳定性，利用能量凸包图能找到很多中间相。但是，预测一定压强与温度的实际条件下的亚稳相仍具挑战性。如果难以预测材料的结构演变，则定量精确计算其在电池中的电化学性能是非常困难的。此外，难以预测的亚稳相也会对计算设计新型电池材料产生阻挠，因为这将无法确定计算研究所得的材料在实验室是否能够成功合成。

至今为止，大部分电池材料的计算研究工作在晶体材料的基础上开展。因为晶体材料作为电池材料有着十分突出的表现，而利用计算研究无序的材料和分子材料具有一定的挑战。但除晶体材料外，分子材料在电池中的应用也十分广泛。例如，Wu 等[50]通过第一性原理计算，基于 Clar 理论提出构建高压锂离子电池有机正极材料的方法，其理论预测电压与实验所得一致，证明分子材料可以作为电极材料。此外，有机分子在钠离子电池电解液中担任重要角色，其对电池安全性、倍率性能等的影响至关重要。Yoon 等[51]通过第一性原理计算筛选合适的钠离子电池电解液，促进钠离子插入石墨层中，提高其容量。当然，非晶相的模拟在电池研究中也是非常重要的。例如固体电解质界面相（solid-electrolyte interface，SEI）对金属离子电池性能起着至关重要的作用，对其模拟研究也是十分有必要的。这种非周期性体系的模拟需要研究的体系较大，利用第一性原理对其进行研究较为困难。因此，可以用一些经验或半经验方法进行模拟研究。例如 Li 等[52]利用半经验的紧束缚密度泛函（DFTB）理论模拟 Li｜Li_2CO_3｜EC 界面来研究 SEI 的影响。

此外，利用第一性原理系统性研究各类有机分子在钠离子电池中的表现是一个有意义的研究领域，值得研究人员进行进一步探索。随着材料数据库及机器学习的不断发展，机器学习方法也逐渐应用到电池领域的研究，其极高的预测速度可以弥补第一性原理计算耗时较长的不足，也是极具前景的研究领域，期望未来机器学习方法与传统计算方法互相结合，进一步促进钠离子电池的快速发展。

参考文献

[1] Urban A, Seo D H, Ceder G. Computational understanding of Li-ion batteries [J]. npj Comput Mater, 2016, 2 (1): 16002.

[2] Li G, Yue X, Luo G, et al. Electrode potential and activation energy of sodium transition-metal oxides as cathode materials for sodium batteries: a first-principles investigation [J]. Computational Materials Science, 2015, 106: 15-22.

[3] Nobuhara K, Nakayama H, Nose M, et al. First-principles study of alkali metal-graphite intercalation compounds [J]. Journal of Power Sources, 2013, 243: 585-587.

[4] Liu Y, Merinov B V, Goddard Iii W A. Origin of low sodium capacity in graphite and generally weak substrate binding of Na and Mg among alkali and alkaline earth metals [J]. Proc Natl Acad Sci U S A, 2016, 113 (14): 3735-3739.

[5] Lee E, Persson K A. Li absorption and intercalation in single layer graphene and few layer graphene by first principles [J]. Nano Lett, 2012, 12 (9): 4624-4628.

[6] Xie Y, Dall'agnese Y, Naguib M, et al. Prediction and characterization of MXene nanosheet anodes for non-lithium-ion batteries [J]. ACS Nano, 2014, 8 (9): 9606-9615.

[7] Joshi R P, Eickholt J, Li L, et al. Machine learning the voltage of electrode materials in metal-ion batteries [J]. ACS Appl Mater Interface, 2019, 11 (20): 18494-18503.

[8] Ong S P, Chevrier V L, Hautier G, et al. Voltage, stability and diffusion barrier differences between sodium-ion and lithium-ion intercalation materials [J]. Energy Environmental Science, 2011, 4: 3680-3688.

[9] Courtney I A, Tse J S, Mao O, et al. Ab initio calculation of the lithium-tin voltage profile [J]. Phys Rev B, 1998, 58 (23): 15583-15588.

[10] Kim H, Kim D J, Seo D H, et al. Ab initio study of the sodium intercalation and intermediate phases in $Na_{0.44}MnO_2$ for sodium-ion battery [J]. Chemistry of Materials, 2012, 24 (6): 1205-1211.

[11] Wang Z, Wang D, Zou Z, et al. Efficient potential-tuning strategy through p-type doping for designing cathodes with ultrahigh energy density [J]. Natl Sci Rev, 2020, 7 (11): 1768-1775.

[12] Hart G L W, Forcade R W. Generating derivative structures from multilattices: algorithm and application to hcp alloys [J]. Phys Rev B, 2009, 80 (1): 014120.

[13] van de Walle A, Asta M, Ceder G. The alloy theoretic automated toolkit: a user guide [J]. Calphad, 2002, 26 (4): 539-553.

[14] Lerch D, Wieckhorst O, Hart G L, et al. UNCLE: a code for constructing cluster expansions for arbitrary lattices with minimal user-input [J]. Model Simul Mater Sc, 2009, 17 (5): 055003.

[15] Nelson L J, Hart G L W, Zhou F, et al. Compressive sensing as a paradigm for building

physics models [J]. Phys Rev B, 2013, 87 (3): 035125.

[16] van der Ven A, Ceder G. Ordering in $Li_x(Ni_{0.5}Mn_{0.5})O_2$ and its relation to charge capacity and electrochemical behavior in rechargeable lithium batteries [J]. Electrochemistry Communications, 2004, 6 (10): 1045-1050.

[17] Lee E, Iddir H, Benedek R. Rapidly convergent cluster expansion and application to lithium ion battery materials [J]. Phys Rev B, 2017, 95 (8): 085134.

[18] Baggetto L, Ganesh P, Meisner R P, et al. Characterization of sodium ion electrochemical reaction with tin anodes: experiment and theory [J]. J Power Sources, 2013, 234: 48-59.

[19] Zhou F, Cococcioni M, Marianetti C A, et al. First-principles prediction of redox potentials in transition-metal compounds with LDA + U [J]. Phys Rev B, 2004, 70 (23): 235121.

[20] Yamashita T, Momida H, Oguchi T. Crystal structure predictions of $Na_xC_6O_6$ for sodium-ion batteries: first-principles calculations with an evolutionary algorithm [J]. Electrochimica Acta, 2016, 195: 1-8.

[21] Yu C J, Ri S B, Choe S H, et al. Ab initio study of sodium cointercalation with diglyme molecule into graphite [J]. Electrochimica Acta, 2017, 253: 589-598.

[22] Zhang X, Zhang Z, Yao S, et al. An effective method to screen sodium-based layered materials for sodium ion batteries [J]. npj Comput Mat, 2018, 4 (1): 13.

[23] Zhang Z, Wu D, Zhang X, et al. First-principles computational studies on layered $Na_2Mn_3O_7$ as a high-rate cathode material for sodium ion batteries [J]. J Mater Chem A, 2017, 5 (25): 12752-12756.

[24] Zhao X, Zhang X, Wu D, et al. Ab-initio investigations on bulk and monolayer V_2O_5 as cathode materials for Li-, Na-, K-and Mg-Ion batteries [J]. J Mater Chem A, 2016, 4 (42): 16606-16611.

[25] Wood S M, Eames C, Kendrick E, et al. Sodium ion diffusion and voltage trends in phosphates $Na_4M_3(PO_4)_2P_2O_7$ (M = Fe, Mn, Co, Ni) for possible high-rate cathodes [J]. The Journal of Physical Chemistry C, 2015, 119 (28): 15935-15941.

[26] Zhao X, Zhang Z, Zhang X, et al. Computational screening and first-principles investigations of NASICON-type $Li_xM_2(PO_4)_3$ as solid electrolytes for Li batteries [J]. Journal of Materials Chemistry A, 2018, 6 (6): 2625-2631.

[27] Kang J, Chung H, Doh C, et al. Integrated study of first principles calculations and experimental measurements for Li-ionic conductivity in Al-doped solid-state $LiGe_2(PO_4)_3$ electrolyte [J]. Journal of Power Sources, 2015, 293: 11-16.

[28] Kahle L, Marcolongo A, Marzari N. High-throughput computational screening for solid-state Li-ion conductors [J]. Energy & Environmental Science, 2020, 13 (3): 928-948.

[29] Fujimura K, Seko A, Koyama Y, et al. Accelerated materials design of lithium superionic conductors based on first-principles calculations and machine learning algorithms [J]. Advanced Energy Materials, 2013, 3 (8): 980-985.

[30] Wang L, Maxisch T, Ceder G. A first-principles approach to studying the thermal stability of oxide cathode materials [J]. Chemistry of Materials, 2007, 19 (3): 543-552.

[31] Ong S P, Jain A, Hautier G, et al. Thermal stabilities of delithiated olivine MPO$_4$ (M=Fe, Mn) cathodes investigated using first principles calculations [J]. Electrochem Commun, 2010, 12 (3): 427-430.

[32] Zhang X, Pugh J K, Ross P N. Computation of thermodynamic oxidation potentials of organic solvents using density functional theory [J]. J Electrochem Soc, 2001, 148 (5): E183-E188.

[33] Shao N, Sun X G, Dai S, et al. Electrochemical windows of sulfone-based electrolytes for high-voltage Li-ion batteries [J]. J Phys Chem B, 2011, 115 (42): 12120-12125.

[34] Cheng L, Assary R S, Qu X, et al. Accelerating electrolyte discovery for energy storage with high-throughput screening [J]. J Phys Chem Lett, 2015, 6 (2): 283-291.

[35] Méndez-Hernández D D, Gillmore J G, Montano L A, et al. Building and testing correlations for the estimation of one-electron reduction potentials of a diverse set of organic molecules [J]. Journal of Physical Organic Chemistry, 2015, 28 (5): 320-328.

[36] Barnes T A, Kaminski J W, Borodin O, et al. Ab initio characterization of the electrochemical stability and solvation properties of condensed-phase ethylene carbonate and dimethyl carbonate mixtures [J]. The Journal of Physical Chemistry C, 2015, 119 (8): 3865-3880.

[37] Borodin O, Ren X, Vatamanu J, et al. Modeling insight into battery electrolyte electrochemical stability and interfacial structure [J]. Acc Chem Res, 2017, 50 (12): 2886-2894.

[38] Peljo P, Girault H H. Electrochemical potential window of battery electrolytes: the HOMO-LUMO misconception [J]. Energy & Environmental Science, 2018, 11 (9): 2306-2309.

[39] Leung K. First-principles modeling of the initial stages of organic solvent decomposition on Li$_x$Mn$_2$O$_4$ (100) surfaces [J]. The Journal of Physical Chemistry C, 2012, 116 (18): 9852-9861.

[40] Leung K. Electronic structure modeling of electrochemical reactions at electrode/electrolyte interfaces in lithium ion batteries [J]. The Journal of Physical Chemistry C, 2012, 117 (4): 1539-1547.

[41] Oh K, Chang D, Park I, et al. First-principles investigations on sodium superionic conductor Na$_{11}$Sn$_2$PS$_{12}$ [J]. Chemistry of Materials, 2019, 31 (16): 6066-6075.

[42] 汪洪, 向勇, 项晓东, 等. 材料基因组——材料研发新模式 [J]. 科技导报, 2015, 33 (10): 13-19.

[43] Zhang X, Chen A, Zhou Z. High-throughput computational screening of layered and two-dimensional materials [J]. WIREs Comput Mol Sci, 2019, 9 (1): e1385.

[44] Zhang Z, Zhang X, Zhao X, et al. Computational screening of layered materials for multivalent ion batteries [J]. ACS Omega, 2019, 4 (4): 7822-7828.

[45] Yu S, Kim S O, Kim H S, et al. Computational screening of anode materials for potassium-ion batteries [J]. International Journal of Energy Research, 2019, 43 (6058).

[46] Chen A, Zhang X, Zhou Z. Machine learning: accelerating materials development for energy storage and conversion [J]. InfoMat, 2020, 2 (3): 553-576.

[47] Sendek A D, Yang Q, Cubuk E D, et al. Holistic computational structure screening of more than 12000 candidates for solid lithium-ion conductor materials [J]. Energy & Environmental Science, 2017, 10 (1): 306-320.

[48] Zhang Y, He X, Chen Z, et al. Unsupervised discovery of solid-state lithium ion conductors [J]. Nat Commun, 2019, 10 (1): 5260.

[49] Severson K A, Attia P M, Jin N, et al. Data-driven prediction of battery cycle life before capacity degradation [J]. Nature Energy, 2019, 4 (5): 383-391.

[50] Wu D, Xie Z, Zhou Z, et al. Designing high-voltage carbonyl-containing polycyclic aromatic hydrocarbon cathode materials for Li-ion batteries guided by Clar's theory [J]. Journal of Materials Chemistry A, 2015, 3 (37): 19137-19143.

[51] Yoon G, Kim H, Park I, et al. Conditions for reversible Na intercalation in graphite: theoretical studies on the interplay among guest ions, solvent, and graphite host [J]. Adv Energy Mater, 2017, 7 (2): 1601519.

[52] Li Y, Leung K, Qi Y. Computational exploration of the Li-electrode | electrolyte interface in the presence of a nanometer thick solid-electrolyte interphase layer [J]. Acc Chem Res, 2016, 49 (10): 2363-2370.

第 9 章

钠离子电池的发展、机遇及挑战

在过去的十多年里，得益于研究者的广泛关注和研究投入，钠离子电池获得极大的发展，其能量密度、功率密度和循环寿命等均得到不断提升，也激发了一些产业化的应用研究。虽然在前述章节中已经讨论了诸多正负极材料体系，然而，钠离子电池应用的前瞻性讨论，特别是涉及可应用的钠离子电池电极材料的参数及性能，以及全电池的能量密度和成本预估的综合分析仍然缺乏。基于这些方面考虑，我们对钠离子电池应用体系进行了系统性的分析和讨论，并对钠离子电池的发展机遇及挑战进行了展望，希望进一步明确钠离子电池的应用优势和发展方向，推动钠离子电池的应用化和产业化。

9.1
钠离子电池发展的必要性

2020年9月22日，我国在联合国大会中明确提出，中国将提高国家自主贡献力度，采取更加有力的政策和措施，二氧化碳排放力争于2030年前达到峰值，努力争取2060年前实现碳中和。目前我国拥有全球最大的能源系统（生产和消费），其中非化石能源在一次能源中所占的比例仅为15%左右。要实现二氧化碳减排的目标，开发利用以太阳能和风能为代表的可再生能源已成为当务之急。可再生能源由于具有很强的地域性和间歇性，使得有效地利用这些能源产生了许多技术问题。从科技发展角度来看，规模储电技术是当今能源、化学、材料等领域面临的重大科技挑战。在各种储能方式中，电化学储能方式最为简便高效，成为储能技术发展的主流。

锂离子电池具有输出电压高、能量密度大、自放电小、循环寿命长、无记忆效应等优势，被广泛应用于消费电子、电动汽车和大规模储能等领域。但是，锂资源有限并且分布不均匀。美国地质调查局的数据显示，全球2/3的锂集中在南美洲和大洋洲，而智利的储量占到全球的一半，中国的锂资源储量仅占全球的20%。我国的锂资源储量虽然位居全球第六，但多数分布于高海拔地区，开采条件非常艰难，也存在盐湖镁锂比高的问题，导致生产成本高和分离难度大的问题。这些困难促使国内锂电池企业更愿意进口锂资源，造成80%的消耗锂依赖于进口。长期来看，这不利于我国未来的能源安全，也严重影响相关产业链的稳定。

目前全球探明的可供开采的锂资源储量仅能满足14.8亿辆电动汽车。2020年，我国机动车保有量达3.72亿辆，电动汽车的占比还比较低，显露不出锂资源的压力，随着保有量进一步攀升，锂资源供应的隐患将凸显。2020年以来，锂资源价格不断攀升,仅经过一年时间碳酸锂的价格便从3.8万元/吨涨到近9万元/吨,涨幅达2倍以上。锂离子电池消耗过大,难以支持市场长期需求;同时原材料过度依赖进口,资源危机长期存在。这些因素使得锂离子电池很难同时支撑电动汽车和大规模储能两大产业。虽然锂电池市场看起来一片繁荣,但背后其实已经暗藏危机。一边是动力电池企业想大踏步迈进TWh时代,不断追赶更高的性能表现;另一边却是电池原材料不断涨价、高端电池产能不足,车企"电池荒"现象时有发生。锂离子电池材料焦虑已经成为行业内不争的事实。在锂电材料焦虑普遍存在的背景下,钠离子电池在储能领域将是对锂离子电池的有益补充。

钠离子电池具有与锂离子电池相似的反应机制及优点,并且,钠资源没有储量限制(地壳中钠的丰度比锂高三个数量级),具有比锂资源更低的价格(碳酸钠价格约为碳酸锂的1/20),且钠资源在全球分布较为均匀,短期价格受市场需求影响波动小[1]。采用铁锰镍基正极材料相比较锂离子电池三元正极材料,原料成本降低一半。由于钠盐电解质的特性,允许使用低浓度电解液(同样浓度电解液,钠盐电导率高于锂电解液20%左右)降低成本。从负极集流体选择的角度来看,铝与锂可以形成合金,而不与钠形成合金。因此,钠离子电池负极可以使用更便宜的铝箔作为集流体,进一步地降低成本8%左右,并降低电极重量10%左右。此外,钠离子电池还有诸多其他优势,如高低温下仍有较好的电化学性能、倍率性能优异、安全性好、可以过放以及低电压储存和运输等。钠离子电池的这些特点赋予它在储能应用方面较大的优势。

9.2
可选电极材料体系

总的来讲,钠离子电池的成本优势主要来源于地壳中较高的钠储量(2.36%,锂储量仅为0.002%),以及可以采用相对廉价的铝代替铜作为集流体。然而,电池的成本需要综合考虑电池的能量密度。从成本分析来看,除了原材料价格外,提高钠离子电池的比能量及循环稳定性是降低成本的一种重要途径,而电池的比能量主要取决于正负极材料的性能。因此,探索合适的正负极材料体系是推动钠离子电池产业化的核心任务之一。

负极材料方面,从成本、容量、电压、首周效率、稳定性、合成方法规模性等方面考虑,硬炭材料表现出最佳的性能及成本优势,成为大规模商业应用的理想负极材料。硬炭材料具有较低的嵌钠电位(约0.1V vs. Na/Na$^+$)、较高的可逆比容量（约 300mA·h/g）（图 9-1），以及合成方法简单。因此，选择一种合适的正极材料对提高电池比能量至关重要。同时，从应用角度出发，正极材料的选择需要满足原料资源丰富、比容量高、工作电压高和结构稳定性好等要求。目前研究的正极材料具有较大应用前景的体系主要包括三类：氧化物、聚阴离子材料和普鲁士蓝类化合物[2,3]。它们具有各自的特点，前

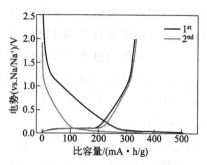

图 9-1 硬炭材料的充放电曲线[4]

面的章节已经对其结构、性能等进行了详细的分析，下面仅简略论述一下它们的应用特征。

氧化物材料主要有三种结构：三维隧道结构（如 $Na_{0.44}MnO_2$）、P2 层状结构（$Na_{0.67}MO_2$，M 为 Ni、Co、Mn、Fe 等过渡金属元素）和 O3 层状结构（$NaMO_2$）[5]。三维隧道结构的 $Na_{0.44}MnO_2$ 材料可逆比容量可达 120mA·h/g，平均电压为 2.8V（图 9-2），同时其在空气中结构稳定、热稳定性好，且易于合成，是一种理想的储钠正极材料[6]。然而该材料属于半充电态，存在首周充电比容量低的问题。若通过材料改性或预钠化方式来提升该材料的首周充电容量，隧道型 $Na_{0.44}MnO_2$ 将成为长寿命、低成本和高安全钠离子电池正极材料的一种选择。P2 层状材料（$Na_{0.67}MO_2$）具有较宽的层间距，钠离子在层间穿梭时结构变化小，长循环过程中结构稳定性好，容量保持率高。P2 型层状氧化物材料中过渡金属 M 一般为 Ni、Co、Mn、Fe 等元素，若仅选择廉价的 Mn 和 Fe 元素，则存在结构稳定性差的问题，为此，通过 Ni、Cu、Ti 等元素取代可以获得稳定的正极材料（如 P2-$Na_{7/9}Cu_{2/9}Fe_{1/9}Mn_{2/3}O_2$），取代后电极材料的比容量约 100m·Ah/g，工作电压约为 3.4V（图 9-2），可成为一种可实用化的正极材料[7]。通过合理的组分设计，P2 型材料可以获得较高的比容量（P2-$Na_{2/3}MnO_2$，210mA·h/g；P2-$Na_{0.72}Li_{0.24}Mn_{0.76}O_2$，270mA·h/g）。然而，P2 型材料具有首周充电容量低的特点，探索对应的电池工艺（如负极预钠化）是推进其应用的关键。而对于 O3 型层状材料 $NaMO_2$，其中可实际应用材料的过渡金属 M 主要以 Mn、Fe、Ni、Cu 等元素为主。这种材料的可逆比容量一般可达 140mA·h/g，平均工作电压约 2.9V（图 9-2），但 O3 型层状材料在循环稳定性方面仍需要进一步改善，通常通过 Al、Mg、Ti 等元素掺杂来提升其循环稳定性。

对于聚阴离子类材料，目前可用的体系主要有 $Na_4Fe_3(PO_4)_2P_2O_7$、$Na_2Fe_2(SO_4)_3$、$Na_3V_2(PO_4)_3$ 和 $Na_3V_2(PO_4)_2F_3$ 等[8]。由于 $LiFePO_4$ 材料

在商业化锂离子电池中的成功应用，橄榄石型 NaFePO$_4$ 自然成为首选研究的材料体系。然而橄榄石型 NaFePO$_4$ 在高温下结构不稳定，无法通过传统的高温固相法合成，只能通过化学或电化学转换法来得到，其规模化合成必然存在困难。同时，这种材料放电过程中存在中间相，将产生较大的体积变化，长循环性能需要进一步考察[9]。退而求其次，通过焦磷酸根的取代，可以高温固相合成电化学活性的 Na$_4$Fe$_3$(PO$_4$)$_2$P$_2$O$_7$ 材料，这类材料理论比容量可以达到129mA·h/g，平均电压可达 3.0V（图 9-2），同时具有高的结构稳定性和超长的循环性能[10]。这种材料更具成本、资源和电化学性能等方面的优势，可能充当类似 LiFePO$_4$ 在锂离子电池中的角色。此外，焦磷酸根的引入，可以利用强的诱导效应赋予电极材料较高的电压。然而，现制备的 Na$_4$Fe$_3$(PO$_4$)$_2$P$_2$O$_7$ 材料并不是一个纯相，因此通过合成工艺改进或组分调整制备纯相复合磷酸铁钠材料，是今后研究和应用发展的重点方向。而对于硫酸盐体系，如 Na$_2$Fe$_2$(SO$_4$)$_3$ 材料具有 3.7V 的平均电压（图 9-2）、120mA·h/g 的理论比容量[11]。通过合适的方法合成高结晶性材料，以及增强其电子导电性，是推进其应用的有效途径。此外，Na$_3$V$_2$(PO$_4$)$_3$ 和 Na$_3$V$_2$(PO$_4$)$_2$F$_3$ 都属于 NASICON 结构材料（图 9-2），具有快的钠离子扩散通道，且结构稳定性高，分别具有高的理论比容量（117mA·h/g 和 128mA·h/g）和高的平均电压（3.4V 和 3.75V），循环稳定性可达到几千次以上，是目前最易合成且性能最好的材料体系，

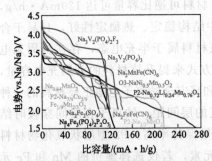

图 9-2 不同正极材料的放电曲线

但这类材料最大的缺点是使用了价格较贵的钒元素，成本相对较高。但不像钢铁中用钒无法回收，电池用钒材料属于资源可循环利用类型，合理的利用和回收模式可能为钒基钠离子电池带来曙光。

普鲁士蓝框架材料具有较大的离子扩散通道，有利于充放电过程中钠离子的可逆嵌入脱出[12]。其中 Na$_2$FeFe(CN)$_6$ 和 Na$_2$MnFe(CN)$_6$ 两种普鲁士白结构材料由于比容量高、循环稳定性好、电化学动力学快和成本低等优势，都在进行产业化验证。这两类材料稳定循环比容量可达到 160mA·h/g 以上（理论比容量为 170mA·h/g），平均电压分别可达 3.05V 和 3.4V（图 9-2）。由此可以看出，高容量的普鲁士白材料可能使钠离子电池具有更高的比容量，但是这类材料在合成过程中会遇到结晶水和缺陷结构难以控制的问题，对电化学性能影响较大。因此，这类材料规模化制备仍需要进一步探索。

9.3 全电池能量密度预估

上面讨论了不同正极材料作为半电池的电化学性能，为进一步分析不同材料体系的应用可能性，讨论全电池的性能更为重要，特别是基于应用的电池模型的全电池性能预估。为此，我们采用54174207型号的磷酸铁锂方型铝壳为模型进行钠离子电池设计，预估了不同正极材料与硬炭负极组成的全电池的能量密度。电池能量密度的计算基于表9-1电极材料的物性参数。

表9-1 主要电极材料的相关物性参数

电极材料	理论密度 /(g/cm^3)	电极压实密度[①] /(g/cm^3)	电压(相对于 Na$^+$/Na)/V	可逆比容量[②] /(mA·h/g)	首周库仑效率	电池能量密度[③] /(W·h/g)
Na$_{0.44}$MnO$_2$[④]	4.08	3.0	3.25	100	98%	115
P2-Na$_{2/3}$Ni$_{0.33}$Mn$_{0.67}$O$_2$	4.26	3.1	3.4	100	90%	122
O3-NaNi$_{1/3}$Fe$_{1/3}$Mn$_{01/3}$O$_2$	4.28	3.1	3	130	92%	147
Na$_4$Fe$_3$(PO$_4$)$_2$P$_2$O$_7$	3.15	2.0	3.05	100	95%	119
Na$_2$Fe$_2$(SO$_4$)$_3$	3.12	2.0	3.7	100	93%	146
Na$_3$V$_2$(PO$_4$)$_3$	3.04	2.0	3.4	110	98%	135
Na$_3$V$_2$(PO$_4$)$_2$F$_3$	3.01	2.0	3.75	110	95%	160
Na$_2$FeFe(CN)$_6$	2.22	1.4	3.05	160	95%	152
Na$_2$MnFe(CN)$_6$	2.20	1.4	3.4	150	95%	165
P2-Na$_{2/3}$MnO$_2$	3.73	2.8	2.7	210	—	185
P2-Na$_{0.72}$Li$_{0.24}$Mn$_{0.76}$O$_2$	3.73	2.8	2.5	277	—	186
硬炭负极	2.0	1.1	0.15	300	85%	
LiFePO$_4$	3.6	2.5	3.4 (V vs. Li$^+$/Li)	155	95%	180
石墨负极	2.2	1.6	0.2 (V vs. Li$^+$/Li)	350	93%	

① 这里的压实密度是根据该材料的真实密度，以及参考锂离子电池中氧化物和磷酸铁锂极片的压实密度与材料真实密度比值(R)来确定的。由于不确定材料是否容易压实，这里将各材料的R值调低，氧化物材料电极的R值为0.75，聚阴离子材料电极的R值为0.65。

② 材料的可逆比容量是参考目前批量产品性能[除了Na$_2$FeFe(CN)$_6$和Na$_2$MnFe(CN)$_6$外]，通过后期的工艺改进，可能会不断提高。

③ 按照与硬炭组成54174207型电池计算，电池重量包括所有组成电池附件的重量。

④ 通过材料改性或预钠化方式来提升该材料的首周充电容量至100mA·h/g。

通过初步的估算我们发现，基于不同的正极材料与硬炭组成的钠离子全电池（按照目前批量实验材料所得容量计算），其能量密度明显低于传统的以 $LiFePO_4$ 为正极、石墨为负极的锂离子电池（图 9-3）。不过，这些钠离子全电池都可以获得超过 $110W·h/kg$ 的能量密度。对于氧化物材料来说，考虑到循环稳定性，我们只选择了隧道结构的 $Na_{0.44}MnO_2$（$100mA·h/g$）、P2-$Na_{2/3}Ni_{0.33}Mn_{0.67}O_2$（$100mA·h/g$）和 O3-$NaNi_{1/3}Fe_{1/3}Mn_{1/3}O_2$（$130mA·h/g$），由它们为正极所组成的钠离子电池的能量密度分别约为 $115W·h/kg$、$122W·h/kg$ 和 $147W·h/kg$。若后期氧化物材料的稳定循环容量进一步提高，其组成电池的能量密度可以更高，但也需尽量降低资源性金属的使用。而对于聚阴离子类正极材料体系，如 $Na_4Fe_3(PO_4)_2P_2O_7$（$100mA·h/g$）、$Na_2Fe_2(SO_4)_3$（$100mA·h/g$）、$Na_3V_2(PO_4)_3$（$110mA·h/g$）和 $Na_3V_2(PO_4)_2F_3$（$110mA·h/g$），它们所制备的钠离子电池的能量密度分别约为 $119W·h/kg$、$146W·h/kg$、$135W·h/kg$ 和 $160W·h/kg$。虽然 $Na_4Fe_3(PO_4)_2P_2O_7$ 电池的比能量为 $119W·h/kg$，但其具有优异的结构稳定性和热稳定性，可能实现低成本、长寿命和高安全的钠离子电池。$Na_2Fe_2(SO_4)_3$ 电池可能实现高的比能量（$146W·h/kg$），然而，该材料对水较为敏感，且纯相的结构也难合成，因此在批量制备过程和电池生产过程中都会影响其电化学性能，而制备纯相和对水不敏感的硫酸铁钠类材料是低成本和高性能钠离子电池发展的关键。对于钒基磷酸盐材料 [$Na_3V_2(PO_4)_3$ 和 $Na_3V_2(PO_4)_2F_3$]，它们所制备的钠离子电池的能量密度分别可达到 $135W·h/kg$ 和 $160W·h/kg$，具有高的能量密度，不仅如此，该类材料在制备、电池工艺和电化学性能方面都优于其他正极材料。若批量化 $Na_3V_2(PO_4)_2F_3$ 材料的比容量进一步提高，则 $Na_3V_2(PO_4)_2F_3$ 电池的比能量会更高，有可能与磷酸铁锂电池相当，那钠离子电池的应用范围将进一步扩展。而 $Na_2FeFe(CN)_6$ 和 $Na_2MnFe(CN)_6$ 两种普鲁士蓝类正极材料的比容量都可以达到 $150mA·h/g$ 以上，由于 $Na_2MnFe(CN)_6$ 具有比 $Na_2FeFe(CN)_6$ 更高的电位，$Na_2MnFe(CN)_6$ 电池具有更高的比能量（$165W·h/kg$），也是高比能量钠离子电池的理想正极材料。

上述对钠离子电池体系能量密度讨论中所用的材料容量和性质参数都是批量化可达到的（表 9-1），但容量与其材料相应的理论容量仍具有一定的差距，以后在制备技术不断完善，且对硬炭首效改善（材料结构优化和预钠化）的情况下，钠离子电池的能量密度可能会进一步提高（相应体系可以提高 $10\%\sim 15\%$），进而扩宽钠离子电池的应用领域。此外，在一些文献中，P2 型金属氧化物可以获得超过 $200mA·h/g$ 的比容量（P2-$Na_{2/3}MnO_2$，$210mA·h/g$；P2-

$Na_{0.72}Li_{0.24}Mn_{0.76}O_2$，277mA·h/g）[13,14]，似乎可以使电池的能量密度更高。由此，这里选用两种高容量的氧化物材料，按照上述电池设计参数（表 9-1），估算了它们所组成电池的能量密度。图 9-3 可以看出，采用具有 210mA·h/g 的 P2-$Na_{2/3}MnO_2$ 材料所做出钠离子电池的能量密度也仅可达到 185W·h/kg，即使采用具有超高容量的 P2-$Na_{0.72}Li_{0.24}Mn_{0.76}O_2$ 材料（277mA·h/g），电池的能量密度也仅会提高到 186W·h/kg，与当前的磷酸铁锂电池持平。这类材料具有极高容量而电池达不到明显更高能量密度的原因主要是这些材料的平均工作电压（2.5~2.7V）较低，大大削弱了提升能量密度的能力。同时这类高容量 P2 型氧化物正极材料其首周充电容量相对其放电容量来说较低，如 P2-$Na_{2/3}MnO_2$ 为 150mA·h/g；P2-$Na_{0.72}Li_{0.24}Mn_{0.76}O_2$ 为 220mA·h/g，较低的首周充电容量将造成电池的首周效率匹配更加失衡，发挥不出材料高容量的优势。另外，这类高容量氧化物材料的循环稳定性也将是影响其应用的一个关键因素。因此，发展高工作电压、高首效和结构稳定的正极材料是提升钠离子电池能量密度和应用性能的关键，如具有高的电压（3.7V）而仅有 100mA·h/g 可逆比容量的 $Na_2Fe_2(SO_4)_3$ 材料，组成电池的能量密度就可以达到 146W·h/kg，而具有高电压的 $Na_3V_2(PO_4)_2F_3$ 材料（3.75V）组成电池的能量密度可以接近 160W·h/kg。随着研究的深入，更多高电压且高容量的正极材料体系会出现，这也将为钠离子电池的发展提供更广阔的应用契机。

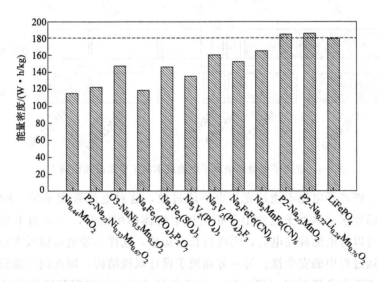

图 9-3 基于硬炭负极和不同正极的全电池的预估能量密度图

9.4 钠离子电池的优势

由上面讨论可知，钠离子电池可以达到较高的能量密度，具有比锂离子电池更低成本的可选正负极材料体系。图 9-4 粗略对比了锂离子电池和钠离子电池成本的主要来源和比例[15]。以 11.5kW·h 电池为例，如果用 $LiMn_2O_4$ 正极配石墨负极用于锂离子电池，成本为 1022 美元，其中锂大约占 4.3%（43.95 美元），如果采用相应的锰基正极，钠只要 4.57 美元，足足省了 39.38 美元，也就是说钠离子电池相比于锂离子电池，光正极成本就能省约 4%。另外，电解质盐也能降 1% 左右，而铝箔能降低集流体成本 60%。而钠离子电池配件所占的成本比例略高于锂离子电池，但随着工艺升级和产能扩大，这一成本有望进一步降低。另外，我们也需要考虑由于钠离子电池的比能量普遍要低于锂离子电池（约低 1/3），因此每瓦时的制造成本将比锂离子电池高 50%。因此，钠离子电池的成本优势决定于钠离子电池的能量密度和材料成本。

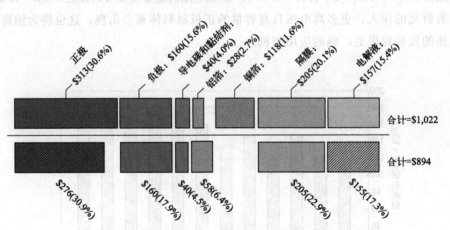

图 9-4　锂离子电池和钠离子电池成本的主要来源和比例[15]

另外，锂离子电池不能过充，也不能过放，这对电池管理系统（BMS）提出了很高的要求。钠离子电池由于正负极集流体都用铝箔，一方面不用担心过放，所以可以将电池放完电后，再进行长途运输，这样不带电运输极大地提高了电池在转运过程中的安全性。另一方面便于设计双极结构，即在同一张铝箔两侧分别涂布正极和负极材料（图 9-5），对于大尺寸电池可实现紧凑的结构，减少导电连接，同时节约成本和工艺过程。此外，正负极都采用铝箔，电池的结构和组分更简单，也更易于回收再利用。从一些实体钠离子电池（不同正极材料）的安全测试来看，似乎钠离子电池普遍具有高的安全性能，即使使用5个基于普鲁士蓝正极的8A·h单体并联组成的电池组做穿刺实验时，仍无任何燃烧和爆炸现象。虽然具体原因需进一步研究以及还需进行更精细的安全性实验，但至少钠离子电池初步显示出可能较高的安全性能，这能为储能环境或其他更重视安全且对成本要求不高的应用领域提供可选体系。另外，钠离子电池具有宽温度工作区间，可以在-30～50℃温度区间工作，并可以稳定循环几千周，这一性能远高于商用磷酸铁锂电池。

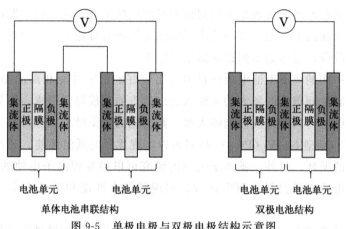

图9-5 单极电极与双极电极结构示意图

钠离子电池一些材料显示出无资源限制的优势，此前就已被纳入世界各国的新能源发展计划里。欧盟"电池2030"计划未来重点发展的电池体系中，钠离子电池在非锂离子电池中排在首位，美国能源部对此更是大力扶持。大力发展钠离子电池，可抵御可能出现的区域资源风险，保障国家能源战略安全和国家策略的顺利实施。在钠离子电池基础研究、技术开发和产业化推进速度等方面，中国企业都处在国际领先地位。因此，中国有机会获得国际钠离子电池产业化主导权，引领钠离子电池技术发展趋势，在全世界率先实现钠离子电池产业化。大力发展钠离子电池有利于解除"卡脖子"的相关专利与技术壁垒，实现战略储能备份到战略储能替代的转变。

9.5
钠离子电池的机遇和挑战

钠离子电池是在大规模储能应用背景下孕育而生的，其特有的资源、成本优势仍然具有进一步研究和开发的可能性,如钠离子电池体系可以做到无资源限制,且实际电池比能量可以高于100W·h/kg,而相应成本低于0.66元/W·h(以2019年材料成本计算)[1]。钠离子电池从材料到电芯制造,工艺流程与锂离子电池相似,有诸多制造经验可以借鉴。钠离子电池正负材料可选体系丰富,通过进一步优化正负极材料体系及工艺途径,可以进一步提高体系能量密度和增长电池的寿命,使得电芯成本进一步降低。钠离子电池较好的安全性能、高低温性能和过放特性,可以进一步拓展其应用市场。在政策指引下,产业布局也在进行着。据了解,目前全球有近三十家企业对钠离子电池进行产业化相关布局。但是从全球钠离子电池产业代表企业的规模和发展现状来看,这一电池路线的发展还大幅度落后于锂离子电池。很多钠离子电池应用研究都还处于一个初步发展的试验或者示范阶段,远远达不到很多商用的标准。

另外,一些钠离子电池电极材料表现出较好的倍率性能和高的循环稳定性,这能很好地满足间歇性的和大功率输入输出特点的规模储能需求。例如,通过对层状氧化物电极材料进行改性能够大幅提高电池的倍率性能和循环稳定性。碳修饰的NASICON型$Na_3V_2(PO_4)_3$材料可以实现优异的低温性能、超高的倍率性能和上万周的循环。另外,钠离子电池的研究可以借鉴锂离子电池的研究经验,加快钠离子电池电极材料的研究进程,实现其倍率性能和循环稳定性的进一步提高。

然而,钠离子电池自身具有的一些缺点,也为发展应用储钠反应体系提出了挑战。例如,常规的氧化物正极对空气比较敏感,这为探索合成路径以及材料结构改性,提出了更高的要求。目前,三元锂电池能量密度约为240W·h/kg,磷酸铁锂电池能量密度约为180W·h/kg,而钠离子电池的能量密度只有约120W·h/kg,即便是达到其极限值,也只有200W·h/kg,而要达到这个极限值且具有优异的循环性能是十分困难的。钠离子电池能量密度偏低,在高端新能源电动车上竞争优势不明显,但一些体系可以用于低速电动车,实现对锂离子电池的补充;在储能市场,其具有资源方面的优势,应用广度和深度会不断扩大。在产业链方面,钠电池上游的正极、负极、电解质以及添加剂都需要培育新的供应链,而在隔膜、集流体、电解液溶质以及生产线方面都可以与锂离子电池通用。

钠离子电池性能方面还有很多待优化的空间。从锂离子电池的研究历程可以看出,正极的容量和电压是提升电池能量密度的瓶颈,富钠层状金属氧化物可能具有更高的比容量,可能是未来着重研究的一类正极材料。另外,需要将先进的原位表征手段用于钠离子电池中的钠离子嵌入/脱出反应机理的研究。明确这些基础的信息对钠离子电池的深化研究和性能优化具有潜在的促进作用。在钠离子电池发展方面，除了进一步提升可选电极材料的比容量和循环稳定性外，还需推进电极材料的规模化制备探索，深入进行电池体系的正负极匹配和相互作用研究，并对电池体系安全性进行系统考察。总之，钠离子电池的科学研究及应用仍然需要向纵深发展，不断挖掘高性能的电极材料和应用技术。

参考文献

[1] 曹余良. 钠离子电池机遇与挑战 [J]. 储能科学与技术，2020，9：757-761.

[2] Fang Y，Xiao L，Chen Z，et al. Recent advances in sodium-ion battery materials [J]. Electrochemical Energy Reviews，2018，1：294-323.

[3] 方永进，陈重学，艾新平，等. 钠离子电池正极材料研究进展 [J]. 物理化学学报，2017，33：211-241.

[4] Qiu S，Xiao L，Sushko M L，et al. Manipulating adsorption-insertion mechanisms in nanostructured carbon materials for high-efficiency sodium ion storage [J]. Advanced Energy Materials，2017，7：1700403.

[5] Wang P F，You Y，Yin Y X，et al. Layered oxide cathodes for sodium-ion batteries：phase transition，air stability，and performance [J]. Advanced Energy Materials，2018，8，1701912.

[6] Cao Y，Xiao L，Wang W，et al. Reversible sodium ion insertion in single crystalline manganese oxide nanowires with long cycle life [J]. Advanced Materials，2011，23：3155-3160.

[7] Li Y，Yang Z，Xu S，et al. Air-stable copper-based P2-$Na_{7/9}Cu_{2/9}Fe_{1/9}Mn_{2/3}O_2$ as a new positive electrode material for sodium-ion batteries [J]. Advanced Science，2015，2：1500031.

[8] Fang Y，Zhang J，Xiao L，et al. Phosphate framework electrode materials for sodium ion batteries [J]. Advanced Science，2017，4：1600392.

[9] Fang Y，Liu Q，Xiao L，et al. High-performance olivine $NaFePO_4$ microsphere cathode synthesized by aqueous electrochemical displacement method for sodium ion batteries [J]. ACS Applied Materials & Interfaces，2015，7：17977-17984.

[10] Yuan T，Wang Y，Zhang J，et al. 3D graphene decorated $Na_4Fe_3(PO_4)_2(P_2O_7)$ microspheres as low-cost and high-performance cathode materials for sodium-ion batteries [J]. Nano Energy，2019，56：160-168.

[11] Fang Y，Liu Q，Feng X，et al. An advanced low-cost cathode composed of graphene-coated $Na_{2.4}Fe_{1.8}(SO_4)_3$ nanograins in a 3D graphene network for ultra-stable sodium storage [J]. Journal of Energy Chemistry，2021，54：564-570.

[12] Qian J，Wu C，Cao Y，et al. Prussian blue cathode materials for sodium-ion batteries and other ion batteries [J]. Advanced Energy Materials，2018，8：1702619.

[13] Kumakura S，Tahara Y，Kubota K，et al. Sodium and manganese stoichiometry of P2-

type $Na_{2/3}MnO_2$ [J]. Angewandte Chemie International Edition, 2016, 55: 12760-12763.

[14] Rong X, Hu E, Lu Y, et al. Anionic redox reaction-induced high-capacity and low-strain cathode with suppressed phase transition [J]. Joule, 2019, 3: 503-517.

[15] Vaalma C, Buchholz D, Weil M, et al. A cost and resource analysis of sodium-ion batteries [J]. Nature Reviews Materials, 2018, 3: 18013.

索　引

B

表面充电反应	62

C

层状钛酸盐材料	203
层状氧化物	14

D

第一性原理	380, 381
多孔材料	63
多孔结构	63

F

范德华修正	388
复合氢化物固态电解质	322

G

共轭羰基聚合物	146
共轭羰基小分子	144
钴基氧化物	210
固态电解质	23
固体聚合物电解质	73

H

含$(PO_4)(P_2O_7)$的材料	130
含PO_4F的材料	127
合金负极	16

J

尖晶石$Li_4Ti_5O_{12}$材料	199
交流阻抗法	78
金属氧化物包覆层	106

K

可逆化学键反应	61

L

离子液体	73
硫化物固态电解质	318

N

钠钒氧化物	98
钠铬氧化物	97
钠钴氧化物	92
钠空气电池	10
钠快离子导体结构	203
钠离子导体类包覆层	108
钠硫电池	9
钠锰氧化物	92
钠镍氧化物	95
钠钛氧化物	99
钠铁氧化物	94
凝胶聚合物电解液	23

Q

欠电势沉积反应	62

S

水溶液电解液	73
隧道型氧化物材料	139

T

碳材料包覆层	104
铁基氧化物	208
铜基氧化物	211

W

稳态技术	82
无定形 $FePO_4$ 材料	121
无机固体电解质	73

X

锡基氧化物	208

Y

硬炭负极	16
有机电解液	73
有机物负极	17

Z

暂态技术	82
自由基反应	62

其他

3D 聚阴离子型化合物	15
EIS	84
Fick 第二定律	79
GITT	82, 84
$NaFePO_4$ 材料	110
NASICON 结构	203
NASICON 型固态电解质	315
NASICON 型化合物	204
$NaTiO_2$	199
$NaTi_2(PO_4)_3$ 材料	120
$Na_2Ti_3O_7$ 材料	200
$Na_2Ti_6O_{13}$	201
$Na_3V_2(PO_4)_3$ 材料	113
$Na_4Ti_5O_{12}$	202
$Na_xVOPO_4(x=0,1)$ 材料	118
Na-Fe-Mn 氧化物	101
Na-Mn-Co 氧化物	102
Na-Ni-Mn 氧化物	102
Na-β-Al_2O_3 固态电解质	313
NEB 方法	389
P 基负极	17
TiO_2	198
Ti 基负极	16
V_2O_5	141
ZEBRA 电池	9